武汉多要素城市地质调查示范项目

武汉市多要素城市地质调查工作技术指南

WUHAN SHI DUOYAOSU CHENGSHI DIZHI DIAOCHA GONGZUO JISHU ZHINAN

武汉市测绘研究院
湖北省地质调查院
武汉市勘察设计有限公司
中国地质调查局武汉地质调查中心　　等编著
湖北省地质局地球物理勘探大队
湖北省地质局武汉水文地质工程地质大队
湖北省地质环境总站

图书在版编目(CIP)数据

武汉市多要素城市地质调查工作技术指南/武汉市测绘研究院等编著.—武汉:中国地质大学出版社,2020.12

ISBN 978-7-5625-4923-9

Ⅰ.①武…
Ⅱ.①武…
Ⅲ.城市-区域地质调查-武汉-指南
Ⅳ.P562.631-62

中国版本图书馆CIP数据核字(2020)第269779号

武汉市多要素城市地质调查工作技术指南 武汉市测绘研究院 **等编著**

责任编辑:舒立霞 选题策划:张晓红 责任校对:徐蕾蕾

出版发行:中国地质大学出版社(武汉市洪山区鲁磨路388号) 邮编:430074
电 话:(027)67883511 传 真:(027)67883580 E-mail:cbb@cug.edu.cn
经 销:全国新华书店 http://cugp.cug.edu.cn

开本:880毫米×1 230毫米 1/16 字数:982千字 印张:31
版次:2020年12月第1版 印次:2020年12月第1次印刷
印刷:湖北睿智印务有限公司

ISBN 978-7-5625-4923-9 定价:198.00元

《武汉市多要素城市地质调查工作技术指南》编辑委员会

目 录

第一章 绪 言

为规范武汉市多要素城市地质调查工作，统一调查与评价标准，编制本技术指南。

本技术指南规定了武汉市开展多要素城市地质调查的工作流程、调查内容、工作精度、工作方法和技术要求、成果表达、资源环境承载力评价和国土空间开发适宜性评价与专题研究、资料整理与归档、监测预警体系建设、地质数据中心、三维建模与信息平台建设等内容及要求。其具体包括设计编制与审查、项目组织实施、成果提交与服务等工作程序，基础地质、工程地质、水文地质、生态地质、环境地质与地质灾害、多门类自然资源等多要素地质调查的主要内容与要求，遥感、地面调查、多参数钻探、地球物理、地球化学、实验(试验)测试、信息化处理等主要技术方法与要求，数据库、三维可视化信息管理与服务系统建设及成果表达方式等内容与要求。

第一节 工作区划分

根据武汉城市发展规划及已有工作基础，结合《武汉市多要素城市地质调查示范工作实施方案》(中国地质调查局武汉地质调查中心，武汉市自然资源和规划局，2018)，武汉市多要素城市地质调查工作区可划分为深化调查区、一般调查区、重点调查区(长江新区)3类(图1-1-1)，各区面积、所包括的行政区等见表1-1-1。

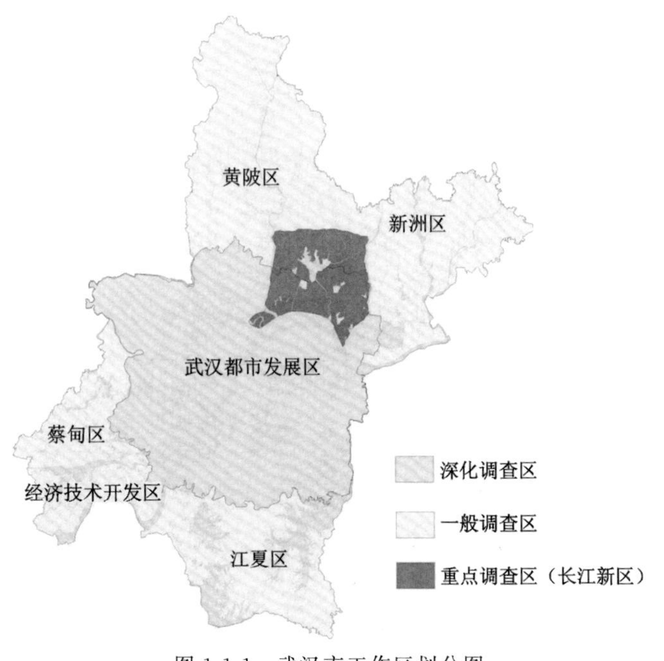

图1-1-1 武汉市工作区划分图

表 1-1-1 武汉市工作区划分表

工作区	面积/km^2	行政区范围
深化调查区	3 469.02	主城区、武汉经济技术开发区、东湖新技术开发区、东西湖区，以及黄陂区、新洲区、蔡甸区、汉南区、江夏区等5个新城区大致位于武汉外环高速公路之内的部分
一般调查区	5 100.13	黄陂区、新洲区、蔡甸区、汉南区、江夏区等5个新城区大部
重点调查区（长江新区）	73.06+550	长江主轴 73.06km^2，沿主城区天兴洲—白沙洲长江两岸；长江新城 550km^2，辖江岸区、黄陂区和新洲区各一部分，其中起步区 50km^2

截至2019年5月，武汉市面积8 569.15km^2，辖江岸区、江汉区、硚口区、汉阳区、武昌区、青山区、洪山区、蔡甸区、江夏区、黄陂区、新洲区、东西湖区、汉南区等13个行政区，以及武汉经济技术开发区、东湖新技术开发区、东湖生态旅游风景区、武汉临空港经济技术开发区、武汉化学工业区和武汉新港等6个功能区。主城区由江岸区、江汉区、硚口区、汉阳区、武昌区、青山区、洪山区等7个行政区组成，面积806.39km^2；蔡甸区、江夏区、黄陂区、新洲区、东西湖区、汉南区等6个行政区为新城区，总面积7 762.76km^2。

2012—2015年，由武汉市财政出资、武汉市国土资源和规划局主管、武汉市测绘研究院为总体实施单位，开展了武汉城市地质调查项目工作，该项目包含了水文地质、工程地质、环境地质、基岩地质等四大专项，地下空间开发利用适宜性、第四纪地质等五大专题和智慧武汉·地质信息管理与服务平台，覆盖了以武汉"三镇"构成的主城区为中心，以外环高速公路附近的乡、镇行政边界为基本界线，东到阳逻、双柳、左岭、豹澥，西至走马岭、蔡甸城关镇、常福，北抵天河、横店、三里，南达纱帽、金口、郑店和五里界的武汉都市发展区范围（图1-1-1），面积3 469.02km^2，约占武汉市总面积的40%，包括1个主城区、2个开发区（武汉经济技术开发区、东湖新技术开发区）和6个新城区（东西湖区、黄陂区、新洲区、蔡甸区、汉南区、江夏区）。

一、深化调查区

深化调查区特指上述武汉都市发展区范围内，已有2012—2015年城市地质调查工作基础，尚需以需求为导向开展的专题研究和监测预警体系建设的工作区。根据《武汉都市发展区"1+6"空间发展战略实施规划》，"十二五"期间将构建"以主城为核、轴向拓展、组团推进、轴楔相间"的"1+6"（即主城区+东部、北部、西部、西南、南部、东南等6个新型的新城组团集群）开放式空间结构，以工业发展为极核、以轨道交通为支撑、以新城中心为反磁力吸引，按照中等城市以上标准，加快建设六大新城组群，疏解主城人口与产业发展功能。

二、一般调查区

一般调查区主要为城市规划涉及的区域及对城市规划建设有重大影响的地质问题区，具体指武汉都市发展区之外、2012—2015年城市地质调查项目尚未覆盖到的新城区范围，包括黄陂区、新洲区、蔡甸区、汉南区（市经济开发区托管）、江夏区，总面积为5 100.13km^2。

按照最新的《武汉市城市总体规划（2017—2035年）》，武汉市共分为中央活动区、城市副中心、新城中心、组团/市镇中心等4个大的发展区域。其中，中央活动区规划范围为武汉市三环线内。城市副中心规划有江汉湾、四新、南湖、鲁巷、杨春湖、宋家岗、武湖、谌家矶、沌口、豹澥等地区。新城中心通常为各个远城区的城市建设聚集地，例如吴家山、纸坊、阳逻、邾城、蔡甸、纱帽、中法生态城等。组团/市镇中心不属于传统的城区范围，大多数都会以特色小镇的类型进行建设，例如江夏五里界、江夏山坡、蔡甸永安、新洲仓埠等地区。

一般调查区覆盖了上述新城中心原隶属于都市发展区之外的一部分以及组团/市镇中心的全部范围。

三、重点调查区

重点调查区包括长江主轴和长江新城规划建设区，此外，尚包括东湖城市生态绿心、大临空经济区、大临港经济区、大车都板块和大光谷板块等新城规划建设与重大工程建设区。

长江主轴与长江新城是武汉市第十三次党代会上提出的足以影响武汉城市发展的概念，特别是长江主轴，将以前向四周扩张发展的武汉，重新聚集到城市最开始的地方。重点围绕主城区长江段，集中展示长江文化、生态特色、发展成就和城市文明，打造世界级城市中轴文明景观带。武汉人最为珍视的南岸嘴这块宝地将建成“长江文明之心”，以南岸嘴为原点、以3.5km为半径，建设世界级历史人文集聚展示区，将武汉塑造成为世界大河历史文化名城。主城段范围为西至沿江大道—晴川桥—滨江大道，东抵临江大道，南达长江上游白沙洲，北至长江下游天兴洲，总面积73.06km^2。

长江新城规划建设面积为550km^2，其中起步区为50km^2。建设长江新城，集聚国家战略，传承长江文明、承载武汉使命。长江新城为武汉未来30～50年发展预留了空间，是武汉的“未来之星”，是武汉建设美好未来的基础。

第二节　规范性引用文件

本指南引用以下规范性文件：

DZ/T 0306—2017 城市地质调查规范

中国城市地质调查工作指南(程光华等，2013)

GB/T 13989—2012 国家基本比例尺地形图分幅和编号

DZ/T 0286—2015 地质灾害危险性评估规范

GB 50011—2010 建筑抗震设计规范

SL/T 238—1999 水资源评价导则

GB 50366—2009 地源热泵系统工程技术规范

GB 8978—1996 污水综合排放标准

GB 2762—2017 食品安全国家标准　食品中污染物限量

DZ/T 0130—2006 地质矿产实验室测试质量管理规范

DZ/T 0307—2017 地下水监测网运行维护规范

GB/T 21986—2008 农业气候影响评价：农作物气候年型划分方法

GB 18306—2015 中国地震动参数区划图

DZ/T 0221—2006 崩塌、滑坡、泥石流监测规范

DD 2019－01 区域地质调查技术要求(1∶50 000)

DD 2019 - 02 固体矿产地质调查技术要求(1∶50 000)
DD 2019 - 03 水文地质调查技术要求(1∶50 000)
DD 2019 - 04 水文地质调查图件编制规范　第 1 部分:水文地质图(1∶50 000)
DD 2019 - 05 水文地质调查数据库建设规范(1∶50 000)
DD 2019 - 06 工程地质调查技术要求(1∶50 000)
DD 2019 - 07 环境地质调查技术要求(1∶50 000)
DD 2019 - 08 地质灾害调查技术要求(1∶50 000)
DD 2019 - 09 生态地质调查技术要求(1∶50 000)(试行)
DZ/T 0303—2017 地质遗迹调查规范
DZ/T 0001—91 区域地质调查总则(1∶50 000)
1∶50 000 区域地质调查工作指南(试行)(中国地质调查局,2015)
1∶50 000 覆盖区区域地质调查工作指南(试行)(中国地质调查局,2015)
GB/T 17412—1998 岩石分类和命名方案
DZ/T 0151—2015 区域地质调查中遥感技术规定(1∶50 000)
DZ/T 0296—2016 地质环境遥感监测技术要求(1∶250 000)
DZ/T 0190—2015 区域环境地质勘查遥感技术规定(1∶50 000)
DD 2015 - 02 活动断层与区域地壳稳定性调查评价规范(1∶50 000、1∶250 000)
DZ/T 0157—95 1∶50 000 地质图地理底图编绘规范
DZ/T 0179—1997 地质图用色标准及用色原则(1∶50 000)
GB 958—99 区域地质图图例(1∶50 000)
DZ/T 0073—2016 电阻率剖面法技术规程
DZ/T 0072—2020 电阻率测深法技术规范
CJJ/T 7—2017 城市工程地球物理探测标准
DZ/T 0173—1997 大地电磁测深技术规程
DZ/T 0280—2015 可控源音频大地电磁法技术规程
DB43/T 1460—2018 广域电磁法技术规程
DZ/T 0170—2020 浅层地震勘查技术规范
GB 18306—2015 中国地震动参数区划图
DZ/T 0071—93 地面高精度磁测技术规程
DZ/T 0142—2010 航空磁测技术规范
DZ/T 0171—2017 大比例尺重力勘查规范
DZ/T 0305—2017 天然场音频大地电磁法技术规程
DZ/T 0187—2016 地面磁性源瞬变电磁法技术规程
JGJ/T 143—2004 多道瞬态面波勘察技术规程
DZ/T 0004—2015 重力调查技术规定(1∶50 000)
DZ/T 0082—2006 区域重力调查规范
DD 2006 - 03 岩矿石物性调查技术规程
DZ/T 0180—1997 石油、天然气地震勘查技术规范
SY/T 5820—2014 石油大地电磁测深法采集技术规程
SY/T 5600—2016 石油电缆测井作业技术规范

SY/T 5132—2012 石油测井原始资料质量规范
DZ/T 0080—2010 煤炭地球物理测井规范
GB/T 13908—2020 固体矿产地质勘查规范总则
矿产工业要求参考手册(全国矿产储量委员会办公室,1987)
水文地质手册(第二版)(中国地质调查局,2012)
供水水文地质手册 第二册(水文地质计算)(《供水水文地质手册》编写组,1983)
DZ/T 0282—2015 水文地质调查规范(1∶50 000)
GB 50027—2001 供水水文地质勘察规范
DZ/T 0148—2014 水文水井地质钻探规程
DZ/T 0017—91 工程地质钻探规程
DZ/T 0181—1997 水文测井工作规范
GB 50296—99 供水管井技术规范
GB 15218—94 地下水资源分类分级标准
DZ/T 0133—94 地下水动态监测规程
HJ/T 164—2004 地下水环境监测技术规范
HJ 493—2009 水质采样 样品的保存和管理技术规定
GB/T 14158—93 区域水文地质工程地质环境地质综合勘查规范(1∶50 000)
DZ 55—87 城市环境水文地质工作规范
GWI—D4 地下水潜力评价技术要求
DZ/T 0288—2015 区域地下水污染调查评价规范
GB 50021—2009 岩土工程勘察规范
GB 50307—2012 城市轨道交通岩土工程勘察规范
CJJ 57—94 城市规划工程地质勘察规范
GB/T 50266—2013 工程岩体试验方法标准
GB 50112—2013 膨胀土地区建筑技术规范
GB/T 50123—2019 土工试验方法标准
DB/T 15—2009 活动断层探测
DZ/T 0225—2009 浅层地热能勘查评价规范
DB42/T 1358—2018 浅层地热能利用监测技术规程
GB/T 11615—2010 地热资源地质勘查规范
DZ/T 0261—2014 滑坡崩塌泥石流灾害调查规范(1∶50 000)
DZ/T 0283—2015 地面沉降调查与监测规范
JGJ 8—2016 建筑变形测量规范
DZ 0238—2004 地质灾害分类分级(试行)
T/CAGHP 013—2018 地质灾害 InSAR 监测技术指南(试行)
DZ/T 0258—2014 多目标区域地球化学调查规范(1∶250 000)
DD 2005-02 区域生态地球化学评价技术要求(试行)
DZ/T 0295—2016 土地质量地球化学评价规范
GB/T 17296—2009 中国土壤分类与代码
GB/T 21010—2017 土地利用现状分类

DZ/T 0167—1995 区域地球化学勘查规范(1∶200 000)

DZ/T 0011—2015 地球化学普查规范(1∶50 000)

DZ/T 0075—93 地球化学勘查图图式、图例及用色标准

GB 36600—2018 土壤环境质量　建设用地土壤污染风险管控标准(试行)

GB 15618—2018 土壤环境质量　农用地土壤污染风险管控标准(试行)

HJ/T 166—2004 土壤环境监测技术规范

NY/T 391—2013 绿色食品　产地环境质量

NY/T 5010—2016 无公害农产品　种植业产地环境条件

GB 3838—2002 地表水环境质量标准

GB/T 14848—2017 地下水质量标准

GB 5749—2006 生活饮用水卫生标准

DZ/T 0153—2014 物化探工程测量规范

GB/T 18314—2009 全球定位系统(GPS)测量规范

CH/T 2009—2010 全球定位系统实时动态测量(RTK)技术规范

GB/T 12898—2009 国家三、四等水准测量规范

GB/T 7931—2008 1∶500 1∶1 000 1∶2 000 地形图航空摄影测量外业规范

GB/T 7930—2008 1∶500 1∶1 000 1∶2 000 地形图航空摄影测量内业规范

GB/T 20257.1—2007 国家基本比例尺地图图式　第 1 部分:1∶500 1∶1 000 1∶2 000 地形图图式

GB 14804—93 1∶500,1∶1 000,1∶2 000 地形图要素分类与代码

GB/T 13923—2006 基础地理信息要素分类与代码

GB 5084—2005 农田灌溉水质标准

GB 11607—89 渔业水质标准

GB/T 1576—2018 工业锅炉水质

GB/T 50050—2017 工业循环冷却水处理设计规范

GB 8537—2008 饮用天然矿泉水

GB/T 13727—2016 天然矿泉水资源地质勘查规范

DZ/T 0352—2020 城市地质调查数据内容与数据库结构

GB/T 9385—2008 计算机软件需求规格说明规范

GB/T 8567—2006 计算机软件文档编制规范

DZ/T 0274—2015 地质数据库建设规范的结构与编写

DD 2015-05 地质资料数据管理技术要求

DZ/T 0273—2015 地质资料汇交规范

DB42/T 1356—2018 城市地质调查数据分类编码及图式图例

DB4201/T 498—2016 武汉市城市地质调查数据分类编码及数据库规范

湖北省地质灾害风险调查评价技术要求(1∶50 000)(试用稿)

湖北省地质灾害专业监测预警工程建设技术要求(试行)

DB4201/T 504—2017 武汉市地质灾害危险性评估技术规程

武汉市深厚软土区城市政与建筑工程地面沉降防控技术导则(武汉市城乡建设委员会,2015)

第三节 术语和定义

下列术语和定义适用于本指南。

1. 多要素城市地质调查

以城市空间、资源、环境和灾害等要素为调查对象，综合运用地质学理论和技术方法进行分析评价，并服务城市规划、建设与运行管理的地质工作。

2. 城市地质资源

在城市区域范围内，对城市建设发展提供物质、能量和景观的地下水、地下空间、地热、地质遗迹、天然建筑材料、土地、矿产等自然资源的总和。

3. 自然资源

天然存在、有使用价值、可提高人类当前和未来福利的自然环境因素的总和。自然资源部职责涉及土地、矿产、森林、草原、水、湿地、海域海岛等自然资源，涵盖陆地和海洋、地上和地下。

4. 地下空间资源

在现有经济技术条件下，地表以下一定深度范围内可合理开发利用的地质体或空间。

5. 地质遗迹

在地球演化的漫长地质历史时期，由于各种内外地质作用形成、发展并遗留下来的珍贵的、不可再生的地质现象。

6. 地质遗迹资源

在地球演化的漫长地质历史时期中，由于内外动力地质作用而形成、发展并保存下来的珍贵的、不可再生的，并能在现在和可预见的将来可供人类开发利用并产生经济价值，以提高人类当前和将来福利的自然遗产。

7. 地质遗迹点

在时间上相同或相关、空间上相连的地质遗迹构成的区域或范围。

8. 活动断裂

全新世以来仍在活动，并且波及盖层和地表，伴生构造地裂缝或地震，未来仍有继续活动可能性的断裂。

9. 三维地质模型

利用三维可视化建模技术建立的反映地质构造、地质界面、地质体的空间形态及其组合关系和属性的数字模型。

10. 城市地质信息系统

用于城市综合地学数据管理、信息处理和可视化表现，可为地质专业研究以及城市规划、建设与管理提供基础地质信息和决策服务的集成化数字地质系统。

11. 数字化地质调查技术

是集 GIS、GPS、RS 技术为一体的区域地质调查野外数据和信息的数字化获取技术，以及其数字化成果的一体化组织、一体化管理、一体化处理和个性化社会服务的计算机科学技术。

12. 基岩区

地表裸露或覆盖层之下的岩石统称基岩。较大面积出露基岩的地区称为基岩区。

13. 覆盖区

由一定厚度松散堆积物覆盖，基岩没有出露的地区。

14. 松散层

新生代未固结的堆积物。

15. 填图单位

野外可识别、图面可表达的地质实体，又称填图单元。填图单位可分为正式填图单位和非正式填图单位。

16. 基准孔(标准孔)

用于基础地质、工程地质、水文地质横向对比依据的钻孔。此类钻孔应进行全孔取芯、测查井、系统采样和分析测试。

17. 控制孔

在勘查网中，深度较大、采用技术手段较多、起骨干和控制作用的钻孔。

18. 一般孔

控制孔之间深度相对较浅、采用技术手段较少、起一般连接作用的其他钻孔。

19. 地质环境

与人类社会发展有紧密联系的，与大气圈、水圈、生物圈相互作用的近地表岩石圈。

20. 环境地质

地质学与环境科学的交叉学科，主要研究人类活动与地质环境的相互作用。

21. 环境地质条件

与国土空间开发、工程建设等人类活动相关的地质条件。

22. 环境地质问题

对人类生存与发展有不利或潜在不利影响的各种不良地质现象和作用。

23. 地质灾害

不良地质作用引起人类生命财产和生态环境的损失，主要包括滑坡、崩塌、泥石流、地面塌陷、地裂缝、地面沉降等灾种。

24. 风化程度

风化作用对岩体的破坏程度，包括岩体的破碎程度和矿物成分的改变程度。

25. 承灾体

地质灾害可能威胁的各类受灾对象，包括人员、建筑物、工程设施等。

26. 地质灾害易发性

一定范围内由孕灾地质条件决定的地质灾害发生的可能性。

27. 地质灾害危险性

在某种诱发因素作用下，一定区域内某一时间段发生特定规模和类型地质灾害的可能性。

28. 地质灾害易损性

地质灾害影响区内承灾体可能遭受地质灾害破坏的程度。

29. 地质灾害风险

在一定时期内，各类承灾体所受到灾害袭击而造成的直接和间接经济损失、人员伤亡、环境破坏等的可能性。

30. 生态地质

主要研究各种生态问题或生态过程的地质学机理、地质作用过程及背景条件的学科。

31. 生态地质条件

主要指对生态有影响的地质条件的总称，主要包括地形地貌、地层岩性、成土母质、土壤、地下水等。

32. 生态地质问题

人类活动扰动与自然条件变化引起的生态地质条件改变，导致生态系统结构和功能失调的现象。

33. 风化壳

地壳基岩被风化的表层。地壳表层岩石在风化作用下，遭受破坏，在原地形成的松散堆积物，一般包括弱风化带、强风化带、残积层、残积土等。

34. 成土母质

地表岩石经风化作用形成的松散风化物，是土壤形成的物质基础和植物矿物养分元素(除氮外)的最初来源。

35. 包气带

从地表到潜水面之间的非饱和带，指地面以下、地下水面以上的岩土空隙未被水饱和的地带。

36. 消落带

指江河、湖泊、水库等水体季节性涨落使水陆衔接地带的土地被周期性地淹没和出露而形成的干湿交替地带。这里是水、陆及其生态系统的交错过渡与衔接区域，又称为水位涨落带、消涨带等。

37. 生境

指物种或物种群体赖以生存的生态环境，是指生态学中环境的概念，又称栖息地。

38. 海绵城市

指通过加强城市建设规划管理，充分发挥建筑、道路和绿地、水系等生态系统对雨水的吸纳、蓄渗和缓释作用，有效控制雨水径流，实现自然积存、自然渗透、自然净化的城市发展方式。形象地看，建成后的海绵城市能像海绵一样，在适应环境变化和应对自然灾害等方面具有良好"弹性"，下雨时吸水、蓄水、渗水、净水，需要时将蓄存的水"释放"并加以利用。

第四节　总　则

一、目的

本指南立足于武汉作为全国多要素城市地质调查试点示范城市的实际，用于规范、指导武汉市多要素城市地质调查工作，提升涉及城市空间、资源、环境、灾害等地质条件的认识，为国土规划、土地利用规划、城市总体规划和控制性详细规划、重大基础设施建设专项规划等提供基础地质数据，支撑服务城市建设和运行管理。

二、任务

在武汉市域范围内开展基础地质结构、水文地质结构、工程地质结构、活动构造、地质灾害与环境、城市地质资源等多要素地质调查，建立城市地质数据库与三维可视化地质信息管理服务系统，综合评价城市地壳稳定性、城市建设发展的资源保障与环境承载能力和城市生态环境安全性，为城市规划、建设和管理提供地质信息，为城市可持续发展提供基础保障，包括工作内容、工作方法与技术要求、成果表达形式、资料整理与汇交、监测预警体系建立、数据库与系统平台建设等方方面面。

具体为：

（1）国土空间开发利用适宜性调查评价。

（2）多门类自然资源调查评价。

(3)生态地质环境安全性调查评价。

(4)地质灾害调查评价。

(5)监测预警体系建设。

(6)多要素城市地质数据中心、三维建模与信息平台建设。

三、基本原则

1. 服务于武汉市城市总体规划

应围绕城市总体规划、建设与管理等社会经济发展对地质信息的需求，确定调查内容和工作精度，进行城市地质综合调查与评价。

2. 已有资料利用和集成

应全面收集、利用和集成城市调查区已有的区域地质、矿产地质、水文地质、工程地质、环境地质、地球物理、地球化学以及各类钻孔等调查、勘查和研究的原始资料和成果资料，建立城市地质数据库，为多要素城市地质调查工作部署奠定基础。

资料收集利用与集成应贯穿于设计、调查实施、成果集成和应用服务的各个阶段。

3. 解决突出地质问题

应围绕城市在规划、建设、管理中遇到的制约城市可持续发展的资源、环境、灾害等突出地质问题开展调查与研究。

4. 多学科多方法相互融合

应将基础地质、工程地质、水文地质、环境地质与地质灾害、地质资源等多学科，地质、钻探、物探、化探、遥感、测试、信息技术等多技术方法相互融合，综合应用。

应坚持一法多用、一线多用、一点多用、一孔多用的原则，尤其是涉及遥感解译、地面调查、物探、钻探、测试等工作方法，应实现多方法调查数据和成果的集成使用。

5. 调查与评价并举

本着先调查后评价、先基础后专题，调查与研究、调查与评价有机结合的原则开展多要素城市地质调查工作。

6. 注重成果的实用性

应针对政府部门、企事业单位以及社会公众等不同用户的不同需求开展调查与评价工作，注重调查成果产品设计和转化应用。

7. 依托现代信息技术

以现代数据库技术、GIS技术、三维可视化技术及计算机网络技术为依托，建立集基础地理、基础地质、工程地质、水文地质、环境地质、地质灾害、地球物理、地球化学、地质资源等多专业、异构、海量城市地质调查数据的输入、管理、分析评价、可视化及网络发布为一体，功能全面、性能稳定的城市三维地质信息服务系统。

四、工作部署原则

武汉市多要素城市地质调查工作由市政府主导，以需求为导向，以服务为宗旨，针对武汉市长江新城、长江主轴、四大板块和五项愿景目标的建设规划，按划分的工作区以差异化的工作精度分阶段有序部署城市地质调查工作，最终达到市域范围全覆盖。

以招投标形式选定工作项目承担单位，以合同书形式界定工作目标和工作任务，按照设计编写、外业调查、成果编制分阶段实施。

总的工作部署原则是：

(1)从已知到未知的原则。

(2)重点调查与一般调查相结合的原则。划分的不同工作区对应不同的工作精度。

(3)平面调查与立体调查相结合的原则。注重平面分区与垂向分层的协调统一，构建城市地质三维模型。

第二章　工作程序

第一节　设计编制与审查

一、设计编制要求

(1)项目设计分为总体设计—专项设计—分项设计或专题设计等级别,不同等级设计书有不同的审查管理要求,总之遵循要求严格、管理从简的原则。

(2)项目设计由项目承担单位负责编写。

(3)项目设计编写应在项目合同签订后15日内完成设计书初稿(或送审稿)。

(4)项目设计编制过程主要包括任务与人员落实、资料收集与评估、现场踏勘与预研究、文本和图件编制等。

(5)项目设计应包括以下内容:任务来源、目标任务、工作区概况、以往调查或研究状况(资料收集利用情况及综合评述)、存在问题、踏勘与预研究、技术路线、工作方法与技术要求、工作量、工作部署、预期成果、安全与质量管理、组织管理与保障措施、设备配备、委托业务(无委托业务可不写)、经费预算情况和绩效目标等。具体编写提纲可参照自然资源部中国地质调查局2019年1月颁布的有关区域地质、固体矿产、水文地质、工程地质、环境地质、地质灾害和生态地质调查技术要求之相应附录。

(6)项目设计其他要求。

①经费预算部分的编写,执行《地质调查项目预算标准》(2010年试用)、《工程勘察设计收费标准》(2002年修订本)及项目所在地人力资源和社会保障局发布的职位工资指导价等相关标准。

②绩效目标应符合调查项目所在地财政经费管理绩效要求,对数量、质量等指标进行量化。

二、设计审查要求

设计审查分为设计内审、设计评审两个阶段。

(一)设计内审要求

(1)设计内审由承担单位自行组织。

(2)内审专家由承担组织单位聘请,内审专家组由3～5人组成,可包含单位内部专业技术人员。

(3)内审应形成内审意见,并明确存在问题和修改意见。

(4)承担单位确认设计已经按照内审意见进行修改后，将修改后的设计和内审意见一并提交至项目委托单位。

(二)设计评审要求

设计评审由项目委托单位组织，一般采用会审的形式，如因特殊原因不能组织会审可采用函审等方式，由项目委托单位组织，承担单位配合完成。

(1)设计评审的主要内容包括目标任务、以往资料的收集与利用情况、踏勘与预研究、工作部署、技术路线、方法技术、实物工作量、预期成果、质量管理、组织管理与保障措施、设备配备、委托业务、经费预算等。

(2)设计审查的否决项包括资料收集与分析不充分、技术路线不合理、工作方法不恰当、工作量不满足、质量管理与保障措施不严密等。

(3)设计评审依据总体实施方案、项目合同、国家标准、行业标准以及中国地质调查局制定的相关规定与要求、湖北省及武汉市等地方标准和自然资源管理部门制定的相关规定与要求。

(4)评审专家的聘请与要求。

①设计评审专家由委托单位聘请，专家组成员应涵盖项目相关专业。

②项目设计评审实行组长负责制。项目设计评审应由5～9名专家组成；多个项目集中评审时，每个项目应明确主审专家。

③评审专家组由熟悉武汉市地质情况或在本专业领域有较高威望的专家组成。

④评审专家实行回避制。项目组成员和项目聘请的顾问和内审专家不能被聘为本项目的评审专家。

(5)设计评审等级。

按优秀、良好、合格、不合格4个等级评定，评分细则由组织设计评审的单位确定。优秀≥90分，90分＞良好≥75分，75分＞合格≥60分，不合格＜60分。

(三)设计会审程序

1. 设计提交

承担单位应按设计评审通知的要求向委托单位提交设计送审稿文本及附图、内审意见书等相关材料，并在会议前3日内将上述材料送达评审专家。

2. 设计评审会人员组成

评审会参会人员为评审专家、委托单位相关人员、承担单位项目负责人及项目组成员。

3. 专家审阅设计

专家应认真审阅设计，做好评审记录，提交书面专家意见记录。

4. 设计评审会议程

(1)主持人介绍与会专家。

(2)项目承担单位代表致辞。

(3)推选专家组组长。

(4)评审专家组长主持评审会：听取项目组汇报，专家质询、讨论，形成评审意见。

(5)宣读评审意见。

（四）设计提交

（1）项目承担单位应在设计评审后 7 日内按照设计评审意见要求完成设计修改，并向委托单位提交设计。

（2）提交的设计中应包含修改说明并加盖承担单位公章。

第二节　野外调查基本要求

一、野外调查

（1）野外调查工作应根据经过审批的设计开展。工作时间在设计审批之后与提交野外验收申请之前。

（2）工作部署应以三维地质结构等基础地质调查为先，取得初步成果后进行工程地质、水文地质、环境地质、地质灾害及专题调查与评价。

（3）各专题调查内容、工作精度、工作方法与技术要求、专题（单项）评价、成果表达等应以审查批准的设计书执行，具体技术环节可参考本指南第三章至第九章的相关要求。

（4）各专题调查应统筹兼顾，坚持一法多用、一线多用、一点多用和一孔多用的原则，并制定专题调查工作细则。

（5）具体实施过程中若出现地质情况复杂、变化较大，按原设计实施难以达到目标时，可根据实际需要对设计或实施方案进行调整，并向委托单位提出设计变更申请，经批准后方可按调整后的设计或实施方案实施。

二、原始资料整理

野外工作过程中，应按相关技术要求和制定的工作细则，及时整理野外形成的各类地质调查路线、实测剖面、钻探、地球物理、地球化学、样品测试等原始记录和测试数据，编制实际材料图、采样点位图、剖面图、钻孔柱状图等原始图件。

三、野外质量检查

野外调查形成的各类原始资料均应进行野外质量检查，主要包括作业组自检、互检，项目组抽检、承担单位抽检和委托单位抽检等多个环节，做到环环相扣。检查程序与要求、检查比例等，均应参照相关专业技术标准和中国地质调查局制定的有关地质调查项目质量检查要求执行。

四、野外工作总结报告编制

承担单位应在野外验收时提交野外工作总结报告，报告应包含以下内容：

(1)项目任务书或合同规定的总体目标任务。

(2)项目设计的实物工作量及完成的实物工作量表，钻探及坑探工程实物工作量明细表。

(3)原始资料详细清单。

(4)工作部署、工程布置、技术路线是否按设计书执行和执行情况，未按设计书执行的，应当提交任务变更批准文件，并详细说明。

(5)工程施工及样品采集质量规范性如何，是否达到地质目的，做出工程有效性评价。

(6)质量管理体系运行情况。

(7)取得的地质成果简介。

(8)目标任务完成情况。

(9)存在的问题及处理意见。

第三节　质量检查

质量检查是指项目委托单位组织专家开展的例行检查，不含承担单位内部进行的自检、互检和抽检。

一、质量检查的依据和主要内容

(一)质量检查的主要依据

(1)国家、地方、行业管理部门发布的有关技术标准、规范、规程。

(2)项目的合同、设计书、设计评审与审批意见书、项目年度工作计划等。

(二)质量检查内容

(1)项目设计执行情况。

(2)工作进度与工作量完成情况。

(3)项目施工质量。

(4)进度控制情况。

(5)野外原始资料质量。

(6)资料汇交情况。

(7)项目管理情况。

(8)质量管理体系运行情况。

(9)其他。

二、质量检查的组织实施

质量检查由项目委托单位组织,采用室内检查和野外检查两种方式。

(一)检查组人员要求

(1)质量检查组由委托单位人员组建,必要时可邀请专家参与。
(2)质量检查实行组长负责制。
(3)专家实行回避制。

(二)室内检查程序

(1)查阅项目设计书、设计审批意见书、任务调整批复意见以及自检互检抽检记录等技术管理文件。
(2)查阅项目原始资料(野外路线调查记录、实测地质剖面图及记录,野外工作手图、实际材料图,野外工程原始地质编录资料,样品的采集记录、样品测试报告等)。主要原始资料每项抽查比例应不低于30%,其他原始资料的检查比例由检查组确定。物探、化探及样品测试等检查比例按相关技术要求执行。
(3)检查工作进度与工作量完成、资料整理、项目管理、质量管理体系运行等项目执行情况。

(三)野外检查程序

(1)有外业实物工作量的项目应进行野外检查。
(2)抽查原始资料所反映的地质现象是否真实和准确,评价原始资料与地质客体的吻合程度;抽查工程的施工质量和样品的采集质量,评价样品的代表性。

(四)质量检查记录

检查组在检查工作中应认真做好检查记录,客观评价项目质量和项目质量管理执行情况等,提出存在的问题和整改意见及建议。

(五)检查整改

(1)项目承担单位应根据检查记录表提出的整改意见及时进行整改,并根据检查组的意见上报整改情况。
(2)检查报告和整改记录应作为技术资料同项目原始资料一并归档保存。

第四节 年度验收

所有工作周期跨年度的项目均应进行年度验收,年度验收由项目委托单位组织。

一、年度验收内容

(1)年度工作完成情况与自检情况。

(2)资料汇交数量与质量、数据标准执行情况。

(3)年度调查工作原始资料。

(4)年度工作报告(含年度工作总结、年度成果和图件)。

二、年度验收人员

(1)年度验收组成员由专家和委托单位相关管理人员组成。

(2)参加年度验收的专家由委托单位聘请,专家应具备高级专业技术职称和丰富的野外工作经验,专家实行回避制。

三、年度验收程序和要求

(1)委托单位主持人介绍项目基本情况、验收专家组组成、验收内容和验收依据。

(2)听取项目承担单位的年度工作汇报、专家质询、项目组答疑等。

(3)验收组成员对室内与野外检查的内容进行评议,形成年度验收意见。

(4)年度验收意见书的内容:年度工作量完成情况;取得的主要工作进展;评述工作质量、项目质量管理体系运行、原始资料整理情况;提出存在的问题与整改意见。

(5)年度验收按优秀、良好、合格、不合格4个等级评定,评分细则由组织年度验收的单位确定。优秀≥90分,90分>良好≥75分,75分>合格≥60分,不合格<60分。

(6)宣布年度验收意见。

四、其他要求

项目承担单位应在年度验收后7日内按照验收意见要求完成年度工作报告修改,并向委托单位提交。

年度验收不合格项目,承担单位应按验收专家意见的要求补做工作后向委托单位申请重新进行年度验收。

第五节　野外验收

一、野外验收一般要求

(1)所有有野外工作的调查项目均应组织野外验收。

(2)项目承担单位在完成全部野外工作和内部检查后,向委托单位提交野外验收申请。

(3)委托单位在收到野外验收申请后,组织野外验收工作。

二、野外验收资料要求

(1)野外验收资料由项目承担单位向验收组提供。
(2)野外验收资料主要包括：
①历次项目任务书或合同、设计书及评审意见书、任务变更批准文件。
②全部野外实际资料。
③承担单位对项目原始资料进行的检查总结。
④野外工作总结。

三、野外验收程序及要求

(一)验收组成员

由委托单位聘请5～7名野外工作经验丰富的专家组成验收组，专家实行回避制。

(二)野外验收工作程序

(1)野外实地抽查。
(2)室内检查原始资料。
(3)听取项目工作单位的野外工作总结和答疑。
(4)评议、评分。
(5)形成验收意见。

(三)野外实地抽查要求

野外实地抽查应突出重要地质现象和疑难问题。重点检查地质点、实测剖面、工程编录等原始资料所反映的地质现象是否客观真实和准确，评价原始资料与地质客体的吻合程度；检查工程施工质量和样品采集质量，评价样品的代表性。抽查活动要做好工作记录。抽查的工程、路线和地质点数量应按《中国地质调查局地质调查项目野外验收暂行办法》中对各专业的要求，要能充分满足对验收评分表中的考评内容进行可靠的评级评分的要求。

(四)室内检查要求

室内检查应重点检查工作程度，原始资料是否齐全、完整、准确并及时整理，综合资料是否与原始资料相吻合。对主要的实物工作量应根据原始编录资料进行查对核实和确认，这将作为项目竣工决算的主要依据。

(五)野外验收等级

按优秀、良好、合格、不合格4个等级评定，评分细则由组织野外验收的单位确定。优秀≥90分，90分>良好≥75分，75分>合格≥60分，不合格<60分。

(六)验收意见书要求

验收意见书要具体、明确。基本内容应按《中国地质调查局地质调查项目野外验收暂行办法》规定的内容逐项编写。其中"合同规定的任务、指标完成情况"部分按以下内容编写：

(1)是否完成已批准的实物工作量，并列出经确认的实际完成的工作量。

(2)工作目标是否实现。

(3)工作部署、工程布置是否符合设计书和有关要求。

(4)工作质量是否符合有关规范、规定要求。

(5)原始资料是否齐全、准确。

(6)资料综合整理、综合研究是否符合有关要求。

(七)其他要求

野外验收不合格项目，承担单位应按验收专家意见的要求补做工作后向委托单位申请重新进行野外验收。

第六节　成果评审与资料汇交

一、成果评审一般要求

(1)项目承担单位在完成全部调查工作并组织成果内审后，向委托单位提交成果评审申请。

(2)委托单位在收到成果评审申请后，确定成果评审时间并通知承担单位，组织成果评审会。

(3)承担单位应在成果评审会召开日的5天前将成果报告分别送(寄)达评审专家。

二、成果评审资料要求

(1)成果评审资料由项目承担单位向评审组提供。

(2)成果评审资料主要包括：

①项目合同书、项目设计书、设计评审意见书和任务变更证明文件。

②原始资料检查报告。

③野外验收意见书。

④工作报告。

⑤技术报告(送审稿)及附图、附表。

⑥项目成果简介(图文并茂，5 000字以内)。

⑦主要原始资料和中间性综合整理资料。

⑧内审意见。

三、成果评审程序及要求

(一)评审组成员

由委托单位聘请5～7名具有高级职称的专家组成评审组，专家实行回避制。

(二)成果评审工作程序

(1)项目承担单位介绍项目成果。
(2)查阅、审核资料。
(3)评议、评分、形成评审意见。
(4)交换意见。

(三)成果汇报要求

承担单位介绍项目成果时,应重点介绍本项目设计拟解决的问题、设计执行情况、工作质量、取得的新进展和新成果。

(四)重点评审内容

评审组应对项目成果重点评审以下内容:
(1)年度验收和野外验收后的补充工作情况。
(2)技术资料是否齐全、准确,归档是否符合要求。
(3)综合资料、成果报告与原始资料三者之间的吻合程度。
(4)取得的成果是否实现了项目任务书规定的目标,是否符合设计书及有关技术标准的要求。
(5)成果的综合研究水平。
(6)成果的应用能力和前景。

(五)成果评审等级

按优秀、良好、合格、不合格 4 个等级评定,评分细则由组织成果评审的单位确定。优秀≥90 分,90 分>良好≥75 分,75 分>合格≥60 分,不合格<60 分。

(六)评审意见书

评审意见要明确、具体,其内容建议按照中国地质调查局对城市地质调查项目的相关要求,分 7 项编写。

(七)其他要求

(1)承担单位应按照评审意见书和修改意见的要求,对成果报告进行认真修改,并做好详细的修改记录。在评审结束后的 1～3 周内,将成果报告修改稿和修改记录送达委托单位最终审查,时间视项目大小和报告篇幅等具体情况而定。
(2)成果评审不合格项目,承担单位应按验收专家意见的要求补做工作后向委托单位申请重新进行成果评审。

四、资料汇交

(1)按照国土资源部(现自然资源部)颁发的《地质资料汇交规范》(DZ/T 0273—2015)的规定执行。
(2)承担单位应在成果通过终审后 30 个工作日内汇交项目全部资料。主要包括工作报告、成果报告及图件、原始及成果数据等。具体为:
①成果类:终审成果报告、专题报告、附图、附表、附件、数据库及评审意见书。

②遥感解译类：遥感解译报告、解译图、遥感数据、航卫片、解译卡片等。

③野外调查类：野外手图、实测剖面图、各种野外调查点的记录簿及记录卡片或表格、照片、底片、摄影、调查小结、阶段性工作总结。

④地球物理勘探类：物探报告、附图、附表、附件、野外记录簿、照片、仪器记录图纸及电子数据。

⑤地质勘探及地质试验类：各种第四纪、水文地质和工程地质等勘探、试验原始记录及成果。

⑥样品实验测试类：岩、土、水样品测试分析成果及岩、土物理水理性质实验成果，岩、土原位测试成果，各种采样记录与图件。

⑦长期观测类：长期观测点的分布图、各类观测点的记录及动态曲线，收集的气象、水文等资料。

⑧技术文件类：项目任务书、设计书、设计审批意见书，野外验收文件、成果报告评审意见书等。

⑨电子文件类：调查中形成的电磁介质载体的文件、图表、数据、图像等。

⑩其他应归档的原始资料。

第三章　工程建设与地下空间开发利用条件调查评价

工程建设与地下空间开发利用条件调查包括基础地质、水文地质、工程地质调查评价以及地下空间资源开发利用适宜性评价等工作内容，应坚持一法多用、一线多用、一点多用、一孔多用的原则，同时同区域部署综合性地质调查工作，避免出现重复或者缺项，实现各专项调查的统筹兼顾。

第一节　基础地质调查评价

一、调查内容

基础地质调查的目的任务是查明岩石、地层、构造等的特征、属性、空间分布与相互关系，研究沉积作用、风化作用、剥蚀作用、侵入作用、火山作用、变质作用和构造作用，揭示形成环境和地质演化历史等，阐明自然资源赋存的基础地质背景，解决存在的关键基础地质问题，提高地质认知水平，促进地球系统科学发展；提交地质图、报告等产品，提供公益性基础地质资料和信息，服务国家经济社会发展、生态文明建设和自然资源管理。

（一）区域地层系统与构造格架调查

（1）以现代地层学、沉积学理论为指导，以《湖北省区域地质志》的地层划分为依据对调查区各时代地层进行岩石地层、生物地层、年代地层多重地层划分对比，建立岩石（年代）地层格架。

（2）查明各时期构造变形特征及组合样式，探讨构造成生演化发展史，阐述构造的控岩、控相和控矿作用。加强新构造运动及其表现特征的研究。

（二）沉积岩调查

1.调查内容

（1）系统调查沉积岩的颜色、岩性、结构、构造、地层层序、地层厚度、古生物组合、特殊标志层、岩石组合的垂向和侧向变化特征、矿化蚀变特征等。

（2）调查研究古流向与物源，分析沉积相与沉积环境等。

（3）系统采集岩矿样品。加强古生物化石、岩石、地球化学或矿化分析样品的采集、鉴定、测试和研究。

（4）开展岩石地层、生物地层和年代地层等多重地层划分对比研究，建立区域地层序列和岩石地层格架。

(5)调查沉积岩对自然地理、地貌及自然资源特征、分布的制约概况。

(6)对赋存沉积矿产的岩石地层单位,查明其有关矿种的赋存层位与特征。

2. 填图单位

以图面可表达的岩石或岩石组合为填图单元,在此基础上归并群、组、段等岩石地层单位,注意与沉积作用相关的特殊地质体和标志层的识别与表达。

(三)岩浆岩调查

1. 调查内容

(1)查明包括火山岩、侵入岩的岩石类型、时空展布特征及其与围岩的关系。

(2)火山岩应查明沉积岩夹层及产状,注意寻找化石,为地层划分对比、形成的大地构造环境分析提供依据。

(3)侵入岩以侵入体为基本填图单元,查明其岩石学特征、接触关系,注意研究侵入顺序与时代。

(4)调查岩浆岩对自然地理、地貌及自然资源特征、分布的制约概况。

2. 填图单位

以图面可表达的独立侵入体作为填图单位,加强不同时序侵入体的表达。具有层状属性的喷出岩,应进一步归并岩石单位。非层状的火山岩,着重于岩石组合关系-岩相的划分。

(四)变质岩调查

1. 调查内容

(1)查明岩石类型、组合与分布特征,调查不同岩石类型和不同填图单元之间的接触关系。

(2)查明代表性变质岩的岩石学、地球化学特征,恢复变质岩的原岩建造类型和形成环境。

(3)查明变质作用类型、特征变质矿物组合及其空间分布,划分变质相及变质相带。

(4)开展变质岩同位素年代学研究,确定变质岩原岩形成时代和变质作用时代。

(5)查明变质岩中各种构造的几何学、运动学特征及其分布特点和组合规律,确定构造变形时限,建立构造变形序列。

(6)调查变质岩对自然地理、地貌及自然资源特征、分布的制约情况等。

2. 填图单位

(1)低级变质的沉积岩和火山岩以岩石地层或岩石地层+火山岩相+火山构造三重填图法,建立填图单元;侵入岩按照侵入体划分填图单位。中一高级变质岩以可表达的岩石或岩石组合为基本填图单位。

(2)注意对特殊变质岩如蓝片岩、超高温高压变质岩等和特殊标志层的识别和表达。

(3)注意与变质作用关系密切的矿化蚀变带、流体运移通道、成矿指示意义明确的岩石或岩石组合的表达。

(五)第四系调查

主要查明第四系沉积结构、地貌形态和成因类型、基岩面和活动断裂分布。

1. 调查内容

（1）调查不同地貌类型的物质组成，以及各种地貌形态要素和组合地貌的相互关系，分析第四纪沉积物成分、成因类型与地貌及环境变化的关系。

（2）调查第四纪沉积物岩性特征、物理性质、厚度、成因类型、形成顺序、接触关系和空间分布，确定覆盖层填图单位，研究其地层层序、地质特征与变化规律。沉积物的岩性特征包括颜色、成分、颗粒大小、分选性、磨圆度、风化和胶结程度等。对于流水成因的沉积物，尚需要测量砾石三轴（a 轴、b 轴、c 轴）的长度、方位和 ab 面产状，以恢复古水系的流向，还应测量砾石和砂粒的形态、圆度，计算球度和扁平度等。沉积物的物理性质包括密度、容量、潮湿程度、孔隙度、含水性、饱和度、透水性、吸水性等。

（3）调查特殊岩性夹层，如古生物化石富集层、化学沉积层、古土壤层、泥炭层、砾石层等，研究其地质构造与环境变化意义，确定地层对比标志。

（4）调查古人类文化层及古人类遗址，探讨其地质背景与环境变化因素。

（5）调查具有观赏价值和重要科学意义的地质遗迹与地貌景观，提出保护和合理开发建议。

（6）采集必要的样品，根据需要进行古地磁测量、粒度分析、化学成分分析、古生物鉴定、测年分析等。

（7）确定地层地质时代，分析岩性、古生物、古气候等特征，了解古风化壳特征与类型，开展多重地层划分对比。

（8）调查人类活动现象，分析总结人类活动对现代地质作用过程的影响；分析地表作用对自然资源和生态环境的制约因素和演化趋势。

（9）开展第四纪松散层沉积深槽调查。分析沉积深槽的物源特征，开展不同类型沉积的成因探讨，查明武汉市沉积深槽的时空分布特征及对工程活动的影响。

2. 填图单位

一般以松散沉积物岩性为基本填图单位，对于分布面积广、岩性稳定、具有区域对比意义的地层，划分至组级正式填图单位。对具有特殊意义的地质体，可划分非正式填图单位，视情况可归并表达为成因类型、岩相、年代地层等。成因类型依据沉积标志、地貌标志和古气候与古环境标志综合确定。地层时代依据地层古生物群组合特征、地层测年数据、地层磁性的极性时与极性亚时划分对比综合确定。

（六）活动断裂与地震调查

（1）调查与新构造运动相关的地貌、水系和沉积物特征，查明新构造的几何学、运动学特征，探讨其动力学特征与机制。

（2）调查活动断裂的分布、延伸、规模、产状、性质、活动性等基本特征，研究活动断裂的活动期次和活动时代、对松散沉积物的控制及古地震活动特征。

（3）应按裸露活动断层与隐伏活动断层分别采用相应的调查评价方法。对裸露断层，宜选择高分辨率遥感影像解译、条带状地质地貌填图、槽探、年代样品测试等技术方法。对隐伏断层，宜选择遥感解译、气体地球化学探测与浅层地震勘探、钻孔勘探与钻孔联合地质剖面分析、槽探、年代样品测试等技术方法。

（4）在活动断层判别、调查、探测和测年结果的基础上，宜开展断层规模、断层分段、活动方式、活动速率、地质灾害效应等断裂活动性评价工作。断裂活动性分级参考标准见表 3-1-1。

表 3-1-1 断裂活动性分级参考标准表

断层活动性分级	年平均活动速率 v /(mm · a^{-1})	历史地震及古地震震级 M_S	最新活动时代	活动断层长度 L /km	断层规模
强活动	$v \geqslant 10$	$M_S \geqslant 7.0$	全新世	$L \geqslant 150$	岩石圈断层
较强活动	$1.0 \leqslant v < 10$	$6.0 \leqslant M_S < 7.0$	晚更新世	$100 \leqslant L < 150$	地壳断层
中等活动	$0.1 \leqslant v < 1.0$	$5.0 \leqslant M_S < 6.0$	早中更新世	$40 \leqslant L < 100$	基底断层
弱活动	$v < 0.1$	$M_S < 5.0$	前第四纪活动过，现今活动性质不明	$L < 40$	盖层断层

(5)应根据断裂活动性指标(活动速率、历史地震及古地震、最新活动时代、断裂分段、断裂规模)评价活动性(强活动、较强活动、中等活动和弱活动)。

二、工作精度

一般调查区、深化调查区和重点调查区分别采用 1∶50 000、1∶25 000 和 1∶10 000 比例尺，总体上视需求而定。地质环境条件复杂程度划分标准见表 3-1-2。武汉市第四系厚度除个别地区的沉积深槽外，一般在 50m 左右，原则上钻孔均应穿过第四系。对于第四系覆盖区的调查，在平原盆地以钻探为主、地面观察点为辅，而在丘陵山地则以地面观察点为主、钻探为辅，其基本工作量应符合表 3-1-3 的规定。

表 3-1-2 地质环境条件复杂程度划分表

等级	地质条件复杂	地质条件中等	地质条件简单
地形地貌	相对高度＞500m，坡面坡度一般＞25°的山地	相对高度 200～500m，坡面坡度一般 15°～25°的山地	盆地、平原，丘陵缓坡，坡面坡度一般＜15°
地质构造	褶皱、断层构造发育，新构造运动强烈，地震频发，最大震级 $M_S > 6.5$ 或多遇地震加速度 $a > 0.15g$	褶皱、断层构造较发育，新构造运动较强烈，地震较频发，最大震级 $5.0 < M_S \leqslant 6.5$ 级或多遇地震加速度 $0.05g < a \leqslant 0.15g$	地质构造简单，新构造运动微弱，活动断层不发育，地震少，最大震级 $M_S \leqslant 5.0$ 或多遇地震加速度 $a \leqslant 0.05g$
岩土体结构	层状碎屑岩体，层状碳酸盐岩夹碎屑岩体，片状变质岩体，碎裂状构造岩体，碎裂状风化岩体；淤泥类土、膨胀土等特殊类土	层状碳酸盐岩体；层状变质岩体；粉土，黏性土	块状岩浆岩体；碎砾土，砂土
地质环境	各种类型地下水相互关系复杂，现代动力地质作用和现象及地质灾害广泛发育，存在较严重的工程地质问题	区域性地下水水位波动较大，现代动力地质作用和现象及地质灾害中等发育，无较严重的工程地质问题	区域性地下水水位基本稳定，现代动力地质作用和现象及地质灾害不发育，基本无工程地质问题
人类工程活动	大、中型水库，公路、铁路沿线边坡开挖量大，矿山开采活动强烈，城镇化建设速度快，城镇化率＞30%	小型水库，公路、铁路沿线边坡开挖量较大，矿山开采活动较强烈，城镇化建设速度较快，城镇化率 20%～30%	无水库工程建设，公路、铁路沿线边坡开挖量小，矿山开采活动微弱，城镇化建设速度缓慢，城镇化率＜20%
注：地质条件复杂程度就高不就低，有 1 项条件满足就按复杂程度高等级划分。			

表 3-1-3　不同比例尺区域地质调查每百平方千米基本工作量　单位：个

地区	地质环境条件复杂程度	1∶50 000		1∶25 000		1∶10 000	
		观测点	钻探点	观测点	钻探点	观测点	钻探点
平原盆地	简单	100	2	300	10～16	1 000	20～30
	中等	150	2～4	500	16～20	1 500	30～60
	复杂	300	4～6	800	20～30	2 000	60～100
丘陵山地	简单	300	0.5	1 500	1～3	4 000	4～10
	中等	500	0.5～1	2 500	2～5	6 000	5～15
	复杂	750	1～2	4 000	4～10	8 000	10～20

三、工作方法与技术要求

（一）资料收集与利用

1. 资料收集内容

依据任务和解决的关键地质问题，应有所侧重地收集以下资料：

（1）工作底图：1∶50 000、1∶25 000、1∶10 000 地形图，或公开发行且符合精度要求的航空、卫星等影像图。

（2）自然地理与社会经济：行政区划、自然地理、地貌、气候、水文、地质灾害、地质遗迹、生态保护红线＋永久基本农田＋城镇开发边界等 3 条控制红线、矿权设置、保护区与管控区等。

（3）区域地质：调查区及邻区不同比例尺区域地质调查成果和原始资料、地质志、综合编图等。

（4）矿产地质：调查区及邻区不同比例尺区域矿产调查成果和原始资料、矿产志、综合编图等。

（5）遥感：不同空间分辨率、不同频谱的航空、卫星遥感数据及其解译成果，岩矿波谱测量等。

（6）地球物理：重力、磁法、电法、地震、放射性测量以及测井等数据和成果资料。

（7）地球化学：水系沉积物测量、土壤测量、岩石测量、自然重砂测量等数据和成果资料。

（8）水文、工程、环境地质：各类调查资料及相关钻孔、槽探等揭露工程资料。

（9）其他：调查区及邻区科研报告、专著和论文等资料。

2. 资料分类整理

评估其质量及可利用性，编制资料目录，建立资料档案；将可用的资料和提取的信息配准到数字区域地质调查系统中，供后期工作使用。有条件的工作区可适当开展野外核查与综合分析，为工作设计书的编制和研究专题的选题奠定基础。

（二）遥感地质解译

1. 目的

运用遥感影像的宏观性、连续性和多光谱优势，对区域构造样式、地层分布、岩石类型、地形地貌和地质环境等信息进行提取，增强调查的预见性和针对性，提高调查精度和效率。对于解译标志清晰，解译效果好的地区，在野外地质验证的基础上，可用遥感解译路线替代地质观测路线。

2. 方法

根据调查工作需要，收集多时相、多传感器、高分辨率（空间分辨率和光谱分辨率）的遥感数据，进行预处理、数据融合与信息提取。野外调查前，应结合数字高程模型制作区域遥感影像图，匹配到数字（智能）地质调查系统中，作为工作的基础背景图层。利用多光谱数据结合信息增强、识别和提取技术，开展区域构造格架、岩性、断裂褶皱、地质填图单元解译。鼓励利用高光谱数据探索开展遥感岩石矿物识别、岩石类型和岩石组合划分。遥感解译结果应在踏勘和野外调查过程中不断验证和修正。

其他技术要求均应遵循《区域地质调查中遥感技术规定（1∶50 000）》（DZ/T 0151—2015）。

（三）剖面测量

1. 目的

确定不同地质体的岩石组合、结构构造，建立各填图单位时空几何关系及其组合地质体顺序，建立构造格架，为填图单元划分与完善、基础地质问题解决奠定基础，提高地质体形成时代、形成环境属性认知。

2. 布设原则

（1）沉积岩区正式岩石地层填图单位应有实测地层剖面控制，如果工作区前人测制的剖面能够满足要求，可在野外验证的基础上直接利用或修订使用；侵入岩区、变质岩区、复杂构造区应充分利用路线剖面和信手剖面；第四系分布区，充分利用天然或人工挖掘剖面，视情况可布设适量钻孔取芯建立剖面柱。

（2）注意露头的代表性和连续性，剖面线上的露头应大于60%，接触关系清楚。

3. 测制要求

（1）采用数字化地质调查技术，以DGSS系统为平台，利用掌上电脑进行采集野外地质剖面测量数据。注意各记录项属性术语的规范和统一，避免出现同义多形词的现象，给室内数据整理和检索创造条件；注意各类样品编号的统一性和系统性；注意对采集数据进行定时备份。数字实测剖面工作流程见图3-1-1。

（2）沉积岩剖面（第四系除外），比例尺一般为1∶500～1∶5 000；第四系剖面比例尺一般为1∶100～1∶500。构造地质剖面比例尺视具体情况确定。

（3）剖面记录要完整、全面，主要包括岩性、产状、岩相、构造、古生物、蚀变、矿化，以及样品采集、素描、照片等内容。

（4）沉积岩实测剖面须编制地层柱状图。

（四）路线地质观测

1. 目的

路线地质调查是沿地质观测路线进行系统的观察和研究，目的是全面控制调查区所有地质体和主要构造形迹的空间展布形态及其分布规律。

2. 布设原则

（1）在预研究地质图上部署地质调查路线。地质路线一般以垂直区域构造线方向布置。

(2)按照一般调查区和重点调查区,以有效控制地质体、观察研究地质体内在关系、解决地质问题为原则,合理布置穿越路线和追索观测路线。

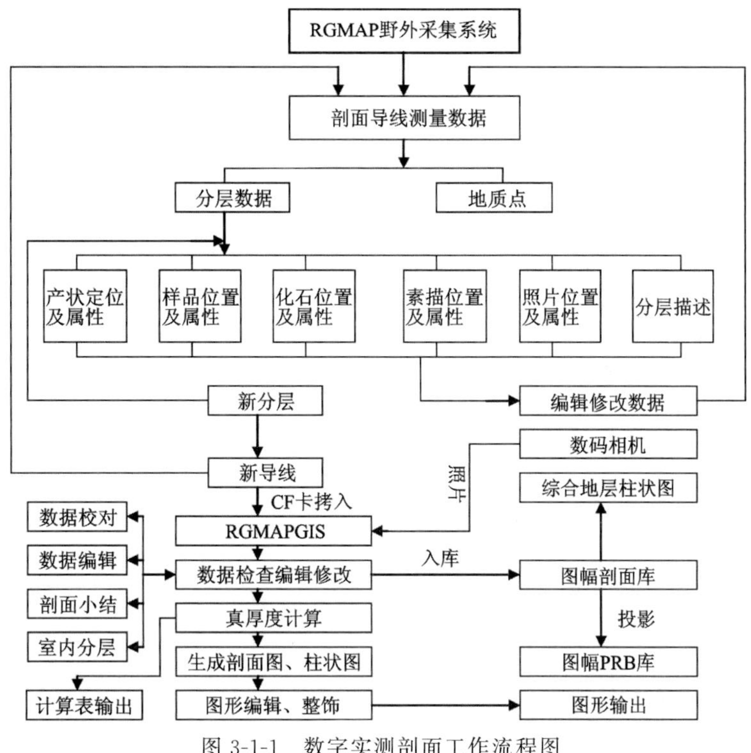

图 3-1-1 数字实测剖面工作流程图

(3)穿越法垂直于调查区岩层和构造线走向布置路线。追索法主要沿地质体界线或对其他地质现象进行追索观察。可以依据实际情况,以有效达到调查目的合理布置灵活多样的路线。

3. 路线观测要求

(1)采用数字化地质调查技术,以 DGSS 系统为平台,利用掌上电脑进行野外地质调查路线数据即 PRB 过程的无纸化采集,Gpoint(地质点)、Routing(分段路线)、Boundary(点与点间界线)为 PRB 数据采集的三大要素。地质填图路线主要控制地质体空间分布及变化,及时备份数据。野外工作初期要考虑设备可能出现的故障,允许携带传统的纸介质工作手图与野外记录本备用,但不作为原始资料归档。数字路线地质调查方法流程见图 3-1-2。

(2)客观描述岩石及岩石组合特点、产状等,详细观察描述地质界线、重要接触带、构造带、化石层、含矿层位、标志层、蚀变带、矿化体等重要地质现象。记录应翔实,测量数据准确齐全,并附素描图和照片,采集代表性样品和实物标本。

(3)地质观测点应充分利用天然露头和人工露头,必要时可安排剥土、槽探、槽型钻、浅钻等工程进行揭露。详细观测点之间可不连续观测和记录。

(五)地球物理调查

1. 物探方法选择

在武汉市开展基础地质调查工作中,涉及的方法较多,但应重点考虑选择强干扰地区合适的物探方法。以下按照调查内容的不同进行列表分类(表 3-1-4)。

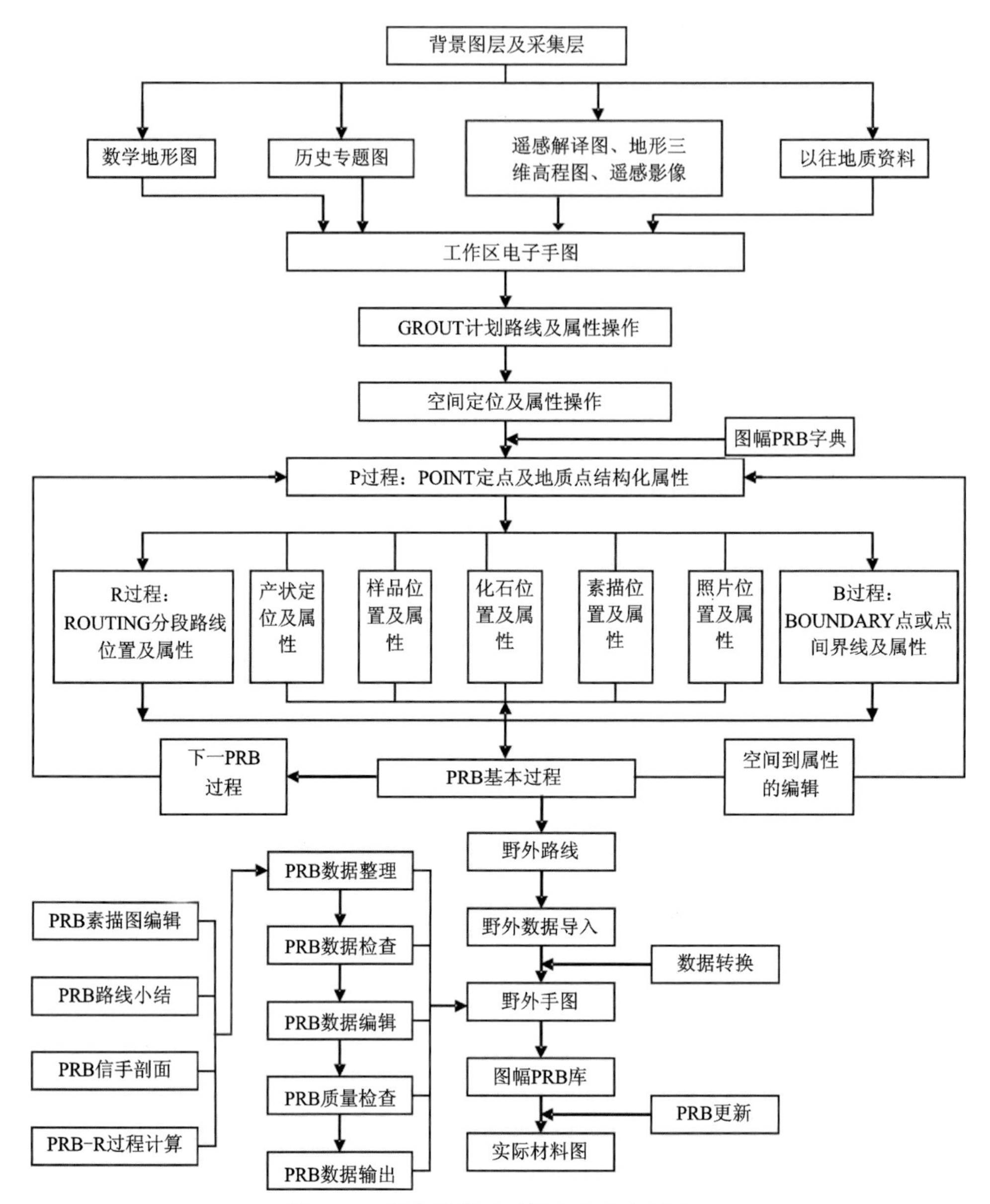

图 3-1-2　数字路线地质调查方法流程图

表 3-1-4　基础地质调查常用物探方法技术表

序号	物探方法	调查内容		执行或参考规范
1	高密度电阻率法	地层厚度、岩性界面、断层破碎带、构造等	探测深度小于 200m	《电阻率剖面法技术规程》(DZ/T 0073—2016)；《电阻率测深法技术规范》(DZ/T 0072—2020)；《城市工程地球物理探测标准》(CJJ/T 7—2017)

续表 3-1-4

<table>
<tr><th>序号</th><th colspan="2">物探方法</th><th colspan="2">调查内容</th><th>执行或参考规范</th></tr>
<tr><td>2</td><td rowspan="4">电磁法</td><td>AMT</td><td rowspan="3">地层厚度、岩性界面、构造等</td><td>探测深度小于 1 000m，干扰较小区域</td><td>《大地电磁测深技术规程》(DZ/T 0173—1997)</td></tr>
<tr><td>3</td><td>CSAMT</td><td>探测深度小于 1 000m</td><td>《可控源音频大地电磁法技术规程》(DZ/T 0280—2015)</td></tr>
<tr><td>4</td><td>广域电磁法</td><td>探测深度小于 2 000m</td><td>《广域电磁法技术规程》(DB43/T 1460—2018)</td></tr>
<tr><td>5</td><td>地质雷达</td><td>第四系分层</td><td>探测深度小于 30m</td><td>《城市工程地球物理探测标准》(CJJ/T 7—2017)</td></tr>
<tr><td>6</td><td rowspan="4">地震勘探</td><td>地震反射</td><td rowspan="4">地层厚度、岩性界面、断层破碎带、构造等</td><td>探测深度 0～2 000m</td><td rowspan="4">《浅层地震勘查技术规范》(DZ/T 0170—2020)；《城市工程地球物理探测标准》(CJJ/T 7—2017)</td></tr>
<tr><td>7</td><td>地震折射</td><td>探测深度小于 100m</td></tr>
<tr><td>8</td><td>面波勘探</td><td>探测深度小于 50m</td></tr>
<tr><td>9</td><td>微动探测</td><td>探测深度小于 2 000m</td></tr>
<tr><td>10</td><td colspan="2">磁法</td><td colspan="2">部分区域的断裂构造、变质岩、岩浆岩等，存在磁性的地质体</td><td>《地面高精度磁测技术规程》(DZ/T 0071—93)</td></tr>
<tr><td>11</td><td colspan="2">重力</td><td colspan="2">断测破碎带、岩性界面、构造等，存在密度差异的地质体</td><td>《大比例尺重力勘查规范》(DZ/T 0171—2017)</td></tr>
<tr><td colspan="6">注：表中的面波勘探仅指常规的主动源面波勘探，后面章节的面波勘探均指主动源面波勘探。</td></tr>
</table>

2. 高密度电阻率法

1)可解决的主要城市地质问题及局限性

高密度电阻率法可解决的城市地质问题包括地层厚度、岩性界面、断层破碎带、构造等；考虑到城市中一般情况下的需求，施工便利性，以及仪器的输出功率等因素，高密度电阻率法探测深度一般小于 200m。

局限性：①在硬化地面施工困难。混凝土地面可以通过采取部分措施，采集到数据；沥青路面要采集数据，一般要用打钻等方法，予以适度破坏。②高密度电阻率法探测深度与电缆布设长度密切相关，在城市中由于空间限制，在不能展开长排列的位置，施工受到限制。

2)适用的技术规范

《电阻率剖面法技术规程》(DZ/T 0073—2016)、《电阻率测深法技术规范》(DZ/T 0072—2020)、《城市工程地球物理探测标准》(CJJ/T 07—2017)。

3)主要干扰因素与抗干扰措施

(1)主要干扰因素有不稳定的地电场、游散电流等。

(2)抗干扰措施包括在仪器允许的情况下，尽量提高供电电流，供电电流宜大于 500mA，最小供电电流不宜小于 100mA；测量野外的地电干扰情况，选择在干扰较小的时间段施工；增加仪器的观测采集次数。

4)仪器设备特殊要求

目前高密度电阻率法仪型号非常多，基本都能满足城市地质探测的要求。在武汉进行城市勘探宜选用道数大于 90 道的分布式多功能电法仪；仪器的电极可以进行人为的屏蔽，可以实时检查野外工作状况，对局部测量数据可以重测。

5)野外数据采集特殊要求

(1)测线布设应垂直于探测目标体。

(2)测线布设长度应大于探测目标体最大埋深的3倍以上。

(3)测点点距应小于探测目标体尺寸。

(4)高密度电阻率法装置类型较多,一般常用的装置有温纳装置、斯伦贝谢装置等,条件允许时,在工作中,宜采用一种以上的装置进行测量。

6)资料处理与反演特殊要求

(1)绘制剖面曲线对高密度数据进行编辑,删除其中的飞点、虚假测点等。

(2)在地形起伏较大、电极间距变化较大时,要对电阻率值进行校正计算。

(3)电阻率数据处理,常用的方法有最小二乘法反演和经验系数法,要根据地质情况,选择方法进行处理,采用最小二乘法反演时,不能过度追求最小拟合差,使得反演剖面严重畸变。

7)成果表达要求

应提交的主要成果及要求:

(1)视电阻率断面图。

(2)反演成果等值线断面图。

(3)地质成果解释图。

3. 可控源音频大地电磁测深法

1)可解决的主要城市地质问题及局限性

(1)探测构造形态、产状及断裂的空间展布。

(2)探测目标层的分布及其厚度。

(3)研究地下电性的三维空间分布,开展地电构造立体填图。

局限性:在电磁干扰强烈的区域,无法施工,一般只能用于武汉市中心城区以外的其他区域。

2)适用的技术规范

《可控源音频大地电磁法技术规程》(DZ/T 0280—2015)。

3)主要干扰因素与抗干扰措施

(1)主要干扰因素:

①静态效应、近场效应。

②电磁干扰(工业干扰和人文干扰)、高压电线、通信电缆。

③地表低阻区。

(2)抗干扰措施:

①静校正的空间滤波法、相位法。

②避开电磁干扰源。

③电极附近浇水,降低接地电阻,增加供电电流。

④增加采集时长和叠加次数,根据电磁干扰的频率段特征,在设计TBL表时,宜手动设计不同的采集时长,兼顾效率和数据品质。

⑤进行干扰源调查,进行24时干扰情况采集,在此基础上,易选择在干扰较小的时间段施工。

4)仪器设备

加拿大凤凰公司产V8、美国Zonge公司产GDP32、德国GMS ADU-07E以及国产的可控源音频大地电磁采集设备。

5)野外数据采集特殊要求

(1)可控源音频大地电磁法主要采集装置有标量、矢量、张量。采集装置的选择要考虑探测地质体的复杂程度，对于比较简单的层状地质体建议选择标量装置；对于地层起伏情况不明，或者构造发育情况不明，存在多个断裂交会的位置，宜采用矢量或张量数据采集装置。

(2)在武汉市，采用CSAMT、AMT、广域电磁法等频率域电磁法进行勘探时，当勘探深≤1 000m时，测点点距宜选择50m左右；当勘探深度>1 000m时，测点点距宜选择100m左右，点距的选择要同时兼顾到信号强度和探测精度。

(3)对于有源电磁法(CSAMT、广域电磁法)，在武汉市内施工，要保证收发之间，不能存在较大的水体。

(4)场源与测线基本平行，测点布置在"远区"。

(5)收发距r宜选择6倍异常的勘探深度。

(6)供电时采用低压大电流，尽量减小接地电阻和导线电阻。

(7)测量电极MN采用不极化电极，尤其在低频段，可减小直流漂移或电极不稳造成的干扰，并确保电极的良好接地，电线要紧贴地面不能晃动。

(8)磁探头与MN电极垂直，并使磁探头水平放置，条件允许时，将磁探头埋于地下，在武汉市，磁探头埋设深度宜大于50cm，在周边存在较强的干扰时，要求适当增加磁探头的埋设深度。

6)资料处理与解释

(1)资料处理：

①对明显畸变的数据进行剔除。

②选择适当的滤波程序对干扰大、噪声强的数据做滤波处理。

③进行近场和过渡区校正。

④根据电阻率或相位断面等值线图，依据地质和地形起伏情况，判断静位移影响，选择最佳方法对静位移进行校正。

⑤对地形复杂地区做地形校正。

⑥在预处理的基础之上，宜进行多种方式的一维、二维反演处理，便于后期的解释。

(2)资料解释：

①定性解释：收集工作区各种有关的地质、物化探资料，在分析研究资料基础上进行定性解释。研究电阻率和相位断面图，进行剖面对比，初步了解工作区地质构造特征。根据地质解释需要，完成视电阻率、相位断面等值线图。

②定量解释：利用已知钻孔资料进行单点和连续断面反演计算，根据反演结果确定地质构造和地质体变化范围。利用地质模型做控制进行二维反演，完成深度-电阻率断面图。面积性测量工作时，应完成2～3个不同测量深度电阻率平面图。

③综合解释：根据完成的视电阻率断面等值线图和深度-电阻率断面等值线图，结合地质等资料进行综合分析；按从已知到未知、从点到面、从简单到复杂的解释原则，对工作区进行地质解释；完成地质构造、岩性变化等地质解释图件。

7)成果表达要求

应提交的主要成果：

(1)视电阻率断面图、等值线图。

(2)反演成果图。

(3)解释推断剖面图。

4. 大地电磁测深

1)可解决的主要城市地质问题及其局限性

可解决的主要城市地质问题：

(1)研究深部构造,探测基岩起伏和埋深,划分地质构造单元。

(2)探测断裂和推覆构造分布,探测高阻层覆盖区的下伏构造。

局限性:在电磁干扰强烈的区域,无法施工,一般只能用于武汉市中心城区以外的其他区域。

2)进行大地电磁测深法勘查的区域必须有明显的稳定的电性标志层,测区内各目的层有足够的厚度、显著的电性差异,测区内电磁噪声比较小,各种人文干扰不严重。

3)适用的技术规范

《大地电磁测深法技术规程》(DZ/T 0173—1997)。

4)主要干扰因素与抗干扰措施

主要干扰因素为人文活动的电磁场干扰及震动干扰。

抗干扰措施:

(1)距离大的工厂、电气铁路、电站在2km以上。

(2)距离广播电台、雷达站在1km以上。

(3)距离高压线在500m以上。

(4)距离繁忙公路在200m以上。

(5)应选择在干扰背景小的时间段观测。

(6)观测时电极或磁棒连线不应悬空、晃动或成匝状,需要进行压盖,对于磁棒要进行挖坑掩埋,埋设深度宜大于0.5m。

5)仪器设备特殊要求

仪器设备需具备:

(1)宜使用不激化电极。

(2)同一测区两台及两台以上仪器工作时,应在同一测点采用相同装置进行一致性观测,要求80%以上频点的相对误差小于5%。

(3)基点和测点的同步精度不宜小于10^{-8}s。

6)野外数据采集特殊要求

(1)观测方式:

①二分量观测方式为最基本的观测方式,仅观测相互正交的电场分量(E_x)和磁分量(H_y),一般在地下介质各向同性或受地形条件限制时常用。

②四分量观测方式是同时观测相互正交的电场水平分量(E_x、E_y)和磁场水平分量(H_x、H_y),一般适用于地下介质各向异性。

(2)数据采集要求:

①电磁场观测应从高频至低频,频率范围应与探测深度相符。

②每点或每站观测完毕,宜及时显示或打印视电阻率曲线、相位曲线,每次观测的视电阻率曲线和相位曲线形态应一致。

③当视电阻率曲线、相位曲线极值点在频率轴上出现位移或曲线类型发生变化时应重复观测;同一测点的重复观测或检查观测的视电阻率曲线、相位曲线形态和对应幅值宜一致。

④同一测深点进行二分量观测时,视电阻率曲线上标准偏差小于40%的点超过75%和相位曲线上不超过45°或135°的点大于75%,两种情形均满足时该点资料评为合格。

⑤同一测深点进行四分量观测时,视电阻率曲线上标准偏差小于40%的点超过70%和相位曲线上不超过45°或135°的点大于70%,两种情形均满足时该点资料评为合格。

⑥不合格的测深点大于总检查测深点数的30%,该测线或测区资料不合格。

⑦在武汉市进行数据采集时,要增加远参考点,远参考点选择要求不存在电磁干扰。

7)资料处理与反演特殊要求

(1)数据预处理:首先进行时序曲线分析,去掉干扰因素影响较大的时序曲线。视电阻率和相位随频率变化曲线,一般用滤波来抑制干扰,圆滑曲线;对个别突跳频点需采用手工剔除,以免造成假异常,对于跳频点的剔除要考虑整个曲线及左右邻近曲线形态。

(2)反演处理:主要包括一维反演、二维反演以及二维拟断面反演。其中一维反演的 Bostick 方法最为常用,效果较好;二维反演可根据具体情况合理选择二维拟断面反演,可抑制地表不均匀产生的静态效应,方法较为简单。

(3)异常的定性解释:通过分析视电阻率参数断面图,正确区分正常场和异常场,根据等值线梯度变化密集程度确定异常大致分布特征。

(4)异常的定量解释:定量解释主要有一维反演和二维反演等方法。一维反演的对象为均匀层状介质,确定层参数;二维反演法既可以确定层数,也可以进一步确定似二维异常源的空间分布特征。

8)成果表达要求

应提交的主要成果:

(1)视电阻率随深度或频率变化等值线断面图。

(2)反演成果图。

(3)解释推断图。

5.地震反射

1)可解决的主要城市地质问题及局限性

地震反射波法可解决的城市地质问题包括松散沉积层,基岩、断裂等。

局限性:武汉市是由于表层黏土层下方存在砂层,砂层对地震波存在较强的耗散和吸收,如何激发较强的地震波是在武汉市开展地震反射勘探的关键因素。

2)适用的技术规范

《浅层地震勘查技术规范》(D/T 0170—2020)、《城市工程地球物理探测标准》(CJJ/T 7—2017)。

3)主要干扰因素与抗干扰措施

(1)城市中进行地震勘探的主要干扰因素有人文活动的振动干扰和自然环境的振动干扰;在进行地震勘探前需要进行干扰波调查,调查的内容包括干扰波的类型、特征、地域特点、时间特点。

(2)抗干扰措施:常见抗干扰措施包括组合激发、组合检波、垂直叠加、水平叠加、多次激发分段拼凑等;特殊干扰波抗干扰措施包括分析特殊波的频谱、传播方向等特征,有针对性地提出抗干扰措施;多次叠加,多次覆盖,选择合适的采集参数,增加震源能量;对于人文活动造成的干扰,可统计分析干扰的时间变化规律,选择全天中干扰较小的时间段进行施工,在武汉市宜进行夜间施工。

4)仪器设备特殊要求

(1)地震仪。对于浅层勘探目标宜采取高频检波器(60Hz),对于深层勘探目标宜采取低频检波器(5~10Hz),施工检波器数量不小于 96 道,仪器输入端断路电压必须小于 1μV;仪器动态范围必须大于 140dB。在武汉市进行地震勘探时,宜选择野外现场带有锁道、叠加、删除干扰道的地震仪。

(2)震源:宜使用可控震源或者电火花震源,可控震源车吨位应大于 2t,电火花震源宜采用大功率的震源(能量宜选用 4 万 J 以上)。

5)野外数据采集特殊要求

(1)应采用多次覆盖观测系统,武汉市宜采用小道间距(2~5m),覆盖次数选择根据探测目标深度等进行野外现场试验确定;当探测目标小于 200m 时,宜选择小道间距,较低的覆盖次数,宜选择 10 次以下,当探测目标体埋深较大时,可以选择较大的道间距和覆盖次数。

(2)目前的地震仪增加地震道数比较容易,因此,一般最大炮检距与探测深度大致相当;偏移距一般选择零偏移距，采用端点激发或不对称激发装置。

(3)原始资料记录质量评价，"优良"品合格率不少于80%。

(4)单炮记录需保证初至波清晰，且初至波前无明显干扰。

6)资料处理与反演特殊要求

(1)原则上进行二维速度分析，特殊情况下可以进行层析成像反演。

(2)沿剖面要保证有足够的提取动校正速度分析段；宜不少于40个CDP点有一个动校正曲线。

(3)应进行地形静校正、低速带静校正。

(4)在界面倾角>15°时，应进行偏移处理。

7)成果表达要求

应提交的主要成果及要求：

(1)提供满足总项目要求内容的成果。

(2)背景噪声成果资料。

(3)勘查区域试验剖面：包括采集参数确定的依据。

(4)地震工作布置图。

(5)速度参数表。

(6)反射地震剖面图。

(7)地震-地质综合解释图。

6. 高精度磁力勘探

1)可解决的主要城市地质问题

(1)为区域地质调查提供基础地质资料，配合地质填图(区分强磁性岩石的边界、确定某种沉积岩和其他岩石及弱磁性岩石的边界)和断裂性断层填图(各种弱磁性岩石的错动或填充的磁性岩脉、岩石研究断裂)。

(2)城市磁起伏基底研究，适合于盖层无磁性或弱磁性、基底为中等或强磁性变基底或火成岩构成基底的沉积盆地地区。

(3)推断断裂构造，研究平面上与有磁性地质体边界有关的断裂构造的展布，与火成岩体侵入、喷出等有关的断裂构造的展布，条件有利时研究断裂构造的产状。

(4)研究磁性火成岩体的空间产状。

2)城市应用的局限性

在城市中进行磁法勘探有一定局限性，磁法探测成功与否取决于目标信号的信噪比，因此只能作为一种辅助的手段。

在存在建筑物的区域一般施工困难，仅能用于武汉市远郊区和水域上方。

3)适用的技术规范

《地面高精度磁测技术规程》(DZ/T 0071—93)、《航空磁测技术规范》(DZ/T 0142—2010)、《全球定位系统(GPS)测量规范》(GB/T 18314—2009)、《物化探工程测量规范》(DZ/T 0153—2014)。

4)主要干扰因素与抗干扰措施

(1)城市磁测量的主要干扰因素为人文干扰。以研究磁性体分布、深部磁性界面埋深、断裂构造、岩体分布为主要目的的磁法勘探工作，宜以航磁测量为主。航磁测量易于通过航高控制观测仪器与人文干扰的距离，能够把握在充分衰减人文干扰的前提下，卓有成效地采集反映地下地质结构的磁场信息。

(2)一般在城市开展高精度磁测时，应远离高压线150m、远离高大建筑群100m、远离汽车50m、远离普通民房30m。

(3)避免在下水道、高压线、变压器、繁忙公路、密集楼群内开展高精度磁测工作。

5)仪器设备特殊要求

地面磁测应以高精度磁测为主,要求仪器分辨率在 0.1nT 以上,仪器精度优于 1nT。国产及进口质子磁力仪、光泵磁力仪均可,梯度容差大的仪器优先考虑。

6)野外数据采集特殊要求

(1)选择责任心强的仪器操作员操作磁力仪,时刻避免人文磁干扰。

(2)以寻找铁磁目标物为目的的勘探工作要考虑采用适当稀疏的测网,以不漏掉目标物为宜。

(3)以寻找弱磁性目标物为目的的勘探工作要加密测网,并严格执行仪器的各项改正,提高测量精度。

(4)为突出近地表磁性体,可以采用磁梯度测量、磁张量测量。

7)已有航磁资料的利用

(1)数据准备原则:

①模拟数据必须按照质量要求数字化。

②所有数字化数据必须统一到相同格式上。

③新数据覆盖旧数据。

④大比例尺数据覆盖小比例尺数据。

⑤数字收录数据覆盖模拟记录数据。

⑥高精度数据覆盖低精度数据。

(2)等值线平面图的编制:要进行数据调平和网格拼接,提高数据质量。

(3)要收集以下资料:

①收集城市磁测剖面数据,以大于 1∶50 000 甚至更大比例尺为主,如没有 1∶50 000 或更大比例尺资料时,应用 1∶50 000～1∶200 000。

②收集与磁有关的磁异常地面查证资料,如查证报告、查证剖面图等。

③收集与磁有关的地质矿产与构造资料,以大于 1∶50 000 比例尺为主,如没有 1∶50 000 或更大比例尺资料时,应用 1∶50 000～1∶200 000。

④收集与磁有关的地面磁测资料。

⑤收集与磁有关的物性资料。

⑥收集与磁有关的航磁异常推断解释资料,如大于 1∶50 000 比例尺的航磁综合研究报告及航磁异常分布与成矿预测图。

8)资料处理与反演特殊要求

(1)以区域地质构造研究为目的的航磁资料处理与解释除采用常规的化磁极,延拓、垂向一次导数、剩余磁异常计算等处理外,还要计算磁基底深度,开展二维、三维反演拟合。

(2)通过原始 ΔT 磁异常或其剩余异常、垂向一次导数等的阴影图突出断裂构造的空间展布,通过开展欧拉反褶积工作判断磁性体埋深。

(3)以寻找目标物为目的的地面磁测更强调剩余磁异常的提取和局部有用信号的增强。宜采用向下延拓、各种滤波处理;配合开展二维、三维正反演计算磁性体埋深与产状。

9)成果表达要求

主要提交以下图件:

(1)基础图件:磁法 ΔT 异常图、磁法 ΔT 平面剖面图。

(2)数据处理图件:剩余磁异常图、磁异常垂向一次导数图、向上(向下)延拓图、各种滤波处理图。

(3)地质解释图件:正反演解释剖面图、推断基岩顶面深度图、推断地质构造图以上图件按表现形式又可分为三类:第一类为剖面图、正反演断面图;第二类为常规平面图;第三类为三维模型可视化显示图。

(4)成果报告用于帮助用户正确使用推断成果图,应逐一详细具体地说明成果及其内涵、可靠性(精度、依据)、使用(引用)注意事项等图上难以表达的具体内容。

7.高精度重力勘探

1)可解决的主要城市地质问题及其局限性

(1)调查新近系和古近系覆盖区主要断裂的基本格架,调查结晶基底深度变化与基底的组成结构研究,编制推断基岩地质构造图。推断断裂构造,研究平面上断裂构造的展布,条件有利时研究断裂构造的产状。当基底与盖层有明显密度差异时,研究基岩顶面埋深。

(2)探测隐伏断裂和破碎带。

局限性:①在城市主干道等车流与人流较大的位置施工困难;②在高大建筑和存在大型地形空间的位置,后期资料处理存在一定的难度。

2)适用的技术规范

《重力调查技术规定(1∶50 000)》(DZ/T 0004—2015)、《区域重力调查规范》(DZ/T 0082—2006)、《大比例尺重力勘查技术规范》(DZ/T 0171—2017)、《物化探工程测量规范》(DZ/T 0153—2014)。

3)主要干扰因素与抗干扰措施

(1)振动干扰。通过远离干线公路、繁忙施工场地、重型动力设备、人群嘈杂环境等避免干扰;可以采用深夜时段观测,减小在中心城区开展重力测量时的振动干扰。

(2)地形干扰。合理选点,尽可能避免近区地形尤其是 20m 之内的地形影响,远离高大建筑物。

(3)当使用 GPS 测量时,保证 GPS 有固定解。

4)仪器设备特殊要求

要求使用分辨率等于或优于 0.01×10^{-5} m/s^2 重力仪。如使用 LCRD&G 重力仪和 CG-5 等重力仪。

使用测地型单频、双频 GPS 接收机或实时 RTK-GPS 接收机观测三维坐标,配合 CGCS2000 高程异常改正。在 GPS 信号接收受障的城区,高程宜采用水准仪、全站仪测量。

5)野外数据采集特殊要求

(1)开展 1∶50 000 重力测量进行面积重力场研究时,重力测量精度要求达到$(100\sim150)\times10^{-8}$ m/s^2。

(2)1∶5 000 及更大比例尺的重力测量工作,重力测量精度要求达到$(30\sim100)\times10^{-8}$ m/s^2。

(3)优于 50×10^{-8} m/s^2 重力测量工作,宜采用 6 时(半日内)闭合一次基点,高精度测地区要求 2 时进行一次闭合差测量。

(4)选点避免主要干扰因素干扰。

(5)对近区地形影响进行要八方位地形改正。

6)已有资料的利用

(1)全面收集城市 1∶200 000、1∶100 000、1∶50 000 或更大比例尺的重力资料。收集的重力数据应包括点号、X 坐标、Y 坐标、高程、近区地改值,中区地改值、布格重力异常值 7 项内容,并收集所有数据的技术说明书。

(2)收集的重力数据必须按《区域重力调查规范》(DZ/T 0082—2006)进行"五统一"改算。即如下所述:

①统一采用 2000 国家重力基本网系统。

②统一采用 CGCS2000 坐标系统和 1985 国家高程基准。

③统一采用国际大地测量学会(IGA)推荐的 1980 年公式计算重力异常值。

④统一采用《区域重力调查规范》(DZ/T 0082—2006)规定的公式进行布格改正和中间层改正,密度统一采用 2.67×10^{-3} kg/m^2。

⑤统一采用166.7km的半径进行地形改正。

(3)已有成果资料收集:

①图件资料(含平面图、综合剖面图等各种解释图件);

②物性资料(统计数据:若可能,收集物性标本点位数据资料;如必要,需进行进一步统计工作);

③已有的解释推断成果(含推断成果图和文字报告中有关解释推断成果的描述,重点包括1∶200 000研究地区的重力综合解释成果报告、1∶50 000及更大比例尺资料解释推断成果)。

7)资料处理与反演特殊要求

(1)常规位场转换工作既可以采用频率域方法,也可以采用空间域方法。

(2)面积性重力测量异常分离与增强方法既可以使用常规方法,也可以使用有特色的方法技术。剖面重力测量可以通过计算重力异常水平梯度揭示可能存在的断点。

(3)工作区位于沉积盆地时,要开展三维重力正演剥层工作,并随着已知资料的不断增加,把正演剥层工作精细、深化。进而开展基底的连续介质三维密度界面反演或基岩顶面视密度反演,达到逐步认识基岩地质特征的目的。

(4)建立城市主干地质剖面,开展二度半剖面重力正反演拟合工作,并随着认识加深不断完善。

(5)建立城市重力三维正反演模型,并不断细化。

8)成果表达要求主要提交以下图件

(1)基础图件:布格重力异常图。

(2)数据处理图件:剩余重力异常图、区域重力异常图、水平梯度图与水平导数图、垂向二次导数图,向上(向下)延拓图、各种滤波图等。

(3)地质解释图件:正反演解释剖面图、推断基岩顶面深度图、推断目的地层厚度推断地质构造图。

(4)成果报告用于帮助用户正确使用推断成果图,应逐一详细具体地说明成果及其内涵、可靠性(精度、依据)、使用(引用)注意事项等图上难以表达的具体内容。

8. 物性测试

物性测量对物探成果解释至关重要,进行物性测量主要依据各方法勘探规范及《岩矿石物性调查技术规程》(DD 2006-03)。

(六)地球化学调查

1. 调查目的

地球化学调查旨在分析岩石、土壤、水系沉积物中化学元素分布、迁移、富集的规律及其与基岩、构造、矿化和生态环境之间的关系,为揭示区域地质体物质特征和地表作用过程研究提供地球化学依据。

武汉市多要素城市地质调查工作中,基础地质调查是综合性地质调查的重要组成部分,一般按标准图幅部署,但凡涉及有关土地质量等生态地质环境评价工作内容时,则应配套安排相应比例尺的地球化学普查或详查工作。

2. 方法选择

以土壤地球化学测量为主,辅以不同比例尺的地球化学剖面测量。

3. 采样工作技术要求、样品加工、异常查证等技术要求

详见第五章第三节。

4. 质量监控

建立健全三级质量管理体系，保证各级质量检查活动留有文据、取得实效。采样小组自检和互检比例为100%，野外实地检查工作量3%～5%，室内检查工作量20%。

5. 成果格式

1）报告

成果报告只作为子报告或主报告某一章。

2）图件

样点预布图、工作部署图、原始数据图、实际材料图、地球化学图、异常图、解释推断图。

3）数据库

（七）工程揭露

1. 工作目的

通过工程揭露揭示覆盖层及基岩地质构造特征，验证物探推断解释成果，追踪和圈定地质体的重要接触关系、厚度变化和空间分布特征。活动构造区重点确定活动断裂性质、活动期次及古地震活动周期等特征。

2. 工作方法

在充分利用自然露头和人工露头基础上，根据不同填图目标部署适量的钻探、槽探及剥土等揭露工程。揭露工程应与地球物理调查工作相结合，形成物探-钻探-地质联合剖面，对重要地质边界可视情况适量部署钻孔追索。

3. 工作要求

基岩区槽探和钻探以揭露和验证重要地质体深部延伸为目的。覆盖区钻探工作部署以揭露和验证第四纪覆盖层组成、结构、层序建立和地层划分为主，部分要兼顾下伏前第四系基岩类型及重要边界的揭露和验证。

地质钻探施工全过程中所用的各类记录表格参照附件1编制。

四、区域地壳稳定性评价

（一）目的任务

区域地壳稳定性评价是在收集调查区区域地质、地球物理、内外动力灾害等资料的基础上，综合分析各指标对区域地壳稳定性影响及指标间的相互作用，划分出不同稳定程度的区块，并阐明各区块主要区域地壳稳定性条件，提出利用与改造建议。

区域地壳稳定性评价工作的目的是查明活动断层特征及灾害效应，评价区域地壳稳定性，为国土空间开发利用、重大工程和城镇规划选址提供地质依据。其任务为：一是调查和分析区域地壳稳定性的影响因素，进行区域地壳稳定性分区并划分级别，编制区域地壳稳定性评价图；二是建立区域地壳稳定性评价空间数据库；三是根据区域地壳稳定性评价结果，提出国土空间开发利用、重大工程和城镇规划选址建议。

区域地壳稳定性评价领域较为成熟且具代表的基础理论有3种：一是李四光先生倡导的活动构造体系与“安全岛”理论；二是构造控制理论，强调地球的内动力作用产生的构造活动性和构造块体的稳定性；三是区域稳定工程地质理论，以区域稳定性工程地质评价为核心。

（二）基本要求

（1）应在构造稳定性和地表稳定性调查评价的基础上进行区域地壳稳定性评价。

（2）应充分收集构造地貌、活动断层、地壳形变、构造应力场、地壳结构、深部地球物理场、地震活动性、岩土体性质等方面的资料，并补充适量的调查与勘探工作。

（3）对区域地壳稳定性评价分区结果应阐述数据来源、评价方法及对策建议。

（三）评价指标体系

1. 构造稳定性评价

应包括地震活动性、地块特征、断层活动性、构造应力应变特征、地球物理场特征5类基本指标，详见表3-1-5。

表3-1-5　构造稳定性评价基本指标及分级标准

构造稳定性分级	地震活动性			地块特征	邻近50km范围内断层活动性	构造应力应变特征		地球物理场特征	
	地震峰值加速度 g	区域内历史最大地震震级 M	潜在震源区（震级上限）Ms			构造应力场	区域地表变形 s /mm·a^{-1}	重力布格异常梯度 Δg /[10^{-5}m·(s^2·km)$^{-1}$]	大地热流值 q^* /(mW·m^{-2})
稳定	$g<0.05$	$M<5$级地震	$Ms<5.5$	古老结晶基底（前寒武纪），工作区范围内没有活动火山或潜在火山灾害不能影响划分单元，划分单元内没有第四纪火山	无活动	岩石饱和单轴抗压强度与最大主应力比值大于10，主应力方向变化0°～10°。	均匀上升或下降（$s<0.1$）	$\Delta g<0.6$	$q<60$，基本无温泉
次稳定	$0.05\leqslant g<0.15$	有$5\leqslant M<6$级地震活动或不多于1次$M\geqslant6$级地震	$5.5\leqslant Ms<6.5$	古生代褶皱带中地（岩）块、地壳较完整	弱活动性	岩石饱和单轴抗压强度与最大主应力比值为7～10，主应力方向变化为10°～30°	不均匀升降，轻微差异运动（$0.1\leqslant s<0.4$）	$0.6\leqslant\Delta g<1.0$	$60\leqslant q<75$，有零星温泉分区
次不稳定	$0.15\leqslant g<0.4$	有$6\leqslant M<7$级地震活动或不多于1次$M\geqslant7$级地震	$6.5\leqslant Ms<7.5$	中、新生代褶皱带盆地、槽地边缘、地壳破碎	较强活动或中等活动	岩石饱和单轴抗压强度与最大主应力比值为4～7，主应力方向变化为30°～60°	显著断块差异（$0.4\leqslant s<1$）	$1.0\leqslant\Delta g<1.2$	$75\leqslant q<85$，有热泉、沸泉发育

续表 3-1-5

构造稳定性分级	地震活动性			地块特征	邻近50km范围内断层活动性	构造应力应变特征		地球物理场特征	
	地震峰值加速度 g	区域内历史最大地震震级 M	潜在震源区(震级上限)Ms			构造应力场	区域地表变形 s /mm·a^{-1}	重力布格异常梯度 Δg /[10^{-5}m·(s^2·km)$^{-1}$]	大地热流值 q^* /(mW·m^{-2})
不稳定	$g \geqslant 0.4$	有多次 $M \geqslant 7$ 级的强地震活动或1次 $M \geqslant 8$ 级地震	$Ms \geqslant 7.5$	新生代褶皱带、板块碰撞带,地壳破碎	强活动	岩石饱和单轴抗压强度与最大主应力比值小于4,主应力方向变化为60°~90°	强烈断块差异运动($s \geqslant 1$)	$\Delta g \geqslant 1.2$	$q \geqslant 85$,热泉、沸泉密集发育
注:* 大地热流值以温泉作为参考。									

2. 地表稳定性评价

应包括活动断层展布、地质灾害、岩土体类型和构造地貌4项基本指标,详见表3-1-6。

表 3-1-6 地表稳定性评价基本指标及分级标准

稳定性分级	活动断层展布	地质灾害			岩土体类型	构造地貌
		外动力地质灾害	内动力地质灾害	人类活动地质灾害		
稳定	划分单元及外延20km范围内无活动断层	基本无外动力地质灾害	无构造地质灾害,不具备地震震动诱发地质灾害的岩土体条件	无采矿、水库蓄水等工程建设,或大规模工程建设不易造成地质灾害	完整坚硬岩体:火成岩,厚层、巨厚层沉积岩,结晶变质岩等	剥蚀准平原、山前平原、冲积平原、构造平原
次稳定	划分单元及外延5km范围内无活动断层	降雨、河流冲蚀等水动力诱发的地质灾害偶有发生、规模较小	无构造地裂缝,具有地震砂土液化的岩土体条件	采矿或地下工程诱发地质灾害偶有发生,库岸斜坡基本稳定,抽汲地下液体或气体未诱发地表变形	较坚硬的沉积岩,砂砾土,砂土的粗颗粒第四纪地层	山间凹地,冲积平原,湖积平原
次不稳定	划分单元内有弱活动断层和中等活动性断层	降雨、河流冲蚀等水动力诱发的地质灾害频较繁、规模中等	存在构造地裂缝,具有发震断层地表破裂、地震砂土液化的构造和岩土体条件,未来可能发生	采矿或地下工程易诱发地质灾害,库岸斜坡有蓄水失稳,抽汲地下气液体诱发地表变形	页岩、黏土岩、千枚岩及其他软弱岩石,风化较强烈(未解体)岩石,松散土体	丘陵,剥蚀残丘,洪积扇,坡积裙,阶地,沼泽堆积平原

续表 3-1-6

稳定性分级	活动断层展布	地质灾害			岩土体类型	构造地貌
		外动力地质灾害	内动力地质灾害	人类活动地质灾害		
不稳定	划分单元内有较强活动断层和强活动断层	降雨、河流冲蚀等水动力诱发的地质灾害频繁、规模大	构造地裂缝成带分布，或发震断层地表破裂、地震砂土液化历史上曾有发生，未来发生可能性大	采矿或地下工程诱发地质灾害频繁发生，库岸斜坡严重失稳，抽汲地下气液体导致地表严重变形	砂土层，特别是淤泥、粉细砂层、黏土类土发育。分布较宽的构造岩带（糜棱化破碎带）、风化严重致解体的松散土体、严重的岩溶地段，以及膨胀性岩土，浅水位松散土	构造或剥蚀山地、丘陵，河床，河漫滩，牛轭湖，河间地块，沼泽

3. 区域地壳稳定性评价

首选多指标栅格叠加法或层次综合分析法进行评价，次选布尔运算或单指标判别法进行评价。区域地壳稳定性评价以构造稳定性为主导，以地表稳定性为辅助，评价结果宜符合表 3-1-7 中规定的对应关系。评价结果应分为稳定、次稳定、次不稳定、不稳定等 4 个级别，根据区域特点可增加极不稳定、极稳定等额外分级，分区大小宜体现出“区内相似，区间有别”的地质条件差异。

表 3-1-7 区域地壳稳定性级别划分表

区域地壳稳定性分级	构造稳定性	地表稳定性
稳定	稳定	稳定
	稳定	次稳定
次稳定	稳定	次不稳定
	次稳定	稳定
	次稳定	次稳定
次不稳定	稳定	不稳定
	次稳定	次不稳定
	次稳定	不稳定
	次不稳定	稳定
	次不稳定	次稳定
	不稳定	稳定
不稳定	次不稳定	次不稳定
	次不稳定	不稳定
	不稳定	次稳定
	不稳定	次不稳定
	不稳定	不稳定

(四)成果形式

(1)区域地壳稳定性评价报告。
(2)区域地壳稳定性评价图。
(3)数据库。数据库中应包括单指标图层、单指标评价图、构造稳定性评价图、地表稳定性评价图、区域地壳稳定性评价图。

五、成果表达

(一)图件

(1)实际材料图。
(2)地质图。
(3)选择编制基岩地质图、三维地质结构图、岩相古地理图、地貌图、活动构造图等。
(4)分工作手段的过渡性图件。
成果图件编图原则及技术要求参照《区域地质调查技术要求(1∶50 000)》(DD 2019-01)。

(二)报告

区域地质调查报告及地质图说明书、专题研究报告和子项目报告。报告编写提纲参照《区域地质调查技术要求(1∶50 000)》(DD 2019-01)之附录C。

(三)数据库

在实现地学信息空间分析的基础上,拓宽和增强服务领域与服务功能。包括以下3类数据库:原始资料数据库、成果数据库和资料数据库。

第二节　水文地质调查评价

一、调查内容

调查包气带结构、含水层或蓄水构造的空间结构与边界条件;地下水补给、径流、排泄条件及其地下水动态特征和影响因素;地下水水化学特征、形成条件和影响因素,初步查明地下水污染现状;地下水开采历史和开发利用现状;与地下水开发利用有关的环境地质问题。

(一)目的

在完成基础地质调查评价并充分收集利用现有水文地质资料的基础上,以地面调查、物探和钻探为主要手段,开展武汉市主城区、开发区1∶25 000和新城区1∶50 000水文地质勘查,查明武汉市内各类含水岩层的水文地质条件,水文地质及环境水文地质问题,提高区域水文地质研究程度。为武汉市应急水源地总体规划提供依据;为重点地区专门性水文地质勘查奠定基础;为国土整治、城市总体规划、建设提出水文地质依据与建议;为地下水资源的合理开发利用和地质环境保护提供依据。

(二)任务

(1)查明包气带结构;含水层或蓄水构造的空间结构与边界条件。
(2)查明地下水补给、径流、排泄条件及地下水动态特征和影响因素。
(3)查明地下水水化学特征、形成条件和影响因素,初步查明地下水污染现状。
(4)查明地下水开采历史和开发利用现状。
(5)查明与地下水开发利用有关的环境地质问题。
(6)完善和优化地下水动态监测网点。
(7)建立 1∶50 000(1∶25 000、1∶10 000)水文地质空间数据库。
(8)评价地下水资源及相关的环境地质问题。
(9)提出地下水可持续开发利用区划和保护地质环境的对策建议。

二、工作精度

一般调查区、深化调查区和重点调查区分别采用 1∶50 000、1∶25 000 和 1∶10 000 比例尺,总体上视需求而定。武汉市水文地质条件复杂程度分区如表 3-2-1 所示。

表 3-2-1　水文地质条件复杂程度表

分区	简单地区(Ⅰ类)	中等地区(Ⅱ类)	复杂地区(Ⅲ类)
地貌类型	单一	多样	多样
地层及地质构造	简单	较复杂	复杂
含水层结构与空间分布	结构简单、比较稳定	层次多,但有一定规律	结构复杂、空间分布不稳定
地下水补径排条件、水动力特征及水化学规律	简单、水质类型单一	较复杂	复杂
水文地质条件变化及环境地质问题	变化不大、不存在环境地质问题	变化较大、有较突出的环境地质问题	变化很大、环境地质问题突出

三、工作方法与技术要求

(一)遥感地质调查

1. 遥感解译基本要求

(1)遥感信息源尽可能选用多种类型,多种时相的航天、航空遥感影像数据,二者宜结合使用。航天遥感数据以 ETM、SPOT-5 的 2.5m 全色+10m 多光谱数据为首选。

(2)遥感解译工作应先于水文地质测绘,并贯穿于项目的全过程。遥感解译工作程序:前期技术准备阶段→初步解译阶段→建立野外解译标志→详细解译阶段→野外验证与同步解译阶段→再解译再认识阶段。

(3)野外检验应与水文地质测绘紧密结合,一般采用路线控制和统计抽样检查的方式进行。包括解译判释标志检验、室内解译判释结果及外推结果的验证等。

(4)有条件时可根据影像信息,借助计算机技术判别影响降水入渗、蒸发和土壤湿度、地表植被覆盖类型,定量或半定量求取相关水文地质参数。

(5)对水文地质问题及与地下水有关的环境地质问题研究有重要指示意义的特殊影像,应选定重点地段进行多时相遥感资料的动态解译分析。

(6)各种水文地质界线,一般应采用追索法在图像中连续圈定。

(7)遥感(RS)解译应与卫星定位系统(GPS)、地理信息系统(GIS)联合使用,编制影像地图,实现水文地质信息、与地下水有关的环境地质信息的可视化。

2. 遥感解译内容

(1)地貌基本轮廓、成因类型和主要微地貌形态组合及水系分布发育特征,判定地形地貌、水系特征与地质构造、地层岩性及水文地质条件的关系。地貌特征分析,提取水系等地物标志,圈定地表水体。可利用多期遥感影像解译地表水体的变迁,特别是河流、湖泊以及湿地的河道变迁的轨迹。

(2)识别不同种类岩石的影像特征,建立判别标志,区别主要岩石类型:沉积岩(第四系松散堆积物、灰岩、碎屑岩)、变质岩和岩浆岩。根据识别的各类地层的岩性及分布范围,对不同地层的透水性、富水性进行分析和判断。

(3)识别并建立各类地质构造的地貌、影像特征及解译标志,进行线环性构造初步解译。解译主要构造形迹的分布位置、发育规模及展布特征,判定地质、水文地质条件与地质构造的关系。

(4)解译各种水文地质现象,圈定泉点、泉群、泉域、地下水溢出带的位置,河流、湖泊、库塘、沼泽、湿地等地表水体及其渗失带的分布,确定古(故)河道变迁、地表水体变化以及各种岩溶现象的分布发育。

(5)解译与地下水开发利用有关的地质环境问题、水环境问题和生态环境问题。重点解译土地利用、地表水体及污染情况、污染源分布、地面塌陷、地裂缝、植被分布现状及其变化等。

(6)条件具备时,可采用遥感数据解译计算土壤含水量、蒸发量等参数。

(7)对不同类别地区,除判明一般水文地质条件外,尚应按各类地区的特点和任务要求针对性地解译其专门内容。

3. 野外验证

在完成遥感解译后,要到野外现场进行验证工作后,核实遥感解译成果的准确性。

(二)水文地质测绘

1. 部署原则

(1)工作部署总体按照统筹兼顾、突出重点、适度超前的原则。

(2)在充分收集利用前人工作成果和资料二次开发的基础上进行调查的原则。

(3)突出重点兼顾一般的原则,工作要分清主次,重点调查区开展全面调查,一般调查区和深化调查区重点开展地下水资源、水文地质条件及水文地质环境地质问题调查。

(4)工作量的布设以重点问题和重点区为主,其他为辅的原则,1∶50 000 水文地质调查按(表 3-2-2)核定工作量,1∶25 000 和 1:10 000 水文地质调查暂时没有每百平方千米基本技术定额,可按照 1∶50 000的基本技术定额增加(1∶25 000 水文地质调查增加 60%的定额,1∶10 000 水文地质调查增加 150%的定额)。

(5)充分利用工作区内现有生产井、观测孔、工民建工程勘察资料的原则。

(6)水文钻探工作部署应尽量做到“一孔多用”或“一点多用”。

表 3-2-2 1:50 000 水文地质调查每百平方千米基本技术定额一览表

水文地质条件复杂程度		观测路线间距/km	观测点/个	水文点占观测点比例/%	水文物探/点	抽水试验/组	勘探钻孔数/个	水质分析/件	水同位素样品/件
平原地区	简单地区	1.7～2.0	40～45	75～85	50～60	3～4	2.0～2.5,进尺 600～750m	8～15	5～6
	中等地区	1.5～1.7	50～55	75～85	60～80	4～6	2.5～3.5,进尺 750～1 000m	15～20	6～8
	复杂地区	1.2～1.5	60～65	75～85	80～100	6～8	3.5～4.0,进尺 1 000～1 300m	20～25	8～10
丘陵地区	简单地区	1.2～1.5	40～60	60～65	50～60	4～5	3.0～5.0,平均进尺 100m	5～15	4～6
	中等地区	0.9～1.2	60～85	60～65	80～100	6～8	6.0～12.0,平均进尺 100m	10～20	6～10
	复杂地区	0.6～0.9	80～120	60～65	100～120	8～10	8.0～15.0,平均进尺 100m	20～30	10～15

2. 资料收集

1)资料收集与整理目的

(1)有针对性地系统收集有关资料,掌握调查区地质水文地质概况、研究程度和存在的水文地质环境地质问题,为设计编制提供依据。

(2)进行资料的二次开发利用,避免重复工作,节省工作量、提高工作质量。

2)资料收集内容与要求

(1)基础地质。

①地层、岩相古地理、地质构造资料,区域地质调查及地质研究成果。

②地貌图、地质图、地质构造图、岩相古地理图、综合地层柱状图、区域重力和航磁等值线图(或异常图)等资料。

③岩矿鉴定成果、岩土化学分析成果、古生物鉴定成果、地层测年成果等。

④控制性的地质钻孔、矿产勘探钻孔资料。

(2)水文地质。

①区域水文地质调查成果、水源地勘察成果及有关水文地质研究成果。

②水文地质图、地下水资源图、水文地质区划及开发利用图、地下水水化学图、地下水等水位(水压)线与埋藏深度图。

③水文地质钻孔、供水管井、泉水资料及其他集水构筑物资料。

④地下水水质分析成果,水同位素测试成果。

⑤抽水试验、物探测井、地下水动态监测、地下水均衡试验资料。

⑥水源热泵开采井与回灌井和疏排水工程(基坑、地铁隧道、地下硐室等工程)等相关资料。

综合分析收集的资料,对以往工作中存在的问题有针对性地进行补充工作。

(3)遥感与地球物理勘探。

遥感包括不同时期的航片与卫片及其解译成果,不同时期不同波段的遥感数据。地球物理勘探包括电法、磁法、电磁法、重力、地震、热红外、a 卡测量等物探方法所获得的地区地球物理参数及其解释成果资料。

(4)气象水文。

①气象资料包括工作区多年、年及月降水量、蒸发度、相对湿度及气温资料,年无霜期及冻结深度资料。

②水文资料包括水系分布、河川流域面积,年及月平均径流量、平均流量、水位、含沙量、水质。水库与湖泊的位置、面积、容积、水质。引地表水灌区的分布范围、引灌水量资料。

(5)环境地质。

①开发地下水引起的环境地质问题方面的相关资料。

②地表水污染引起的地下水水质恶化;水库兴建、地表水不合理灌溉、跨流域调水等引起的地下水水位上升、土壤沼泽化。

③地表水上游截流引起的地下水水位下降、水资源衰减、植被受损,湖泊、湿地、大泉消亡等的现状及其发展趋势。

④工矿、建筑废渣、废气、生活垃圾污水等不合理排放引起的地下水污染等。

(6)地下水开发利用。

①地下水开发的历史及现状。

②开采井的数量、分布、取水层位、开采量及用途。

③水资源供需矛盾、地下水开发与利用潜力等。

(7)国民经济现状、发展规划及其对水资源的需求。

(8)其他有关资料。收集最新的公开发行的地形图、地质图。地形图一般要求比水文地质调查精度比例尺要大,文地质调查精度比例尺为 1∶50 000、1∶25 000、1∶10 000 三种比例尺,则所用地形图对应的比例尺为 1∶25 000、1∶10 000、1∶2 000。

3. 踏勘

1)测制典型的地质剖面

图幅调查在正式开展工作前期,应选择垂直地层走向、地形起伏较大、地层出露较齐全的地段进行翔实的大比例尺地质剖面测量(1∶2 000~1∶10 000)。目的是建立工作区内地层层序,查清厚度及其变化,接触关系,确定测区内填图基本单位。从走向(即纵向)和倾向(即横向)上有效控制了各地层的变化和地质构造之间的变化关系,为水文地质填图打下坚实基础。

2)初步确立水文地质填图单元

描述区域水文地质特征而设定的最小含水岩组单位。可根据不同工作目的、比例尺要求设定。以地层层序相连、含水特征相似、水力联系密切的可渗透岩层(体)组合体作为水文地质填图单元,进一步确定工作区所有含水岩组。

4. 水文地质调查

1)地形地貌调查

地貌的观察与描述应与水文地质条件的分析研究紧密配合,着重观察研究与地下水富集有关或由地下水活动引起的地貌现象。

(1)基本地貌单元(丘陵、岗地、平原等)的分布情况和形态特征(海拔高程,水系平面分布特征,分水岭的高度及破坏情况,地形高差、切割程度及地表坡度等),并分析确定其成因类型。

(2)丘陵区调查:地面高程30～200m,根据残丘低山的高程及微地貌形态的差别,可进一步分为剥蚀高丘陵、剥蚀低丘陵及剥蚀堆积丘陵等3个地貌亚区。调查丘陵的走向,坡度,河床纵向坡度变化情况,各地段横剖面的形态、切割深度及谷坡的形状(凸坡、凹坡、直坡、阶梯坡等)、坡度、高度和组成物质,河床宽度以及植被情况等;冲沟的调查位置(所在的地貌单元和地貌部位)、密度与分布情况,规模及形态特征,冲沟发育地段的岩性、构造、风化程度、沟壁情况及沟底堆积物的性质和厚度等,沟口堆积物特征,洪积扇的分布、形态特征(长、宽、坡向、坡度起伏情况和切割程度等)及其组合情况。

(3)岗地区调查:地面高程25～45m,地面呈波状起伏地形。大多数岗地区没有地下水含水岩组。

(4)平原区调查:主要分布于两江四岸,地面平坦开阔,微有倾斜,地面标高18～24m。地貌结构上表现为一级阶地和二级阶地等阶梯台面,都市发展区内均属堆积阶地类型,阶地结构上则以内叠阶地为主,个别地带表现为上叠阶地。

一级阶地平坦开阔,地面标高18～22m,有些地方表现为高漫滩;二级阶地地面略有起伏,地面标高22～24m,高出长江水位5～8m。

河流阶地和高漫滩的调查:阶地的级数及其高程,阶地的形态特征长、宽、坡向、坡度(阶面的相对高度和起伏情况以及切割程度等),阶地的地质结构(组成物质,有阶地的叠置及层位、岩性,堆积物的岩性、厚度及成因类型)及其在纵横方向上的变化情况,阶地的性质及组合形式。

(5)微地貌的调查:所处地貌部位和形态分布特征及其与地下水富集和地下水作用的关系。

2)大型地表水体和重要河流地表水水位调查

(1)河流、湖泊、池塘、渠道等地表水体的位置及周围的地形特征。

(2)观测地表水体的形态,包括河流的宽度、长度和深度;湖泊的面积及积水深度。

(3)地表水体附近的地层岩性、地貌条件及其所处的构造部位。

(4)测定其水位、流量、流速、含砂量等。

(5)观察水的物理性质(水温、颜色、嗅、味、透明度),必要时取水样进行化学分析。

(6)调查访问动态资料,了解水量、水位、水温一年四季的变化。

(7)测量和收集河流上下游间流量的变化、支流的水量、河床沿途的变化情况,特别要重视枯水期地表河流流量的测定。

(8)地表水的利用情况。

3)地层岩性调查

重点调查岩性对岩层富水性影响,详见本章第一节。

4)地质构造调查(褶皱、断裂)

详见本章第一节。针对不同的褶皱、断裂,主要调查褶皱与地下水运移有关的汇水情况;查明断裂导水状况。

5)岩溶发育程度调查

(1)裸露型地区。

①调查地下水的分布、补给范围、水位、流量和水质特征及其与区域地质构造、岩性、地貌条件的关系。

②认真调查全部天然水点,详细研究岩溶大泉的出露条件、控制因素,根据泉水出露的地形地质条件,圈定汇水区,实测、访问或根据洪水痕迹推断其水位与流量的变幅;在初步调查的基础上尽早安排地下水动态观测工作。

③地下河系发育特征,控制暗河发育的断裂构造、褶皱轴及各主导裂隙的分布和岩溶层呈条带展布的规律,圈定地下河系的补给面积。

④地表水与地下水在不同水文地质单元的相互转化关系。

⑤在地下水排泄不畅、易受涝的地区,注意调查历史受涝情况,以确定排涝方案与水文地质条件的

关系。

⑥在水质受污染的地区，注意污染源和污染方式与途径的调查。

(2)覆盖型地区。

①覆盖层的岩性、厚度、成因，含水层的分布、水质、水量特征及其与下伏岩溶含水层之间的接触关系与水力联系。

②根据外围基岩的地层构造条件，推断覆盖层下的岩溶岩层或非岩溶岩层的分布、地质构造及岩溶水的汇水条件。

③岩溶含水层的埋藏深度和岩溶含水层富水地段或主要通道的分布规律及其水质、水量特征。

④浅覆盖地区地表各种岩溶形态的展布方向、排列形式与地层、地质构造的关系，并判断下伏岩溶洞穴通道的情况。

⑤浅覆盖地区地表水与地下水的水力联系，在覆盖层为透水层的地区，注意工农业污水对岩溶地下水的影响。

(3)埋藏型地区。

①各岩溶含水层上覆地层的时代、岩性、厚度、渗透性和含水情况等特征，岩溶含水层埋藏深度、岩性、厚度及水位、水量、水质特征，地层层位和地质构造对岩溶水的控制作用。

②同一水文地质单元各岩溶含水层出露地表地段的地层岩性、构造、岩溶形态、天然水点的分布和特征，以及其对埋藏岩溶层分布规律的影响，并确定补给范围及补给方式，估算补给量。

③古岩溶的形态、规模、充填情况及其对现代地下水循环所起的作用。

④注意调查和收集已有生产井、矿井的岩溶水文地质资料。

6)机民井、矿井、坑道调查

(1)井孔或坑道的位置及所处地貌部位，井孔的深度、结构、形状及口径。

(2)了解井孔和坑道所揭露的地层剖面，确定含水层的位置、厚度和富水特征。

(3)测量水位、水温，选择有代表性的水井或坑道进行简易抽水试验，并取水样作化学分析。通过调查访问收集水井的水位和涌水量的变化情况。对常观孔要进行水文地质观测、编录及抽水试验。

(4)了解水的使用和引水设备情况。

(5)对自流井，应着重调查出水层位和隔水顶板的岩性、水头高度及流量变化情况。

在地下水已被开发利用的地区，要采取访问与调查相结合的机、民井普查方法，充分收集和利用历次调查登记的以及地方保存的机、民井资料。

7)水源热泵开采井与回灌井和疏排水工程(基坑、地铁隧道、地下硐室等工程)调查

(1)收集水源热泵项目和疏排水工程的水文地质勘查资料。

(2)调查水源热泵工程开采井和回灌井的位置、开采层位、回灌层位，水井数量以及开采水量，疏排水工程井孔位置，最大疏排水量。

(3)调查水源热泵使用期间和疏排水工程施工期间，引起的地下水水位、水质变化及其他环境地质问题。

8)开采量(抽排水)调查

根据地下水开采历史和利用程度的差别，采取不同的调查方法。开采井数量较少的地区，采用逐一调查的方法实际测定开采量；集中供水的城市和工矿企业，可根据地下水开采记录统计开采量；开采井数量巨大的农村地区，可采取收集开采量资料和抽样核实相结合的方法确定开采量。具体内容：

(1)调查开采井的位置、开采层位、数量与密度、涌水量。

(2)调查地下水历史与现状开采量，统计地下水在工业、农业、生活和生态的利用状况。

(3)调查地下水开采引起的地下水水位、水质变化及其他环境地质问题。

(4)调查地下水取水工程的类型与效率，以及与地下水有关的地表水开发利用历史与现状。

9)泉点调查

(1)泉水出露的地形地貌部位、高程(一般根据地形图查得或便携式 GPS 测得,有特殊意义者实测)及与当地基准面的相对高差。

(2)泉水出露处的地质构造条件和出露地面的特点(是明显的一股或几股水出露,还是呈片状向外渗出),泉的类型。

(3)根据地质构造和泉的出露特点,判断补给泉水的含水层。绘制泉水出露条件素描图。

(4)观测泉水的物理性质,取水样作化学分析。测量泉水的水温和流量,并通过访问和观察泉眼附近的各种痕迹,了解流量的动态稳定性。

(5)泉眼附近有特殊的泉水沉淀物时,应进行肉眼鉴定,必要时采样进行化学分析。

(6)了解泉水目前利用状况及进一步保护泉的可能性。

(7)对人工挖泉,应了解其挖掘位置、深度、泉水出露的高程和地形条件、出水层位和水量等。

(8)对流量较大的泉水,应调查水的去路,对有重要水文地质意义和开采利用价值的大泉,应在初步调查的基础上及早开始动态观测。

(9)遇有矿泉时,除必须调查上述内容外,应特别研究矿泉的水温、化学成分、成因和地质构造条件。访问、了解矿泉的医疗效用或有害影响。

(10)对岩溶泉点,都要力求弄清其与邻近水点及整个地下水系的关系,必要时需进行追索或进行连通试验,搞清地下水的"来龙去脉"。岩溶水点的动态观测工作应在野外调查过程中及早安排,尽可能取得较长时间和较完整的资料。对有意义的水点应实测水文地质面图。

10)地下水(地表水)水质取样

应依据地下水补给、径流、排泄分带规律,沿地下水径流方向按水化学剖面采取样品。

(1)采样要求。

①富水地段和集中供水水源地应采集全分析水样,并在代表性水井采集生活饮用水分析水样。

②抽水试验孔(井)应分层或分段采集全分析水样。

③地下水动态监测点初次观测时应采集全分析水样,观测期内应定期采集简分析水样。

④地方病分布区、癌症高发区、地下水污染区应增加采集专项分析水样。

⑤为同位素测年、地下水补给来源以及水文地质条件分析之需,可采集同位素分析水样。

(2)采样方法。

①地下水水质监测通常采集瞬时水样。

②对需测水位的井水,在采样前应先测地下水水位。

③从井中采集水样,必须在充分抽汲后进行,抽汲水量不得少于井内水体积的 2 倍,采样深度应在地下水水面 0.5m 以下,以保证水样能代表地下水水质。

④对封闭的生产井可在抽水时从泵房出水管放水阀处采样,采样前应将抽水管中存水放净。

⑤对于自喷的泉水,可在涌口处出水水流的中心采样。采集不自喷泉水时,将停滞在抽水管的水汲出,新水更替之后,再进行采样。

⑥采样前,除五日生化需氧量、有机物和细菌类监测项目外,先用采样水荡洗采样器和水样容器2～3次。

⑦测定溶解氧、五日生化需氧量和挥发性、半挥发性有机污染物项目的水样,采样时水样必须注满容器,上部不留空隙。但对准备冷冻保存的样品则不能注满容器,否则冷冻之后,因水样体积膨胀使容器破裂。测定溶解氧的水样采集后应在现场固定,盖好瓶塞后需用水封口。

⑧测定五日生化需氧量、硫化物、石油类、重金属、细菌类、放射性等项目的水样应分别单独采样。

⑨在水样采入或装入容器后,按要求加入保存剂。

⑩采集水样后,立即将水样容器瓶盖紧、密封,贴好标签,标签设计一般应包括监测井号、采样日期

和时间、监测项目、采样人等。采样结束前，应核对采样计划、采样记录与水样，如有错误或漏采，应立即重采或补采。

其他有关规定参考《水质采样 样品的保存和管理技术规定》(HJ 493—2009)和《地下水环境监测技术规范》(HJ/T 164—2004)。

11)渗水试验

(1)试验方法。

试坑渗水试验是野外测定包气带非饱和岩层渗透系数的简易方法。最常采用的是试坑法、单环法和双环法。宜采用双环法，由于内环中的水只产生垂向渗入，排除了侧向渗流带的误差，因此比试坑法和单环法精确度高。

双环法系在试坑底嵌入两个铁环，试坑深度为0.8～1.2m，外环直径可采取0.5m，内环直径可采取0.25m。试验时往铁环内注水，用马利奥特瓶控制外环和内环的水柱都保持在同一高度上(例如10cm)。根据内环所取得的资料按上述方法确定岩层的渗透系数。

(2)根据渗水试验资料计算岩层渗透系数。

当渗水试验进行到渗入水量趋于稳定时，可按下式精确地计算渗透系数(考虑了毛细压力的附加影响)：

$$K=\frac{Ql}{F(H_K+Z+l)}$$

式中：Q——稳定的渗入水量；

F——试坑、(内环)渗水面积；

Z——试坑(内环)中水层厚度；

H_K——毛细压力(一般等于岩石毛细上升高度之半)；

l——试验结束时水的渗入深度试验后开挖确定)。

当渗水试验进行相当长的时间后渗入量仍未达到稳定时，可按以下变量流公式计算：

$$K=\frac{V_1}{Ft_1a_1}[a_1+\ln(1+a_1)]$$

$$a_1=\frac{\ln(1+a_1)-\frac{t_1}{t_2}\ln\left(1-\frac{a_1V_2}{V_1}\right)}{1-\frac{t_1V_1}{t_2V_2}}$$

式中：V_1、V_2——经 t_1 和 t_2 时间的总渗入量(即总给水量)；

F——试坑(内环)渗水面积；

a_1——代用系数(可用简单试算法求出)。

如果是非稳定流，按照非稳定流进行计算确定。

试坑渗水试验的成果资料包括以下内容：

①试坑平面位置图。

②水文地质剖面图与试验安装示意图。

③渗透速度历时曲线。

④渗透系数的计算。

⑤原始记录表格等。

12)地下水(地表水)监测点布设和监测

详见第九章第三节。

13)质量检查与评价

参见第二章第三节。

14)野外验收

参见第二章第五节。

15)资料整理

(1)原始资料检查和整理。

在野外调查期间或结束后,要进行室内资料整理工作,主要有以下几项:

①各类野外资料的“三检”工作。

a.为保证项目质量成果,确保项目所获资料数据的准确性、真实性,项目组应根据“三检”制度要求,严格执行各类野外资料的自检、互检、专检工作,根据项目工作进度情况,项目负责人要合理组织安排本项工作的开展。

b.所有“三检”工作均应有文字记录及检查人签字。项目组成员应根据检查结果,对有问题的各类野外资料要及时修改完善。

②编录资料整理。

野外工作期间或结束后,要进行原始资料整理。根据野外调查资料,按照统一的图例、编号、标示等规范要求完成野外清图(实际材料图),与外业工作同步完成。工作手图上的各类观测点、地质界线及调查路线,在野外应用铅笔绘制,转绘到清图上后应及时上墨。

主要要求如下:

a.图件编制的主要依据为《1∶50 000地质图地理底图编绘规范》(DZ/T 0157—95)、《地质图用色标准及用色原则(1∶50 000)》(DZ/T 0179—1997)、《区域地质图图例(1∶50 000)》(GB 958—99)、《水文地质调查图件编制规范 第1部分:水文地质图(1∶50 000)(DD 2019-04)》。原始资料的整理、整饰要求做到规范化、统一化、标准化。

b.影像资料应及时下载,由工作人员编制相应的说明后保存。

c.每项工作应在野外手图上标注。

d.各类电子资料应及时做好备份。

③野外调查表格式转换为数据库。

a.根据数据库要求,安排专人对野外调查卡片进行转录,并及时进行校对。

b.结合信息系统的建设进行,所有报告及图件必须数字化,并运用计算机编图。

④阶段工作总结。

各阶段工作结束后,要组织各台班对本阶段的工作进行检查总结,各类原始资料进行较系统的整理,不完善要补充完整,特别是野外工作部分,不能满足设计要求的,必须及时补救。编写文字阶段工作总结。

(2)编制实际材料图。

应反映野外调查路线、调查点、采样点等水文地质测绘工作位置和工作量,主要勘探线、勘探钻孔、试验测试、物探、化探等水文地质勘查工作位置和工作量,气象、水文、地下水动态监测、水位统测点等水文地质调查辅助工作位置和工作量。

16)含水岩组初步划定

武汉市地下水可划分为5种类型、9个含水岩组(表3-2-3)。详细资料见附件3-1。

表3-2-3　武汉市地下水类型及含水岩组划分表

地下水类型	含水岩组	代号
松散岩类孔隙水	第四系孔隙潜水含水岩组	Qh^{al}
	第四系孔隙承压含水岩组	Qh^{al}、Qp^{al}
碎屑岩类裂隙孔隙水	新近系裂隙孔隙承压含水岩组	N

续表 3-2-3

地下水类型	含水岩组	代号
碎屑岩类裂隙水	白垩系—古近系裂隙承压含水岩组	K—E
	上泥盆统—上二叠统裂隙含水岩组	D_3w—P_2
碳酸盐岩裂隙岩溶水	中—下三叠统嘉陵江组裂隙岩溶含水岩组	$T_{1-2}j$
	上石炭统—下二叠统栖霞组裂隙岩溶含水岩组	C_2P_1q
	中元古界红安群七角山组大理岩裂隙岩溶含水岩组	Pt_2q
基岩风化裂隙水	岩浆岩、变质岩风化裂隙含水岩组	γ、δ、Pt

(三)地球物理勘探

1.物探方法选择

在武汉市开展水文地质调查评价工作中，涉及的方法较多，以下按照调查内容的不同进行分类列表(表 3-2-4)。

表 3-2-4　水文地质调查常用物探方法表

序号	物探方法		调查内容		执行或参考规范
1	电磁法	AMT	含水层空间分布、控水构造、岩溶发育带、地层厚度等	深度小于 1 000m，干扰较小区域	《天然场音频大地电磁法技术规程》(DZ/T 0305—2017)
2		CSAMT		深度小于 1 000m	《可控源音频大地电磁法技术规程》(DZ/T 0280—2015)
3		广域电磁法		深度小于 3 000m	《广域电磁法技术规程》(DB43/T 1460—2018)
4		瞬变电磁法	探测含水构造等	小于 300m(与装置有关)	《地面磁性源瞬变电磁法技术规程》(DZ/T 0187—2016)
5	电阻率法	电阻率剖面法	探测含水区域	探测深度小于 100m	《浅层地震勘查技术规范》(DZ/T 0170—2020)；《城市工程地球物理探测标准》(CJJ/T 7—2017)
6		电阻率测深法	含水层空间分布、控水构造、地层厚度等。	探测深度小于 50m	
7		高密度电阻率法	地层厚度、岩性界面、断层破碎带、构造等	探测深度小于 200m	
8	微动探测		岩性界面、断层破碎带、构造等	探测深度小于 1 000m	《多道瞬态面波勘察技术规程》(JGJ/T 143—2004)；《浅层地震勘查技术规范》(DZ/T 0170—2020)；《城市工程地球物理探测标准》(CJJ/T 7—2017)

续表 3-2-4

序号	物探方法	调查内容		执行或参考规范
9	水文地球物理测井	判别岩性、编录和校正钻孔地质剖面；测定地层的物理参数；确定含水层的位置、厚度及性质，以及评价含水层孔隙度、渗透率、含水饱和度；验证地面物探成果，通过测井曲线对地面参数解释进行校正，提高资料利用率及解释精度等	与井深有关	《水文测井规范》（DZ/T 0180—1997）；《石油电缆测井作业技术规范》（SY/T 5600—2016）；《石油测井原始资料质量规范》（SY/T 5132—2012）；《煤炭地球物理测井规范》（DZ/T 0080—2010）

2. 电阻率剖面法

1）可解决的主要城市地质问题及局限性

（1）由于电阻率剖面法种类很多，不同的方法所能解决地质问题的能力也不一样。联合剖面法具有分辨能力强、异常明显等优点，因此在地质调查中获得了广泛的应用。但其存在野外工作装置笨重、地形影响大等缺点，主要适于找低阻陡立板状地质体。

（2）对称四极曲线的异常幅度和分辨能力均不如联合剖面曲线。但由于对称四极装置不需要无穷远极，野外工作轻便、效率高。在水文调查中，应用广泛。可以圈定岩溶的分布范围及追索古河道等。

（3）中间梯度法主要用来寻找陡倾的高阻体异常。

（4）电阻率剖面法可解决的问题：追索构造破碎带，探测隐伏断层、破碎带的位置。

局限性：①硬化地面区域施工受到限制；②河道湖泊周边等位位置，存在较厚的淤泥等低阻层，难以探测到深部的目标。

2）适用的技术规范

《电阻率剖面法技术规程》（DZ/T 0073—2016）、《城市工程地球物理探测标准》（CJJ/T 7—2017）。

3）主要干扰因素与抗干扰措施

（1）不稳定的地电场电位差。

①大地电流场，可采取下述方法避免或减小：选在大地电流弱的时间（冬季或避开中午）工作，加大供电电流，以增大信噪比；进行多次观测，合理取数。选用较先进的仪器，采用多次叠加技术，自动选取满足一定精度的多次观测的平均值。

②游散电流，克服方法如下：在停电或用电量最小的时间观测；加大供电电流，提高信噪比；在工作目的允许的情况下，使布极方向垂直于游散电流方向；多次观测，合理取数。

③随时间变化的渗滤电场，为避免这种干扰，一是雨后不要立即进行观测；二是在干燥地区为减小测量电极接地电阻而浇水时，应事先浇好。

（2）感应电动势。

使测量导线尽量不要悬空。应使测量线垂直输电线。

（3）变化的电极电位。

采用不极化电极。清理电极附近的植物，防止风吹动时植物与电极接触。严防测量导线漏电。

4)仪器设备特殊要求

目前常用的电法仪均可满足要求。

5)野外数据采集特殊要求

(1)为使探测对象在观测结果中得到明显反映,电阻率剖面法的工作设计必须满足下列地球物理前提:

①被勘探对象必须与围岩在水平方向上有明显物性差异。

②被勘探对象相对于埋深应具有一定规模。

③干扰水平相对较低,即被勘探对象引起的异常能从干扰背景中区分出来。

④沿测线方向地形起伏不大,若有起伏应注意识别或消除地形影响。

(2)在地质条件或地球物理前提不具备的地区,不得布置电法剖面工作;在地质条件具备而地球物理前提不明、方法有效性不肯定的测区,开工前应做电阻率剖面法试验。

(3)遇到下列复杂条件时,一般不布置电阻率剖面法工作:

①地形切割剧烈,河网发育以及通行困难地区。

②覆盖层厚度大,电阻率低,形成低电阻层的屏蔽效应而无法可靠观测信号的地区。

③无法避免或无法消除工业游散电流干扰的地区。

④接地电阻过大,又无法改善接地条件的地区。

6)资料处理与反演特殊要求

(1)局部不均匀影响的消除。

当表层不均匀体和地形起伏相对 AO 很小时,它们对 A 极供电和 B 极供电引起电场畸变是一样的,即引起曲线同步跳跃,采用比值法可以消除局部影响。

(2)地形影响的消除。

对于地形影响的消除,一般采用软件进行地形改正。

(3)资料解释原则。

掌握当地的地质及物性资料,充分研究已知点异常特征,从已知到未知进行解释。以定性解释为主,确定异常性质,结合当地条件,阐明异常的地质因素。

在充分研究点异常特征的基础上,分析有关定性图件,进行面上研究,掌握异常发育规律。在有条件的地方,对反映较好的曲线可进行定量解释。

7)成果表达要求

(1)电参数剖面图:反映异常变化的幅度。

(2)综合剖面图:含解释推断成果。

(3)剖面平面图:研究异常的平面分布特点。

(4)等值线平面图:可供研究异常平面分布特点。

(5)综合平面图:研究测区中物理场性质,揭示地质控制因素。

(6)推断成果图:一套全面反映地质成果的图件。

3. 电阻率测深法

1)可解决的主要城市地质问题及其局限性

目前最常用的是对称四极测深。通过研究地电断面,查明地质构造或者解决与深度有关的地质问题。如确定电阻率有差异的地层等,可解决的问题:

(1)查明基岩起伏和河谷深槽情况,确定覆盖层厚度和基岩风化深度。

(2)探寻含水层,确定其顶底板埋深和地下水面位置,圈定咸水和淡水分布范围。

(3)探测浅层地质构造问题,如探测断层破碎带、陡立岩性接触界线,了解其产状和分布方向、范围、构造凹陷和隆起等。

(4)探测浅层的大规模的电性局部不均匀体，如古河道、充水溶洞等。

局限性：①硬化地面区域施工受到限制；②河道湖泊周边等位位置，存在较厚的淤泥等低阻层，难以探测到深部的目标。

2)适用的技术规范

《电阻率测深法技术规范》(DZ/T 0072—2020)。

3)主要干扰因素与抗干扰措施

与电阻率剖面法基本一致。

4)仪器设备特殊要求

目前常用的电法仪都满足要求。

5)野外数据采集特殊要求

(1)一般来说，应用电测深解决问题的有利条件是：沿垂向有足够大的电性差异，目的层应有一定的厚度，存在比较稳定的标准层，地形较平坦。

(2)不宜设计电测深工作或不设计提交定量解释成果工作：

①砾石及风化堆积物等广泛分布，且厚度大，接地严重困难。

②地电断面中存在强烈的电性屏蔽层。

③地下经常存在无法克服的较强的工业游散电流。

④地形影响难以改正。

⑤地质构造复杂，断裂发育，测区地电断面变化很大且无规律。

⑥某些主要电性层的电阻率沿水平方向变化很大且无规律。

6)资料处理与反演特殊要求

(1)电测深的资料解释一般包括定性解释和定量解释两个阶段，定性解释可以给出测区内电性层的分布及其与地质构造的关系；定量解释可以获得电性层的埋深及厚度。

(2)定性解释。

①定性图件的综合分析方法：平面分析、断面分析、综合分析。

②电阻率参数的确定及应用效果。

③典型地电断面的正演计算。

④地电断面与地质断面对应关系的概述。

(3)定量解释。

对于测深曲线形态良好的曲线，采用电法处理软件进行，定量解释，解释要根据实际地质情况，主要确定区内各电性层的埋深、厚度及其电阻率。要从已知到未知，以免造成错误。

(4)地形引起畸变的一般特点：

①平行地形走向布极较垂直走向布极对曲线的影响小。

②观测点位于山脊或山谷轴部时，地形影响最强烈。

③山脊地形对曲线影响大于山谷地形。

④地形影响曲线畸变，将有规律地出现在一系列相邻电测深点的不同极距上。

7)成果表达要求

(1)电阻率测深曲线图(册)。

(2)电测深曲线类型图。

(3)电阻率等值线断面图。

(4)等 AB/2 视电阻率平面图。

(5)地电断面图。

(6)成果解释图。

4.高密度电阻率法

高密度电阻率法的要求与基础地质调查评价的要求基本相同(参见第三章第一节),不同之处为野外数据采集有特殊要求:考虑到探测目标体的地质情况,要求加密点距,宜布设2条以上的平行测线,方便对比分析。

5.瞬变电磁法

1)可解决的主要水文地质问题及其局限性:

(1)对低阻异常响应灵敏,无地形影响,可进行地质分层,风化层厚度勘查,水文地质分层。

(2)基岩面及岩性分界面探测。

(3)含水断裂调查。

(4)对于高电阻率区域,激发二次场较弱的区域分辨率及探测能力较差;横向分辨率高,纵向分辨率较差。

局限性:探测线圈上方存在电线、高架桥等金属构筑物的位置,无法施工。

2)适用的技术规范

《地面磁性源瞬变电磁法技术规程》(DZ/T 0187—2016)。

3)主要干扰因素与抗干扰措施

(1)主要干扰因素有高压线、变压器、工业游散电流、管线、通信设备、建筑物、交通等对电磁信号的干扰。

(2)主要抗干扰措施有抗干扰装置(如"8"字形重叠回线)、增加叠加次数(噪声类干扰区叠加次数建议大于512次),增大发射电流(在考虑发射电压与电流限制匹配情况,下降沿等因素的情况下,尽量增大发射电流)、数据预处理时删除明显强干扰、尽可能避开强干扰区段。

(3)在进行埋深小于200m的水文地质调查时,采用抗干扰能力强的瞬变电磁仪(例如:反磁通瞬变电磁仪等)。

4)仪器设备特殊要求

(1)仪器与小装置的匹配性好:城市地质调查一般更注重浅层信息,其对仪器的要求首先是该仪器能较好地与较小的线圈匹配,如匹配不好,观测的信号表现为振荡(或为远大于二次场的一次场),其反演结果可信度低甚至无效,故不得在匹配不好的情况下进行观测。

(2)下降沿较短(关断时间较小):为观测浅层信息,下降沿应较短。下降沿与仪器、装置、发射电流等有关,应对所使用的具体装置进行下降沿测试。

(3)采集速度较快:因城市噪声干扰一般较大,叠加次数一般应较大,有时还需多次观测(以便室内数据处理时可选择干扰较小的数据),加之场地经常因交通等因素,不便长时间施工,一次叠加次数为512次的观测时间宜小于30s。

(4)采集数据道(尤其早期道)应较密:城市地质调查因更注重浅层信息,目的物经常规模较小,对观测精度要求便更高,早期道采样间隔宜小于10μs。

5)野外数据采集特殊要求

(1)仪器与装置良好匹配:首先,所采用的仪器应能较易与小装置进行较好的匹配。在匹配过程中,一般可通过改变线圈匝数、线的电阻大小、线圈边长及在线圈中并接电阻的办法进行,匹配中须谨防因并接电阻过小造成的过阻尼。

(2)采集参数:在同一工区各测点的数据采集过程中,第一道采样延时、发射脉冲宽度(时基)、发射电流大小、匹配电阻等参数一般不宜再改变,以尽量减少系统误差,但叠加次数可据干扰情况随时调整。

另外，如采用“8”字形回线装置，其长轴方向需平行高压线等干扰源。

(3)叠加次数选择：对稳定的噪声干扰区，叠加次数应较大，如干扰时强时弱，叠加次数则不宜过大，宜采用较少叠加次数，多次观测，再对数据进行筛选。

(4)引线使用：城市TEM，因线圈一般不大，金属外壳的仪器影响将相对较大，仪器与装置之间应使用5m以上的引线连接。

(5)测线布设：布置在地形相对平坦、覆盖相对较均匀的场地，尽量远离高压线变压器以及一切人文干扰。

(6)剖面方向：应垂直勘探对象走向，剖面长度应根据异常的宽度和必要的正常场的长度确定。

(7)线距和点距：普查时，对于重叠回线和中心回线，一般测线间距等于回线边长L，点距等于(0.25～1.0)L；对于大定源回线，线距和点距可比上述加密一倍。

(8)现场记录：应记录剖面地质、地貌、居民区分布、管道、高压线、风力等对读数质量有影响的因素，以便以后解释时参考。

6)资料处理与反演特殊要求

(1)数据预处理：由于中、晚期二次响应受随机干扰影响较大，数据预处理便成为瞬变电磁法数据处理不可缺少的部分。

首先要进行干扰剔除，在此基础之上，可以进行多种方法的滤波和组合滤波。

(2)反演处理：主要包括一维反演、一维连续介质反演以及二维反演等方法，反演计算时，应尽量利用现有物性和钻孔资料进行约束。瞬变电磁法的反演目前主要以一维为主，二维反演目前还不成熟，反演数据一般作为参考用。

7)成果表达要求根据不同的工作要求，提供下述部分或全部图件：

(1)不同时间道的瞬变响应与测点剖面图。

(2)视电阻率随深度或时间变化等值线断面图。

(3)视纵向电导随深度或时间变化等值线断面图。

(4)各种方法反演结果之断面图。

(5)同一深度上的视电阻率或视纵向电导或各种方法反演结果的平面等值线图。

6. 可控源音频大地电磁测深法

可控源音频大地电磁法的要求与基础地质调查评价的要求基本相同(参见第三章第一节)，不同之处为野外数据采集有特殊要求：探测浅部目标体时，在武汉市这种表层存在一定厚度第四系地层的条件下，可以选择小点距和小发射距(例如：探测200m以内深度，可考虑选择发射距在1～2km)，主要采集高频信号。

7. 微动探测

1)可解决的主要城市地质问题及局限性

微动探测应用较为广泛，对于城市地质调查中的地质问题大部分都可以使用，它在浅层目标层勘探中分辨率较高，可解决的城市地质问题包括松散沉积层、岩溶裂隙、基岩、断裂等。

微动探测在武汉市下列区域不易开展工作：

(1)地表存在厚度较大的软弱层，且不易清除的区域，例如：淤泥层。

(2)台站布设范围内，不能存在震动干扰。

(3)远离较大的地下固定干扰源，例如：地铁，数据采集时间段，要求避开地铁运行时间段。

(4)台站下方不能存在较大的空腔区域，例如：地下广场的上方，地下车库的上方；在这些位置施工台站需要布设到车库和地下广场的最底层。

2)适用的技术规范

《岩土工程勘察规范》(GB 50021—2009)、《城市工程地球物理探测标准》(CJJ/T 7—2017)。

3)主要干扰因素与抗干扰措施

(1)主要干扰因素有城市人文活动的振动干扰,干扰波调查包括类型、特征、地域特点、时间特点。

(2)抗干扰措施包括对于人文活动造成的震动干扰,可统计分析干扰的时间变化规律,增加采集时长,进行滤波处理等。

4)仪器设备特殊要求

(1)采集站:同步精度小于1μs,增益精度优于1%。

(2)检波器:浅层勘查检波器主频2Hz,深部勘查检波器主频0.1Hz。

5)野外数据采集特殊要求

(1)应采用SPAC台阵观测系统,在浅层勘查中,宜采用三重圆观测系统,在L型、直线型台站满足采集要求时,可以采用相对简单的台站布设方式(图3-2-1)。

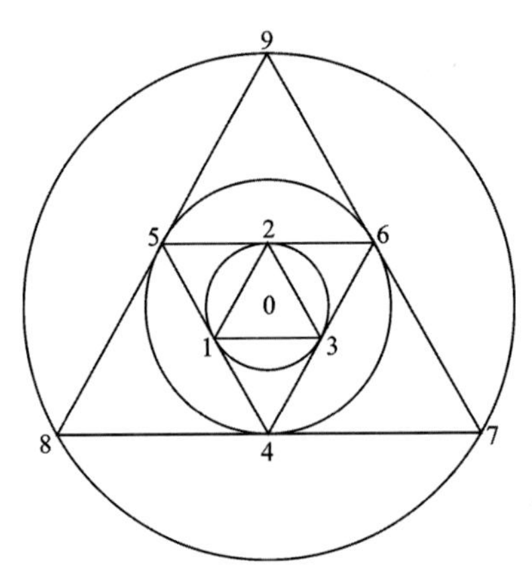

图3-2-1　三重圆台阵观测系统示意图

1～9为检波器布设位置

(2)进行台站布设时,要求各台站与地面有良好的耦合。

(3)台站布设半径要大于探测深度的三分之一。

(4)原始资料记录质量评价,"优良"品合格率不少于90%。

6)资料处理与反演特殊要求

(1)原则上使用SPAC法进行频散曲线及二维横波速度分析,特殊情况下可用频率-波速进行反演处理。

(2)反演参数根据武汉城市地质情况进行建模反演。

7)成果表达要求

(1)提供满足总项目要求内容的成果。

(2)微动探测测点班报表。

(3)微动探测原始频散曲线册。

(4)微动探测工作布置图。

(5)横波速度参数表。

(6)视横波速度剖面图。

(7)微动-地质综合解释图。

8.水文地球物理测井

城市地质常见的测井方法有普通电阻率测井、感应电阻率测井、侧向电阻率测井、井液电阻率测井、电导率测井、极化率测井、自然电位测井、自然伽马测井、伽马能谱测井、声波测井、中子测井(人工源)、密度测井(人工源)、光学成像测井、超声成像测井、电阻率成像测井、全波列测井、阵列声波测井、流量测井、流速测井、水质测井(pH、C/O等)、井径测井、温度测井、井斜侧井、磁定位测井。

城市地质常见的井中物探方法有井中地震波CT、井中电磁波CT、井中瞬变、井中电位示踪法、井中盐化扩散法等。

1)可解决的主要城市地质问题及局限性

(1)判别岩性、编录和校正钻孔地质剖面。

(2)渗透层、松散层分层。

(3)测定地层的物理参数(如密度、速度等),为地面地球物理方法提供标定依据。

(4)确定含水层的位置、厚度及性质,评价含水层孔隙度、渗透率、含水饱和度。

(5)进行区域性的地层对比。

(6)确定地层的产状。

(7)验证地面物探成果,通过测井曲线对地面参数解释进行校正,提高资料利用率及解释精度。

地球物理测井的局限性,需要钻孔配合,并且部分方法对钻孔有较高的要求。

2)适用技术规范

《水文测井规范》(DZ/T 0180—1997)、《石油电缆测井作业技术规范》(SY/T 5600—2016)、《石油测井原始资料质量规范》(SY/T 5132—2012)、《煤炭地球物理测井规范》(DZ/T 0080—2010)。

3)主要干扰因素与抗干扰措施

与地面方法相比较,物探测井和井中物探的干扰相对简单和单一,测量环境干扰多来源于井液泥浆和井内不均匀悬浮颗粒。针对此情况,需要测井方与钻探方协商,优化井内环境,提供数据支持,后续校正,减少干扰。

对不同测井方法数据响应而言,各种测井方法的干扰因素差别很大,相应的抗干扰措施差别也很大。每一种方法的具体差异请参考《石油电缆测井作业技术规范(SY/T 5600—2016)》、《煤炭地球物理测井规范(DZ/T 0080—2010)》。

4)仪器设备特殊要求

(1)测井仪器(包括地面仪器、下井探头和测井电缆)必须在测井前6个月内进行过标定。

(2)必须使用数字测井仪器或者第三代成像测井系统,禁止使用模拟测井仪器系统。

(3)连续测井时,地面记录设备必须具备现场监控实时测井记录功能;点测时,地面设备必须具备实时回放连续监视记录功能,禁止使用手工记录作业方式。

(4)测井电缆深度大于100m时,必须是自动记录,禁止使用手工记录;测井电缆深度累计误差必须小于5‰。

5)野外数据采集特殊要求

(1)重复测量工作量不小于有效工作量的10%。

(2)测井过程中,电缆的下放或者提升速度不能超过规范要求的最大值,且变化幅度不宜超过5%,最高测速$v=60\times h/t$,h为按不同测量目的规定的厚度值(1∶50时为0.1,1∶200时为0.2),t为记录仪及探测器实测的系统阻尼时间(一般为1~2s)。比例尺1∶200时综合测量速度不宜超过6m/min。

(3)井孔深度在500m范围内,测井的提升速度必须满足1∶50的比例尺要求;井孔深度大于500m时,测井的提升速度必须满足1∶200的比例尺要求。

6)测井资料回放及其处理的特殊要求

(1)现场测量工作后2个工作日内,必须对每条测井曲线进行等级评定;要求所有测井曲线评级必须优于乙级;

(2)测井工作完成后必须回放测井原始记录剖面,比例尺要求为1∶200或者1∶50。

(3)多种测井方法必须根据测井曲线进行深度归位。

(4)工区临井较多同期测量解释时必须进行数据标准化。

(5)单井测量结束后,10 个工作日后,必须提交测井综合成果图。

7)成果表达要求

主要提交以下成果:

(1)钻孔综合成果图以及相关图表。

(2)测井成果报告。

(3)特殊测井解释图表。

(4)综合测井成果数据表。

(四)水文地质钻探

水文地质钻探所用表格均可根据工作区实际参考附件 1 设置。

1. 目的任务

(1)探明地层剖面及含水层岩性、厚度、埋藏条件、水头(位)。

(2)采取岩土样和水样,确定含水层的水质,测定岩土物理性质和水理性质。

(3)查明水文地质边界条件。

(4)进行水文地质试验,确定含水层的各种水文地质参数。

2. 钻孔布设

根据地面水文地质测绘和物探成果及设计时的工作部署图来进行布设。

(1)勘探孔布置,应在遥感解译、水文地质测绘和充分利用以往勘探孔资料的基础上根据地质、地貌和水文地质条件以及物探资料,合理布置勘探线和勘探网。

(2)每个钻孔的布置必须目的明确,一孔多用,并进行充分论证,编制水文地质钻孔设计书。

(3)勘探孔布置必须满足查明水文地质条件、开展地下水资源评价和专门任务的需要。

(4)将水文地质钻孔预留为地下水监测孔,进行长期的地下水动态监测。

3. 水文地质钻探

1)钻进方法

分为取芯钻进、全面钻进和扩孔钻进等三大类。

(1)取芯钻进:以采取柱状岩芯为目的的钻进方法与过程。主要有普通、针状硬质合金,复合片,金刚石和液动冲击回转等方法。

(2)全面钻进:全面破碎孔底岩石的钻进方法与过程。主要有冲击、合金刮刀、牙轮、气动潜孔锤、气举与泵吸反循环、液动冲击回转、气动潜孔锤跟管等方法。

(3)扩孔钻进:在小口径钻孔的基础上,按成井需要加大钻孔口径。主要有潜孔锤、合金钻头、牙轮钻头等扩孔方法。

在武汉市的水文地质钻探一般采用取芯钻进和全面钻进的冲击钻进。

2)施工组织设计

在水文地质钻探施工前,应编制水文地质钻探施工组织设计,施工设计应满足项目设计书或合同的要求,在现场踏勘的基础上,根据实际情况选用设备、施工方法,确保钻探质量,并保证水文地质钻探工作顺利进行。钻探施工中,若发现设计与实际情况不符,应及时与项目下达单位沟通,按相关项目的管理规定履行变更手续,未经同意不得擅自变更。

3)钻机进场

做到“三通一平”,钻机进场,安装好钻机。

4)开工申请

钻探工作完全准备好后,向建设方申请开工。

5)钻探实施

(1)班报表。

在水文地质钻探实施过程中,分析冲洗液的密度、黏度、抑制、润滑等性能,应能满足润滑冷却钻头、携带岩屑保证正常钻进的要求,并将循环液消耗情况、对应深度、提钻后下钻前孔内水位、钻杆下置情况、孔径等记录在水文地质钻探班报表上,让水文地质人员初步了解地层的含水情况和实际孔径。

(2)编录表。

在水文地质钻探实施过程中,应由专门的地质技术人员填写水文地质钻探编录表,记录每次回次钻进深度、孔内残余岩芯长度、岩芯采取率,详细描述每个回次的岩性,对设计需要采取岩土体样品的地层采取适当的岩土体样等,使水文地质人员了解地层情况、各层的初步含水情况,作为判断含水层的依据之一。岩土样及岩芯编录要求:

①对采取的岩土样及岩芯应由水文地质专业人员及时进行编录。

②井(孔)验收前,岩土样及岩芯应妥善保存。

③岩土样及岩芯描述内容应按《供水水文地质勘察规范》(GB 50027—2001)的要求。

(3)简易水文观测。

①观测水位变化:钻到地下水水位后,起钻后、下钻前各测量一次水位,间隔时间不少于5min。停钻时间长应继续观测,24h内每4h一次,超24h每8h一次。采用泥浆钻进时,可不观测水位变化,终孔后观测静水位。

②记录冲洗液明显漏失的位置和冲洗液消耗、漏失量。

③记录钻孔涌水的位置,测量涌砂量和初见涌水的水头高度。

④记录异常,如钻具陷落、孔壁坍塌、涌砂、气体逸出、水色变化等,观测循环液的变换情况,在提钻后,下钻前测量钻孔内的水位。

(4)岩土样采取。

根据区域含水岩组的情况,采集典型含水岩组的岩芯进行试验,获得砂土层的级配和含泥量及物质组成;岩样主要测试空隙率等。

(5)终孔验收。

当施工达到设计孔深后,施工方向建设报告情况,建设方根据方开展终孔验收工作,决定是否终孔或继续钻进。

终孔后,将全部剩余泥浆泵至废浆池,加水泥、石灰类絮凝固化材料,硬化后掩埋或运走。

(6)水文测井。

在完成设计钻孔后及时通知物探工作组开展水文测井,一般采用测井斜、井径测井、视电阻率测井、水文测井、井温测井(地热)。

(7)成井。

成井工艺包括井管、滤料等材料准备;下管前的冲孔、排渣、换浆与探(通)孔;下管;填砾;止水和封闭;洗井;抽水试验等若干个工艺或流程。

①井管材料准备。

井管类型:铸铁井管、钢质井管、聚氯乙烯井管、水泥井管(表3-2-5)。

表 3-2-5　井管类型一览表

井管类型	井管特性	适用条件	
		孔深	水质
铸铁	抗压、抗侧压强度较高，耐冲击、抗拉强度较低，有一定防腐蚀性能	浅井、中深井	适于一般水质水井
钢质	抗拉、抗压、抗侧压、抗弯强度高，有一定的抗腐蚀性能，成本较高	中深井、深井	
聚氯乙烯	耐腐蚀性能良好，质量轻，价格低，强度较低	浅井、中深井	适于一般水质及腐蚀性较大水井
水泥	价格低，强度较低		

井管又可继续细分为井壁管、过滤管、沉淀管。

井管性能基本要求：

a. 强度高，能承受地层和静水侧压力及管柱自重产生的拉、压力。

b. 能抵抗井水腐蚀，具有抗酸碱、电位差及氧化等腐蚀性能。

c. 无毒、无味，对井水不污染，能溶于水中的有害物质含量低于国家规定指标。

d. 管身圆直，端口平整，连接牢固，无渗漏，无残缺，无裂纹。

井管类型选择：根据地层、钻孔类型、孔深、孔径、设备能力、水质和经济性等选取。

②过滤管类型选择。

包括缠丝过滤管（圆形丝或梯形丝）、桥式过滤管、条缝过滤管、携砾过滤器、包网过滤管（表 3-2-6）。

表 3-2-6　过滤管类型一览表

过滤管类型		材料	过滤管特性	适用条件
缠丝过滤管（圆形丝或梯形丝）		钢制	易于制造，适应性广，可根据水质选择缠丝的材料和断面形状，具有一定的防腐蚀能力和较好的挡砂透水性能	适于第四系和基岩含水层
		铸铁		
		聚氯乙烯		
桥式过滤管		钢制	滤缝为桥式结构，不易堵塞，透水性好	适用于第四系含水层和基岩含水层
		不锈钢		
条缝过滤管		钢制过滤管	透水性能好，挡砂作用差	适于粗颗粒和基岩裂隙含水层
		PVC-U	滤缝直接开在骨架管上，呈外窄内宽结构，不易堵塞，透水性好，有良好的防腐蚀性能，成本较低	适用于第四系和基岩含水层，尤其适用于腐蚀性较大的水井中
携砾过滤器	贴砾过滤器	钢衬	滤料和过滤管黏为一体，具有良好的挡砂、透水性能。应根据含水层颗粒大小，选择相应的滤料规格的过滤管	适于各种水质水井，尤其适用于填砾困难的粉细砂含水层和管井修复
		塑衬		
	充砾过滤器	钢制	滤料充填在双层滤管环腔内，填砾和过滤管合为一体，具有良好的挡砂和透水性能	适用于粉细砂含水层和填砾困难的井
		聚氯乙烯		

续表 3-2-6

过滤管类型	材料	过滤管特性	适用条件
包网过滤管	钢制过滤管	滤网孔眼容易堵塞，透水性能差	用于不能填砾的中细粉沙含水层中
	聚氯乙烯		

过滤管类型根据含水层类型、水质和孔深等选取。

A. 过滤管技术参数

a. 骨架孔隙率：铸铁管为18%～25%；无缝钢管为20%～30%；钢筋骨架管为40%～50%；硬聚氯乙烯(PVC-U)管为12%～15%。

b. 管外填砾过滤管滤缝宽度：滤缝宽度(δ)等于填砾试样在筛分时能通过筛眼的颗粒，其累计质量占试样质量10%时的最大颗粒直径或筛眼直径。

c. 管外不填砾过滤管滤缝宽度。

参照表3-2-7选用。

表 3-2-7　管外不填砾过滤管缝隙宽度一览表

过滤管类型	含水层类型		
	均匀中粗砂	非均匀的	
		中砂	粗砂
包网过滤管	$\delta=(1.5\sim2)d50$	$\delta=d40\sim d50$	$\delta=d30\sim d40$
缠丝过滤管或其他缝式滤管	$\delta=(1\sim1.5)d50$		
注：δ为滤缝宽度，$d30$、$d40$、$d50$为含水层试样在筛分时能通过筛眼的颗粒，其累计质量占试样总质量分别为30%、40%、50%时的最大颗粒直径或筛眼直径。			

B. 滤料粒径选择

a. 滤料应选择质地坚硬、密度大、浑圆度好的石英砾为宜，易溶于盐酸和含铁、锰的砾石以及片状或多棱角碎石，不宜用作滤料。

b. 滤料的砾径应根据含水层颗粒筛分数据确定(表3-2-8)。

表 3-2-8　滤料粒径选择一览表

含水层类型	砂土类含水层	碎石土类含水层	
	$\eta1<10$	$d20<2$mm	$d20\geqslant2$mm
砾径(D)的尺寸	$D50=(6\sim8)d50$mm	$D50=(6\sim8)d20$mm	$D=10\sim20$mm
砾料的$\eta2$要求	$\eta2\leqslant2$		
注1：$\eta1$为含水层不均匀系数，$\eta2$为砾料不均匀系数。$\eta1=d60/d10$；$\eta2=D60/D10$。 注2：$d10$、$d20$、$d50$、$d60$和$D10$、$D50$、$D60$分别为含水层试样和砾料试样在筛分中能通过筛眼的颗粒，其累计重量占筛样全重分别为10%、20%、50%、60%时的筛眼直径。			

③下管前的冲孔排渣、换浆与探孔。

a. 钻孔施工结束后，将冲孔钻杆下放到孔底，用大泵量冲孔排渣。

b. 待孔内岩渣排除后，逐渐将孔内冲洗液的黏度降低至18～20s，密度小于1.15g/cm^3。

c. 若含水层孔壁泥皮过厚，可先用环状钢丝刷上下提拉破坏孔壁泥皮，再进行冲孔排渣、换浆。

d. 下管前，应采用长度 3～5m、直径比钻孔小 30～50mm 的探孔器进行探孔；探孔由上往下进行，若中途遇阻，应分析原因并进行处理，严禁猛提、猛墩；探孔器在钻孔整个孔段内上、下顺畅后，方可下管。

④下管。

a. 下管准备：

下管前应校正孔深，确定各井段井壁管、滤水管的长度和位置。逐根丈量井管长度，并按下管先后次序排列、编号、试扣。

逐根检查井管，不符合质量要求者不得下入孔内。

检查下管设备和工具，严禁使用不符合安全要求的下管设备和工具。

b. 滤水管的长度：

含水层厚度小于 30m 时，可与含水层厚度一致。

含水层厚度大于 30m 时，可采用 20～30m；当含水层的渗透性差时，其长度可适当增加。

c. 沉淀管长度 2～10m。

d. 地面应预留 0.3～0.5m 的井壁管。

具体下管方法见表 3-2-9。

表 3-2-9　下管方法及适用条件一览表

下管方法	适用条件	
	井管连接方式	适用条件
悬吊下管法	丝扣或焊接	井管质量小于下管设备安全负荷和井管抗拉强度时采用
浮力下管法		井管质量大于下管设备安全负荷或井管抗拉强度时采用
兜底下管法	非丝扣或焊接	井管质量小于下管设备安全负荷和井管抗压强度或大于井管抗拉强度时采用
二次或多次下管法	非丝扣或焊接或丝扣连接	采用浮力塞后，有效质量大于下管设备安全负荷或大于井管抗拉强度时

e. 下管基本注意事项：

统一指挥，互相配合，操作要稳和准，井管下放速度不宜太快。

设置扶正器，扶正器设置间距一般为 25～30m。

下管期间应保持孔内液面与孔口持平，若有下降应及时补充。

井管下到位后，用升降机将管柱吊直，并在孔口将其扶正、固定。

螺纹连接井管，下管时丝扣要涂润滑脂，螺纹应上满拧紧。

焊接井管两端车平倒角。焊接时，管口内外壁要对平、焊正、焊牢。

⑤填砾。

a. 填砾厚度：

填砾厚度是指水文孔孔壁与井管外壁环状间隙的距离。填砾厚度见表 3-2-10。

表 3-2-10　填砾厚度一览表

含水层类型	粗砂、砾石含水层		中、细、粉砂含水层	
钻孔类型	水文地质孔	供水井	水文地质孔	供水井
填砾厚度/mm	50～75	75～100	75～100	100～150

b.填砾高度：

填砾高度不小于含水层厚度的120%，若隔水层较薄，可填至隔水层顶板处。

c.填砾方法：

泥浆泵正循环填砾法、空压机反循环填砾法、无泵填砾法。

泥浆泵正循环填砾法：冲洗钻杆宜下至井底，填砾过程中，应一直保持开泵冲洗，中途不得停泵。

空压机反循环填砾法：孔口应与水源连通，始终保持冲洗液循环，不得间断。此法能防止砾料中途堵塞和孔内分选，但仅适用于孔壁稳定的钻孔，不适用于松散易塌地层。

无泵填砾法：孔内液体应始终保持从管口溢出，若溢流中断，是中途堵塞的征兆，应采取措施，使管口恢复溢流后再填。此法仅适合于浅井。

d.填砾基本要求：

填砾前应检查滤料质量和规格，不符合要求的滤料不准填入孔内，含泥土杂质较多的滤料，需用水冲洗干净后才准填入。

按计算用量，现场备足滤料。

应采用人工方式沿井管四周均匀、缓慢填入，不得单一方位填砾；不得用铲车、翻斗车等装载工具倾倒。

填砾中要定时探测孔内填砾面位置，若发现堵塞时，应采取措施消除后再填。

砾料填至预定位置后，在进行止水或管外封闭前，应再次测定填砾面位置，若有下沉，应补填至预定位置。

⑥止水与封闭。

其目的首先是防止目的含水层以外的其他含水层或非含水层对目的含水层的干扰和污染；其次是防止钻孔成为危害岩、矿层的通道。

a.止水材料要求：

应具有良好的隔水性能，无毒、不污染水质。

b.止水材料种类：

永久性止水材料

黏土：制成粒径20～40mm的球，晾干，达到表面稍干，内部湿润柔软为宜。

水泥：一般选用P.O32.5号以上普通硅酸盐水泥或硫铝酸盐水泥。

临时性止水材料

海带：编辫缠绕在井管上，下至钻孔变径处。海带在孔内的有效高度不得小于0.3m。

橡胶：制成球、圈、囊等装在止水器具上，配合充水(气)或重力压缩，使其径向膨胀止水。

遇水膨胀橡胶：管上设限胀圈，在限胀圈间绑扎遇水膨胀橡胶。

c.止水的基本要求：

水文地质抽水试验孔和观测孔，对非试验含水层(组)临时性止水。探采结合孔，对劣质含水层、非取水含水层和地表水永久性止水。

止水部位应选择在良好隔水层处，隔水层厚度不应小于5m。

永久性止水应采用黏土球或水泥浆管外封闭止水，止水物厚度宜大于5m。

黏土球止水时，应沿井管周围均匀缓慢地投入，不得单一方位投入，并每投1～2m测探一次。

水泥浆止水时，过滤层上方应填细砂作为缓冲层。

采用支撑式、提拉式、胶囊式、充水式止水器止水时，使用前应对其密封和止水性能进行检验(表3-2-11)，确认其性能可靠后入孔使用。

表 3-2-11　常用止水质量检查方法一览表

<table>
<tr><th colspan="3">方法</th><th>适用条件与优缺点</th><th>施工方法与质量要求</th></tr>
<tr><td rowspan="3">压力差检查法</td><td rowspan="2">提(注)水法</td><td>直接测量</td><td>适用于止水井管与孔壁间间隙较大,可测得止水管外水位的井孔</td><td>先测管内外水位,提(注)水使管内外水位差值增加至所需检查值,0.5h后进行观测,其水位波动值<0.1m,则止水有效</td></tr>
<tr><td>管内止水检查</td><td>适用于井管与孔壁间间隙较大的大口径围填孔</td><td>利用充气封隔器(Packer)在管内对应管外止水位置止水,然后用前述第一种方法进行检查</td></tr>
<tr><td colspan="2">泵压法</td><td>适用于压水试验钻孔</td><td>将止水管口密封,用水泵往管内送水,使水泵压力达到止水段在试验期内可能受到的最大压力值时,稳定0.5h,若耗水量不超过1.5L,则止水有效</td></tr>
<tr><td colspan="3">食盐扩散检查法</td><td>各种井孔均适用</td><td>先测定井水电阻率,后将浓度5%的食盐溶液倒入止水管与钻孔间的环状间隙,2h后测止水管内水电阻率,若前后电阻率基本相同,则止水有效</td></tr>
</table>

⑦洗井。

a.洗井目的:消除钻进、成井对含水层的影响;建立新的平衡。

b.洗井方法:常用洗井方法见表3-2-12。

表 3-2-12　常用洗井方法一览表

管井类型	常用洗井方法
松散地层管井	焦磷酸钠(或其他磷酸盐)洗井、活塞洗井、空压机洗井、液态二氧化碳洗井
碳酸盐岩地层井	盐酸洗井、液态二氧化碳洗井、空压机洗井、六偏磷酸钠洗井
碎屑岩、岩浆岩地层井	活塞洗井、液态二氧化碳洗井、空压机洗井

洗井新方法:水锤洗井、高压喷射洗井、超声波洗井、分层(段)洗井等。

c.洗井方法的选择:

洗井方法根据地层特性、管井结构及井管强度等因素选用,并宜采用2种或2种以上的方法联合进行。

松散地层管井宜采用活塞和空压机联合洗井、分层(段)洗井。

泥浆护壁钻进管井,井壁泥浆不易排除时,宜采用化学洗井和其他洗井方法联合进行。

碳酸盐岩地层管井宜采用液态二氧化碳配合六偏磷酸钠或盐酸联合洗井。

碎屑岩、岩浆岩地层管井宜采用活塞、空压机或液态二氧化碳等方法联合洗井。

d.洗井的基本要求:

洗井应在填砾、止水结束后立即进行。

采用活塞、空压机洗井时,应由上往下逐层(段)进行。

洗井达到如下效果时方可停止洗井:出水量接近设计要求或连续两次单位出水量之差小于10%;出水含砂量小于1/200 000(体积比)。

洗井结束,应测量并清除井内淤积物。

⑧试抽。

在成井完成之后，为了初步判断成井质量和效果，采用取水设备进行短时间抽水，一般在30～60min之间。

(8)井深测量。

采用测量工具(一般在测绳前面系一重物)测量成井的深度，是否达到设计要求。

(9)抽水(水位恢复)试验。

详见本节“(六)水文地质试验”中的“2.抽水试验”。

(10)流速流向测试。

如有特殊要求需要查明工作区的地下水的流速和流向，在水文地质钻孔中采用同位素单井法开展流速流向测试工作。

(11)地下水水质取样。

按单孔设计书要求，在抽水试验中分段采取地下水水样。

(12)抽水试验综合成果图。

编制抽水试验综合成果图，计算水文地质参数。

(13)单孔验收、质量检查与评价。

①钻孔结构是否满足设计要求。

②岩芯采率或连续取芯取样是否达到设计要求，无岩芯间隔，未超出要求；或取芯困难的流沙层及巨厚卵砾石层经物探测井补救未影响地层岩性与层位的划分者。

③成井工艺质量是否满足设计要求，即过滤管下置合理、应填砾已填砾，止水和洗井满足规定要求。

④抽水试验之抽水量(Q或q)与动水位(S)关系曲线正常。

⑤达到地质设计目的层和深度，按规定要求校正了孔深和测量了钻孔弯曲度且满足规定要求。

⑥按规定要求进行了简易水文地质观测工作。

⑦按规定要求进行了固井或封孔。

⑧原始记录与钻孔技术档案是否整洁、真实、准确、齐全。

(14)预留地下水监测孔。

当水文地质钻孔作为预留地下水监测孔时：

①应按统一要求实施孔口坐标工程测量，在固定位置设立隐伏坐标工程标志，并建立档案。

②高程测量应达到四等以上水准精度，采用国家85高程；坐标采用2000坐标系。

③监测孔应安装坚固的保护设施，满足监测数据自动发射和传输的要求。

(15)钻探野外验收。

由建设单位组织相关专家对水文地质钻探野外工作进行验收。一般由5～7名水文地质专家组成。

①野外验收的依据。

项目任务书、总体设计、年度工作设计、有关技术要求。

②野外验收应具备的条件。

a.已完成设计规定的野外工作。

b.原始资料齐全、准确。

c.原始资料已经进行整理，并进行了质量检查和编目造册。

d.进行了必要的综合整理，编写了项目野外工作总结。

③野外检查验收应提供的资料。

a.全部野外实际资料：野外原始图件，野外记录簿、原始野外记录卡片，原始数据记录、相册、表格，野外各类原始编录资料及相应的图件；样品鉴定、分析、测试送样单和分析测试结果，各类典型实物标本，过渡性综合解释成果资料和综合整理、综合研究成果资料，其他相关资料。

b.质量检查记录。

c.野外工作总结。

(五)测试分析

1.岩土样测试分析

应按以下要求采集岩(土)分析样品:

(1)粒度样品在钻孔岩芯中含水层段宜每2～3m取1个,厚度小于2m应取1个,非含水层段宜每3～5m取1个,厚度小于3m应取1个,地层厚度很大时可适当增大取样间隔。

(2)水质异常区或地方病区,应采集钻孔岩土样分析化学成分、可溶盐含量、全氟和水溶氟等含量、放射性元素等含量。

(3)为了确定第四纪地层的年代,可在钻孔岩芯中剔除表面及岩芯裂隙面灌入的泥浆等污染物采取^{14}C、光释光、古地磁、孢粉及微体古生物等样品确定;对碳质含量较高的层位可采集^{14}C测年样品,对粉砂、粉细砂层等可考虑采集光释光年龄样。

2.地下水样测试分析

1)常规指标测试分析

反映地下水基本状况的指标,包括感官性状及一般化学指标、微生物指标、常见毒理学指标和放射性指标。主要测定感官性状及一般化学指标20项、微生物指标2项、常见毒理学指标14项、放射性指标2项,共计39项。

2)非常规指标测试分析微生物指标

在常规指标上的拓展,根据地区和时间或特殊情况确定的地下水水质量指标,反映地下水中所产生的主要质量问题,包括比较少见的无机和有机毒理学指标。主要测定毒理学指标54项。

(六)水文地质试验

1.渗水试验

参照本节“工作方法与技术要求”中水文地质测绘——水文地质调查里的渗水试验部分。

2.抽水试验

1)目的

通过对含水层进行抽水试验,取得水量、水质、水温、水位等资料,为评价水文地质条件,合理开发地下水资源提供可靠的依据。

2)主要设备、仪器和记录表

抽水设备:潜水泵、空压机。

流量计:堰箱(三角、梯形)、孔板流量计、水表、超声波流量计。

水位计:自动水位仪、手动水位计。

3)基本要求

(1)应按规定的定额,进行带观测孔的非稳定流抽水试验,求取水文地质参数,无合适观测孔的水文地质钻孔或机井,可进行稳定流抽水试验。

(2)抽水试验孔宜采用完整井。

(3)可利用机(民)井或天然水点作观测点,如需布置专门的观测孔时,应根据水文地质条件和需解决的具体问题确定位置。

(4)抽水试验应部署在能控制具有区域意义的不同含水层(组)的典型地段。

(5)工作区为多层含水层时,应对主要含水层布置分层抽水试验。

(6)地下水水质可能发生变化的地区,应在抽水试验过程中采取2～3组水样。

(7)提桶试验多用于地下水水位较浅,水量不大,而且抽水要求不高的钻孔抽水试验工作,如实验要求高时,只可作为洗井的方法之一。优点是构造简单、可自制;缺点是抽水时水位波动大,资料准确性差。可利用钻机卷扬设备提水。

4)非稳定流抽水试验要求

(1)宜大流量、大降深。

(2)应布设不少于1个观测孔,观测孔距离主井不宜过远,且能避开抽水主井三维流的影响。

(3)抽水孔涌水量应基本保持常量,波动值不超过正常流量的3%,当涌水量很小时,可适当放宽。

(4)应同时观测抽水主孔出水量、动水位和观测孔水位,宜在抽水开始后第1min、2min、3min、4min、6min、8min、10min、12min、15min、20min、25min、30min、40min、50min、60min、80min、100min、120min各观测1次,以后可每隔30min观测1次。

(5)抽水试验的延续时间应符合下列要求:

①$s(\Delta h_2)$-lg$t$关系曲线有拐点时,延续时间宜至拐点后的趋于水平线段。

②$s(\Delta h_2)$-lg$t$关系曲线没有拐点时,延续时间宜根据试验目的确定,当有观测孔时,应采用最远观测孔的$s(\Delta h_2)$-lg$t$关系曲线确定。

在承压含水层中抽水时采用s-lg$t$关系曲残,在潜水含水层中抽水时采用Δh_2-lg$t$关系曲线。

5)稳定流抽水试验要求

(1)宜进行3次水位降深试验,最大水位降深值应根据水文地质条件,并考虑抽水设备能力确定,其余2次降深值宜分别为最大降深值的1/3和2/3。

(2)基岩含水层水位降深顺序宜按先大后小,松散含水层水位降深顺序宜按先小后大逐次进行。

(3)抽水试验水位稳定标准:

①稳定时间内,主孔水位波动值应不超过5cm,观测孔水位波动值应不超过3cm。

②主孔涌水量波动值应不超过平均流量的3%。

(4)抽水试验稳定延续时间:

①卵石、圆砾和粗砂含水层为8h。

②中砂、细砂和粉砂含水层为16h。

③基岩含水层(带)为24h。

(5)根据含水层的类型、补给条件、水质变化和试验的目的等因素,稳定延续时间可适当调整,中、小降深的抽水稳定延续时间可为8～12h。

(6)抽水试验时,动水位和出水量观测的时间,宜在抽水开始后的第5min、10min、15min、20min、25min、30min各观测1次,以后可每隔30min观测1次。

抽水试验其他技术要求按照《供水水文地质勘察规范》(GB 50027—2001)执行。

3. 水位恢复试验

(1)抽水试验停泵后应立即观测恢复水位,观测时间间隔与抽水试验要求基本相同。

(2)若连续3h水位不变,或水位呈单向变化,连续4h内每小时水位变化不超过1cm,或者水位升降与自然水位变化相一致时,即可停止观测。

(3)可用试算法或直线图解法确定水文地质参数。

4. 编制试验综合成果图

包括钻孔位置图，水文地质综合柱状图，抽水试验技术资料表，Q、s、t、lg$r$ 间各种关系图表，试验数据，参数、最大涌水量及水质成果表等。

四、水文地质综合分析与评价

（一）水文地质条件综合研究

水文地质综合研究内容应根据工作区区域地质、水文地质研究程度，针对存在的主要水文地质问题有目的地进行，例如：地下水系统边界类型及地下水系统划分、地表水与地下水相互作用、地质条件对地下水形成的影响、含水层系统三维空间结构特征、地下水化学特征、变化规律及其成因、地下水成因及其年龄、人类活动与气候变化对地下水系统及地下水环境的影响等。

（二）地下水资源评价

参见第四章第三节相关内容。

（三）与地下水有关的环境地质问题评价

参见第五章第四节相关内容。

五、成果表达

（一）图件

1. 实际材料图

2. 成果图

包括但不限于下列成果图件：
（1）水文地质图。
（2）地下水资源分布图。
（3）地下水环境图。
（4）地下水资源开采模数分区图。
（5）地下水资源开发利用现状图。
（6）应急地下水资源开发潜力区划图。
（7）地下水开发利用与保护区划图。
（8）地下水等水位线图/地下水水位埋深图。
（9）地下水资源质量现状图。
（10）地下水重点污染区分布图件。
（11）地下水水化学图。
（12）立体水文地质结构图（选做）。

(13)包气带结构图(选做)。

(14)地下水防污性能图(选做)。

3. 选择编制三维水文地质结构图

(二)报告

1. 综合水文地质调查评价报告

报告编写提纲参照《水文地质调查技术要求(1∶50 000)》(DD 2019-03)之附录D。

2. 专题研究成果报告

(三)数据库

(1)应以地理信息系统平台为基础,使用统一的标准系统库和符号库,建立具有数据更新、查询、统计等功能的空间数据库。

(2)数据库建设应贯穿水文地质调查全过程。

(3)数据库建设一般包括以下内容:

①空间图形数据,应包括实际材料图、水文地质图、地下水资源图、地下水环境图、地下水开发利用与保护区划图、地下水等水位线图/地下水水位埋深图、应急水源地地下水开采潜力分布图、地下水水质量图、地下水水化学图、立体水文地质结构图(选做)、包气带结构图(选做)、地下水防污性能图(选做)等基础数据及元数据说明。

②野外调查数据,应包括地质点、地貌点、地表水体点、构造点、岩溶地面塌陷点、地面沉降、水文地质、机民井调查点、工程地质点等调查点数据及路线小结。

③测绘与勘查数据,应包括实测平剖面图、勘查报告、测试数据、监测数据、野外试验数据等。

④成果集成数据,应包括项目成果报告及附件、信息系统建设报告、专题成果等。

⑤项目文件,应包括任务书、设计书、野外验收意见、评审意见、审查意见等。最终成果资料整理应在野外验收后进行,要求内容完备、综合性强,文、图、表齐全。

(4)空间数据库验收应检查数据质量、可靠性、完整性等,形成空间数据库验收意见书,及时汇交。

第三节　工程地质调查评价

一、调查内容

在已有地质资料收集、整理和分析利用的基础上开展工程地质调查。

(一)岩体工程地质调查

查明地层产状、层序、地质时代、成因类型、结构面特征、软弱夹层特征、岩性岩相特征及其接触关系,突出调查岩体工程地质特征,包含岩石的坚硬程度及强度、岩体结构类型及完整程度,划分岩石坚硬程度、岩体完整程度和岩体基本质量等级,以及风化程度、风化壳厚度、形态和性质,进行风化壳的垂直分带。地质构造调查参照基础地质调查评价进行。

(1)沉积岩调查内容:岩性岩相变化特征,层理和层面构造特征,结核、化石及沉积韵律,岩层接触关系;碎屑岩成分、结构、胶结类型、胶结程度和胶结物成分;化学岩和生物化学岩成分,结晶特点、溶蚀现象及特殊构造,以及砾岩溶蚀特征的调查;软弱岩层和泥化夹层的岩性、层位、厚度及空间分布等。新近系碎屑岩属于半成岩,和正常意义上的土及岩石均有明显的区别,在组成、结构和构造等方面,它们既具有部分土的特征,又具有部分岩石的特征,应特别予以重视,可通过标贯、岩土试验等进一步查明其物理力学性质特征。

(2)岩浆岩调查内容:矿物成分及其共生组合关系,岩石结构、构造、原生节理特征,岩石风化的程度;侵入体的形态、规模、产状和流面、流线构造特征,侵入体与围岩的接触关系,析离体、捕虏体及蚀变带的特征;喷出岩的气孔状、流纹状和枕状构造特点,蚀变带、风化夹层、沉积岩夹层等发育特征,凝灰岩分布及泥化、风化特征等。

(3)变质岩调查内容:成因类型、变质程度、原岩的残留构造和变余结构特点,板理、片理、片麻理的发育特点及其与层理的关系,软弱层和岩脉的分布特点,岩石的风化程度等。

(二)土体工程地质调查

查明土的颗粒组成、矿物成分、包含物、渗透性、结构构造、密实度和湿度及其物理力学性质,根据沉积物颗粒组成、土层结构和成层性、特殊矿物及矿物共生组合关系、沉积物的形态及空间分布等,确定第四纪沉积物的成因类型。查明不同时代、不同成因类型和不同岩性的沉积物在剖面上的组合关系及空间分布特征。

(三)特殊土体工程地质特征调查

武汉地区主要发育的特殊性岩土有红黏土、软土、深厚填土、膨胀土、污染土等。

1. 软土

调查内容包括软土岩性、物质组成(颗粒组成、矿物成分及化学成分)、结构特征、成因类型、时代、厚度和分布规律;软土中的特殊土层(如淤泥、泥炭、硬壳)的分布规律及工程地质特性;与软土分布有关的自然和各种工程地质现象,如土层的压缩变形,地基、边坡、堤岸等的失稳及砂土液化等工程地质问题。

2. 红黏土

调查内容包括红黏土的结构成分、成因类型、形成时代、地貌特征、成层厚度及分布规律;红黏土的工程地质性状,特别是胀缩性、崩解性和软化性等,查明在剖面上其强度随含水量和塑性状态的变化及下部软化层的埋藏和分布情况;红黏土中的土洞与塌陷,建筑物地基的开裂和变形,以及由于基岩面强烈起伏、红黏土层厚度变化和软土层分布不均引起的建筑物不均匀沉降等不良地质现象的发育和分布特征;红黏土的含水类型和特征、地表水渗漏情况和地下水的分布、水位变化及其与岩溶地下水的关系。

3. 膨胀土

调查内容包括膨胀土的岩性、结构、矿物成分、成因类型、形成时代、土层厚度、裂隙发育状况及分布规律;膨胀土膨胀、收缩、压缩等性质,根据地质、地貌条件及胀缩性指标对膨胀土进行分类、分区评价;建筑物的变形情况及建筑经验;地形地貌、植被、地表径流、地下水条件等对土层中水分增减和运移的影响;收集降水量、蒸发量、气温、地温、日照等资料,分析其对土层胀缩性的影响。

4. 深厚填土

调查内容包括查明填土的物质组成和来源、堆积年限、堆积方式、堆积厚度，鉴定填土类型；判定填土地基的均匀性、压缩性和密实度；必要时应按厚度、强度和变形特性进行初步分层或分区评价；判定地下水对建筑材料的腐蚀性。

5. 污染土

调查内容包括污染土地区的区域自然环境特征，调查其地质地貌、气象气候、水文状况、植被状况；区域土壤类型特征，调查其成土母质、土类名称、分布面积、土壤组成、土壤特性、土壤结构等。污染土的调查可结合土地环境调查开展。

(四)可溶岩工程地质特征调查

武汉地区可溶岩主要包括碳酸盐岩(灰岩类、白云岩类等)与含碳酸盐岩成分的岩石(含灰岩砾石的砾岩、灰岩角砾岩等)，裸露型、覆盖型和埋藏型均有分布。主要调查内容如下：

(1)调查岩溶地貌的形态特征、规模、组成物质、组合特征及空间分布与过渡关系。

(2)调查碳酸盐岩的岩性成分和岩性组合特征，确定岩石类型；调查碳酸盐岩的工程地质特征，包括岩体强度和结构特征等。

(3)调查描述碳酸盐岩的结构、构造特征。对于岩层厚度可分为：块状，单层厚度大于 1.0m；厚层，单层厚度 0.5～1.0m；中厚层，单层厚度 0.1～0.5m；薄层，单层厚度小于 0.1m。

(4)根据代表性岩样的化学分析、物性试验、薄片鉴定和溶蚀试验成果，对溶蚀性能做出评价。

(5)岩溶发育程度调查。岩溶发育程度受可溶岩的岩性、气候、地质构造、地貌和新构造运动等因素的综合影响，其中岩性是其基本的物质条件。因此岩溶发育程度的划分以岩性类型为基础，结合考虑其出露条件和地表地下的岩溶现象，并参考地表岩溶发育密度、钻孔岩溶率、钻孔见洞率等特征性指标，进行定性的分析和评价，划分为强、中、弱三级。调查溶洞充填情况，以及岩溶充填物岩性与性状。

(6)调查岩溶地下水的赋存状态及其动力特征；岩溶水的补给来源和方式，径流排泄特征，以及其与地表水体和第四系地下水的转化关系；覆盖型和埋藏型岩溶区要特别注意调查岩溶水位及其动态变化，岩溶地层顶板覆盖层的隔水或透水性，以及其与第四系地下水的水力联系和水头差。

(7)调查由于岩溶发育导致的岩溶塌陷。包括塌陷范围、程度、成因和形成条件，已有的防治措施和效果等。

二、工作精度

(一)分区调查精度

一般调查区、深化调查区和重点调查区可分别采用 1∶50 000、1∶25 000 和 1∶10 000 比例尺，视工作需要可适当提高。

(二)调查区复杂程度分类

工程地质调查区应先按照地貌划分平原岗地、低山丘陵两大类，再根据工程地质条件复杂程度划分为简单地区、中等复杂地区和复杂地区。

(1)平原岗地区工程地质条件复杂程度划分见表 3-3-1。

(2)低山丘陵区工程地质条件复杂程度划分见表3-3-2。

表 3-3-1　平原岗地区工程地质条件复杂程度分类

等级	复杂	中等	简单
地层结构及土体性质	大部分地区松散层厚度大于50m,地层结构复杂,特殊类土非常发育	大部分地区松散层厚度介于10～50m之间,地层结构较复杂,特殊类土较发育	大部分地区松散层厚度介于10～50m之间,地层结构简单,特殊类土不发育
地质构造及地震地质背景	调查区地震动峰值加速度$a \geqslant 0.20g$	调查区地震动峰值加速度$0.05g < a \leqslant 0.15g$	调查区地震动峰值加速度$a \leqslant 0.05g$
水文地质条件	含水层结构复杂,地下水对工程建设影响很大	含水层层数多但具有一定规律,地下水对工程建设影响较大	含水层空间分布比较稳定,地下水对工程建设影响小
地质灾害及不良地质作用	地面沉降、地面塌陷等地质灾害和不良地质作用危害严重	地面沉降、地面塌陷等地质灾害和不良地质作用危害较大	地面沉降、地面塌陷等地质灾害和不良地质作用危害小
注1:每类工程地质条件中,复杂程度有一条符合条件者即可定为该等级;从复杂开始,向中等、简单推定,以最先满足的为准。 注2:地震动峰值加速度应按照现行《中国地震动参数区划图》(GB 18306—2015)执行。			

表 3-3-2　低山丘陵区工程地质条件复杂程度分类

等级	复杂	中等	简单
地形地貌	相对高度≥500m,坡面坡度一般≥25°的山地	200m≤相对高度<500m,一般15°≤坡面坡度<25°的山地	高丘陵、低丘陵,一般坡面坡度<15°
岩体结构	碎裂结构,结构面大于3组,节理密集,结合力差	层状结构,结构面2～3组,有软弱夹层,延展性较好,结合力不强	岩性单一,整体状或块状结构,结构面1～2组,延展性差,一般无充填
地质构造	断层密集发育或断层交会带,褶皱发育或挤压强烈带,地层产状陡倾或倒转带	断层发育程度一般,褶皱发育一般地带,地层产状倾角$15° < a < 25°$	断层不发育,褶皱不发育,地层产状平缓,倾角<15°
地震地质背景	调查区地震动峰值加速度$a \geqslant 0.20g$	调查区地震动峰值加速度$0.05g < a \leqslant 0.15g$	调查区地震动峰值加速度$a \leqslant 0.05g$
地质灾害及不良地质作用	滑坡、崩塌、泥石流、地面塌陷等地质灾害频发,工程地质问题危害严重	滑坡、崩塌、泥石流、地面塌陷等地质灾害较频发,工程地质问题危害较大	滑坡、崩塌、泥石流、地面塌陷等地质灾害不发育,工程地质问题危害小
注1:每类工程地质条件中,复杂程度有一条符合条件者即可定为该等级;从复杂开始,向中等、简单推定,以最先满足的为准。 注2:地震动峰值加速度应按照现行《中国地震动参数区划图》(GB 18306—2015)执行。			

(三)调查相关要求

一般调查区和深化调查区应查明区域地质、水文地质、工程地质条件、地质灾害与环境地质问题等，评价区域工程建设适宜性；第四系覆盖区一般性钻孔深度为30～50m，控制性钻孔为50～100m，丘陵山区钻孔深度以揭露微(中)风化带为宜。基本工作量定额可按表3-3-3、表3-3-4执行。

重点调查区应查明区域工程地质条件、地质灾害与环境地质问题等，对场地稳定性与工程建设地质适宜性等进行定性或定量评价，提出拟建重大工程选址、地下空间开发利用及各类规划建设项目的相关地质方案建议。一般性钻孔深度为50～100m，控制性钻孔为100～200m。基本工作量定额可按表3-3-5执行。

表3-3-3 1：50 000工程地质调查每百平方千米基本工作量

地形类别		调查点/个	钻探点/个	原位测试/孔	岩土样/个	水样/个	物探/km
平原盆地区	复杂	35～60	15～25	15～25	350～600	16～20	5～7
	中等	30～50	10～20	10～20	250～500	12～16	4～6
	简单	25～40	8～16	8～16	200～400	8～12	3～5
低山丘陵区	复杂	55～80	11～16	原位测试及岩、土、水等样品采集测试数量。宜根据工作程度与实际需要确定			
	中等	45～70	6～11				
	简单	40～60	3～9				

表3-3-4 1：25 000工程地质调查每百平方千米基本工作量

地形类别		调查点/个	钻探点/个	原位测试/孔	岩土样/个	水样/个	物探/km
平原盆地区	复杂	300～500	80～100	80～100	1800～2500	85～95	12～16
	中等	200～300	60～80	60～80	1200～1800	65～75	10～14
	简单	100～200	40～60	40～60	900～1200	45～55	8～12
低山丘陵区	复杂	400～600	45～65	原位测试及岩、土、水等样品采集测试数量。宜根据工作程度与实际需要确定			
	中等	300～400	25～45				
	简单	200～300	12～36				

表3-3-5 1：10 000工程地质调查每百平方千米基本工作量

地形类别		调查点/个	钻探点/个	原位测试/孔	岩土样/个	水样/个	物探/km
平原盆地区	复杂	350～550	250～350	250～350	5 000～9 000	300～500	19～24
	中等	250～400	180～250	180～250	4 200～6 000	250～400	17～22
	简单	150～250	120～180	120～180	3 000～4 500	160～300	15～20
低山丘陵区	复杂	450～650	150～200	原位测试及岩、土、水等样品采集测试数量。宜根据工作程度与实际需要确定			
	中等	350～500	100～150				
	简单	250～400	60～120				

设计确定具体工作量时，应考虑下列因素：

(1)宜在分析既有调查成果的基础上部署工作量。

(2)收集的资料,经检验后能利用者,可计入正式工作量,新设计工作量主要部署在空白区、既有资料显示的工程地质边界附近和工程地质条件复杂区。

(3)部署工作量时,应当考虑建设区和非建设区,做到"有疏有密",建设区可适当增加20%的工作量,非建设区可适当减少20%的工作量。

三、工作方法与技术要求

调查的工作方法主要有遥感解译,工程地质测绘,物探、钻探、探井等山地工程,现场测试分析,室内测试等。其中覆盖型和埋藏型可溶岩调查以物探为主、钻探验证为辅,深厚软土地区以静力触探为主、钻探取样为辅。

(一)遥感地质调查

1.目的

开展土地覆盖类型、地层岩性等工程地质条件和人类工程经济活动,以及地质灾害和不良地质作用等要素的遥感调查和解译工作,编制工程地质遥感解译图。可结合基础地质调查中遥感解译工作综合开展,以提高工作效率和经济效益。

2.方法

收集多时相、多传感器、高分辨率(空间分辨率和光谱分辨率)的遥感数据,根据精度需要选取适宜的遥感信息源。1∶50 000调查应选用分辨率优于5m的遥感数据。1∶10 000调查应选用分辨率优于1m的遥感数据,无大比例尺航空遥感数据的情况下,可优先选用无人机遥感数据。技术要求遵循《区域地质调查中遥感技术规定(1∶50 000)》(DZ/T 0151—2015)。遥感解译结果应在野外调查过程中不断验证和修正。

(二)工程地质测绘

(1)制作野外工作手图。条件允许时,应使用工程地质调查野外数据采集系统,在地形、地貌图及遥感影像地图上制作电子版的工程地质草图,比例尺应为1∶25 000及更大比例尺。也可以按照相同要求编制纸质版的工程地质草图。

(2)正式测绘前,应预先实测代表性地质剖面,建立典型的地层岩性柱状剖面和标志,确定工程地质填图单元。

(3)测绘精度要求。地质界线和调查点的精度,在图上误差不超过1mm;有重要意义的填图单元,在图上不足2mm者,可放大表示。

(4)工程地质测绘的调查点布置、密度及定位,应符合下列要求:

①以路线穿越法为主,对重要的界线可以适当追索,观测路线一般沿工程地质条件变化最大的方向布置。

②调查路线间距0.3~3km,每个重要填图单元体应有调查点控制。

③调查点应充分利用天然和已有露头,当露头少时,可根据具体情况布置一定的山地工程。

④一般调查点应采用GPS定位,1∶50 000比例尺图面误差应不超过1mm;重点调查点可采用高精度GPS(RTK)进行定位和高程校正,1∶10 000比例尺图面误差应不超过1mm。

⑤调查点数量可根据遥感解译成果适当减少,但最高不超过30%。

(5)各种地质体的界线应实地勾绘或根据遥感解译进行界线核定。工程地质问题视其规模大小或类型可采用圈定边界，或用符号等方法表示，当其集中分布时也可用群体符号表示。

(6)调查点记录应客观准确、条理清楚、文图相符。记录可采用手图、采集系统和记录本等格式，并附必要的示意性平面图、剖面图、素描图以及照片等。采集系统和记录本相互补充。

(7)工程地质测绘一般观测点，工程地质条件调查点，滑坡、崩塌、泥石流、地面塌陷、地裂缝等野外调查点，工程地质钻探和山地工程等的记录格式参见《工程地质调查技术要求(1∶50 000)》(DD 2019-06)之附录C。其中，表C.2～表C.7和表C.9应建立对应的数据库。

(8)工程地质测绘应提交下列成果资料：

①野外工作手图和实际材料图。

②工程地质草图。

③实测剖面图。

④各类调查点的记录卡片或记录本。

⑤工程地质钻探、浅钻、山地工程(坑、槽探、井探)记录表及素描图。

⑥地质照片图册。

⑦文字总结。

(三)地球物理勘探

1.物探方法选择

在武汉市开展工程地质调查评价工作中，涉及的方法较多，以下按照调查内容的不同进行列表分类(表3-3-6)。

表3-3-6 工程地质调查常用物探方法表

<table>
<tr><th>序号</th><th colspan="2">物探方法</th><th colspan="2">调查内容</th><th>执行或参考规范</th></tr>
<tr><td>1</td><td rowspan="4">电磁法</td><td>AMT</td><td rowspan="3">地层厚度、岩性界面、构造等</td><td>深度小于1 000m，干扰较小区域</td><td>《天然场音频大地电磁法技术规程》(DZ/T 0305—2017)</td></tr>
<tr><td>2</td><td>CSAMT</td><td>深度小于1 000m</td><td>《可控源音频大地电磁法技术规程》(DZ/T 0280—2015)</td></tr>
<tr><td>3</td><td>瞬变电磁法</td><td>深度小于300m(与装置有关)</td><td>《地面磁性源瞬变电磁法技术规程》(DZ/T 0187—2016)</td></tr>
<tr><td>4</td><td>地质雷达</td><td colspan="2">第四系分层，探测深度小于30m</td><td>《城市工程地球物理探测标准》(CJJ/T 7—2017)</td></tr>
<tr><td>5</td><td rowspan="4">地震勘探</td><td>地震反射</td><td rowspan="4">地层厚度、岩性界面、断层破碎带、构造等</td><td>探测深度0～300m</td><td rowspan="4">《浅层地震勘查技术规范》(DZ/T 0170—2020)；《城市工程地球探测标准》(CJJ/T 7—2017)</td></tr>
<tr><td>6</td><td>地震折射</td><td>探测深度小于100m</td></tr>
<tr><td>7</td><td>面波勘探</td><td>探测深度小于50m</td></tr>
<tr><td>8</td><td>微动探测</td><td>探测深度小于300m(探测装置决定)</td></tr>
</table>

续表 3-3-6

序号	物探方法	调查内容		执行或参考规范
9	高密度电阻率法	地层厚度、岩性界面、断层破碎带、构造等	探测深度小于 200m	《电阻率剖面法技术规程》(DZ/T 0073—2016);《电阻率测深法技术规范》(DZ/T 0072—2020);《城市工程地球物理探测标准》(CJJ/T 7—2017)
10	电阻率测深法	地层厚度、岩性界面、断层破碎带、构造、岩溶发等	工程地质地质探测深度一般小于 100m	《电阻率测深法技术规范》(DZ/T 0072—2020)
11	电磁波 CT	地层厚度、岩溶发育情况、岩性变化,物性参数变化	与钻井深度有关	《城市工程地球物理探测标准》(CJJ/T 7—2017)
12	地震波 CT			
13	测井	剪切波速度	与钻井深度有关	《城市工程地球物理探测标准》(CJJ/T 7—2017)

2. 地震反射法

地震反射法的要求与基础地质调查评价的要求基本相同(参见第三章第一节),不同部分如下:

1)仪器设备特殊要求

(1)地震仪。对于浅层勘探目标宜采取高频检波器(60Hz),施工检波器数量易大于 48 道,仪器输入断短路噪声必须小于 1μV;仪器动态范围必须大于 140dB。

(2)震源:根据探测深度不同,可以选用不同能量的震源,包括人工锤击等。

2)野外数据采集特殊要求

(1)应采用多次覆盖观测系统,武汉市宜采用小道间距(2~5m),覆盖次数不得低于 6 次。

(2)原始资料记录质量评价,"优良"品合格率不少于 80%。

(3)单炮记录需保证初至清晰,且初至波前无明显干扰。

3. 高密度电阻率法

高密度电阻率法的要求与基岩地质调查的要求基本相同(参见第三章第一节),不同部分如下:

1)仪器设备特殊要求

目前高密度电阻率法仪型号非常多,基本都能满足城市地质探测的要求。在武汉进行城市勘探宜选用道数大于 60 道的多功能电法仪;仪器的电极可以进行人为的屏蔽,可以实时检查野外工作状况,对局部测量数据可以重测。

2)野外数据采集特殊要求

依据探测目的不同选择电极距,电极距不宜大于 5m。

4. 瞬变电磁法

瞬变电磁法的技术要求与水文地质调查评价基本相同(参见第三章第二节),不同之处在于野外数据采集有特殊要求:

依据探测目的不同选择点距，测点点距不宜大于10m，在进行浅部精细化探测时，点距宜选择3～5m。

5. 可控源音频大地电磁测深法

可控源音频大地电磁测深法的要求与基础地质调查评价的要求基本相同（参见第三章第一节），不同部分在于野外数据采集特殊要求：

依据探测探目标情况，在武汉市进行工程勘查时，采集频率宜选择大于10Hz的高频信号区。

6. 微动探测

微动探测的要求与基岩地质调查的要求基本相同（参见第三章第二节），不同部分在于野外数据采集特殊要求：

根据武汉市工程勘察的深度一般不大于100m，因此，台站布设半径最大不超过30m，宜采用三重圆环装置，保证数据采集的质量。

7. 面波地震勘探

1）可解决的主要城市地质问题及局限性

（1）在水平层状介质中进行浅部（小于30m）地层划分。

（2）岩土力学参数原位测试。岩土体弹性波速度值与介质的物理力学参数密切相关，利用岩土体的纵波速度、横波速度及密度数值可计算岩土体的压缩模量、剪切模量、泊松比等。

（3）饱和砂土层液化判别。当饱和砂土层的横波速度值小于其液化临界横波速度值时，饱和砂土层将发生液化。利用地震面波速度值，可判别饱和砂土层的液化可能性。

（4）地下不均匀体的探测。

（5）公路路面、路基质量无损检测。

（6）地基加固处理效果检验。

局限性：探测深度受到限制。

2）适用的技术规范

《多道瞬态面波勘察技术规程》（JGJ/T 143—2004）、《浅层地震勘查技术规范》（DZ/T 0170—1997）、《城市工程地球探测标准》（CJJ/T 7—2017）。

3）主要干扰因素与抗干扰措施

（1）主要干扰因素：城市人文活动的振动干扰；自然环境的振动干扰。

（2）抗干扰措施：采用灵活的排列方式和灵活的工作时间，避开干扰源；垂直叠加和多次叠加；加大激振能量。

4）仪器设备特殊要求

（1）检波器固有频率宜小于5Hz。

（2）地震面波瞬态激振工作方式，对激振设备不具体要求，接收检波器的频率响应在激振低频时应不失真，仪器记录设备宜采用具备瞬时浮点放大功能的多道地震仪。

（3）技术指标：瞬态激振法工作建议使用低频检波器接收振动信号，检波器要有良好的一致性，在相同点接收同信号时，检波器一致性要求小于0.5ms。建议使用具备瞬时浮点放大功能的多道地震仪作为信号记录设备。

5）野外数据采集特殊要求

（1）方法选择依据。当探测深度较浅，需要详细分层或需要探测场地不均匀性时选择该方法。

（2）地震面波的工作方式，地震面波分稳态激振和瞬态激振两种工作方式：稳态激振法应根据不同的工作目的、勘探深度等选择合适型号的激振器。当勘探深度较小时(10m内),可使用输出激振力较小的轻便激振器,当勘探深度大时,应使用输出激振力很大的、低频振动不失真的大功率激振器,瞬态激振法可采用不同重量、不同材质的手锤、吊锤进行垂直向激振,也可采用爆破或其他震源激振。在考虑激振能量的同时,还应考虑激振的频率,当勘探深度较大时,应充分激发低频能量。

(3)地震面波的观测方式。地震面波观测方式有两种:单端激振,两道或多道接收观测;双端分别激振,两道或多道接收观测。

6)资料处理与反演特殊要求

资料处理一般采用面波拟合程序:在地层速度逐步增加情况下,拟合系数不小于0.9;在地层速度倒转情况下,拟合系数不小于0.6。

7)成果表达要求

地震面波勘探提交的主要成果应符合:

(1)各测试点截散曲线(深度、速度曲线),当按固定点线距测试时,应按一定的比例将同一测线上各测试点的频曲线绘制在一条直线上,组成一个完整制面,场地有高程差异时,应按测点实际高程绘制。

(2)用地震面波资料处理软件或规程给出的计算公式计算和反演各地层的面波速度。

(3)将相邻点相同速度层连接在一起,可绘制地震面波速度剖面。

(4)将多条剖面相同速度层连接在一起,可绘制多个地震面波速度层的空间三维立体图。

(5)绘制工作任务需要解决的地质问题的有关图件,如推断的洞穴位置图、地层软弱区域、滑坡及边坡失稳危险区域。

8)质量要求

(1)使用稳态激振法工作时,激振器应与地面均匀紧密耦合,并使其保持竖直状态。

(2)检波器安置时,应与地面垂直并与地面紧密耦合,不同地面条件可采用不同的耦合方式。

(3)检波器点距可根据接收不同激振频率进行选择,稳态激振采用等幅振动信号时,检波器点距应小于最小波长距离。

(4)使用稳态激振法工作时,激振频率步长应根据不同探测对象的精度要求、不同地层的速度变化情况,通过试验选择。

(5)为保证观测精度,应合理选择记录仪器的采样周期和计算相位时差的平均次数。

(6)瞬态激振法工作时,要求记录波形完整,多次采样有较好的相似性,信噪比高,无消波现象。

(7)宜采用垂直多次叠加的方式,抑制杂波干扰。

(8)对瞬态激振采集的数据,应在现场及时进行处理,获得频散曲线。

8.折射波地震勘探

1)可解决的主要城市地质问题与局限性

浅层折射波法可用于探测:①探测第四纪覆盖层厚度及其分层,或探测基岩面埋藏深度、埋藏深槽、古河床及其起伏形态;②探测风化层厚度;③探测隐伏构造(断层、裂隙带、破碎带);④探测塌滑体厚度;⑤测试岩土体纵波速度,用速度对岩体进行完整性分类。

折射波法的局限性:①受速度逆转限制,不能探测高速层下部的地质情况;②分层能力弱,一般限于2~3层;③因为存在折射波盲区及旁侧影响,要求勘探场地较开阔;④所需激发能量大,当松散层厚度超过10m时,一般使用炸药震源,城市中开展工作困难。

2)适用的技术规范

《浅层地震勘查技术规范》(DZ/T 0170—1997)、《城市工程地球物理探测标准》(CJJ/T 7—2017)。

3)主要干扰因素与抗干扰措施

(1)主要干扰因素:城市人文活动的振动干扰;自然环境的振动干扰。

(2)抗干扰措施:采用灵活的排列方式和灵活的工作时间,避开干扰源;垂直叠加和多次叠加;加大激振能量;采用检波串。

4)仪器设备特殊要求

(1)地震仪:浅层不少于24道;中深层不少于48道;仪器输入断短路噪声必须小于1pV;仪器动态范围必须大于140dB。

(2)震源:宜使用非炸药震源;震源能量通过试验确定。

(3)检波器固有频率宜小于28Hz,通常选择10～28Hz检波器检波。

5)野外数据采集特殊要求

(1)每个排列炮点数需要4炮,在排列偏移炮无法施工时,可以根据实际情况适当减少偏移炮。

(2)原始资料记录质量评价,"优良"品合格率不少于85%。

(3)单炮记录不得多于二道坏道,且该坏道不能为端点道,不能连续。

6)资料处理与反演特殊要求

(1)资料解释前应对速度资料进行分析、整理,选择速度时应注意近地表速度的不均匀性,应尽量利用钻孔测井资料进行综合分析,同一测线横向速度变化较大时,应计算沿测线速度变化曲线,并参与深度解释。

(2)应根据测区地震地质条件、时距曲线特征和精度要求,选择合理的解释方法(TO法、时间场法、射线追踪法等),只有在近水平层状介质、地表与界面起伏较小界面视倾角不小于5°、横向速度无明显变化或由于勘查区条件限制无法获得相遇时距曲线时,方可采用截距时间法或交点法。

(3)利用折射波进行岩性变化解释时,应具有物性资料依据。

7)成果表达要求

(1)地震工作布置图。

(2)各测线时距曲线。

(3)地震-地质综合解释图。

9.地震映像勘探

1)可解决的主要城市地质问题及其局限性

地震映像法多用于探测浅部介质中纵、横向不均匀体。

局限性:在地震映像图上直达波、面波、绕(散)射波、转换波的干涉现象十分常见,这给有效波的识别带来困难。

2)适用的技术规范

《浅层地震勘查技术规范》(D2/T 0170—2020)、《城市工程地球物理探测标准》(CJJ/T 7—2017)。

3)主要干扰因素与抗干扰措施

(1)主要干扰因素:城市人文活动的振动干扰;自然环境的振动干扰。

(2)在城市建成区开展地震映像法时,地表激发和接收条件难以做到一致,常常涉及水泥路面、沥青路面、花坛等,这些表层人为建设物会改变地下介质造成的波场特征。

(3)抗干扰措施:采用灵活的工作时间,避开干扰源;垂直叠加和多次叠加;加大激振能量;检波器串组合检波。

4)仪器设备特殊要求

(1)地震仪:对于城市浅层勘探目标宜采取高频检波器(100Hz),仪器输入断短路噪声必须小于1μV;仪器动态范围必须大于140dB。

(2)震源:宜使用非炸药震源,包括人工锤击震源、电火花震源、气枪震源等,震源能量通过试验确定。

5)野外数据采集特殊要求

(1)道间距的设计:根据探查目标层(体)的特征,一般应沿着一条剖面线布置观测系统。道间距设计时,首先根据水平方向的分辨率要求选取道间距;然后根据试验资料上相邻道有效波时差来确定道间距的值。当地下反射物为有限物体时要保证其边界的有效精度,道间距还应适当减小。

(2)偏移距的设计:偏移距为激发点到检波点的距离。地震映像法要求做极小偏移距接收,因此,在避开激发干扰和接收信号不削波的前提下,应尽量减小炮检距。实践表明,炮检距设计一般原则是:尽量避开直达波和干扰波,有相对明显的目标层反射波显示。

(3)采样率的设计:采样率是数据采集的重要参数,它与剖面的垂直分辨率有关。一般采样率达到有效信号主频 10 倍以上时,即可获得较满意的结果。

6)资料处理与反演特殊要求

(1)地震映像法的资料处理并非十分复杂,提高信噪比仍然是整个处理的核心问题,处理中要分析、编辑不正常的炮道,并特别注意异常层段的数据是否正常。

(2)在每一步具体的处理过程中,采用炮集显示、频谱分析和相关分析等多种手段进行反复的分析,以便选取恰当的处理参数,确保每一阶段的处理都能达到最佳效果。

(3)宜采用带通滤波和 FK 滤波去噪,但此方法不能改变某个频率段上的信噪比,且预测反褶积又对高频做了一些补偿,恢复噪声能量,所以在使用时要特别注意提升值不可太高。

(4)由于每道采用了相同的偏移距,地震记录上的时间变化主要为地下地质体的反映,连接起来的地震时间剖面即是地下界面形态的反映,这给后续工作带来了极大的方便,可直接对资料进行部分数字分析,如频谱分析、相关分析等,而且资料解释也可以采取时间剖面,避免了单道接收无法进行速度分析的难点。

(5)由于地震映像法采用了单炮激发、单道接收,在资料处理过程中不需要进行动校正、叠加等处理,节省了资料处理时间,避开了动校正对浅层反射波的拉伸、畸变影响,可以使反射波动力学特征全部被保留,地震记录分辨率不会受到影响,减少了处理误差。

7)成果表达要求

(1)地震映像工作布置图。

(2)各测线原始地震映像剖面。

(3)各测线处理后地震映像剖面。

(4)地震-地质综合解释图。

10. 地质雷达

1)可解决的主要城市地质问题与局限性

(1)确定不同的岩性,进行地层岩性的划分,浅部松散层分层。

(2)浅地面地质灾害发育调查:滑坡、岩溶发育区、采空区、洞穴等。

(3)寻找古河道的空间位置。

(4)浅地表地下埋设物如管线、电缆等探测。

(5)探查含水层的分布情况、埋藏深度及厚度,寻找充水断层及主导充水裂隙方向。

(6)探查覆盖层厚度。

局限性:①地质雷达分辨率高,局限性是探测深度浅,一般小于 30m;②受电磁干扰和人文活动干扰影响较大;③不能探测极高电导屏蔽层下的目的体或目的层。

2)适用的技术规范

《城市工程地球物理探测标准》(CJJ/T 7—2017)。

3)主要干扰因素与抗干扰措施

(1)干扰因素。

由于雷达波在地下的传播过程十分复杂,各种噪声和杂波的干扰非常严重,正确识别各种杂波与噪声、提取其有用信息是探地雷达记录解释的重要环节,其关键技术是对探地雷达记录进行各种数据处理。

探地雷达的噪声和杂波大致可归结为以下几类:

①系统噪声:主要源于发射和接收天线之间的耦合。

②多次波干扰。

③空中直接反射:非屏蔽干扰。

④来自电台、电视台、雷电放电、太阳活动等人文活动干扰和外部电磁干扰。

(2)抗干扰措施。

对系统噪声干扰可采用滤波和多次叠加压制;空中直接反射的干扰常常很强烈,易识别但难以消除,一般使用屏蔽天线以尽量消除这种干扰。对于外部频率干扰可通过滤波技术进行有效压制。

常规的探地雷达拟浅层地震资料处理技术有滤波、道均衡、速度分析、多次叠加、单道多次测量平均、偏移、反褶积、复信号处理等。

4)仪器设备特殊要求

探地雷达的仪器设备必须达到以下要求:

(1)仪器的动态范围必须大于150dB。

(2)具有程控叠加功能,信号增益控制应具有指数增益功能。

(3)A/D转换位数≥16bit。

(4)点测时有多次叠加功能,且叠加次数≥8次。

(5)连续测量时扫描速率≥128线。

5)野外数据采集特殊要求

(1)探地雷达可选用剖面法、宽角法、透射法、多天线法等工作方式。常用的探地雷达观测方法有剖面法和宽角法两种。

(2)仪器的信号增益应保持信号幅值不超出信号监视窗口的3/4,天线静止时信号应稳定。

(3)宜选择所用天线的中心频率的6~10倍作为采样率。

(4)剖面法是发射天线和接收天线以固定间距沿测线同步移动的一种测量方式。

(5)为了原位测量地层介质的电磁波速度,在探地雷达工作中还经常采用宽角法或共中心点法观测方式。一个天线固定在地面某一点不动,而另一个天线沿测线移动,记录地下各不同界面反射波的双程走时,这种测量方式为宽角法。也可以用两个天线,在保持中心位置不变的情况下,改变两个天线的距离,记录反射波的双程走时,这种测量方式为共中心点法。探地雷达法进行剖面测量时必须进行宽角法测量,以确定地层背景的电磁波速度。

6)资料处理与反演特殊要求

常规的探地雷达拟浅层地震资料处理技术有滤波、道均衡、速度分析、多次叠加、单道多次测量平均、偏移、反褶积、复信号处理等,偏移和反褶积为常用技术。

除了常规处理外应进行下列处理:

(1)滤波:一维滤波、二维滤波;通过滤波达到压制干扰、提供信噪比目的。

(2)二维偏移归位处理方法:常见的偏移归位方法有绕射偏移、波动方程偏移和克希霍夫积分偏移,通过偏移处理的雷达剖面可反映地下介质的真实位置。

7)成果表达要求

(1)探地雷达实际材料图集中显示雷达测网布置。

(2)雷达剖面成果图:显示雷达测线下地层与构造形态。

(3)平面等值线图表达测线范围内某些目的层的分布特征,其中包括基岩高程图目的层等深图等。

(4)雷达推测成果图,包括推断构造分布、异常体范围成果图、异常体平面分布图。

(四)工程地质钻探

工程地质钻探所用表格均可根据工作区实际参考附件1设置。

(1)钻探的主要任务是查明地质结构,岩土体物理力学性质、分布埋藏特点及水文地质条件等,并为采取试验样品,进行野外测试提供条件。主要包括:

①了解岩土体的性状、厚度及其空间分布规律;进行岩土体分层,划分岩土体结构类型。

②了解破碎带空间分布、岩性和充填物及其胶结程度及它们随深度的变化情况。

③了解风化带、滑动体、岩溶等的空间分布、规模、物质组成及发育规律。

④了解透水、含水层组的岩性、厚度、埋藏条件、渗透性、地下水特征。

⑤进行取样试验及野外测试,了解岩土体的工程地质性质。

(2)勘探点、线的布置应符合下列要求:

①平原盆地区宜围绕区域地质地貌、地层岩性和构造等要素的典型剖面部署勘探点、线。

②山地丘陵区主要布置在覆盖区,勘探线按垂直构造线或沿地貌和岩性变化较大的方向布置。

③控制性钻孔数量宜占钻孔总数的10%~20%。

④钻孔应综合利用,包括样品采集和原位测试,必要时成井进行简易水文地质试验。

(3)山地丘陵区钻孔深度一般为10~30m;平原岗地区的孔深,一般性钻孔为50~100m,控制性钻孔为100~200m。

(4)当遇到下列情况时,应适当增减勘探孔的深度:

①在预计深度内遇基岩时,进入中风化或微风化3~5m终孔。

②揭露风化带、构造破碎带的钻孔,应穿透并钻至中风化基岩5~10m。

(5)钻探应符合下列要求:

①孔径要求:采取原状土样的钻孔,孔径不小于110mm;采取岩石力学试样的钻孔,孔径不小于75mm;进行专门性试验的钻孔孔径,按试验要求确定。

②应采取全孔连续取芯钻进,限制回次进尺一般在2m内,严禁超管钻进。

③松散地层中,潜水水位以上孔段,宜采用干钻;在砂层、卵砾石层、硬脆碎和软碎岩层中可采用反循环钻进。

④岩芯采取率要求:对黏性土和完整岩体不低于85%,砂类土不低于70%,卵砾类土不低于60%,风化带和破碎带不低于65%。

⑤每钻进50m及终孔时,都要进行孔深、孔斜校正,终孔时孔深误差不得大于1‰,孔斜误差不得大于2°。

⑥钻进过程中,应进行简易水文地质观测,记录初见水位、静止水位、水温、涌水和漏水情况,以及其他异常情况等。

⑦终孔后,应按要求进行封孔,一般可用黏土封孔,特殊情况应按封孔设计的要求封孔。

(6)工程地质钻探中取样时应符合下列要求:

①风化岩石抗压样品采集必须软、硬层样品齐全,不能只采成形的硬块样。记录完整样品采集的深度、样长和样品用途,采样位置要有标签。

②自地表填土以下开始取样。黏性土、粉土及部分砂土采取原状土样,地表下20m以上取样间距为1.5~2m,厚度小于1.5m的土层及有意义的夹层应取土样;厚度大于5m的土层可每隔3m取1个原状土样;在20m以下地层根据土样数量情况取样间距可放大至3.0m。砂土、碎石土取扰动土样。土

样均要求及时封装和贴签，注明取样地点、土样名称、孔号、取样深度，并避免暴晒、浸泡或冰冻。整个容器加盖后，土样容器的所有接缝处均应用胶带缠绕密封或蜡封，为了保证密封效果，盒盖与样筒要配套。岩芯样的采取总体控制每类岩样一般不少于10件，工程建设持力层范围为采样重点。

③软土层中用薄壁取土器取样，其他土层可用重锤少击法和双层单动取土器取样。

(7)钻孔的记录和编录应由经过钻探专业训练和工程地质专业技术人员承担；记录应真实、及时，按钻进回次和分层填写，符合《工程地质调查技术要求(1：50 000)》(DD 2019-06)之表C.8～表C.9。

(8)所有钻孔的岩芯应有照片或录像资料；所有代表性钻孔岩芯应保留至野外验收结束。

(9)工程地质钻孔质量按孔径、孔深、孔斜、取芯、取样和原位试验、简易水文地质观测、地质编录、封孔八项技术指标分出以下三级：

①优良：八项指标全部达到要求。

②合格：八项指标基本达到要求。

③不合格：八项指标不能满足要求或主要指标不能满足要求。对不合格的钻孔，应补做未达到要求的部分，或者返工。

(10)工程地质钻孔竣工后宜提交下列资料：钻孔设计书、开孔和终孔通知书、钻孔小结、钻孔工程地质柱状图、岩芯照片、岩芯编录表、钻探班报表、岩石质量(RQD)统计表、钻孔质量验收书等。

(五)山地工程

(1)山地工程的任务是了解岩土层界线、破碎带宽度、构造现象、岩脉宽度及延伸方向、包气带结构、地裂缝和滑坡等特征，并采取岩土样品。

(2)山地工程一般采用坑探、槽探和井探等轻型工程。

(3)山地工程需进行详细编录描述和编制地质展示图等。坑探、探槽和探井等的概况、原始地质记录、标本样品采集记录，记录格式参见《工程地质调查技术要求(1：50 000)》(DD 2019－06)之表C.10～表C.12。

(六)原位测试

1. 一般规定

(1)应考虑岩土体条件、物理力学参数、地区经验等因素，选择适用的原位测试方法。

(2)原位测试试验参照《岩土工程勘察规范》(GB 50021—2009)执行，原位测试成果应结合原型试验、室内土工试验及工程经验等进行综合分析。对缺乏经验的地区，应与工程反算参数作对比，检验其可靠性。

(3)分析原位测试成果资料时，应注意仪器设备、试验条件、试验方法对试验的影响。

(4)原位测试的仪器设备应定期检验、标定和校准。

2. 标准贯入试验

(1)适用于砂土、粉土、一般黏性土、残积土、全风化岩及强风化岩。

(2)标贯试验间距在砂层内可取1～2m，其他层内可视情况而定。标贯试验技术要求参照《岩土工程勘察规范》(GB 50021—2009)执行。

3. 圆锥动力触探试验

(1)重型圆锥动力触探试验和超重型圆锥动力触探试验适用于强风化、全风化的硬质岩石，各种软质岩石、碎石土。

(2)重型和超重型圆锥动力触探可在碎石类和风化层内进行，贯入过程宜连续贯入，锤击速率宜每分钟15～30击。圆锥动力触探试验技术要求参照《岩土工程勘察规范》(GB 50021—2009)执行。

4. 静力触探试验

(1)适用于软土、一般黏性土、粉土、砂土和含少量碎石的细粒混合土。

(2)宜采用双桥探头或带孔隙水压力量测的双桥探头，分别测定锥尖阻力(qc)、侧壁摩阻力(fs)和贯入或消散时的孔隙水压力(u)。

(3)当探杆贯入深度较大，或穿过厚层软土后再贯入硬土层或密实砂层时，宜采用设置导向管或配置测斜探头等测定孔斜措施。

5. 点荷载试验

(1)适用于测定不经修整的岩芯或稍加修整的不规则岩样。可估算单轴抗压强度和抗拉强度。

(2)每类岩石按其均匀性测定不少于3组样，岩芯试件数量每组应为5～10个，不规则试件数量每组应为15～20个。

6. 波速试验

(1)适用于测定各类岩土体的压缩波、剪切波或瑞利波的波速，可根据任务要求采用单孔法、跨孔法和面波法。

(2)钻孔波速测试深度应根据下列测试目的确定：

①确定场地土类型、场地类别，判断场地地震液化的可能性。

②提供地震反应分析所需的场地土动力参数。

③利用岩体纵波速度与岩石单轴极限抗压强度对比进行围岩分级，确定岩石风化程度，评价围岩稳定性。

7. 渗透性试验

现场渗透性试验方法可根据含水层介质、地下水分布特点选择：

(1)黏性土、黏质粉土宜采用注水试验，包气带松散层可采用试坑渗水试验。

(2)砂质粉土、粉砂宜采用注水试验或抽水试验。

(3)中(细、粗)砂、砾砂、圆砾宜采用抽水试验。

(4)基岩宜采用压水试验或抽水试验，基岩出露段可采用试坑渗水试验。

(七)室内测试

1. 一般规定

(1)岩土的室内试验项目和试验方法应根据设计要求和岩土性质的特点等综合确定。各种试验项目、测定参数可参照《工程地质调查技术要求(1∶50 000)》(DD 2019-06)之附录F执行。

(2)应对照所送岩、土、水样和试验项目逐个逐项进行检查验收。原状土样室内保存时间不宜超过3周。

2. 土的试验

一般试验项目包括粒度成分、土粒密度、天然密度、天然含水率、界限含水率、压缩系数、压缩模量、抗剪强度。可选试验项目包括三轴剪切试验、非饱和土试验、腐蚀性、高压固结、渗透系数、无侧限抗压强度、有机质等指标；试验方法参照《土工试验方法标准》(GB/T 50123—1999)执行。

3. 岩石试验

(1)一般试验项目包括颗粒密度、岩石密度、含水率、吸水率(包括饱和吸水率和饱和系数)、干和湿极限抗压强度、软化系数、抗剪强度等;试验方法参照《工程岩体试验方法标准》(GB/T 50266—2013)执行。

(2)单轴抗压强度宜分别测定干燥和饱和状态下的强度,软岩可测定天然状态下强度。

4. 水质分析

水质分析项目:pH、Cl^-、SO_4^{2-}、HCO_3^-、Na^+、Ca^{2+}、Mg^{2+}、游离 CO_2、侵蚀性 CO_2、硬度和要求测试的其他项目。试验方法参照《木工试验方法标准》(GB/T 50123—2019)执行。

5. 年代学样品测试

(1)年代学样品采取的数量、种类及测年要求,参照《活动断层探测》(DB/T 15—2009)执行。

(2)宜取堆积物中的含碳物质,用放射性同位素^{14}C测定其年龄值,对距今一万年以来的^{14}C年龄值应进行树轮年龄校正。

(3)对没有含碳物质的堆积物,宜采集风成黄土、粉砂、细砂、烘烤层、古陶器等物质样品,用释光方法测定其堆积年龄值。

(4)代表性地貌面,可采集宇宙成因核素测年样品,测定其暴露年龄。

(5)年龄样品应由具备相应资质的实验室测定;古文化层和古生物化石应由具备相应资质的机构鉴定。

四、工程地质分区

(一)工程地质岩组的划分

岩体工程地质单元划分主要考虑岩石类型、岩体结构和岩石强度等因素,单元命名在组成岩体工程地质单元的岩石类型前,冠以岩石强度和岩体结构类型,如:坚硬中厚层状碳酸盐岩夹碎屑岩,较坚硬薄层状页岩泥岩,坚硬块状花岗岩岩组等;土类地质单元主要按压缩性特征划分,如:中—低压缩性黏土,中密—稍密粉砂层等。

(二)工程地质分区

1. 工程地质分区目的

突出区域性工程地质条件的规律,以便更好地为城市总体规划服务,并适应各类工程建设的需要,因此工程地质分区应以客观的工程地质条件为基础,结合主要的工程地质问题进行划分。

2. 分区控制因素的选择

同一地貌单元内岩土体在地层、岩性、结构、构造、水文地质条件等方面具有相似的性质,同一地貌单元内不同成因类型的岩土体表现出不同的工程地质性质。因此可以地形地貌作为主控因素,同一地貌单元内以二级地貌、沉积物成因类型、岩土体工程地质特征等为主控因素进行区划。

3. 分区原则

一级分区以地形地貌为主控、沉积物成因为辅控的原则，将武汉地区分为4个工程地质区，即冲湖积平原区（Ⅰ）、冲积堆积平原区（Ⅱ）、剥蚀堆积平原区（Ⅲ）和剥蚀丘陵区（Ⅳ）。

二级分区，按照地貌二级形态成因类型、岩土体结构特征并结合不良工程地质作用等，将平原区（Ⅰ、Ⅱ、Ⅲ）分为湖积相亚区、冲积相亚区、下伏碳酸盐岩亚区、古河道亚区；剥蚀丘陵区（Ⅳ）按成因不同分为碎屑岩亚区、碳酸盐亚区和变质岩亚区。同一个亚区中，根据地表出露岩土体的时代、成因及物理力学性质不同，又可细分出若干工程地质地段。

五、成果表达

（一）图件

（1）实际材料图：包含工程地质调查点和调查路线、工程地质钻探点、遥感地质调查验证点及路线等。

（2）工程地质系列图件：地貌及第四纪地质图、工程地质图、水文地质图、特殊岩土系列分布图（填土、软土、膨胀土、红黏土、碳酸盐岩等），以及其他必要的图件。

（3）可根据业主或目标区域规划情况提供一些应用性图件，如工程建设适宜性评价图、天然地基适宜性评价图、建筑场地类别图等。

（二）报告

主要为城市地质调查工程地质调查评价报告。报告编写提纲参照《工程地质调查技术要求（1∶50 000）》（DD 2019－06）之附录C。

（三）工程地质标准层序表

（四）数据库

（1）图件类：布点图、实际材料图及成果图件，按平台要求的格式入库。

（2）实物类：野外调查卡片、野外钻探资料、各类检查表格，以及相应的照片、素描等，按点号或孔号扫描后统一入库。

（3）具体建库数据要求详见第九章。

（五）实物资料

（1）野外调查点卡片、野外钻探资料。

（2）各种质量管控检查卡片及记录。

（3）各种周报、月报、半年报、会议纪要、往来函件等。

（4）代表性岩芯。

第四节 地下空间开发利用适宜性评价

一、评价目的

武汉城市地下空间开发利用适宜性评价，以服务于武汉城市规划、建设和管理为目标，促进整体地质与生态环境的安全和可持续发展，实现人与自然环境、城市空间的协调发展。

二、评价内容

地下空间开发利用适宜性评价应综合考虑地下空间资源质量和城市发展对地下空间的需求。地下空间资源质量评估应以资源利用的战略性、前瞻性与长效性为基础，按照对资源的影响和利用导向确定评估要素；地下空间需求预测应以城市规划为基础，以地下空间开发利用的需求和价值为导向确定评价要素。

三、评价方法

一般采用定性与半定量相结合的方法进行评价，由于各地区的地质条件不同，目前还没有一个公认的评价方法。半定量评价方法主要有层次分析法、模糊数学法、灰色系统法等。下面以层次分析法为例进行介绍。

（一）基于层次分析法的指标权重计算

城市地下空间评价要素复杂多样，采用层次分析法有利于明确影响要素的分析和指标权重的建立。可分为以下 4 个环节：

(1)分析问题。把所研究问题分解为若干影响因素，再把影响因素按类别分成若干组，以形成不同层次，建立递阶层次结构。

(2)建立递阶层次结构，确定上下层结构之间元素的隶属关系，根据专家经验，构造判断矩阵。

(3)假定上一层次元素 A 对下一层次元素 $\boldsymbol{A}_1$、$\boldsymbol{A}_2$，…，$\boldsymbol{A}_n$ 有隶属关系，建立以 $\boldsymbol{A}$ 为判定准则的元素 $\boldsymbol{A}_1$、$\boldsymbol{A}_2$，…，$\boldsymbol{A}_n$ 的判断矩阵。用矩阵 $\boldsymbol{P}$ 表示，矩阵形式如下：

$$\boldsymbol{P}=\begin{bmatrix} \boldsymbol{A}_{11} & \boldsymbol{A}_{12} & \cdots & \boldsymbol{A}_{1n} \\ \boldsymbol{A}_{21} & \boldsymbol{A}_{22} & \cdots & \boldsymbol{A}_{2n} \\ \vdots & \vdots & \ddots & \vdots \\ \boldsymbol{A}_{n1} & \boldsymbol{A}_{n2} & \cdots & \boldsymbol{A}_{nm} \end{bmatrix} \tag{3-4-1}$$

矩阵 $\boldsymbol{P}$ 中的元素 $\boldsymbol{A}_{ij}$ 表示元素 $\boldsymbol{A}_i$ 相对于 $\boldsymbol{A}_j$ 的重要程度，矩阵 $\boldsymbol{A}_{ij}$ 具有如下性质：

$$\boldsymbol{A}_{ij}>0;\boldsymbol{A}_{ij}=1/\boldsymbol{A}_{ij};\boldsymbol{A}_{ij}=1 \quad (i=1,2,\cdots,n;j=1,2,\cdots,n) \tag{3-4-2}$$

矩阵元素的数值可通过表 3-4-1 来确定。

表 3-4-1　1～9 标度含义表

尺度	含义
1	C_i 与 C_j 的影响相同
3	C_i 与 C_j 的影响稍强
5	C_i 与 C_j 的影响强
7	C_i 与 C_j 的影响明显的强
9	C_i 与 C_j 的影响绝对的强
2,4,6,8	C_i 与 C_j 的影响之比在上述两个相邻等级之间

(4)求取矩阵 $\boldsymbol{P}$ 的最大特征根 λ_{max} 及其所对应的特征向量，若结果能通过判断矩阵的一致性检验，则特征向量所对应的数值即为各评估指标的权重。一致性检验采用以下公式进行：

$$CR=CI/RI \tag{3-4-3}$$

$$CI=(\lambda_{max}-n)/(n-1) \tag{3-4-4}$$

式中：CR——判断矩阵的随机一致性比率；

CI——判断矩阵的一般一致性指标；

RI——判断矩阵的平均随机一致性指标，对于 1～9 阶判断矩阵，RI 值见表 3-4-2。

表 3-4-2　平均一致性指标 RI

n	1	2	3	4	5	6	7	8	9	10	11
RI	0	0	0.58	0.9	1.12	1.24	1.32	1.41	1.45	1.49	1.51

通常统计学上认为 CR<0.1 时，即认为判断矩阵有满意的一致性，说明权重分配系数合理，否则就需要调整判断矩阵，直到取得满意的一致性为止。

(二)指标取值方法

地下空间开发利用评价的指标参数往往有两种形式，一种是连续型的定量指标，另一种则是离散型的定性指标，前者适用于有特定数值的指标，后者则适用于采用定性分级评判的指标。具体取值方法如下：

1. 定量型指标取值方法

定量型指标有两种形式，一种是正相关型，如地基承载力，另一种则是负相关型，如特殊性岩土厚度，假设指标值为 x，且 x 取值范围为$[x_{min}, x_{max}]$，标准后量化值为 y，其标准化公式如下：

$$y=\begin{cases}1 & x>x_{max}\\ \dfrac{x-x_{min}}{x_{max}-x_{min}} & x_{min}\leqslant x\leqslant x_{max}\\ 0 & x<x_{min}\end{cases}\quad(\text{正相关型}) \tag{3-4-5}$$

$$y=\begin{cases}0 & x>x_{max}\\ \dfrac{x_{max}-x}{x_{max}-x_{min}} & x_{min}\leqslant x\leqslant x_{max}\\ 1 & x<x_{min}\end{cases}\quad(\text{负相关型}) \tag{3-4-6}$$

2. 定性型指标取值方法

定性型指标需先按照该指标对目标层的影响程度分级，分级后的指标数值一般按照在[0,1]范围内等差取值，例如某指标可分为五级，依次可取1.0、0.75、0.5、0.25和0。

除此之外，对于定量型指标的数值差异过大的情况，按照式(3-4-5)、式(3-4-6)直接计算与实际不符，此种情况可采取先定性后定量计算的方法取值，即先分级，划定各级的取值区间，然后按照各区间内指标数值的大小计算取值。

（三）基于"GIS＋多指标综合评价"法的结果计算

目前，"GIS＋多指标综合评价"的方法是地下空间开发利用适宜性评价的主流方法，其计算表达式如下：

$$y = \sum_{i=1}^{n} (\omega_i \cdot x_i) \tag{3-4-7}$$

式中：y——评价目标值；

ω_i——通过AHP法确定的指标 i 的权重；

x_i——参照相关规范、经验对指标 i 的赋值。

最后结合 y 值大小对评价目标值进行等级划分。

四、评价指标体系

（一）地下空间资源质量评估指标体系

地下空间资源质量的主要影响因素包括城市建设现状、开发利用深度、岩土体工程条件、水文地质条件、不良地质作用与灾害、特殊性岩土、地形地貌共七大类，其中城市建设现状和开发利用深度的影响已在前文予以说明，现讨论后面的5个次级指标。

1. 岩土体工程条件

岩土体是地下空间的环境物质和载体，直接影响地下空间资源开发的难易程度，对地下工程的整体安全性和经济性至关重要。岩土体工程条件对地下空间资源质量的影响主要体现在3个方面：①岩土体软硬程度影响地下空间开挖施工方法和作业效率，用岩土施工工程等级指标表示；②岩土体的工程地质特征、结构形态和完整程度常决定地下空间围岩稳定性，对地下空间支护措施和安全性影响较大，用围岩稳定性指标表示；③除关注围岩稳定性外，地下工程还应考虑地基稳定性，地下工程地基条件决定基础形式及基础埋置深度，用地基稳定性指标表示。其中，岩土施工工程等级和围岩稳定性可参照《城市轨道交通岩土工程勘察规范》(GB 50307—2012)之附录F和附录E进行。

2. 水文地质条件

地下水是地层空间的重要环境影响物质，地下水水位埋深、地下水类型、富水性、腐蚀性及地下水的补给等对地下空间规划和布局及开发利用有重要影响。其中地下水富水性常与地下水类型有关，因此，评价选取影响比较大的地下水水位埋深、含水层涌水量、地下水腐蚀性和地下水补给作为水文地质条件的4个二级指标。

3. 不良地质作用与地质灾害

《岩土工程勘察规范》(GB 50021—2009)将不良地质作用与地质灾害分为岩溶、滑坡、危岩和崩塌、泥石流、采空区、地面沉降、场地和地基的地震效应、活动断裂八大类。评价过程中应选择评估区内可能存在的不良地质作用与地质灾害作为地下空间资源质量评价指标。其中滑坡、危岩和崩塌、泥石流、地面沉降、岩溶及采空区造成地面塌陷等地质灾害可参照《地质灾害危险性评估规范》(DZ/T 0286—2015)进行,场地和地基的地震效应可参照《建筑抗震设计规范》(GB 50011—2010),根据场地类型和抗震设防烈度综合确定。此外,城市内涝也是当下重要的城市灾害问题,在地下空间资源评价过程中也应当予以考虑。

4. 特殊性岩土

《岩土工程勘察规范》(GB 50021—2009)将特殊性岩土分为湿陷性土、软土、填土、红黏土等共 10 类,其中武汉地区分布较广泛且对地下空间开发利用影响较大的有软土、填土、膨胀土、红黏土、污染土等,场区内的特殊性岩土地区,常因对其处理不当而引发工程地质问题或地质灾害。如填土结构松散、质地不均、压缩性高;软土强度低、压缩性高,具有一定的触变性和流变性。当以填土、软土作为基础持力层或持力层下卧层时,容易产生沉降变形,尤其是不均匀沉降;老黏土浸水和脱水表现出膨胀和收缩特性,当以老黏土作为基础持力层或下卧层时,可能引起差异沉降而造成地基变形灾害,还可能造成钻孔桩缩径、桩基间产生变形差等问题,导致建筑物变形开裂。因此,特殊性岩土的存在对地下空间的开发利用有一定的不良影响,影响程度与特殊性土的类型和厚度有关。

5. 地形地貌

地面坡度和高程是地形的主要指标,对城市建设用地布局和工程建设难易程度有重要影响,而且当海拔较低时,地表排水能力较差,洪涝风险显著提高。一般情况下,在丘陵、垄岗较发育地区,在地下空间资源评估中应重点考虑地形地貌对地下空间开发利用的影响。

(二)地下空间需求预测

地下空间需求主要受地下空间开发的价值效应控制,可从轨道交通、区位等级、用地类型、人口密度、土地价格等方面考虑。

1. 轨道交通

以轨道交通为核心的城市地下空间开发模式是当前地下空间开发利用的主流模式。地铁是城市地下空间开发利用的主干轴,地铁网串联起各个地铁站,且易于在站点周边形成大型地下综合体,大幅提升了区域地下空间的综合价值,离地铁站点越近,地下空间开发价值越大。地铁对地下空间需求的影响常用离地铁站点距离来分级。

2. 区位等级

城市中心或副中心地区,由于规划容积率高,对地下空间的需求通常高于周边地区,区位等级较高;除此之外,城市流通性较高的公共空间,如商业中心、文化中心、行政中心等,对地下空间的需求较强烈,地下空间开发利用产生的社会经济效益显著,区位等级也要高于周边地区。

3. 用地类型

不同用地类型适宜建设的地下设施不同,对地下空间需求也不同。一般情况下,商业金融用地、行政办公用地、文化娱乐用地和城市道路、广场、绿地对地下空间的需求要高于其他用地类型。不同用地类型对地下空间开发的需求参照表 3-4-3 确定。

表 3-4-3　用地类型对地下空间需求影响分级

用地类型	功能类型	需求等级
城市道路、广场用地	市政综合管廊、地下人行通道、地下商业、地下停车、地下停车、地铁等	一级
商业金融用地、行政办公用地、城市绿地、文化娱乐休闲用地	地下商业、地下停车、地下娱乐设施、地下仓储、地下展厅等	二级
高密度居住用地、医疗卫生、文教体卫用地、市政公用设施用地	地下停车、地下仓储、地下物流等	三级
低密度居住用地、工业及仓储用地、生产防护绿地	地下仓储、地下物流、地下停车等	四级
生态绿地、林地、陆域水面、中心城镇用地	地下仓储、地下人防设施等	五级

资料来源：参照《城市地下空间开发利用适宜性评价与开发利用规划》（童林旭等，2009）、《城市地下空间开发利用适宜性评价与需求预测》（陈志龙等，2015）自行整理。

4. 人口密度

人口快速增长造成城市用地紧张，造成城市空间过度拥挤，城市设施高负荷运转，城市中出现住房紧张、资源短缺、交通拥堵、教育与医疗保障压力过大等问题，严重影响城市居民的生活质量。地下空间的开发利用可提高城市土地利用效率，有效缓解人口迅速增长带来的用地紧张问题，人口密度过大就对地下空间的开发利用带来了需求。一般而言，人口密度越高，其地下空间需求也越大。

5. 土地价格

城市土地价格是用地性质、区位条件、交通条件、基础设施条件、自然环境条件等诸多因素综合作用的结果，这些因素综合反映了城市内部在建设中土地空间区位和开发利用效益的地域差异。这种差异，不仅体现在土地经济利用效益上，而且体现在生态和社会效益上，城市土地价格在很大程度上影响着城市地下空间开发的规模和强度。

（三）地下空间开发利用适宜性评价

地下空间开发利用适宜性评价是对地下空间开发利用综合效益的评价，应在地下空间资源质量评估和地下空间需求预测的基础上进行。根据地下空间分层利用原则，不同深度的地下空间所用来建设的地下设施功能不同，所对应的需求也有所不同，因此，地下空间开发利用适宜性评价对应的地下空间资源质量和地下空间需求预测指标权重也应有所差异。

五、技术路线及主要内容

地下空间开发利用适宜性评价技术路线如图 3-4-1 所示，具体过程可分为 5 个环节：地下空间分层、适建性分区、地下空间资源质量评估、地下空间需求预测、地下空间开发利用适宜性评价。

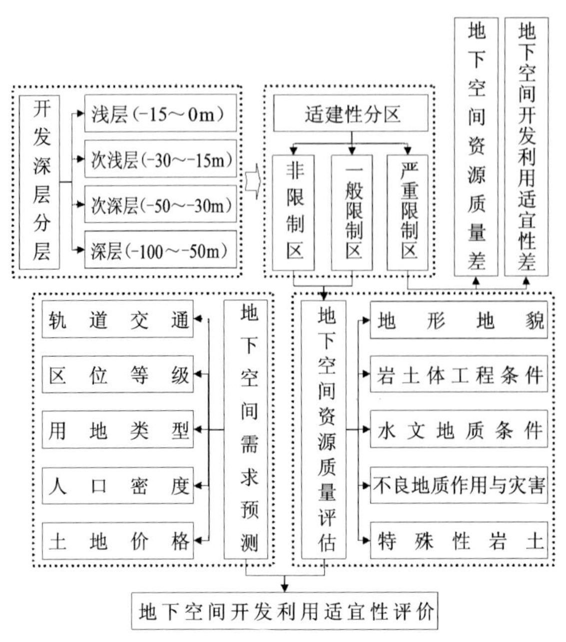

图 3-4-1　地下空间开发利用适宜性评价技术路线图

(一)地下空间分层

城市地下空间利用遵循分层利用、由浅入深的原则。城市地下空间可划分为浅层(－15～0m)、次浅层(－30～－15m)、次深层(－50～－30m)和深层(－100～－30m)4 层。深度越大,地质条件的可利用难度系数、地下工程施工和使用成本相应提高,地下空间质量水平相应降低。可采用系数调节法表示这一特征,用 α_H 表示,即开发深度越大,α_H 值越小。

(二)适建性分区

地铁、高架等大型市政设施,高层、超高层建筑影响区,古建筑、古墓葬、遗址遗迹等文物保护区,生态保护区等,这些地区对地下空间开发利用限制很大。在进行地下空间资源评估前应根据限制因素的影响深度分层进行适建性分区,一般可分为严重限制区、一般限制区和非限制区。对于严重限制区不宜进行地下空间开发,地下空间资源质量差,开发利用适宜性差;对于一般限制区,可同样采用系数调节的方法来衡量,用 α_B 表示,$0 \leqslant \alpha_B \leqslant 1$,具体大小可根据限制因素的影响程度确定,位于严重限制区的修正系数 $\alpha_B = 0$。

(三)地下空间资源质量评估

在考虑开发深度和建设限制因素的前提下,地下空间资源质量评估要素还应包括但不限于:地形地貌、地质构造、岩土体工程性质、水文地质、不良地质作用与灾害等地质环境因素。地下空间资源质量评估是一种对质量的客观评价,仅与地下空间资源自身因素有关,不考虑人为赋予的需求及价值效益,不同深度的资源质量评估应遵循同一尺度。

地下空间资源质量评价计算表达式如下:

$$p = \alpha_H \cdot \alpha_B \sum_{i=1}^{n} (\omega_i \cdot x_i) \tag{3-4-8}$$

式中:p——地下空间资源质量评价值;

α_H ——开发深度修正系数；

α_B ——已建构筑物修正系数；

ω_i ——通过 AHP 法确定的地下空间资源质量指标 i 的权重；

x_i ——参照相关规范、经验对指标 i 的赋值。

(四)地下空间需求预测

人类对地下空间资源的需求是地下空间开发利用的动力之源。中心城区与规划新区的地下空间需求预测指标也有所差异。新区在进行建设前，人类活动影响小，地下空间需求预测主要考虑区位条件、用地类型、轨道交通等城市规划条件，而城市中心城区除考虑上述指标要素以外，还应充分结合人口密度、现状地面建设强度等现状条件。根据当前国内外规划经验，地下空间的功能规划与地下空间开发利用深度有关(表 3-4-4)，地下空间需求预测应“因地制宜”，充分结合地表规划和现状条件评价。

表 3-4-4　地下空间深度与规划设施类别对照表

深度分层	主要规划设施类别
浅层(0～15m)	市政管网、地下人行通道、地下商场、停车场等配套居民生活设施
次浅层(15～30m)	地下商场、地下公路、地铁等市政交通设施
次深层(30～50m)	地下公路、地铁等市政交通设施、深隧污水系统、地下物流
深层(50～100m)	深隧污水系统、地下物流、地下弹药库、储油库等

资料来源：

①张彬、徐能雄、戴春森：国际城市地下空间开发利用现状、趋势与启示[J]. 地学前缘，2019(3).

②Raymond L. Sterling 演讲，杨可、黄瑞达整理. 国际地下空间开发用研究现状[J]. 城乡建设，2017(4)：46-49.

地下空间需求预测评价计算表达式如下：

$$q = \sum_{i=1}^{n} (\omega_i \cdot x_i) \tag{3-4-9}$$

式中：q——地下空间资源质量评价值；

ω_i ——通过 AHP 法确定的地下空间需求预测指标 i 的权重；

x_i ——参照相关规范、经验对指标 i 的赋值。

(五)地下空间开发利用适宜性评价

采用多指标线性加权函数法，依托 GIS 软件，将图件栅格化进行叠加计算，开展地下空间开发利用适宜性评价分区。地下空间开发利用适宜性评价在地下空间资源评估和地下空间需求预测的基础上进行，其计算表达式如下：

$$r = ap + (1 - a)q \tag{3-4-10}$$

式中：p、q、r——地下空间资源质量、需求预测、开发利用适宜性评价值；

a ——通过 AHP 法确定的地下空间开发利用适宜性评价中地下空间资源质量的权重。

六、评价结果分级及指标体系汇总

(一)评价结果分级

地下空间资源质量评价、地下空间需求预测和地下空间开发利用适宜性评价结果由好到差可划分为 4 个等级：一级、二级、三级和四级。对应的取值范围如表 3-4-5 所示。

表 3-4-5 评价结果等级划分对照表

等级划分	一级	二级	三级	四级
取值范围	0.75～1.0	0.50～0.75	0.25～0.50	0.00～0.25

(二)评价指标体系汇总

除“前置”的开发深度分层和适建性分区外(见图 3-4-1)，地下空间开发利用适宜性评价主要包含 2 个一级指标、10 个二级指标和若干个三级指标，具体如表 3-4-6 所示。

表 3-4-6 地下空间开发利用适宜性评价指标体系汇总表

一级指标	二级指标	三级指标	指标类型
地下空间资源质量评估	岩土体工程条件	岩土施工工程等级	定性型
		围岩稳定性	定性型
		地基稳定性	定量型
	水文地质条件	地下水涌水量	定量型
		地下水水位埋深	定量型
		地下水腐蚀性	定性型
		地下水补给	定性型
	不良地质作用及灾害	岩溶	定性型
		不稳定斜坡	定性型
		地面沉降	定性型
		活动断裂	定性型
		场地和地基的地震效应	定性型
		城市内涝	定性型
	特殊性岩土	填土	定量型
		软土	定量型
		膨胀土	定量型
		红黏土	定量型
		污染土	定量型
	地形地貌	地形坡度	定量型
		地貌单元	定性型
地下空间需求预测	轨道交通	—	定性型
	用地类型	—	定性型
	区位等级	—	定性型
	人口密度	—	定性型
	土地价格	—	定量型
注：以上指标体系仅提供参考，实际评价过程可根据工作区实际情况适当调整。			

第四章　多门类自然资源调查评价

第一节　自然资源调查评价概述

自然资源具有自然属性、经济社会属性和生态属性。除由法律规定由集体所有的自然资源之外，一切自然资源都属于国家所有。

自然资源具有整体性、区域性、有限性和一定的能控性等特征。

自然资源分类标准、调查技术规程和成果目录规范等自然资源调查评价标准体系正在研究制定过程中。

一、自然资源分层分类模型

自然资源分类是自然资源管理的基础，是开展调查工作的前提，应遵循山水林田湖草是一个生命共同体的理念，充分借鉴和吸纳国内外自然资源分类成果，按照"连续、稳定、转换、创新"的要求，重构现有分类体系，着力解决概念不统一、内容有交叉、指标相矛盾等问题，体现科学性和系统性，以满足当前管理的实际需要。

根据自然资源产生、发育、演化和利用的全过程，以立体空间位置作为组织和联系所有自然资源体（即由单一自然资源分布所围成的立体空间）的基本纽带，以基础测绘成果为框架，以数字高程模型为基底，以高分辨率遥感影像为背景，按照三维空间位置，对各类自然资源信息进行分层分类，科学组织各个自然资源体有序分布在地球表面（如土壤、水体等）、地表以上（如森林、草原等），以及地表以下（如矿产等），形成一个完整的支撑生产、生活、生态的自然资源立体时空模型。共分为地表基质层、地表覆盖层、管理层等 3 个数据层。

（一）地表基质层

地表基质层为第一层。地表基质是地球表层孕育和支撑森林、草原、水、湿地等各类自然资源的基础物质。陆地基质分为岩石、砾石、沙和土壤等不同类型，可结合《岩石分类和命名方案》和《中国土壤分类与代码》等标准进行分类。地表基质数据，可通过地质调查、土壤调查等综合获取。

为完整表达自然资源的立体空间，在地表基质层下设置地下资源层，主要描述位于地表之下的矿产资源，以及城市地下空间为主的地下空间资源。矿产资源参照《中华人民共和国矿产资源法实施细则》（国务院令第 152 号，1994 年颁布）进行细分。

(二)地表覆盖层

地表覆盖层为第二层。在地表基质层上,按照自然资源在地表的实际覆盖情况,将地球表面划分为作物、林木、草、水等若干覆盖类型,每个大类可再细分到多级类。地表覆盖数据,可通过遥感影像并结合外业调查快速获取。

为展现各类自然资源的生态功能,科学描述资源数量等,按照各类自然资源的特性,对自然资源利用、生态价值等方面的属性信息和指标进行描述。

(三)管理层

管理层为第三层。是在地表覆盖层上,叠加各类日常管理、实际利用等界线数据(包括行政界线、自然资源权属界线、永久基本农田、生态保护红线、城镇开发边界、自然保护地界线、开发区界线等),从自然资源利用管理的角度进行细分。此层数据主要是规划或管理设定的界线,根据相关管理工作直接进行更新。

通过构建自然资源立体时空模型,对地表基质层、地表覆盖层和管理层数据进行统一组织,并进行可视化展示,满足自然资源信息的快速访问、准确统计和分析应用,实现对自然资源的精细化综合管理。同时,通过统一坐标系统与地下资源层建立联系。

二、调查内容

(一)调查目的

从深入推进生态文明建设的高度,开展自然资源调查和评价工作,摸清自然资源及承载能力“家底”,打造“大平台、大数据、大系统”,破解信息孤岛和数据壁垒,统一数据入口、统一建设系统、统一共享平台,按照统一标准和要求,形成武汉市自然资源管控“一张图”,以满足自然资源管理的需要。在强化“山水林田湖草”资源本底保护,探索生命共同体的生态治理路径下,将“森林、草原、湿地”等自然资源作为生命共同体的重要组成部分,开展林草湿等自然资源的数量、质量、生态“三位一体”的综合调查,为实现山水林田湖草整体保护、系统修复及综合治理提供支撑服务,打造“山青、水绿、林郁、田沃、湖美”的生命共同体。从根本上解决以往调查体制不适应,调查技术不全面、标准不统一、数据不一致等问题,加快调查基础标准、法律规范、管理流程的制定和自然资源信息化平台建立。

(二)调查内容

自然资源调查分为基础调查和专项调查。其中,基础调查是对自然资源共性特征开展的调查,专项调查指为自然资源的特性或特定需要开展的专业性调查。基础调查和专项调查相结合,共同描述自然资源总体情况。

1.基础调查

武汉市自然资源基础调查主要任务是查清各类自然资源体投射在地表的分布和范围,以及开发利用与保护等基本情况,掌握武汉市自然资源本底状况和共性特征。基础调查以各类自然资源的分布、范围、面积、权属性质等为核心内容。基础调查属重大的国情国力调查,由国家层面统一部署安排。

当前,以第三次全国国土调查为基础,集成现有的森林资源清查、湿地资源调查、水资源调查、草原资源清查等数据成果,形成自然资源管理的调查监测“一张底图”。

2. 专项调查

针对土地、矿产、森林、草场、水、湿地等自然资源的特性、专业管理和宏观决策需求，组织开展自然资源的专业性调查，查清各类自然资源的数量、质量、结构、生态功能及相关人文地理等多维度信息。

（1）耕地资源调查。查清耕地的等级、健康状况、产能等，掌握全市耕地资源的质量状况，对耕地的质量、土壤酸化及其他生物化学成分组成等进行跟踪，分析耕地质量变化趋势。此项工作应与土地质量地球化学调查评价相衔接。

（2）森林资源调查。查清森林资源的种类、数量、质量、结构、功能和生态状况及变化情况等，获取全市森林覆盖率、树种、龄组及郁闭度等指标数据。

（3）湿地资源调查。详见本章第二节。

（4）水资源调查。查清地表水资源量、地下水资源量、水资源总量，水资源质量，河流年平均径流量，湖泊水库的蓄水动态，地下水水位动态等现状及变化情况；开展重点区域水资源详查。

（5）地下资源调查。地下资源调查主要包括矿产资源调查和城市地下空间资源调查，前者任务是查明成矿远景区地质背景和成矿条件，开展重要矿产资源潜力评价，为商业性矿产勘查提供靶区和地质资料；后者任务为查清可利用的地下空间资源分布范围、类型、位置及体积规模等。

（6）地表基质调查。查清岩石、砾石、沙、土壤等地表基质类型、理化性质及地质景观属性等。

除以上专项调查外，还可结合国土空间规划和自然资源管理需要，有针对性地组织开展城乡建设用地和城镇设施用地、野生动物、生物多样性、水土流失等方面的专项调查。

武汉市的自然资源专项调查，应将针对山岭、水流（河流、湖泊、水库、湿地）、森林、土地、矿藏等自然资源的综合调查作为主要着力点，查明其数量、质量、赋存生态条件和所有权归属。对全市范围内的所有山川、河流和湖泊建档，达到一山一册、一河一册和一湖一册。

三、工作精度

一般调查区为武汉市城市规划涉及的区域及对城市地质资源开发有影响的新城区，深化调查区为前期已有相关工作覆盖、研究程度较高的武汉都市发展区，重点调查区为近期正在启动建设或重点规划建设、地质资源禀赋条件好、拟进行资源开发的地区，如长江新城、长江主轴、武汉新港等所涉区域。一般调查区、深化调查区和重点调查区分别适宜 1∶50 000、1∶25 000 和 1∶10 000 的工作比例尺。

四、工作方法与技术要求

（一）资料收集

资料收集对象为武汉市发展和改革委员会、市统计局、市生态环境局、市自然资源和规划局、市水务局、市农业农村局、市园林和林业局等市政府组成部门以及相关的科研院所，主要收集不同种类自然资源的所有权归属、使用权人、数量、质量及赋存生态条件等，为进一步抽样核查做好选区选点，为后期的资源潜力评价积累基础资料。

必须注意各部门之间的调查技术方法和信息化建设水平可能存在差异，导致各类自然资源已有调查资料格式不一致，缺乏统一标准，首先需要对数据进行整合处理，以便建立自然资源数据库。其次是针对纸质图件，可采用扫描矢量化的方式实现图形数据入库；纸质调查表格数据，可采用数据录入的方式实现属性数据入库；电子调查数据，可采用数据转换方式实现图形及属性数据入库。

应加强第三次全国国土调查成果资料的收集、分析与利用。

（二）遥感解译

1. 基本要求

（1）遥感工作应贯穿山水林田湖草自然资源调查工作的全过程。

（2）应充分利用不同时相、不同数据源的最新遥感资料，提取所需信息。

（3）建立山岭、植被、水体、草场、湿地等的解译标志，研究重要解译对象的影像特征，确立尽可能多的直接或间接解译标志。

2. 数据源要求

（1）当比例尺为 1∶50 000 或 1∶10 000 时，宜采用地面分辨率优于 10m 或 2m 的数据源。

（2）多时相影像的选择应注意从各种渠道收集尽可能多的早期遥感资料，应根据解译对象和期望目标，综合考虑时间分辨率、空间分辨率和波谱分辨率 3 项指标，保证在各时相的影像中目标地物的特征明显。有些动态对象，尤其涉及水体、植被者，需从不同波段的图像上获得不同内容的动态变化（如水陆界线和泥沙扩散）。

（3）在解译植被、水体等目标时，宜选择彩红外像片或真彩色像片。

（4）在遥感影像图中，云层覆盖率应小于 5%，重点目标区域应完全无云层覆盖。

3. 解译方法

（1）目视判读：分为直判法、对比法和推理法。

（2）计算机辅助判读：利用计算机对遥感影像进行数字图像增强和数字图像分类等处理，可以增强影像中的边缘、界线等特征。

（3）多时相分析：提取动态信息、表示变化轨迹、总结变化规律。

（三）抽样核查

1. 前期准备

（1）结合生态功能区，明确区域发展定位。

例如武汉市的梁子湖区，其定位是人水和谐，生态立区。退出了一般工业企业，严禁挖山、填湖，旨在还梁子湖一汪清水。

（2）结合土地利用分类，对自然资源作统一说明。

通过生态空间的思路和概念来确定自然资源的类型，统一调查工作标准，具有可操作性。

例如：水流是指陆地表面承载流动水且水体长度超过 10km 的土地或陆地表面常年蓄水、水面面积超过 50hm^2 的洼池土地和其承载水体的总和，分为江河、湖泊（江河上的水库纳入江河，其他水库归为湖泊）；森林是指地面主要生长树木和其他木本植物、面积超过 30hm^2（450 亩）的土地和其承载植物的总和；山岭是指面积超过 333.33hm^2、地表起伏相对高差 500m 以上的地貌，但因为山岭在空间上会和水流、森林、草原、荒地和滩涂重叠，只将山岭作为属性要素进行调查，不单独统计面积。

（3）明确调查范畴。

自然资源调查是覆盖陆地所有国土空间的调查，但耕地、园地、建设用地虽然已被人类加以利用，本质上还是自然资源，均应纳入调查范畴。

(4)划清权属边界。

存在自然资源所有权边界模糊等实际操作问题。由于资源管理部门不同,存在“一地多证”问题,权属争议如何解决?建议以合同、批文为权属来源依据,从尊重现状、尊重历史、尊重群众意愿出发,划清权属边界。

2. 地面调查

各部门已有资料的完整性不同,数据整合之后通过遥感影像得到的调查结果可能存在缺漏,应按相关调查标准进行抽样核查和补充调查,实现调查数据的准确性和科学性。在此过程中,可发挥无人机航摄技术的作用。

(1)针对具体工作内容和遥感解译目标选择野外观测点,应包括调查区内所有不同类型的单元或分区,确定解译对象的直接、间接定位方法和可能达到的定位精度。

(2)分类调查地表基质层、地表覆盖层和管理层的分布现状、数量、质量、结构、生态功能及相关人文地理等多维度信息,填写相应的调查记录表或卡片,注重多媒体数据的收集整理和入库存档工作。

(四)样品测试分析

必要时,可适量布设岩石、土壤、水、生物等样品开展测试,以备各介质质量的定量分析之需。

五、自然资源评价

(一)评价目的

在统计汇总自然资源调查数据的基础上,从数量、质量、结构、生态功能等角度,开展自然资源现状、开发利用程度及潜力分析,研判自然资源变化情况及发展趋势,综合分析自然资源、生态环境与区域高质量发展整体情况,建立科学的自然资源评价指标,开展综合分析和系统评价,为科学决策和严格管理提供依据。

(二)评价内容

按照一定的评价原则或依据,针对一个特定区域内的自然资源的数量、质量、地域组合、空间分布、开发利用、治理保护等进行定量或定性的评定和估价。建立自然资源调查评价指标体系,评价各类自然资源基本状况与保护开发利用程度,评价自然资源要素之间、人类生存发展与自然资源之间、区域之间、经济社会与区域发展之间的协调关系,为自然资源保护与合理开发利用提供决策参考。

(三)评价原则

自然资源评价应以遵循以人类的利用为核心、遵循经济规律、遵循自然规律、遵循区域综合性规律和突出评价结果的实用性为原则。

(四)评价分类

自然资源评价根据评价对象、评价的侧重点及评价的特定目的不同可分为以下3类。

1. 评价对象

(1)单项自然资源评价。

指对土地资源、水资源、森林资源、草地资源、矿产资源、能源资源、旅游资源等单一资源进行评价,不涉及其他的资源，如耕地资源质量分析评价、水资源分析以及区域水平衡状况评价、草场长势及退化情况分析评价、湿地状况及保护情况分析评价等。这种评价的针对性和适用性强，具有广泛的应用价值。通过大量的工作实践，单项自然资源评价已基本形成各自的评价体系、方法和指标。

(2)自然资源综合评价。

以单项评价为基础，但不是单项资源评价的罗列或简单的算术叠加，综合评价的特点在于综合，起到总体大于局部之和的作用，通过综合评价揭示自然资源的整体性质和功能，为自然资源的综合开发利用服务。综合评价的理论基础在于自然资源在一个地域内具有整体性的特点，同一地域系统存在的气候资源、水资源、土地资源、森林资源、草地资源等，是相互制约、相互联系的整体，其中任何一种资源的变化都会影响其他资源，如森林资源的破坏会影响地表径流，引起水土流失，并影响对气候的调节等。所以衡量某一地域的自然资源应分析其整体组合状况。组合适宜，质量就高；反之则使质量受到影响。从开发而言，前者往往可以通过较少的资金和劳力投入取得较好的经济效益。

由于各单项资源的功能、性质和评价标准有所差异，特别是可更新资源与不可更新资源之间，所以至今对自然资源的综合评价尚未形成一套完整的评价体系。就一般原则而言，自然资源综合评价大致包括以下几个方面的内容：确定综合评价的目标；划分自然资源的组合类型作为综合评价的基本单元；选定评价的项目及其指标；根据所选项目对基本单元进行评价，得出质量优劣的判断或指出自然资源综合开发类型、开发方向和开发顺序。

2. 评价侧重

(1)自然资源质量评价。以自然属性评价为侧重点，体现本底质量。

(2)自然资源经济评价。以经济属性评价为侧重点，体现经济价值。

3. 评价的特定目的

(1)自然资源开发利用评价。

(2)自然资源保护改造评价。

(五)评价方法步骤

自然资源评价，从强化地域整体功能的角度出发，明确自然资源的整体优势与劣势、优势资源在全局中的战略地位、制约优势资源开发的主要因素，提示各种资源在地域组合上、结构上和空间配置上合理和不合理、匹配和不匹配的关系，掌握各种资源，特别是重要资源的开发利用潜力。在此推荐综合指标评判法和最低限制因子评判法作为评价自然资源质量的方法，其详细的评价指标、赋值及分级标准等均不予展开。当然，随着我国自然资源调查评价工作的持续推进和行业规范的陆续出台，将会有更为科学合理、实用有效的评价方法体系面世。

1. 综合指标评判法

(1)选取综合性评价指标。

(2)评价指标分级。

(3)获取被评价指标的综合性指标值。

(4)对照分析，确定被评价对象的资源质量等级。

2. 最低限制因子评判法

(1)选取影响某一资源质量的多个限制因子为评价指标。

(2)对各限制因子按其对资源的限制程度进行指标分级。

(3)评定各限制因子的级别并记录。

(4)以限制因子评定的最低级别作为被评价对象的等级。

六、成果表达

(一)图件

实际材料图、自然资源分布与评价图等。

(二)报告

编写调查区自然资源调查评价报告专业版和政务版。

(三)数据库

构建自然资源立体时空数据模型,以自然资源调查监测成果数据为核心内容,以基础地理信息为框架,以数字高程模型、数字表面模型为基底,以高分辨率遥感影像为覆盖背景,利用三维可视化技术,将基础调查获得的共性信息层与专项调查获得的特性信息层进行空间叠加,形成地表覆盖层。叠加各类审批规划等管理界线,以及相关的经济社会、人文地理等信息,形成管理层。建成自然资源三维立体时空数据库,直观反映自然资源的空间分布及变化特征,实现对各类自然资源的综合管理。

第二节　湿地资源调查评价

一、调查内容

湿地是地球上水陆相互作用形成的独特生态系统,在调节地球生物圈中大气成分平衡、促进淡水良性循环、涵养水源、提供水资源、调节气候和洪水径流、蓄洪防旱、促淤造陆、降解污染物、净化水质、保护生物多样化、控制土壤侵蚀、补充地下含水层和为人类提供生产生活资源等方面具有十分重要的作用,湿地被誉为自然之肾、生物基因库和人类摇篮,与森林、海洋一起并列为全球三大生态系统。

根据《湿地分类》标准,武汉市湿地可划分为河流湿地、湖泊湿地和人工湿地 3 类,其中人工湿地类的湿地型包括水稻田、库塘、人工湿地公园、水产养殖场和灌溉沟渠等,一般均具有面积较小、植被单一、土地所有权属依附性强的特点,故本节暂不列入。

近年来,武汉市的河湖湿地生态明显脆弱化,主要表现在湿地面积减少、环境污染加重和生物多样性下降。

武汉市河流湿地和湖泊湿地根据其重要程度,分为一般性调查和重点调查。

(一)一般性调查

调查湿地型、边界、范围和面积、分布(行政区、中心点坐标)、平均海拔、所属流域、水源补给与流出状况、植被类型及面积、主要优势植物种、土地所有权、保护管理状况、河流湿地的流域级别。

（二）重点调查

重点调查区在一般性调查的基础上，应增加自然环境要素、湿地水环境要素、湿地野生动物、湿地植物群落和植被覆盖度、湿地保护、管理与利用状况、社会经济状况和受威胁状况等调查内容，全面掌握湿地生态质量状况及湿地损毁等变化趋势，形成湿地面积、分布、湿地率、湿地保护率等基础数据。

二、工作精度

一般调查区，适宜1∶50 000；重点调查区，适宜1∶25 000～1∶10 000。

武汉市的重点调查区是指国家一级流域——长江、二级流域——汉江河流湿地，收入国家湿地区名录的梁子湖、斧头湖湖泊湿地，以及已建立的各级自然保护区、自然保护小区、湿地公园中的湿地，分布有特有濒危保护物种的湿地，其他面积≥10 000hm^2 的湖泊湿地等。

三、工作方法与技术要求

（一）资料收集

在自然环境要素、水环境要素、植物群落、植被利用和破坏情况、湿地保护和利用状况、湿地受威胁情况等项调查中，从野外难以获取的数据，可以从附近的气象站和生态监测站等收集，但应注明该站的地理位置（经纬度）。此外尚需收集相关文献和图件。

（二）遥感解译

湖泊湿地、河流湿地的遥感影像解译应选取近两年丰水期的影像资料。如果丰水期的遥感影像的效果影响到判读解译的精度，可以选择最靠近丰水期的遥感影像资料。

采用以遥感（RS）为主、地理信息系统（GIS）和全球定位系统（GPS）为辅的“3S”技术。即通过遥感解译获取湿地型、面积、分布（行政区、中心点坐标）、平均海拔、植被类型及其面积、所属三级流域等信息。

（三）野外调查

在无法获取清晰遥感影像数据的多云多雾山区，应通过野外实地调查来完成。根据调查对象的不同，分别选取适合的时间和季节进行。可参照第七章第二节应用无人机航摄技术。

一般调查区，通过野外调查、现地访问获取水源补给状况、主要优势植物种、土地所有权、保护管理状况等数据。

重点调查区的野外工作，除一般调查区调查内容外，尚需着重调查以下内容：

（1）自然环境要素调查：地貌类型、气候要素（气温、积温、年降水量、蒸发量）、土壤类型。

（2）水环境要素调查：水文调查（水源补给状况、流出状况、积水状况、水位、蓄水量、水深）、地表水水质调查（pH值、矿化度、透明度、营养物、营养状况分级、化学需氧量、主要污染因子、水质级别）、地下水水质调查（pH值、矿化度、水质级别）。

（3）野生动物调查：水鸟调查，两栖、爬行动物调查，兽类调查，鱼类和贝类、虾类等调查，以及影响动物生存的因子调查。

(4)植物群落调查:调查对象包括被子植物、裸子植物、蕨类植物和苔藓植物等四大类,调查生境、群落垂直结构分层、物候期、保护级别、生活力、群落属性标志。

(5)植被调查:综合植物群落调查每个调查单元的结果,填写湿地植被调查的有关内容。现场核实湿地植被利用和受破坏情况。

(6)湿地保护与利用现状调查:保护管理状况、湿地功能与利用方式、湿地范围内的社会经济状况。

(7)湿地受威胁状况调查:湿地受威胁因子、作用时间、受威胁面积、已有危害和潜在威胁、受威胁状况等级评价。

(四)样品测试

主要采集地表水和地下水样品,送实验室分析测试,依结果判定水质级别。按照《地表水环境质量标准》(GB 3838—2002)和《地下水质量标准》(GB/T 14848—2017)结合武汉市水质实际选定测试指标。

四、湿地资源评价

(一)评价目的

通过对湿地生态系统的研究,从生态效益、社会效益、经济效益角度出发,构建武汉市湿地资源生态健康和合理利用评价体系,使用层次分析法(AHP)结合 PSR 模型对湿地资源的生态健康、合理利用进行评价,为实现湿地资源可持续利用、保持湿地功能持久性提供科学依据。

(二)评价内容

湿地资源评价包含两个层次,一是湿地生态系统的生态环境质量(生态健康评价),二是它所能产生的经济效益(合理利用评价)。

(三)评价方法步骤

推荐采用层次分析法。具体步骤如下:

1.建立评价指标体系

湿地资源评价指标的选取是非常复杂的,不仅要考虑生态、经济和社会要素,还要考虑不同条件下湿地生态过程、经济结构、社会组成的动态变化。评价指标的选取应遵循科学性原则、简明性原则、区域性原则、独立性原则。

武汉市湿地资源生态健康评价和合理利用评价指标选取,参考压力-状态-响应(Pressure-State-Response)模型(简称 PSR 模型),建立湿地资源评价指标体系。PSR 模型以因果关系为基础,即人类活动对湿地环境施加一定的压力,影响到湿地环境的质量或自然资源的数量(状态),人类又通过环境、经济和管理策略等对这些变化作出反应(响应),以恢复生态环境或防止环境恶化。

武汉市湿地资源生态健康评价和合理利用评价指标体系包括 4 个层次:目标层、系统层、准则层和变量层。其中,生态健康评价共 17 个指标,合理利用评价共 9 个指标,详见表 4-2-1、表 4-2-2。表中 B1 层状态指标是湿地资源条件或开发利用现状;B2 层压力指标主要考虑驱动力因素,分为自然因素和人文因素,一般自然驱动力相对较为稳定,发挥着累积性效应,人为活动驱动力则相对较活跃;B3 层响应指标指区域湿地资源保护与开发过程中息息相关的政策法规、社会价值观念等方方面面。

2. 确定指标权重

确定权重，就是衡量各项指标和准则层对其目标层贡献程度的大小。采用层次分析法，经过专家咨询打分、构建判断矩阵、计算判断矩阵的最大特征值和对应的特征向量，最后得出各项指标的权重，并进行相应的一致性检验。

表 4-2-1　湿地资源生态健康评价指标体系表

目标层 A	系统层 B	准则层 C	变量层 D
湿地资源生态健康评价	生态系统状态 B1	活力 C1	湿地植被型数量 D1
			景观联通度 D2
			十年内湿地景观斑块数变化率 D3
		恢复力 C2	水质 D4
			是否典型湿地土壤类型 D5
		生物多样性 C3	生态系统类型复杂程度 D6
			植物丰富度 D7
			动物丰富度 D8
		物种濒危程度 C4	是否有国家级濒危物种 D9
	承受压力 B2	压力 C5	人为威胁因素数量 D10
			自然威胁因素数量 D11
			灾害发生率 D12
			入侵物种 D13
			水质污染 D14
	响应 B3	政策法规与保护措施 C6	是否制定市级湿地法规 D15
			是否开展湿地恢复工程 D16
			是否制定湿地污水处理措施 D17

表 4-2-2　湿地资源合理利用评价指标体系表

目标层 A	系统层 B	准则层 C	变量层 D
湿地资源合理利用评价	湿地利用现状 B1	经济水平 C1	人均 GDP D1
			湿地经济收入占家庭总收入比例 D2
		土地利用现状 C2	湿地退化面积 D3
			湿地利用面积占总面积比例 D4
	承受压力 B2	人口 C3	人口密度 D5
			湿地保护意识 D6
	响应 B3	政策法规与保护措施 C4	是否制定湿地利用规划方案（规划利用区域及面积）D7
			是否制定湿地保护、恢复政策 D8
			单位面积湿地投入资金 D9

3. 指标归一化处理

在指标量化过程中，指标分为正、逆两种，指标值都采用同一时期的数据。正指标对湿地资源影响为正，指标值越大越有利，如湿地植被型数量，正指标的评价分值＝指标值/标准值；逆指标对湿地资源影响为负，指标值越小越有利，如人口自然增长率，逆指标的评价分值＝标准值/指标值。

4. 评价结果分析

分析评价指标得分高低的内在原因，预测未来若干年的发展趋势，提出保护性开发利用的合理化建议。

五、成果表达

为了保证调查成果数据的有效利用，并充分服务于管理，湿地调查的数据汇总、信息管理和制图全部通过数据库和 GIS 软件进行。

（一）图件

（1）野外调查样地点位图（实际材料图）。
（2）湿地自然保护区位置图。
（3）武汉市河湖湿地资源分布图。

（二）报告

编写武汉市河湖湿地资源调查评价报告。报告内容包括调查工作概况，调查地区基本情况，技术方法及相应的汇总表格。报告须对湿地类型与分布、自然环境、状况、社会经济、生物多样性、保护和受威胁情况等进行详细的分析。

（三）数据库

建立包括全部调查因子的湿地资源数据库及管理系统。国家级数据库采用 Excel 或其他数据库。各省的湿地调查资料数据及统计结果，应以统一格式输入数据库。

基础地理信息数据统一采用国家基础地理信息中心提供的比例尺为 1∶250 000 的矢量化的基础地理信息数据，基础地理信息数据的编码采用《基础地理信息要素分类与代码》（GB/T 13923－2006）中的有关规定。省级制图还可采用更大比例尺基础地理信息数据。

第三节　地下水资源调查评价

一、调查内容

在充分研究水文地质调查评价和收集的资料基础上，对武汉市地下水资源的分布和质量状况、供水基础设施、污水排放现状、水资源开发利用现状等进行调查评价；重点对地下水资源量进行计算，确定水资源评价的分区、时期，计算评价武汉市地下水天然补给资源量、地下水可开采资源量和深层承压水可利用储存资源量等；分析地下水开采潜力和供水保证程度；进行水资源环境质量评价，重点针对地下水环境质量进行评价。

二、工作精度

武汉市新城区作为一般调查区，主城区、武汉经济技术开发区和东湖新技术开发区等都市发展区范围为深化调查区，长江新城等为重点调查区，一般调查区、深化调查区和重点调查区分别适宜1∶50 000、1∶25 000和1∶10 000的工作比例尺。

三、工作方法与技术要求

（一）工作方法

广泛收集多源数据，在武汉市水文地质调查评价的基础上，结合必要的试验测试及动态监测等方法，采用水均衡法和数值模拟法计算地下水资源数量，并对质量、开发利用及影响进行综合评价。

（二）技术要求

1. 工作标准

按有关国家标准和规程规范执行。

2. 技术要求

参照第三章第二节水文地质调查评价相关内容。

四、地下水资源量评价

根据水文地质调查成果，建立武汉市水文地质概念模型，数量化后实现地下水流模型数学化，选择地下水模拟软件GMS中的MODFLOW模块求解。

（一）建立水文地质概念模型

水文地质概念模型是把含水层实际的边界性质、内部结构、渗透性能、水力特征和补给排泄等条件概化为便于进行数学与物理模拟的基本模式。在建立概念模型之前，必须认真收集、整理和分析已有的水文地质资料，确定模拟的目的层，进而勾画出地下水实体系统的内部结构与边界条件，然后才开始对实体系统进行概化。

1. 初步计算分区

将武汉市地下水资源按照地下水类型进行分类，并对主要含水单元进行计算分区。武汉市内的主要供水层为全新统孔隙承压水、上更新统孔隙承压水、裂隙孔隙承压水、裂隙岩溶水等类型。上部浅层地下水主要为全新统孔隙潜水，因富水性差，故不予评价，主要考虑其对下伏主要含水岩组的越流补给作用。下部浅层地下水为新近系裂隙孔隙承压水，埋伏于主要含水层之下。

武汉市地下水资源根据其赋存条件、水动力特征及补径排条件，中心城区（包括东西湖区）可分为6个彼此相对独立的水文地质单元：汉口（含东西湖区）、武钢、徐家棚、白沙洲、汉阳、天兴洲，上述水文地质单元为重点评价区域。此外，蔡甸区、武汉经济开发区、汉南区、江夏区、东湖新技术开发区、黄陂区、新洲区共6个区域为一般评价区域，共计12个水文地质单元。对评价区域一般采用均衡法与数值模拟法进行计算；对呈多条狭窄条带分布的裂隙岩溶含水岩组，采用地下水动力学方法进行计算。

计算区的主含水岩组之上有孔隙潜水含水岩组，地表的湖泊、堰塘和水田，将统一概化为定水头的上浅层地下水，潜水含水岩组和承压含水岩组之间有弱透水的粉质黏土层，上浅层地下水与主含水岩组之间，在水头差的作用下产生越流补给，其补给量随主含水岩组水位的变化而变化。对无下伏含水岩组的区域，主含水岩组之下为相对隔水的志留系页岩和白垩系—古近系红色砂页岩，可概化为隔水层。

2. 计算区含水岩组结构概化

计算区一级阶地上的全新统孔隙承压含水岩组、二级阶地上的上更新统孔隙承压含水岩组和新近系裂隙孔隙承压含水岩组，为计算区的主要含水层。一级阶地上覆孔隙潜水含水岩组与全新统孔隙承压含水岩组之间具有越流补给的关系，概化为上含水层。一级阶地全新统孔隙承压含水岩组之下的新近系含水岩组也与上覆主含水层有越流补给关系，概化为下含水层。整个系统概化为具上下越流的承压含水层系统。在二级阶地和汉口城区虽上覆无全新统孔隙潜水含水岩组，下伏无新近系裂隙孔隙承压含水岩组，但二级阶地大面积的水田、鱼塘、湖泊及上更新统黏性土中所含的孔隙水，在水头差作用下，向下渗入补给主要含水层，因上更新统黏土层垂向渗透系数很小、补给量较少之故，可将地表水田、鱼塘、湖泊和黏性土孔隙水一并概化为上覆孔隙潜水。对于下伏无下含水层处可认为下弱透水层垂向渗透系数极小。

主含水层均为全新统孔隙承压含水岩组，上覆孔隙潜水含水岩组概化为上含水层，下部无含水层，概化为具上层越流的承压含水层系统。主要含水岩组为第四系孔隙承压水和新近系裂隙孔隙承压水，下伏新近系裂隙孔隙承压含水岩组，对于有下伏含水岩组的地区概化为具上下越流的承压含水层系统，无下伏含水岩组的概化为具上层越流的承压含水层系统。

3. 边界条件概化

临江边界：江底切穿第四系全新统孔隙承压含水岩组顶板，但未切穿至底板，形成非完整河补给，因江底切穿深度不一，江底沉积细颗粒厚度不一，故江水在不同地段与地下水水力联系的密切程度也不相同，将长江、汉江概化为已知水位的非完整河补给边界。

计算区接受区外含水岩组地下水侧向径流补给，概化为定流量补给边界。侧向补给量，依据区外水文孔资料和区内水文孔资料进行对比确定（地下水监测资料确定）。

边界多为相对隔水层则概化为隔水边界。

地下水流向与边界平行的，则按照已知流量为0的二类边界条件处理。

4. 水动力特征概化

计算区含水层均为松散含水层、发育较均匀的裂隙含水层和岩溶裂隙溶洞较小的岩溶含水层，其地下水运动大多是层流，符合达西定律。根据工作区内水动力特征，将含水层地下水运动视为二维非稳定流。

5. 水文地质参数选取

评价选用的水文地质参数主要依据水文地质调查评价水文地质试验获取的水文地质参数结合以往

的经验值及理论值综合确定，充分考虑不同的含水介质。

含水岩组渗透系数 K、弹性释水系数 S，在武汉城市地质调查水文地质调查评价获得数据基础上，综合考虑前人试验数值，对水文地质参数进行更新。

渗透系数 K，通过稳定流抽水试验获取。

弹性释水系数 S，通过非稳定流抽水试验获取。

上覆弱透水层垂向渗透系数 K'，下伏新近系弱透水层垂向渗透系数 K''，根据试验数据获取。在全新统、上更新统、新近系不同岩性的弱透水层中，分别采取 3 组以上有代表性的土样进行室内试验以获取参数。

大气降水入渗系数 α，在分析利用原有数据情况下，在每个含水层新增潜水观测孔进行水位观测，利用水位变幅法获取更精确参数。

对未作试验的地区，则参考同一含水岩组非稳定流试验，结合该区水文地质条件分析取值。

（二）地下水资源量计算

1. 均衡法

1）水均衡法的基本原理

一个地区的水均衡研究，是应用质量守恒定律去分析参与水循环的各要素的数量关系。以地下水为对象的均衡研究，目的在于阐明某个地区在某一时间段内，地下水水量收入与支出之间的数量关系。根据《水资源评价导则》（SL/T 238—1999）公式，水均衡方程式可表示为：

$$S \times F \times \frac{\Delta H}{\Delta t} = (Q_{入} - Q_{出}) + (Q_{越} - Q_{开})$$

$$Q_{开} = (Q_{入} - Q_{出}) + Q_{越} + \mu \times F \times \frac{\Delta H}{\Delta t}$$

式中：$S \times F \times \frac{\Delta H}{\Delta t}$——单位时间内主含水岩组中水体积变化量（即储存量变化量）；

S——承压含水岩组释水系数；

F——含水岩组的面积（m^2）；

Δt——计算时段（a）；

ΔH——在 Δt 时段内含水岩组水位的平均变幅（m）；

$Q_{入} - Q_{出}$——均衡区内主含水岩组侧向径流补给量，河流的渗入补给量之和 $Q_{入}$ 与流出量 $Q_{出}$ 之差（m^3/a）；

$Q_{越}$——在垂直方向上含水岩组的越流补给量（m^3/a）。

补给量（$Q_{入}$）和消耗量（$Q_{出}$）的组成项目较多，而且要准确地测得这些数据往往也是非常困难的。在实际应用中，应分析各地区具体条件来建立具体的水均衡方程式。

2）地下水补给量

第四系孔隙承压水天然补给量，由上覆孔隙潜水向下越流补给量，下伏新近系裂隙孔隙承压水向上越流补给量，侧向径流补给量和长江、汉江渗入补给量 4 项组成。新近系裂隙孔隙承压水天然补给量，由侧向径流补给量和上覆弱透水层的越流补给量组成。碳酸盐岩裂隙岩溶水，主要通过丘陵低山裸露基岩中的裂隙和断裂，接受大气降水入渗补给。

（1）相邻含水岩组的越流补给量。

在水位差作用下，相邻含水岩组的地下水通过弱透水层产生垂向渗透，形成越流补给。计算越流补给量公式为：

$$Q_{越} = K_{上} \cdot F_{上} \cdot \frac{H_{上} - H_{主}}{M_{上}} \cdot t + K_{下} \cdot F_{下} \cdot \frac{H_{下} - H_{主}}{M_{下}} \cdot t$$

式中：$Q_{越}$ ——越流补给量(m^3/a)；

$K_{上}$、$K_{下}$ ——上、下弱透水层渗透系数(m/d)；

$M_{上}$、$M_{下}$ ——上、下弱透水层厚度(m)；

$H_{上}$、$H_{下}$ ——上、下相邻补给层水位标高(m)；

$F_{上}$、$F_{下}$ ——上、下相邻补给层面积(m^2)；

$H_{主}$ ——主含水岩组水位标高(m)；

t ——越流补给时间(d/a)。

根据上式，给出计算参数，计算出各计算区段越流补给量的结果。

(2)地下水侧向径流补给量。

在定流量补给边界处采用断面法层流定律计算：

$$Q_{侧} = K \cdot I \cdot B \cdot M \cdot t$$

式中：$Q_{侧}$ ——上游地下水侧向径流量(m^3/a)；

K ——主要含水岩组渗透系数(m/d)；

I ——地下水水力坡度；

B ——计算断面宽度(m)；

M ——含水岩组厚度(m)；

t ——侧向径流时间(d/a)。

根据上式，给出计算参数，计算出各计算区段侧向径流补给量的结果。

(3)河流渗入补给量。

可以使用河水与地下水的水头差、河床弱透水层厚度、河床渗透系数以及湿润区面积来计算河流入渗补给量；武汉市区湖泊分布广泛，应该考虑湖泊对地下水的补给。

在丰水期，长江、汉江地表水渗入补给孔隙承压含水岩组。此渗入补给量可按稳定的平面流公式近似计算：

$$Q_{渗} = K \cdot I \cdot B \cdot M \cdot t$$

式中：$Q_{渗}$ ——河水渗入补给量(m^3/a)；

K ——主要含水岩组渗透系数(m/d)；

I ——丰水期地下水平均水力坡度；

B ——补给带宽度(m)；

M ——主要含水岩组厚度(m)；

t ——河水补给地下水时间(d/a)。

根据上式，给出计算参数，计算出各计算区段河流渗入补给量的结果。

(4)大气降水入渗量。

气降水入渗补给首先渗入全新统孔隙潜水层，在水位差的作用下越流补给下部孔隙承压含水岩组。为了避免计算中的重复，地下水天然补给量计算主含水层获取上覆孔隙潜水的越流补给量。

$$Q_{降} = 1\,000 \cdot F \cdot \alpha \cdot X$$

式中：$Q_{降}$ ——大气降水入渗补给量(m^3/a)；

F ——降水入渗面积(km^2)；

α ——降雨入渗系数；

X ——多年平均降雨量(mm)。

降水入渗补给系数受地形、包气带岩性及结构、地下水水位埋深、降水特征及土壤前期含水量制约的参数。降雨入渗补给系数是一个综合反映雨水补给地下水能力强弱的系数。

降雨入渗系数可采用潜水水位变幅法或经验值法获取。水位变幅法是在平原区潜水含水层中设置观测孔进行水位观测，利用降雨引起水位变幅计算降水入渗系数。经验值是指利用前人的研究成果，结合区内地层岩性，选取岩性水位埋深相似的前人降雨入渗系数，对各区的降水入渗系数进行赋值。

根据收集的研究区内雨量站的资料，通过整理计算确定各评价区的评价年度降水量。降水入渗面积分别取各计算区全新统孔隙潜水含水岩组的面积。

计算出工作区在天然条件下大气降水入渗补给量。

(5)裂隙岩溶水补给量。

对裸露岩溶区，其天然补给量与第四系孔隙承压水天然补给量计算方法相同。

对被第四系黏土层所覆盖，露头零星裂隙岩溶水含水岩组，其补给方式与孔隙水相同，近河流地段丰水期接受江水渗漏补给，因补给量较小，计算时不予考虑，仅计算大气降水补给。计算裂隙岩溶水补给量时，统计出裂隙岩溶含水岩组总面积，年降雨量，通过整理计算确定各评价区当年度降水量，入渗系数 α 采用试验法或经验值。计算得出裂隙岩溶水的总补给量。

(6)地下水天然补给量。

地下水天然补给量＝越流补给量＋侧向径流补给量＋地表水渗漏补给量＋大气降水入渗补给量。

3)开采条件下的补给量

在开采条件下，造成地下水水位不同程度的下降，地表水位高于地下水水位的时间加长，地表水补给的地下水水力坡度增大，上覆潜水与承压水之间的水位差增大，从而造成开采条件下江水渗入补给量和越流补给量均有增加。

(1)越流补给量。

计算区段、参数选取、计算公式均与天然状态下的越流补给量计算相同，仅增加因主含水岩组承压水测压水位下降，导致与上下越流补给层之间水位差增大及补给时间增长这两个因素。水文地质参数可参考前人的数据，并结合抽水试验资料综合考虑，邻层水位之差依长观资料确定。根据 K' 或 K''(m/d)、水力坡度 I、越流面积(km^2)、越流时间，按越流补给量公式，计算出开采条件下的补给量。

(2)地表水入渗补给量。

在天然状态下，若地表水位高于地下水水位，则渗入补给地下水。开采条件下，区域地下水水位下降，地表水位高于地下水水位时间增长，地表水与地下水水位差增大，补给量相应增大。开采条件下，地下水水位降低，可按 $Q_{渗}=K\cdot I\cdot B\cdot M\cdot t$，计算河流渗入补给量。

(3)开采条件下地下水补给量。

开采条件下，由于地下水水位下降，加大了地下水水力坡度，地下水侧向径流补给量相应增加。

开采条件下地下水天然补给量＝开采条件下越流补给量＋开采条件下侧向径流补给量＋开采条件下江水渗漏补给量＋开采条件下大气降水入渗补给量。

4)可动用储存量

即弹性储存量，承压含水岩组在开采条件下，水头下降至含水岩组顶板时，因含水岩组孔隙体积的压缩和水的膨胀，而从含水岩组中释放出的水量。

武汉市主含水岩组均属承压含水岩组，故储存量包括承压含水层的弹性储存量和容积储存量。$Q_{弹}=S\cdot F\cdot \dfrac{\Delta H}{\Delta t}$，其原则为开采至2035年，按设计年限为15年，开采时动水位不得低于上覆弱透水层埋深。承压含水岩组释水系数采用水文地质调查的非稳定流抽水试验，结合相关资料计算出的参数值；压力水头高 h，根据不同计算区段中水位观测资料确定。计算出武汉市每年可用弹性储存量。

5)允许开采量

开采条件下，地下水的水量均衡方程为：

$$Q_{开} = (Q_{入} - Q_{出}) + Q_{越} + S \cdot F \cdot \frac{\Delta H}{\Delta t}$$

式中：$Q_{入} - Q_{出}$——均衡区内主含水岩组侧向径流补给量，长江、汉江的渗入补给量之和 $Q_{入}$ 与流出量 $Q_{出}$ 之差（m^3/a）；

$Q_{越}$——在垂直方向上含水岩组的越流补给量（m^3/a）；

$S \cdot F \cdot \frac{\Delta H}{\Delta t}$——单位时间内主含水岩组中水体积变化量（即储存量变化量）（m^3/a），因要确保开采条件下的测压水位不低于主要含水层顶板，该项按开采 15 年内，每年可动用的弹性储存量。

2. 地下水水流数值模拟法

1）建立地下水水流数学模型

地下水水流数学模型实际上是水文地质概念模型的数量化。将初步拟定的水文地质单元进行数值模拟计算。结合水文地质概念模型，建立计算区主要含水岩组的地下水水流数学模型。选择地下水模拟软件 GMS 中的 MODFLOW 模块求解该定解问题。MODFLOW 模块是基于有限差分法的三维地下水水流数值模拟系统。

为了比较真实地刻画本区上下越流又考虑会有承压转无压的状态和边界条件，可采用潜水和承压水混合型且具有第一类边界和第二类边界的混合型边界条件的非稳定流数学模型。

$$\begin{cases} KM\left(\frac{\partial^2 H}{\partial x^2} + \frac{\partial^2 H}{\partial y^2}\right) - \sum_{r=1}^{n} Qr\,\delta(x - x_r)\delta(y - y_r) + \varepsilon = S\frac{\partial H}{\partial t} & (x,y) \in \Omega, t > 0 \\ H(x,y,t)\big|_{t=0} = H_0(x,y) & (x,y) \in \Omega \\ H(x,y,t)\big|_{\tau_1} = H_1(x,y,t) & (x,y) \in \tau_1, t > 0 \\ KM\left[\frac{\partial H}{\partial x}\cos(\bar{n},x) + \frac{\partial h}{\partial y}\cos(\bar{n},y)\right]\Big|_{\tau_2} = -q(t) & (x,y) \in \tau_2, t > 0 \end{cases}$$

式中：H——评价区域 Ω 内任一时刻的承压水测压水位标高或潜水面高程（m）；

K——含水层渗透系数（m/d）；

S——对承压水，S 为含水岩组释水系数；对潜水，S 为含水岩组的重力给水度；

M——含水岩组厚度（m）（当为承压水时，$M = Zs - Zx$；当为潜水时，$M = h - Zx$）；

Zs——含水岩组顶板高程（m）；

Zx——含水岩组底板高程（m）；

Qr——Ω 域内第 r 口井的开采量，井坐标为 xr, yr（m^3/d）；

$\sigma(x - xr)\sigma(y - yr)$——对应于井（$xr, yr$）处的 σ 函数（$1/m^2$）；

τ_1——一类边界；

τ_2——二类边界；

$\bar{n}$——二类边界上的内法向；

ε——为垂直向上的越流补给强度（m/d）；

$$\varepsilon = \frac{K_{上}}{M_{上}}(H_{上} - H) + \frac{K_{下}}{M_{下}}(H_{下} - H)$$

$K_{上}$、$K_{下}$——上、下弱透水层的垂向渗透系数（m/d）；

$M_{上}$、$M_{下}$——上、下弱透水层厚度（m）；

$H_{上}$、$H_{下}$——上、下越流层水层水位高程（m）。

2）边界条件的处理

河流边界处理为已知水位的非完整河补给边界，其对计算区的补给采用在边界处增加补给井的方式,补给量由水均衡法计算的结果确定。零流量边界视为隔水边界,采用默认值即可,MODFLOW 软件默认的流量边界为隔水边界。

3)水文地质参数分区

水文地质参数的变化受地形地貌、地层岩性及结构、颗粒组分和颗粒级配的控制。参数分区主要依据单孔抽水试验资料的计算结果,含水层分布规律,地下水天然流场、人工干扰流场、水化学场、温度场,构造等条件资料为基础,尽可能细化分区。

水文地质参数初值包括渗透系数 K,释水系数 S 等,参数初值主要依据水文地质调查评价试验成果资料、钻孔揭露的地层岩性特征、地层沉积规律,前人在区内及相邻区域已有研究成果资料等确定。

根据前人研究的资料反映武汉市全新统孔隙承压含水岩组渗透系数,一般是阶地前缘大,阶地后缘小。在横向上平行江边分成渗透系数大小不同的地段。上更新统孔隙承压含水岩组因含有较多的泥质成分,渗透性一般较差,泥质含量有变化,渗透系数表现出一定差异。碎屑岩类裂隙孔隙水含水岩组渗透系数,因各地段岩性差异亦有所差别,含水岩组颗粒较粗,泥质含量较少,渗透系数较大;颗粒较细,泥质含量较高,渗透系数较小。

4)源汇项处理

模型表层接受降雨补给,底部为隔水边界,利用降雨动态监测资料,对各模型区以时间序列形式赋予动态降雨数据,综合考虑地面硬化、植被覆盖、包气带类型等因素,采用定性分析确定各个模拟区降雨入渗系数。充分考虑工作区枯水期和丰水期时间,不同时期地下水接受降雨补给的量一定程度上亦有所差异。

计算区的水源热泵和基坑降水对地下水的开采,采用日平均开采法均摊到各开采井(需统计水源热泵开采量和基坑降水的抽排量)。

5)网格剖分

(1)水平剖分。

根据参数获取的详细程度,对评价区进行水平离散化,水平方向剖分为 200m×200m 网格。

(2)垂向剖分。

依据水文地质概念模型,将一级阶地上覆孔隙潜水含水岩组与主含水岩组之间具有越流补给的关系,概化为上含水层;一级阶地全新统孔隙承压含水岩组之下的新近系含水岩组也与上覆主含水层有越流补给关系,概化为下含水层,模拟工作垂向上分为 2 层,分别代表上含水层和主含水层,其中地表标高使用抽稀提点法对区内地形图等高线进行处理获得,其他模拟层底板标高,利用收集的水文地质和工程地质钻孔数据,将各分层数据提取为钻孔树,然后采用克里格法(Kring)对区内钻孔各层底板标高进行插值计算求得,以保证模型的真实性。

6)模型识别与验证

模型识别时,数学模型的数值分析采用有限差分法(MODFLOW 软件包),反求参数的方法采用间接法中的分区法。即假定每一个区都是均质的,将给定的参数初值代入有限差分法数值模型中,计算各时段各节点水位,然后将计算水位和实际水位进行比较,不断地修改各参数区参数值并重复计算,当两者之间误差“最小时”,即认为该参数代表含水层的参数。表示计算水头和实测水头误差的目标函数如下:

$$Err = \sum_{i=1}^{n}\sum_{j=1}^{m}W_j\left(H_{ij}^{e} - H_{ij}^{0}\right)^2$$

式中:m——时段总数;

n——观测孔个数;

W_j——权系数;

H_{ij}^{e}——计算水位;

H_{ij}^{0}——为观测点实测水位。

当目标函数 Err“最小”时的参数值即为待求的参数值。采用间接法进行人工调试，可以充分发挥和加深模型制作者对水文地质条件的认识。识别时间段选取一个水文年的资料，模型识别时间步长 $\Delta t = 1\text{d}$，共计 365 个时段。

7）允许开采量计算

在充分识别水文地质模型的基础上，采用多种方法（均衡法和数值模拟法）进行主含水岩组地下水允许开采量的计算，其原则为开采至 2035 年，地下水水位不低于承压含水岩组顶板。为了充分合理、最大限度开采地下水，本次计算依照地下水水位的波动起伏，开采量按月给出不同的开采量。采用 GMS 中的 MODFLOW 模块，用有限差分法计算。

3. 地下水资源开采潜力评价

开采潜力评价是在给定开采期为 15 年（2020—2035 年），区域开采地下水时动水位不得低于上覆弱透水层埋深的条件下，采用水均衡法和数值模拟法两种方法计算出的武汉市第四系全新统孔隙承压水，上更新统孔隙承压水及新近系裂隙孔隙水的允许开采量。并依照开采量是否有补给保证，按期开采，是否产生地面沉降或岩溶地面塌陷等相关环境地质问题为原则，对地下水允许开采量的保证程度进行评价。

地下水资源开采潜力分析主要参考中国地质调查局颁布的《水文地质调查技术要求（1∶50 000）》（DD 2019－03）和《地下水潜力评价技术要求》（GWI－D4，2004），按照相关的技术评价要求，对武汉市城市地下水资源的开采潜力进行分级，并在完成潜力分级的基础上，按照地下水开采潜力模数的大小进行分区，分别对不同区域地下水的开采潜力进行分析论述。结合武汉市的实际，由于武汉市岩溶较为发育，历史上发生过多次岩溶地面塌陷，在武汉市地下水管理办法中明确，存在的岩溶地面塌陷易发区的“地下水禁止开采区”和距防洪大堤 500m 范围内的“地下水限制开采区”，在地下水计算时要将这样的地段的地下水剔除。

评判地下水开采潜力程度大小的依据为地下水开采潜力系数，该系数体现了区域内地下水允许开采量相对于实际地下水开采量的多寡，反映了可待开发的地下水资源的盈余量，是目前国内外运用较为广泛的评价技术方法。

地下水开采潜力系数可由下式计算得到：

$$\alpha = Q_{可} / Q_{开}$$

式中：α——地下水开采潜力系数；

$Q_{可}$——区域内地下水可开采资源量（m^3/a）；

$Q_{开}$——区域内地下水实际开采资源量（m^3/a）。

对于某个区域来说，当 $\alpha > 1.2$ 时，一般认为该区域地下水资源尚具有开发潜力，可在不引起环境地质问题或生态环境恶化的前提下，通过一定的经济技术手段对其进行开发。具体的评价分级标准可参照表 4-3-1。

表 4-3-1　地下水开采潜力评价分级标准

项目	潜力系数 α				
	$\alpha \leqslant 0.6$	$0.6 < \alpha \leqslant 0.8$	$0.8 < \alpha \leqslant 1.2$	$1.2 < \alpha \leqslant 1.4$	$\alpha > 1.4$
开采程度	严重超采	超采	采补平衡	较低	低
开采潜力	潜力不足		一般	有开采潜力	
开采前景	严格控制开采	适度控制开采	维持开采现状	可适度扩大开采	可扩大开采

对于 $\alpha>1.2$ 的具有开采潜力的地区，按照地下水开采潜力模数进行分区，结合区域内水文地质条件及经济发展规划，划分不同地下水开采潜力亚区，以区分不同区域的地下水开采潜力强弱。地下水开采潜力模数可参照下式进行计算：

$$M=Q_{开余}/F$$

$$Q_{开余}=Q_{可}-Q_{开}$$

式中：M——地下水开采潜力模数[$m^3/(km^2 \cdot a)$]；

F——相应评价区域面积(km^2)。

计算得到地下水开采潜力模数后，可根据上表的标准对具有开采潜力的各区域进行分区(表 4-3-2)。

表 4-3-2　开采潜力模数分区表

开采潜力分区	开采潜力模数 M /[$m^3/(km^2 \cdot a)$]	亚区	开采潜力模数 M /[$m^3/(km^2 \cdot a)$]
潜力较大区(Ⅰ)	>20	Ⅰ-2	>30
		Ⅰ-1	20～30
潜力中等区(Ⅱ)	10～20	Ⅱ-2	15～20
		Ⅱ-1	10～15
潜力较小区(Ⅲ)	<10	Ⅲ-3	5～10
		Ⅲ-2	2～5
		Ⅲ-1	<2

4. 地下水资源开采潜力分析结果

计算出不同的水文地质单元(行政区)允许开采量、实际开采量和开采潜力模数，与上面的参数进行对比，进行地下水资源开采潜力分析。可分为地下水资源潜力较大区(Ⅰ)、地下水资源潜力中等区(Ⅱ)、地下水资源潜力较小区(Ⅲ)。

五、地下水资源质量评价

1. 地下水水质量分类

根据实施的中华人民共和国国家标准《地下水质量标准》(GB/T 14848—2017)，将地下水水质量划分为 5 类：Ⅰ类，地下水化学组分含量低，适用于各种用途；Ⅱ类，地下水化学组分含量较低，适用于各种用途；Ⅲ类，地下水化学组分含量中等，以《生活饮用水卫生标准》(GB 5749—2006)为依据，主要适用于集中式生活饮用水水源及工农业用水；Ⅳ类，地下水化学组分含量较高，以农业和工业用水质量要求以及一定水平的人体健康为依据，适用于农业和部分工业用水，适当处理后可作为生活饮用水；Ⅴ类，地下水化学组分含量高，不宜作为生活饮用水源，其他用水可根据用水目的选用。

2. 地下水水质量评价

(1)地下水水质量评价应以地下水水质量检测资料为基础。按照中华人民共和国国家标准《地下水质量标准》(GB/T 14848—2017)中的地下水常规指标及限值和地下水非常规指标及限值进行地下水分类。

(2)地下水水质量单指标评价按指标所在的限值范围确定地下水水质量类别，指标限值相同时，从优不从劣。

(3)地下水水质量综合评价，按单指标评价结果的最差类别确定，并指出最差类别的指标。

六、成果表达

(一)图件

(1)地下水资源分布图，以武汉市的水文地质为底图，按水文地质单元，反映地下水资源天然补给资源、可开采资源量、现状开采量与开采潜力。应重点反映地下水开采程度，以及应急水源地和后备水源地的情况。

(2)地下水水质量图，主要反映地下水水质量状况，依据《地下水质量标准》(GB 14848—2017)进行地下水水质量分区。

(3)地下水开采潜力分布图，以地下水开采潜力为模数，主要反映地下水开发利用程度和开采潜力。

(4)地下水开发利用与保护区划图，反映地下水开发利用功能分区和地下水水源保护分区，并针对不同的分区，提出相应的合理利用方式与科学保护对策。

(二)报告

(1)地下水资源调查评价报告及地下水资源分布图说明书。

(2)应急地下水资源报告。

(三)数据库

地下水资源空间信息系统及地下水资源动态评价平台。

第四节　浅层地热能资源调查评价

一、调查内容

(一)地埋管浅层地热能资源

通过勘查、取样和现场热响应试验等，了解调查区岩土层结构、可钻性、岩土体换热特征等，获取相关设计参数。调查的主要内容：

(1)岩土层的岩性、结构、地下水赋存状况。

(2)岩土体含水率、颗粒组成、密度、孔隙率等物理性质。

(3)导热系数、比热容等热物理性质。

(4)岩土体温度分布、恒温带特征。

(5)地下水静水位、水温、水质及分布。

(6)地下水径流方向、速度和水力坡度等。

（二）地下水浅层地热能资源

通过勘查、取样和抽水回灌试验等，了解调查区水文地质条件，获取相关设计参数。调查的主要内容：

（1）地下水类型。

（2）含水层岩性、产状、分布、埋深及厚度。

（3）含水层的富水性和渗透性。

（4）地下水径流方向、速度和水力坡度。

（5）地下水水温。

（6）地下水水质。

（7）地下水动态变化。

（8）热源井的抽水、回灌能力。

（9）确定抽水影响半径。

（10）确定调查区能提供的地下水量，初步确定抽灌井的数量和布局。

（三）地表水浅层地热能资源

通过调查、取样等，获取地表水体水位、水温、流速、流量、水底地形特征。调查的主要内容：

（1）地表水水源性质、用途、深度、面积及其分布。

（2）不同深度的地表水水温、水位动态变化，取、排水段水下地貌（河道）特征及变化。

（3）地表水流速和流量动态变化。

（4）地表水水质及其动态变化。

（5）地表水利用现状。

（6）地表水取水和排水的适宜地点及路线。

（7）地方审批、规划等方面要求。

二、工作精度与工作布置

（一）工作精度

区域浅层地热能资源调查按 1∶50 000 进行，重点调查区调查精度按 1∶10 000 进行。

（二）工作布置

调查工作宜收集调查区相关资料，并与工程勘查、水文地质勘查、项目环评等工作结合进行。

1. 地埋管地源热泵系统调查工作布置

（1）勘查孔孔数按每百平方千米调查区不少于 3 个孔的原则进行布置，地质条件复杂地区适当增加勘查孔数；勘查孔应布置在地埋管适宜区和较适宜区。

（2）勘查孔应布置在初步确定的可埋管区段并具有代表性，便于长期保留和施工作业。

（3）勘查深度一般为 60～120m，结合建筑需要、地层条件、调查区条件等确定，应比设计最深的热交换器至少深 5m。孔径宜为 130～150mm，孔内埋管可采用单 U、双 U 方式，并填筑密实。勘探孔结构的设计，应根据调查区的地层特性、测试要求及钻探工艺等因素综合考虑。

(4)施工过程中，应按要求采取室内分析岩土样并送检。

(5)每个勘查孔完成后，进行相关热响应试验。一般进行恒热流现场试验和测试，重点调查区宜进行稳定工况试验，试验工况与设计要求一致。试验期间和试验后要观测地温恢复情况。

(6)勘查施工应避免污染环境。

(7)勘查孔宜设置测温探头，测试完成后留作工程换热孔或长期监测孔，做好保护。

2. 地下水地源热泵系统调查工作布置

(1)地下水地源热泵系统目的含水层主要为第四系孔隙承压水、岩溶裂隙水和第四系松散砂砾石层中的孔隙潜水。

(2)抽水回灌试验每百平方千米调查区不少于3组(每组一口抽水井、一口回灌井)，试验井应布置在地下水适宜区和较适宜区。

(3)试验井施工前应先施工勘查孔，为试验井设计提供依据。

(4)抽水回灌试验井间距不宜小于50m。

(5)试验井深度应揭穿目的含水层；有多层地下水时，应采取措施防止污染优质地下水含水层。

(6)试验井宜按工程井标准建设，试验完成后宜留作工程井或监测井。

(7)试验井完成后进行相关抽水、回灌试验和取样等工作，获取地层(含水层)结构、单井涌水量、水位降深、渗透系数、回灌量、抽灌比、地下水水质等相关设计、计算、评价参数。

(8)在地下水限采区、江河堤防管理规定需要论证等地段进行勘查、试验的，需提前办理手续，进行相关论证，取得批准后方可开展勘查工作，并按要求封孔、封井。

(9)岩溶水分布区为确定试验井布置，宜先期开展有关地球物理勘探。

(10)宜利用勘查孔、试验井进行地温、水温、水位的动态监测(一个水文年)。

3. 地表水地源热泵系统调查工作布置

(1)确定合适取水地段。

(2)测量河道地形，定期(每10d)观测、分析目的取水地段不同深度、距离处的水温、流速、水位，丰水和枯水季节取样分析水质、含砂量；一般应选取不少于两个断面进行观测，断面间距500～1 000m。

(3)测量、调查取水、输水段地形、设施、航运等情况。

(4)收集地表水流量数据。

(5)咨询、了解有关水务、航道、市政、城管、环保等管理部门政策及规定。

三、工作方法与技术要求

(一)调查基本规定

(1)收集调查区及周边已有的场地状况、工程地质、水文地质、地热地质、水井、地下水开采、勘探资料、当地地温、气象、水文资料，以及地源热泵项目情况、区域规划资料等。分析调查区空间特征及浅层地热能资源开发利用条件，结合用地规划、冷暖负荷需求、形式等初步确定适宜的浅层地热能利用方式，为调查工作布置提供依据。

(2)调查工作应编制专项设计方案。

(3)调查手段包括资料收集、水文地质调查、钻探、抽水回灌试验、现场热物性测试、取样、室内测试、动态监测、工程测量、地源热泵项目调查、综合研究、专题研究、数据库建设等，各种调查手段、方法均应符合有关规范、标准、规程及细则要求。调查方法的选取应符合调查目的和岩土的特性。

(4)调查工作布置时应与规划布局相适应,调查手段、工作量应能满足评价、计算要求。

(5)调查工作应避免对地下管线、地下工程和自然环境等的破坏。

(6)留作长期观测或工程井(孔)的应妥善保护,其他钻孔、水井等完工后应妥善回填、封孔。

(二)工作方法与技术要求

1.资料收集

(1)区域气象、水文资料:包括河流、湖泊径流量、气温、降水量、蒸发量系列资料。

(2)地质资料:包括基础地质、水文地质、工程地质、环境地质、地热地质资料。

区域地质背景资料包括以往的区域地层、构造及新构造运动等资料,尤其要掌握活动断裂的分布及其性质。

水文物探资料包括以往的EH-4、大地电磁、电法测深、浅层地震勘探和测井等资料。

温度场资料包括浅井测温、温度场空间分布(平面上、垂向上)等资料。

地热勘查资料:包括区域和超深探测孔工程项目资料。

动态资料:包括现有的机(民)井、泉的流量、开采量、温度、水位、水质及开发利用的历史动态数据。

水文地质资料:水井井位、井孔结构、水温、出水量、水质、揭露地层岩性,抽水(回灌)试验报告、运行情况等;地下水资源量及水源地地下水开采量与保护情况。

工程地质资料:地层岩土体的含水率、密度、孔隙率、比热容、导热系数等参数。

环境地质勘查资料:地质灾害勘查、监测、防治报告,软土分布、地面沉降等数据资料。

钻孔资料:尽量收集以往的200m内钻孔资料,包括地层岩性、包气带结构特征、含水层结构特征、初始水位特征、抽水试验、测温数据、岩石物理参数和热物理参数等。

影像资料:包括以往机(民)井、泉开发利用以及地源热泵工程的历史影像资料等。

以上资料均需确认、整理、建档。

(3)城市规划相关的资料:城市建设总体规划、地下空间规划、土地利用规划、城市交通(市政)规划、水资源规划、能源规划资料等。

(4)地源热泵项目信息及工程资料。

(5)本地浅层地热能开发利用相关的法律法规、政策及技术标准。

(6)相关研究成果:有关勘探或专题研究报告、总结。

(7)收集、了解国内其他城市、研究机构相关成果及动态。

2.地质调查、测绘

开展水文地质、工程地质及环境地质测绘、调查。

1)调查内容

调查深度控制在地表以下200m深度内。调查内容应包括水文地质条件、地下水开发利用、工程地质条件及地温特征等。

(1)水文地质条件。

①含水层结构:调查地下水(包括岩溶地下水、第四系孔隙水及基岩裂隙水等)含水层和隔水(弱透水)层岩性、厚度、产状、分布范围、埋藏深度、各含水层之间的水力联系等;包气带岩性、结构、厚度、含水量等;地下水埋藏类型、水位、埋深、温度等;水文地质参数,包括渗透系数、给水度、孔隙率(裂隙率)、弹性释水系数等。

②地下水化学特征:地下水化学成分、类型及空间变化。

③地下水补给、径流、排泄条件：地下水的补给来源、补给方式或途径、补给区分布范围及补给量；地下水径流场、流动方向、流速；地下水的排泄形式、排泄途径、排泄区（带）分布、排泄量；地表水与地下水之间的相互转化关系和转化量；河流对冲洪积阶地地下水的补给位置及补给量；丰水期和枯水期进行水位，第四系和岩溶地下水补排关系。调查的同时填写相关调查记录表。

④地下水动态特征：地下水水位、流量、水质、水温的月份、年度变化；泉流量、水质、水温的月份、年度变化。

(2)地下水开发利用机（民）井数量；地表水引水量、地下水总开采量，其中生活用水量、工业用水量、农业用水量；地下水主要开采层段、主要开采层段时代；人口总数、工业产值、农业种植面积；调查水源地的分布量、水源地机井数量、开采现状、保护区范围等。

(3)工程地质调查：主要是岩土层的厚度、岩性、结构等，重点是含水层、覆盖层、基岩厚度、分布及埋深。

(4)地温场分布：利用各类勘探井、孔，测量不同地区、不同深度、不同时段地温。

2)技术要求

以1∶25 000最新地形图为野外工作底图，主要采用路线穿越法（对重要地质地貌界线辅以追索法），采用定点描述与沿途观察相结合的方法，进行野外水文地质、工程地质资料验证和浅层地温调查。

(1)查明工作区水文地质、工程地质、环境地质条件等。

(2)地质、水文地质调查应根据孔隙型、裂隙型和岩溶型含水层的特征确定具体调查内容，精度达到1∶50 000比例尺要求，观测点精度为45～50个/100km^2。

机（民）井、泉点调查按1∶50 000的调查精度进行，按路线设计，调查路线沿井、泉等地下水露头多的方向布置；沿含水层、富水性和水化学特征显著变化的方向布置；沿地貌形态显著变化方向布置；沿河谷、沟谷方向布置。

机（民）井调查时，要访问到知情人，调查到有资料的单位或个人，访问、调查地层结构、含水层结构、取水层段，井深、建井年限、用途等信息，确保调查资料真实可靠。地下水水位的测量采用电测水位仪。利用数字测温仪对出水口和井内水温进行测量，井内水温水面以下测量间隔为5～10m。井、泉流量采用三角堰或水表测定。水质样品在机（民）井、泉调查的同时采取。井、泉等调查点位置采用手持GPS测量确定，地面标高在大比例尺（1∶10 000或1∶25 000）地形图读取。

(3)对野外调查的内容进行建卡。调查卡片配以一定数量的照片或录像。手图及记录本要及时着墨，观察内容填到调查记录卡片上，要求字迹清晰工整。将调查内容编制各类图、表、录入数据库。

3. 钻探及取样

利用工程钻机、冲击钻、取样器等，施工勘查孔、测试孔、监测孔、抽水回灌井，并采取岩、土、水样。

通过地质钻探，查明地层、含水层岩性结构、水位、水温及地温；开展抽灌试验、现场热响应试验，采取岩土水样，结合室内试验测试工作，查明岩土体的热物理性质参数（导热系数和比热容）和物理性质参数（孔隙率、含水率、密度）等。

1)工作内容

(1)在浅层地热能资源调查区施工地质勘查孔、水文地质孔，孔深一般为40～200m，获取地层和含水层资料。

(2)按现场热物性测试设计，施工换热测试钻孔。

(3)按水文地质凿井和试验井设计的要求，施工抽水回灌井，采集地下水水样。

(4)地质勘查孔全孔取芯，并按要求取岩土样、测地温。

(5)地温监测孔成孔后下入相应的监测设备。

2)技术要求

(1)钻孔孔径。

①地质勘查孔:勘查孔钻孔直径110mm,在完成钻孔取样和物探测试后,扩孔至直径150mm,以满足现场热响应试验的要求。

②水文地质孔:钻孔直径110mm,在完成钻孔取样和物探测试后,进行扩孔成井,松散含水层井径为550mm,基岩井井径不小于180mm。

(2)钻探工程技术要求。

①地质勘查孔施工应选择合适的钻机,开展钻探工作。地质勘查孔全孔取芯钻进,黏性土层、完整和较完整基岩不应低于85%,较破碎和破碎基岩不低于65%,砂性土不小于70%,卵(砾)石层不低于40%。岩土层单层厚度大于1m的,每层取代表性原状土样(砂、砾石层除外)。进行钻孔初见水位和静止水位观测。

②在钻探过程中进行全孔编录,钻孔编录内容:岩芯描述(附件1-1),取样记录,现场试验记录、钻孔结构以及施工作业情况,钻探结束后填写钻孔综合表。

③钻探采取的岩芯按序及时存放到特制的岩芯箱内,标示出钻进开始和终止深度,岩芯缺失需标明,并留照片。

④钻进深度、岩土分层深度的测量误差范围应为±0.05m。

⑤地质勘查孔完成后,扩孔下入管径为DN25的高密度U型PE地埋管,对地埋管确认无泄漏后应立即进行回填。回填材料砂层采用粗砂回填,基岩段采用水泥砂浆(硬质岩)或选择膨润土、水泥、砂和水组成的混合物(泥岩等软质岩)进行灌浆回填。地温监测探头与U型PE地埋管同时下入。

⑥水文地质勘查孔在钻探取样完成后,进行扩孔成井工作。成井工艺:松散含水层水井全孔采用无芯冲击钻进和扩孔钻进。基岩井采用工程钻机成井。

工艺流程:成孔→冲孔换浆→下管→动水填砾→止水→洗井。

水井成井要求应满足《水文水井地质钻探规程》(DZ/T 0148—2014)的要求。

⑦钻孔竣工后,必须按时提交各种资料,包括钻孔施工设计书、岩芯记录表(岩芯的照片或录像)、钻探施工班报表、钻孔地质柱状图、采样及原位测试成果、样品采集与分配、送样清单、简易水文地质观测记录、钻孔质量验收书、钻孔施工小结等。水文地质和监测孔还需提供其他相应记录。

(3)钻孔在施工完成后,还应做好收尾工作:

①提交资料。

②保存岩土芯样:为便于对现场记录进行检查核对或进一步编录,勘探点应按要求保存岩土芯样。岩芯应全部存放在盒内,顺序排列,统一编号。岩土芯样应保存到野外工作验收和资料存档。在检查验收之后拍摄岩土芯样的彩色照片,纳入勘查成果资料。

③做好监测标识。

④对于按照江河堤防管理规定需要封孔的勘查孔、试验孔,均应做好封孔工作。

(4)钻孔验收:钻孔的施工要按照技术要求进行,施工完成后要求专门的技术人员进行现场验收工作,填写验收表。

4. 抽水回灌试验

进行抽水和回灌试验,获取相关水文地质参数。

1)抽水试验

抽水试验的目的是结合回灌试验共同确定一定区域地下水循环利用量和抽水井、回灌井及布局。获取抽水时的影响半径、给水度(储水系数)、渗透系数、导水系数、越流系数等水文地质参数。了解水井的涌水量、水位降深、水温、水质,合理评价含水层,为合理开采地下水提供科学依据。

抽水试验应在地下水换热适宜区和较适宜区进行，每 $100km^2$ 不少于3处。抽水试验前和抽水试验时，同步测量抽水孔和观测孔、点（包括附近的水井、泉和其他水点）的自然水位和动水位。如自然水位的日动态变化很大时，应掌握其变化规律。

选用深井潜水泵进行抽水试验。试验选定（根据现场实际情况确定试验落程）3个落程，3个落程的间距应分布均匀，分别为 S_{max}、$2/3S_{max}$、$1/3S_{max}$，基岩地区采用由大至小的抽水顺序，松散岩层地区采用由小至大的抽水顺序。抽水稳定延续时间分别为8h、16h、24h。抽水稳定的标准，抽水井水位误差不得超过水位降低平均值1%，降深小于5m，稳定水位幅度不得超过3～5cm，观测井水位波动不得超过2～3cm，流量误差不得超过平均稳定流量的3%。

水位观测：在同一试验中采用同一种方法和工具。动水位与出水量同时观测，应认真测准抽水初始阶段的动水位和出水量，观测井与抽水井按规定时间统一进行观测，抽水按1min、2min、3min、4min、5min、10min、20min、30min间隔进行观测，以后按30min观测一次。抽水孔的水位测量读数精确到厘米（cm），观测孔的水位测量读数精确到毫米（mm）。出水量采用水表计量，读数精确到 $0.1m^3$。

恢复水位观测：抽水井与观测井的恢复水位按1min、2min、3min、4min、6min、8min、10min、15min、20min、25min及30min的时间间隔进行观测，以后每30min观测一次，直至稳定为止。

水样采取：取抽水稳定后水样，用于水质分析。

水温、气温观测：水温、气温观测在抽水开始及结束时各一次，抽水过程中每隔2～4h观测一次，气温、水温同时观测，在抽水中进行，温度计浸入水中时间不低于15min，同时，应注意观测，及时发现分析和处理稳定延续时间内涌水量可能出现的不稳定情况。

2）回灌试验

回灌试验目的为与抽水试验配套，确定区域内地下水循环利用量和抽水井、回灌井和布局。获取回灌时的影响半径、给水度（储水系数）、渗透系数、导水系数、越流系数等水文地质参数以及灌采比。

采用无压回灌、一抽一灌的方式，采用定流量试验方法。试验前测量静水位，试验时连续测量动水位，试验停止后，测量恢复水位至初始状态，水位观测在同一试验中采用同一种方法和工具，测量读数精确到厘米（cm）。回灌量采用水表计量，读数精确到 $0.1m^3$。

回灌试验时，回灌井水位的稳定时间不小于24h，在稳定期间内，扣除试验前水位日变幅值后，水位波动应在±10cm以内。

回灌水质应不劣于回灌含水层地下水的水质，含砂量不大于二十万分之一（体积比）。试验结束后，应对井内沉淀物进行处理。根据抽水和回灌试验数据，确定灌采比及分析回灌井影响半径。

5. 现场热物性测试

1）工作内容

利用现场热物性测试仪，按统一的技术标准和方法（大小功率、恒热流），进行现场热物性测试，获取导热系数、比热容、单位深度钻孔总热阻、热扩散系数、初始平均地温等参数，为垂直地埋管热泵的设计和区域浅层地热能评价提供依据。

2）技术要求

（1）现场热响应试验时，根据《浅层地热能勘查评价规范》（DZ/T 0225—2009）进行两次不同负荷的试验。其中大负荷宜采用6～10kW，小负荷宜采用3～5kW。

（2）现场热响应试验一般在测试埋管安装完毕至少72h后进行。首先做无负荷的循环测试，获取地层初始平均温度。温度稳定后（持续变化幅度小于0.5℃），观测时间不少于24h。

（3）在获取初始平均温度后，开始对回路中的传热介质加热（冷）负荷。测试过程中热（冷）负荷和流量基本保持恒定（波动范围在±5%之内），管内传热介质流速不低于0.2m/s，实时记录回路中传热介质的流量和进出口温度。温度稳定(变化幅度小于1℃)后,观测时间不少于24h。

(4)每次加热(冷)负荷停止后,继续观测回路的进出口温度和传热介质的流量,至温度稳定(变化幅度小于0.5℃)为止,观测时间不少于12h。

(5)在对现场观测资料进行综合分析研究时,要结合本地气象观测资料及现场气温观测资料,剔除因试验条件(如气温等)变化造成的异常数据。

(6)填写现场热响应试验表(附件1-2附表1-2-1)。

(7)现场热响应试验的仪器设备应定期(每年至少一次)进行检验和标定。

6. 室内测试

按照相关的测试、试验标准,对岩土水样进行室内分析。

1)岩土样

(1)工作内容。

岩土样的物理性质测试内容为孔隙率、含水率和密度等;热物性参数测试内容为导热系数和比热容。

(2)技术要求。

①岩土样的取样间隔为2m/个,岩土层单层厚度大于1m的,每层应取代表性的原状土样(砂、砾石层除外),岩土样的采取工具、方法及保管运输参照《岩土工程勘察规范》(GB 50021—2009)。

②岩土样测试(物理性质测试)分析参照《土工试验方法标准》(GB/T 50123—2019)。必要时,对砂、砾石层可采取原位测试方法;热物性测试依据《水工试验方法标准》(GB/T 50123—2019)。

2)水样

为研究工作区地下水化学场分布规律,圈定适合地下水地源热泵适用范围,采集水样,进行水质全分析。

(1)工作内容。

①按设计文件要求地点、数量采取水样。

②水质全分析项目:K^+、Na^+、Ca^{2+}、Mg^{2+}、Fe^{2+}、Fe^{3+}、Al^{3+}、NH^+、Cu^{2+}、Pb^{2+}、Zn^{2+}、HCO_3^-、SO_4^{2-}、Cl^-、NO_3^-、NO_2^-、CO_3^{2-}、F^-、Br^-、I^-、游离CO_2、可溶性SiO_2、pH值、耗氧量、总硬度、暂时硬度、永久硬度、总碱度等。

(2)技术要求。

①对工作区的典型水井进行取样分析,水质取样点要代表不同的水文地质单元。

②全分析水样要求不小于2 500mL,取样前要对取样容器进行清洗,清洗不少于3遍,然后进行取样、密封、贴好标签。

③水样要求在24h内送有资质的单位进行测试。

7. 动态监测

工作内容与技术要求详见第九章第四节。

8. 工程测量

利用全站仪、水准仪、高精度GPS等对勘查、测试孔、地下水水位、地质测绘点、已建地源热泵项目等进行测量定位,测量精度应满足有关规范要求。

9. 浅层地热能开发利用工程现状调查

对已建地源热泵项目规模、运行情况、存在的问题进行调查,调查内容详见表4-4-1、附件1-2附表1-2-2和附表1-2-3。

表 4-4-1 地源热泵项目调查内容表

地源热泵类型	调查内容
地表水地源热泵系统	工程名称,供热(冷)建筑面积,地表水源特征,设计文件,抽水量,抽水温度、回水温度,取退水点距离、取水建筑物情况,水质处理,运行时间、机组配置、功耗及能效情况、运行费用,水资源论证报告、存在的问题
地下水地源热泵系统	工程名称,供热(冷)建筑面积,抽水回灌试验报告,取水许可情况,设计文件,抽水井、回灌井数量、深度、距离,凿井时间,成井结构,抽水量、回水量、回水温度,回灌状况,回扬情况,运行情况,环境影响(沉降及水质)情况,在线监测情况,存在的问题
地埋管地源热泵系统	热物性测试报告,设计文件,换热方式,地埋管数量、间距、深度,热物性参数,循环介质,投资单位与建设单位情况,投资额,工程用途及供暖(冷)面积,使用设备情况。调查其运营情况,如进、出水温度,流量,取、排热量,换热功率、效率,每年的节能情况,制热/制冷功率,地温变化监测,能效测定情况,运行费用,存在的问题

10. 地表水调查

对地表水(含污水源)定期进行温度、流速、流量(处理量)、地形、水质、含砂量等的调查、记录、采样分析。

四、浅层地热能资源评价

(一)适宜性分区

1. 浅层地热能适宜性分区方法

一般采用层次分析法的方法进行适宜性分区,运用层次分析法建模,大体上可按下面 4 个步骤进行:

(1)建立递阶层次结构模型。

(2)构造出各层次中的所有判断矩阵。

(3)层次单排序及一致性检验。

(4)层次总排序及一致性检验。

2. 适宜性分区评价体系建设

浅层地热能开发利用试运行分析评价模型一般采用以下模型结构。

1)地下水地源热泵系统适宜性分区

以地质、水文地质条件、地下水动力场条件、地下水水化学特征、开采能力及环境影响和成本为评价指标。

根据层次分析法目标层、属性层、要素层各指标要素建立评价体系,如图 4-4-1 所示。

2)地埋管地源热泵系统适宜性分区

以地质条件、水文地质条件、地层热物理性质、经济性为评价指标。

根据层次分析法目标层、属性层、要素层各指标要素建立评价体系,如图 4-4-2 所示。

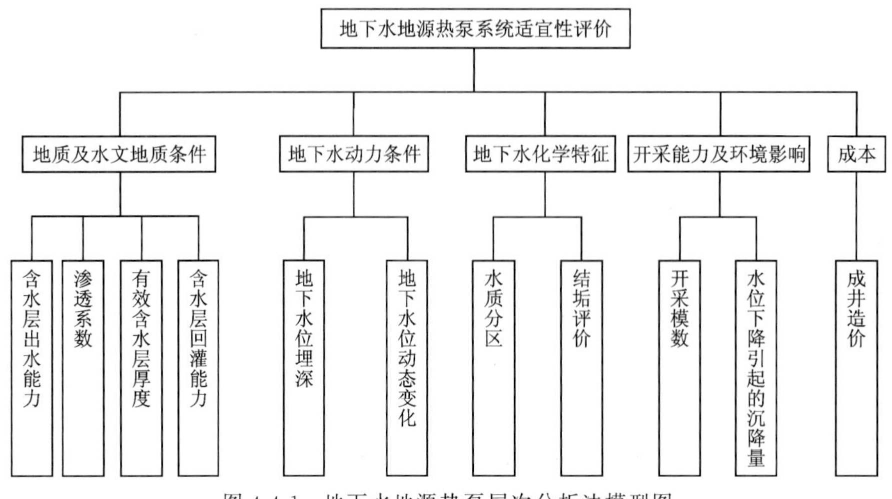

图 4-4-1　地下水地源热泵层次分析法模型图

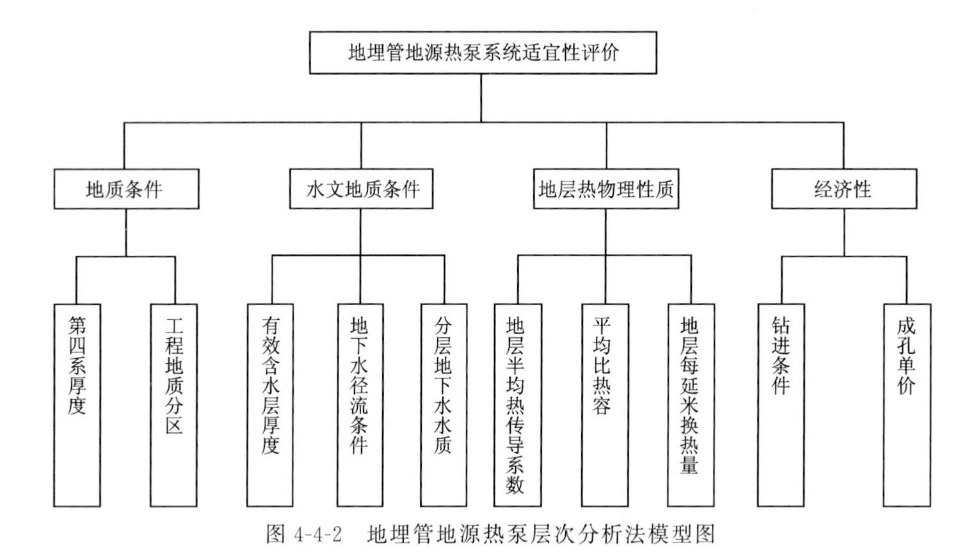

图 4-4-2　地埋管地源热泵层次分析法模型图

3. 开发利用适宜性区划

按照上述评价方法、评价体系，进行浅层地热能开发利用适宜性区划，分为适宜区、较适宜区、不适宜区 3 类。

（二）浅层地热能资源量评价

浅层地热能资源量评价主要包括浅层地热能热容量计算，潜力评价主要计算浅层地热能单孔（单井）换热功率及总功率、地区建筑平均冷热负荷指标、总体及单位面积浅层地热能资源潜力，其中换热功率计算及潜力评价对地下水、地埋管分别进行计算。

基本要求

（1）区域浅层地热能评价内容包括计算换热功率、浅层地热能热容量、采暖期取热量和制冷期排热量及其保证程度。

（2）计算面积应结合当地的土地利用规划确定，并扣除不宜建设浅层地热能换热系统的面积。

（3）用体积法计算浅层地热能热容量，计算深度可根据当地浅层地热能利用深度确定，宜为地表以下 100(～200m)深度以内。在计算浅层地热能热容量的基础上,可根据可利用温差,计算可利用的储藏热量。

(4)应在适宜性分区的基础上计算浅层地热能换热功率。

(5)计算地埋管换热适宜区和较适宜区的换热功率,在有地源热泵工程的地区可采取实际工程的平均换热功率,在没有地源热泵工程的地区可采用现场热响应试验取得的单孔换热功率,并确定可开发利用浅层地热能的面积,计算区域换热功率。

(6)计算地下水换热适宜区和较适宜区的换热功率,在有地源热泵工程的地区,可采用实际工程的换热功率;在没有地源热泵工程的地区,可采用抽水和回灌试验取得的水量和合理井距,确定满足技术、经济和环境约束的区域地下水循环利用量,计算区域换热功率。

(7)当具有可靠的浅层地热能评价成果的条件下,在浅层地热能地质条件类似地区可采用比拟法估算换热功率和浅层地热能热容量。

(8)根据区域浅层地热能换热功率、采暖期和制冷期,确定采暖期取热量和制冷期排热量,并根据当地单位面积平均热负荷,估算供暖和制冷面积。

(9)应进行区域浅层地热能均衡评价,论证取热量和排热量的保证程度。可分别计算大地热流值、太阳能、周边热交换等热补给和热排泄量,并与采暖期取热量、制冷期排热量及区域储藏热量的变化量进行一年或多年期动态平均论证。

浅层地热能资源评价方法体系详见图 4-4-3。

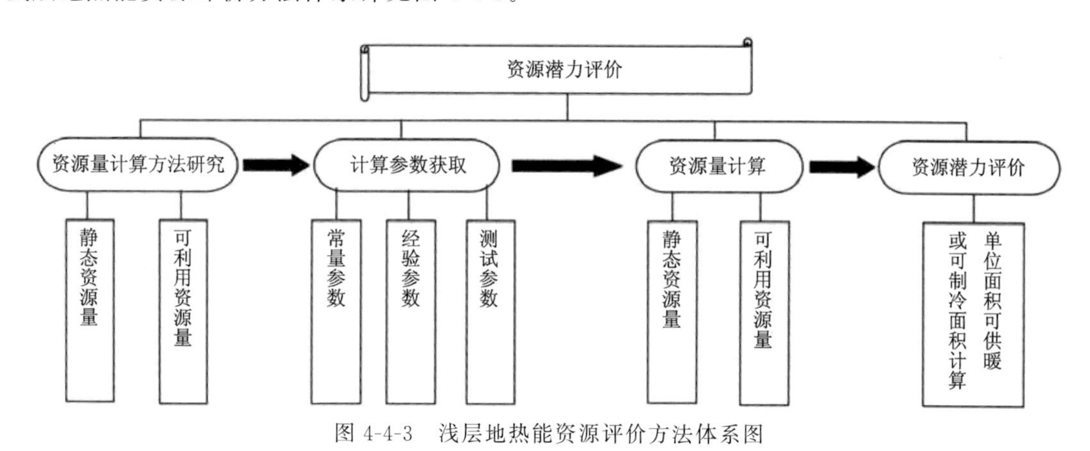

图 4-4-3　浅层地热能资源评价方法体系图

(三)热容量计算

浅层地热能热容量计算可采用体积法,容量计算公式如下:

$$Q_R = Q_S + Q_W$$

$$Q_S = \rho_S C_S (1-\varphi) Md$$

$$Q_W = \rho_W C_W \varphi Md$$

式中:Q_R——浅层地热能热容量(kJ/℃);

Q_S——岩土体骨架的热容量(kJ/℃);

Q_W——岩土体所含水中的热容量(kJ/℃);

ρ_S——岩土体密度(kg/m^3);

C_S——岩土体骨架的比热容[kJ/(kg·℃)];

φ——岩土体的孔隙率(或裂隙率);

M——计算面积(m^2);

d——计算厚度(m);

ρ_W——水密度(kg/m^3);

C_W——水比热容,取 4.18kJ/(kg·℃)。

根据调查评价岩土体分类及各类岩土体物理性质、热物理性质参数,对收集到的钻孔数据按照其地层岩性结合不同岩性参数值进行加权平均,求取各钻孔点的加权平均比热容、导热系数、含水率、密度及孔隙率等相关计算参数。

热容量计算深度可取 100~120m 以浅,浅层地热能热容量计算按照单位面积热容量进行分区,再将各个分区的取值(平均值)与对应分区面积相乘计算出该分区的热容量,调查评价区总热容量为各分区的热容量之和。

(四)换热功率及可利用资源量计算

1. 地下水换热功率计算

1)地下水单井换热功率计算

地下水单井换热功率利用下列公式计算:

$$Q_h = q_w \cdot \Delta T \cdot \rho_W \cdot C_W \times 1.16 \times 10^{-5}$$

式中:Q_h ——单井浅层地热能可开采量(kW);

q_w ——单井出水量(m^3/d);

ρ_W ——水的密度 1 000(kg/m^3);

ΔT ——地下水利用温差(℃);

C_W ——水的比热容,取 4.18kJ/(kg·℃)。

依据调查收集到的抽水试验结果,以及调查区含水组富水性分区、不同区域单井出水量,确定不同区域内单井换热功率。

2)地下水地源热泵系统换热功率计算

评价区地下水地源热泵系统总换热功率计算方法如下:

$$Q_q = Q_h \times n \times \tau$$

式中:Q_q ——评价区浅层地热能换热功率(kW);

Q_h ——单井换热功率(kW);

n ——可钻抽水井数;

τ ——土地利用系数。

土地利用系数应根据调查区土地利用规划中可利用土地面积,并考虑建筑布局、建筑负荷需求、建筑占地面积、资源承载力、地下水连通性等因素进行折减,最终取土地利用系数。

热源井的布置一般抽水井间距为 100m,抽灌井间距为 50m。

根据单井涌水量分区,分别计算各分区内的地下水换热功率,调查评价区地下水换热功率即为各分区地下水换热功率总和。

3)地下水地源热泵系统可利用资源量计算

根据地下水地源热泵系统适宜性分区结果,利用地下水地源热泵系统换热功率和系统运行时间,可计算出调查区地下水地源热泵系统可利用资源量。

2. 地埋管换热功率计算

1)地埋管单孔换热功率计算

首先根据现场热物性测试结果,结合收集到的钻孔数据,按《地源热泵系统工程技术规范》

(GB 50366—2009)附录 B 竖直地埋管换热器的设计计算方法,计算单孔换热功率和各钻孔每延米换热量。

2)地埋管地源热泵系统换热功率计算

评价区地埋管地源热泵系统总换热功率计算方法如下:

$$D_q = D \times n \times \tau$$

式中:D_q ——评价区浅层地热能换热功率(kW);

D ——单孔换热功率(kW);

n ——可钻换热孔数;

τ ——土地利用系数。

土地利用系数应根据调查区土地利用规划中的可利用面积,再考虑建筑布局、建筑负荷需求、建筑占地面积、资源承载力等因素影响折减后取得。

地埋管换热孔间距一般取 4.5~5m,按此确定适宜区和较适宜区内可钻换热孔数量。

根据计算的调查评价区内单孔换热功率,对单孔换热功率进行分区,分别计算各分区内的地埋管换热功率,调查评价区地埋管地源热泵系统换热功率即为各分区地埋管换热功率总和。

3)地埋管地源热泵系统可利用资源量计算

根据地埋管地源热泵系统适宜性分区结果,利用地埋管地源热泵系统换热功率和系统运行时间,可计算出调查区地埋管地源热泵系统可利用资源量。

3. 地表水可利用资源量计算

地表水可利用资源量按照实际可利用水量、温差按上述方法计算。

(五)资源潜力评价

根据夏季、冬季浅层地热能可利用资源量及夏季制冷负荷和冬季供暖负荷指数,消除峰值后,可计算出调查区地下水和地埋管浅层地热能资源夏季可制冷、冬季可供暖总面积和不同地段单位面积土地上浅层地热能资源可提供的制冷、供暖面积。评价出浅层地热能资源利用潜力,编制浅层地热能潜力评价分区图。

1. 建筑平均冷热负荷确定

参照有关标准和设计手册,确定空调室外计算参数、建筑负荷概算指标。

在实际设计和应用时,建筑物冷热负荷值的确定还需要考虑“同时系数”,住宅建筑中央空调系统的同时使用系数,当小于 100 户时可按 0.7 计,当在 100~150 户时,可按 0.65~0.7 计,住户接近 200 户时,可按 0.6 计。确定总冷热负荷时尚应乘以系数,新建住宅建筑必须执行新的节能设计标准,围护结构热工性能好,空调冷负荷指标较小。综合折算后取得调查区夏季实际冷负荷和冬季实际热负荷值,上述指标可用于浅层地热能开发利用潜力评价。

2. 地下水浅层地热能资源开发利用潜力

根据单位面积(km^2)地下水浅层地热能可利用资源量与制冷、供暖负荷值,可求得单位面积地下水浅层地热能资源可制冷、供暖面积。

3. 地埋管浅层地热能资源开发利用潜力

计算地埋管浅层地热能资源开发利用潜力与计算地下水浅层地热能资源开发利用潜力的方法相似。

根据单位面积地埋管浅层地热能可利用资源量与制冷、供暖负荷值，可求得单位面积地埋管浅层地热能资源可制冷、供暖面积。

（六）经济效益分析

浅层地热能是一种非常规能源，在计算其经济价值时通常采用类比常规能源（燃煤）的方法进行折算。经济效益采用下式计算。

$$V = \sum_{1}^{2} V_i = \sum_{i=1}^{2} \frac{Q_i \cdot \delta \cdot m}{q \cdot h} \cdot p$$

式中：V——热资源价值（元）；

Q_i——地下水源热泵和地埋管热泵可开采资源量（kJ）；

m——热能有效利用率（按 80%）；

q——热量（5 000kcal/kg），1cal=4.18J；

h——锅炉热效率（80%）；

p——燃煤价格，取国内混煤 5 000kcal 单价；

δ——浅层地热能可利用系数（取 30%），可采用经验值。

（七）生态效益分析

开发利用浅层地热能对社会的一个主要贡献是降低温室气体以及烟尘、煤渣排放量，对缓解气候变暖及减少环境污染具有一定的作用。社会效益主要分析利用浅层地热能可减少的标准煤量，以及减少向大气排放烟尘、氮氧化物、二氧化硫和二氧化碳量等。

我国的用电类型多为火力发电，煤炭是主要的能源消费，在计算能源量和减排量时，以标煤作为介质来计算，计算公式为：

CO_2年减排量=Σ（能源品种年节能量×该种能源 CO_2排放系数）

SO_2年减排量=Σ（能源品种年节能量×该种能源 SO_2排放系数）

NO_x 年减排量=Σ（能源品种年节能量×该种能源 NO_x 排放系数）

烟尘年减排量=Σ（能源品种年节能量×该种能源烟尘排放系数）

CO_2、SO_2、NO_x、烟尘的排放系数见表 4-4-2。

表 4-4-2　CO_2及污染物排放系数表

大气污染物排放系数（t/tce）	SO_2	0.016 5
	NO_x	0.015 6
	烟尘	0.009 6
CO_2排放系数	推荐值	国家发改委能源研究所
	参考值	0.67（t-C/tce）
		2.456 7（t-CO_2/tce）
		日本能源经济研究所
		0.66（t-C/tce）
		2.42（t-CO_2/tce）

（八）地下水水质评价

地下水地源热泵取水水质评价参照《地源热泵系统工程技术规范》（GB 50366—2009）执行。

五、成果表达

预期提交的成果包括成果报告及附图、专题报告、调查数据库、实物等。

(一)成果报告

通过对收集资料和调查、试验、测试所取得的数据资料进行系统整理、综合分析,分析浅层地热能赋存地质条件,进行地下水和地埋管换地源热泵适宜性分区,计算区域浅层地热容量,换热功率,论证采暖期取水量和制冷期排热量的保证程度,进行浅层地热能均衡评价。最终编制调查评价报告。

(1)成果报告编制提纲参见附件 2-1。

(2)地表水换热系统调查报告应对利用方式、取水范围、管道布置、水质特征及处理、地表水浅层地热能资源量及特征、潜在用户、取水的生态和环境、防洪、航道等潜在的影响做出评价和结论。

(3)水质评价报告参照第四章第三节相关技术要求。

(二)报告附图

主要包括实际材料图、浅层地热能开发利用图、适宜性分区图、开发利用潜力图及各单要素图。

1. 预期提交附图

(1)调查评价实际材料图。

(2)浅层地热能开发利用图。

(3)浅层地热能适宜性分区图。

(4)浅层地热能开发利用潜力评价图。

2. 附图信息内容

1)实际材料图

反映调查所有野外工作内容,包括各类地质、地貌、构造、遥感解译验证、水文地质调查点、机民井调查点、泉点、河流、溪沟测流断面(点)、长观点、取样点、钻探点、抽水试验点、回灌试验点、现场热响应试验点、地温测量点、物探剖面等。

2)浅层地热能开发利用图

包括平面图、综合水文地质柱状图、水文地质剖面图和镶图。基本内容为地下水介质类型、埋藏条件、单井单位涌水量(分级表示)、地下水溶解性总固体(TDS 分级表示),地下水系统边界条件,地下水补给、径流、排泄条件等。镶图包括水化学类型图、渗透系数(或导水系数)分区图、地下水埋深等值线图。

3)浅层地热能适宜性分区图

根据浅层地热能开发利用类型,分为地下水地源热泵系统适宜性分区图、地埋管地源热泵系统适宜性分区图。

地下水地源热泵系统适宜性分区图主要考虑含水层岩性、分布、埋深、厚度、富水性、渗透性,地下水温、水质、水位动态变化,水源地保护、地质灾害等因素对主要开采层的水源热泵适宜性进行分区,图面主要反映地下水源热泵的适宜性分区(适宜区、较适宜区和不适宜区)。

地埋管地源热泵系统适宜性分区图主要考虑岩土体特性、地下水的分布和渗流情况、地下空间利用等因素对地埋管地源热泵适宜性进行分区,图面主要反映地埋管地源热泵的适宜性分区(适宜区、较适宜区和不适宜区）。

4)浅层地热能开发利用潜力评价图

地下水地源热泵系统潜力评价图根据计算结果，采用地下水地源热泵适宜区单位面积可供暖（或制冷）面积分区（分级表示）绘制地下水地源热泵系统潜力评价图，单位为平方米每平方千米（m^2/km^2）。

地埋管地源热泵系统潜力评价图根据计算结果，采用地埋管地源热泵适宜区单位面积可供暖（或制冷）面积分区（分级表示）绘制地埋管地源热泵系统潜力评价图，单位为平方米每平方千米（m^2/km^2）。

（三）数据库

浅层地热能调查数据库建设，主要包括原始资料数据库、成果图件空间数据库。

1.建库工作方法

对工作区内实测和收集的全部资料进行整理、分类，并按浅层地热能调查数据库信息系统要求进行编码，利用浅层地热能调查数据录入系统，完成原始数据的属性输入；利用浅层地热能调查信息应用系统，生成点图元、线图元、面图元。采用 MapGIS 软件，将生成的图层进行工程文件的不同组合形成项目的专题图形。

1)原始资料数据库

野外调查、施工、监测、测试资料录入的基本步骤为核实野外记录，修改记录表格中发现的问题，并补充遗漏的项目，再根据工作手段分类，将野外调查和收集的原始数据，进行统一整理、分类、汇总，利用浅层地热能调查信息系统的录入模块，按要求具体录入属性表类型。

专题成果、综合成果计算资料录入的基本步骤为根据实测及收集的相关资料，计算出需要录入的数据，经核实后录入数据库。

2)综合成果数据库

(1)基础图件成图的基本步骤：

将采购的地理底图内容根据项目要求，归并到等高线、居民点、水系、地市县界线、铁路、公路等基础要素图层中，并根据编图技术要求对子图、线、面等进行图元编辑、属性赋值。

(2)专题图形生成的基本步骤：

①野外调查工作图层。

将调查评价的各类实物工作量，利用 MapGIS 软件投影变换功能，按照成果图件的投影参数，投影到实际材料图中，再根据全国浅层地热能编图技术要求，对不同种类的工作量，分别进行编辑，修改图元参数，属性赋值。

②浅层地热能开发利用条件图层。

浅层地热能开发利用条件图包括主图、综合水文地质柱状图、水文地质剖面、镶图四部分，其制图方法分为 3 种：

a.对于主图及镶图中的部分图层，将现有图件中的点、线、面图元利用投影变换，投影到成果图中，核实调查点内容，修改分区界线，修编完成后，根据编图技术要求重新赋予图元参数、属性等。

b.对于主图及镶图中新增内容（如地下水热物性参数分区等），根据本次调查成果，计算出各调查点参数，将调查点投影到图件中，再根据调查点参数，参考地形地貌、地层岩性、水文地质等相关条件，按照分区要求划分其分区界线，再赋予图元参数、属性等，对于各类分区，用普染色表示其分区特性。

c.对于综合水文地质柱状图、水文地质剖面，以现有的综合水文地质柱状图、水文地质剖面为基础，根据图幅内容，选取合适的图件大小，重新制作，并根据最新调查资料修编成图。

③综合环境地质图层。

将调查过程中发现的环境地质问题，利用 MapGIS 软件投影到综合环境地质图中，分别进行编辑，修改图元参数，属性赋值。根据环境地质类型及其发育程度，综合分析，绘制综合环境质量评价分区界线，生成综合环境质量评价分区。

④成果计算专题图层。

该类图件包括地埋管换热功率计算分区图、地下水换热功率计算分区图、浅层地热能热容量计算分区图，其编制方法基本相同，根据调查资料及收集的相关资料，计算出各点换热功率，将计算点投影后，根据换热功率大小绘制分级界线，进行换热功率分区，用普染色表示其分区特性。

（3）综合图形生成的基本步骤：

①地源热泵适宜性分区图层。

采用层次分析法，将本次调查评价各项测试参数及收集到的各类资料按评价要素分区段分别进行赋值，求出该点对于某一单要素的具体得分，将各要素得分赋到评价网格点上，采用综合指数法，将每个网格点上的属性赋值与其相对应的权重值相乘、求和，得出各点的最终得分，根据各个适宜区的分数段，绘制分区图，对分区图进行修正，生成地源热泵系统适宜性分区图层。

②地源热泵潜力评价图层。

根据调查数据，计算单位面积可利用资源量的制冷和供暖面积，对制冷和供暖面积按照调查区利用条件和空调负荷指标，进行分级，绘制分区界线，生成地源热泵潜力评价图层。

2. 建库基本流程

1）建库资料准备

组织人员参加数据库及编图要求培训，学习数据库录入技术要求，熟悉数据录入内容，根据具体的数据库录入要求，制订数据库录入计划。

收集、汇总野外工作原始资料，按专业对各类工作手段进行审查，对原始资料中的错误项目进行修改，对存在问题的数据重新复核计算，补充漏填项目。校正工作点坐标，施工地点，按照数据库录入要求，确定工作点统一编号。

按照浅层地热能数据库图层属性标准，对需要悬挂图件空间属性的成果图，确定赋予属性的图层及属性内容，收集整理数据项填写内容。

2）数据录入

对各类基础资料分别录入，从数据库录入系统中导出单项数据表格，将数据、文字类原始资料，人工输入到单项数据表格中，单项数据表格录入完成后，汇总数据；对于图示、照片等，利用数据库系统软件直接导入到数据库中。

在编制成果图件的过程中，按照浅层地热能数据库图层属性标准，赋予属性图层数据项目。

数据录入工作还包括元数据录入，在 MapGIS 元数据采集器中导入地质信息元数据模板，依次对元数据项目编辑填写，录入内容包括元数据名称、元数据创建日期、标识信息、数据质量信息、空间参照系信息、内容信息、联系单位等。

3）数据库录入检查

除在数据录入工作中进行自检、互检外，各类数据收集汇总后，对照原始资料，对数据库项目进行核实检查，统一数据库录入技术要求，保证数据库质量。

4）数据库验收

项目数据库验收工作，包括预检和验收两个阶段，预检阶段对项目承担单位提交的数据库成果进行综合检查和质量评价，预检通过后即安排正式的数据库成果验收，根据预检意见，修改原始资料数据库及综合成果数据库中存在的问题；验收阶段和专业成果验收一同进行，补充预检阶段没有进行的数据抽查工作，对预检阶段中存在的问题进行复查，并对数据库成果进行最终质量评价。

5)数据库提交

数据库验收合格后,需提交最终成果:原始资料数据库、综合成果数据库、元数据库等。

(四)实物成果

实物成果主要包括岩芯、监测井(孔、点)等。

第五节 中深层地热资源调查评价

一、调查内容

通过综合勘查、研究手段,查明调查区地热特征,评价调查区地热资源条件,构建调查区中深层地热赋存模型,对调查区地热资源开发利用条件和潜力进行分类、分区和分级,在重点靶区内优选地热勘查钻探深井井位、确定地热钻探勘查深度,为下一步地热勘探、开发提供依据。

(一)主要内容

查明地热地质背景,确定地热资源可开发利用的地区及合理的开发利用深度;查明热储的岩性、空间分布、空隙率、渗透性、产能及其与断裂构造的密切程度;查明热储、盖层岩性、厚度变化、对热储的封闭情况及其地热增温率;查明地热流体的温度、赋存状态、物理性质与化学组分,并对其利用方向作出评价;查明地热流体动力场特征、补径排条件,计算评价地热资源/储量,提出地热资源可持续开发利用的建议。

(1)收集、整理调查区及周边地区区域地质、水文地质、工程地质资料,以及地热地质勘查研究成果资料,研究调查区区域地质构造体系、地层、地热特征,构建模型,阐明调查区中深层地热赋存模式。

(2)根据不同区段地热条件,提出中深层地热靶区选择的基本原则,建立评价体系,对调查区地热发育条件(开发利用潜力)进行分类、分级和分区,阐明各区、各级、各类地热的地热范围、特征与属性。

(3)对市域重要工作区和潜在地热靶区进行重点调查、勘探、评价,优选出市级重点勘查开发区,并确定下一步地热钻探井井位、井深。

(4)利用既有地热钻井、新开地热井等,进行采能试验、室内分析、动态监测等工作,评价调查区典型地热井(田)地热资源储量、可开采量,评价地热水水质。

(5)对既有地热井(田),开展地质研究、地温场研究、热储研究和地热流体研究,具体内容参见《地热资源地质勘查规范》(GB/T 11615—2010)5.1节,并将其成果应用到区域地热地质调查评价中。

(6)建立调查区中深层地热数据库。

(7)在有条件的地区,建立地热资源开发利用监测网。

(8)结合城市矿产地质规划、矿业权管理规定等,提出地热矿权设置、规划及调整建议。

(二)具体内容

1.地质研究

(1)研究地热田的地层、构造、岩浆(火山)活动及地热显示等特点,确定热储、盖层、控热构造、热储类型及不同类型地热田勘查工作重点。

(2)对地热田周边及相关地区,应进行必要的地质调查和地球物理、地球化学勘查,研究地热田形成的地质背景及地热流体的动力场、温度场和循环途径。

(3)对地表热显示及井(孔)温度进行系统调查,确定地热异常区范围,分析研究热异常区形成的原因和条件。

(4)查明地热田的范围、热储、盖层、地热流体通道及地热田的边界条件,确定地热田的地热地质模型。

(5)研究地热资源形成的地质环境条件及开发地热资源对地质环境可能造成的影响。

2. 地温场研究

(1)查明地热田不同地段、不同深度的地温变化,确定恒温带深度、热储盖层的地热增温率和热储的温度,研究勘查深度内的地温场特征,圈定地热田范围。

(2)利用地热增温率或地球化学温标估算热储温度,并对热田成因、控热构造和热源做出分析推断。

3. 热储研究

查明各热储的岩性、厚度、埋深、分布、相互关系及其边界条件,测定各热储的空隙率、有效空隙率、弹性释水系数、渗透系数、压力传导系数、压力水头高度等参数,详细研究主要热储或近期具有开发利用价值热储的渗透性、地热流体的产量、温度、压力及其变化,为地热资源/储量计算提供依据。

4. 地热流体研究

(1)查明地热流体的温度、相态、非凝气体成分,为地热资源的开发利用与环境影响评价提供依据。

(2)测定地热流体的物理性质与化学成分、微生物含量、同位素组成、有用组分及有害成分,评价地热流体的可能利用方向。

(3)测量各地热井(孔)地热流体的压力、产量特征,研究地热流体与大气降水、常温地下水和不同热储间地热流体的相互关系,分析地热流体的来源、储集、运移、排泄条件。

(4)研究地热流体的温度、压力、产量及化学组分的动态变化。

二、工作精度

地热资源调查评价分为地热资源调查、预可行性勘查、可行性勘查及开采等阶段。城市区域性地热调查评价一般以调查为主,重点地区可按预可行性勘查程度进行,对较明确的大、中型地热田资源勘查项目分阶段进行,地热地质条件简单的中、小型地热田或单个地热井勘查项目可合并进行。

详见《地热资源地质勘查规范》(GB/T 11615—2010)5.2 节、5.3 节、6.2 节。

(一)不同勘查阶段工作要求

1. 地热资源调查阶段

以分析研究区内已有的地质、航卫片图像地质解译、地球物理、地球化学、放射性调查,以及地热资源勘查开发资料为主。开展调查的范围可根据需要确定。重点对地热天然露头(泉)和地热井开展野外调查,依据地热资源勘查研究程度的不同,预测调查区的地热资源量,提交地热资源调查报告或开发利用前景分析报告,确定地热资源重点勘查开发前景区,为国家或地区地热资源勘查远景规划提供依据。

2. 地热资源预可行性勘查阶段

选定在有地热资源开发前景但又存在一定风险的地区进行地热资源预可行性勘查。包括下述内容：

(1)对选定的有开发前景的地热显示区(热泉等)或隐伏地热异常区，根据地热资源勘查要求与区域地热地质条件确定合理的勘查范围。

(2)采用地质调查、地球物理、地球化学等勘查方法，初步查明地热田及其外围的地层、构造、岩浆(火山)活动情况，地温异常范围，地热流体的天然排放量、温度、物理性质和化学成分，圈定地热资源有利开发的范围，确定进一步勘查地段。

(3)按热田勘查类型的不同，投入少量的控制性地热钻井工程，初步查明地热田的地层结构，地热增温率，热储的埋藏深度、岩性、厚度与分布，地热流体温度、压力和化学组分，并通过井产能测试，初步了解热储的渗透性、井的热流体产率、温度等。

(4)利用地热钻井测试资料及经验参数，采用热储法、比拟法等方法计算地热储量、地热流体可开采量，对地热资源开发利用前景做出评价，提出地热资源预可行性勘查报告，为地热资源试采及进一步勘查与开发远景规划的制定提供依据。

3. 地热资源可行性勘查阶段

结合地热资源开发规划或开发工程项目要求，在地热资源预可行性勘查阶段选定的地区或开发工程所选定的地段上进行。勘查范围可以是一个地热田，也可以是划定的拟开采地区。应进行下述工作：

(1)详细进行地温调查，地质及地球物理、地球化学勘查，基本查明勘查区的地层结构、岩浆岩分布与主要控热构造，各热储的岩性、厚度、分布、埋藏条件及其相互关系。

(2)选择代表性地段进行地热钻探或探采结合钻井工程，查明其地层结构、热储及其盖层的地热增温率；主要热储特征(渗透性、有效空隙率等)、地热流体温度、压力、产量及化学组分等。

(3)对地热流体动态(开采量、水头压力、水温、水质)进行长期观测研究，掌握其年内或多年动态特征。

(4)根据多个地热钻井(孔)测试资料、年动态监测及经验参数，采用热储法、比拟法、解析法、数值法，详细计算勘查区内的地热储量、地热流体可开采量，提交地热资源勘查报告，其成果满足地热资源开采设计的需要。

4. 地热资源开采阶段

对已规模化开采地热资源的地热田或地区，应结合开采中出现的问题与地热资源管理的需要，加强开采动态监测、采灌测试、热储工程与地热田水、热均衡研究，每5年对地热流体可开采量及开采后对环境的影响进行重新评价，为地热资源合理利用、有效保护和可持续开发提供依据。应进行下述工作：

(1)综合分析区内已有的地质、水文地质、地热地质、深部地热钻井及地球物理勘查资料，详细查明地热田或研究区内的地质构造、岩浆活动，热储岩性、厚度、分布范围及其埋藏条件，建立准确的地热地质概念模型。

(2)全面分析地表热显示及井孔测温资料，详细查明区内的地热增温率、勘查深度内地温场的空间变化规律，准确确定热储温度。

(3)对地热流体动态(开采量、水头压力、水温、水质)进行长期观测研究，定期普测全区地热流体压力、温度、化学组分变化，分析不同储层和主要开采热储层的开采量变化及其引起的地热流体压力、温度、水质动态变化规律，建立评价区热储渗流模型与地球化学模型。

(4)依据热储特征、地热田开发的实际需要与可能，对热储进行回灌试验研究，查明回灌对地温场与渗流场的影响，确定最佳的回灌地段、层位、采灌比、采灌井的合理布局及保持地热田持续开发利用的采灌强度。

(5)建立地热资源地理管理信息系统与地热资源评价的数学模型，主要利用地热勘查、采灌试验及多年动态监测资料，采用数值法、解析法、统计分析法与热储法，计算验证地热流体可开采量、地热储量并做出评价，提出相应时段的地热资源/储量报告，其成果应满足地热资源持续开发与科学管理的需要。

(二)不同类型地热田勘查重点

1. 地压型地热田

应查明热储的空间展布、封闭条件及形成机理；查明地热流体温度、压力及其伴生气体(通常有 CO_2 和可燃气体)组分和特征，对热储资源做出综合评价。

2. 主要受断裂构造控制呈带状分布的地热田

应研究控制或影响地热资源分布的主要断裂构造的形态、规模、产状、力学性质及其组合关系。在地质调查的基础上，结合地球物理、地球化学勘查圈定地热异常区或地热田的边界。宜在断裂交汇部位及主要控热断裂构造的上盘并沿断裂构造延伸方向布置地热钻井查明其条件，通过沿断裂线上的群井降压试验参数评价地热田的地热流体可开采量。对于受断裂构造控制的天然温泉则以多年流量动态观测资料评价其可开采量。

3. 呈层状分布的盆地型地热田

宜通过地质调查(主要是深井测温调查)了解可能的地热异常区；依据重力、磁法、电法和地震等地球物理勘探方法，查明松散地层的沉积厚度或隐伏基岩埋藏深度、主要断裂构造分布，确定地热资源勘查范围；通过点上的深部地球物理勘探，详细了解深部地层结构、主要热储埋深；依据地热井钻探验证结果及取得的新认识，开展外围地区勘查，逐步扩大勘查范围；主要依据采灌测试、开采动态监测资料评价地热流体可开采量。勘查工作应详细研究地层结构及地温梯度随深度、地层的变化，划分热储和盖层。着重研究各热储层岩性、厚度、分布及重要断裂构造对热储的渗透性、地热流体温度的控制性影响，确定主要热储，划分地热流体富集区(带)。

(三)勘查工程控制程度要求

1. 地热田勘查类型划分与地热田规模、地热资源分级

(1)根据我国已知地热田特征，按地热田的温度、热储形态、规模和构造的复杂程度，将地热田勘查类型划分为两类六型(表 4-5-1)。

表 4-5-1　地热勘查类型

类	型	主要特征
高温地热田(Ⅰ)	Ⅰ-1	热储呈层状，岩性和厚度变化不大或呈规则变化，地质构造条件比较简单
	Ⅰ-2	热储呈带状，受构造断裂及岩浆活动的控制，地质构造条件比较复杂
	Ⅰ-3	地热田兼有层状热储和带状热储特征，彼此存在成生关系，地质构造条件复杂
中低温地热田(Ⅱ)	Ⅱ-1	热储呈层状，分布面广，岩性、厚度稳定或呈规则变化，构造条件比较简单
	Ⅱ-2	热储呈带状，受构造断裂控制，地热田规模较小，地面多有温、热泉出露
	Ⅱ-3	地热田兼有层状热储和带状热储特征，彼此存在成生关系，地质构造条件比较复杂

(2)地热田规模按可开采热(电)能的大小分为大、中、小3型(表4-5-2)。

(3)地热资源按温度分为高温、中温、低温三级(表4-5-3)。

表4-5-2　地热田规模分级

地热田规模	高温地热田		中、低温地热田	
	电能/MW_e	保证开采年限/年	热能/MW_t	保证开采年限/a
大型	＞50	30	＞50	100
中型	10～50	30	10～50	100
小型	＜10	30	＜10	100

表4-5-3　地热资源温度分级

温度分级		温度(t)界限/℃	主要用途
高温地热资源		t≥150	发电、烘干、采暖
中温地热资源		90≤t＜150	烘干、发电、采暖
低温地热资源	热水	60≤t＜90	采暖、理疗、洗浴、温室
	温热水	40≤t＜60	理疗、洗浴、采暖、温室、养殖
	温水	25≤t＜40	洗浴、温室、养殖、农灌
注:表中温度是指主要储层代表性温度。			

2.勘查工程控制程度

1)地质调查

依据地热田规模、勘查类型及勘查工作阶段的不同,参照表4-5-4选用相应比例尺的地形地质底图进行地热资源的地质调查。

表4-5-4　地热资源勘查控制程度

控制程度		调查阶段	预可行性勘查阶段	可行性勘查阶段	开采阶段
地质调查工作比例尺	小型	1∶50 000	1∶25 000	≥1∶10 000	≥1∶10 000
	中型	1∶100 000	1∶50 000	≥1∶25 000	≥1∶25 000
	大型	1∶200 000	1∶100 000	≥1∶50 000	≥1∶50 000
钻探孔及生产井单孔可控制面积/km^2/孔	Ⅰ-1型	—	10.0～20.0	5.0～10.0	＜5.0
	Ⅰ-2型	—	1.0～2.0	0.5～1.0	＜0.5
	Ⅰ-3型	—	5.0～10.0	2.5～5.0	＜2.5
	Ⅱ-1型	—	20.0～30.0	10.0～20.0	＜10.0
	Ⅱ-2型	—	2.0～3.0	1.0～2.0	＜1.0
	Ⅱ-3型	—	10.0～20.0	5.0～10.0	＜5.0
注:同一类型地热田钻探,构造条件复杂,具有多层热储者取小值;构造条件比较简单者取大值。					

2)地球物理勘查

地热资源调查阶段以收集区域地球物理勘查资料为主;可(预可)行性勘查阶段以面积物探为主,勘查区应等于或略大于地质调查的范围，物探工作测线应垂直主要构造走向，精测剖面应通过拟定地热钻井部位，勘查深度应大于拟钻地热井的深度；开采阶段，可根据开采地热资源布井的需要，进行点上的勘查或重点地段的补充性勘查。工作量应满足相应比例尺物探精度和勘查深度的要求。

3)地球化学勘查

对勘查区温泉和其他地热显示、已有深井，选择代表性地热流体样品作化学全分析和同位素测试；对地面泉华和钻井岩芯的水热蚀变，采集代表性岩样作岩石化学全分析和等离子体光谱及质谱分析或光谱半定量分析。采样密度随勘查阶段的深入应加密和增加检测项目。

上述水和岩石的化学分析结果，应进行地球化学分类和计算，包括流体类型、特征组分、组分比率、地球化学温标、水/岩平衡、同位素地球化学等方面。

4)地热钻探

地热钻探工程部署原则：

在充分收集分析研究已有地质、地球物理、地球化学勘查资料的基础上，选择地热资源勘查开发代表性地段部署地热钻探工程。

以查明主要热储的类型、分布、埋藏条件、渗透性、地热流体质量、温度及压力，地热井的生产能力大小为重点。

勘查深度可根据主要热储类型、埋藏深度、当前的开采技术经济条件和市场需要确定，对于天然出露的带状热储类型，勘查深度一般控制在 1 000m 内；隐伏的盆地型层状热储，勘查深度一般不超过 4 000m。

地热勘查应实行“探采结合”的原则，地热地质勘查钻孔有可能开采利用的，应按成井技术要求实施；地热开采井的钻井地质编录、测井、完井试验与地质资料收集整理除按成井技术要求实施外，还应按地质勘查要求，取全取准各项地热地质资料。

钻探工程控制要求。可参照表 4-5-4 选用。

三、工作方法与技术要求

地热资源勘查工作应有效地应用航卫片图像解译、地质调查、地球物理、地球化学、地热钻井、产能测试、分析化验、动态监测等方法技术进行综合性勘查。地热钻井，尤其是深部地热钻井应在地球物理勘查工作的基础上进行。

(一)遥感(航卫片解译)

(1)航卫片解译主要用于判断下列地热地质问题：

①地貌、地层、地质构造基本轮廓及地热区隐伏构造。

②地表泉点、泉群和地热溢出带、地表热显示位置。

③地面水热蚀变带的分布范围。

④深部温度场空间展布及高温异常。

(2)航卫片解译应先于地质调查工作，以航空像片解译为主，必要时结合航空红外测量或结合卫星图像解译。解译结果均应对主要地层界线、断裂构造等进行实地路线检验，或与地面地质、物化探工作结合进行。

(3)宜用不同时间、不同波段的航卫片影像进行综合解译。注意航卫片的质量，收集不同地质体的光谱特征，建立地质、地热地质的直接和间接解译标志。利用计算机进行图像处理。

(4)宜用大比例尺航片。用航空立体镜结合计算机解译并用立体成图仪成图。

(5)提交相应比例尺的解译图及文字说明。

(二)测量

利用高精度 GPS 等对地质点、井点、物探测试点等进行测量定位，测量精度应满足有关规范要求。

(三)地质调查

(1)地质调查应在充分利用航卫片解译和区域地质调查资料基础上进行，其主要任务是：

①实地验证航卫片解译的疑难点。

②查明地热田的地层及岩性特征、地质构造、岩浆活动与新构造活动情况，了解地热田形成的地质背景与构造条件。

③查明地表热显示的类型、分布及规模，地热异常带(区)与地质构造的关系。

(2)地质调查范围应包括相关的构造单元。带状热储应包括地热异常带(区)及地热田可能的控热构造边界；层状热储应根据可能的开采范围适当扩大，包括关系比较密切的地区。

(3)具体调查内容：

①地层。

沉积岩和变质岩应调查地层层序、时代、岩性、颜色、粒度成分、矿物组成、结构构造、孔隙和裂隙性质、风化特征(程度、深度)、地层厚度、地层接触关系。第四纪地层应调查地层成因、时代、岩性、颜色、粒度、主要矿物组分、地层厚度、胶结程度分布等。

②地质构造。

调查褶皱构造的类型、形态、规模，组成的地层岩性和产状，次级构造类型、特征和分布，储水构造类型、规模和分布；断裂的类型、力学性质、级别、序次和活动性，影响的地层，断层构造岩分带及断层的水理性质；构造裂隙的类型、力学性质、发育程度、分布规律，裂隙率、裂隙充填情况，构造裂隙与地下水储存、运移的关系。

(4)技术要求。

以 1∶2 000～1∶25 000 最新地形图为野外工作底图，主要采用路线穿越法(对重要地质地貌界线辅以追索法)，采用定点描述与沿途观察相结合的方法，进行野外区域地质、水文地质资料验证。

①重点调查地层界线、断层线、褶皱轴线、岩浆岩与围岩接触带、标志层、典型露头和岩性、岩相变化带等；地貌分界线和自然地质现象发育处。记录应翔实，测量数据准确齐全，并附素描图或照片，采集相关样品标本。

②控制性观测点和重要地质、地貌、水文地质体位置应采用精确的 GPS 定位，一般性观测点可采用手持 GPS 定位。

③野外调查工作中的地质观测点、线在野外手图上标定的点位与实地位置误差，一般不得大于 25m。

④地质调查点每 $4km^2$ 不少于 1 个点。

(四)水文地质调查

(1)调查含水层和隔水(弱透水)层岩性、厚度、产状、分布范围、埋藏深度、各含水层之间的关系、水力联系等；地下水埋藏类型、水位、埋深、温度等；地下水系统边界类型、性质与位置。

(2)调查地下水的补给来源、补给方式或途径、补给区分布范围及补给量；地下水人工补给区的分布，补给方式和补给层位，补给水源类型、水质、水量，补给历史；地下水径流特征；地下水的排泄形式、排泄途径、排泄区(带)分布、排泄量；地下水水位、水质、水温变化情况。

(3)调查地下水物理性质、化学成分和类型及其空间变化，地下水环境同位素特征。

具体技术要求参见第三章第二节内容。

(五)地热地质调查

(1)地热地质调查精度按相同比例尺的地质调查规范要求实行,在有相应比例尺地质底图的基础上进行地热地质调查,观测点的密度可适当放宽。应以地表热显示、深部钻井地质调查为重点。

(2)具体调查内容:

①调查地热田的地层岩性、构造特征、地热显示特征,确定可能的热储层、热储盖层、隔水层。

②调查热储层的岩性、厚度、埋深、分布、相互关系及边界条件,条件允许时应收集热储孔隙率、弹性释水系数、渗透系数、压力传导系数、热储压力水头,观测天然温泉的水温、水量,测试天然温泉的物理性质与化学成分、同位素组成、有益及有害成分。

(3)技术要求:

①应在已有的区域地质资料和航卫片解译资料基础上进行,实地验证航卫片解译的重点问题,寻找地质露头,观察地热田的地层及岩性特征，地质构造、岩浆活动与新构造运动情况,分析地热勘查区地热形成的地质构造背景。

②调查勘查区地表热异常分布特征及与构造的关系。

③调查勘查区温泉出露及分布特征、泉水温度及流量变化特征及开发利用历史,调查勘查区内及其邻区已有地热井水温、水量、开采层段及地层岩性特征,地热水开发利用及动态变化特征。

④对不同精度、工作目的和不同热储类型的地热地质调查,其工作内容应有所侧重。

⑤调查至少采用与工作比例尺相同的地形图作底图,填图采用穿越法为主,辅以追踪法,用GPS等仪器定位,并将重要地质观测点绘于图上,以查明地层层序、厚度、岩性组合特征、分布范围、标志层、构造、构造形态、泉点分布等,对地层分界线、构造点和断层等,应沿线连续观察追索,详细记录和采集样品,观测点的记录要有代表性和控制性。

⑥地层标志层和找矿标志层,应用追踪法定点记录控制连接。填图单元划分到组或段,面积大于0.05km^{2}的第四系土层应圈定边界上图,不专门定点观察描述,但其分布区地质路线经过处,应予以记录,直径大于150m的闭合地质体,长度大于200m、宽度大于1m的线性地质体应有观察点、线控制,圈定上图,重点是断层构造带、裂隙发育带、构造形态的研究。产状控制点结合附近地形地物,一般采用交会法确定。

⑦地热调查中应系统采取水、气、岩土等样品进行分析鉴定。

(六)地球物理勘探

1. 物探方法选择

在武汉市开展中深层地热调查评价工作中,常用的物探方法见表4-5-5。

2. 地震反射

地震反射法的要求与基础地质调查评价的要求基本相同(参见第三章第一节)。

3. 微动探测

微动探测的要求与水文地质调查评价的要求基本相同(参见第三章第二节),不同点在于野外数据采集特殊要求:由于台站的布设半径达到几百米,因此,在数据采集时台站附近不能有较强的震动干扰,在进行长时间、低频数据采集时,宜于夜间进行。

4. 可控源音频大地电磁测深法

其要求与基础地质调查评价的要求基本相同(参见第三章第一节)。

表 4-5-5　中深层地热调查常用物探方法表

序号	物探方法		调查内容		执行或参考规范
1	电磁法	MT	地层厚度、岩性界面、构造等	深度大于 4 000m	《石油大地电磁测深法技术规程》(SY/T 5820—2014)；《大地电磁测深法技术规程》(DZ/T 0173－1997)
2		AMT		探测深度 2 000m	《天然场音频大地电磁法技术规程》(DZ/T 0305—2017)
3		CSAMT		探测深度 1 500m	《可控源音频大地电磁法技术规程》(DZ/T 0280—2015)
4		广域电磁法		探测深度 3 000m	《广域电磁法技术规程》(DB43/T 1460—2018)
5	地震勘探	可控源浅层地震	地层厚度、岩性界面、断层破碎带、构造等	探测深度 2 000m	《浅层地震勘查技术规范》(DZ/T 0170—2020)；《城市工程地球物理探测标准》(CJJ/T 7—2017)
6		微动探测		探测深度 3 000m	

5. 大地电磁测深

大地电磁法的要求与基础地质调查评价的要求基本相同(参见第三章第一节)。

6. 广域电磁测深

广域电磁法的要求与可控源音频大地电磁法的要求基本相同(参见第三章第一节)，不同点如下：广域电磁法的供电电流超过可控源音频大地电磁法的几倍，需要良好的接地与安全措施到位。

(七)地球化学勘探

(1)地热资源勘查各阶段宜进行地球化学调查，采用多种地球化学调查方法，包括地热流体特有组分(F、SiO_2、B、H_2S 等)调查分析、氡气测量等，确定地热异常分布范围。

(2)具代表性的地热流体，宜采集地球化学样品，并适当采取部分常温地下水、地表水及大气降水样品作为对照，分析彼此的差异和关系。样品采集方法、要求参照《地热资源地质勘查规范》(GB/T 11615—2010)之附录 B。

(3)测定代表性地热流体、常温地下水、地表水、大气降水中稳定同位素和放射性同位素，推断地热流体的成因与年龄。

(4)计算地热流体中 Na/K、Cl/B、Cl/F、Cl/SiO_2 等组分的重量克分子比率，并进行水岩平衡计算，分析地热流体中矿物质的来源及其形成的条件。

(5)对地表岩石和地热钻井岩芯中的水热蚀变矿物进行取样鉴定，分析推断地热活动特征及其演化历史。

地球化学调查图件比例尺与地质调查比例尺一致。

(6)具体技术要求:

①样品采集方法及要遵照《地热资源地质勘查规范》(GB/T 11615—2010)之附录B 地热流体分析样品的采集与保存方法。

②地热流体化学成分全分析项目包括主要阴离子(HCO_3^-、Cl^-、SO_4^{2-}、CO_3^{2-}、阳离子(K^+、Na^+、Ca^{2+}、Mg^{2+})、微量元素和特殊组分(F、Br、I、SiO_2、B、H_2S、Al、Pb、Cs、Fe、Mn、Li、Sr、Cu、Zn等)、放射性元素(U、Ra、Rn)及总α、总β放射性、pH值、溶解性总固体、硬度、耗氧量等;同位素分析:测定稳定同位素D(^2H、^{18}O、^{34}S)和放射性同位素T(^3H);气体分析:应尽可能包括H_2S、CO_2、O_2、N_2、CO、NH_4、CH_4、He、Ar等。

③若地热井或天然泉眼有气体逸出则均进行气体样采取,地热井温度达到中高温(≥90℃)时,则采用井下压力采样器取样,同时根据实际情况对地热井或泉眼周边选择性地进行氡气现场测量工作。

④微量元素、放射性元素(U、Ra、Rn)、毒性成分样品按每个储层进行采样,每个储层均进行样品采取。

⑤稳定同位素:取样数量确保2~3个。

⑥放射性同位素样品按每层热储各取5个的数量进行采取。

⑦为配合物探解译工作,选择热储及代表性盖层进行地层物理、水理性质测定。项目包括密度、比热、热导率、渗透率、空隙率等。

⑧为准确确定深部地层年龄,就深部新发现地层进行地层地质信息测定。通过测定和鉴定同位素年龄、岩石化学等,确定其地层时代和岩性。

⑨现场工作中,每一采样点都应现场测定流体温度、pH值,描述流体的外观物理性质。泉口有大量气体冒出者,应现场测定碱度或CO_2和HCO_3^-含量,条件许可时还应现场测定Eh值、电导率、NH_4与H_2S的含量。

(八)地热钻探

(1)地热钻探孔设计、施工、钻进中的地质编录与完井的各种测试应满足查明地热田的地层结构、地质构造、岩性、地温变化、热储的渗透性、地热流体压力及其物理性质和化学组分,取得代表性计算参数的需要。

(2)地热田内存在多层热储时,应分别查明各热储层的温度、地热流体压力、产能及其物理化学性质。对拟投入开发利用的地热钻井,应对井的表层管和技术管进行严格固井,表层套管下入深度、口径应满足抽水泵外径和地热井长期开采的要求,固井水泥应上返至井口;下部技术套管下至热储一定深度内,固井水泥应填满套管与孔壁间的环状间隙,以保持套管稳定和严格封闭热储以上含水层位,防止不同水质储层相互串层沟通而造成污染。对技术套管超过1 000m且地层比较稳定的,固井水泥填入高度可小于技术套管长度,但不得小于500m,并需在其顶部再压入水泥,其垂向厚度不少于100m。

(3)除专门设计的定向井外,地热钻井应保持垂直,相应深度的井斜控制为:300m深度内(开采井泵室段)不大于1°;1 000m内不大于3°;2 000m内不大于7°,2 000m以上终孔不大于10°。井深误差≤1/1 000。

(4)地热地质钻井口径应满足取样、测井及完井试验的要求;探采结合井还应满足设计产量、安装相应开采设备的要求;观测井终孔口径一般不小于91mm。

(5)在已有取芯钻孔控制的地区,地热钻井一般采取无芯钻进,但应做好全孔岩屑录井与地质编录,岩屑录井样品采集间距2~5m;对代表性井段应采取岩石磨片样和化学分析样,进行室内鉴定和准确定名;对中、高温地热田,还应特别注意水热蚀变岩芯或岩屑的采样和鉴定。对尚无取芯钻井控制的地区、代表性井段或地层判别有疑难的地区,应适当取芯。每一个地热田,应根据地热田规模建立代表性的地热钻井地层实物地质资料标准剖面。

(6)地热钻井应合理使用冲洗液，盖层可根据地层情况采用不同比重、黏度、失水率的泥浆作为冲洗液，钻遇热储层后宜采用清水或无固相稀泥浆作为冲洗液。考虑热储层的压力条件，尽量采用近平衡钻进，以防堵塞和污染热储层。

(7)地热钻井过程中在下管前和完钻后，必须进行地球物理测井，不得漏测井段。测井项目应包括电阻率、自然电位、天然放射性、井温、井径、井斜、声波(密度)等项；钻遇热储层顶、底板及终孔时，应进行测温，测温前停钻时间不少于24h。严重漏失井段测温的停钻时间应适当延长。

(8)地热钻井的地质观测与编录：

①采集岩屑或岩芯样品，应注意观测记录其岩石成分、不同成分岩屑所占比例及其随钻进深度的变化，判定地层的岩石名称及变层的深度并保留代表性岩屑样品。

②目的层段应注意观测冲洗液性能及漏失量变化，详细记录钻进过程中的涌水、井喷、漏水、涌砂、逸气、掉块、塌孔、放空、缩径等现象及出现时的井深和层位，测定涌水、井喷的高度、涌水量、温度及冲洗液的漏失量等，对井段的热储特性、地热流体赋存部位进行预估。

③系统测定井口冲洗液出口和入口的温度变化并做好记录，对储、盖层界面进行判断。

(9)对用于开采(回灌)的地热井，完井后应做好井口保护，完善井口装置，包括安装控制阀门、流量计、温度计、压力计等，以确保流体产量、温度、压力、水位监测的需要。

(九)采能试验

采能试验又称降压试验、抽水试验，是通过在地热井中抽水，观测地热水水量、水温、水位变化并取水样进行分析测试，最终确定热储含水层参数，了解水文地质条件，用于地热资源量评价的主要方法，本项目拟以深层地热井位依托，采用稳定流抽水方式进行试验。

试验前，首先要了解试验井及其所在地区的水文气象、地质地貌及水文地质条件，了解并掌握抽水试验的目的意义、工作程序、现场记录的主要内容、数据采集与处理方法，掌握相关资料的整理、编录方法和要求，了解对抽水试验工作质量进行评价的一般原则，进行试验设计；同时，做好深井潜水泵水、泵管、配电箱等设备的安装、试抽、排水等工作，校定好水量(流量计或三角堰)、温度、水位观测设备。

试验期间，要求观测静止水位、抽水期间和水位恢复期间的水位、流量、水温、气温等内容。试验结束前，应按设计和取样规定，采集齐热水水样，送实验室进行室内分析。

现场试验结束后，按照《水文地质手册》(第二版，中国地质调查局，2012)和相关规范，结合水文地质条件、试验结果，进行水文地质参数计算和综合评价，编制采能试验报告。

试验方法、参数计算等参见第四章第四节。

(十)取样及室内分析

在地热井中必须按照《地热资源地质勘查规范》(GB/T 11615—2010)要求及地热流体的用途，系统采取地热流体样和岩芯测试样。为了对比研究，除了在地热井中采取，还应在有代表性水井、泉水及地表水中采取。

1. 各类样品采取与测试项目的基本要求

(1)地热流体全分析样：在全部地热井和代表性泉点均应采取，地热井的样品，应有外检样。

分析项目：主要阴离子(HCO_3^-、Cl^-、SO_4^{2-}、CO_3^{2-})、阳离子(K^+、Na^+、Ca^{2+}、Mg^{2+})、微量元素和特殊组分(F、Br、I、SiO_2、B、Al、Pb、Cs、Fe、Mn、Li、Sr、Cu、Zn、HBO_2、H_2SiO_3等)、气体成分(CO_2、H_2S)、放射性元素(U、Ra、Rn)及总α、总β放射性、pH值、溶解性总固体、硬度、耗氧量等。对温泉和浅埋热储应视情况增加污染指标如酚、氰等的分析，并根据不同用途增加相关分析项目。

(2)气体分析:凡有气体逸出的地热井(泉)均应采取;中、高温地热井应采用井下压力采样器取样。

分析项目:应尽可能包括 H_2S、CO_2、O_2、N_2、CO、NH_4、CH_4、He、Ar 等。

(3)微量元素、放射性元素(U、Ra、Rn)、毒性成分的分析:在全部地热井和代表性泉点均应采取,地热井的样品应有外检样。

(4)同位素测试样

一般在地热流体、不同深度的地下水、地表水、大气降水分别采取。^{13}C、^{14}C、^{34}S 应在地热流体中采取;T(^{3}H)、D(^{2}H)和 ^{18}O 在地热流体、不同深度的地下水、地表水、大气降水分别采取。

2. 各类样品的取样方法及保存方法

各类样品的取样方法及保存方法依据《地热资源地质勘查规范》(GB/T 11615—2010)之附录 B。

1)原样流体样

(1)分析项目:测定流体中所有阴离子、绝大多数阳离子、硬度、碱度、固形物、消耗氧、pH 值及物理性质。

(2)取样方法:原样流体,不加任何保护剂。

(3)取样、容器及规格:可采集在硬质细口磨口玻璃瓶(下称玻璃瓶)或没有添加剂的本色聚乙烯塑料瓶或桶(下称塑料桶)中,采样体积 1 500～2 000mL。可将瓶置于水面以下灌装或用塑料管或胶皮管引流至瓶中。瓶口应留出 10mL 左右的空间,然后将瓶盖密封。测定流体中 SiO_2、B 的原样,必须用塑料瓶采集,体积 200mL,不添加任何保护剂。

2)酸化流体样

用于放射性元素与微量元素分析。

(1)流体中 U、Ra 及微量元素测定:

以两个容积分别为 1 500mL 和 500mL 的塑料桶采集流体样后,在采样现场分别往流体样中加入 5mL 和 3mL(1+1)HCl,摇匀、密封。

(2)总 α、总 β 测定:

用 2 500～5 000mL 塑料桶采样(视矿化度高低决定取样量),每 1 000mL 流体样中加入(1+1)HCl 4mL。

3)碱化流体样

用于测定酚、氰。

用 500mL 玻璃瓶,在样品中加入 2g 固体氢氧化钠(NaOH),摇匀,使 pH>11,并尽量在低温条件下保存,于 24h 内送检。

4)稀释流体样

中、高温地热井或显示点测定 SiO_2 的流体样,为防止高浓度 SiO_2 的聚合或沉淀,宜在取样现场将流体样用无硅蒸馏水作 1∶10 的稀释处理,采样体积 50～100mL,瓶口密封。

5)浓缩萃取流体样

中、高温地热流体铝的分析样品宜野外萃取。萃取方法:取 400mL 过滤后的流体样置入 500mL 的梨形分液漏斗中加 5mL、20%浓度的盐酸羟胺(NH_2OH—HCl)溶液,使溶液中的 Fe^{3+} 变为 Fe^{2+},以避免对萃取的干扰。加入 15mL、1%浓度的邻菲罗啉($C_{12}H_8N_2$—H_2O)溶液,如果样品中有 Fe^{2+} 则溶液变成红色(邻菲罗啉亚铁),摇匀静置 30min。加 5mL、1% 8-羟基喹啉(C_9H_7NO),测溶液的 pH 值,滴加(1+1)NH_4OH 调整溶液的 pH 值,使由酸性到碱性,并使 pH 值处于 8～8.5 之间,这对铝的氰合物最稳定。滴入的 NH_4OH 可先浓后稀,如滴入过量,则再滴 HCl 将 pH 值调节好。再加 20mL 甲基异丁基甲酮($C_6H_{12}O$),摇匀萃取 1min,静置,使其充分分离后,排去下层溶液,将表层甲基异丁基甲酮溶液装入干燥小瓶密封,代表浓缩了 20 倍的 Al 测定样品。

6)现场固定流体样

测定 H_2S(总硫)的流体样,用 50mL 玻璃瓶,在样品中加入 10mL、20%醋酸锌溶液和 1mL、1mol/L NaOH,摇匀、密封。对 H_2S 含量较低的地热流体可适当加大取样量,减少醋酸锌溶液加入量。

测定 Hg 的流体样,可用 100mL 玻璃瓶或塑料瓶,加入体积含量 1% HNO_3 和 0.01%重铬酸钾,摇匀、密封。

测定 Fe^{2+} 的流体样需防止采样后氧化为 Fe^{3+},在 250mL 样瓶内先加入 1∶1H_2SO_4 2.5mL,硫酸铵 $(NH4)_2SO_4$ 0.5g,瓶口密封,可保存 30d。

7)测定 Rn 气流体样

用预先抽成真空的专用玻璃扩散器,采样时将扩散器置于流体下(至少将水平进口管置流体下),打开水平进口的弹簧夹,至流体被吸入 100mL 刻度时,关闭弹簧夹,记入取样月、日、时、分。如果没有专用扩散器,可采用 500mL 玻璃瓶装满(不留空隙)密封,同时记下取样的月、日、时、分,立即送实验室测定。

8)气体样品

逸出气体试样的采取均利用排水集气法与普通玻璃瓶取样法,具体取样方法见《地热资源地质勘查规范》(GB/T 11615—2010)之附录 B。

9)卫生指标测定样

卫生指标测定样一般只在浅埋深的带状热储地热井或温泉的地热流体中采取。

流体样要用经灭菌处理的 500mL 广口磨口玻璃瓶采取,采取时不需用流体样洗瓶,严防污染。采样后瓶内应略留有一定空间,及时密封,低温保存,并及时送往卫生防疫站检验。

10)同位素测定样

测定流体中放射性同位素 T(^3H)的样品,用 500mL 玻璃瓶,取满流体样品,不留空隙,密封。

测定流体中稳定同位素 D(^2H)和 ^{18}O 的流体样,用 50~100mL 玻璃瓶或塑料瓶,取满样品,尽量在流体液面以下加盖密封,不留空隙。

测定流体中 ^{14}C、^{13}C 需要专门制样。

(十一)动态监测

(1)动态监测应贯穿地热资源勘查、开采的全过程。拟投入勘查开采的地热田,应及早建立地热流体的动态监测系统,掌握地热流体的天然动态与开采动态。对已开发的地热田应在已有观测网的基础上,根据热田资源评价及控制开采压力下降漏斗范围的需要进行调整和加强,保持动态监测的连续性,为地热资源评价、地热田管理、研究与地热田开发有关的环境地质问题提供基础资料。

(2)监测点的布设应能控制地热田各热储层的自然动态规律及开采引起的动态变化。预可行性勘查阶段,应选择 1~2 个代表性地热井(泉)进行监测,了解地热田的天然动态规律;可行性勘查阶段,应对地热田的各热储层分别设立 2~3 个动态监测点,了解地热田各热储的动态差异及其变化规律;开采阶段应在已有监测点网的基础上,适当增加监测点(对于集中开采的层状热储,可按 3~5 点/100km^2 的比例布置),控制地热田不同构造部位的动态变化。

(3)监测内容包括地热流体压力、产量、温度及化学成分。监测频率可根据不同动态类型而定。地热流体压力、温度监测宜每月 2~3 次;地热流体产量监测与流体压力监测同步进行,并按日历年(月)统计地热田总产量的变化;地热流体化学成分监测,宜每年 2 次。

(4)各动态监测井应准确测定井口标高及井位坐标,各项动态监测资料应及时进行分析,编制年鉴或存入数据库。

(5)对已投入开采的地热田,应按年度对地热田的动态监测成果进行系统分析,着重分析热田开采量、回灌量与地热田热储压力的变化，提出年度动态监测报告，为地热田管理与开采总量调整提供依据。

(6)具体技术要求：

①地下水监测点密度应与区域水文地质复杂程度、地下水开采程度等相适应。

②地下水水位的测试设备，一般采用电测水位仪。当观测孔为自流井且压力水头很高时，可安装压力表；当压力水头不高时，可用接长井管的方法观测承压水位。

③山区流量大于1L/s、平原流量大于0.5L/s的泉，均应布设流量监测点。其他的泉选择代表性且有供水意义的，布设流量监测点。

④设置的监测点均应利用高精度GPS测量坐标、地面标高及固定点标高。

⑤地下水水位的监测频率为每5日监测一次，日期定为每月的5日、10日、15日、20日、25日、30日(2月为月末日)。

⑥地下水温的监测频率为每10日监测一次，日期定为每月的5日、15日、25日。

⑦地温的监测频率为每15日监测一次，日期定为每月的15日、30日(2月为月末日)，然后进行平均处理成每月一个数。

⑧水质的监测频率为2次，在丰枯季各采一次样，作水质常规分析。

四、中深层地热资源评价

(一)计算原则

(1)地热资源/储量的计算，应分别计算热储中的地热储量(J)、储存的地热流体量(m^3)、地热流体可开采量(m^3/d或m^3/a)及其可利用的热能量(MW_t)。

(2)地热资源/储量计算，应以地热地质勘查资料为依据，在综合分析热储的空间分布、边界条件和渗透特征，研究地热流体的补给和运移规律，研究地热的成因、热传导方式、地温场特征，并建立地热系统概念模型的基础上进行。

(3)计算方法或计算模型应符合实际，模型的建立与计算方法的采用，应随勘查工作程度的提高，依据新的勘查和动态监测资料进行更新和改进。

(二)计算参数的确定

地热资源/储量计算参数应尽可能通过试验和测试取得。对难以通过测试得到的参数或勘查工作程度较低时，可采用经验值。应取得下列参数。

1. 地热井参数

(1)参数类型：地热井位置、深度、揭露热储厚度、生产能力、温度、水头压力、流体化学成分等。

(2)获取方法：均采用测量、试验、测试获取实测数据。

2. 热储几何参数

(1)参数类型：热储面积、顶板深度、底板深度和热储厚度等。

(2)获取方法：

①顶板深度、底板深度和热储厚应利用钻孔勘探资料，并依据地面物探资料，考虑地热田内热储厚度变化特征取平均值或分区给出。

②热储面积：带状热储的面积一般按地热异常区或同一深度地热等温线所圈定的范围确定；层状热

储的面积依据地热田的构造边界和同一深度的地温等值线所圈定的范围确定。如果工作任务仅涉及地热田的部分范围,应按勘查工作控制的实际面积计算。如果计算地热田分布面积,应将各地热分区、地热田及地热异常区范围线、热储温度等值线和热储厚度等值线计算机数字化,通过计算机计算各分区的面积。

进行区域评价时,新近系与白垩系热储面积为热储温度大于40℃的区域;基岩热储面积,按其埋深4 000m以浅分布面积计算。

3. 热储物理性质

1)参数类型

包括热储温度、水头压力、岩石的密度、比热、热导率和压缩系数等。据此,可以取得热储不同部位的温度分布情况。

2)获取方法

(1)热储温度:应尽量选用井温测量的实测数据。

热储温度由实测井口水温和新生界地温梯度推算确定。

热储温度计算公式:

$$T_Z = T^0 + \Delta T\left(\frac{H_1 + H_2}{2} - H_0\right) \tag{4-5-1}$$

式中:T_Z——热储中部温度(℃);

T^0——多年平均气温(℃);

ΔT——地温梯度(℃/100m);

H_0——恒温带深度(m);

H_1——热储顶板埋深(m);

H_2——热储底板埋深(m)。

新近系热储温度根据地温梯度公式求得,基岩热储温度按照新近系计算方法先求得基岩顶面热储温度,再利用基岩地温梯度求得基岩顶面值热储中部深度的热储温度,然后二者相加,即为基岩热储中部温度。

在调查阶段或没有地热勘探井的情况下,可以通过地温梯度推测热储的温度,也可以用地球化学温标计算热储温度。此阶段圈定热储体积时,一般来说热储盖层的,平均地温不小于3℃/100m,或1 000m深度以下获得的地热流体温度不低于40℃,也就是说1 000m以浅平均地温小于3℃/100m不作为热储加以计算。实际计算时可根据将来地热流体用途确定热储体积。

(2)水头压力:应通过地热井的试井资料取得热储的压力。

一般情况下,静水位埋深的修正可采用如下方法:

①公式计算法:

水位校正(换算到热储层平均温度),可用公式(4-5-2)进行校正。

$$h = H - \frac{\rho_{平} \times [\mathrm{H} - (h_1 - h_0)]}{\rho_{高}} \tag{4-5-2}$$

式中:h——校正后水位埋深(m);

H——取水段中点的埋深(m);

h_1——观测水位埋深(m);

h_0——基点高度(m);

$\rho_{平}$——地热井内水柱平均密度(kg/m³);

$\rho_{高}$——热储最高温度对应密度(kg/m³)。

②作图法。

依据抽水试验时三次降深测得的动水头(hi)和出水量(QI)作图,反算热水静水位。即曲线交于纵轴出水量为零时,便是热水静水位埋深。

③粗略概推法。

停泵后,立即观测恢复水位,由于热储层的高压力,动、势能量的转换,当水位恢复到最高点,即热水头高度。此方法可作为参考。

(3)岩石的密度、比热、热导率和压缩系数:应综合考虑物探测井和岩样实验室测试结果。在勘查程度较低时或没有进行测试时,可取经验值,其经验值具体见《地热资源地质勘查规范》(GB/T 11615—2010)之表C.1。

4.热流体性质

1)参数类型

包括热流体单位质量的体积、比重、热焓、动力黏滞系数、运动黏滞系数和压缩系数等。

2)获取方法

在地热流体的含盐量不大,且不含非凝气体时,这些参数可从《地热资源地质勘查规范》(GB/T 11615—2010)之表C.2查得或求得;否则需要适当修正。

5.热储渗透性和贮存流体能力的参数

1)参数类型

包括渗透率、渗透系数、传导系数、弹性释水系数(贮存系数)、空隙率、有效空隙率等。

2)获取方法

(1)渗透率、渗透系数、传导系数、弹性释水系数(贮存系数):通过单孔或多孔试井资料求得。

一般来说,渗透率小于0.05/μm^2的岩体不应作为热储加以计算。

渗透系数、传导系数、弹性释水系数(贮存系数)采用常规的稳定流与非稳定流抽水求参方法进行。

复杂条件下热储水文地质参数的计算,如抽水受到不同水文地质边界影响时,则选择符合水文地质条件的公式进行计算(参见《供水水文地质手册》第二册,水文地质计算)。或按边界水力性质设置虚井按势叠加原理进行计算。

(2)渗透率、空隙率和有效空隙率:空隙率可以通过实验室测定,也可以通过地球物理测井数据估算。有效空隙率可以通过试井资料计算。

6.其他参数

(1)利用监测资料可获取地热井的生产量、温度、水头压力、化学成分随时间变化的数据。

(2)利用地热勘探井资料与地面物探等资料获取热储的边界条件,如边界的位置、热力学和流体动力学特征等。

(3)地热井动态监测资料与热储的边界条件也是地热资源/储量计算必需的参数。

(三)地热资源/储量计算方法

1.地热资源/储量计算的基本要求

地热资源/储量计算应建立在地热田概念模型的基础上,根据地热地质条件和研究程度的不同,选择相应的方法进行。概念模型应能反映地热田的热源、储层和盖层、储层的渗透性、内外部边界条件、地热流体的补给、运移等特征。

依据地热田的地热地质条件、勘查开发利用程度、地热动态，确定地热储量及不同勘查程度地热流体可开采量(表 4-5-6)。

表 4-5-6 地热资源/储量查明程度表

类别		验证的	探明的	控制的	推断的
单泉		多年动态资料	年动态资料	调查实测资料	文献资料
单井		多年动态预测值	采能测试内插值	实际采能测试	试验资料外推
地热田	钻井控制程度	满足开采阶段要求	满足可行性阶段要求	满足预可行性阶段要求	其他目的勘查孔
	开采程度	全面开采	多井开采	个别井开采	自然排泄
	动态监测	5 年以上	不少于 1 年	短期监测或偶测值	偶测值
	计算参数依据	勘查测试、多年开采与多年动态	多井勘查测试及经验值	个别井勘查、物探推测和经验值	理论推断和经验值
	计算方法	数值法、统计分析法等	解析法、比拟法等	热储法、比拟法、热排量统计法等	热储法及理论推断

2. 地热资源/储量计算方法

地热资源/储量计算重点是地热流体可开采量(包括可利用的热能量)。计算方法依据地热地质条件及地热田勘查研究程度的不同进行选择。预可行性勘查阶段可采用地表热流量法、热储法、比拟法；可行性勘查阶段除采用热储法及比拟法外，还可依据部分地热井试验资料采用解析法；开采阶段应依据勘查、开发及监测资料，采用统计分析法、热储法或数值法等计算。

1)地表热流量法

地表热流量法是根据地热田地表散发的热量估算地热资源量。该方法宜在勘查程度低、无法用热储法计算地热资源的情况下，且有温热泉等散发热量时使用。通过岩石传导散发到空气中的热量可以依据大地热流值的测定来估算，温泉和热泉散发的热量可根据泉的流量和温度进行估算。

2)热储法

主要用于计算热储中储存的热量和地热水储存量，估计热田地热资源的潜力。

(1)适用条件：热储温度有少量地热井控制的，地热异常范围大致能确定的地热田。热储法又称体积法，不但适用于非火山型地热资源量的计算，也适用于与近期火山活动有关的地热资源计算；不仅适用于孔隙型热储，也适用于裂隙型热储。是一种常用的方法。

(2)计算步骤与一些计算参数的确定原则。

①应首先确定地热田的面积(或计算区范围)。

地热田的面积最好依据热储的温度划定，在勘查程度比较低，对热储温度的分布不清楚时，可以采用浅层温度异常范围、地温梯度异常范围大致圈定地热田的范围，也可以采用地球物理勘探方法圈定地热田的范围。

②确定地热田温度的下限标准和计算/评价的基准面深度

地热田温度的下限标准应根据当地的地热可能用途而定，或根据规划的利用方式来确定(武汉市现阶段一般按照地热资源温度分级温水温度最低界限 25℃)。计算/评价的下限深度一般是探采结合井控制的深度范围内。

③计算/评价范围确定之后，应根据热储的几何形状(顶板埋深、底板埋深和厚度)、温度、空隙度的空间变化，以及勘查程度的高低将计算/评价范围划分成若干个子区，为每个子区的各项参数分别赋值，

然后计算出每个子区的热储存量、地热水储存量。最后，把各子区的计算结果累加就得到了地热田(或计算区)的热储存量和地热水储存量。

3)解析法

(1)适用条件:在勘查程度比较低，可用资料比较少时，可以采用解析法计算地热井或地热田的地热流体可开采量。

(2)计算基本方法:当热储可以概化为均质、各向同性、等厚、各处初始压力相等的无限(或存在直线边界)的承压含水层时，可以采用非稳定流泰斯公式计算单井的开采量、水位(压力)随开采时间的变化量，从而计算出在给定的压力允许降深下地热流体的可开采量，对单井的地热流体可开采量进行评价。当地热田中有多个地热井时，可以采用叠加原理计算在给定压力允许下降值下地热流体可开采量。

该法主要借用浅部地下水稳定流和非稳定流计算方法，计算结果往往同实际出入较大。建议根据当地的实际情况选用了其他地热资源计算方法。

4)比拟法

比拟法又称类比法，即利用已知地热田的地热资源量来推算地热地质条件相似的地热田的地热资源量，或者用同一地热田内已知地热资源量的部分来推算其他部分的地热资源量。

类比必须是在地热的储藏、分布条件相似的两者之间进行的，否则类比的结果与实际情况可能会存在很大的差异。

5)统计分析法

(1)适用条件:该方法适用于已开发利用的地热田，该结果通常比较接近实际。

(2)计算方法:具有多年动态监测资料的地热田，可采用统计分析法建立的统计模型来预测地热田在定(变)量开采条件的压力(水位)变化趋势，并确定一定降深条件下的可开采量。可采用的统计分析法包括相关分析、回归分析、时间序列分析等方法。宜采用压力(水位)降低值和开采量之间建立的相关统计模型对地热田进行预测。用于预测的模型应具有较高的相关系数，预测的时限不应超过实际监测资料的时段长度。

通常利用已有的动态观测资料，分析地热开采区内，地热水开采量与水位下降的关系，概略确定每下降 1m 的热水可采量，进而推测最大可能降深时的地热水可采资源量及可采年限，以此作为地热田地热资源评价的依据。

6)数值模型法

在地热田的勘查程度比较高，并且具有一定时期的开采历史，具有比较齐全的监测资料时，应建立地热田的数值模拟模型，用以计算/评价地热储量，并作为地热田管理的工具。一般适用于研究程度较高的地热田。

3. 地热流体可开采量确定

1)地热流体可开采计算的基本原则

(1)无开采历史的单个地热开采井可开采量确定。

一般可依据地热井单井稳定流抽水试验资料绘制的 $Q=f(s)$ 曲线，确定水流方程以内插法计算确定。对于层状热储地热田，建议依据该井开采可能影响区内的可采热储存量与地热井开采期排放的总热量进行均衡验算确定。

根据近几年于武汉市的勘查实践计算使用的压力降低值，一般不大于 100m，最大不大于 150m，年压力下降速率不大于 2m。

(2)有开采历史的井采地热田可开采量确定。

对以井采为主并开采多年的地热田，应以统计法为主计算地热流体可开采量，以地热田内代表性监测井多年水头压力保持稳定或一定时限内可趋于稳定条件下的地热田开采总量，作为其可开采量。对暂不能保持水头压力稳定的地热田，可以地热田内代表性监测井保持一定水头压力年降速条件下的地热田开采量作为一定时限内的可开采量。

(3)对已实施地热回灌或采(灌)结合开发的地热田可开采量确定。

可采用统计分析法、热储法或数值法计算其保持水头压力、热(量)均衡条件下的合理开采强度作为其可开采量。

(4)对单独开采的地热天然露头(泉)可开采量确定。

应依据泉流量实测和动态观测资料，采用泉流量衰减方程计算可开采量或取历年泉最低流量值作为其可开采量。

2)地热流体可开采量计算的常用方法

以下列出几种常用的、简单的计算方法，供评价时参考。

(1)盆地型地热田。

可采地热流体评价中考虑回灌水量，表达式为：

$$Q_{允许} = Q_{wk} \cdot (1 + R_e) \tag{4-5-3}$$

式中：$Q_{允许}$ ——地热流体可开采量(m^3/d)；

Q_{wk} ——单井地热流体可开采量(m^3/d)；

R_e ——回灌比例，其中砂岩地区取 20%～50%，灰岩地区取 60%～80%。

单井地热流体可开采量采用最大允许降深或开采系数法确定。

①最大允许降深法。

可采地热流体量采用最大允许降深法，设定一定开采期限内(50～100 年)，计算区中心水位降深与单井开采附加水位降深之和不大于 100～150m 时，求得的最大开采量，为计算区地热流体的可开采量。表达式为：

$$Q_{wk} = \frac{4\pi TS_1}{\ln(6.11t)} = \frac{4\pi TS_1}{\ln\left(\dfrac{6.11Tt}{\mu^* R_1^2}\right)} \tag{4-5-4}$$

$$Q_{wd} = \frac{2\pi TS_2}{\ln\dfrac{0.473R_2}{r}} \tag{4-5-5}$$

式中：Q_{wk} ——地热流体可开采量(m^3/d)；

Q_{wd} ——单井地热流体可开采量(m^3/d)；

S_1 ——计算区中心水位降深(m)；

S_2 ——单井附加水位降深(m)；

R_1 ——开采区半径(m)；

R_2 ——单井控制半径(m)；

μ^* ——热储含水层弹性释水系数；

t——开采时间(d)；

T——导水系数(m^2/d)；

r——抽水井半径(m)；

②开采系数法。

地热远景区采用可采系数法，开采系数的大小，取决于热储岩性、孔隙裂隙发育情况，一般采用 5%～10%。

$$Q_{wk} = Q_{储} \cdot X \tag{4-5-6}$$

式中：$Q_{储}$ ——地热流体总存储量(m^3)；

X——可采系数。

(2)主要受断裂构造控制呈带状分布的地热田。

①泉(井)热量法。

对于断裂带开发型热储的地热田，地热水主要以温泉或自流井的形式排泄，将温泉或自流井的总流量作为地热田的天然补给量和可开采量。

②排泄法。

对于断裂带半封闭型热储的地热田，地下热水以温泉、自流井和第四系潜流的形式排泄，其总排泄量可代表地热田的总补给量。考虑到第四系潜流一般不可能被全部开采利用，根据经验，将潜流量的70%作为可利用量，则70%的第四系潜流量以及全部的温泉、自流井流量及开采量作为地热田的可开采量。

③补给量法。

对于地热条件已基本查明的地热田，利用补给量计算地热田的可开采量，其中侧向补给量部分取其70%作为可开采量。

④平均布井法。

对于有地热井抽水试验资料的地热田，根据抽水试验资料，利用 Q -S 曲线方程，推算 20m 水位降深的单井出水量，再利用平均布井法计算地热田的可开采量。

(四)地热资源储量可靠性评价

地热资源/储量可靠性评价应突出地热田可持续发展能力、地热井的合理的权益保护范围及合理的开采方案。

1.地热单井评价

1)井的稳定产量评价

依据无开采历史的单个地热开采井可开采量确定的方法评价单井稳定产量。

2)单井 50 年地热开采总量计算

对于盆地型层状热储面积大，且分布稳定的地热田(如西辽河盆地、呼包盆地、海拉尔盆地)，如果勘查程度达到可行性阶段，为了便于编制地热开发利用规划，参照天津地区地热单(对)井资源评价技术要求，建议计算单井 50 年地热开采总量(包括开采 50 年的井域热储层单位面积可采热储量及地热开采井布井合理间距)。

(1)单井 50 年地热开采总量计算。

依据地热井抽水试验资料，用内插法(最大水位降深以不大于单井稳定流量的设计值，区域水位下降速率不大于 2m/a)初步确定的地热井可开采流体量，并以公式(4-5-7)计算按此量开采 50 年所排放的总热量。

$$Q_W = QTC_W(t_W - t_0) \tag{4-5-7}$$

式中：Q_W——地热井开采 50 年所排放的总热量(kJ)；

Q——地热井的日可开采量(m^3/d)；

C_W——地热水平均比热容[kJ/(m^3 · ℃)]；

t_W——地热水平均温度(℃)；

t_0——地区常温层温度(℃)；

T——50 年内单井累计抽水天数(d)。

(2)地热井开采利用50年热储层单位面积可开采的热储存量。

依据地热井地质剖面,按公式(4-5-8)计算确定地热井开采利用热储层单位面积可开采的热储存量。

$$Q_r = KHC_r(t_r - t_0) \tag{4-5-8}$$

式中:Q_r——地热井开采影响区内单位面积可开采热储量(kJ/m²);

K——热储层地热采收率,0.15～0.20;

H——地热井所利用的热储层厚度(m);

C_r——热储层的平均比热容[kJ/(m³·℃)];

t_r——热储层平均温度(℃);

t_0——地区常温层温度(℃)。

(3)单井50年地热开采所需热储水平面积计算。

按均衡原理以公式(4-5-9)计算热储层可采热储存量与地热井开采50年排放总热量保持均衡所需的热田面积,并按圆面积公式估算地热井的井距。

$$F = Q_W / Q_r \tag{4-5-9}$$

式中:F——保持均衡所需的热田面积(m²);

Q_W——地热井开采50年所排放的总热量(kJ);

Q_r——地热井开采影响区内可开采热储量(kJ/m²)。

(4)地热开采井布井合理间距(D)计算:

$$D = 2\sqrt{\frac{F}{\pi}} \tag{4-5-10}$$

2. 地热田或地热开采地区评价

依据《地热资源地质勘查规范》(GB/T 11615—2010),地热田或地热开采地区评价主要有以下内容。

(1)依据地热流体可开采量所采出的热量,计算地热田的产能(热能或电能)。

(2)计算地热流体年(50年或100年)可开采量所能采出的热量占热储中储存热量及地热流体中储存热量的比重,估计地热资源的开发潜力并比较计算结果的一致性。

(3)依据资源条件及资源开发的技术经济条件,确定合理的开采方案,并预测地热田的温度场、渗流场、流体化学成分等的变化趋势。

具体计算方法详见《地热资源地质勘查规范》(GB/T 11615—2010)。

(五)地热流体质量评价

1. 地热流体质量评价的一般要求

(1)地热流体质量评价应依据《地热资源地质勘查规范》(GB/T 11615—2010)规定的内容进行,但针对不同用途有所侧重。

(2)按照相应的规范,严格取样,确保样品有代表性。

(3)对热水的主要用途评价,应有外检样。

2. 地热流体不同用途评价

(1)理疗热矿水评价:地热流体通常含有某些特有的矿物质(化学)成分,可作为理疗热矿水开发利用,可参考《地热资源地质勘查规范》(GB/T 11615—2010)之附录E对其属于何种类型的理疗热矿水做出评价。

(2)饮用天然矿泉水评价：地热流体符合饮用天然矿泉水界限指标及限量指标的，可依据《饮用天然矿泉水标准》(GB 8537—2008)进行评价。

(3)生活饮用水评价：地热流体可作为生活饮用水源的，应根据《生活饮用水卫生标准》(GB 5749—2006)做出评价。

(4)农业灌溉用水评价：低温地热流体(水)在用于采暖供热等目的后排放的废弃水，一般可用于农田灌溉，可参照《农田灌溉水质标准》(GB 5084—2005)对其是否适于农田灌溉做出评价。

(5)渔业用水评价：低温地热水用于水产养殖的，可参照《渔业水质标准》(GB 11607-89)对其是否符合水产养殖做出评价。

我区目前地热水主要用于理疗，基本不适用于饮用与农业灌溉。

3. 地热流体中有用矿物组分评价

可从热水中提取工业利用的成分，主要有碘(＞20mg/L)、溴(＞50mg/L)、铯(＞80mg/L)、锂(＞25mg/L)、铷(＞200mg/L)、锗(＞5mg/L)等，有的还可生产食盐(工业品位 NaCl≥10％)、芒硝等，对达到工业利用可提取有用元素最低含量标准的，可参照《矿产工业要求参考手册》(全国矿产储量委员会办公室，1987)予以评价。

4. 地热流体腐蚀性评价

对地热流体中因含有氯根、硫酸根、游离二氧化碳和硫化氢等组分而对金属有一定的腐蚀性，可通过挂片试验等测定其腐蚀率，对其腐性做出评价。可参照工业上用腐蚀系数来衡量地热流体(水)的腐蚀性。

5. 地热流体结垢评价

对地热流体中所含二氧化硅、钙和铁等组分因温度变化而产生结垢，可通过试验，评价其结垢程度。可参照工业上用锅垢总量来衡量地热流体的结垢性。

(六)地热资源开发利用评价

1. 地热资源开发可行性评价

地热资源开发可行性评价的主要内容：

1)地热资源开采技术的可能及经济的合理性对其开发的可行性评价

主要依据开采井深度进行评价。

最经济的，成井深度一般小于 1 000m；

经济的，成井深度一般为 1 000～3 000m；

有经济风险的，成井深度大于 3 000m。

2)地热流体可能的利用范围评价

主要依据地热流体的温度进行总体评价。其次依据地热流体化学组分的含量，确定可作为矿泉开发的利用方向和方式；依据地热流体可开采量及其产能，评价其可开发利用的规模，包括中、低温地热资源用于采暖、供生活热水、温泉洗浴、理疗、农业温室、水产养殖等规模进行估算。

3)地热资源开采区适宜性评价

主要依据地热井的地热流体单位产量大小评价，分为：

适宜开采区：地热井地热流体单位产量大于 $50m^3/(d \cdot m)$；

较适宜开采区：地热井地热流体单位产量 50～5m^3/(d·m)；

不适宜开采区：地热井地热流体单位产量小于 5m^3/(d·m)；

2. 地热资源开发利用环境影响评价

评价的主要内容：

1）地热利用的节能和减排效果估算

2）地热流体排放对环境影响的评价

（1）高温地热流体中通常含有 CO_2、H_2S 等非凝气体，应评价其对大气可能造成的污染，提出污染防治建议。

（2）废地热流体的直接排放会造成热污染和其中有害组分对地表水、地下水水质的污染，应遵循《污水综合排放标准》（GB 8978—1996）评价其排放对环境的影响。

3）地面沉降评价

（1）对于新生界松散沉积层及半成岩热储层，应对开采地热流体可能产生的地面沉降做出评价，针对可能出现的问题，提出相应的防治措施建议。

（2）上覆松散层厚度小的岩溶热储或基岩热储层，应对开采地热流体可能引发的地面变形破坏（塌陷或沉降等）做出评价，针对具体问题提出相应的防治措施建议。

4）其他地质环境影响评价

（1）地热地质景观保护性评价。地热流体长期开发，有可能导致热田及其周边地区的地热显示、地热景观的消失和天然温泉的锐减，应做出保护性评价，保护代表性的地热自然景观。

（2）浅层地下水源保护性评价。对于与浅层含水层有较密切水力联系的地区开采地热流体，可能引起上覆含水层水质、水量的变化进行评价，确定热储合理开采量及浅层地下水源保护对策。

五、成果表达

（一）资料整理与报告编写要求

1. 资料整理要求

（1）应对地热资源勘查工作取得的各项资料，包括地质调查、地球物理与地球化学勘查、地热钻井、地球物理测井、试井、地热流体化学分析、岩土测试、动态监测及开采利用的历史与现状等资料进行分类整理、编目、造册、存档备查。

（2）对代表性地热天然露头及全部地热钻井（勘探孔和开采井）资料，按建立地理信息系统的要求，确定地理坐标位置，建立相应的数据库。

（3）对地热钻井取得的实物地质资料（岩芯、岩屑等）应进行整理，建立标准地质剖面保存；有重要地质意义的地热钻井实物资料（岩芯、岩屑）应予以长期保存。

2. 报告编写要求

（1）地热资源勘查工作完成后，应及时编写与勘查阶段相适应的勘查报告。

（2）地热资源勘查报告依据实际需要可分为单井地热勘查报告、地热田（区）地热资源勘查评价报告。

（3）单井地热资源勘查报告：指为单个地热井开发单位提供利用的地热井勘查报告，主要依据单井勘查成果评价其可开采量及开采保护区范围，为资源的开发管理提供依据。报告内容一般包括：前言；区域地热地质条件；地热井地质及地球物理测井；井产能测试与可开采量评价；流体质量评价；经济与环境影响评价、开采保护区论证;结论与开发利用建议等。

(4)地热田(区)地热资源勘查评价报告:指一个独立的地热田或具有一定开采规模的地区,为总结地热资源勘查、开采与多年动态监测成果资料而编写的报告,是地热资源统计、规划、开发管理的主要依据。依据勘查工作程度的不同,可分为预可行性勘查报告、可行性勘查报告和地热资源勘查报告等,报告编写提纲及附图、附表具体要求见《地热资源地质勘查规范》(GB/T 11615—2010)之附录G。

(二)报告编写提纲成果

报告编写提纲参见附件2-2。

(三)报告主要附图

报告主要附图包括:

(1)勘查区实际材料图。

(2)区域地质图(对隐伏地热田编制前新生界地质图)。

(3)地热田(区)地质图(对隐伏热田编前新生界地质图)。

(4)地热田地热资源开采条件分区图。

(5)地热田地温分布图或一定深度内的地温等值线图。

(6)地热流体化学图。

(7)地热井(泉)动态曲线图。

(8)各地热井综合地质柱状图。

(四)报告主要附表

地热勘查过程中取得的各项测试数据应系统整理,列表成册,与勘查报告内容有关的,应作为报告的附表,一般包括:

(1)地热流体、岩土化学成分(含同位素)及物理性质分析成果汇总表。

(2)岩矿鉴定成果表。

(3)地热井试验(含回灌)成果资料汇总表。

(4)地热井测温资料汇总表。

(5)地热井(泉)动态观测资料汇总表。

(6)地热流体历年开采(回灌)量统计表。

凡与报告密切有关而报告本身未做详细论述的物、化探报告与各种专题研究报告等,可作为报告附件提交。

(五)数据库建设

地热调查数据库建设按照有关规范及本指南数据库的统一要求执行。

第六节　地质遗迹资源调查评价

据前人工作资料,武汉市地质遗迹依据学科和成因、管理和保护、科学价值和美学价值等因素划分为基础地质、地貌景观和地质灾害三大类,进一步细分为地层剖面、岩石剖面、构造剖面、重要化石产地、重要岩矿石产地、岩土体地貌、水体地貌和地质灾害遗迹等八类,其中东湖、梁子湖、两江汇(长江与汉江汇流）等水体地貌和锅顶山汉阳鱼、阳逻化石木、瓠子山斜方薄皮木等重要化石产地为武汉市地域特色鲜明、保存条件完好、具有一定科学研究和开发利用价值的珍贵地质遗迹资源。

一、调查内容

（一）自然地理特征调查

调查地质遗迹资源所处的地理位置、地形地貌、植被、气候、水文以及与地质遗迹有关的人文历史等内容。

（二）地质遗迹特征调查

调查地质遗迹点的分布、规模、形态、物质组成、性状、组合关系等基本内容，分析研究地质遗迹点的地质背景、成因（内外营力）及演化，确定类型，圈定范围，初步评价其科学价值与美学价值，其中：

（1）标准地层剖面：侧重调查分层特征、接触关系及地层序列。

（2）岩石剖面：侧重调查岩石结构、岩性分层及岩相序列。

（3）地质构造剖面：侧重调查地质体和构造形迹及其所构成的空间结构与先后序次。

（4）古生物化石产地：侧重调查古生物化石的个体种属及数量、埋藏特征、赋存层位，收集反映古生态与古地理环境的证据。

（5）重要岩矿石产地：侧重调查矿体的结构形态、产状、控矿构造和围岩蚀变等；矿业遗迹侧重探、采、选、冶、加工、商贸的遗址调查和矿业史料的收集；陨石产地侧重调查陨石的成分、数量、形态、体积、质量等。

（6）岩土体地貌：侧重调查地貌单元的岩性、形态、规模、组合、结构关系、地理分布、地貌形成的控制因素等特征，以及景观的美学特征。

（7）水体地貌：侧重观测水体流量、流速、水温、水质、形态、规模等，以及不同季节的景观特征及其依存的地质地貌环境。

（8）地质灾害遗迹：侧重调查灾害的类型、规模、形态、分布范围、造成的危害程度等，了解灾害发生的时间序列和主要原因。

（9）地质文化资源：特指地质历史时期中由地质作用形成、发展并遗留下来的与人类历史文化发展或重大工程密切相关的地质记录（现象）组合。

重点调查古人类活动遗址遗迹。结合武汉市地貌演化、湖光山色特点及重大人文历史事件，如盘龙城文明、三国文化、楚文化、汉阳造文化、码头文化等，挖掘文化旅游、研学旅游、康养文化等地质文化内涵，从长江、汉江的演化历史角度寻找她与人文典故之间的内在联系，循踪城市文化发展脉络，讲好地质文化故事，如盘龙城文明与地形地貌的关系，东湖的形成与发展，武昌的沉降、汉江改道与汉阳汉口城市发展之间的关系等，为建设地质文化村、开展地学科普活动奠定基础。

（三）保护与利用现状调查

调查地质遗迹点的保护与开发利用现状、存在的问题与面临的威胁，并提出保护利用建议。

二、工作精度

按评价等级，武汉市内的省级及以上地质遗迹适宜1∶10 000比例尺，省级以下适宜1∶50 000比例尺。

三、工作方法与技术要求

地质遗迹调查工作一般应经历资料收集与分析、遗迹点筛选、设计书编制与审查、野外调查与核查、资料整理与综合研究、评价、成果编制、数据库与信息系统建设、成果审查与验收等工作阶段。应采用资料收集与野外调查相结合的工作方法，应着重调查反映科学价值与美学价值的地质现象，重要地质遗迹点必须经过野外实地调查。

（一）资料收集与筛选

收集调查区内已有的区域地质资料，初步确定调查对象；结合自然保护区、风景名胜区、地质公园资料及其他地质地理资料，进一步确定调查对象；通过地方史籍（县志、考古、历史记载）及高精度遥感影像、地质图等，确认地质遗迹的调查范围，填写地质遗迹筛选信息表，表格式参照《地质遗迹调查规范》（DZ/T 0303—2017）之附录C。

（二）遥感解译

运用解译标志和实践经验及知识，结合已有资料，从遥感影像上识别目标，定性、定量地提取出地质遗迹的分布、结构、功能等，并把它们表示在地理底图上，然后在图上测算各类地质遗迹的面积，圈定地质遗迹范围，为野外实地调查提供基础资料。

（三）路线地质调查

野外调查路线采用穿越和追索相结合的方法，控制调查区地质遗迹的主要特征。对沿途不同地质现象进行观测和记录，填写地质遗迹调查表，表格式参照《地质遗迹调查规范》（DZ/T 0303—2017）之附录D；而对于地质踪迹点的整体描述，则适用于该规范之附录G。

1. 定点

地质遗迹调查点分为观察点、遗迹特征点和边界点。观察点主要记录描述地质遗迹的形态和组合、地貌单元特征；遗迹特征点主要描述地质遗迹的特征；边界点主要描述地质遗迹的分布范围。地质遗迹调查点应进行定点测量，记录位置和高程，并对重要地质现象或景观点勾绘信手剖面、素描，照相或摄像，记录其规模和形态及结构等特征。地质遗迹点命名可参考《地质遗迹调查规范》（DZ/T 0303—2017）之附录Ⅰ。

2. 地质遗迹的基本特征描述

（1）地层剖面类：填写地层单位名称、符号、地质时代、岩石组合、厚度、产状、接触关系，分析其成因。

（2）岩石剖面类：岩浆岩填写岩体单位名称、符号、形成时代、岩性、岩相、含矿性与围岩接触关系、围岩时代；变质岩填写岩石名称、变质相带类型、变质程度、变质作用类型、变质温压条件、含矿性。

（3）构造剖面类：断层填写断层名称、性质、上盘地质体岩性及代号、下盘地质体岩性及代号、形成时代、活动期次、走向、倾角、变质岩分带、断层破碎带宽度；褶皱填写名称、类型、核部地层及代号、翼部地层及代号；不整合界面填写名称、类型、上覆与下伏地层单位、岩性、产状。

（4）重要化石产地类：古人类化石产地遗迹填写遗迹名称、产出层位及代号、化石保存特征、与古人类化石相关的古人类活动遗迹；古生物群化石产地、古动物化石产地、古植物化石产地、古生物遗迹化石产地遗迹填写名称、所属生物门类、化石种属、古生物化石或古生物形迹保存特征（化石层产出层位、化石层或遗迹层的厚度、出露面积、化石数量、密度、个体大小、组合特征)、化石地层特征(地层单位名称、时代、厚度、岩石名称、岩性特征)。

(5)重要岩矿石产地类:矿物填写名称、类型、形态特征、形成特征、围岩时代、矿物组合、成因类型;矿床露头填写名称、矿种名称、共生矿、伴生矿、成因类型、成矿时代、开发现状、工业类型。

(6)岩土体地貌类:填写组成地貌遗迹的主要景观体的类型、形态(单体和整体)、单体特征(长、宽、高)、丰度、组合关系等。

(7)水体地貌类:河流亚类主要描述地貌景观体的类型、河床形态、河段长度、河谷宽度、河床比降、水流状态、最大水深、河流曲率、水质、河岸地质特征、河岸植被情况等;湖泊、潭亚类主要描述其类型、面积、岸线长度、深度、体积、水质、透明度、湖岸类型、湖岸地质特征、湖岸植被情况;湿地-沼泽亚类主要描述类型、水质、水深、植被分布、鸟类与动物分布;瀑布亚类主要描述类型、宽度、水流落差、水流状态、水质、跌水级数及所处河流名称;泉亚类主要描述类型、水量、水温、地下水性质、地下水补给来源、动态变化特征、泉水物理性质、泉水用途。

(8)地震遗迹类:地裂缝形态、延长方向、倾向、倾角、长度、深度、宽度、排列型式、地裂缝地层岩性、地面变形分布、最大变形量、变形方向。

(9)地质灾害遗迹类:

①崩塌亚类填写类型、长度、崩塌堆积体形状、长轴方向、宽度、高度、坡度、面积、体积、崩塌地质体岩性特征和地质时代、诱发崩塌的原因、危害程度。

②滑坡亚类填写类型、性质、发生时间、面积、体积、地层岩性、滑动面、前缘高程、后缘高程、滑舌底高程、滑坡壁高度、滑坡轴方位、滑坡特点及成因、危害程度、稳定程度。

③泥石流亚类填写类型、规模、发生时间、形成泥石流水动力类型、泥沙补给途径、沟口扇形地特征、主沟纵坡度、相对高差、山坡坡度、流域面积、成因分析、危害程度、防治措施现状。

④地面塌陷亚类填写平面形状、塌陷长度、宽度、面积、塌陷深度、塌陷地层岩性、发生时间、诱发的原因、危害程度、稳定程度。

⑤地面沉降亚类填写范围、平面形状、沉降长度、宽度、面积、最大沉降量、沉降地层岩性、发生时间、诱发原因、危害程度、稳定程度等。

3.地质遗迹特征观察、测量及成因分析技术

1)三维一体的观察描述法

地质遗迹是三维空间的造型,在调查单个具体遗迹时,观察、测量、描述尽量用实际数据反映地质遗迹(景观)三维空间(长、宽、高)特征,同时注意追索其在延伸(走向)、延宽(横向)上的变化,避免在调查中因局限性观测,而导致对遗迹形态特征及成因属性的错误认识。

2)素描与现代摄录技术结合方法

素描与摄录技术,特别是现代数字摄录技术能形象逼真准确地把地质遗迹的外部特征记录下来,是地质遗迹调查过程中的重要手段之一,针对地质遗迹景观,从不同距离和方向,对需要摄录的地质遗迹进行摄像和录像。

3)"3S"技术的应用

"3S"技术为提高地质遗迹调查精确度和遗迹群落的属性认识创造了技术条件,也是野外地质遗迹调查的重要手段之一。在整个调查过程中,始终把"3S"技术贯穿其中。一是使用手持"GPS"准确确定地质遗迹在区域上的位置,保证了地质遗迹的定位误差在5～15m之内;二是使用"GIS"(MapGIS)系统详细输入和处理观测到的各类地质数据,实现调查所得数据的信息化和图形化;三是应用"RS"技术判读该遗迹在宏观上的形态特征变化,判读观测地质遗迹与周边地质遗迹景观的组合、成生联系及其空间分布艺术造型的变化规律。

4)形态分析法

地质遗迹所表现的各种形态特征,是地质遗迹在内外动力地质作用下的产物,通过对地质遗迹各个形态要素的分析,可以充分认识各个地质遗迹形成、发展、演化的各个过程,相互之间的依存关系,揭示其形成、形变规律,调查过程中,对地质遗迹形态描述使用最多的分析方法。如通过对多级阶地(层状地貌)的分析,揭示地壳多次间歇式抬升为其主要原因。

5)沉积物相分析法

调查过程中,通过对沉积地层、岩石等沉积物粒度结构、构造、化学成分、古生物化石的变化分析,确认地质遗迹点与群落的沉积物质来源、沉积相、沉积时代,确定地质遗迹形成时代的古地理、古气候环境及其过程。

6)动力分析法

地质遗迹的形成,是内外动力地质作用的结果,特别是外力地质作用,是地貌类地质遗迹景观形成的重要条件。通过对地质遗迹群落和景观点的形态特征、单元组合的变化分析,揭示地质遗迹发育过程中外动力地质作用因素;通过对多层遗迹叠置、新构造运动痕迹等多方面综合分析,认识地质遗迹发展过程中内动力地质作用的性质和幅度。

4. 多媒体信息采集

多媒体信息采集包括摄影和摄像。照片应反映地质遗迹出露的全貌、总体现状、局部特点及形态;影像应反映地质遗迹的地貌单元、保存现状及宏观特征。

5. 圈定范围

对地质遗迹出露边界控制点进行划定,根据遥感解译图和地质图,结合地质现象和景观点的分布确定地质遗迹的范围、规模。

(四)地质剖面测量

一般测制综合地质地貌剖面,如长江、汉江流域的风景河段、阳逻砾石层、化石木、鳞木化石产地剖面等。水平比例尺以1∶2 000~1∶5 000、垂直比例尺以1∶50~1∶100为宜,水平剖面以控制不同地质体及其地质遗迹特征和不同地貌单元为目的,垂直剖面以控制地质体垂向分层结构为目的、以浅钻揭露或天然露头描述为主,注重多媒体信息的采集。

(五)地球物理探测

1. 物探方法选择

在武汉市调查古人类活动遗址遗迹的过程中,洞穴探测是必不可少的工作手段,所涉及的物探方法较为复杂,以下按照调查内容的不同进行列表分类(表4-6-1):

表4-6-1 洞穴调查常用物探方法表

序号	物探方法	调查内容		执行或参考规范
1	瞬变电磁法	探测含水构造等	小于300m(与装置有关)	《地面磁性源瞬变电磁法技术规程》(DZ/T 0187—2016)

续表 4-6-1

序号	物探方法		调查内容		执行或参考规范
2	电阻率法	电阻率剖面法	探测含水区域	表层定性探测	《电阻率剖面法技术规程》（DZ/T 0073—2016）；《电阻率测深法技术规范》（DZ/T 0072—1997）；《城市工程地球物理探测标准》（CJJ/T 7—2020）
3		电阻率测深法	构造、岩性界面、地层厚度等	通常小于 400m	
4		高密度电阻率法	地层厚度、岩性界面、断层破碎带、构造等	探测深度小于 200m	
5	地质雷达		地质分层，浅部孔洞等	探测深度小于 30m	《城市工程地球物理探测标准》（CJJ/T 7—2017）

2. 电阻率法

电阻率法的要求与水文地质调查评价的要求基本相同（参见第三章第二节）。

3. 瞬变电磁法

瞬变电磁法的要求与水文地质调查评价的要求基本相同（参见第三章第二节）。

4. 地质雷达法

地质雷达法的要求与基础地质调查评价的要求基本相同（参见第三章第一节）。

（六）分析测试

主要用于重要矿产地的岩矿石标本和重要化石产地的古生物化石标本的精细鉴定、古人类活动遗迹样本的测年研究等。

四、地质遗迹资源评价

（一）目的和任务

所谓地质遗迹资源评价，就是从合理开发利用和保护地质遗迹资源及取得最大的社会、经济与环境效益的目标出发，通过一定的方法，对不同区域内，不同类型的地质遗迹资源的数量、品质、结构、功能、开发潜力、开发条件及其可能产生的经济、社会和环境效益进行综合鉴定和评定的过程；是对地质遗迹资源品质、特性、开发条件等作出一个全面、客观的界定，为国家和地区对地质遗迹资源进行分级规划和管理提供系统资料和判断对比的标准；为合理保护与开发利用地质遗迹资源发挥整体、宏观效应提供可行性论证；为确定不同地质遗迹资源地保护、开发、建设顺序和提供后备资源打下坚实基础。

（二）评价内容

地质遗迹的科学价值和美学价值评价内容包括科学性、稀有性、完整性、美学性、保存程度、可保护性 6 个方面。

（1）科学性：评价地质遗迹对于科学研究、地学教育、科学普及等方面的作用和意义。
（2）稀有性：评价地质遗迹的科学含义和观赏价值在国际、国内或省（区、市）内的稀有程度和典型性。
（3）完整性：评价地质遗迹所揭示的某一地质演化过程的完整程度。
（4）美学性：评价地质遗迹的优美性、视觉舒适性和冲击性。
（5）保存程度：评价地质遗迹点保存的完好程度。
（6）可保护性：评价影响地质遗迹保护的外界因素的可控制程度。

（三）价值等级评价标准

地质遗迹资源价值等级评定共分为四级：一级（世界级）、二级（国家级）、三级（省级）、四级（省级以下）。

1. 一级（世界级）

（1）能为全球演化过程中的某一重大地质历史事件或演化阶段提供重要地质证据的地质遗迹。
（2）具有国际地层（构造）对比意义的典型剖面、化石产地及矿产地。
（3）具有国际典型地学意义的地质地貌景观或现象。

2. 二级（国家级）

（1）能为一个大区域演化过程中的某一重大地质历史事件或演化阶段提供重要地质证据的地质遗迹。
（2）具有国内大区域地层（构造）对比意义的典型剖面、化石产地及矿产地。
（3）具有国内典型地学意义的地质地貌景观或现象。

3. 三级（省级）

（1）能为区域地质历史演化阶段提供重要地质证据的地质遗迹。
（2）有区域地层（构造）对比意义的典型剖面、化石产地及矿产地。
（3）在地学分区及分类上，具有代表性或较高历史、文化、旅游价值的地质地貌景观。

4. 四级（省级以下）

指凡是不符合以上标准的地质遗迹。

（四）评价方法

以开发旅游为目的地质遗迹资源评价，是通过对地质遗迹资源的价值功能、环境条件和开发条件等多方面来实现的。评价的最终结果是为国家和地区进行旅游资源的分级规划和管理提供系统资料和判断对比的标准，为旅游资源开发定位准备条件，为制定旅游发展规划提供科学依据。地质遗迹资源属于旅游资源的一个重要组成部分，所以地质遗迹资源开发评价方法的选择，可借鉴和参照现有的旅游资源评价方法，并根据评价的目标和评价阶段的不同进行选择和改进。

地质遗迹资源开发的综合评价方法包括定性评价和定量评价两种方法。定性评价又称经济评价，主要是通过评价者对景观资源观察后的感性认识得出结论，一般无具体数量指标的采用文字描述进行对比，反映被对比地质遗迹之间重要特征的差异及价值，这种方法简便易行，但容易受评价者自身主观意向及偏好的影响；定量评价是将被评价资源的各项指标通过统计分析、计算，进行量化，用具体的数量来表示旅游资源及其环境等级的方法。数字化是信息科学发展的趋势，通过数量来划定地质遗迹（旅游）资源价值，比较客观，便于对比。

1. 定性评价方法

（1）专家鉴评：分别邀请同领域的专家组成鉴评专家组，每一类型地质遗迹点鉴评专家不少于 3 人，经集体讨论，确定地质遗迹点的级别，填写地质遗迹点鉴评结果表，表格式参照《地质遗迹调查规范》（DZ/T 0303—2017）之附录 E。

（2）对比评价：根据选择与本项地质遗迹级类别相同或相似的地质遗迹点进行对比，对比的特征与要素（属性）应反映遗迹的重要特征和价值，对比的对象不少于两个以上。价值对比标准见表 4-6-2、表 4-6-3。

表 4-6-2　不同类型地质遗迹科学性和观赏性指标及对应标准表

遗迹类型	评价标准	级别
地层剖面	具有全球性的地层界线层型剖面或界线点	Ⅰ
	具有地层大区对比意义的典型剖面或标准剖面	Ⅱ
	具有地层区对比意义的典型剖面或标准剖面	Ⅲ
	具有科普价值的地层区对比意义的剖面	Ⅳ
岩石剖面	全球罕见稀有的岩体、岩层露头，且具有重要科学研究价值	Ⅰ
	全国或大区内罕见岩体、岩层露头，具有重要科学研究价值	Ⅱ
	具有指示地质演化过程的岩石露头，具有科学研究价值	Ⅲ
	具有一般的指示地质演化过程的岩石露头，具有科学普及价值	Ⅳ
构造剖面	具有全球性构造意义的巨型构造、全球性造山带、不整合界面（重大科学研究意义的）关键露头地（点）	Ⅰ
	在全国或大区域范围内区域（大型）构造，如：大型断裂（剪切带）、大型褶皱，其他典型构造遗迹	Ⅱ
	在一定区域内具科学研究对比意义的典型中小型构造，如：断层（剪切带）、褶皱，其他典型构造遗迹	Ⅲ
	具有科学普及意义的中小型构造，如：断层（剪切带）、褶皱，其他典型构造遗迹	Ⅳ
重要化石产地	反映地球历史环境变化节点，对生物进化史及地质学发展具有重大科学意义；国内外罕见古生物化石产地或古人类化石产地；研究程度高的化石产地	Ⅰ
	标准化石产地；研究程度较高的化石产地	Ⅱ
	系列完整的古生物遗迹产地	Ⅲ
	古生物化石产地或者露头，具有科普价值	Ⅳ
重要岩矿石产地	全球性稀有或罕见矿物产地（命名地）；在国际上独一无二或罕见矿床	Ⅰ
	在国内或大区域内特殊矿物产地（命名地）；在规模、成因、类型上具典型意义	Ⅱ
	典型、罕见或具工艺、观赏价值的岩矿物产地	Ⅲ
	具有一定的科普或观赏价值的岩矿石产地	Ⅳ
岩土体地貌	极为罕见之特殊地貌类型，且在反映地质作用过程有重要科学意义	Ⅰ
	具观赏价值之地貌类型，且具科学研究价值	Ⅱ
	稍具观赏性地貌类型，可作为过去地质作用的证据	Ⅲ
	有一定的观赏性，并可以作为旅游开发和科普教育的一个组成部分的地貌景观	Ⅳ

续表 4-6-2

遗迹类型	评价标准	级别
水体地貌	地貌类型保存完整且明显，具有一定规模，其地质意义在全球具有代表性	Ⅰ
	地貌类型保存较完整，具有一定规模，其地质意义在全国具有代表性	Ⅱ
	地貌类型保存较多，在一定区域内具有代表性	Ⅲ
	有一定的观赏性，并可以作为旅游开发和科普教育的一个组成部分的水体地貌景观	Ⅳ
地质灾害遗迹	罕见地质灾害且具有特殊科学意义的遗迹	Ⅰ
	重大地质灾害且具有科学意义的遗迹	Ⅱ
	典型的地质灾害所造成的且具有教学实习及科普教育意义的遗迹	Ⅲ
	有一定的观赏性，并可以作为旅游开发或科普教育的一个组成部分的地貌景观	Ⅳ

表 4-6-3　地质遗迹评价其他指标及对应标准表

评价因子	界定标准	级别
稀有性	属国际罕有或特殊的遗迹点	Ⅰ
	属国内少有或唯一的遗迹点	Ⅱ
	属省内少有或唯一的遗迹点	Ⅲ
	属县域内少有或唯一的遗迹点	Ⅳ
完整性(系统性)	反映地质事件整个过程都有遗迹出露，表现现象保存系统完整，能为形成与演化过程提供重要证据	Ⅰ
	反映地质事件整个过程，有关键遗迹出露，表现现象保存较系统完整	Ⅱ
	反映地质事件整个过程的遗迹零星出露，表现现象和形成过程不够系统完整，但能反映该类型地质遗迹的主要特征	Ⅲ
	反映本县域内的地质事件和主要地质遗迹景观特征	Ⅳ
保存程度	基本保持自然状态，未受到或极少受到人为破坏	Ⅰ
	有一定程度的人为破坏或改造，但仍能反映原有自然状态或经人工整理尚可恢复原貌	Ⅱ
	受到明显的人为破坏或改造，但尚能辨认地质遗迹的原有分布状况	Ⅲ
	虽然受到严重破坏，但仍能反映地质遗迹的分布状况	Ⅳ
可保护性	通过人为因素——采取有效措施能够得到保护的——工程或法律，如古生物化石产地，遗迹单体周围没有其他破坏因素存在	Ⅰ
	通过人为因素——采取有效措施能够得到部分保护的——部分控制，如溶洞等，周围一定范围内没有破坏因素存在	Ⅱ
	自然破坏能力较大，人类不能或难以控制的因素——自然风化、暴雨、地震等，有一定被破坏的威胁	Ⅲ
	受破坏较大，但又产生出新的景观或现象，或者异地保护	Ⅳ

2. 定量评价——层次分析法

定量评价一般采用层次分析法。层次分析法最早由美国运筹学家 Azsaaty 提出。它运用模糊数学和灰色系统理论，将人们的主观判断给予科学的数理表达和处理。它是将各种复杂问题根据专业要求分解成若干层次，在比原问题简单得多的层次上逐步分析，把人们的主观判断变成数量形式表达，是一种综合整理人们主观判断的客观评价方法。这种分析方法首先对所研究问题的各种影响因子进行归类和层次划分，确定属于不同层次和不同组织水平的各因子之间的相互关系，在总目标即最高层的基础上划分出大类，大类基础上划分出类，类的基础上再划分出层，不同层次的因子即构成了多目标决策树。然后，再对决策树中的总目标及子目标分别建立影响因子之间关系的判断矩阵。

对于一个总目标 E，各影响因子 $P_i(i=1,\cdots,n)$ 的重要性分别为权重 $Q(Q>0,\sum Q=10$ 或 $1)$，则

$$E=\sum_{i=1}^{n}Q_iP_i$$

式中：E——地质遗迹资源价值；

Q_i——第 i 个评价因子的权重；

P_i——第 i 个评价因子的评价值；

n——评价因子数目。

层次分析法计算过程（实例分析）见附件 4-1。

（五）地质遗迹区划

1. 自然区划

依据地域聚集性、成因相关性和组合关系，按照地质遗迹出露所在的地貌单元、构造单元和分布规律划分为地质遗迹区、地质遗迹分区、地质遗迹小区 3 个层次。

2. 保护区划

依据地质遗迹的等级、保存现状和可保护性等因素，遵循自然属地和行政区划分原则，保护区级别分为特级保护区（世界级）、重点保护区（国家级）和一般保护区（省级及以下）。

五、成果表达

（一）成果报告

成果报告的主要内容包括目的任务与工作过程、地质遗迹类型描述与分布规律、成因与演化、地质遗迹评价与区划、保护与开发利用建议、创新点及成果转化应用等。地质遗迹调查报告编写提纲参照《地质遗迹调查规范》(DZ/T 0303—2017)之附录 J。

（二）图件及说明书

(1)地质遗迹资源分布图图例参考中华人民共和国地质矿产行业标准(DZ/T 0303—2017)。

(2)地质遗迹资源分布图：全武汉市以 1∶100 000 地质图（简化）和地理底图作为背景图层，专题图层标注地质遗迹点的编号、类型和价值；各行政区以 1∶50 000 地质图（简化）和地理底图作为背景图层，专题图层标注地质遗迹点的编号、类型和价值。

(3)地质遗迹保护规划建议图：全区以 1∶100 000 地理底图为背景图层，专题图层标注地质遗迹点的编号、类型和保护级别；说明每个遗迹点的重要性、保护方法和保护建议。各行政区以 1∶50 000 地理底图为背景图层，专题图层标注地质遗迹点的编号、类型和保护级别；说明每个遗迹点的重要性、保护方法和保护建议。

(4)重要地质遗迹点(集中区)资源图:成图比例尺的选取应适应地质遗迹的规模,能够清晰表达组成地质遗迹的各种结构单元并准确描述所有典型及重要的地质现象(单元),一般不小于1∶25 000;选择相应比例尺的地质图(简化)和地理底图为背景图层,专题图层标注地质遗迹点的范围和构成要素。

(5)对地质遗迹资源图、地质遗迹区划图、地质遗迹保护规划建议图均应编写图件说明书。

(三)地质遗迹资源数据库建设

根据地质遗迹信息采集表的要素,建立地质遗迹调查成果数据库和图件的空间数据库。

(四)实物成果

主要包括古动植物化石标本、古人类遗迹中出土的文物古迹等。

第七节　天然建筑石材资源调查评价

一、调查内容

截至目前,武汉市内已发现的矿产类型共计13种(含亚种),包括能源矿产——煤炭1种,非金属矿产包括建筑用石英砂岩、建筑用灰岩、冶金用白云岩、冶金用石英砂岩、水泥用灰岩、玻璃用砂岩、熔剂用灰岩、砖瓦用页岩、水泥配料用黏土和耐火用黏土等10种,水气矿产——矿泉水1种。非金属矿产无论在矿床类型还是数量上均占有绝对优势,在矿种、储量、规模、质量、分布和开采利用方面总体上具有如下特征:一是建材类与冶金辅助原料等非金属矿产为主体;二是矿床规模小,工作程度低;三是主要矿产分布较集中,地域特色较明显;四是主要矿产开采条件好,加工方便。

武汉市内开展矿产资源调查评价工作,主要针对石料、卵石、砂砾、黏土及工程渣土等天然或人工建筑材料。具体调查内容如下。

(一)矿产信息

(1)已有天然建筑石材矿床、矿点、矿化点的种类、分布及其地质特征。

(2)典型矿床成因类型、控矿因素及找矿标志。

(3)新发现矿点、矿化点的种类、分布、地质特征及资源潜力。

(二)成矿地质条件

(1)对比研究已知矿床和相关地质体形成时代、物质成分和空间位置的关系,确定与成矿有关的地质体。

(2)调查成矿地质体形态、规模、产状、时空分布、岩石类型、矿物组合等特征。对花岗岩类建筑石材则应了解其放射性特征。

(三)开发利用现状

(1)调查天然建筑石材资源开发利用状况及与资源利用相关的生态地质问题。

(2)评价区域天然建筑石材资源开发利用前景。

（四）成矿规律

（1）成矿时代、含矿建造和控矿构造等特征。
（2）成矿地质体、成矿构造、成矿作用特征标志三维空间分布格局。
（3）矿床空间分布状况、成矿规律和成矿预测。

二、工作精度

一般调查区适宜工作比例尺为 1∶50 000，开展天然建筑材料调查评价，初步查明天然建筑材料状况，圈定分布区，提出开发与保护建议。

重点调查区适宜 1∶25 000～1∶10 000，开展天然建筑材料重点评价，评价资源量，圈定优质建筑材料分布区，评价开采活动的地质环境影响，提出优质建筑材料的合理开发利用方案。

三、工作方法与技术要求

按照《固体矿产地质勘查规范总则》（GB/T 13908—2020）的要求，因地制宜选择合适的技术方法，包括预研究，遥感解译，矿产地质专项填图，物探，化探，综合检查，钻探，潜力评价，综合研究及专题研究等。

（一）遥感地质调查

（1）收集不同空间分辨率、不同频谱的航空、卫星遥感数据及其解译成果，岩矿波谱测量等其他遥感资料，了解调查区构造、地层、岩性、矿物等的分布特征，构建地质要素空间格架，为矿产地质调查提供先导性、基础性的地质资料。
（2）针对遥感解译要素的不同，开展相关的遥感数据预处理、图像增强处理、地质信息识别与提取处理等。
（3）遥感野外验证一般与矿产地质专项填图、综合检查同步开展。

（二）矿产地质专项填图

（1）以新的成矿理论为指导，以地质观察研究为基础，倡导运用行之有效的新技术、新方法。
（2）采用数字地质调查技术。
（3）填编综合地质图，实测分层剖面，确定含矿建造和岩性组合，划分填图单元。
（4）样品采集及测试分析：主要样品类型有岩矿鉴定样品、化学分析样品等。必要时可视情况采集放射性测试样品。

（三）地球物理调查

1. 物探方法选择

在武汉市开展城市地质资源调查工作中，涉及固体矿产的物探方法较多，以下按照调查内容的不同进行列表分类（表 4-7-1）。

表 4-7-1　固体矿产地质调查常用物探方法技术表

<table>
<tr><th>序号</th><th colspan="2">物探方法</th><th colspan="2">调查内容</th><th>执行或参考规范</th></tr>
<tr><td>1</td><td colspan="2">磁法</td><td colspan="2">部分区域的断裂构造、变质岩、岩浆岩等，存在磁性的地质体</td><td>《地面高精度磁测技术规程》(DZ/T 0071—93)</td></tr>
<tr><td>2</td><td colspan="2">重力</td><td colspan="2">断测破碎带、岩性界面、构造等，存在密度差异的地质体</td><td>《大比例尺重力勘查规范》(DZ/T 0171—1997)</td></tr>
<tr><td>3</td><td rowspan="3">电磁法</td><td>AMT</td><td rowspan="3">地层厚度、岩性界面、构造等</td><td>深度小于 1 000m，干扰较小区域</td><td>《天然场音频大地电磁法技术规程》(DZ/T 0305—2017)</td></tr>
<tr><td>4</td><td>CSAMT</td><td>深度小于 1 000m</td><td>《可控源音频大地电磁法技术规程》(DZ/T 0280—2015)</td></tr>
<tr><td>5</td><td>广域电磁法</td><td>深度小于 2 000m</td><td>《广域电磁法技术规程》(DB43/T 1460—2018)</td></tr>
<tr><td>6</td><td colspan="2">高密度电阻率法</td><td>地层厚度、岩性界面、断层破碎带、构造等</td><td>探测深度小于 200m</td><td rowspan="2">《电阻率剖面法技术规程》(DZ/T 0073—2016)；《电阻率测深法技术规范》；(DZ/T 0072—2020)；《城市工程地球物理探测标准》(CJJ/T 7—2017)</td></tr>
<tr><td>7</td><td colspan="2">电阻率法</td><td>构造、岩性界面、地层厚度等</td><td>/</td></tr>
</table>

2. 高精度磁力勘探

高精度磁法的要求与基础地质调查评价的要求基本相同(参见第三章第一节)。

3. 高精度重力勘探

高精度重力勘探的要求与基础地质调查评价的要求基本相同(参见第三章第一节)。

4. 电磁法

电磁法的要求与基础地质调查评价的要求基本相同(参见第三章第一节)。

5. 电阻率法

电阻率法的要求与水文地质调查评价、基础地质调查评价的要求基本相同(参见第三章第一、二节)。

(四)矿产综合检查

(1)全面收集调查区内已有矿产地、矿(化)点的地理位置、地质特征、储量规模、勘查程度、开发利用情况、资料来源等信息，填制矿产信息卡片。

(2)矿产检查包括概略检查、重点检查两个阶段，应遵循由浅入深、由表及里的工作程序。

(3)选择区域内或邻区典型矿床进行对比，大致了解已有矿产地、矿(化)点的含矿层、矿(化)体等特征，以及与成矿有关的建造和构造的类型、形态、产状、规模、空间展布等特征，采集样品和标本，研究控矿因素和矿床类型。

(4)按照矿种勘查规范的一般工业指标圈定矿体，估算预测的资源量(334)。

四、天然建筑石材资源评价

（一）资源潜力评价

1. 评价目的

在野外调查工作的基础上，总结区域成矿规律，采用综合地质信息预测方法，圈定预测区、优选找矿靶区并估算资源量(334)，提出下一步工作部署建议。

2. 评价内容与方法

(1)总结区域成矿规律，结合物、化、遥异常要素等编制成矿规律图。
(2)编制区域矿产预测要素图。
(3)采用综合地质信息预测方法，构建预测要素变量，圈定最小预测区并估算预测资源量。
(4)根据预测区定量预测结果，优选找矿靶区，编制矿产预测图。

（二）技术经济可行性评价

1. 评价目的

以找矿靶区或新发现矿产地为对象，大致了解天然建筑石材资源勘查开采技术条件和开发利用外部条件，概略评价矿产资源开发利用的技术经济可行性。

2. 评价内容与方法

(1)在符合相关规划、生态环境保护要求和产业政策等条件下，开展找矿靶区或新发现矿产地的技术经济可行性概略评价。

(2)大致了解找矿靶区或新发现矿产地开采技术条件，分析是否存在矿体埋藏深、水文地质条件复杂、矿体顶底板围岩和矿石稳定性差等因素，造成矿产资源开采难度大。

(3)大致了解找矿靶区或新发现矿产地开发利用外部条件，分析水电交通等基础设施、原材料供给等相关约束条件。

(4)以收集资料及与同类型矿山类比分析为主要手段，找矿靶区主要开展成矿类型类比，新发现矿产地重点开展矿石质量类比。

（三）环境影响评价

1. 评价目的

以找矿靶区或新发现矿产地为对象，大致了解区域地质环境条件，预测天然建筑石材资源勘查开发对环境可能带来的影响，为后续矿产勘查工作提供依据。

2. 评价内容与方法

(1)在符合相关规划、生态环境保护要求和产业政策等条件下，预测矿产资源勘查开发可能对环境产生的影响。

(2)在预研究基础上,开展环境影响评价数据采集及综合整理。

(3)分析找矿靶区或新发现矿产地是否在自然保护区、风景名胜区、集中供水水源地、基本农田、地质遗迹、各类公园以及其他生态红线区的分布范围内。

(4)分析找矿靶区或新发现矿产地的勘查开发是否会对草场、林地、农田、水体、珍稀动植物等带来不利影响,是否会引起地质灾害、环境污染等问题。

(5)环境影响评价以收集资料及与同类型矿山类比分析为主要手段,应充分利用遥感地质调查、化探等相关成果,必要时补充开展样品采集及测试分析工作。

五、成果表达

(一)图件

(1)实际材料图。
(2)综合地质图。
(3)成矿规律图。
(4)矿产预测图。
(5)资源环境综合信息图。

(二)报告

天然建筑石材资源调查成果报告。

(三)数据库

按矿产资源调查数据库的常规要求执行。

(四)实物成果

典型岩矿石标本。

第八节 矿泉水资源调查评价

矿泉水资源调查评价的调查内容与水文地质调查评价的内容基本一致,只是更加侧重含有标性元素(矿泉水)的含水层的补给、径流和排泄,所以本节的第一、二、三的部分内容与第三章第二节 水文地质调查评价的内容完全一样,在此不再赘述。

一、调查内容

参照水文地质调查评价有关内容。

二、工作精度

参照水文地质调查评价有关内容。

(1)区域水文地质调查(比例尺 1∶100 000～1∶50 000),调查范围包括天然矿泉水水源周边及相关地区。

(2)水源地水文地质调查(比例尺 1∶25 000～1∶5 000),调查范围为天然矿泉水水源补给、径流和开采区。

三、工作方法与技术要求

(一)水文地质调查

工作方法与技术要求与水文地质调查评价工作方法与技术要求基本相同,查明矿泉水水源地 6 个方面:

(1)地层时代、岩性特征、地质构造、岩浆(火山)活动及其矿泉水水源地的地质环境。

(2)天然矿泉水水源的贮存条件、含水层特征和富水性、分布范围、埋藏深度。

(3)天然矿泉水水源水质的物理化学特征和微生物指标。

(4)天然矿泉水水源水质、水量(水位)、水温、泉流量、开采量等动态特征。

(5)天然矿泉水水源周围的环境条件及污染防护状况。

(6)水文地热工作:对水温大于 34°C 的医疗矿泉水水源地,可参考《地热资源地质勘查规范》(GB/T 11615—2010)的有关要求编制等温线图,进行温度测井,计算地温梯度,确定温度异常,用水化学温标估算储层温度和热矿泉水循环深度(武汉市暂未发现,本指南不做要求)。

可参照水文地质调查评价。

对矿泉水水源地水文地质条件,需详细查明矿泉水补给径流排泄与形成机理(特别是标性元素的来源、矿泉水的成因分析)。

(二)地球物理勘探

对埋藏型矿泉水,可针对主要含矿泉水的断裂构造或含水层进行地球物理调查,确定断裂构造的宽度、产状、含水层的埋藏深度与分布等。

地球物理调查比例尺应与地质-水文地质调查比例尺一致,对所获资料,应结合地质水文地质条件进行分析,提出综合解译成果,作为矿泉水勘探与布置开采水源井的依据。

(三)矿泉水勘探

水文地质钻探的目标层明确,一般是天然矿泉水含水层。矿泉水资源调查评价的水文地质钻探尽可能实行“探采结合”的原则,口径满足取水设备安装的要求,松散层中的勘探孔口径不小于 175mm;基岩中的勘探孔最小终孔口径不应小于 110mm;勘探开采井,以能下入取水设备为原则。钻孔深度以矿泉水含水层埋深为依据,覆盖层中建立完整井,以穿过含水层 10～20m 为宜;基岩中穿过主要富水段,延伸深度应不小于 10m。在钻探过程中对含矿泉水的层位或地段的顶底板必须严格止水,且必须采用清水钻进。严格禁止采用化学物质堵漏。

四、矿泉水资源评价

(一)建立地下水监测网

对泉(孔)及其周围地表水体,应布置动态观测点,观测矿泉水的水质、水量、水位、水温动态,确定其在枯、丰、平水期的动态特征,研究各类水体与矿泉水之间的联系。

对天然矿泉水水源的泉(孔)进行动态监测,掌握天然矿泉水资源天然动态和开采动态变化规律。监测内容包括水位(压力)、开采量(流量)、水温监测频率一般每月观测 3~6 次,天然矿泉水水源地调查评价要求连续监测一个水文年以上;水质每年按丰水期、平水期和枯水期至少监测 3 次。已开采的矿泉水水源须按水源勘查阶段的各项要求连续监测,并要求每年至少进行一次水质全分析。

1. 地下水水位(压力、水温)、开采量(流量)监测

利用以往水源地水文地质勘查时预留的地下水水位(水温)监测点;水源地周围的机井(民井);水源地及周围的泉点;矿泉水勘查时探采结合井进行地下水水位(压力、水温)、开采量(流量)监测。

1)地下水水位(压力、水温)

测量地下水水位埋深是指地下水水位距地面的深度。可采用测钟或自动水位仪进行测量,一般每月观测 3~6 次。

水温应在井(泉)口矿泉水流出(或抽出)的部位(以非公共供水系统的水为生产用源水的,取样点应为源水出口水,以公共供水系统的水为生产用源水的,取样点应设在公共供水接入口)。地下水水温,测量 2 次,取平均值作为测量的水温。可采用测钟或自动测温仪进行测量,一般每月观测 3~6 次,与水位监测同步,在测量地下水水位的同时应测量当时的气温。

压力是指承压水头的高度或承压水头高出地表的高度。可采用加高监测井管的高度,使地下水不能自溢,用测钟或自动水位仪进行测量,一般每月观测 3~6 次。

2)开采量(流量)监测

对水源地的每一口开采井和泉进行开采量(流量)监测,并汇总,作为整个水源地的开采量(流量)。生产井的开采量可用水表计量;泉的流量可用三角堰或便携式流量测量仪测量。

2. 水质监测

按照《食品安全国家标准 饮用天然矿泉水》(GB 8537—2018)要求、《食品安全国家标准 食品中污染物限量》(GB 2762—2017)中饮用天然矿泉水需要检测的污染物项目及要求进行。

3. 气样监测点

凡天然矿泉水水源有逸出气体的钻孔、泉均应采集气体样品,分别测定水中溶解气体和逸出气体的组成及其含量。分析项目包括 CO_2、H_2S、CO、N_2、CH_4 及 ^{222}Rn,其中 CO_2、H_2S 应在天然矿泉水水源现场分析测试。

4. 重要地表水水位、水质监测点(作为地下水水位、水质的参考)

（二）资料处理

1. 原始资料检查和整理

原始资料包括水文地质测绘、物探、钻探、检测和监测及收集的相关资料。在综合分析基础上，找出客观地质-水文地质条件与矿泉水生成的内在联系及其规律性，以文字及图表等形式予以科学的表达。资料整理工作，应做到有的放矢。基础资料及原始数据要及时核实，达到准确可靠、图表编绘力求简明清晰，说明问题。

2. 资料处理

对取得的所有资料按归档要求进行处理，编制相应的图件，为报告编制做好准备。

（三）矿泉水质量评价

1. 评价矿泉水水化学特征

以非公共供水系统的水为生产用源水的，监测频率为每年丰水期和枯水期各至少 1 次；遇到特殊情况如地震、洪水等，应增加监测次数。水质采样检测分析报告结果达到《饮用天然矿泉水》（GB 8537—2018）水质标准。

pH 值、溶解性总固体、总硬度、阳离子（Ca^{2+}、Na^{+}、Mg^{2+}）、阴离子（HCO_3^-、Cl^-、SO_4^{2-}、F^-），特别是矿泉水中的阴、阳离子大于 25%（摩尔分数）以上者可参加水化学类型命名。指出矿泉水水化学类型，淡水属性。

2. 评价矿泉水水质特征

1）物理特征

矿泉水颜色、透明度、水温、导电率等。

2）感官质量

按照国家标准《饮用天然矿泉水》（GB 8537—2018）中的技术要求，所有检测结果均应达标（表 4-8-1）。

表 4-8-1　饮用天然矿泉水感官要求表

项目	要求
色度/度	≤10（不得呈现其他异色）
浑浊度/NTU	≤1
滋味、气味	具有矿泉水特征性口味，不得有异臭、异味
状态	允许有极少量的天然矿物盐沉淀，无正常视力可见外来异物

3）矿泉水的标性元素

矿泉水的标性元素达到国家饮用天然矿泉水标准的界限指标（表 4-8-2）。

4）污染指标及放射性指标

对污染指标挥发酚（以苯酚计）、氰化物（以 CN^- 计）、阴离子合成洗涤剂、矿物油、亚硝酸盐（以 NO_2^- 计）及放射性指标总 β 放射性进行评价，符合《饮用天然矿泉水》（GB 8537—2018）要求（表 4-8-3）。

表 4-8-2　饮用天然矿泉水界线指标表

项目	要求
锂/(mg/L)	≥0.20
锶/(mg/L)	≥0.20(含量在 0.20～0.40mg/L 时,水源水水温应在 25℃以上)
锌/(mg/L)	≥0.20
偏硅酸/(mg/L)	≥25(含量在 25～30mg/L 时,水源水水温应在 25℃以上)
硒/(mg/L)	≥0.01
游离二氧化碳/(mg/L)	≥250
溶解性总固体/(mg/L)	≥1 000

表 4-8-3　饮用天然矿泉水污染指标及放射性指标表

项目	要求
挥发酚(以苯酚计)/(mg/L)	＜0.002
氰化物(以 CN^- 计)/(mg/L)	＜0.01
阴离子合成洗涤剂/(mg/L)	＜0.3
矿物油/(mg/L)	＜0.05
亚硝酸盐(以 NO_2^- 计)/(mg/L)	＜0.1
总 β 放射性/(Bq/L)	＜1.5

5)限量指标

矿泉水检测报告中,硒、锑、铜、钡等 18 项限量指标进行评价,均不超过《饮用天然矿泉水》(GB 8537—2018)中限量指标要求(表 4-8-4)。

表 4-8-4　饮用天然矿泉水限量指标表

项目	要求
硒/(mg/L)	＜0.05
锑/(mg/L)	＜0.005
铜/(mg/L)	＜1.0
钡/(mg/L)	＜0.7
总铬/(mg/L)	＜0.05
锰/(mg/L)	＜0.4
镍/(mg/L)	＜0.02
银/(mg/L)	＜0.05
溴酸盐/(mg/L)	＜0.01
硼酸盐(以 B 计)/(mg/L)	＜5
氟化物(以 F^- 计)/(mg/L)	＜1.5
耗氧量(以 O_2 计)/(mg/L)	＜2.0
挥发酚(以苯酚计)/(mg/L)	＜0.002

续表 4-8-4

项目	要求
氰化物(以 CN^- 计)/(mg/L)	<0.010
矿物油/(mg/L)	<0.0.5
阴离子合成洗涤剂/(mg/L)	<0.3
^{225}镭放射性/(Bq/L)	<1.1
总 β 放射性/(Bq/L)	<1.5

6)微生物指标

矿泉水中大肠菌群、粪链球菌、铜绿假单胞菌、产气荚膜梭菌等不得检出，符合《饮用天然矿泉水》(GB 8537—2018)要求(表 4-8-5)。

表 4-8-5　饮用天然矿泉水微生物指标标准表

项目	采样方案及限量		
	n	c	m
大肠菌群/(MPN/100mL)	5	0	0
粪链球菌/(CFU/250mL)	5	0	0
铜绿假单胞菌/(CFU/250mL)	5	0	0
产气荚膜梭菌/(CFU/250mL)	5	0	0

3. 矿泉水水质命名

根据饮用天然矿泉水界线指标的达标标性元素命名，如偏硅酸矿泉水。

(四)矿泉水允许开采量评价

为保障开采过程中矿泉水水质稳定，科学、合理、可持续开发利用矿泉水资源，按勘查规范须对其进行允许开采量评价。进行矿泉水允许开采量评价，应综合考虑矿泉水补径排特征、矿泉水利用方向、开采技术经济条件等因素，预测水源地开采动态的趋势，论证矿泉水允许开采量的保证程度。矿泉水允许开采量评价分小范围的水源地和大范围的区域评价。

1. 水源地矿泉水允许开采量计算

1)监测资料(泉流量监测)确定

对于自然涌出的天然矿泉水水源，可依据泉水动态连续监测资料，按泉水流量衰减方程或以天然矿泉多年枯水期最小流量的 80%推算允许开采量。

2)抽水试验资料确定

以人工揭露的矿山，一般采用抽水试验确定其矿泉水允许开采量。

对只适于单井开采的地区，应进行单井抽水试验；适于群井开采的地区，则应依据具体情况进行多孔或带观测孔的试验。

抽水试验地段，应以矿泉水含水层为目的层，当有多个含水层时，宜选择富水性最好、水质最佳的井段作为抽水试验段；当含水层水量小而又不易分层或分段时，可作为一个试验段进行混合抽水。

抽水试验应进行 3 次降深，确定涌水量与降深的关系和回归方程曲线，计算试验井(孔)在保证水质达标成分稳定条件下的出水能力。各次降深间距不小于1m。

抽水试验的延续时间，在水量丰富的地区，当抽水水位和水量易稳定时，稳定延续时间可选用24h；在水源补给条件较差而水位和水量又不易稳定时，稳定延续时间可选用48h或更多；群孔抽水试验，应结合开采方案进行，抽水稳定延续时间不少于96h。

抽水试验过程中，应连续多次采取水样，测定水中达标成分的含量变化。

对计算依据的原始数据、计算方法、计算选用的参数，以及计算结果的准确性、合理性、可靠性等做出评定。

允许开采量计算一般采用试验推断法和图解法与水源地的允许开采量进行计算对比。

2. 区域矿泉水允许开采量计算

区域矿泉水允许开采量评价可采用均衡法、地下水流数值模拟法评价。资料有限时一般采用均衡法，其计算的允许开采量误差较大，不能作为开采的依据。资料较丰富时一般采用地下水流数值模拟法评价，其计算的允许开采量较准确，误差较小，但可作为开采的依据。具体评价过程详见第四章第三节地下水资源调查评价相关内容。

3. 矿泉水允许开采量评价

根据对开采井开采3个落程抽水试验，所获得的丰富、准确可靠数据，经过多种方法（试验推断法和图解法）的计算结果对比分析，结合抽水试验的实际出水量确定矿泉水允许开采量，并计算该井的水文地质参数（R、K等）。

一般采用抽水试验$Q-f(S)$关系曲线图、$s/Q-Q$曲线、$\lg Q-\lg s$曲线、$Q-\lg s$曲线，确定为抽水试验曲线类型，通过对比这几个曲线类型，计算确定的允许开采量。

（五）矿泉水水源地保护

矿泉水水源地，尤其是天然出露型矿泉水水源地应严格划分卫生保护区。保护区的划分应结合水源地的地质、水文地质条件，特别是含水层的天然防护能力，矿泉水的类型，以及水源地的卫生、经济等情况，因地制宜地、合理地确定。卫生保护区划分为Ⅰ、Ⅱ、Ⅲ级，设立卫生防护区，防护区划分为Ⅰ级（采集区）、Ⅱ级（内防护区）、Ⅲ级（外防护区）。各级卫生保护区的卫生保护措施不同。在防护区界应设置固定标志和卫生防护区图。

（1）Ⅰ级保护区（采集区），范围包括一级保护区的周边地区，即地表水及潜水向矿泉水水源取水点流动的径流地区。在天然矿泉水水源与潜水具有水力联系且流速较小的情况下，保护区边界距离一级保护区最短距离不小于50m；产于岩溶含水层的天然矿泉水水源，保护区边界距离一级保护区边界不小于100m半径范围或适当扩大。范围内严禁无关的工作人员居住或逗留；禁止兴建与矿泉水引水无关的建筑物；消除一切可能导致矿泉水污染的因素及妨碍取水建筑物运行的活动。

（2）Ⅱ级保护区（内防护区），范围包括水源地的周围地区，即地表水及潜水向矿泉水取水点流动的径流地区。在矿泉水与潜水具有水力联系且流速很小的情况下，二级保护区界离开引水工程的上游最短距离不小于100m；产于岩溶含水层的矿泉水，二级保护区界距离不小于300m。当有条件确定矿泉水流速时，可考虑以50d的自净化范围界限作为确定二级保护区的依据。同时可用计算方法确定二级保护区的范围。该范围内，禁止设置可导致矿泉水水质、水量、水温改变的引水工程；禁止进行可能引起含水层污染的人类生活及经济-工程活动。

（3）Ⅲ级保护区（外防护区），自然涌出的天然矿泉水水源，以水源免受污染为原则划定保护区，其范围宜包括水源补给地区。深层钻孔取水的天然矿泉水水源地保护区边界，距取水点不小于500m半径范围或适当扩大。在此区内只允许进行对矿泉水水源地地质环境没有危害的经济-工程活动。

五、成果表达

（一）图件

1. 实际材料图

××省××县（市）××矿泉水水源地调查（勘探）实际材料图。

2. 成果图件

（1）矿泉水水源地区域地质图（比例尺 1∶100 000～1∶50 000）。
（2）矿泉水水源地综合水文地质图（比例尺 1∶25 000～1∶5 000）。
（3）矿泉水水源地保护条件图（图上应反映矿泉水的出露条件、各级保护区的界限和范围，以及现有污染因素等）。
（4）矿泉水水源水温、水位、水量动态曲线图。
（5）水文地质剖面图。
（6）钻井剖面及生产井（孔）结构柱状图（比例尺 1∶200～1∶1 000）。

（二）报告

报告名称应为：××省××县（市）××矿泉水水源地调查（勘探）报告。其中矿泉水水源地应以地名命名。

（三）数据库

按《城市地质调查数据分类编码及图示图例》（DB42/T 1356—2018）要求录入相应平台。

第五章　地质环境安全性调查评价

第一节　生态地质调查评价

一、调查内容

(一)区域地质背景调查

1. 区域地层系统与构造格架调查

收集前期地质资料,建立调查区标准岩土地层表,重点调查区内岩土体成因类型、岩土名称、岩性特征、接触关系、产状,以及风化壳的分布、风化程度、厚度、成因及垂直分带等项内容。根据已有资料,武汉市在地层区划上隶属扬子地层区下扬子地层分区的大冶地层小区,以及秦岭-大别地层区。从志留系至古近系均有出露,全区可划分为25个岩石地层单位,其中前第四系18个(附件3-2)。

2. 基岩调查

沉积岩、岩浆岩、变质岩调查内容参见第三章第一节。

3. 第四纪调查

参见第三章第一节。

4. 活动断裂与地震调查

参见第三章第一节。

5. 不良工程地质体调查

查明不良工程地质体(软土、淤泥积土、膨胀土等)岩性、物质组成(颗粒组成、矿物成分和化学成分)、结构特征、成因类型、时代、厚度;分布规律及工程地质特性;不良工程地质图造成的工程地质问题以及对工程建设的影响、危害及损失。

(二)气象水文特征调查

1. 气候

收集调查区气象气候资料。包括亚热带季风气候特点、风速与风向、年平均气温、极端最高气温和最低气温,积温、湿度、日照条件等。

2. 降雨

收集调查区及周边地区气象站的长系列降水量数据。降水集中月份、多年平均降雨量、年最大和最小降水量、最大日降水量等。

3. 水系

调查河流、水库、湖泊等地表水体的分布。凸显武汉市以长江、汉江为主干水系构成的庞大水网,星罗棋布的湖泊、纵横交错的沟渠,得天独厚的淡水资源。查明地表水的类型、分布、水质、时空变化等。

4. 水文特征

调查主要河流的最高水位、最低水位、最大流量、最小流量、多年平均径流量等。调查水库、湖泊的容量、水质;调查水利工程类型、分布、规模、用途和利用情况;现状水利工程和地表水作为人工补给地下水的可能性。

(三)地下水特征调查

1. 地下水类型

调查地下水类型及分区、含水层富水性及水文地质特征。

2. 地下水补给、径流条件

查明地下水补给来源、补给方式或途径、补给区分布范围,径流条件、径流分带规律和流向,排泄形式、排泄途径和排泄区(带)分布。调查浅层地下水水位及其时空变化。

3. 包气带特征

查明区内包气带的岩性、结构、厚度、入渗率、含水率等。重点区尚需调查其渗透性能、水分盐分垂向分布及动态、蒸发影响带深度、毛细水上升高度等。

4. 地下水化学特征

查明地下水水化学类型、pH 值、矿化度、总硬度、水质等。

5. 地下水开采现状

查明区内地下水资源量、开发利用现状以及各地貌单元地下水水位的动态变化,同时应进行潜在污染源调查。

(四)生物调查

应从生态系统整体性角度调查组成生态系统的生物成分与非生物成分,以及其相互作用、相互联系。兼顾森林、草原、湿地等的分布与变化调查。

1. 植被

1)植物种属及群落

调查植物种属、群落、群落垂直结构分层、物候期、保护级别、生活力和群落属性标志等。野外调查时可采用手机 APP 拍照识物的方式对植物种属进行初步辨识,结合室内专业鉴定后予以修订确认。

植物群落的调查季节应该避开汛期,根据植物的生活史(生命周期)确定调查季节。调查对象包括四大类型的植物:被子植物、裸子植物、蕨类植物和苔藓植物。

2)植被

调查植被类型、覆盖度与空间分布,重点区尚需调查净初级生产力、叶面积指数、生物量及其变化、根系分布和发育深度、植物的经度、纬度与垂直地带性;植物的种群与群落生态学特征。

3)生境类型对植物丰富度的影响

应查明各生境类型对各层植物物种(乔木层、灌木层、草本层等)丰富度的影响程度。丰富度指数可采用 Prattick 丰富度指数、Shannon-Wiener 指数、Simpson 指数、Pielou 指数。

4)人类影响方式

人为干扰一方面破坏和摒弃了许多原有自然植被和乡土物种的生长,使武汉市内乡土植物种类减少,主要影响方式有车辆粉尘、耕作、建筑垃圾、践踏、生活垃圾、硬质铺装 6 种类型;另一方面又将许多外来物种引入城市区域,使入侵植物种类增多,建造了武汉地区植物区系的新类群。

应着重调查人类干扰对乔、灌、草各层丰富度的影响,丰富度指数可采用 Prattick 丰富度指数、Shannon-Wiener 指数、Simpson 指数、Pielou 指数;城市生境不稳定对物种群落演替的影响;查明乡土种、入侵种的物种数量、类型、空间分布与差异、适应特征。

2. 动物

调查主要为在生境中生存的脊椎动物和在某一生境内占优势或数量很大的某些无脊椎动物,包括鸟类、两栖类、爬行类、兽类、鱼类以及贝类、虾类等。其中水鸟应查清其种类、分布、数量和迁徙情况,其他各类则以种类调查为主。考虑到各调查对象的调查季节和生境的不同,野生动物调查可以不在同一地进行。主要包括以下 3 个方面。

1)调查季节和时间

动物调查时间应选择在动物活动较频繁、易于观察的时间段内。水鸟数量调查分繁殖季和越冬季两次进行。繁殖季一般为每年的 5—6 月,越冬季为 12 月至翌年 2 月。各地应根据本地的气候特点确定最佳调查时间,其原则是:调查时间应选择调查区域内的水鸟种类和数量均保持相对稳定的时期;调查应在较短时间内完成,一般同一天内数据可以认为没有重复计算,面积较大区域可以采用分组方法在同一时间范围内开展调查,以减少重复记录。两栖和爬行类调查季节为夏季和秋季入蛰前。兽类调查与鸟类调查同时进行,以冬季调查为主,春、夏季调查为辅。鱼类以及贝类、虾类等调查以收集现有资料为主,可全年进行。

2)影响动物生存的因子调查

在进行动物野外调查的同时,应查清对动物生存构成威胁的主要因子,并据此提出合理化建议。

3. 微生物

主要是水环境中大肠杆菌等细菌类的数量及空间分布。

(五)地貌与第四纪地质调查

1. 地貌分区

调查不同地貌的形态、分布面积与占比、总体地势、地形坡度变化范围、高程区间等,划分成因类型。

2. 第四纪地质特征

调查第四纪地层分布面积、地层单位划分、出露位置与高程、面积占比、厚度及其变化、岩性特征、堆积结构、阶地类型、沉积相等。

(六)土壤分布与土地利用类型调查

(1)调查土壤的类型、厚度、结构、成因、组分,重点区尚需调查容重、粒度、有机质、含水量、易溶盐、pH 值等。

(2)调查成土母质的分布、厚度、结构、有机质、矿物质组分、成因类型等。

(3)按照《土地利用现状分类》(GB/T 21010—2007),将调查区的土地利用类型划分到二级类。

(七)岩土体分布特征调查

调查岩土体工程地质特征,并进行工程地质分区评价。详见第三章第三节。

(八)环境地质问题与地质灾害调查

详见本章第二节及第六章。

(九)人类工程活动对生态地质的影响调查

(1)调查人类工程活动产生的生态地质环境效应,如水利水电工程、交通工程、地下水资源工程、城市和工业建设等对生态地质环境的扰动,造成生态地质环境质量的变化。

(2)调查人类工程活动产生的次生地质灾害,如地面沉降、地面塌陷、地面裂缝、滑坡崩塌、泥石流、岸坡侵蚀等。

(3)评估生态地质问题修复现状及效果。

二、工作精度

(一)基本规定

(1)生态地质调查应从区域生态地质条件、重点区生态地质问题、典型地段生态地质相互作用机理 3 个层次开展,并注重工作的相互衔接。

(2)区域生态地质调查区,应重点查明区域生态变化和生态地质条件,为生态地质分区评价提供依据。重点区生态地质调查,应查明与生态问题相关的地质要素分布,以及生态地质问题类型、分布、程度、控制与影响因素,为生态地质脆弱性评价提供依据。

(3)调查区复杂程度分区可划分为简单、中等和复杂 3 类,分类原则如下:

①简单地区:生态地质条件简单,生态地质问题少,现代地质作用较弱。

②中等地区:生态地质条件中等,生态地质问题较多,现代地质作用较强烈。

③复杂地区:生态地质条件复杂,生态地质问题很多,现代地质作用强烈。

(二)调查精度主要实物工作量定额

(1)区域生态地质调查比例尺宜为1∶25 000~1∶50 000,应初步查明地貌形态和成因、地层岩性、成土母质、土壤、地下水、植被分布等。

(2)重点区生态地质调查比例尺宜为1∶5 000~1∶10 000,典型地段生态地质比例尺宜为1∶2 000~1∶5 000,在区域生态地质调查内容基础上,应查明主要生态地质问题类型、分布、程度等,以及相关的地质要素分布。

(3)1∶50 000生态地质调查每百平方千米基本工作量布置按表5-1-1执行。地质浅钻控制深度以揭露到目的层为宜。

表5-1-1 1∶50 000生态地质调查每百平方千米基本工作量

地区	地区类型	调查点/个	路线调查/km	剖面测量/km	遥感调查1∶50 000/km^2	样品测试/个	物探点/个	浅钻点/个	水文地质钻孔数
丘陵山地	复杂	30~40	50~60	3~4	100	35~40	75~90	30~40	宜根据含水层特点和实际需要确定
	中等	24~30	40~50	2~3	100	25~30	60~75	24~30	
	简单	15~24	30~40	1~2	100	20~25	45~60	15~24	
平原盆地	复杂	20~30	40~50	1.5~2	100	30~35	40~60	40~60	
	中等	15~20	30~40	1~1.5	100	25~30	35~40	35~40	
	简单	10~15	20~30	0.5~1	100	20~25	20~25	25~35	

三、工作方法与技术要求

(一)遥感地质调查

(1)根据调查内容和所选用的遥感图像的可解性以及所需要解决的实际问题,确定遥感解译和生态信息提取内容。遥感解译内容一般应包括森林、草原、湿地等空间分布、类型及其动态变化,生态地质问题及其影响因素;生态信息提取内容主要包括植物盖度、净初级生产力、叶面积指数和植被类型分布等信息。

(2)根据工作区情况,确定数据源(星载、航空、无人机等搭载平台,多、高光谱、机载LiDAR等不同传感器类型),一般情况下,应选择云雾覆盖少(云量小于10%)、多时相、可解译性强的遥感数据:

①区域生态地质调查采用空间分辨率优于16m的遥感数据;重点区生态地质调查采用空间分辨率优于2m的遥感数据。

②在满足遥感调查精度的条件下,应选用影像层次丰富、图像清晰、色调均匀、反差适中的合格遥感数据源。优先使用国产资源三号、高分一号、高分二号等卫星影像数据。

③生态地质调查数据源应具有较强的现势性,一般应选择植被生长旺盛期。

(3)遥感解译工作应贯穿于野外踏勘、设计编写、地面调查及报告编制等全过程。应结合地面调查进行遥感解译验证,并进行多期次遥感解译生态信息的变化情况。

(4)区域生态地质遥感调查流程与方法、精度要求参照《地质环境遥感监测技术要求(1∶250 000)》

(DZ/T 0296—2016)执行，重点区生态地质遥感调查流程与方法、精度要求参照《区域环境地质勘查遥感技术规定(1∶50 000)》(DZ/T 0190—2015)执行。

(二)地面调查

(1)应充分利用已有资料和遥感调查成果，加强地面调查工作的针对性，提高成果质量和效率。

(2)根据调查区生态地质条件、存在的主要生态地质问题，采用实测、修测或编测的方式开展调查。

(3)应在调查区或邻区选择有代表性的生态-土壤-水-成土母质-岩石剖面，建立典型的标志，统一工作方法。

(4)观测路线的布置以穿越法为主，路线穿越应垂直于植被类型或地貌类型最大变化方向，尽可能涵盖不同的生态地质类型。根据调查区生态地质条件的空间分布和复杂程度以及要素的遥感可解译程度，对观测线路进行优化部署，一般情况下间隔2 000m左右，生态地质条件复杂且遥感可解译程度差的地区观测线路间隔在800～2 000m之间，图幅总的调查线路长度在80～300km。

(5)植物群落调查方法：首先收集调查地区的遥感图、航片图、地形图等。无论是采用卫片还是地形图其比例尺不应小于1∶100 000。其次，收集和了解植物群落的基本情况，包括建群种、群落类型(如单建群种群落、共建种群落)等、植物群落结构、特征和分布是否受生态因子(如矿化度、盐度、高程)梯度的影响等。如果这些资料缺乏，则需进行预调查。再次，以5万hm^2的植物群落面积为基本单位，将所调查区划为许多不同的调查单元，不足5万hm^2的植物群落面积以5万hm^2来计。最后，根据这些资料和每个调查单元的植物群落情况，制定调查的技术路线和方法。

(6)动物调查方法：野生动物野外调查方法分为常规调查和专项调查。常规调查是指适合于大部分调查种类的直接计数法、样方调查法、样带调查法和样线调查法，对那些分布区狭窄而集中、习性特殊、数量稀少，难于用常规调查方法调查的种类，应进行专项调查。

(7)观测点的布置。

①观测点类型：地貌形态点、地下水点(井、泉)、地质灾害点、成土母岩(质)分界点及典型点、土壤类型分界点及典型点、植被类型分界点及典型点。

②观测点布置要突出重点，不能平均使用，尽量控制不同的生态地质类型，并应统一编号，根据调查区生态地质条件的空间分布和复杂程度，每百平方千米观测点数量为10～60个，调查点数量可根据遥感解译效果适当减少，但最高不超过30%。

③观测点记录既要全面，又要突出重点，同时还要注意观测点之间的沿途观察记录，用信手剖面图反映其间的变化情况。野外调查方法采用“智能地质调查系统”(或“数字地质调查系统”)进行数据采集。

④选择不少于30%的观察点进行样品采集，系统采集成土母岩、成土母质、土壤、地下水、地表水、植被等样品。在生态地质现象不明显的地方，用浅钻进行揭露。土壤-成土母岩(质)取样深度一般为0～10cm，10～20cm，20～40cm，40～60cm，60～100cm，100～200cm，200cm以下或地下水水位，采样要求、定点、采样记录、样品交接、加工、运输和保存参照《多目标区域地球化学调查规范(1∶250 000)》(DZ/T 0258—2014)等执行。

(8)精度要求。

①各类生态地质条件分布范围，凡能在图上表示出其面积和形状者，应实地勾绘在图上或根据遥感解译检验结果在野外核定在图上，不能表示实际面积、形状者，用规定的符号表示。

②观测点和取样点密度取决于地区类别、工作区交通地理状况及地质地貌条件的复杂程度，遥感可解译程度以能控制工作区生态地质条件为原则。

(9)应采取边调查、边录入、边整理、边综合的方法，并及时提交原始数据，以便及时发现问题和解决问题，指导下一步工作。野外调查结束后，在进行全面系统的资料整理和初步综合研究的基础上，提交野外调查总结、实际材料图等图件，并形成地质点、路线调查等原始资料数据库和实际材料图库。

（三）剖面测量

（1）选取代表性地段开展剖面测量，重要生态地质类型应有1～2条测量剖面予以控制，测绘精度宜为1∶500～1∶2 000。剖面测量时除了常规地质要素的测量，同时要突出生态要素，需涵盖生物种类与界限、生物生长趋势、下部母岩风化层界限、风化程度、包气带特征等。

（2）采用浅井、浅钻等形式予以揭露，观察、测量生态地质现象，系统进行岩石、风化壳、土壤、水体、植被采样工作。

（3）对不同地质、地形地貌、生态、土壤等生态地质信息进行拍照或录像，绘制生态地质剖面。

（四）地球物理勘探

1. 物探方法选择

在武汉市开展生态地质调查工作中，涉及的方法较多，以下按照调查内容的不同进行列表分类（表5-1-2）。

表5-1-2　生态地质调查常用物探方法表

<table>
<tr><th>序号</th><th colspan="2">物探方法</th><th colspan="2">调查内容</th><th>执行或参考规范</th></tr>
<tr><td>1</td><td rowspan="3">电磁法</td><td>AMT</td><td rowspan="2">地层厚度、
岩性界面、
构造等</td><td>深度小于1 000m，
干扰较小区域</td><td>《大地电磁测深技术规程》
（DZ/T 0173—1997）</td></tr>
<tr><td>2</td><td>CSAMT</td><td>深度小于1 000m</td><td>《可控源音频大地电磁法技术规程》
（DZ/T 0280—2015）</td></tr>
<tr><td>3</td><td>地质雷达</td><td colspan="2">第四系分层</td><td>《城市工程地球物理探测标准》
（CJJ/T 7—2017）</td></tr>
<tr><td>4</td><td rowspan="4">地震
勘探</td><td>地震反射</td><td rowspan="4">地层厚度、岩性界面、
断层破碎带、构造等</td><td>探测深度0～2 000m</td><td rowspan="4">《浅层地震勘查技术规范》
（DZ/T 0170—2020）；
《城市工程地球物理探测标准》
（CJJ/T 7—2017）</td></tr>
<tr><td>5</td><td>地震折射</td><td>探测深度小于100m</td></tr>
<tr><td>6</td><td>面波勘探</td><td>探测深度小于50m</td></tr>
<tr><td>7</td><td>微动探测</td><td>探测深度小于2 000m</td></tr>
<tr><td>8</td><td colspan="2">高密度电阻率法</td><td>地层厚度、岩性界面、
断层破碎带、构造等</td><td>探测深度小于200m</td><td>《电阻率剖面法技术规程》
（DZ/T 0073—2016）；
《电阻率测深法技术规范》
（DZ/T 0072—2020）；
《城市工程地球物理探测标准》
（CJJ/T 7—2017）</td></tr>
</table>

2. 高密度电阻率法

高密度电阻率法的要求与基础地质调查评价的要求基本相同（参见第三章第一节）。

3. 瞬变电磁法

瞬变电磁法的要求与水文地质调查评价的要求基本相同（参见第三章第二节）。

4. 地质雷达

地质雷达的要求与工程地质调查评价的要求基本相同(参见第三章第三节)。

5. 微动探测

微动探测的要求与水文地质调查评价的要求基本相同(参见第三章第二节)。

6. 面波勘探

面波勘探的要求与工程地质调查评价的要求基本相同(参见第三章第三节)。

(五)钻探

(1)钻探工作主要布置在武汉市岩溶条带区和湿地分布区。岩溶条带区主要查明岩溶发育条件,特别是表层岩溶带的发育规律、地下径流、裂隙溶洞等。湿地分布区主要查明水文地质条件、沉积物结构和组分。

(2)岩溶地区钻探深度应达到表生岩溶带底部或至可溶岩/非可溶岩接触面。湿地地区钻探深度应达到潜水含水层底板(第一个连续黏土层)。

(3)钻探应参照《水文水井地质钻探规程》(DZ/T 0148—2014)执行,还应符合下列要求:

①钻探要求全取芯,取芯过程中应确保岩芯扰动厚度不超过 1cm。

②泥质层岩芯采取率应达到 90%,砂质层岩芯采取率应达到 75%。

③孔深误差不得大于 1‰,孔斜误差不得大于 2°;进尺 50m 以上及终孔时,都要进行孔深、孔斜校正。

④钻探过程中采取土样、岩样宜能正确反映原有地层的粒径组成;样品采集应重点布置在不同岩性、构造填充处;采取鉴别地层的岩、土样,非含水层宜每 3～5m 取一个,含水层宜每 2～3m 取一个,变层时,应加取一个。

⑤在钻探过程中,应对水位、水温、岩层变层深度、含水构造和溶洞的起止深度等进行观测和记录。

⑥钻探结束时,应对所揭露的地层进行准确分层,并根据含水层的水头、水质情况分别进行回填或隔离封孔。

⑦需要最终成井的钻孔应充分洗井,适当开展入渗试验及抽水试验,确定含水层及包气带渗透性参数。

(4)应提交的钻探成果:

①钻孔设计书及钻孔质量验收书。

②岩芯记录表(岩芯的照片或录像),岩溶及裂隙统计表,滨江滨湖湿地植被根系特征调查表,样品(植被、土壤、地下水)采集记录表。

③钻孔地质柱状图。

④原位测试结果。

⑤钻探施工总结报告。

(六)测试分析

(1)根据生态地质条件和生态地质问题调查需要和样品组成特点,开展以下内容测试。

(2)岩矿分析:岩矿化学全分析及 Cd、Pb、Hg、Cr、As、Cu、Zn、Ni、Cl、Sr 等元素和 Se、Mo、B、F、I 等元素含量测试,不同地区可根据实际情况增加 U、Th 放射性指标与 Ti、Sb、Bi、Sn 分析指标及矿物鉴定。

(3)风化壳、包气带、成土母质分析：容重、粒度、pH 值，其他指标同岩矿分析。

(4)土壤分析：容重、粒度、电导率、pH 值、矿物质组成和含量、有机质、有机碳、无机碳、总碳、含水率，其他指标同岩矿分析。对生态环境问题较严重的地区应补充测试 Cd、Pb、Hg、Cr、As、Cu、Zn、Ni、Cl、Sr、Se、Mo、B、F、I 等重金属元素含量。

(5)水分析：K^+、Na^+、Ca^{2+}、Mg^{2+}、Cl^-、SO_4^{2-}、HCO_3^-、CO_3^{2-}、游离 CO_2、总硬度、总碱度、溶解性总固体、pH 值等指标，根据具体条件和需要，选测 Fe^{2+}、Fe^{3+}、NH^{4+}、F^-、NO_2^-、NO_3^-、磷酸根、可溶性 SiO_2、耗氧量、总磷、总氮等与植被生长有关的元素。对生态环境问题较严重的地区应补充测试 Cd、Pb、Hg、Cr、As、Cu、Zn、Ni、Cl、Sr、Se、Mo、B、F、I 等重金属元素含量。现场测定水温、颜色、电导率、Eh 值、pH 值、溶解氧等指标。岩溶区和湿地区水样可测试可溶性无机碳、可溶性有机碳。

(6)植被测试分析：叶绿素，水分，营养元素，微量与重金属元素等。

(7)可根据生态地质调查需要，同位素，有效态、交换性钙、交换性镁、交换性钾、交换性钠，微生物，岩石孔隙度、岩石渗透率，硅酸盐分析、碳酸盐分析、石英岩分析等测试项目。

(8)测试方法参照《地质矿产实验室测试质量管理规范》(DZ/T 0130—2006)执行。

(七)动态监测

详见第九章第一节。

四、生态地质环境质量评价

(一)区域生态地质分区评价

1. 基本要求

(1)对于区域生态地质环境评价，应经过资料收集、野外调查、取样分析之后，采用定性、定量或定性与定量相结合的方法进行。

(2)区域生态地质分区评价应区分不同比例尺进行，一般调查区宜按中-小比例尺进行，中比例尺(1∶25 000～1∶50 000)和小比例尺(≤1∶100 000)。重点调查区一般按大比例尺进行，特大比例尺(≥1∶5 000)、大比例尺(≥1∶10 000)。

(3)区域生态地质分区评价应采用 GIS 技术，通过网格或矢量格式图层叠合方式进行，一般调查区网格单元以 500m×500m 为宜，重点调查区网格单元以 100m×100m 为宜。

2. 区域生态地质分区评价指标体系

确定生态地质环境评价指标的主要步骤有以下几步：

(1)确定生态因子，即找出影响生态环境质量的所有因子。

(2)确定影响这些生态因子的所有地质要素。

(3)分析研究区域的生态地质环境特征，确定主要生态因子和次要生态因子。然后分析各地质要素是对主要因子还是次要因子产生影响；分析每个地质要素对多少个生态因子产生影响及影响程度。根据以上分析，确定对生态因子起主要作用的地质要素，将其作为生态地质环境指标评价。

表 5-1-3 列出了对生态因子产生影响的地质环境要素，即区域生态地质环境评价指标体系。

表 5-1-3　区域生态地质环境评价指标体系

生态地质环境评价指标		受其影响的生态因子	评价指标对生态因子的影响
土壤环境	土壤质地	温度因子	不同质地的土壤热容量、导热率不同
		大气因子	不同质地的土壤通透性、气体成分含量不同
		水因子	通过渗透性、吸附性毛细压力产生影响
		盐分因子	通过影响土壤对水分的吸附力进而影响水分的蒸发
		空间因子	不同质地的土壤其密度与硬度不同
	土壤结构	温度因子	不同结构的土壤热容量不同
		水因子	影响土的渗透性
		大气因子	影响土的通透性
		空间因子	影响土的孔隙率与硬度
	土壤有机含量	水因子	影响土壤对水的吸附能力,改善土壤结构
		盐分因子	提供养分,影响阳离子代换、土壤缓冲性
	土壤含盐量	盐分因子	本身就是盐分因子
	土壤软硬程度	空间因子	影响空间的有效性
	土壤有效厚度	温度因子	土壤厚度对土壤热容量、导热率产生影响
		空间因子	本身就是空间因子
		水因子	土壤越厚,重力水下渗时被吸附的就越多
	土壤温度	温度因子	本身就是温度因子
		盐分因子	影响无机盐的溶解度、可溶态离子的活性
		水分因子	影响水分的运动及其存在形式
	土壤 pH 值	盐分因子	决定了植物对不同盐分的吸收能力和生物酶活性
	土壤污染程度	盐分因子	毒害作用
		辐射因子	放射性污染物
	土壤侵蚀程度	盐分因子	使盐分流失
		空间因子	减小土壤厚度,破坏土壤结构
地下水环境	土壤水含量	温度因子	是土壤导热率与热容量的最重要的影响因素
		水因子	本身就是水因子
		盐分因子	影响土壤盐分浓度和 pH 值
		大气因子	影响土壤的通透性
	地下水水位	水因子	影响土壤饱和度(即土壤水含量)
		温度因子	改变土壤水含量,影响土壤热容量和导热率
		盐分因子	影响土壤水含量,进而影响土壤盐分含量
		大气因子	改变土壤水含量,影响土壤通透性
	地下水矿化度	盐分因子	随着水分运动上升到土壤表层,影响土壤含盐量
	地下水水温	温度因子	影响土壤温度

续表 5-1-3

生态地质环境评价指标		受其影响的生态因子	评价指标对生态因子的影响
岩石环境	岩石类型	温度因子	岩石位于土壤下，热容量大，是土壤的调温库
		水因子	不同类型的岩石渗透性不同
		盐分因子	影响土壤类型，进而影响土壤盐分组成；对流径或贮存于该岩石层中的地下水的盐分组成产生影响；直接为生存于裸岩区的植物提供盐分
		空间因子	不同类型的岩石其硬度不同
	岩石结构	水因子	岩石破碎程度与裂隙发育程度影响其渗透性
		盐分因子	岩石破碎程度影响盐分的流失与易吸收性
		大气因子	岩石破碎程度与裂隙发育程度影响岩石通透性
		空间因子	岩石破碎程度与裂隙发育程度影响裸岩区植物生存空间的有效性
地貌形态	斜坡坡向	光因子	不同坡向所受光辐射强度与时间长短不同
		温度因子	通过对光因子的影响，进而影响温度分布
		水因子	通过对光因子的影响，进而影响水分蒸发强度
	斜坡坡度	水因子	影响地表径流流速，进而影响其入渗强度，使地下水埋深不同
		盐分因子	影响水力坡度和地下水埋深，进而影响盐分分布
		空间因子	影响地表侵蚀强度和突发性地质灾害频率、强度
	地貌形态	温度因子	改变局部气候，影响气温与地温
		水因子	影响水的汇集区与排泄途径；改变局部气候，影响降雨量与蒸发量
		盐分因子	影响地下水埋深与水盐补排(以盆地最显著)
		大气因子	影响风力与风向及大气循环
	高程	光因子	影响光质与光强
		温度因子	直接作用
		水因子	影响降雨与地下水水位
生态地质问题	突发地质灾害	空间因子	对植物的毁灭性作用
	内动力地质作用	温度因子	地质构造异常(地热、温泉)
		盐分因子	对水盐的作用等
		大气因子	空气物质组成成分的改变

3. 区域生态地质环境评价的程序与方法

生态地质环境评价工作一般包括准备、系统分析、设计、综合评价和调控 5 个阶段。

1)准备阶段

主要是人员配备、基本设备的准备等工作，还要进行区域生态地质环境的调查，收集相关资料。

2)系统分析阶段

进行生态地质环境分析，确定评价指标体系。根据评价区特点，从评价指标中选取主导因子，用来进行评价单元的划分。

3)设计阶段

(1)设计评价方法与定权方法。生态地质环境评价的方法有经验法和数值法。常用的是数值法,它分为等权累加法和加权累加法两种。在权重计算方面,早期多用经验判断法和等差指数法,近期则趋于应用比较复杂的方法,如层次分析法、灰色关联分析法和模糊综合评判法等。

(2)获取指标值。根据各评价单元资料,对照生态地质环境评价表,得出各指标的得分值。

4)综合评价阶段

根据所选评价方法建立数学模型,将各评价指标的指数、权重等数据代入模型进行计算,得出各单元生态地质环境的综合指数,据此将该评价单元的生态地质环境列入相应的级别,并进行评价结果检验。

5)调控阶段

根据评价结果将评价区域划分为不同的等级区,指出每个等级区存在的生态地质环境问题,提出综合整治方案。最后编写生态地质环境评价报告书及制作图件。

(二)重点地区生态地质脆弱性评价

1. 生态地质脆弱性评价的基本要求

应在区域生态地质环境评价分区的基础上,对武汉市重点地区如长江新城等城市新区进行生态地质脆弱性评价。综合自然-社会-经济复合生态系统,从自然与人类相互作用关系的角度出发,综合选定评价指标,采用定性-定量的模型方法进行。

2. 生态地质脆弱性评价指标体系构建

生态地质脆弱性评价指标应从人类系统与自然系统的相互作用与影响出发,涵盖自然资源、生态环境和社会经济的各个方面,揭示生态环境中人地相互作用的链式关系,可采用压力-状态-响应框架模型(P-S-R 模型)进行评价指标的选取。

压力指标:主要反映自然因素、人为因素以及社会经济发展水平给生态环境所带来的消极影响,主要考虑生态环境压力和开发强度对生态环境承载力的负面影响,主要选择人口密度、废水排放量、固体废弃物产生量、万元 GDP 能耗等指标。

状态指标:主要反映区域资源环境及社会经济发展的实际状况,针对区域的现实情况进行分析,主要在人均可利用资源、生态环境现状等方面选取指标。

响应指标:主要反映生态环境系统受到自然、人为、社会经济等因素影响而导致区域承载力下降,有关部门或个人采取的维护资源、环境、人口、社会经济等协调发展的响应措施,可从三废治理、森林绿化、公共环保参与等方面选择指标。

评价指标可参考表 5-1-4。

3. 生态地质脆弱性评价

通过构建生态脆弱性评价模型,综合各评价指标对生态脆弱性的影响,可以计算得到生态脆弱性指数(EFI),以量化的形式反映区域生态脆弱性状况。可采用层次分析法、空间主成分分析法、模糊综合评价法等。生态脆弱性划分为 5 个等级,分别为微度脆弱、轻度脆弱、中度脆弱、重度脆弱和极度脆弱。

评价模型的构建及可生态脆弱性指数(EFI)的计算采用模糊综合评价法,生态环境承载力的优良与否是相对于标准值而言的,很难对某一个生态环境系统是不是健康得出明确的结论。因此,区域生态环境承载力的优良与否可以作为一个模糊数学问题来处理。模糊数学法的基本思想是用模糊关系合成的原理,根据被评价对象本身存在的隶属上的亦此亦彼性,从数量上对其所属成分给以刻画。评价指标权重值矩阵的确定可参考层次分析法，模糊综合评价法具体流程可参考第三章第四节。

表 5-1-4　生态地质脆弱性评价指标体系

		指标	属性
生态地质环境脆弱性	压力(P)	人口密度	负
		人均 GDP	正
		万元 GDP 能耗	负
		万元 GDP 的 COD 排放强度	负
		万元 GDP 的 SO_2 排放强度	负
		噪声污染	负
		废水排放量	负
		工业固体废物产生量	负
	状态(S)	人均水资源量	正
		人均公园绿地面积	正
		人均拥有道路面积	正
		平均气温	负
		平均降水量	正
		地质灾害风险大小	负
		耕地面积比重	正
		湿地面积比重	正
		植被发育程度	正
	响应(R)	污水处理率	正
		工业固废综合利用率	正
		工业废水排放达标率	正
		森林覆盖率	正
		公众参与生态建设水平	正
		城市绿化覆盖率	正

4. 生态地质脆弱性采取措施

应结合重点地区生态地质脆弱性分区和人类工程经济活动，明确生态脆弱性变化机制以及驱动因子，提出相应的工程经济活动需要采取的措施建议，特别是应对重大生态地质环境问题的技术措施和建议，为重点地区生态地质环境建设和恢复提供科学依据。

五、成果表达

（一）图件

包括实际材料图、区域生态地质分区评价图、生态地质脆弱性评价图等。

(1)实际材料图:反映野外调查工作内容,主要包括调查路线、调查点、取样点、监测点、生态地质剖面等。

(2)生态地质单要素图:反映生态地质相关的要素分布,主要包括地貌形态类型图、成土母岩分布图、土壤地球化学分布图、森林、草原、湿地分布及其变化图、生态地质问题分布图等。

(3)生态地质分区评价图:反映生态地质状况和综合评价结果,成图比例尺宜根据实际使用需求确定。对重大生态地质问题区应补充生态环境区划建议图、污染治理和生态修复建议。

(4)生态地质脆弱性评价图:反映生态地质问题严重程度、主控因素分布和脆弱性评价等级,成图比例尺宜为1∶50 000。

(二)报告

生态地质调查评价报告。成果报告是对调查区生态地质条件分布、相互作用过程及其存在的主要生态地质问题,生态地质评价、典型研究的全面体现。其编写提纲参照《生态地质调查技术要求(1∶50 000)(试行)》(DD 2019-09)之附录B。

(三)数据库

(1)生态地质环境数据库包括原始资料数据库、综合成果数据库。建设数据库时,应同步建设反映数据质量的元数据。

(2)原始资料数据库包括收集的资料、现场调查资料、钻孔资料、物探资料及成果、样品测试分析数据与报告和其他相关资料。

(3)综合成果数据库包括调查数据统计分析成果、成果图件空间数据等综合性成果。成果图件数据分为空间矢量数据图层和成果输出图件数据两大类。空间矢量数据图层应具有统一地理坐标参照系,数据完整且属性字段完备。成果输出图件数据是制作成果图件的点、线、面要素,应具有统一地理坐标参照系和基本属性字段。数字化基础地理底图应采用国家基础地理信息中心建设的1∶50 000地理底图综合空间数据库数据,视调查区情况补充或取舍相关资料。

(4)空间图层数据格式应符合中国地质调查局要求,野外调查数据采用统一的城市地质调查数据录入信息系统按规定格式入库。

(5)生态地质环境数据库建设的具体实施应参照《城市地质调查数据内容数据库与结构》(DZ/T 0352—2020)及有关数据库标准和信息化建设规范技术要求执行。

第二节 环境地质问题调查评价

随着武汉城市化进程的不断加快、城市规模的快速扩张、人口净流入的逐年增长、重大工程项目的陆续开工,城市建设模式已由传统的二维开发向现代的三维立体开发转变,打破了地质环境原有的平衡,环境地质问题日益突出。据前期调查,武汉市的环境地质问题主要有水土污染、区域地下水降落漏斗面积扩大、汛期内涝水患、河湖塌岸、城市垃圾场和固体废弃物堆放,以及岩溶地面塌陷、软土不均匀沉降、滑坡和崩塌等地质灾害,其中地质灾害调查评价内容详见第六章。

一、调查内容

（一）土水污染调查

1. 污染源

针对调查区内水土污染比较突出的区域，查明主要的污染源，包括工业污染源调查、农业污染源调查、生活污染源调查、交通污染源调查。

2. 水污染

（1）基本查明调查区地表水及地下水水质，并确定其背景值。调查地表水及地下水污染现状，包括污染范围，含水层位，主要超标物质成分、含量分布。

（2）基本查明调查区地表水及地下水污染源、污染物种类、排放强度及空间分布等。了解与地下水污染有关的地表水污染情况，包括污染源类型（点污染源和非点污染源），主要污染源及其分布特征、污染程度和污染范围，分析其发展趋势。

（3）基本查明调查区地下水污染途径（包括垂直入渗、侧向径流和越流污染）、渗流场和介质特征。

（4）基本查明调查区地下水防污性能，包括包气带厚度、岩性、结构、透水性能；含水层岩性、结构、厚度及渗透性；隔水层岩性、结构、厚度和阻水性能。

（5）了解调查区地表水、地下水污染造成的危害与损失、防治措施及效果。

3. 土壤污染

（1）基本查明调查区土壤污染现状。主要查明镉、汞、砷、铜、铅、铬、锌、镍、六六六、DDT、氰化物、氮化物、氟化物、苯及其衍生物、三氯乙醛等，以及反映当地土壤污染问题的其他项目对土壤的污染状况。

（2）基本查明调查区各类土壤污染源，包括工业、农业、生活和污水灌溉等污染源的来源、分布现状、主要污染物种类、浓度和排放量及污染源排放和存在时间等。

（3）了解调查区土壤类型及特征，包括成土母质和母岩类型，土壤类型、名称、分布面积和分布规律，土壤成分组成、主要营养元素和土质特征，了解土地利用情况、植物与作物种类及其分布与生长情况。

（4）了解调查区土壤背景资料，或根据需要进行采样调查测试，确定调查区土壤环境背景值。

（二）区域地下水水位降落漏斗调查

（1）查明调查区地下水水位开发利用状况。具体内容包括城市基坑抽排水量、地下水开采井、水源热泵开采井与回灌井、疏排水工程（基坑、地铁隧道、地下硐室等工程）和各类地下水动态观测井（包括不同时期）。

（2）查明调查区地下水降落漏斗的现状、规模、分布范围、面积、影响深度等。

（3）以监测手段监测主要含水层的水位变化，探查地下水的时空变化特征、开采量与地下水水位关系，分析地下水水位降落漏斗影响因子、演化趋势。

（4）查明区域地下水水位降落漏斗导致的生态环境效应如平原或盆地湿地萎缩或消失、地表植被破坏等，以及引发的环境地质问题如地面沉降。

（三）特殊土体变形调查

详见第三章第三节相关内容。

（四）水患灾害调查

主要通过收集资料来开展水患灾害调查。

1. 水患灾害概况

简述有文献记载以来，武汉市发生的洪水灾害次数、等级、洪灾损失及灾害性洪水的频率变化。

2. 水患灾害特征

按照洪灾发生的不同年份，分别从雨情、水情和灾情进行描述。

3. 堤防、闸及泵站概况

简述提防、闸及泵站的分布位置，堤防工程现状及所起的防洪安全作用，闸及泵站的排泄洪能力等。

4. 水患灾害形成的控制因素分析

（1）构造沉降。
（2）泥沙淤积。
（3）人类工程活动。
（4）堤基堤身的潜蚀。

5. 防洪治水对策地学评价

（五）河湖塌岸调查

主要通过资料收集、遥感解译、野外路线地质调查的方式，开展河湖塌岸调查。必要时可辅以剖面测量，调查过程中应填写相应的调查表格。

1. 岸坡基本特征

调查河岸、湖岸的分布位置、长度、形态、垂向结构及其稳定性。

2. 岸坡演化趋势

根据历史资料，了解岸坡迁移、摆动变化状况及其对城市发展的影响。

3. 河湖塌岸分布

主要河流、湖泊的分布，行政区分布，长度，现状，稳定性。

4. 成因分析

（1）地质因素。
（2）河流及水动力因素。
（3）水流及气象因素。
（4）人类工程活动。

（六）城市垃圾场及其他固体废弃物调查

1. 分布现状

查明调查区内垃圾场及其他固体废弃物的分布现状，包括位置、数量、堆填高（深）度、堆放时间、处置方式、占地情况（面积、土地种类、修复利用可能性等）；与附近居民点、地表水体、水源地、旅游景观、重要设施等的距离。

武汉市目前运行的共有2处垃圾卫生填埋场（新洲陈家冲、江夏长山口）、5处焚烧发电厂（青山区星火、江夏区长山口、黄陂区汉口北、汉阳区锅顶山和东西湖区新沟）和3处综合处理厂（陈家冲华新生活垃圾预处理厂、武昌片区餐厨废弃物处置厂、汉口西部餐厨废弃物处置厂），已关闭的生活垃圾填埋处理场有5座（岱山、北洋桥、紫霞观、金口、二妃山）。其中在原金口垃圾填埋场址上建成了武汉园博园，岱山、北洋桥、紫霞观三大垃圾填埋场已启动生态修复工程，未来2年内将陆续变身为三大生态公园。

2. 污染状况与污染途径

按照垃圾填埋处理场、垃圾焚烧发电厂、垃圾综合处理厂、固体废弃物堆放场等不同类型，分别开展地下水、地表水、土壤、大气、生物等介质的环境效应调查，分析污染危害程度包括污染影响的大致范围、污染等级划分，给出关于城市垃圾处理出路的合理化建议。

3. 场地地质环境适宜性评价

在评价的基础上，进行垃圾场水土污染监测，提出垃圾场修复整治方案。

（七）棕地调查

1. 棕地概述

棕地是相对于绿地的一种规划上的术语。绿地一般指不能用于开发和建设的、覆盖有绿色植物的土地。棕地则是指曾经利用过的、后闲置的、遗弃的或者未充分利用的商业或工业不动产，因含有或可能含有危害性物质、污染物或致污物而使得扩张、再开发或再利用变得复杂的土地。棕地的范围不仅包括旧工业区污染场地、污水灌溉场地和污水排放场地，还包括旧商业区、加油站、港口、码头、机场等工业化过程中所遗留下来，已经不再使用的设备、建筑、工厂或整个地区。

2. 棕地分类

目前，国内外通用的有以下4种分类：

（1）根据棕地污染源的不同，可分为物理性棕地、化学性棕地和生物性棕地。

（2）根据对棕地改造目的不同，可分为工业性棕地、商业性棕地、住宅性棕地和公众性棕地。

（3）根据棕地症状不同，可分为事实棕地和疑似棕地。

（4）根据土地污染程度不同，可分为轻度污染棕地、中度污染棕地和重度污染棕地。

此外，还有一种城市棕地，即随着城市发展与不断扩张，原先远离城市的一些污染企业如飞机场、焦化厂等被迫迁徙，所遗留的土地称为城市棕地。

在中国，还存在一种特殊的棕地类型——山区棕地。改革开放后，为了更好地适应市场发展，许多“三线工程”中的国防军工企业转制成民用企业，将原厂转移到城市或者城市近郊，原有山区厂址被逐步废弃淘汰，从而形成了独具中国特色的“山区棕地”。

3. 棕地成因

一是工业区衰退和城市产业结构调整所导致的城市土地价值的改变。

二是受环境保护及可持续发展理念的影响，一些重污染企业通过调整区位或直接转产而产生的棕地。此外，废弃的加油站、干洗店、垃圾处理站、储油罐、货物堆栈和仓库、铁路站场等均有可能是棕地产生之源。

4. 棕地改造原则

首先，从最大尺度区域和城市更新的角度考虑棕地改造后的合理土地功能。

其次，应注意对经济、环境和社会的综合提升，以实现土地资源的节约利用。

最后，强调项目设计和水平，包括设计概念、可达性、设计细节等。

5. 污染评价

(1)污染源追踪。查明场地污染源、包气带岩性、土壤与地下水化学组分等，评价污染程度，分析污染成因与趋势。

(2)评价因子筛选。污染评价应以污染物检测清单为依据，评价指数应包括检出率、超标率、超标倍数、单项污染指数。

(3)单项因子污染指数法评价。

(4)综合污染指数法评价。

6. 污染修复整治建议

(1)挖掘污染土壤。

(2)表面覆盖和封闭。

(3)稳定/固化修复。

(4)气提技术(原位或异位)。

(5)生物修复(原位或异位)。分为生物通风技术BV(原位修复技术)和生物堆制法(异位)两种生物修复技术。

(6)渗透反应墙技术。

(7)水泥窑共处置。

二、工作精度

(一)工作精度

一般区域环境地质调查调查按1∶50 000进行，环境地质问题较为突出的地区应重点调查，调查精度按1∶10 000进行。

(二)调查区复杂程度分类

调查区复杂程度分区可划分为简单、中等和复杂3类，分类原则如下：

(1)简单地区：环境地质条件简单，环境地质问题少，现代地质作用较弱。

(2)中等地区：环境地质条件中等，环境地质问题较多，现代地质作用较强烈。

(3)复杂地区:环境地质条件复杂,环境地质问题很多,现代地质作用强烈。

(三)调查要求

一般调查区主要为武汉城市规划涉及的区域,调查比例尺一般为 1∶50 000,应查明区内地质环境背景、工程地质、水文地质条件、主要环境地质问题和地质灾害的类型、分布、成因和危害程度,基本工作量定额按表 5-2-1 执行。重点调查区主要为武汉市环境地质问题较为突出的区域,对重大工程建设有重大影响的岩溶塌陷、软土、膨胀土、崩塌滑坡等高易发区、污染土地区及人工填土区等,调查比例尺一般为 1∶10 000,应在区域环境地质调查的基础上,进行环境地质评价、主要环境地质问题的危害及损失评估,提出防治对策建议。

表 5-2-1　1∶50 000 环境地质调查每百平方千米基本工作量

地区	地区类型	调查点/个	调查路线间距/m	抽水试验/组	原位测试/个	水质分析/件	原状土样	勘探钻孔数及进尺数/个·m^{-1}	浅井(个)
平原盆地	复杂	80～110	800～1 000	0～3	4～6	30～35	30～60	10～20/1 000～2 000	40～55
	中等	60～80	1 000～1 500	0～3	3～5	25～30	20～40	8～15/1 000～1 500	30～40
	简单	40～60	1 500～2 000	0～2	1～3	20～25	15～30	5～10/800～1 200	20～30
丘陵山地	复杂	90～130	500～800	0～3	—	15～20	—	10～15/800～1 200	—
	中等	60～90	800～1 000	0～3	—	15～20	—	8～12/600～1 000	—
	简单	40～60	1 000～1 500	0～2	—	15～20	—	6～8/400～1 000	—

三、工作方法与技术要求

(一)遥感调查

(1)调查中应充分采用遥感技术,通过遥感图像(或数据)解译提取和分析反映调查区内地质环境特征的各种信息,获取各种环境地质参数、解译环境地质条件和研究环境地质问题,编制相应的遥感解译图件,提供遥感解译资料。

(2)遥感解译工作应贯穿于调查工作的全过程,服务于设计编写、野外调查、资料整理及成果编制等各个环节。

(3)遥感解译的范围应根据需要,依查明具体的环境地质问题而确定,一般略大于常规地面调查范围,以便于从区域上对调查区进行充分了解和分析研究。

(4)应选择云彩覆盖少、冬季成像、清晰度高、分辨率不小于 5m、可解性强的卫星遥感数据进行解译。

(5)根据调查任务和不同地区及所选用的遥感图像的可解性与所需要解决的实际问题确定解译内容,一般应包括内容如下:

①划分不同地貌单元,确定地貌成因类型和主要地貌形态及水系特征,判定地形地貌、水系分布发育与地质构造、地层岩性及环境地质条件的相互关系。

②主要断裂构造(包括隐伏断裂)分布位置、发育规模、展布特征;新构造活动形迹在影像上的表现。

③地层岩性,划分岩土体的工程地质岩组类型,对冻土、黄土、盐渍土等特殊土体的分布发育特征进行解译。

④主要环境地质问题的分布、规模、形态特征、危害。

⑤各种水文地质现象，圈定河床、湖泊泥沙淤积地段，圈定图像上显示的古河道分布位置以及古溃口和管涌等发育地段、洪水淹没区域等。

⑥区内的植被、草原生态环境和土地利用状况等。

⑦人类工程经济活动引起的地质环境的变化，如“三废”排放造成的污染状况等。

⑧城市或国土开发整治重点地区，现有或潜在的某些特殊环境地质问题，如山区或山前的边坡失稳和泥石流；海滨城市的近岸海流变化对城市的影响；城市废物处置场地选择中的环境地质问题等。

(6)对动态变化的环境地质问题，如江湖库海岸带变迁、江河改道、泥沙冲淤、水土流失、土地沙漠化、石漠化、盐渍化、植被演变、土地利用等，可收集具有代表性的2个或3个以上不同时期遥感图像，进行解译对比分析。

(7)遥感解译成果报告编制。

根据调查任务和遥感解译的具体内容及成果，编写专题报告或总报告的有关章节。报告编写应详细论述遥感图像(数据)的特征和解译技术方法以及所取得的各项成果。

(二)地面调查

(1)根据调查区环境地质条件和人类工程经济活动特点，确定重点调查地区和需要重点调查的环境地质问题。

(2)根据已有工作程度的不同，确定不同地区工作程度要求，即实测、编测或修测。

(3)野外调查前，应在调查区或邻区选择地貌、地层、地质构造和环境地质问题有代表性的一个或几个地段，实测地质地剖面，建立典型标志，统一工作方法。

(4)野外调查中，应充分利用已有资料和遥感解译成果，通过野外调查和遥感图像解译成果的野外验证，加强地面调查工作的针对性，提高成果质量和效率。

(5)地面调查手图采用的比例尺应比实际调查精度大一倍或以上。

(6)观测路线的布置：以穿越法为主，对环境地质问题采用穿越法与追索法相结合的调查方法。

(7)专项调查方法。

①城市垃圾场专项调查。

在路线地质调查中，定点调查城市垃圾场周边地质环境条件，圈定边界范围，走访附近居民，结合收集的资料，填写相应调查表格。

布设一条或数条“T”形地质地球化学综合剖面，要求剖面线长度大于垃圾场污染元素影响范围的最大经验值，水平剖面上按20～50m点距采集表层土壤样；再按100～250m间距布置垂直剖面，剖面深度1.5～2m，分层连续采样，表层样0～20cm，表层以下按50cm间距采样，也可按自然分层采样，应配套布置大气干湿沉降物、浅层地下水、地表水、农作物及根系土样品。通过元素全量和形态分析等手段，进一步研究土壤、水及生物中的污染物分布、迁移规律和赋存状态，了解生态效应。

对垃圾焚烧后的飞灰直接取样，增加分析有机污染物指标。

②棕地专项调查。

棕地调查与修复工作流程：调查开始→审阅原有资料→现场查看→初步调查(确认污染范围)→结果评价→详细调查→数据分析、确定污染范围→人体健康风险评估→选定修复方法→进行污染土壤修复工程。主要调查方法如下：

a.资料收集：主要包括综合地质资料和场地用途资料。

b.地面调查：以掌上机配合调查表形式采集全要素数据。

c.钻探：以浅钻为主，深度一般控制在5～10m之间。

d.采样与分析测试：样品包括地表水、地下水和土壤沉积柱(即分层土壤样)。

(8)观测点的布置,观察描述和定位要求如下:

①观测点的布置要突出重点,兼顾一般,不能平均使用,点位要有代表性,并应统一编号。

②观测点记录既要全面,又要突出重点,同时还要注意观测点之间的沿途观察记录,用剖面图反映其间的变化情况。对典型和重要的地质现象,应实测剖面或绘制素描图,并进行拍照或录像。

③调查点应采用GPS定位,图面误差不超过1mm。

④调查点数量可根据遥感解译成果适当减少,但最高不超过30%。

(9)调查精度要求如下:

①环境地质问题分布范围,凡能在图上表示出其面积和形状者,应实地勾绘在图上或根据遥感解译检验结果在野外核定在图上,不能表示实际面积、形状者,用规定的符号表示。

②观测点密度取决于地区类别和工作区地质地貌条件的复杂程度,以能控制工作区环境地质条件和环境地质问题为原则。

③不允许漏测危害或规模大型及以上的重要环境地质问题。每个环境地质问题,至少有1~2条实测剖面予以控制。

(10)数据库建设、资料整理、综合研究应在地面调查的过程中同步进行,并及时提交原始成果、编制野外调查总结。野外调查总结材料应包括野外调查手图、实际材料图、环境地质问题图、环境地质条件图、各类观测点记录卡片、照片集、录像和数据库等。

(三)地球物理勘探

1. 物探方法选择

在武汉市开展环境地质问题调查的过程中,涉及的物探方法较多,以下按照调查内容的不同进行列表分类(表5-2-2)。

表 5-2-2　环境地质调查常用物探方法技术表

<table>
<tr><th>序号</th><th colspan="2">物探方法</th><th colspan="2">调查内容</th><th>执行或参考规范</th></tr>
<tr><td>1</td><td colspan="2">地质雷达</td><td colspan="2">第四系分层、垃圾场范围圈定</td><td>《城市工程地球物理探测标准》(CJJ/T 7—2017)</td></tr>
<tr><td>2</td><td rowspan="3">地震勘探</td><td>地震映像</td><td rowspan="3">地层厚度、岩性界面、断层破碎带、构造等</td><td>探测深度0~100m</td><td rowspan="3">《浅层地震勘查技术规范》(DZ/T 0170—2020);《城市工程地球物理探测标准》(CJJ/T 7—2017)</td></tr>
<tr><td>3</td><td>面波勘探</td><td>探测深度小于30m</td></tr>
<tr><td>4</td><td>微动探测</td><td>探测深度小于150m(和装置的布设方式有关)</td></tr>
<tr><td>5</td><td colspan="2">高密度电阻率法</td><td>地层厚度、岩性界面、断层破碎带、构造等</td><td>探测深度小于200m</td><td>《电阻率剖面法技术规程》(DZ/T 0073—2016);《电阻率测深法技术规范》(DZ/T 0072—2020);《城市工程地球物理探测标准》(CJJ/T 7—2017)</td></tr>
</table>

2. 高密度电阻率法

高密度电阻率法的要求与基础地质调查的要求基本相同(参见第三章第一节),不同部分在于野外数据采集特殊要求:

(1)电极布设要严格按照设计点距布设。

(2)对于环境地质调查,宜采用小电极距,电极距宜选择小于 2.5m。

(3)采集装置易选择分辨率高的斯伦贝谢装置,并以偶极等进行补充。

3. 瞬变电磁法

瞬变电磁法的要求与水文地质调查评价的要求基本相同(参见第三章第二节)。

4. 地震映像

地震映像的要求与工程地质调查评价的要求基本相同(参见第三章第三节)。

5. 地质雷达

地质雷达的要求与工程地质调查评价的要求基本相同(参见第三章第三节)。

(四)钻探

(1)钻探工作主要用于危害或规模大型及以上重要环境地质问题调查,以了解环境岩、土、水体特征,查明探测目标的位置、规模、物质组成,进行现场试验和采样测试,分析环境地质问题的形成条件。

(2)钻探一般应在地质调查和物探工作的基础上进行。应根据环境地质问题类型、规模、性质和环境地质条件复杂程度和欲探明的具体问题合理选择钻探类型和使用工作量。应充分利用已有的钻探资料,尽可能减少钻探工作量。每个钻孔必须目的明确,尽量做到一孔多用,必要时可留作监测孔。

(3)钻探控制工作量,根据不同地质地貌单元、拟探明的环境地质问题复杂程度、调查精度确定。

(4)钻孔深度根据探测对象而定,一般要求如下:

①崩塌、滑坡,钻孔深度一般应穿过其最下一层滑动面 3～5m。

②岩溶塌陷区,钻孔深度一般应穿过岩溶强发育带 3～5m。

③地裂缝区,钻孔深度应大于地裂缝的推测深度,并穿过当地主要的地下水开采层位。

④地面沉降区,钻孔深度一般应穿过当地取水层位 3～5m,并进入非变形沉降层(或稳定构造沉降层)20～30m。

⑤塌岸区,钻孔深度应穿过第四系土层 3～5m 区,钻孔深度应穿过第四系。

(5)钻探技术要求应按钻孔类型执行相应的专门性规范规程。

(6)钻孔竣工后,必须按时提交各种资料,一般包括钻孔施工设计书、岩芯记录表(岩芯的照片或录像)、钻孔地质柱状图、岩溶及裂隙统计表、采样及原位测试成果、测井曲线、钻孔质量验收书、钻孔施工小结等。

(五)山地工程

(1)槽探、浅井工作,主要用于危害或规模中心以上的重要环境地质问题和调查,以查明探测目标的规模、边界、物质组成,进行现场试验和采样测试,分析环境地质问题的形成条件。

(2)探槽、浅井应配合野外调查同时施工,其规格和施工等有关技术要求按山地工程的有关规范规程执行。

(3)各探槽、浅井应及时进行详细编录,除文字描述记录外,尚应制作大比例尺(一般为 1∶20～1∶100)的展视图或剖面图,以真实反映各壁及底板的地质特征、取样位置等,对重要地段尚需进行拍照或录像。

(4)探槽、浅井竣工验收后应及时回填,如需留作监测,应采取相应的保护措施,以防出现安全事故。

(六)试验与采样测试

(1)应根据环境地质条件和问题调查的需要,确定水文地质试验或工程地质试验方法,技术要求执行相应的规程规范。

(2)地下水污染测试项目参照《区域地下水污染调查评价规范》(DZ/T 0288—2015)和实地情况确定,样品采集的密度、频率根据调查目标、精度及工作区复杂程度等实际情况确定。

(3)土壤污染测试项目参照《土壤环境质量 农用地土壤污染风险管控标准(试行)》(GB 15618—2018)、《土壤环境质量 建设用地土壤污染风险管控标准(试行)》(GB 36600—2018)和实地情况确定,一般为一次性调查采样。

(4)各类试验、测试资料应及时进行整理(录入数据库)和分析研究,编制图表,编写成果小结。

(七)动态监测

详见第九章第一节。

四、城市地质环境安全性综合评价

地质环境安全问题种类繁多、成因复杂且危害性有所差异,从表现形式上看可以分为地壳安全问题和地面安全问题两个方面。前者是基于地球内动力地质作用产生于地壳深部的地质现象,如地震活动、断层的活动、火山活动等,其研究目标是避开地震活动带、断层活动带等;后者是受地球内、外地质作用或人类工程活动引发的发生于地球浅表层的地质现象,包括崩塌、滑坡、泥石流、地面塌陷、地面沉降、地裂缝、地球化学背景异常等。

对于城市地质环境安全性评价而言,一方面,要根据城市地质环境条件,对城市范围内每个威胁城市建设的地质环境安全问题进行评价,其重要的理论基础是工程地质类比任何类似的地质环境条件及组合应具有类似的地质环境安全问题及安全等级,评价必须建立在地质环境问题机理研究的基础上;另一方面,需要综合分析各种地质环境安全问题叠加作用后的安全性,依据地质环境问题对城市建设的危害程度和可防御性进行综合研究。

单一地质环境安全问题评价的基础是工程地质类比法,类比地质环境安全问题发生所具备的地质环境和自然环境背景,评价的内涵是考虑地质环境安全问题发生的规律和影响因素应用合理的评价方法,制定科学的安全等级和标准。

综合地质环境安全评价的基础是综合决策,综合各类地质环境安全问题对城市规划建设的影响,针对敏感性(限制性)和重要性地质环境安全问题,分别采用敏感性因子评价和其他评价模型(如最简单的积分法)进行评价,划分地质环境安全等级。

(一)城市地壳安全性评价

详见第三章第一节中的“区域地壳稳定性评价”有关内容。

(二)城市地面稳定安全性评价

地面稳定安全性是指在地壳活动影响下,诱发和直接产生的各种地表地质灾害对工程场地安全的影响程度。地面稳定安全评价的主要对象是指受地球内、外地质作用或人类工程活动引发的发生于地球浅表层的地质灾害现象,武汉市的主要地质灾害种类包括岩溶地面塌陷、地面不均匀沉降、崩塌、滑坡、不稳定斜坡等。这种形式的安全主要体现在其发生的概率上,即灾害的易发性,从灾害发生的可能性可将其中的极高易发区定义为城市建设用地不安全区。

上述各灾种的稳定性和易发性评价，详见第六章第五节有关内容。

（三）城市土地对建设用地安全评价方法

1. 评价指标选取

1）评价指标选取原则

为了更全面科学合理地反映研究区土壤环境容量现状，在选取指标时应遵循以下原则：

（1）评价指标应具有特定性。选择对土壤污染有明显影响，且在研究区内有明显差异，并能出现临界值的指标作为评价指标。

（2）评价指标应有稳定性。即选择那些持续影响土地用途的较稳定的因子，使土地评价成果资料在较长一段时间内具有应用价值。

（3）评价指标数据采集的可能性。应尽量选择基础资料较完整，可进行计量或估量的指标，便于定量分析。

（4）评价指标之间应有独立性。土壤作为特殊的研究对象，影响其容量的各项评价指标之间多有联系，评价指标做到完全不相关是不可能的，但应尽量选择那些相对独立的指标。

2）评价指标

土壤环境安全评价指标体系有两重结构：第一级是对于某特定用地方式下的土壤环境质量综合评价，各项污染物构成其评价指标体系。第二级是对于单项污染物的土壤环境容量评价而言，其影响因素构成了其评价指标体系，对于不同污染物而言，这些因素的影响也是不同的。

（1）土壤环境质量评价。

通常采用的土壤环境质量评价指标包括无机污染物和有机污染物两大类。无机污染物中又可以分为重金属污染物、放射性污染物和少数常量及微量元素；有机污染物又可以分为一般有机污染物和持久性有机污染物（POP_S）。

①无机污染物。

重金属：污染土壤的重金属主要包括汞（Hg）、镉（Cd）、铅（Pb）、铬（Cr）和类金属砷（As）等生物毒性显著的元素及有一定毒性的锌（Zn）、铜（Cu）、镍（Ni）等元素。

放射性污染物：主要来源于原子能、核动力、同位素生产中的放射性污染物[如铀（U）、钴 Co）等]。

常量及微量元素：例如过量的氟（F）、硒（Se）、氯（Cl）、砷（As）、磷（P）、氮（N）等。

②有机污染物。

有机污染物是指以碳水化合物、蛋白质、氨基酸以及脂肪等形式存在的天然有机物质及某些其他可生物降解的人工合成有机物质组成的污染物。有机污染物，包括有酚类、酮类、酸类及其他环状、链状的烃类。

持久性有机污染物是指人类合成的能持久存在于环境中、通过生物食物链（网）累积、并对人类健康造成有害影响的化学物质。如有机氯杀虫剂："滴滴涕"、氯丹、灭蚁灵、艾氏剂、狄氏剂、异狄氏剂、七氯、毒杀酚。

（2）土壤环境容量评价。

土壤环境容量评价指标体系是针对单项污染物的土壤环境容量评价，其影响因素十分复杂。对于不同污染物而言，这些因素的影响也是不尽相同的。

①土壤性质。

土壤区域：土壤区域的差异对某些元素的土壤临界值含量和环境容量的影响是较明显且有规律的。临界含量值越高，容量越大。

土壤类型：不同土壤类型所形成的环境地球化学背景与环境背景值不同，同时土壤的物质组成、理化性质和生物学特性以及影响物质迁移转化的水热条件也都因土而异，因而其净化性能和缓冲性能不同，因此对元素的吸附能力不同，环境容量也不同。

土壤 pH 值：一般来说，随 pH 值升高，土壤对元素的固定能力增强，土壤 pH 值的增高，增大了土壤组分（如黏土、金属氧化物、有机质）的吸附或矿物的沉淀。

土壤有机质：土壤有机质具有大量不同的功能团、较高阳离子交换量（CEC）和较大的土壤表面积，它们通过表面络合、离子交换和表面沉淀 3 种方式增加土壤对重金属的吸附能力。有机质含量高，使元素的临界含量大，使其环境容量增大；有机质含量少，土壤肥力低下，脆弱与不稳定的主态系统抵御外来干扰的能力差，易于受害，致使土壤中的环境基准和环境容量偏低。

土壤碳酸盐：土壤碳酸盐的存在常与土壤的 pH 值相关联，由于在高 pH 值下，固态碳酸盐、磷酸盐或氢氧化物控制着土壤溶液的溶解度，影响金属的有效性，因而在较高碳酸盐的土壤中，金属（如 Cd、Cu、Pb 等）对作物的危害较小，并在作物中残留累积相对减少，从而在一定程度上影响到某些金属的临界含量，使其临界含量增加或降低，从而该元素在土壤中的环境容量注随之增加或降低。

②土壤环境条件。

气候条件：受气候条件的影响使元素的迁移改变，高温多雨，土壤化学风化强烈，在暴雨的冲刷下，强烈的淋溶带走了多种矿质元素，导致某些元素在土壤中的含量降低，使其环境容量增加。长时间的暴雨在一些地区会形成严重的水土流失现象，土壤中的粉粒成分含量低，有机含量也低，土壤环境容量也偏低。

温度：当温度变化时，势必影响水分蒸腾作用，从而影响植物对重金属的吸收。在一定范围内，温度高，则作物吸收元素量多，土壤中元素含量少，则该元素在土壤中的容量大；温度低，则吸收量降低，土壤中元素含量多，则该元素在土壤中的容量小。

植被：是否种植植被对土壤的环境容量有一定的影响。植被的根系能抓住土壤，防治水土流失，植物的叶能减弱雨水对土壤表面的直接冲刷，因此在一定程度上就减少了土壤中某些元素的流失，从而影响土壤的环境容量。

地形地貌：地形地貌对土壤环境容量的影响主要指地面坡度大小的影响。坡度较大的地方，雨水冲刷土壤流失较快，强风也可以带走土壤；而坡度较小的地方则不容易。

微生物：土壤微生物是土壤生态结构的组成部分，土壤元素对不同类型的微生物影响的浓度范围有着明显的差异。有些金属元素对某些微生物有抑制作用，使微生物的活性降低，则会影响土壤对金属元素的吸附，影响金属元素在土壤中的临界值和环境容量。

元素的性质：元素的性质对土壤环境容量有很大的影响，若元素的溶解性大，则它在土壤中的活性、有效性相对较高，而溶解性小的则表现得迟钝而粗约。元素的其他性质，如氧化性、还原性、离子交换能力等也会影响它在土壤中的容量。

③外部作用条件。

种植土壤与不种植土壤：种植作物的土壤，土壤中的元素可以转移到作物体内，使元素在土壤中含量减少，增大了土壤的环境容量。不种植作物的土壤环境容量则相对较小。

土壤利用类型：不同的土地利用类型对环境容量也有一定程度的影响，旱地和水田种植的作物不同，而不同的作物对元素的吸收能力不同，从而导致同种元素容量在不同土壤利用类型上不同。

人为因素：人类排放的工矿企业污水、生活污水等都会影响自然界土壤中重金属含量。工业污水中含有铅（Pb）、镉（Cd）、铬（Cr）、铜（Cu）、锌（Zn）、镍（Ni）等，含重金属的污水排放到环境中都会改变土壤原有的背景值，使某些元素含量增大，因此使土壤的环境容量减小。

2. 评价标准的确定

1)国家土壤环境质量标准

采用最新颁布的两个标准:《土壤环境质量　农用地土壤污染风险管控标准(试行)》(GB 15618—2018)和《土壤环境质量　建设用地土壤污染风险管控标准(试行)》(GB 36600—2018)。

2)土壤典型元素风险基准值

比较分析国内外土壤环境相关标准中用地方式的划分及其划分宗旨,在此基础上系统分析不同用地类型对土壤环境条件的具体要求,以及不同土地利用类型风险基准值的求值受体和暴露途径设置,并结合土壤污染现状特点,进行不同用地类型的划分。表 5-2-3 为一种划分方式,仅供参考,不同城市的土地利用类型划分应根据实际情况做出不同划分。

表 5-2-3　不同土地利用类型风险基准值的求值受体和暴露途径

土地利用类型	求值宗旨	受体	暴露途径
居住及公共用地(包括居住用地、公共设施用地、市政公用设施用地,以及它们的附属绿地)	保护人体健康	人类,敏感受体为0～6 岁的儿童	摄入土壤、摄入灰尘、皮肤与土壤接触、皮肤与灰尘接触、吸入室内灰尘与蒸汽、吸入室外灰尘与蒸汽
工业及仓储用地(包括工业用地、仓储用地)	保护人体健康	人类,敏感受体为16～59 岁的职业女性	摄入土壤、摄入灰尘、皮肤与土壤接触、皮肤与灰尘接触、吸入室内灰尘与蒸汽、吸入室外灰尘与蒸汽
农业用地(包括菜地、耕地、园地)	保护人体健康	人类	摄入被污染的粮食、蔬菜、水果
绿化用地(包括中心城公共绿地、城镇防护绿地、道路绿地、滨河绿地、林地及自然风光旅游绿地等)	保护陆地生态,兼顾人体健康	林木、草皮、微生物、水环境及人类	植物吸收、污染物对微生物的抑制作用、污染物的淋滤运移、皮肤与土壤接触、吸入室外灰尘与蒸汽

3. 不同功能用地风险基准值的确定

1)土壤风险基准值与土壤环境容量的关系

从土壤环境容量的概念可以看出土壤环境容量实际上就是土壤单元中污染物质的"最高允许含量"和"现有含量"的差值。土壤中污染物质的"现有含量"可以通过调查、测试得出,而"最高允许含量"作为一种量度标准,其合理计算就成为研究土壤环境容量的关键。

目前,国内外对于这个"最高允许含量"的命名各不相同,例如:中国有最高限值、临界值、最大允许值的表述;加拿大有土壤质量指导值;美国有土壤筛选值;英国有土壤指导值;澳大利亚有土壤调研值;日本、法国、越南等国有土壤保护值;荷兰有目标值和干预值等。

对于不同功能建设用地土壤重金属环境容量评价,其土壤最高允许含量是为保护健康,基于人体的健康暴露风险评估方法制定。对于各国的各类命名不同但功能相似的基于风险(生态风险和健康风险)的土壤污染物浓度最高限值,这里称为"土壤风险基准值",是指土壤元素不影响人体健康的最大允许含量(或阈值),用它作为土壤容量计算量度标准的"污染物最高允许含量"。

2)土壤风险基准值的制定原则

土壤风险基准值是指土壤污染物的日均暴露量与其健康标准值相等时的浓度。当土壤污染物浓度高于风险基准值时,可能对土地使用者产生不可接受的健康风险。基于风险的土壤风险基准值是土壤污染物浓度的指示值或警告值,是初步判断和识别污染土地健康风险的依据。各国对于土壤风险基准值的命名各不相同，但在制定土壤风险基准值时不外乎3种指导原则：

（1）保护生态受体，如确保植物（作物）、土壤无脊椎动物、土壤微生物、野生动物等，暴露于土壤污染物不至于产生生态风险（如美国的生态筛选浓度值和澳大利亚的生态调研值等）。

（2）保护污染场地（土壤）上活动的人群，暴露于土壤污染物不至于产生健康风险（如英国的土壤指导值和澳大利亚的健康调研值等）。

（3）同时保护生态环境和人体健康，限制土壤污染物对生态受体和人体产生不可接受的健康风险（如加拿大的土壤质量指导值）。

3）居住及公用场地土壤风险基准值的确定

居住及公用场地土壤风险基准值的确定是应用英国的污染土地暴露评价模型（CLEA模型）计算得到土壤风险基准值（SGVs），并基于所得到的风险基准值来设定保护人体健康的土壤污染物的允许含量，即土壤风险基准值。因而居住及公用场地土壤风险基准值主要建立在人体健康风险的基础上，并不考虑对土壤环境中其他受体的风险性，如植物、动物、建筑物和受控水体等。

CLEA模型是英国环境署（EA）和环境、食品与农村事务部（DEFRA）以及苏格兰环境保护局联合开发的一种基于计算机的概率风险评价工具，已被英国官方用来作为英国土壤污染物的SGVs。CLEA模型能够结合土壤污染物的毒性信息来评估污染物对成人及儿童在场地上生存、工作或活动时的长期暴露性，并基于某一给定的土壤污染物含量评估各个潜在暴露途径下敏感受体（通常是儿童或妇女）所受到的场地污染物的日平均暴露量（ADE）。

日平均暴露量（ADE）的计算公式如下：

$$ADE=(IR_{inh}\times EF_{inh}\times ED_{inh})/(BW\times AT)+(IR_{oral}\times EF_{oral}\times ED_{oral})/(BW\times AT)+(IR_{dermal}\times EF_{dermal}\times ED_{dermal})/(BW\times AT)$$

式中：DE——人体受到土壤化学品的日平均暴露量[mg/(kg·d)]；

IR——暴露速率（mg/d）；

EF——暴露频率（d/a）；

ED——暴露持续时间（a）；

BW——人体质量（kg）；

AT——平均时间（d）；

下标inh，oral，dermal分别为吸入、经口、皮肤接触途径。IR_{oral}与IR_{inh}通常以摄入量来计算，IR_{dermal}通常以吸收量来计算。

将ADE分布中的第95个百分点下的暴露值（95th ADE）与健康标准值（HCVs）进行比较，并把（95th ADE）/HCVs=1时的含量作为土壤中相应污染物的SGVs。

CLEA模型主要可用于：①获取一般评价标准；②获取特殊场地的评价标准；③计算ADE/HCV值。本书是通过CLEA模型计算ADE/HCV值来获取土壤风险基准值。

CLEA模型将土地用途分为3种：住宅用地（有植物吸收/无植物吸收）、园地、商业和工业用地。土地利用类型不同，人群活动主体和活动方式也不同，土壤污染物的关键受体和暴露途径也因此而变化。此外，同一种土地利用类型中，根据土壤性质的不同又划分为3种不同的土壤类型，分别为沙土、壤土和黏土。CLEA模型中各关键参数如下：

（1）土壤性质和建筑物特性。

土壤污染物的行为依赖于土壤性质和场址特征。与土壤性质相关的参数包括土壤pH值、有机质含量、土壤孔度、土壤富集因子、水分含量和饱和导水率等。建筑物特性影响污染物在土壤、建筑物和人体之间的传递。与建筑物相关的特性参数包括生活空间高度；封闭空间的长度和宽度；地基或隔板厚度；生活空间气体交换；土壤与封闭空间的压力差；楼墙裂隙宽度等。

(2)关键受体及其暴露途径。

日均暴露量与关键受体的生理特征参数和行为特征参数密切相关。因生理特征的差异,女性通常更容易受土壤污染暴露的影响,故以女性作为关键受体。人在婴幼儿期生长发育最快,最容易受污染物暴露影响,因此居住用地的土壤污染物的关键受体选择0～6岁女性婴幼儿。其污染物暴露途径有3个方面:经口直接摄入土壤;经口和鼻吸入室内气态污染物和土尘;皮肤接触土壤和土尘。其污染物暴露的主要特征有:污染物最容易进入人体;对土壤污染物浓度要求严,包括不同形式的住宅、幼儿园和小学校等用地。由前计算式可知,日平均暴露量还与各种暴露途径的暴露频率有关,各暴露途径的暴露频率见表5-2-4。

表5-2-4 各种暴露途径的暴露频率

各途径及频率		暴露年龄/岁					
		0～1	1～2	2～3	3～4	4～5	5～6
经口摄入	尘土摄入暴露频率/(d/a)	180	365	365	365	365	365
皮肤接触	室内皮肤接触暴露频率/(d/a)	180	365	365	365	365	365
	室外皮肤接触暴露频率/(d/a)	65.0	130	130	130	130	130
	室内皮肤对土壤的附着率/(mg/cm^2)	0.06	0.06	0.06	0.06	0.06	0.06
	室外皮肤对土壤的附着率/(mg/cm^2)	1.00	1.00	1.00	1.00	1.00	1.00
	室内吸入尘土和蒸汽的暴露频率/(d/a)	365	365	365	365	365	365
口鼻吸入	室外吸入尘土和蒸汽的暴露频率/(d/a)	365	365	365	365	365	365
	室内主动吸入频率/(h/d)	2.00	3.00	3.00	3.00	3.00	2.00
	室外主动吸入频率/(h/d)	1.00	2.00	2.00	3.00	3.00	2.00
	室内被动吸入频率/(h/d)	20.0	18.0	18.0	18.0	18.0	16.0
	室外被动吸入频率/(h/d)	1.00	1.00	1.00	0.00	0.00	0.00

(3)污染物理化性质和健康标准。

日均暴露量与污染物的理化性质(如土壤富集因子、土壤-植物浓度因子、皮肤吸附分数、有机碳-水分配系数、辛醇-水分配系数、土-水分配系数、水溶性、蒸汽压、气体扩散系数、水扩散系数、临界温度和基准温度、亨利常数等)密切相关。土壤污染物的健康标准值见表5-2-5,各污染物的物理化学数据采用模型中的默认值。

表5-2-5 土壤污染物的健康标准值HCV 单位:(μg/kg)/(bw/d)

序号	污染指标	TDI		ID		MDI	
		口摄入	口鼻吸入	口摄入	口鼻吸入	口摄入	口鼻吸入
1	As	—	—	0.3	0.002	—	—
2	Cd	1	—	—	0.001	16	—
3	Cr	3	—	—	0.001	13	—
4	Hg	0.3	0.3	—	—	2.5	0.3
5	Ni	1	0.001 2	—	—	—	—
6	Pb	3.6	—	—	—	—	—

4)工业及仓储用地土壤风险基准值的确定

为保护在工业企业中工作或在工业企业附近生活的人群及工业企业界内的土壤和地下水,应对工业企业生产活动造成的土壤污染危害进行风险评价,1999年,中国国家环境保护总局颁布了《工业企业土壤环境质量风险评价基准》(HJ/T 25—1999)。该基准按风险评价的方法制定了两套基准数据:土壤基准$_{直接接触}$和土壤基准$_{迁移至地下水}$。土壤基准$_{直接接触}$是用于保护在工业企业生产活动中因不当摄入或皮肤接触土壤的工作人员。土壤基准$_{迁移至地下水}$是用于保证化学物质不因土壤的沥滤导致工业企业界区内土壤下方饮用水源造成危害。根据规定,如果工业企业界区内土壤下方的地下水现在或将来作为饮用水源,应执行土壤基准$_{迁移至地下水}$;如果工业企业界区内土壤下方的地下水现在或将来均不用作饮用水源,应执行土壤基准$_{直接接触}$。

土壤基准$_{迁移至地下水}$计算公式如下:

$$土壤基准_{迁移至地下水}(mg/kg)=C_{dw}\times DAF\times 20$$

式中:C_{dw}——以风险为依据的地下水基准(mg/L);

DAF——稀释衰减系数(L/kg)。

5)农业用地土壤重金属风险基准值求算

农业用地土壤受到重金属污染,通过各类农产品食物把从土壤中吸收富集的重金属带入人体,对人体健康造成潜在或直接的危害。

根据《区域生态地球化学评价技术要求(试行)》(DD 2005-02)中"生态系统异常元素及有机污染物生态效应评价"的技术要求可知,利用农产品中重金属含量和土壤中重金属含量之间的耦合关系,可求得农业用地土壤中重金属的含量阈值。

首先计算不同农作物可食部分的生物富集系数,计算公式为:

$$生物富集系数=(生物体中的元素浓度/根系土中的元素浓度)\times 100\%$$

不同农产品对不同重金属元素的富集差别很大,对同一种重金属元素的富集性也不一样。

针对某种重金属元素,当农产品重金属元素浓度取到食品卫生标准限值,而富集系数取到各类农产品中的最大值时,两者之商就是该元素在根系土中的最高允许含量,即土壤风险基准值。

设食品卫生标准关于第i种重金属的限量规定为C_i,日常粮食、蔬菜及水果对该种元素的富集系数分别为$E_{i粮}$、$E_{i菜}$、$E_{i果}$,各富集系数的最大值为$E_{i粮}^{max}$、$E_{i菜}^{max}$、$E_{i果}^{max}$,则有:

$$R_{i粮}=C_i/E_{i粮}^{max}\qquad R_{i菜}=C_i/E_{i菜}^{max}\qquad R_{i果}=C_i/E_{i果}^{max}$$

式中$R_{i粮}$、$R_{i菜}$、$R_{i果}$分别为粮食产地、蔬菜产地及水果产地的土壤风险基准值,那么重金属i元素总的农业用地土壤风险基准值R,即为:

$$Ri=\min\{R_{i粮},R_{i菜},R_{i果}\}$$

6)绿化用地土壤重金属风险基准值的确定

该土地利用类型概括起来主要包含人类活动较多的公共绿地及人类活动相对较少的林地。对于前者,重金属风险基准值的计算是基于人体健康风险而言,主要是由于考虑到各年龄层次的人群在公共绿地活动时,对于土壤中的重金属污染物存在有呼吸摄入、不当口腔摄入及少量皮肤吸收等暴露途径;对于后者,重金属风险基准值的计算则是基于生态风险,这是出于保护林木植物的正常生长、林地土壤中微生物的活性及林地中或附近的水体不受污染。因此,考虑的暴露途径有植物吸收、污染物对微生物的抑制作用、污染物在土壤中的淋滤运移等方式。

对于公共绿地重金属风险基准值,采用英国污染土地暴露评价模型(CLEA)计算求得。对于人类活动较少的林地重金属风险基准值,直接引用《土壤环境质量　农用地土壤污染风险管控标准(试行)》(GB 15618—2018)的最新标准,这是由于国标明确指出第三级标准是保障农林生产和植物正常生长的土壤临界值。两套基准值求出后,取二者中小者为最终的绿化用地重金属风险基准值。

4. 土壤环境容量计算模型

以土壤背景值取代土壤实测值进行土壤环境容量计算，而获得最高评价等级的临界值，如此可从环境容量的角度得到当前人类保护土壤环境质量的目标。计算公式如下：

$$W_{ib} = M \times (C_{ic} - C_{ib}) \times 10^{-6}$$

式中：W_{ib}——利用土壤背景值计算某元素达到临界含量值的土壤环境静容量（t/hm^2），相当于土壤环境的基本容量；

M——每公顷土地耕作层的质量（kg/hm^2）；

C_{ic}——土壤中某元素的风险基准值（mg/kg）；

C_{ib}——土壤中该元素的背景值（mg/kg）。

土壤环境背景值因土而异，不同类型土壤有不同的背景值，母质因素影响很大，故在计算评价级别的临界值时应采用研究区域内的土壤背景值（表5-2-6）。此计算模型较适用于在土壤中难于消失的污染物，如重金属和某些难降解的有机污染物等。

表5-2-6　不同类型用地土壤背景值　　单位：mg/kg

指标	As	Cd	Cr	Cu	Hg	Ni	Pb	Zn
背景值 C_{ib}	5.09	0.106	23.0	13.6	0.112	10.2	45.4	70.1

土壤环境容量评价利用单因子指数模型，然后对各种因子的评价结果进行因子叠加，按照取差原则进行，该模型认为土壤环境容量的好坏是各种污染因子共同作用的结果，因而多种因子的作用和影响必然大于其中任一种因子的作用和影响。用所有评价因子的相对环境容量的总和，可以反映土壤中各因子的综合情况。

单因子指数评价等级划分是利用土壤环境容量单因子评价等级的临界值“W_{ib}、$0.7W_{ib}$、$0.3W_{ib}$、0”，将其分别除以相应污染物的W_{ib}，得到土壤环境容量综合指数评价等级临界值“1、0.7、0.3、0”，从而将环境容量划分为高容量区、低容量区、警戒区和超载区4个区间，其指数范围依次为>0.7、0.3～0.7、0～0.3、≤0（表5-2-7）。

表5-2-7　土壤环境容量评价等级划分

评价等级	单因子等级标准	安全等级标准
高容量区	$0.7W_{ib} < W_i$	安全
低容量区	$0.3W_{ib} \leqslant W_i \leqslant 0.7W_{ib}$	次安全
警戒区	$0 < W_i \leqslant 0.3W_{ib}$	次不安全
超载区	$W_i \leqslant 0$	不安全

各评价等级的主要含义如下：

1）高容量区（安全）

当土壤污染物（重金属元素）的土壤环境容量位于高容量区，则说明土壤中污染物（重金属元素）含量在背景值范围内（W_{ib}是通过利用风险基准值和土壤背景值进行土壤环境静容量计算而得到的），说明土壤未受到或仅仅间接受到外来污染物的影响，土壤组分基本保持原有的含量状况或者属于轻污染。从总体上看，该区域中人类活动与自然环境相互适应，相互协调，因此高容量区的土壤危害性最小。

2）低容量区（次安全）

由于土壤受到重金属等不易降解的物质污染后，土壤本身的自净能力降低，其环境容量降低，因此划分一个低容量区($0.3W_{ib} \sim 0.7W_{ib}$)。土壤环境容量在低容量区范围内,超载的可能性不是很大,但属于此区的土壤,其本身的土壤系统比较脆弱,土壤环境容量较低,其自净能力明显低于高容量区和中容量区。如果再不对进入土壤的污染物进行严格控制,就特别容易向警戒区和超载区发展。

3)警戒区(次不安全)

根据管理经验,当土壤环境容量小于低容量区下限($0.3W_{ib}$)时,土壤出现超载的可能性大大增加,即土壤环境容量有可能完全用尽,属于重污染区,所以对这类地区的土壤应绝对控制污染物的侵入。环境管理方面应密切注意土壤环境容量的变化,采取相应的技术和管理措施,以降低土壤中污染物残留量。

4)超载区(不安全)

土壤环境容量完全用尽,污染物含量已超过风险基准值,即已对人体健康和环境造成危害,土壤利用超过限度。所以,在对这类土壤的利用方式上要重新规划,采取必要的措施来恢复土壤的自然结构,充分利用其自净能力,降低污染物的残留量和活性。可用新土覆盖、原土搬移等方式来降低土壤中污染物的含量,使其向警戒区或过渡区发展。

(四)城市地质环境安全综合评价

在上述单一地质环境安全问题评价的基础上,按照“安全第一”的评价原则,针对敏感性地质环境问题和重要性地质环境问题,采用定性(即敏感因子法)、定量相结合的综合评价模型。

1. 建立评价指标体系

根据收集的基础资料,系统分析评价区域内的地质环境条件,综合考虑对地质安全性有影响的要素及因子,同时区分敏感因子和重要因子。从规划与建设安全的角度讲,“敏感因子”是指对重建规划与建设具有“一票否决权”的因子,只要“敏感因子”存在的区域,就认为不适宜工程建设活动,直接划分为不宜建区;而不存在这些“敏感因子”的区域称为相对宜建区。在相对宜建区内,综合考虑地质条件,选择具有可比性的地质环境要素作为评估指标,即重要因子。

2. 绘制单要素图

依据收集到的基础地质资料和遥感解译资料等,针对各评价指标绘制一系列单要素图件,如地形坡度分区图、活动断裂分布及区域地壳稳定性分区图、地质灾害易发程度分区图、斜坡稳定性分区图等。由此也对各评价因子确定了分级标准(即评分值)。

3. “敏感因子”法评价

对于整个评价区域,首先依据“敏感因子”直接将不宜建区圈定分离出来,而不存在“敏感因子”的地区,均是从地质安全角度而言的相对宜建区。

4. 评价单元划分

在通过“敏感因子”法划分出不宜建区和相对宜建区之后,对于相对宜建区采用多边形网格法划分评价单元。主要是将重要因子的单要素分区图,在 MapGIS 的空间分析平台上,进行相交叠加获得。

5. 定量半定量评价

在 MapGIS 空间分析中将单要素图中相对宜建区相并叠加,得到最终的相对宜建区。相对宜建区可采用综合指数法、模糊综合评价模型等定量模型进行地质相对安全程度评估,而区别“安全区、次安全区和不安全区”,其等级划分见表 5-2-8。

一般在评价对象较多,工作量较大时,推荐采用思路清晰、计算简便的积分值模型进行评价,积分值模型是根据每个评价因子的性状数据或特征，按照已定的标准给定一个评分值，然后将各评价因子的评分累计求和，得到某一评价单元的总评分值，最后根据总评分值确定等级。

表 5-2-8　地质环境安全性评估分级

安全性等级		说明
Ⅰ	安全区	地质环境条件优越，能够很好地满足建设的地质环境安全要求，适合县(市)、乡镇建设
Ⅱ	次安全区	地质环境条件基本满足建设的地质环境安全要求，需采取一定的工程措施整治后才可建设
Ⅲ	不安全区	地质环境条件较差，需采取一定工程措施整治后才可进行建设
Ⅳ	不宜建区	地质环境条件差，不满足建设的地质环境安全要求，或不可避让、无法治理

五、成果表达

(一)图件

1. 实际材料图

反映野外调查工作内容，比例尺 1∶50 000。主要内容包括：

(1)调查路线。

(2)调查点。

(3)取样点。

(4)试验点。

(5)原位测试点。

(6)钻探施工点。

(7)监测点。

(8)物化探剖面等。

2. 环境地质图

反映环境地质问题发育条件、空间分布特征、易发程度或严重程度，包括环境地质平面图(主图)、镶图、柱状图和剖面图等，比例尺为 1∶50 000。

(1)主图，反映主要环境地质问题的发育条件和空间分布特征。

(2)镶图，一般为主要环境地质问题的易发程度或严重程度分区，如环境地质问题现状风险评价图、地下水污染防治区划图、地面沉降易发性分区图等。

(3)柱状图和剖面图，柱状图反映环境地质问题发育相关地层特征，剖面图反映主要环境地质问题垂向发育条件和分布特征。其中，主要环境地质问题在主图、柱状图和剖面图应相互对应，采用同一颜色表示。

3. 人地协调程度评价图

主要反映人地协调程度分区和等级，每个分区的环境地质特征、主要控制因素。

4. 国土空间利用建议图

主要包括国土空间规划布局地学建议图、国土空间用途管制地学建议图、国土空间修复治理地学建议图。

（二）报告

环境地质调查报告是区域环境地质调查工作的最重要成果，也是调查工作质量的全面体现。其基本要求是：

（1）综合利用、充分反映调查所取得的成果。

（2）阐明区域环境地质条件和环境地质问题的分布规律、发育特征及危害，做出正确的评价、合理的预测。

（3）符合地方政府需求与经济、社会发展规划，提出合理、有效的国土空间规划布局、用途管理及修复治理的地学建议。

报告编写提纲参照《环境地质调查技术要求（1∶50 000）》（DD 2019-07）之附录 E。

（三）数据库

1. 建设内容

（1）资料收集数据，应包括各种收集的地质、水文、工程和环境地质资料。

（2）野外数据，由各种野外调查数据组成，应包括各类调查点、取样点、野外试验、物探、钻探、动态监测等数据。

（3）测试数据，应包括各种样品的测试数据，在建立测试数据库的同时，应建立反映数据质量的元数据库，包括实验测试单位、测试设备与环境、数据质量等。

（4）综合数据，由管理技术文档资料组成，应包括任务书、设计、审查验收意见等过程管理文档资料；环境地质图、水文地质图和工程地质图说明书、综合评价报告及相关专题报告；各类图件。

2. 基本要求

（1）数据库建设应贯穿环境地质调查全过程。

（2）在资料收集与整理分析阶段，应完成资料收集数据的入库，在野外调查阶段中应完成野外数据入库，在测试分析阶段应完成测试数据和其他相关数据入库，在成果编制阶段应完成综合数据入库。

（3）数据库应具有数据更新、查询、统计等功能，并能和环境地质空间信息分析系统相连接。

第三节　土地质量地球化学调查评价

一、调查内容

查明土壤和水体中化学元素、理化指标和有机污染物含量水平、空间分布特征及其主要控制因素。调查对象为表层土壤、湖积物、大气干湿沉降物、地表（灌溉）水、农作物等。

调查单元为调查的最小空间单位，一般由若干土地利用现状图斑组成，根据地质背景、土壤类型、土地利用和行政权属等情况综合确定。评价单元为土地质量等级划分的最小空间单位。1∶50 000～1∶25 000调查一般为同比例尺土地利用现状图斑。1∶10 000 调查可为同比例尺土地利用现状图斑，也可采用调查实际地块。

二、工作精度

新城区作为一般调查区，适宜 1∶50 000；主城区、武汉经济技术开发区和东湖新技术开发区等都市发展区范围为深化调查区，适宜 1∶25 000；长江新城等为重点调查区，适宜 1∶10 000。

三、工作方法与技术要求

以传统的勘查地球化学方法技术为主，向环境地球化学、城市地球化学、农业地球化学、生态地球化学等勘查领域渗透，充分利用现代信息技术等高科技手段，增强创新意识。

土地质量地球化学调查记录表格样式参见附件 1-3。

（一）土壤调查

1. 样品采集

（1）样点密度：按照表 5-3-1 规定的土壤采样密度范围进行布置。但在生态风险区、永久基本农田区应适当加密。

表 5-3-1　土壤采样密度范围与平均采样密度表

工作分区	比例尺	采样密度范围/点·km^{-2}	平均采样密度/点·km^{-2}	有机污染物采样密度/点·km^{-2}
一般调查区	1∶50 000	4～8	6	1/16
深化调查区	1∶25 000	8～16	12	1/4
重点调查区	1∶10 000	16～32	20	1

（2）样点布置：在相应比例尺地形图、遥感影像图或土地利用类型图上预布样点。实地采集时尽量避开沟渠、林带、田埂、路边、旧房基、粪堆、垃圾堆放场及微地形高低不平无代表性地段。当地块属性变化较快时，选择相对大宗地块采样。

①平原区。非城镇表层土壤样品布置，应安排在采样图斑中间部位地质环境、地貌、土地利用类型上有充分代表性的土壤分布区，相对于土流、水流偏下方部位的农用大田、菜园地、林果地及荒草地地块中央；无耕种区时，应选择在有代表性的运积层区。使采样点布置做到环境影响要素的多层兼顾。

②城镇区。选择在老城空地、老公园、林地、花坛、老街道或老庭院老树下的老土、学校操场、机关、大型厂矿区内的空旷、空闲地等，应采集在原地存放或利用 10 年以上的表土；在新城区选择在尚未开发利用的原农用地中采样。要避开垃圾堆、新绿化区（带）、新栽树坑等。

③丘陵及岗地。丘陵岗地区土壤物质变化较大，应尽量采集到区内的主要土壤类型和土地利用类型。山地丘陵区布置在采样格子中汇水盆地偏下方的坪田区、平缓坡地、山间平坝或山坡下侧土壤层较厚处。

④重要工业区。加密布置代表主要污染源的采样点。

（3）定点与标记：一般情况下，传统的方法为根据样点预布图，使用手持 GPS 导航至拟采样点，待 GPS 接收信号稳定后读数记录，1∶50 000 比例尺要求定点误差小于 10m，从 GPS 设备中自动导出航迹。在可作采样标记的地方(如电线杆、桥墩、树干、民房等固定地物)用红油漆作标记,采样点处无固定标记时,可在附近寻找固定标记用箭头标识方位和距离,不具备条件的城区可以省略标记环节。

随着信息技术的不断进步,野外定点与航迹导出方法也在推陈出新:一是在数字填图系统中每天布置一条地质路线,采样时现场采点,在掌上机中记录采样信息,经桌面整理后导出航迹;二是使用采样终端定点、记录并自动导出航迹,此法的后台质量控制效果最好。

(4)采集时间:一般要求在上茬作物成熟或收获之后、下茬作物尚未施用底肥和种植之前,同时应避开雨季。

(5)采样工具:使用竹(木)铲、竹(木)片直接取样。如需铁锹挖坑时,当坑挖好后先用竹(木)片去除与金属采样器接触的土壤,再行采集。每件样品采集后,应将采样工具上的泥土清除干净,以防止相互污染。

(6)采样深度:一般为 0～20cm,但果园地为 0～60cm。

(7)样点组合:以野外 GPS 定点点位为中心,在 20～50m 范围的相同土地利用类型地块内采用“X”形或“棋盘”形采集子样(子样控制数:耕地≥4 个、果园≥2 个,林地≥2 个),待充分混匀后用四分法等量混合组成 1 件样品,装入写有样号的干净棉布样袋中,封袋前放进纸质样品标签。

(8)样品质量:1 000～1 500g。

(9)重复样采集:按每 30～50 个样 1 个批次布置重复样点。重复样采集遵循“一同三不同”原则。在预先布置的重复样采样大格内,第一次采样和第二次采样由不同人、不同时间在原采样坑的附近采集并用不同的掌上机重新测量点位坐标,重新观察记录,并填写重复采样记录卡,重复采样的样品原始质量在 1 000g 以上。

(10)现场处置:掰碎土块,挑出杂物,充分混匀,四分法装袋。样品潮湿时需内衬塑料袋。

(11)采样记录:按“土壤地球化学采样记录说明”的要求,使用 2H 或 3H 铅笔,现场填写统一标准化格式的土壤地球化学采样记录卡,室内整理时及时录入计算机中储存。也可采用样品采集手持终端 APP 现场填写样品信息记录卡。

2. 样品加工与保管

按土壤样品加工流程图(图 5-3-1)进行规范加工。

(1)场地要求:置于干净整洁、通风条件好、无污染的室内阴凉处,悬挂在样品架上自然风干,严禁暴晒和烘烤,防止雨淋、扬尘污染。风干过程中适时翻动、敲击、剔杂,加速干燥进程。

(2)过筛要求:全部样品通过 10 目(2mm)尼龙筛。不要接触可能造成污染的金属器皿。过筛后的土壤样品称重混匀,装入干净的特制塑料样瓶,样品净重≥500g。

(3)样品送检:根据实验分析需要,从塑料样瓶取出 200g 样品,装入牛皮纸样袋送实验室分析,剩下的送样品库长期保存。按图幅填写一式三份送样单。

(4)样品保管。采集的面积性土壤、湖积物样品均应长期保存。建立样品档案,包括样品编码图,单点样送样单,样品进、出库登记表,样品分析测试完成后的副样入库登记表等。样品存放在专门的样品库内,定期通风,保持干燥,注意防火防虫。应建立检查制度,发现标签不清、样品瓶破损时及时处理。样品出、入库均应办理交接手续。

3. 质量监控

建立健全三级质量管理体系,确保质量检查工作常态化、制度化落实。三级质量检查包括采样作业小组、采样大组或项目管理部、承担项目单位的质量检查,各级检查工作要详细记录在案。

(1)采样作业小组负责日常自检、互检工作,检查比例为 100%。

(2)采样大组野外检查工作量应大于总工作量的 5%,室内质量检查、样品加工检查工作量应大于总工作量的20%。

(3)承担项目单位野外检查工作量大于总工作量的1%,室内质量检查、样品加工检查工作量应大于总工作量的10%,其中包括对大组检查内容不少于10%的抽查。

本节其他各类调查工作的质量监控比照上述规定执行。

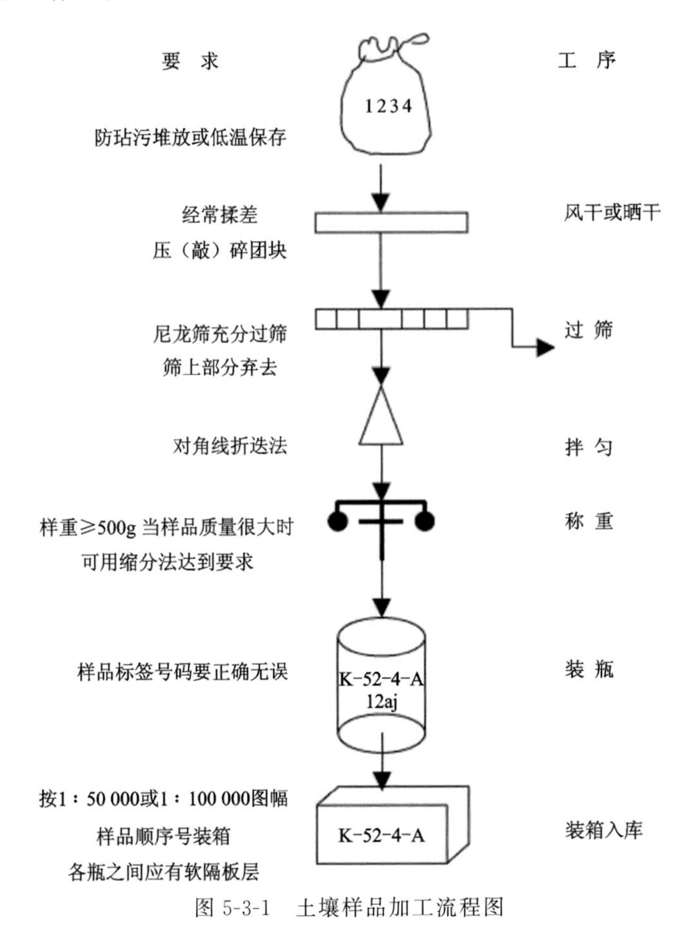

图 5-3-1　土壤样品加工流程图

4. 分析指标

1)以摸清家底为目的

为全面系统摸清武汉市土壤地球化学家底,通过不同年份海量地球化学数据的对比分析,以研究元素迁移转化富集趋势,必要时可选用54项元素或指标进行分析测试,其分析方法及检出限要求见表5-3-2。

2)以土地质量地球化学评价为目的

(1)全量分析项目为As、B、Cd、Cl、Co、Cr、Cu、F、Hg、I、Mn、Mo、N、Ni、P、Pb、Tl、S、Sb、Se、Sn、Zn、V、SiO_2、TFe_2O_3、MgO、CaO、K_2O、Corg、pH等30项,检出限要求同表5-3-2。

(2)土壤有机污染物分析总有机氯("六六六"、"滴滴涕"、氯丹、艾氏剂、七氯、狄氏剂、异狄氏剂)、多环芳烃、多氯联苯等3项。

是否作土壤有效态分析、形态分析、矿物成分分析和理化性质分析,视项目需求和工作经费而定,检出限要求参见《土地质量地球化学评价规范》(DZ/T 0295—2016)。

(3)土壤有效态分析项目为速效钾、速效磷、碱解氮、有效态铜、有效态锌、有效态铁、有效态锰、有效态硼、有效态钼、有效硒、阳离子交换量、有效硫、有机质等13项,检出限要求参见《土地质量地球化学评价规范》(DZ/T 0295—2016)。

表 5-3-2 54 项元素或指标分析方法及检出限表

序号	元素或指标		分析方法	检出限/(μg/g)	序号	元素或指标		分析方法	检出限/(μg/g)
1	Ag	银	AES	0.02	28	Pb	铅	ICP	2
2	As	砷	AFS	1	29	Rb	铷	XRF	10
3	Au	金	DAP-AES	0.000 3	30	S	硫	VOL	50
4	B	硼	AES	1	31	Sb	锑	AFS	0.05
5	Ba	钡	ICP	10	32	Sc	钪	ICP	1
6	Be	铍	ICP	0.5	33	Se	硒	AFS	0.01
7	Bi	铋	AFS	0.05	34	Sn	锡	AES	1
8	Br	溴	IC	1.5	35	Sr	锶	ICP	5
9	Cd	镉	AAN	0.03	36	Th	钍	XRF	2
10	Ce	铈	ICP	1	37	Ti	钛	ICP	10
11	Cl	氯	IC	20	38	Tl	铊	AAN	0.1
12	Co	钴	ICP	1	39	U	铀	LF	0.1
13	Cr	铬	ICP	5	40	V	钒	ICP	5
14	Cu	铜	ICP	1	41	W	钨	POL	0.4
15	F	氟	ISE	100	42	Y	钇	ICP	1
16	Ga	镓	XRF	2	43	Zn	锌	ICP	4
17	Ge	锗	AFS	0.1	44	Zr	锆	AES	2
18	Hg	汞	AFS	0.000 5	45	SiO_2	硅	VOL	0.1 *
19	I	碘	IC	0.5	46	Al_2O_3	铝	ICP	0.05 *
20	La	镧	ICP	5	47	TFe_2O_3	铁	ICP	0.05 *
21	Li	锂	ICP	1	48	MgO	镁	ICP	0.05 *
22	Mn	锰	ICP	10	49	CaO	钙	ICP	0.05 *
23	Mo	钼	POL	0.3	50	Na_2O	钠	ICP	0.1 *
24	N	氮	VOL	20	51	K_2O	钾	ICP	0.05 *
25	Nb	铌	ICP	2	52	TC	碳	VOL	0.1 *
26	Ni	镍	ICP	2	53	Corg.	有机碳	VOL	0.1 *
27	P	磷	ICP	10	54	pH	酸碱度		0.1

注:“ * ”计量单位为 10^{-2},酸碱度无量纲。XRF. 荧光光谱法;ICP-AES. 等离子原子发射光谱法;ICP-MS. 等离子质谱法;DAP-ES. 化学富集发射光谱法;AFS. 原子荧光法;ES. 粉末发射光谱法;ISE. 离子选择电极法;AAN. 无火焰原子吸收光谱法;LF. 激光荧光法;VOL. 容量法;POL. 示波极谱法;AES. 原子发射光谱法;COL. 分光光度法。

(4)土壤形态分析元素包括 Cu、Pb、Zn、Co、Ni、Cd、Cr、Mn、Mo、Se、Hg、As、Sb 等 13 个。共分析易利用态(水溶态、离子交换态、碳酸盐结合态)、中等利用态(腐殖酸态、铁锰氧化物态)、惰性态(强有机结合态,残渣态)等 7 种形态,检出限要求参见《土地质量地球化学评价规范》(DZ/T 0295—2016)。

(5)土壤矿物成分分析全 Fe、Na_2O、K_2O、CaO、MgO、Al_2O_3、SiO_2、TiO_2 等 8 项,分析原生矿物和次生矿物成分。

(6)土壤理化性质分析土壤结构、土壤质地、土壤孔隙度、土壤含水性、土壤腐殖质、土壤比重、土壤容重等7项。

(二)湖积物调查

1. 样品采集

(1)采样密度。比照表5-3-3执行。

表5-3-3　湖积物表层样品布设密度表

工作分区	比例尺	一般采样密度	湖岸和河流入口处采样密度
一般调查区	1∶50 000	1点·4km^{-2}	1点·km^{-2}
深化调查区	1∶25 000	1点·km^{-2}	4点·km^{-2}
重点调查区	1∶10 000	4点·km^{-2}	8点·km^{-2}

(2)样点布设与编号。当采样格子内湖泊水域面积大于3/4时,采集湖积物表层样品。样点均匀布设并采集于采样格子中间部位,样点编号与表层土壤基本一致,不同之处是主标识符为"61",区别于表层土壤的"41",并注意与地表(灌溉)水样顺序号相对应,以方便原始资料的协同整理。

(3)定点与标绘。野外根据手持GPS定位,把点位标绘在相应比例尺的野外工作手图上,并编码,定位误差在图上≤2mm。

湖积物表层样品采样位置主要由GPS点位坐标控制,有条件的湖岸和河流入口处采样点使用红油漆标记于地物上。

(4)采样方法。用湖底取样器均匀采集水底0～20cm的表层沉积物,采集物质为底泥。采样时,样品剔除水草、贝壳、生物碎屑等杂质。

采样过程中要时刻防止污染,采样船到采样点后,禁止排污和冲洗甲板,采样后及时清洗采样工具,尽量减少采样器界面富集影响及瞬时污染。

每个样品采集后,均用红(蓝)铅笔在牛皮纸上书写样号标签塞入样品带内。

采集的样品装入写有样号的布袋中,同时应隔开放置,在排干大部分水分后外套聚乙烯袋运输。

(5)采样质量。原始质量大于3 000g(湿重),以保证样品干燥过10目筛后,质量大于500g。

(6)重复样采集。第二次采样的同时进行质量检查,对第一次采样的记录进行核对。两次采样点位间距不得大于20m。两次采样分别做好记录,并互相印证核实。

(7)采样记录。按"湖积物地球化学采样记录说明"的要求,使用2H或3H铅笔,现场填写统一标准化格式的湖积物地球化学采样记录卡,室内整理时及时录入计算机中储存。也可采用样品采集手持终端APP现场填写样品信息记录卡。

2. 样品加工与保管

(1)样品存放。湖积物样品因湿度大、含水多,收样人员收到野外生产样品后应注意和普通的土壤样品分类分开摆放,尤其是含水较多时,应分场地隔开存放,保证样品之间不相互污染。

(2)样品干燥加工。湖积物样品忌日晒,应摊放在已洗净并编号的搪瓷盘内,置于室内阴凉的通风处,不时翻动样品并把大块压碎,以加速干燥,制成风干样品。样品加工时段必须与土壤样品分开,以防混染。

(3)样品送检及保管。与表层土壤要求一致。

3. 分析指标

与表层土壤全量分析的30项指标一致。

(三)大气干湿沉降调查

1. 样品布置

根据工作精度,按一定密度并兼顾不同的环境功能区,布置大气干湿沉降采样点(表5-3-4)。但每个工区布设数量原则上应大于3件,监测时长为1a,同时布设1~3个空白样(经密封后装满蒸馏水的空白缸,且同时回收)放置在室内干净处,用于与其他实际样点的分析结果进行对比,每半年或每季度采集一次样品,每个点每次共采集降尘样品1件,降水样品1组(4~5瓶)。

表5-3-4 大气干湿沉降样品布设密度表

工作分区	比例尺	采样密度
一般调查区	1∶50 000	0.5点·$100km^{-2}$
深化调查区	1∶25 000	1点·$100km^{-2}$
重点调查区	1∶10 000	10点·$100km^{-2}$

2. 样品采集

应以加盖公章的委托书形式指定设备监护人,保持通信畅通,不时采用现场查看和电话回访的方式了解接尘缸情况,尤其是大风和暴雨之后,诸如设备是否歪斜、移动或倾覆,降水是否溢出等,对于出现的类似状况均应有处置预案。

选择内径为40cm、高为60cm圆筒形的塑料材质接尘缸,接尘缸和缸盖等采样器具在使用前,用10%的盐酸(HCl)溶液浸泡24h后,再用纯净水洗净。洗干净的接尘缸用缸盖盖好,携带至采样点后,取下盖。每个点放2个接尘缸,其中之一作为备用。接尘缸一般应放置在距地面10~15m处,如放置在屋顶平台上,采样口应距平台1.0~1.5m,以避免平台扬尘的影响,采样口须用尼龙网罩住,以防树叶和鸟类进入。

寒冷季节应防止接尘缸冻裂;夏季多雨季节,应注意缸内积水情况,为防止水满溢出,须及时更换新缸。在燃放烟花爆竹期间,需用清洁的缸盖盖好,烟花燃放完后,及时把缸盖拿掉,继续样品的采集。

大气干湿沉降物接尘缸放置一个季度或者半年后,按照规定回收样品。根据大气干湿沉降物接收量不同采用不同的回收方法:当大气干湿沉降物接收量较少时,用具有橡皮头的玻璃棒把缸壁擦洗干净,将缸内溶液和尘粒全部转入500mL干净的容器中,及时送实验室;当大气干湿沉降物接收量较多时,首先将有干湿沉降物的接尘缸准确称量,记为$G1$(总质量),然后用玻璃棒充分搅匀后取1 000mL,并称取1 000mL的质量,计算密度ρ,及时送实验室;将接尘缸内壁清洗干净,晾干后,准确称量总质量,记为$G2$;干湿沉降物总体积为$V=(G1-G2)/\rho$。

3. 编号与记录

大气降尘、降水编号方法为:地区标识(CJXC)+样品类别(JC或JS)+样品编号(两位)+采样批次(一位),如长江新城第2号样点第1次采集的降尘样编号为CJXC JC021。

统一使用标准化的大气干湿沉降物监测采样记录卡,进行野外采样记录,样点位置通过读取GPS坐标确定,现场标绘在野外工作手图上,在采样点上用红油漆分别标记于固定地物和接尘缸上。室内整理时及时录入计算机中储存。也可采用样品采集手持终端 APP 现场填写样品信息记录卡。

4. 分析项目

降尘样品，一般分析指标为 Cd、As、Hg、Pb、Cu、Zn、Cr、Ni、Se 等 9 项。

降水样品，要求现场针对不同的待测元素，添加保护剂，一般分析指标为 pH、As、Se、Cr^{6+}、N、Pb、Zn、Cu、Cd、Hg、B、V、Mn、Fe、P、硫酸盐、氯化物、硫化物、氟化物、硝酸盐、高锰酸钾指数、总硬度、溶解性总固体等 23 项，可根据需要选测其他元素或指标（表 5-3-5）。

表 5-3-5 大气降水样品采集要求与分析项目表

水样名称	采集量（mL）	保护剂添加		分析项目	其他要求
		名称	添加量		
原水样 1	1 500	—	—	作 pH、As、Mo、Se、Cr^{6+}、K、N、Ba、CO_3^{2-}、HCO_3^-、Cl^-、F^-、NO_3^-、SO_4^{2-}、高锰酸钾指数、总硬度、溶解性总固体共 17 项分析；另可酌情增加 Co、耗氧量、化学需氧量	24h 之内送至实验室分析
酸化水样	1 000	(1∶1)HNO_3	10mL	作 Pb、Zn、Cu、Cd、Ni、Mn、Fe、P、U、Th 等 10 项分析	用石蜡密封瓶口送至实验室分析
碱化水样	1 000	NaOH	2g	酚、氰	
测汞水样	1 000	浓 HNO_3	50mL	Hg	
		5%$K_2Cr_2O_7$	10mL		
原水样 2	1 500	—	—	“滴滴涕”、“六六六”	
合计	6 000	每种保护剂预备量≥单次添加量×设计采集次数×样点数			

（四）地表（灌溉）水调查

1. 采样密度

采样密度根据地形地貌确定，一般要求见表 5-3-6，平原区应适当加密，岗地和丘陵区则可适当放稀。

表 5-3-6 地表（灌溉）水样品布设密度表

工作分区	比例尺	采样密度
一般调查区	1∶50 000	1 个点 · $16km^{-2}$
深化调查区	1∶25 000	1 个点 · $8km^{-2}$
重点调查区	1∶10 000	1 个点 · $4km^{-2}$

2. 样点布设

一般要求均匀布设在采样单元内代表性河流、湖泊、灌渠、水库及水塘中，但在优势作物或经济作物种植区、工矿企业密集分布区或污水灌溉区，采样密度可适当加密。

3. 样品编号

按照相应比例尺地形图上确定的采样大格，自上而下再自左向右的顺序统一编号，由地区标识(CJXC)＋样品类别(GS)＋样品编号(三位)构成，如长江新城第38号灌溉水样点编号为CJXCGS038。每50个号码为一批，每批次预留出1个号码作为平行分析样号。

4. 采样物资准备

pH计、水温计、500～1 500mL的聚乙烯塑料瓶、装瓶框、隔板、量杯、蜡及各类保护剂，准备装样的聚乙烯塑料瓶须先用稀HCl浸泡三天后再用自来水和蒸馏水冲洗干净方可使用。

5. 采样位置与时间

河流采样点布置在主河道开阔处或支流汇入主流的下方，长度大的河流则要分段控制水质断面。水网湖泊分布区应尽量布置在湖区中间部位。河流、湖泊样品分别采自枯水期和丰水期，农田区的灌溉水样则采自灌溉期。

6. 采样方法

选择水位稳定时采样，尽量轻扰动水体。取样前先用待取水洗涤装样瓶和塞子3～5次，尽量将取样瓶沉入水中30cm深处取样，现场保护剂添加和送样时间要求详见表5-3-5。平行样与原样同时采集。

7. 采样记录与标记

统一使用标准化的水地球化学采样记录卡，进行野外采样记录，样点位置通过读取GPS坐标确定，现场标绘在野外工作手图上，在采样点上用红油漆作标记。室内整理时及时录入计算机中储存。也可采用样品采集手持终端APP现场填写样品信息记录卡。

8. 分析项目

与大气降水样品一致(表5-3-5)。

(五)浅层地下水调查

武汉市以平原和岗地地貌为主，平原地区的地下水浅埋区，应考虑采集一定比例的浅层地下水样品进行分析测试和质量评价工作。采样密度在表5-3-6的基础上可放稀1倍，分析项目与评价标准按《地下水水质量标准》(GB/T 14848—2017)执行，其他技术要求参照上述"地表(灌溉)水调查"。

(六)农作物调查

1. 样点布设原则

采集耕种面积大于80％的农作物可食部分，如水稻、小麦、油菜等，每种农作物采集数量需大于30件。特色农产品、蔬菜、地道中药材等可适当采集，每种样品采集数量需大于15件。对明显污染源区适当加密布设采样点。

2. 采样密度

土壤中污染物无明显大面积分布区的农作物产区，按表5-3-7所列的密度范围均匀布设采样点。

表 5-3-7　农作物样品采样密度范围表

工作分区	比例尺	采样密度范围
一般调查区	1∶50 000	1 个点 · 4～16km^{-2}
深化调查区	1∶25 000	1 个点 · 2～8km^{-2}
重点调查区	1∶10 000	1 个点 · 1～4km^{-2}

3. 采样方法

于收获盛期多点采集、等量混匀，大型果实和小型果实分别由 5～10 颗植株以上和 10～20 颗植株以上组成，尤其要注重样品的代表性，配套采集根系土样品。

采集时间应选择无风的晴天、雨后不宜。采样时避开病虫害和其他特殊的植株，清除根部样品泥土时不要损伤根毛。新鲜样品采集后应立即封装于密实袋，以防水分蒸发。测定重金属的样品，用不锈钢器材直接采取。

4. 样品编号

蔬菜编号：地区标识(CJXC)＋样品类别(SC)＋样品编号(三位)，如长江新城第 21 号蔬菜样点编号为 CJXCSC021。

根系土编号：地区标识(CJXC)＋样品类别(TSC)＋样品编号(三位)，如长江新城第 21 号蔬菜根系土样点编号为 CJXCTSC021。

5. 样品重量

谷物、油料、干果类为 300～1 000g(干质量)；水果、蔬菜类为 1～2kg(鲜质量)；水生植物为 300～1 000g(干质量)。

6. 采样记录与标记

统一使用标准化的农作物地球化学采样记录卡，进行野外采样记录，样点位置通过读取 GPS 坐标确定，现场标绘在野外工作手图上，在采样点上用红油漆作标记。室内整理时及时录入计算机中储存，也可采用样品采集手持终端 APP 现场填写样品信息记录卡。

7. 分析项目

农作物分析项目：K、Fe、S、Ca、P、Mg、Cu、Zn、Mn、Ni、Se、Mo、Co、Cr、As、Cd、Pb、Hg 共 18 项。

根系土分析项目：K、Fe、S、Ca、P、Mg、Cu、Zn、Mn、F、Ni、Se、Mo、Co、Cr、As、Cd、Pb、Hg、Si、pH 共 21 项。

(七)土壤异常查证

土壤异常查证的主要任务是复核异常是否存在，判定异常类别，初步查证引起异常的原因并追踪异常源，为区域生态环境质量评价、农业区划、资源潜力预测提供依据，为后续工作部署提出具体意见。

1. 异常分类与选区

按应用领域可分为以下 4 类：与环境质量或污染有关的异常，代码 W，应选择有毒有害元素异常面积大、强度高，具有典型性和社会影响力的多元素异常开展查证；与农业有关的营养及有益元素丰缺异常，代码 L，应选择面积大、元素含量丰缺显著，与大宗农作物或名优特产有关的异常进行查证；与矿产资源有关的异常，代码 K，选择成矿指示元素明显、分布规律清晰的异常予以查证；其他异常，代码 J。

在异常分类的基础上，对各类异常进行统一编号和命名，统计各异常评价参数，主要包括面积(S)、异常平均值(X)、异常衬度(K)、异常规模(AP)、异常元素组合(EAE)等。

2. 查证方法技术

布设一条或数条"T"形剖面，要求剖面线穿过异常边界和浓集中心，水平剖面上按 50～250m 点距采集表层土壤样；再按 500～1 000m 间距布置垂直剖面，剖面深度 1.5～2m，分层连续采样，表层样 0～20cm，表层以下按 50cm 间距采样，也可按自然分层采样，应同步配套采集地表(灌溉)水和农作物样品。通过元素全量和形态分析等手段，进一步研究土壤、水及生物中的污染物分布、迁移规律和赋存状态，了解生态效应。

3. 定点与记录

采用相对大比例尺地形图或遥感影像图作为工作手图，配合 GPS 定点，在剖面两端、配套采样点用红漆标记。采用专门的野外记录本和实测地球化学剖面记录表记录，内容要全面反映异常区的生态地质环境特征、工农业布局、土地利用现状及可能存在的污染源。

4. 简报编制

对重要异常查证成果，要编写异常查证工作简报。一般异常查证成果，则反映在成果报告专门的异常查证章节中。

四、土地质量地球化学评价

土地质量地球化学评价的基础是土地质量地球化学调查，主要工作方法是在总体评价原则框架下，选定评价指标，开展土壤环境质量等级图、城市和农田区土壤安全区划图、土壤养分等级图、土地质量综合等级图、农业施肥建议图、农作物适宜性种植建议图、城市土地利用规划建议图等成果图件的编制工作。

(一)评价原则

通过各类评价样品的分析测试数据，从参数统计入手，研究其在不同影响因素下的元素分布状态；通过对比国家及农业农村部土壤、灌溉水、农作物等各类标准中元素含量限值，评价其安全性，并进行分等定级。在土壤环境质量综合评价、土壤肥力综合评价、灌溉水质量综合评价、大气沉降综合评价、植物样综合评价等成果的基础上，对土地进行综合分等定级。

土壤养分地球化学等级、土壤环境地球化学等级与土壤质量地球化学综合等级划分的最小空间单位为评价单元，当评价单元中有一个数据时，该实测数据即为该评价单元的数据，不考虑该评价单元内由插值形成的其他数据；当评价单元有 2 个以上的实测数据时，用实测数据的平均值对评价单元进行赋值，不考虑该评价单元内由插值形成的其他数据。当单元中没有评价数据时，可用插值法或属性赋值法获得每个评价单元相应的评价数据，主要有距离加权反比插值法、移动平均插值法、三因素法插值。一般采用距离加权反比插值法。

(二)评价指标

分析指标原则上为元素全量,确因评价工作需要时,可增加土壤养分有效量、环境元素形态含量和有机污染物指标(表 5-3-8、表 5-3-9)。

表 5-3-8 土壤养分和土壤环境评价指标表

养分评价指标			环境评价指标		
必测指标	选测指标		必测指标	选测指标	
全量与有效量		有效量	全量		形态
有机质、氮、磷、钾、硼、锰、锌、铜、硒、钼、碱解氮、速效磷、速效钾	钙、镁、硫、氯、铁、碘、氟、硅、锗、EC、全盐量、质地等	阳离子交换量、有效铁、有效硼、有效锰、有效锌、有效铜和有效钼等	土壤酸碱度、砷、镉、铬、汞、铅、镍、铜、锌、钴、钒	锑、铊、锡、“六六六”、“滴滴涕”、多环芳烃、多氯联苯	砷、镉、铬、汞、铅、镍、铜、锌的水溶态、离子交换态、碳酸盐结合态、腐殖酸态、铁锰氧化物态、强有机结合态、残渣态

表 5-3-9 灌溉水、大气干湿沉降物和农作物评价指标表

灌溉水		大气干湿沉降物		农作物	
必测指标	选测指标	必测指标	选测指标	必测指标	选测指标
酸碱度、总磷(以P计)、总砷、总汞、总镉、六价铬、总铅、总铜、总锌、总硒、总硼	COD_{cr}、全盐量、氯化物、硫化物、氟化物、氰化物、石油类、挥发酚、苯、三氯乙醛、丙烯醛等	砷、镉、汞、铬、铅	镍、铜、锌、硒、氟及有机污染物等	铅、镉、汞、砷、铬、硒	苯并(a)芘等

(1)1∶50 000分析指标为元素全量和碱解氮、速效磷和速效钾。部分样品可增加土壤微量元素有效量和砷、镉、汞等重金属元素形态含量,如需进行面积性样品采集,要把握能够代表80%以上的土壤类型和土地利用类型,且每种统计单元的样品数要大于30件。

(2)1∶25 000～1∶10 000分析指标可根据评价区土壤生态地球化学存在的问题和土地质量管护、名优特农产品种植等实际工作需求,进行筛选后自行确定。

(三)图件编制

1. 地球化学系列图

为了从图面上更直观地反映异常、划分背景,本次地球化学图的编制采用累计频率0.5%、1.5%、4%、8%、15%、25%、40%、60%、75%、85%、95%、97%、98.5%、99.5%分级间隔对应的含量作等量线勾绘。

其色区划分及直方图依照规范《地球化学普查规范(1∶50 000)》(DZ/T 0011—2015)及《地球化学勘查图图式、图例及用色标准》(DZ/T 0075—93)执行,色区划分为:＜1.5%深蓝、1.5%～＜15%蓝、15%～＜25%浅蓝、25%～≤75%浅黄、＞75%～≤95%淡红、95%～98.5%红、＞98.5%深红。

直方图子图:包括全区、各主要地质单元直方图,多数元素含量区间采用《区域地球化学勘查规范(1∶200 000)》(DZ/T 0167—1995)中规定的对数小数点后第二位为“7”(负数为“3”)的间隔区间,直方图右上角附有样品数、算数平均值、标准离差、变异系数。

对比图子图：在地球化图图廓内合适的空白区附同比例尺的由地质、土壤图原始图件简化缩小而成的测区地质简图、土壤类型分布图简图以及本次实测土壤酸碱度分布图。

图面设置与制图：地球化学图均以地球化学地理图为底图，图式、图例参照《地球化学普查规范》执行；所有内容，均在 MapGIS 系统内以点、线、面图层文件存放。

2. 土壤环境质量等级图

土壤环境质量等级评价按农用地、建设用地（含城市工矿用地）两大类，分别对应《土壤环境质量　农用地土壤污染风险管控标准（试行）》（GB 15618—2018）和《土壤环境质量　建设用地土壤污染风险管控标准（试行）》（GB 36600—2018）给出的污染元素风险筛选值和管制值的要求进行。

1）土壤环境地球化学单指标等级划分

按无风险、风险可控和风险较高 3 个等级确定单指标污染风险（表 5-3-10）。

表 5-3-10　土壤环境地球化学单指标等级

土壤环境地球化学等级	一等	二等	三等
污染风险	无风险	风险可控	风险较高
划分方法	$C_i \leqslant S_i$	$S_i < C_i \leqslant G_i$	$C_i > G_i$
颜色			
R:G:B	0:176:80	255:255:0	255:0:0
注：C_i. 土壤中 i 指标的实测浓度；S_i. 筛选值（GB 15618—2018）；G_i. 管制值（GB 15618—2018）。铜、镍、锌三元素由于没有管控值只分两级：$C_i \leqslant S_i$ 和 $C_i > S_i$。			

2）土壤环境地球化学综合等级划分

土壤环境地球化学综合等级采用“一票否决”的原则。综合等级按 Cd、Hg、As、Pb、Cr 等 5 种元素评价。每个评价单元的土壤环境地球化学综合等级等同于单指标划分出的环境等级最差的等级。如 As、Cr、Cd、Hg、Ni 划分出的环境地球化学等级分别为 3 级、2 级、3 级、1 级和 2 级，则该评价单元的土壤环境地球化学综合等级为 3 等。

3）土壤酸碱度分级标准

土壤 pH 值由于其特殊性，直接采用如下分级标准进行（表 5-3-11）：

表 5-3-11　土壤酸碱度分级标准

pH 值	<5.0	5.0～6.5	6.5～7.5	7.5～8.5	≥8.5
等级	强酸性	酸性	中性	碱性	强碱性
颜色					

3. 土壤养分等级图

土壤养分元素分析指标较多，包括大量营养元素 N、P、K、OrgC、Ca、Mg、S，必需微量元素指标 Fe、Mn、Zn、Mo、Cu、B、Cl、Ni，有益元素指标 Si、Co、Na、Ge、Sr 和健康元素指标 Se、I、F 共计 23 项，同样分为单指标土壤养分地球化学等级和多指标土壤养分地球化学综合等级。

其中，土壤中 Orgc、N、P、K 全量及土壤中 N、P、K、B、Mo、Mn、Cu、Fe、Zn 等元素的有效量分级标准主要参照了全国第二次土壤普查养分分级标准；土壤中 Ca、Mg、B、Mo、Mn、S、Cu、Zn 的分级标准是在参照全国A层土壤元素含量的基础上，依据多目标区域地球化学调查获得的表层土壤分析数据统计得到；其余养分元素使用全区表层土壤样本，剔除3倍标准离差后，按照累积频率20%、40%、60%、80%的百分位值进行适当调整后，给出其从一级～五级的划分标准值，各级标准分级见表5-3-12。

表5-3-12 土壤养分指标全量及有效量等级划分标准

指标	一级	二级	三级	四级	五级
	丰富	较丰富	中等	较缺乏	缺乏
颜色					
全氮/(g/kg)	>2	1.5～2	1～1.5	0.75～1	≤0.75
全磷/(g/kg)	>1	0.8～1	0.6～0.8	0.4～0.6	≤0.4
全钾/(g/kg)	>25	20～25	15～20	10～15	≤10
有机质/(g/kg)	>40	30～40	20～30	10～20	≤10
碳酸钙/(g/kg)	>50	30～50	10～30	2.5～10	≤2.5
有效硼/(mg/kg)	>2	1～2	0.5～1	0.2～0.5	≤0.2
有效铜/(mg/kg)	>1.8	1.0～1.8	0.2～1.0	0.1～0.2	≤0.1
有效钼/(mg/kg)	>0.3	0.2～0.3	0.15～0.2	0.1～0.15	≤0.1
有效锰/(mg/kg)	>30	15～30	5～15	1～5	≤1
有效铁/(mg/kg)	>20	10～20	4.5～10	2.5～4.5	≤2.5
有效锌/(mg/kg)	>3	1～3	0.5～1	0.3～0.5	≤0.3
有效硅/(mg/kg)	>230	115～230	70～115	25～70	≤25
有效钙/(mg/kg)	>1 000	700～1 000	500～700	300～500	≤300
有效镁/(mg/kg)	>300	200～300	100～200	50～100	≤50
碱解氮/(mg/kg)	>150	120～150	90～120	60～90	≤60
速效磷/(mg/kg)	>40	20～40	10～20	5～10	≤5
速效钾/(mg/kg)	>200	150～200	100～150	50～100	≤50
氧化钙/%	>5.54	2.68～5.54	1.16～2.68	0.42～1.16	≤0.42
氧化镁/%	>2.16	1.72～2.16	1.20～1.72	0.70～1.20	≤0.7
硼/(mg/kg)	>65	55～65	45～55	30～45	≤30
钼/(mg/kg)	>0.85	0.65～0.85	0.55～0.65	0.45～0.55	≤0.45
锰/(mg/kg)	>700	600～700	500～600	375～500	≤375
硫/(mg/kg)	>343	270～343	219～270	172～219	≤172
铜/(mg/kg)	>29	24～29	21～24	16～21	≤16
锌/(mg/kg)	>84	71～84	62～71	50～62	≤50

土壤中，适量的Se、I、F有益于农作物生长及人体健康，但过高的元素含量又有可能对农作物安全性造成威胁，按照全国多目标区域地球化学调查获得的表层土壤分析数据统计的基础上，参照了国内外

相应研究成果给出其分级标准如表 5-3-13 所示。

表 5-3-13 土壤硒、碘、氟等级划分标准值

单位:mg/kg

等级		缺乏	较缺乏	适量	高	过剩
Se	标准值	≤0.125	0.125～0.175	0.175～0.40	0.40～3.0	>3.0
	颜色					
I	标准值	≤1	1～1.50	1.50～5	5～100	>100
	颜色					
F	标准值	≤400	400～500	500～550	550～700	>700
	颜色					

在 N、P、K 土壤单元素养分地球化学等级划分的基础上,计算了各评价单元土壤养分地球化学综合得分 $f_{养综}$:

$$f_{养综}=\sum_{i=1}^{n}k_i f_i$$

式中:$f_{养综}$——土壤 N、P、K 评价总得分,$1\leqslant f_{养综}\leqslant 5$;

k_i——N、P、K 权重系数,分别为 0.4、0.4 和 0.2;

f_i——土壤 N、P、K 的单元素等级得分。单元素评价结果五级、四级、三级、二级、一级所对应的 f_i 得分分别为 1 分、2 分、3 分、4 分、5 分。

土壤养分地球化学综合等级划分见表 5-3-14。

表 5-3-14 土壤养分地球化学综合等级划分表

等级	一等	二等	三等	四等	五等
$f_{养综}$	≥4.5	4.5～3.5	3.5～2.5	2.5～1.5	<1.5

4. 灌溉水环境及大气干湿沉降物环境地球化学等级图

灌溉水环境地球化学等级划分标准值参照《农田灌溉水质标准》(GB 5084—2005);当评价指标含量小于等于该值时为一等,表示灌溉水环境质量符合标准;灌溉水中评价指标含量大于该值为二等,表示灌溉水环境质量不符合标准。

大气干湿沉降环境地球化学等级划分指标为 Cd 和 Hg 的年沉降通量,划分标准值参照表 5-3-15。

表 5-3-15 大气干湿沉降环境地球化学等级分级标准值

评价指标	年通量/($mg\cdot m^{-2}\cdot a^{-1}$)	
等级	一等	二等
Cd	≤3	>3
Hg	≤0.5	>0.5

在灌溉水及大气干湿沉降单指标环境地球化学等级划分的基础上,对其做了综合评价,每个评价单元的灌溉水及大气干湿沉降综合等级等同于单指标划分的环境地球化学等级最差的级别。如总 As、Cr^{6+}、总 Cd、总 Hg 和总 Pb 划分出的灌溉水环境地球化学等级分别为一等、一等、一等、一等和二等,则该评价单元的灌溉水环境地球化学综合等级为二等。

5. 土壤质量综合等级图及土地质量等级图

1)土壤质量地球化学综合等级图

土壤质量地球化学综合等级由评价单元的土壤养分地球化学综合等级与土壤环境地球化学综合等级叠加产生(表 5-3-16)。

表 5-3-16　土壤质量地球化学综合等级表达及释义表

土壤质量地球化学综合等		土壤环境地球化学综合等		
		一等:无风险	二等:风险可控	三等:风险较高
土壤养分地球化学综合等	一等:丰富	一等	三等	五等
	二等:较丰富	一等	三等	五等
	三等:中等	二等	三等	五等
	四等:较缺乏	三等	三等	五等
	五等:缺乏	四等	四等	五等

2)土地质量地球化学等级图

土地质量地球化学等级图是在土壤质量地球化学综合等级的基础上,叠加大气环境地球化学综合等级、灌溉水环境地球化学综合等级叠加产生。在每个评价单元上,土壤质量地球化学综合等级以颜色表示;灌溉水环境地球化学综合等级和大气环境地球化学综合等级分别用十位和个位上的数字表示,即个位上的数字表示大气环境地球化学综合等级,十位上的数字表示灌溉水环境地球化学综合等级,如12 表示大气环境地球化学等级为一等,灌溉水环境地球化学等级为二等。

6. 配方施肥建议图

按照养分平衡法求得水稻的普施需肥量。依照中国化肥网提供的每生产 100kg 稻谷需要吸收氮素 2.25kg,五氧化二磷 1.1kg,氧化钾 2.7kg 常规资料数据计算,以亩产水稻 500kg 作为目标产量;土壤供肥量由本次测定值获取,因没有试验校正系数,则亦采取经验系数值方案,其中氮为 4%,磷为 2%,钾为 0.3%;肥料的利用率统一定为 45%,按照以下公式计算出肥素折纯量:

肥素折纯量=[(水稻单位产量养分吸收量×目标产量)-(土壤养分测定值×0.15×校正系数)]/肥料当季利用率)

式中,养分量单位为 mg/kg,产量单位为 kg,系数 0.15 为该养分在每亩 15 万 kg 表土中换算成kg/亩的系数。

(四)其他特色研究

1. 土壤生态地球化学预警预测研究

从确定武汉市土壤生态环境影响因子入手,通过 Cd、Hg、Pb、Zn、S 等主要环境元素不同时间的空间分布,反映武汉市生态地球化学环境的动态变迁过程,分析主要环境元素总量增减的原因,进而针对城市生态环境最为敏感的 Hg、Pb 和 S 元素污染状况进行安全区、预警一级区、预警二级区等三级预警,最后对武汉市未来若干年的主要环境元素在土壤中的累积量增长或降低趋势进行预测。

2. 湖泊生态地球化学预警预测研究

从确定武汉市湖泊生态环境污染因子入手,通过水质分析、底积物分析和沉积柱测年研究,了解污染元素浓度的增长速率，进而计算其达到警戒浓度所需的时间，最后得出武汉市主要湖泊的生态安全期。

3. 其他研究选题(供参考)

基于GIS的表层土壤中重金属的生态风险评价、应用遥感影像评价表层土壤重金属的分布特征、基于Voronoi图(泰森多边形)的城市道路网分布密度与土壤重金属分布研究、表层土壤的辐射环境质量评价、地表水体中有机氯(OCPs)和多环芳烃(PAHs)的生态风险评价等。

五、成果表达

(一)图件

实际材料图包括各类介质采样点位图、异常查证实际材料图。采样点位、样品编号、样品种类、剖面位置等均应准确标注在相应比例尺的地形图、遥感影像图或土地利用现状图上。

元素地球化学图包括表层土壤元素地球化学图、地表水元素或指标地球化学图。

土地质量地球化学评价图包括单元素及组合元素地球化学异常图、土壤养分地球化学等级图、土壤环境地球化学等级图、土壤质量地球化学综合等级图、土地质量地球化学等级图等。

应用性图件包括城市及农田区土壤安全区划图、农作物适宜性种植建议图、配方施肥建议图、城市土地利用规划建议图等。

(二)报告

编写城市土地质量地球化学调查评价报告。其编写提纲可参照《土地质量地球化学评价规范》(DZ/T 0295—2016)之附录G。

(三)数据库

(1)不同比例尺土地质量地球化学调查数据库图形数据包括工作布置图、点位图、地质图、土壤类型图、土地利用类型图等。

(2)数据表数据包括采样信息、图幅工作信息、分析结果数据、质量监控数据、野外照片、统计图表、成果报告等其他相关信息。

其他建库具体要求详见第九章。

(四)实物资料

存放于专门样品库中的面积性土壤和湖积物样品。

第四节　水环境质量调查评价

一、调查内容

结合区域水文地质条件，理清污染源、水源地空间对应关系，结合水源地污染源的环境风险特征，开展资料收集、现场踏勘、地下水监测、采样分析、地下水水质量评价等工作。

(一)目的

在充分收集利用现有水文地质资料的基础上,以地面调查和取样分析为主要手段,开展武汉市主城区、开发区 1∶25 000 和新城区 1∶50 000 水环境质量调查评价,查明武汉市内各类含水岩层的地下水基础环境状况。为武汉市应急水源地总体规划提供依据;为重点地区专门性水文地质勘查奠定基础;为国土整治、城市总体规划、建设提出水文地质依据与建议;为地下水资源的合理开发利用和地质环境保护提供依据。

(二)任务

(1)查明地下水水化学特征、形成条件和影响因素,初步查明地下水污染现状。
(2)完善和优化地下水水质动态监测网点。
(3)建立 1∶50 000(1∶25 000、1∶10 000)地下水环境质量调查评价空间数据库。
(4)评价地下水环境质量及其相关的环境地质问题。
(5)提出地下水可持续开发利用区划和保护地质环境的对策建议。

二、工作精度

新城区作为一般调查区,适宜 1∶50 000;主城区、武汉经济技术开发区和东湖新技术开发区等都市发展区范围为深化调查区,适宜 1∶25 000;长江新城等为重点调查区,适宜 1∶10 000。

三、工作方法与技术要求

参照第四章第三节地下水资源调查评价相关内容。

四、地下水环境质量调查评价

(一)地下水环境质量调查

(1)水文地质调查钻探时预留的地下水水位(水温)监测点。
(2)水文地质调查时调查到的机井(民井)。
(3)地下水露头监测点(泉、暗河)。
(4)利用其他项目的地下水水位(水温)监测井。
(5)水量监测点(泉、暗河)。
(6)重要地表水水位、水质监测点(作为地下水水位、水质的参考)。

(二)地下水监测

原则上按照《地下水监测网运行维护规范》(DZ/T 0307—2017)进行。

1. 水位(水温)监测

(1)水位(水温)人工监测,监测频次为3～6次/月,在水位(水温)监测的同时进行当时气温的监测。

(2)水位(水温)自动监测,监测频次为1次/天,气温可收集人工监测的结果。

2. 水量监测(泉、暗河)

监测泉、暗河的水温、流量,可采用自动监测或人工监测,频次和水位(水温)监测一致。

3. 水质监测

一般每年采样2次,即丰水期取样和枯水期取样。丰水期取样一般在6—9月份进行;枯水期取样一般在前一年12月至次年的1—2月进行。

水质监测根据需要监测分析项目主要包括现场测试指标、全分析、微量元素分析、专项分析、重金属分析、地下水污染综合分析及饮用水分析7项。

现场测试指标:共6项,即气温、水温、pH值、电导率(EC)、氧化还原电位(ORP)、溶解氧(DO)。

按照相关技术要求采取、运送水样到有资质的检测机构进行检测。

4. 质量检查与评价

在项目野外工作的过程中,业主单位或项目承担单位可以定期或不定期对项目进行质量检查,督促承担单位高质量完成工作。

5. 安全保证措施

在野外工作期间做好安全的保证措施,避免造成人员伤亡和财产损失。

6. 野外验收

外业完成后,由业主单位邀请5～7名专家进行野外验收,并评定等级。

7. 资料处理

(1)原始资料检查和整理。

(2)资料处理。

(三)地下水环境质量评价

1. 地下水水质量单项组分评价

采用单因子评价指数,按照下式进行计算:

$$F_i = \frac{C_i}{C_{0i}}$$

式中:F_i——地下水中某项组分i的评价指数;

C_i——某项组分i的实测浓度(mg/L);

C_{0i}——地下水中某项组分i的评价标准。

$F_i < 1$表示地下水未受污染,$F_i > 1$表示地下水已受到污染,F_i越大受污染程度越严重。

2. 地下水水质量综合评价

地下水水质量综合评价方法较多,见表5-4-1,常用的主要为单指标评价法和内梅罗指数法。

表 5-4-1 地下水水质量综合评价方法

<table>
<tr><th>方法</th><th>公式</th><th>说明</th></tr>
<tr><td>单指标评价法</td><td>根据《地下水质量标准》(GB/T 14848—2017)，按指标值所在的限值范围确定地下水水质量类别，指标限值相同时，从优不从劣。地下水水质量综合评价，按单指标评价结果最差的类别确定，并指出最差类别的指标</td><td></td></tr>
<tr><td>简单叠加法</td><td>$$F=\sum_{i=1}^{n}\frac{C_i}{C_{0i}}$$
该法认为地下水水质量的好坏是各种因子共同作用的结果，因而多种因子的作用和影响必然大于其中任一种因子的作用和影响。用所有评价参数的相对污染值的总和，可以反映出地下水中各因子的综合污染程度</td><td rowspan="5">F_i为地下水中某项组分 i 的评价指数。
C_i 为某项组分 i 的实测浓度(mg/L)。
C_{0i}为地下水中某项组分 i 的评价标准。
F 为地下水综合评价指数。
n 为评价组分项数。
W_i为某项评价组分的权系数(权重)。
F_{max}为地下水中所有评价组分的最大评价指数。
$\overline{F}$ 为地下水中所有评价指数的平均值</td></tr>
<tr><td>算数平均值法</td><td>$$F=\frac{1}{n}\sum_{i=1}^{n}\frac{C_i}{C_{0i}}$$
为了消除参加选用评价参数的项数对结果的影响，便于在用不同项数进行计算的情况下比较要素之间的污染程度，该法将分指数和除以评价参数的项数 n</td></tr>
<tr><td>加权平均法</td><td>$$F=\sum_{i=1}^{n}W_i\frac{C_i}{C_{0i}}$$
$$\because W_i=\frac{C_i}{C_{0i}}\Big/\sum_{i=1}^{n}\frac{C_i}{C_{0i}}$$
$$\therefore F=\sum_{i=1}^{n}\left(\frac{C_i}{C_{0i}}\right)^2\Big/\sum_{i=1}^{n}\frac{C_i}{C_{0i}}$$
权值 W 的引入可以反映不同组分对地下水水质量影响作用的不同程度。此式只对超标组分进行计算，即$\frac{C_i}{C_{0i}}$大于 1 时计算；否则不计算，减少计算工作量。根据该方法将评价区分为 6 级，见表 5-4-2</td></tr>
<tr><td>平方和的平方根法</td><td>$$F=\sqrt{\sum_{i=1}^{n}\left(\frac{C_i}{C_{0i}}\right)^2}$$
大于 1 的分指数，其平方大；而小于 1 的分指数，其平方小。故此法不仅突出最高的分指数，而且兼顾其余各个大于 1 的分指数的影响</td></tr>
<tr><td>内梅罗指数法</td><td>$$F=\sqrt{\frac{(F_{max})^2+(\overline{F})^2}{2}}\qquad \overline{F}=\frac{1}{n}\sum_{i=1}^{n}F_i$$
该方法是《地下水质量标准》(GB/T 14848—2017)中的评价方法，该评价方法将评价区分为 5 级。它是一种兼顾极值或称突出最大值的计权型多因子环境质量指数，它特别考虑了污染最严重的因子，在加权过程中避免了权系数中主观因素的影响，使得评价结果更加客观</td></tr>
</table>

根据地下水综合指数，对地下水水质量进行分区，一般分为清洁区、基本清洁区、初始污染区、轻度污染区、中度污染区、重度污染区等 6 个区，具体见表 5-4-2。

表 5-4-2　地下水综合指数分区表

综合指数	<1.0	1.0~1.5	1.5~2.0	2.0~2.5	2.5~3.0	>3.0
地下水水质量分区	清洁区	基本清洁区	初始污染区	轻度污染区	中度污染区	重度污染区

3. 一般工业锅炉用水水质评价

按《工业锅炉水质》(GB/T 1576—2018)进行水质评价。

(1)通则：

①水质指标中，硬度和碱度计量单位均以一价离子为基本单元。

②溶解氧指标均为经过除氧处理后的控制指标。

③锅水中的亚硫酸根指标适用于加亚硫酸盐作除氧剂的锅炉，磷酸根指标适用于以磷酸盐作阻垢剂的锅炉。

(2)采用锅外水处理的自然循环蒸汽锅炉和汽水两用锅炉的给水及锅水水质应符合表 5-4-3 的规定。

表 5-4-3　采用锅外水处理的自然循环蒸汽锅炉和汽水两用锅炉水质

<table>
<tr><td rowspan="2">水样</td><td colspan="2">额定蒸汽压力/MPa</td><td colspan="2">p≤1.0</td><td colspan="2">1.0<p≤1.6</td><td colspan="2">1.6<p≤2.5</td><td colspan="2">2.5<p<3.8</td></tr>
<tr><td colspan="2">补给水类型</td><td>软化水</td><td>除盐水</td><td>软化水</td><td>除盐水</td><td>软化水</td><td>除盐水</td><td>软化水</td><td>除盐水</td></tr>
<tr><td rowspan="7">给水</td><td colspan="2">浊度/NTU</td><td colspan="7">≤5.0</td><td></td></tr>
<tr><td colspan="2">硬度/(mmol/L)</td><td colspan="7">≤0.03</td><td>≤5×10^{-3}</td></tr>
<tr><td colspan="2">pH 值(25℃)</td><td>7.0~10.5</td><td>8.5~10.5</td><td>7.0~10.5</td><td>8.5~10.5</td><td>7.0~10.5</td><td>8.5~10.5</td><td>7.5~10.5</td><td>8.5~10.5</td></tr>
<tr><td colspan="2">电导率(25℃)/(μS/cm)</td><td></td><td>—</td><td>≤5.5×10^{2}</td><td>≤1.1×10^{2}</td><td>≤5.0×10^{2}</td><td>≤1.0×10^{2}</td><td>≤3.5×10^{2}</td><td>≤80.0</td></tr>
<tr><td colspan="2">溶解氧[a]/(mg/L)</td><td colspan="3">≤0.10</td><td colspan="5">≤0.050</td></tr>
<tr><td colspan="2">油/(mg/L)</td><td colspan="8">≤2.0</td></tr>
<tr><td colspan="2">铁/(mg/L)</td><td colspan="5">≤0.30</td><td colspan="3">≤0.10</td></tr>
<tr><td rowspan="4">锅水</td><td rowspan="2">全碱度[b]/(mmol/L)</td><td>无过热器</td><td>4.0~26.0</td><td>≤26.0</td><td>4.0~24.0</td><td>≤24.0</td><td>4.0~16.0</td><td>≤16.0</td><td colspan="2">≤12.0</td></tr>
<tr><td>有过热器</td><td colspan="2">—</td><td colspan="2">≤14.0</td><td colspan="4">≤12.0</td></tr>
<tr><td rowspan="2">酚酞碱度/(mmol/L)</td><td>无过热器</td><td>2.0~18.0</td><td>≤18.0</td><td>2.0~16.0</td><td>≤16.0</td><td>2.0~12.0</td><td>≤12.0</td><td colspan="2">≤10.0</td></tr>
<tr><td>有过热器</td><td colspan="2">—</td><td colspan="6">≤10.0</td></tr>
</table>

续表 5-4-3

锅水	pH 值(25℃)		10.0～12.0				9.0～12.0	9.0～11.0
	电导率(25℃)/(μS/cm)	无过热器	≤6.4×10^3		≤5.6×10^3	≤4.8×10^3	≤4.0×10^3	
		有过热器	—	—	≤4.8×10^3	≤4.0×10^3	≤3.2×10^3	
	溶解固形物/(mg/L)	无过热器	≤4.0×10^3		≤3.5×10^3	≤3.0×10^3	≤2.5×10^3	
		有过热器	—		≤3.0×10^3	≤2.5×10^3	≤2.0×10^3	
	磷酸根/(mg/L)		—	10～30			5～20	
	亚硫酸根/(mg/L)		—		10～30		5～10	
	相对碱度		<0.2					

注 1:对于额定蒸发量小于或等于 4t/h,且额定蒸汽压力小于或等于 1.0MPa 的锅炉,电导率和溶解固形物指标可执行表 5-4-4。

注 2:额定蒸汽压力小于或等于 2.5MPa 的蒸汽锅炉,补给水采用除盐处理,且给水电导率小于 10μS/cm 的,可控制锅炉 pH 值(25℃)下限不低于 9.0、磷酸根下限不低于 5mg/L。

a. 对于供汽轮机用汽的锅炉给水溶解氧应小于或等于 0.050mg/L。

b. 对蒸汽质量要求不高,并且无过热器的锅炉,锅水全碱度上限值可适当放宽,但放宽后锅水的 pH 值(25℃)不应超过上限。

(3)采用锅内水处理的自然循环蒸汽锅炉和汽水两用锅炉水质应符合表 5-4-4 中的规定。

表 5-4-4　采用锅内水处理的自然循环蒸汽锅炉和汽水两用锅炉水质

水样	项目	标准值
给水	浊度/NTU	≤20.0
	硬度/(mmol/L)	≤4
	pH 值(25℃)	7.0～10.5
	油/(mg/L)	≤2.0
	铁/(mg/L)	≤0.30
锅水	全碱度/(mmol/L)	8.0～26.0
	酚酞碱度/(mmol/L)	6.0～18.0
	pH 值(25℃)	10.0～12.0
	电导率(25℃)/(μS/cm)	≤8.0×10^3
	溶解固形物/(mg/L)	≤5.0×10^3
	磷酸根/(mg/L)	10～50

(4)其他有关规定参照《工业锅炉水质》(GB/T 1576—2018)执行。

4. 冷却用水水质评价

(1)间冷开式系统循环冷却水水质指标应根据补充水水质及换热设备的结构形式、材质、工况条件、污垢热阻值、腐蚀速率、被换热介质性质并结合水处理药剂配方等因素综合确定,并宜符合表 5-4-5 中的规定。

表 5-4-5　间冷开式系统循环冷却水水质指标

项目	单位	要求或使用条件	许用值
浊度	NTU	根据生产工艺要求确定	≤20.0
		换热设备为板式,翅片管式、螺旋板式	≤10.0
pH 值(25℃)	—	—	6.8～9.5
钙硬度＋全碱度(以 $CaCO_3$ 计)	mg/L	—	≤1 100
		传热面水侧壁温大于 70℃	钙硬度小于 200
总 Fe	mg/L	—	≤2.0
Cu^{2+}	mg/L	—	≤0.1
Cl^-	mg/L	水走管程:碳钢、不锈钢换热设备	≤1 000
		水走壳程:不锈钢换热设备; 传热面水侧壁温小于或等于 70℃; 冷却水出水温度小于 45℃	≤700
$SO_4^{2-}+Cl^-$	mg/L	—	≤2 500
硅酸(以 SiO_2 计)	mg/L	—	≤175
$Mg^{2+}\times SiO_2$(Mg^{2+} 以 $CaCO_3$ 计)	—	pH 值(25℃)≤8.5	≤50 000
游离氯	mg/L	循环回水总管处	0.1～1.0
NH_3-N	mg/L	—	≤10.0
		铜合金设备	≤1.0
石油类	mg/L	非炼油企业	≤5.0
		炼油企业	≤10.0
COD	mg/L	—	≤150

(2)闭式系统循环冷却水水质指标应根据系统特性和用水设备的要求确定,并宜符合表 5-4-6 中的规定。

表 5-4-6　闭式系统循环冷却水水质指标

适用对象	水质指标		
	项目	单位	许用值
钢铁厂闭式系统	总硬度	mg/L(以 $CaCO_3$ 计)	≤20.0
	总铁	mg/L	≤2.0

续表 5-4-6

适用对象	水质指标		
	项目	单位	许用值
火力发电厂发电机铜导线内冷水系统	电导率(25℃)	μS/cm	≤2.0[a]
	pH 值(25℃)	—	7.0~9.0
	含铜量	μg/L	≤20.0[b]
	溶解氧	μg/L	≤30.0[c]
其他各行业闭式系统	总铁	mg/L	≤2.0

注:a. 火力发电厂双水内冷机组共用循环系统和转子独立冷却水系统的电导率不应大于 5.0μS/cm(25℃)。
b. 双水内冷机组内冷却水含铜量不应大于 40.0μg/L。
c. 仅对 pH<8.0 时进行控制。
d. 钢铁厂闭式系统的补充水宜为软化水,其余两系统宜为除盐水。

(3)直冷系统循环冷却水水质指标应根据工艺要求并结合补充水水质、工况条件及药剂处理配方等因素综合确定,并宜符合表 5-4-7 中的规定。

表 5-4-7 直冷系统循环冷却水水质指标

项目	单位	适用对象	许用值
pH 值(25℃)	—	高炉煤气清洗水	6.5~8.5
		合成氨厂造气洗涤水	7.5~8.5
		炼钢真空处理、轧钢、轧钢层流水、轧钢除鳞给水及连铸二次冷却水	7.0~9.0
		转炉煤气清洗水	9.0~12.0
悬浮物	mg/L	连铸二次冷却水及轧钢直接冷却水、挥发窑窑体表面清洗水	≤30
		炼钢真空处理冷却水	≤50
		高炉转炉煤气清洗水 合成氨厂造气洗涤水	≤100
碳酸盐硬度(以 $CaCO_3$ 计)	mg/L	转炉煤气清洗水	≤100
		合成氨厂造气洗涤水	≤200
		连铸二次冷却水	≤400
		炼钢真空处理、轧钢、轧钢层流水及轧钢除鳞给水	≤500
Cl^-	mg/L	轧钢层流水	≤300
		轧钢、轧钢除鳞给水及连铸二次冷却水、挥发窑窑体表面清洗水	≤500
油类	mg/L	轧钢层流水	≤5
		轧钢、轧铜除鳞给水及连铸二次冷却水	≤10

(4)其他有关规定参照《工业循环冷却水处理设计规范》(GB/T 50050—2017)执行。

5. 农业灌溉用水水质评价

(1)向农田灌溉渠道排放处理后的养殖业废水及以农产品为原料加工的工业废水,应保证其下游最近灌溉取水点的水质符合标准。

(2)农田灌溉用水水质应符合表5-4-8、表5-4-9中的规定。

(3)其他有关规定参照《农田灌溉水质标准》(GB 5084—2005)执行。

表 5-4-8 农田灌溉用水水质基本控制项目标准值

序号	项目类别		作物种类		
			水作	旱作	蔬菜
1	五日生化需氧量/(mg/L)	≤	60	100	40[a],15[b]
2	化学需氧量/(mg/L)	≤	150	200	100[a],60[b]
3	悬浮物/(mg/L)	≤	80	100	60[a],15[b]
4	阴离子表面活性剂/(mg/L)	≤	5	8	5
5	水温/℃	≤	35		
6	pH值	≤	5.5~8.5		
7	全盐量/(mg/L)	≤	1 000[c](非盐碱土地区),2 000[c](盐碱土地区)		
8	氯化物/(mg/L)	≤	350		
9	硫化物/(mg/L)	≤	1		
10	总汞/(mg/L)	≤	0.001		
11	镉/(mg/L)	≤	0.01		
12	总砷/(mg/L)	≤	0.05	0.1	0.05
13	铬(六价/(mg/L)	≤	0.1		
14	铅/(mg/L)	≤	0.2		
15	粪大肠杆菌数/(个/100mL)	≤	4 000	4 000	2 000[a],1 000[b]
16	蛔虫卵数/(个/L)	≤	2		2[a],1[b]

注:a.加工、烹饪及去皮蔬菜;b.生食类蔬菜、瓜类和草本水果;c.具有一定的水利灌排设施,能保证一定的排水和地下水径流条件的地区,或有一定淡水资源能满足冲洗土体中盐分的地区,农田灌溉水质全盐量指标可以适当放宽。

表 5-4-9 农田灌溉用水水质选择性项目标准值

序号	项目类别		作物种类		
			水作	旱作	蔬菜
1	铜/(mg/L)	≤	0.5	1	
2	锌/(mg/L)	≤	2		
3	硒/(mg/L)	≤	0.02		
4	氟化物/(mg/L)	≤	2(一般地区),3(高氟区)		
5	氰化物/(mg/L)	≤	0.5		
6	石油类/(mg/L)	≤	5	10	1
7	挥发酚/(mg/L)	≤	1		
8	苯/(mg/L)	≤	2.5		
9	三氯乙醛/(mg/L)	≤	1	0.5	0.5

续表 5-4-9

序号	项目类别		作物种类		
			水作	旱作	蔬菜
10	丙烯醛/(mg/L)	≤	0.5		
11	硼/(mg/L)	≤	1[a](对硼敏感作物),2[b](对硼耐受性较强的作物),3[c](对硼耐受性强的作物)		

注:a.对硼敏感作物,如黄瓜、豆类、马铃薯、笋瓜、韭菜、洋葱、柑橘等。b.对硼耐受性较强的作物,如小麦、玉米、青椒、小白菜、葱等。c.对硼耐受性强的作物,如水稻、萝卜、油菜、甘蓝等。

6.生活饮用水水质评价

(1)生活饮用水水质应符合下列基本要求,保证用户饮用安全。

生活饮用水中不得含有病原微生物。

生活饮用水中化学物质不得危害人体健康。

生活饮用水中放射性物质不得危害人体健康。

生活饮用水的感官性状良好。

生活饮用水应经消毒处理。

生活饮用水水质应符合表 5-4-10 和表 5-4-11 中的卫生要求。集中式供水出厂水中消毒剂限值、出厂水和管网末梢水中消毒剂余量均应符合表 5-4-12 中的要求。

农村小型集中式供水和分散式供水的水质因条件限制,部分指标可暂按照表 5-4-13 执行,其余指标仍按表 5-4-10、表 5-4-11 和表 5-4-12 执行。

当发生影响水质的突发性公共事件时,经市级以上人民政府批准,感官性状和一般化学指标可适当放宽。

(2)各类指标及限值见表 5-4-10 至表 5-4-14。

(3)采用地下水为生活饮用水水源时应符合《地下水质量标准》(GB/T 14848—2017)要求,其他有关规定参照《生活饮用水卫生标准》(GB 5749—2006)。

表 5-4-10　水质常规指标及限值

指标	限值
1.微生物指标①	
总大肠菌群/(MPN/100mL 或 CFU/100mL)	不得检出
耐热大肠菌群/(MPN/100mL 或 CFU/100mL)	不得检出
大肠埃希氏菌/(MPN/100mL 或 CFU/100mL)	不得检出
菌落总数/(CFU/mL)	100
2.毒理指标	
砷/(mg/L)	0.01
镉/(mg/L)	0.005
铬(六价)/(mg/L)	0.05

续表 5-4-10

指标	限值
铅/(mg/L)	0.01
汞/(mg/L)	0.001
硒/(mg/L)	0.01
氰化物/(mg/L)	0.05
氟化物/(mg/L)	1.0
硝酸盐(以 N 计)/(mg/L)	10 地下水源限制时为 20
三氯甲烷/(mg/L)	0.06
四氯化碳/(mg/L)	0.002
溴酸盐(使用臭氧时)/(mg/L)	0.01
甲醛(使用臭氧时)/(mg/L)	0.9
亚氯酸盐(使用二氧化氯消毒时)/(mg/L)	0.7
氯酸盐(使用复合二氧化氯消毒时)/(mg/L)	0.7
3.感官性状和一般化学指标	
色度(铂钴色度单位)	15
浑浊度(NTU-散射浊度单位)	1 水源与净水技术条件限制时为 3
臭和味	无异臭、异味
肉眼可见物	无
pH 值	不小于 6.5 且不大于 8.5
铝/(mg/L)	0.2
铁/(mg/L)	0.3
锰/(mg/L)	0.1
铜/(mg/L)	1.0
锌/(mg/L)	1.0
氯化物/(mg/L)	250
硫酸盐/(mg/L)	250
溶解性总固体/(mg/L)	1 000
总硬度(以 $CaCO_3$ 计)/(mg/L)	450
耗氧量(CODMn 法,以 O_2 计)/(mg/L)	3 水源限制,原水耗氧量>6mg/L 时为 5
挥发酚类(以苯酚计)/(mg/L)	0.002
阴离子合成洗涤剂/(mg/L)	0.3
4.放射性指标[②]	
总 α 放射性/(Bq/L)	0.5

续表 5-4-10

指标	限值
总 β 放射性/(Bq/L)	1
注:①MPN 表示最可能数;CFU 表示菌落形成单位。当水样检出总大肠菌群时,应进一步检验大肠埃希氏菌或耐热大肠菌群;水样未检出总大肠菌群,不必检验大肠埃希氏菌或耐热大肠菌群。 ②放射性指标超过指导值,应进行核素分析和评价,判定能否饮用。	

表 5-4-11　水质非常规指标及限值

指标	限值
1. 微生物指标	
贾第鞭毛虫/(个/10L)	<1
隐孢子虫/(个/10L)	<1
2. 毒理指标	
锑/(mg/L)	0.005
钡/(mg/L)	0.7
铍/(mg/L)	0.002
硼/(mg/L)	0.5
钼/(mg/L)	0.07
镍/(mg/L)	0.02
银/(mg/L)	0.05
铊/(mg/L)	0.0001
氯化氰(以 CN-计)/(mg/L)	0.07
一氯二溴甲烷/(mg/L)	0.1
二氯一溴甲烷/(mg/L)	0.06
二氯乙酸/(mg/L)	0.05
1,2-二氯乙烷/(mg/L)	0.03
二氯甲烷/(mg/L)	0.02
三卤甲烷(三氯甲烷、一氯二溴甲烷、二氯一溴甲烷、三溴甲烷的总和)	该类化合物中各种化合物的实测浓度与其各自限值的比值之和不超过 1
1,1,1-三氯乙烷/(mg/L)	2
三氯乙酸/(mg/L)	0.1
三氯乙醛/(mg/L)	0.01
2,4,6-三氯酚/(mg/L)	0.2
三溴甲烷/(mg/L)	0.1
七氯/(mg/L)	0.000 4
马拉硫磷/(mg/L)	0.25
五氯酚/(mg/L)	0.009

续表 5-4-11

指标	限值
“六六六”(总量)/(mg/L)	0.005
六氯苯/(mg/L)	0.001
乐果/(mg/L)	0.08
对硫磷/(mg/L)	0.003
灭草松/(mg/L)	0.3
甲基对硫磷/(mg/L)	0.02
百菌清/(mg/L)	0.01
呋喃丹/(mg/L)	0.007
林丹/(mg/L)	0.002
毒死蜱/(mg/L)	0.03
草甘膦/(mg/L)	0.7
敌敌畏/(mg/L)	0.001
莠去津/(mg/L)	0.002
溴氰菊酯/(mg/L)	0.02
2,4-滴/(mg/L)	0.03
滴滴涕/(mg/L)	0.001
乙苯/(mg/L)	0.3
二甲苯/(mg/L)	0.5
1,1-二氯乙烯/(mg/L)	0.03
1,2-二氯乙烯/(mg/L)	0.05
1,2-二氯苯/(mg/L)	1
1,4-二氯苯/(mg/L)	0.3
三氯乙烯/(mg/L)	0.07
三氯苯(总量)/(mg/L)	0.02
六氯丁二烯/(mg/L)	0.000 6
丙烯酰胺/(mg/L)	0.000 5
四氯乙烯/(mg/L)	0.04
甲苯/(mg/L)	0.7
邻苯二甲酸二(2-乙基己基)酯/(mg/L)	0.008
环氧氯丙烷/(mg/L)	0.000 4
苯/(mg/L)	0.01
苯乙烯/(mg/L)	0.02
苯并(a)芘/(mg/L)	0.000 01
氯乙烯/(mg/L)	0.005

续表 5-4-11

指标	限值
氯苯/(mg/L)	0.3
微囊藻毒素-LR/(mg/L)	0.001
3.感官性状和一般化学指标	
氨氮(以 N 计)/(mg/L)	0.5
硫化物/(mg/L)	0.02
钠/(mg/L)	200

表 5-4-12　饮用水中消毒剂常规指标及要求

消毒剂名称	与水接触时间	出厂水中限值	出厂水中余量	管网末梢水中余量
氯气及游离氯制剂(游离氯)/(mg/L)	至少 30min	4	≥0.3	≥0.05
一氯胺(总氯)/(mg/L)	至少 120min	3	≥0.5	≥0.05
臭氧(O_3)/(mg/L)	至少 12min	0.3		0.02 如加氯， 总氯≥0.05
二氧化氯(ClO_2)/(mg/L)	至少 30min	0.8	≥0.1	≥0.02

表 5-4-13　农村小型集中式供水和分散式供水部分水质指标及限值

指标	限值
1.微生物指标	
菌落总数/(CFU/mL)	500
2.毒理指标	
砷/(mg/L)	0.05
氟化物/(mg/L)	1.2
硝酸盐(以 N 计)/(mg/L)	20
3.感官性状和一般化学指标	
色度/铂钴色度单位	20
浑浊度/(NTU-散射浊度单位)	3， 水源与净水技术条件限制时为 5
pH 值	不小于 6.5 且不大于 9.5
溶解性总固体/(mg/L)	1 500
总硬度(以 $CaCO_3$ 计)/(mg/L)	550
耗氧量(CODMn 法，以 O_2 计)/(mg/L)	5
铁/(mg/L)	0.5
锰/(mg/L)	0.3

续表 5-4-13

指标	限值
氯化物/(mg/L)	300
硫酸盐/(mg/L)	300

表 5-4-14 生活饮用水水质参考指标及限值

指标	限值
肠球菌/(CFU/100mL)	0
产气荚膜梭状芽孢杆菌/(CFU/100mL)	0
二(2-乙基己基)己二酸酯/(mg/L)	0.4
二溴乙烯/(mg/L)	0.000 05
二噁英(2,3,7,8-TCDD)/(mg/L)	0.000 000 03
土臭素(二甲基萘烷醇)/(mg/L)	0.000 01
五氯丙烷/(mg/L)	0.03
双酚 A/(mg/L)	0.01
丙烯腈/(mg/L)	0.1
丙烯酸/(mg/L)	0.5
丙烯醛/(mg/L)	0.1
四乙基铅/(mg/L)	0.000 1
戊二醛/(mg/L)	0.07
甲基异莰醇-2/(mg/L)	0.000 01
石油类(总量)/(mg/L)	0.3
石棉(>10mm)/(万/L)	700
亚硝酸盐/(mg/L)	1
多环芳烃(总量)/(mg/L)	0.002
多氯联苯(总量)/(mg/L)	0.000 5
邻苯二甲酸二乙酯/(mg/L)	0.3
邻苯二甲酸二丁酯/(mg/L)	0.003
环烷酸/(mg/L)	1.0
苯甲醚/(mg/L)	0.05
总有机碳(TOC)/(mg/L)	5
萘酚-b/(mg/L)	0.4
黄原酸丁酯/(mg/L)	0.001
氯化乙基汞/(mg/L)	0.000 1
硝基苯/(mg/L)	0.017
镭 226 和镭 228/(pCi/L)	5
氡/(pCi/L)	300

7. 地源热泵用水水质评价

(1)地源热泵机组循环水水质要求见表 5-4-15。

(2)其他有关规定参照《浅层地热能勘查评价规范》(DZ/T 0225—2009)。

表 5-4-15 地源热泵水质要求

序号	项目名称	允许值
1	含砂量	<1/200 000
2	浊度	≤20NTU
3	pH 值	6.5~8.5
4	硬度	≤200mg/L
5	总碱度	≤500mg/L
6	Fe^{2+}	<1mg/L
7	Cl^{-}	<100mg/L
8	游离氯	0.5~1.0mg/L
9	CaO	<200mg/L
10	SO_4^{2-}	<200mg/L
11	SiO_2	≤50mg/L
12	Cu^{2+}	≤0.2mg/L
13	矿化度	<3g/L
14	油污	<5mg/L
15	游离 CO_2	<10mg/L
16	H_2S	<0.5mg/L

(四)主要环境地质问题分析评价

1. 地下水开采引发的岩溶地面塌陷

武汉市历史上由于地下水开采引发的岩溶地面塌陷主要有武昌陆家街-毛坦港岩溶地面塌陷和汉阳中南轧钢厂岩溶地面塌陷。塌陷均发生在松散岩类孔隙承压含水层与下伏碳酸盐岩含水层直接叠置地带。该处的地质环境条件是引发岩溶地面塌陷的内在因素,长期开采地下水和长江地表水位波动是外在诱因。

2. 地下水开采形成的地下水水位降落漏斗

地下水水位降落漏斗是指井、孔抽水时形成的漏斗状水位下降区。武汉市主要是指由于过量开采地下水导致地下水水位降至含水层顶板以下的状况。不仅年际间地下水水位不能恢复而且呈逐年下降趋势,漏斗范围不断扩大。这类问题主要发生在武汉华润啤酒有限公司(原东西湖啤酒厂)地下水水源地、黄陂区刘店地下水水源地、黄陂区滠口水厂水源地。监测资料显示,目前曾经的降落漏斗区域水位已经恢复。

3. 长江、汉江水位与流量变化

武汉位于长江的中游,汉江的下游,水位与流量变化显著,对两江四岸一二级阶地的孔隙水的水位影响极为明显，特别是阶地前缘的地下水水位基本与江水位的历时曲线一致。

4. 地下水开采(供水、地下水地源热泵等)

武汉市主城区开采地下水主要作为20余家对地下水地源热泵的热源，作为生活饮用水和其他工业供水的很少。在盛夏和寒冬时节，地源热泵会满负荷运转，导致局部地段开采量较大，改变地下水流场和温度场，使地下水水质产生变化。

5. 地铁隧道、基坑、地下洞室等工程疏排地下水

在武汉高速发展的同时是大量的基建工程，地铁建设、地下人防工程和商场的建设、基坑、隧道及地下洞室开挖，大量疏排地下水，也改变了地下水的径流场，对地下水产生不可逆的影响。据调查，武汉市由于深基坑排水引发环境地质问题主要为地面沉降。近年来，武汉市城区建设飞速发展，高层建筑日新月异。随着高层建筑兴建，深基坑开挖过程中，地下水成为施工中急需解决的问题。目前多采用基坑排水降低地下水水位的办法来解决。

6. 地表水和土壤污染

武汉是历史上的工业城市，由于历史环境欠账较多，地表水和土壤污染问题曾经较为突出，地表水和土壤污染势必影响地下水环境(水质)。

7. 地下水水质

2018年，武汉市全新统孔隙承压水枯水期水质表现为Ⅴ类、Ⅳ类和Ⅲ类；丰水期水质表现为Ⅴ类、Ⅳ类、Ⅱ类及Ⅰ类，以Ⅴ类为主。上更新统孔隙裂隙承压水枯水期水质以Ⅴ类和Ⅲ类为主；丰水期水质等级主要表现为Ⅱ类。碳酸盐岩类裂隙岩溶水(石炭纪—三叠纪)枯水期水质全部表现为Ⅲ类，丰水期主要表现为Ⅱ类，占50%，Ⅲ类和Ⅳ类均各占25%。

(五)地下水环境质量趋势分析

1. 地下水水位发展趋势

对地下水水位发展趋势的分析需要有至少5年地下水水位变化的监测数据，武汉城市地质预测地下水类型为松散岩类孔隙水，具体分为松散岩类孔隙水(第四系全新统孔隙承压水，上更新统孔隙承压水，含新近系裂隙孔隙承压水)及碳酸盐岩类裂隙岩溶水。

简单的地下水水位发展趋势预测可采用数理统计模型，如趋势线法；有条件的可利用地下水资源调查评价的数值模型预测并进行验证。

地下水水位均值的预报值与上一年实测的水位均值相比，若下降点数占预报总点数的50%以上则确定为以下降为主；若上升点数占预报总点数的50%以上则确定为以上升为主(表5-4-16)。

2. 地下水水质预测

对地下水水质发展趋势的分析需要有至少3年地下水水质的监测数据。根据监测组分，可以对其进行预测。

根据预测结果，分别对监测区地下水水质预测组分的超标率和增长速度(取平均值)进行统计计算，预测增长组分特征以6种形式表现，即快速增长超标组分、快速增长未超标组分；缓慢增长超标组分、缓慢增长未超标组分、基本稳定超标组分、基本稳定未超标组分、其中对水质影响较大的是快速增长超标组分、缓慢增长超标组分、基本稳定超标组分(表5-4-17)。

表 5-4-16　××年××区地下水水位状况表

行政区	含水层类型	监测区面积/km^2	监测井总数/个	水位埋深区间/m	强上升区（水位升幅≥2.0m）			弱上升区（水位升幅 0.5～2.0m）		基本稳定区（水位升、降幅度<0.5m）		弱下降区（水位降幅 0.5～2.0m）		强下降区（水位降幅≥2.0m）			5年地下水水位动态变化情况	备注
					面积/km^2	占监测区总面积的百分比/%	最大上升幅度/m	面积/km^2	占监测区总面积的百分比/%	面积/km^2	占监测区总面积的百分比/%	面积/km^2	占监测区总面积的百分比/%	面积/km^2	占监测区总面积的百分比/%	最大下降幅度/m		
××																		

表 5-4-17　××区地下水水质预报成果统计表

行政区	地下水类型	主要超标组分(或指标)		未超标组分	增长的化学组分(或指标)		
		超标率≥50%	0%<超标率<50%		快速增长 $\Delta C \geq 0.025$	缓慢增长 $0.01 \leq \Delta C < 0.025$	基本稳定 $\Delta C < 0.01$
××	全新统孔隙承压水						
	……						
	……						

五、成果表达

(一)图件

(1)实际材料图。
(2)成果图件:地下水等水位线图、地下水水质量现状图、地下水综合质量评价图。
(3)选择编制地下水重点污染区分布图。

(二)报告

水环境质量调查评价报告及地下水综合质量评价图说明书、专题研究报告。

(三)数据库

原始资料数据库使用统一配置的数据采集系统和录入系统完成数据入库、修改编辑、数据汇总等原始资料数据库建设。

综合成果数据库使用统一 GIS 软件、统一系统图库、统一建库标准完成空间图形数据的矢量化、修改编辑、图层划分、属性录入等综合成果数据库建设。

第六章　地质灾害调查评价

第一节　调查重点

根据现有资料，武汉市地质灾害类型主要有岩溶地面塌陷、软土地面沉降、滑坡、崩塌、不稳定斜坡等5种。主城区以岩溶地面塌陷、软土地面沉降为主，新城区以滑坡、崩塌、不稳定斜坡为主。

一、目的任务

(1)开展地质灾害与孕灾地质条件、承灾体调查，判识地质灾害隐患，总结调查区地质灾害发育分布规律，分析地质灾害成灾模式。

(2)开展地质灾害易发性、危险性和风险评价，编制地质灾害风险调查评价相关图件。

(3)建立地质灾害风险调查空间数据库。

(4)提出地质灾害防治对策建议，为防灾减灾管理、国土空间规划和用途管制等提供基础依据。

二、调查重点

地质灾害调查工作应按地质单元、行政区划或流域进行部署，优先选择地质灾害发育密集、地质条件复杂、城镇及重大工程建设规划、人口聚集等地区。对于工作程度较高地区，应以编图研究为主，对灾害点进行核查，部署补充性调查工作，对重大地质灾害点应部署必要实物工作量。

地质灾害调查的重点应是区内不同类型灾种及其易发区段，并应包括下列内容：

(1)在相同地质环境条件下，存在不稳定的斜坡坡度、坡高、坡型，岩体破碎，土体松散，构造发育，工程挖方切坡路堑等地段，将是崩塌、滑坡的易发区段。

(2)依据区域岩溶发育程度、松散覆盖层厚度、地下水动力条件及动力因素的初步分析判断，圈定可能诱发岩溶塌陷的范围。

(3)在前人资料的基础上，圈出各类特殊岩土，如：厚层淤泥、红黏土、膨胀土等分布范围以及地面沉降或是隆起的区域。

(4)地质灾害的易发区段和危险区段及危害严重的地质灾害点作为调查的重点。

第二节　调查内容

一、孕灾地质条件调查

（一）地形地貌

(1)应结合数字高程模型(DEM)、遥感影像及地形条件，确定调查区地貌单元的成因、形态、类型，分析斜坡的高度、坡度、坡向等特征。

(2)应调查易形成地质灾害的断层崖、背斜山(谷)、向斜山(谷)、阶地、崩积堆、残峰、土丘、鼓丘等地貌特征。

（二）地质构造

(1)应系统梳理区域地质资料，分析区域地质构造格架及构造应力应变场背景特征，结合高精度遥感数据，初步解译调查区内主要断裂、褶皱、大型节理等，分析其对地质灾害的控制性作用。

(2)应通过构造地貌、地震活动、地球物理等资料，分析区域性活动断裂的位置、规模、活动性、活动方式、强度等特征及其与地质灾害的关系。

(3)应选择断裂破碎带、断裂交汇带、褶皱转折端等对地质灾害控制性较强的构造部位开展成灾模式研究。

（三）工程地质岩组

(1)对土体工程地质调查应包括土体分布、成因类型、厚度及其与斜坡结构和稳定性的关系，测试分析土体颗粒组成、矿物成分、密实度、含水率及渗透性等。土的类型与结构应按《湖北省地质灾害风险调查评价技术要求(1∶50 000)(试用稿)》之附录F执行。

(2)对岩体工程地质调查应包括地层岩性、岩层产状、岩性组合、节理裂隙、岩组界线、强度特性、岩体结构等内容。

(3)应划分区域工程地质岩组类型，分析其与地质灾害的关系。

（四）地表水与地下水

(1)以资料收集为主，核查地表水流量、历史最高洪水位、水位波动幅度、入渗条件、冲刷强度及流通情况，分析水流作用对形成地质灾害的效应。

(2)应核查调查区地下水基本特征和水文地质结构，包括地下水类型、水位、流量、泉点、地下水溢出带、斜坡潮湿带、含水层、隔水层等，分析地下水与斜坡稳定性的关系。

（五）降雨量、植被与土地利用状况

(1)应收集调查区历史降雨记录、多年平均降雨量、历史最大降雨量等资料，核查已发生地质灾害的降雨强度、前期降雨量值和临界降雨量值。

(2)植被或覆被调查应结合遥感解译，确定覆被类型、覆盖率。地面重点调查马刀树和醉汉林等现象，分析其与地质灾害的关系。

(3)土地利用状况可以收集资料为主,分析主要土地利用类型及与地质灾害的互馈作用。

(六)人类工程活动

(1)应调查切坡、加载、开挖、振动、灌溉、排污、抽排地下水等人类工程活动对斜坡的扰动情况。

(2)应调查矿山开采、水利水电工程建设、交通基础设施建设等对形成地质灾害的影响。

(3)应调查已有地质灾害治理工程的类型、数量、修建年份、主要作用及防治效果等。

(七)易崩易滑地层

(1)应在工程地质测绘和工程地质类比的基础上确定调查区易崩易滑地层。

(2)应调查易崩易滑地层的分布区域、范围、规模及发育规律,获取物理力学参数。

(3)应调查分析易崩易滑地层可能形成地质灾害的类型、规模、稳定性、影响范围等。

(八)软弱层

(1)应调查工程地质岩组易软化、易压缩、易流变、易碎裂、易崩解等特性,对形成地质灾害具有控制性作用的特殊岩土体。

(2)应通过钻探、槽探等获取软弱层样品,土样主要测试黏聚力、内摩擦角、压缩系数、含水量、液限、塑限等。岩样主要测试抗剪强度、抗拉强度、抗压强度、膨胀率、耐崩解性指数、块体密度、吸水率等。

(3)应评价受软弱层控制的斜坡稳定性,分析易发生的地质灾害类型、规模及影响范围。

(九)岩体结构

(1)应调查岩体结构面类型、产状、密度、延展性、张开度、粗糙度、充填物、交切关系、软弱夹层等特征。

(2)应划分岩体结构类型,确定优势结构面,分析岩体稳定性及发展趋势,评价发生崩塌、滑坡等地质灾害的可能性。岩体结构类型应按照《湖北省地质灾害风险调查评价技术要求(1∶50 000)(试用稿)》之附录 G 执行。

(十)斜坡结构

(1)应以划分的斜坡单元开展调查工作,包含可能形成崩塌、滑坡的源区和影响区域,初步划分易产生地质灾害的斜坡区段。

(2)确定斜坡结构的类型,即顺向坡、逆向坡、横向坡等。

(3)调查应以实地测量为主,选择具有代表性的地质灾害隐患区段按照 1∶2 000 比例尺开展工程地质测绘,适当配合钻探、槽探、物探等手段,编制斜坡工程地质剖面图。

(4)应编制调查区斜坡结构类型分区图。斜坡结构类型划分方案应按照《湖北省地质灾害风险调查评价技术要求(1∶50 000)(试用稿)》之附录 H 规定执行。

(十一)风化程度

(1)应选择典型剖面划分调查区岩体风化程度,以统一的判识依据开展岩体风化程度调查。划分标准应按照《湖北省地质灾害风险调查评价技术要求(1∶50 000)(试用稿)》之附录 I 执行。

(2)应调查风化层的分布、风化带厚度、差异风化特征及风化裂隙的长度、宽度、填充、密度、交切关系等,分析岩体风化程度与地质灾害的关系。

（十二）沟谷特征

（1）应调查沟谷形态（纵横断面特征）、规模、松散堆积物、沟谷内地层岩性、地质构造、岩石风化、水文现象、发育阶段等，分析形成泥石流物源及水动力特征。

（2）应调查沟底及沟口中堆积物的岩性、厚度、分布范围、形态特征及不同时期堆积物的组合关系，判断泥石流等地质灾害的活动性。

（十三）特殊地区孕灾地质条件调查

1. 红层地区

（1）应调查红层的岩性、风化程度、软弱层、结构面、成岩程度、溶蚀等特征，进行岩体分类、风化带划分，确定调查区易崩易滑地层，分析孕育地质灾害的基本规律。

（2）应调查红层区斜坡结构，划分土岩界面，分析判定滑面（带）的位置、形状等特征；重点对受软弱层控制的顺向基岩斜坡稳定性进行综合判断。

2. 岩溶地区

（1）应调查溶隙、岩溶堆积体、溶洞、岩溶塌陷坑、土洞、溶蚀凹槽、地下水、泉、溢出带、斜坡潮湿带等分布发育特征，分析产生地质灾害的类型、规模、变形方式、稳定性和影响范围等。

（2）应调查斜坡结构类型，重点调查由上部为碳酸盐岩和下部为煤系地层、泥页岩、石膏、泥灰岩等软弱地层构成的斜坡，分析采矿、切坡、蓄水等工程活动的致灾作用。

3. 红黏土地区

（1）应调查红黏土的厚度变化、胶结程度、成层特性、孔隙及裂隙、差异风化程度等特征，分析胀缩性、崩解性和软化性等。调查斜坡中软化层的埋藏和分布情况，分析斜坡稳定性。

（2）应调查地下水分布、水位变化和地表水渗漏情况、土洞、塌陷、基岩面起伏状况、地表或建筑物开裂变形等特征，分析红黏土地区形成滑坡、崩塌、地面塌陷、地面沉降等地质灾害的条件和规律，评价地质灾害的发育程度和发展趋势。

4. 膨胀土地区

（1）应调查膨胀土的厚度、裂隙发育状况及分布规律等，测试矿物成分、膨胀土膨胀、收缩等性质，判定膨胀潜势，按强、中、弱3个等级对膨胀土进行分类分区，分析膨胀土胀缩作用对形成地质灾害的影响。膨胀潜势分类可按照《膨胀土地区建筑技术规范》（GB 50112—2013）中的4.3.4执行。

（2）应调查分析地表水和地下水对膨胀土的软化作用，重点评价斜坡中发育膨胀土软弱层的致灾效应。

5. 软土地区

（1）应调查软土的物质组成、厚度、结构特征和分布规律等，测试压缩性、渗透性与流变性等特征，分析软土的压缩变形、侧向扩展变形等对形成地面沉降、地裂缝等地质灾害的作用。

（2）应调查软土地区水文地质条件和淤泥、泥炭、硬壳等特殊土层的分布发育规律，分析地下水特征及排水条件，总结地质灾害形成机理。

二、地质灾害调查

(一)岩溶地面塌陷调查

武汉市岩溶条带分布与地层结构、岩溶地面塌陷分类、发生条件与危害表现等资料参见附件3-4。

1.岩溶塌陷状况调查

1)岩溶塌陷基本特征

(1)岩溶发育特征,主要调查岩溶出露类型、形态、规模、岩溶水特征、地层结构与岩性条件、遇洞率、线岩溶率及其垂向分带性等。

(2)岩溶塌陷地理位置、发生与持续时间;塌陷坑数量、影响范围、灾情及处置情况。

(3)塌陷坑的平面形态、剖面形态、规模、空间位置、展布方向及内部特征。

(4)塌陷坑周边地裂缝的位置、长度、宽度、深度、数量、组合特征、延伸范围和展布方向等。

(5)塌陷坑群单坑数量、成生关系、展布方向、延展范围,以及各单坑之间相对位置。

(6)岩溶塌陷所处阶段及现阶段稳定性。

2)岩溶塌陷危害与防治

(1)岩溶塌陷直接损失,地面工程设施、耕地的破坏和人员伤亡等情况。

(2)岩溶塌陷间接损失,塌陷影响范围内停工停产、人员财物应急转移等情况。

(3)岩溶塌陷对地质环境,特别是对含水层的影响,是否成为地表污水入渗渠道。

(4)岩溶塌陷灾害监测、工程治理等防治现状。

2.区域地质及水文地质条件调查

(1)地貌类型与形态组合特征,微地貌形态、分布、组成物质、形成时代;地形切割起伏特征;阶地形态特征、结构与类型,古河床的分布特征;岩溶地貌单元及岩溶地貌形态组合类型。

(2)区域构造格架与构造线方向,主要构造的形态特征、产状、性质、规模与密度分布;断裂构造的规模、产状、力学性质、组合与交切关系,以及破碎带的性状与特征;裂隙密集带在不同构造部位、不同岩性中的发育特征与发育方向;新构造运动的性质与特征及地震活动情况。

(3)可溶岩地层岩性、结构构造、层组组合及岩溶发育特征;非可溶岩地层岩性、结构构造与分布;岩溶堆积物成因类型、成分与结构,分布与产状。

(4)调查岩溶形态(岩溶洼地、竖井、漏斗、落水洞、天窗、溶潭、溶井、溢水洞等)、规模与组合特征,对大型洞穴调查其出露位置、成因、形成条件、洞口及内部形态和堆积物特征,测制平、剖面图。

(5)地表水文网的分布格局、发育特征及其与岩溶发育的关系,地表水汇流面积、径流特征;地表水与岩溶地下水之间的转化关系。

(6)岩溶含水层组的层位、岩性、含水介质类型、富水性及水化学特征,埋藏和分布状况,岩溶含水层组间的水力联系及与第四系孔隙水和地表水体的关系。

(7)岩溶泉和地下河发育基础地质条件,位置、规模、流量、补给条件和开发利用状况。

(8)第四系含水层的分布与富水性,可溶岩上覆岩土体的透水性。

(9)岩溶地下水流场特征和水位(水头)埋深与基岩面的关系及其动态变化,岩溶地下水主径流带的分布与水动力特征;近河(湖)地段岩溶地下水、上覆土层孔隙水与地表水之间的补排关系,洪水涨落过程所引起的水位(水头)差及水力坡度的变化,以及洪水倒灌的影响范围。

3. 覆盖层工程地质条件调查

(1)覆盖土层的成因类型、颗粒组成和物理力学性质。

(2)覆盖土层结构及其厚度与分布。

(3)覆盖层底部土层及岩溶充填物的成因类型、颗粒组成、塑性状态和物理力学性质。

(4)浅埋藏型岩溶区非可溶岩地层岩性、厚度和物理力学性质。

4. 岩溶塌陷诱发因素调查

(1)岩溶塌陷发生过程中的异常现象,水井水位和水浑浊度变化、隧道与坑道出水特征、地表水体漏失情况、喷水冒砂,地面下沉、地面开裂、地下振动与异常响动等情况。

(2)诱发岩溶塌陷的自然因素调查,包括气象因素(旱涝交替、极端暴雨)和地震活动情况等。

(3)诱发岩溶塌陷的人为因素调查,包括地下水开采、矿山开采、地下工程施工、基础工程施工、水利工程建设、振动等人类工程活动。

①地下水开采井井深、结构、开采量、开采层位、抽水时长及水位变化等。

②矿山疏干排水的时间和排水强度,矿区地下水降落漏斗形成与变化情况等。

③可能对岩溶地下水造成强烈影响的地下工程、基础工程施工情况及水库、水渠等水利工程运行情况,隧道及矿坑突水、突泥事件发生情况。

④人类工程活动导致地表、地下径流改变的情况,路基挖断截断原径流途径致迎水一侧积水下渗增强、地下采掘或工程开挖排水导致地下水径流场急剧变化等。

(二)地面沉降调查

武汉市软土分布现状、地面不均匀沉降的影响区域、发生条件与不良影响等资料参见附件3-5。

1. 调查内容

1)地层结构与地质构造调查

调查地面沉降区地形地貌、地层结构、地质构造及活动情况等。

2)重要市政基础设施和深大基坑调查

调查由城市交通、给水、排水、燃气、环卫、供电、通信、防灾等各项工程系统构成的重要市政基础设施,尤其是管线走廊、轨道交通网、隧道、桥涵、给排水设施等。

调查深大基坑的围护结构、支撑形式、地下水处理与自动监测措施,基坑自身安全及对周边环境安全的影响。

3)地面沉降现状调查

调查地面沉降区面积、几何形态、年最大沉降量、月最大沉降量、历年累积沉降量、区域平均沉降量、平均沉降速率、造成的地表开裂与地面下沉等灾害现状、危害对象与威胁对象、造成损失等。

4)水文地质条件调查

调查地表水和地下水基本特征及水位变化、水文地质结构、地下水排泄情况、地下水开采层位、开采时间、开采井数量、年开采量和年补给量、年水位变化幅度、开采前后地下水水位变化情况、降落漏斗区面积、基坑降水和排水及其他矿产开采情况等。

5)工程地质条件调查

调查第四纪覆盖层岩性及厚度、空间变化规律、主要沉降层位、沉积环境和沉积物工程地质特征,重点调查软土分布范围及厚度。

6)地面沉降诱发因素调查

调查分析沉降区人类工程经济活动影响、沉降原因分析、危害程度、造成危害与潜在危害、发展趋势、防治措施与防治效果等。

2. 调查要点

主要调查由于常年抽汲地下水引起水位或水压下降而造成的地面沉降，不包括由于其他原因所造成的地面下降。主要通过收集资料、调查访问来查明地面沉降原因、现状和危害情况。着重查明下列问题：

(1)综合分析已有资料查明第四纪沉积、地貌单元，特别要注意冲积、湖积和海相沉积的平原或盆地及古河道、洼地、河间地块等微地貌分布。第四系岩性、厚度和埋藏条件，特别要查明硬土层和软弱压缩层、黏性土层和非黏性土层的分布。

(2)查明第四系含水层水文地质特征、埋藏条件及水力联系；收集历年地下水动态、开采量、开采层位和区域地下水水位等值线图等资料。

(3)根据已有地面测量资料和建筑物实测资料，同时结合水文地质资料进行综合分析，初步圈定地面沉降范围和判定累计沉降量，并对沉降范围内已有建筑物损坏情况进行调查。

(三)滑坡调查

滑坡调查采用点、线、面相结合，以专业调查为主的方式开展滑坡野外调查。滑坡灾害点调查可根据调查分级按核查、调查、工程地质测绘和勘查 4 个层次展开。

1. 调查对象

(1)调查滑坡的类型、规模、形态、活动状态、运动形式、边界条件、活动历史等基本特征，调查滑坡所在斜坡的地层岩性、地质构造、斜坡结构类型、水文地质条件等。

(2)调查分析滑坡的诱发因素、分布规律、形成机理和成灾模式等，评价滑坡的稳定性、危险性和危害性。

2. 滑坡分类

(1)根据滑坡体的物质组成和结构形式等主要因素，可按附件 3-6 中的附表 3-6-1 进行分类。

(2)根据滑坡体厚度、运移形式、成因、稳定程度、形成年代和规模等其他因素，可按附件 3-6 中的附表 3-6-2 进行分类。

3. 调查要点

(1)调查范围应包括滑坡区及其邻近稳定地段，一般包括滑坡后壁外一定距离(滑坡滑动会影响和危害的区域)，滑坡体两侧自然沟谷和滑坡舌前缘一定距离或江、河、湖水边。

(2)注意查明滑坡的发生与地层结构、岩性、断裂构造(岩质滑坡尤为重要)、地貌及演变、水文地质条件、地震和人为活动因素的关系，找出引起滑坡或滑坡复活的主导因素。

(3)调查滑坡体上各种裂缝的分布特征，发生的先后顺序、切割和组合关系，分清裂缝的力学属性，如拉张、剪切、鼓胀裂缝等，借以作为滑坡体平面上分块、分条和纵剖面分段的依据，分析滑坡的形成机制。

(4)通过裂缝的调查，借以分析判断滑动面的深度和倾角大小。滑坡体上裂缝纵横，往往是滑动面埋藏不深的反映；裂缝单一或仅见边界裂缝，则滑动面埋深可能较大；如果基础埋深不大的挡土墙开裂，则滑动面往往不会很深；如果斜坡已有明显位移，而挡土墙等依然完好，则滑动面埋深较深；滑坡壁上的平缓擦痕的倾角，与该处滑动面倾角接近一致；滑坡体的差速裂缝两壁也会出现缓倾角擦痕，同样是下部滑动面倾角的反映。

(5)对岩质滑坡应注意调查缓倾角的层理面、层间错动面、不整合面、假整合面、断层面、节理面和片理面等，若这些结构面的倾向与坡向一致，且其倾角小于斜坡前缘临空面倾角，则很可能发展成为滑动面。对土质滑坡，则首先应注意土层与岩层的接触面构成的滑带形态特征及控制因素，其次应注意土体内部岩性差异界面。

(6)调查滑动体上或其邻近的建、构筑物(包括支挡和排水构筑物)的裂缝，但应注意区分滑坡引起的裂缝与施工裂缝、填方基础不均匀沉降裂缝、膨胀土裂缝、温度裂缝和冻胀裂缝的差异，避免误判。

(7)调查滑带水和地下水情况，泉水出露地点及流量，地表水自然排泄沟渠的分布和断面，湿地的分布和变迁情况等。

(8)围绕判断是首次滑动的新生滑坡还是再次滑动的古(老)滑坡进行调查。古(老)滑坡的识别标志详见附件3-6中的附表3-6-3。

(9)当地整治滑坡的经验和教训。

(10)调查滑坡已经造成的损失，滑坡进一步发展的影响范围及潜在损失。

4. 详细调查

滑坡的详细调查包括滑坡区调查、滑坡体调查、滑坡成因调查、滑坡危害调查及滑坡防治情况调查等5个方面。

1)滑坡区调查

(1)滑坡地理位置、地貌部位、斜坡形态、地面坡度、相对高度，沟谷发育、河岸冲刷、堆积物、地表水以及植被。

(2)滑坡体周边地层及地质构造。

(3)水文地质条件。

2)滑坡体调查

(1)形态与规模：滑体的平面、剖面形状，长度、宽度、厚度、面积和体积。

(2)边界特征：滑坡后壁的位置、产状、高度及其壁面上擦痕方向；滑坡两侧界线的位置与性状；前缘出露位置、形态、临空面特征及剪出情况；露头上滑床的性状特征等。

(3)表部特征：微地貌形态(后缘洼地、台坎、前缘鼓胀、侧缘翻边埂等)，裂缝的分布、方向、长度、宽度、产状、力学性质及其他前兆特征。

(4)内部特征：通过野外观察和山地工程，调查滑坡体的岩体结构、岩性组成、松动破碎及含泥含水情况，滑带的数量、形状、埋深、物质成分、胶结状况，滑动面与其他结构面的关系。

(5)变形活动特征：访问调查滑坡发生时间，目前的发展特点(斜坡、房屋、树木、水渠、道路、坟墓等变形位移及井泉、水塘渗漏或干枯等)及其变形活动阶段(初始蠕变阶段、加速变形阶段、剧烈变形阶段、破坏阶段、休止阶段)，滑动方向、滑距及滑速，分析滑坡的滑动方式、力学机制和目前的稳定状态。

3)滑坡成因调查

(1)自然因素：降雨、地震、洪水、崩塌加载等。

(2)人为因素：森林植被破坏、不合理开垦，矿山采掘，切坡、滑坡体下部切脚，滑坡体中—上部人为加载、震动、废水随意排放、渠道渗漏、水库蓄水等。

(3)综合因素：人类工程经济活动和自然因素共同作用。

4)滑坡危害情况调查

(1)滑坡发生发展历史,破坏地面工程、环境和人员伤亡、经济损失等现状。

(2)分析与预测滑坡的稳定性和滑坡发生后可能成灾范围及灾情。

5)滑坡防治情况调查

调查滑坡灾害勘查、监测、工程治理措施等防治现状及效果。

(四)崩塌(危岩体)调查

崩塌灾害点调查可根据调查分级按调查、地面测绘和勘查等3个层次展开。

1.调查对象

(1)调查崩塌的类型、分布高程、规模、活动状态、变形历史、堆积体等;调查崩塌发生斜坡的地层岩性、岩体结构、软弱层、节理裂隙、风化程度、地下水基本特征等。

(2)调查崩塌诱发因素、形成机理、成灾模式、致灾范围等,圈定崩塌源和崩塌堆积区,分析崩落路径,评价崩塌的稳定性、危险性和危害性。

2.崩塌分类

(1)按照附件3-7中的附表3-7-1进行分类的规定划分崩塌规模等级。

(2)按照附件3-7中的附表3-7-2的要求判断和划分崩塌的机理类型。

3.调查要点

崩塌调查包括危岩体调查和已有崩塌堆积体调查。

1)危岩体调查

(1)危岩体位置、形态、分布高程、规模。

(2)危岩体及周边的地质构造、地层岩性、地形地貌、岩(土)体结构类型、斜坡组构类型。岩(土)体结构,应初步查明软弱(夹)层、断层、褶曲、裂隙、裂缝、临空面、侧边界、底界(崩滑带)以及它们对危岩体的控制和影响。

(3)危岩体及周边的水文地质条件和地下水赋存特征。

(4)危岩体周边及底界以下地质体的工程地质特征。

(5)危岩体变形发育史。历史上危岩体形成的时间,危岩体发生崩塌的次数、发生时间,崩塌前兆特征、崩塌方向、崩塌运动距离、堆积场所、崩塌规模、引发因素,变形发育史、崩塌发育史、灾情等。

(6)危岩体成因的动力因素。包括降雨、河流冲刷、地面及地下开挖、采掘等因素的强度、周期以及它们对危岩体变形破坏的作用和影响。在高陡临空地形条件下,由崖下硐掘型采矿引起山体开裂形成的危岩体,应详细调查采空区的面积、采高、分布范围、顶底板岩性结构,开采时间、开采工艺、矿柱和保留条带的分布,地压现象(底鼓、冒顶、片帮、鼓帮、开裂、压碎、支架位移破坏等)、地压显示与变形时间,地压监测数据和地压控制与管理办法,研究采矿对危岩体形成与发展的作用和影响。

(7)分析危岩体崩塌的可能性,初步划定危岩体崩塌可能造成的灾害范围。

(8)危岩体崩塌后可能的运移斜坡,在不同崩塌体积条件下崩塌运动的最大距离。在峡谷区,要重视气垫浮托效应和折射回弹效应的可能性及由此造成的特殊运动特征与危害。

(9)危岩体崩塌可能到达并堆积的场地的形态、坡度、分布、高程、地层岩性与产状及该场地的最大堆积容量。在不同体积条件下,崩塌块石越过该堆积场地向下运移的可能性,最终堆积场地。

(10)调查崩塌已经造成的损失,崩塌进一步发展的影响范围及潜在损失。

2)已有崩塌堆积体调查

(1)崩塌源的位置、高程、规模、地层岩性、岩(土)体工程地质特征及崩塌产生时间。

(2)崩塌体运移斜坡的形态、地形坡度、粗糙度、岩性、起伏差,崩塌方式、崩塌块体的运动路线和运动距离。

(3)崩塌堆积体的分布范围、高程、形态、规模、物质组成、分选情况、植被生长情况、块度、结构、架空情况和密实度。

(4)崩塌堆积床形态、坡度、岩性和物质组成、地层产状。

(5)崩塌堆积体内地下水的分布和运移条件。

(6)评价崩塌堆积体自身的稳定性和在上方崩塌体冲击荷载作用下的稳定性,分析在暴雨等条件下向泥石流、崩塌转化的条件和可能性。

(五)不稳定斜坡调查

1. 调查对象

不稳定斜坡是指在天然状态(含暴雨等极端恶劣天气状态)下,处于或接近于极限平衡状态的斜坡。一旦平衡状态被打破,不稳定斜坡即有可能向崩塌、滑坡、泥石流等地质灾害转化。鉴于其潜在危害性,划归可能对人民生命财产安全构成威胁的地质灾害隐患中的一种。

露头上,天然的、人工的斜坡随处可见,理应可以概略地分为稳定的、不稳定的两类斜坡,比如边坡较缓、节理裂隙也不发育、水动力作用弱的反向或斜向岩质斜坡就是稳定斜坡,反之亦然。

不稳定斜坡调查是崩塌、滑坡、泥石流等地质灾害调查的基础。具体调查内容包括构成斜坡的地层岩性、风化程度、厚度、软弱夹层岩性及产状;断裂、节理、裂隙发育特征及产状;风化残坡积层岩性、厚度;山坡坡型、坡度、坡向和坡高;岩土体中结构面与斜坡坡向的组合关系;与地表构筑物的平面关系。调查斜坡周围尤其是斜坡上部暴雨、地表水渗入或地下水对斜坡稳定的影响、人为工程活动对斜坡的破坏情况等。对可能构成崩塌、滑坡的结构面的边界条件、坡体异常情况等进行调查分析,以此判断斜坡发生崩塌、滑坡、泥石流等地质灾害的危险性及可能的影响范围。

不稳定斜坡调查可根据调查分级按调查、测绘和勘查 3 个层次展开。

2. 失稳条件

有下列情况之一者,视为该斜坡具备了失稳条件。

(1)各种类型的危岩体。

(2)斜坡岩体中有倾向坡外、倾角小于坡角的结构面存在。

(3)斜坡被两组或两组以上结构面切割,形成不稳定棱体,其底棱线倾向坡外,且倾角小于斜坡坡角。

(4)斜坡后缘已产生拉裂缝。

(5)顺坡走向卸荷裂隙发育的高陡斜坡或凹腔深度大于裂隙带。

(6)岸边裂隙发育、表层岩体已发生蠕动或变形的斜坡。

(7)坡脚或坡基存在缓倾的软弱层。

(8)位于库岸或河岸水位变动带,渠道沿线或地下水溢出带附近,工程建成后可能经常处于浸湿状态的软质岩石或第四系沉积物组成的斜坡。

(9)其他根据地貌、地质特征分析或用图解法初步判定为可能失稳的斜坡。

3. 划分不稳定斜坡的意义

将不稳定斜坡单独划出，有助于显著减少滑坡等地质灾害的发生，有效降低施工风险，增强施工安全。

首先，在工程建设设计过程中，以加强斜坡稳定性的设计方案为主，杜绝大挖大填等降低斜坡稳定性的设计，并在设计图纸中注明相关注意事项。

其次，可以对不稳定斜坡进行针对性设计和防护，防患于未然。不稳定斜坡属于并未滑动过的斜坡，自身暂时处于稳定状态，当施工对其稳定性产生不利影响时，可主动设置挡墙等抗滑措施进行补偿，避免不稳定斜坡发生滑动。

最后，在施工过程中，对不稳定斜坡，相对于普通的高边坡、深路堑，也应给予更高级别的重视，对施工单位的施工组织、施工形式提出了更高、更安全的要求，也为监理部门提供了更具针对性的监理重点。

三、地质灾害隐患调查

（1）应在调查分析孕灾地质条件的基础上，确定形成地质灾害的主控因素，应用遥感、工程地质类比、测绘、勘查和测试等手段，综合分析圈定地质灾害隐患位置或范围。

（2）应重点调查地质灾害隐患所处区域微地貌、易崩易滑地层、软弱层、风化程度、岩体结构、节理裂隙、地下水、变形特征、形成因素、威胁范围等，分析地质灾害隐患的稳定性。稳定性分析方法应按照《湖北省地质灾害风险调查评价技术要求（1：50 000）（试用稿）》之附录J执行。

（3）应重点调查泥石流隐患区域松散堆积物储量、沟道特征、水动力条件、堵塞程度、堆积扇特征、一次冲出方量和致灾对象等，分析泥石流隐患的活动性。

（4）地质灾害隐患调查和记录内容可按《滑坡崩塌泥石流灾害调查规范（1：50 000）》（DZ/T 0261—2014）的10.1.4执行。重要、典型地质灾害隐患测绘、勘查相关内容应按照DZ/T 0261—2014的10.3、10.4执行。

（5）应加强高位远程地质灾害隐患和灾害链调查。

四、承灾体调查

（1）在一般调查区和重点调查区内应调查地质灾害影响范围内危害对象，调查内容参见表6-2-1。针对调查区内的大规模工程活动，应开展专题地质灾害风险调查评价。

（2）单体地质灾害承灾体调查应补充调查承灾体的特征属性信息，如人员的结构特征、房屋的建筑类型等。单体地质灾害承灾体调查参见《湖北省地质灾害风险调查评价技术要求（1：50 000）（试用稿）》之附录D.12。

表 6-2-1　承灾体调查内容

序号	承灾体	调查内容
1	人员	居住、工作或旅游等人口数量和人员结构等
2	基础设施	工业与民用建筑、道路交通、水利设施、生活设施、通信设施等财产
3	大规模工程活动	大规模切坡、加载、开挖，矿产资源开发利用、水利水电开发、交通建设等工程活动

第三节　工作精度

一、部署原则

(1)地质灾害风险调查评价工作应按武汉市区级行政单元进行部署,优先选择地质灾害发育密集、地质条件复杂的行政单元及重大工程建设规划、人口聚集等地区。

(2)应充分利用已实施 1∶50 000 或更高精度的地质灾害、工程地质等的调查成果,对以往的调查点部署核查工作,核实后补充相应调查工作量。

(3)调查区划分为一般调查区和重点调查区。一般调查区按照 1∶50 000 比例尺开展调查,对分布面积广、地质灾害发育程度低、人口密度小与工程活动较少的新城区根据实际情况确定地质灾害风险调查评价范围。重点调查区针对地质灾害威胁严重的行政单元、重大工程建设规划区、迁建区、人口集中安置点等区域,则部署 1∶10 000 调查工作,重点调查区面积应按不低于 $10km^2/100km^2$ 计算。基本工作量安排详见表 6-3-1,但针对都市发展的具体情况,可考虑增加钻探进尺或收集钻孔资料。1∶25 000 比例尺工作精度主要布置在已有前期城市地质调查基础的武汉市都市发展区范围内,用于特定灾种的详查和监测预警工作。

表 6-3-1　每百平方千米基本工作量表

工作内容		实测剖面/km	钻探/m	岩土样组
比例尺	1∶50 000	≥2	≥30	≥5
	1∶25 000	≥3.5	≥50	≥8
	1∶10 000	≥5	≥100	≥10

(4)工作量采取不平均布设网格方法,应结合承灾体分布特征开展目标地质体调查。

(5)应按不同的灾种进行工程布置,钻探深度需有钻探目的层的要求,一般以进入钻探目的层 3～5m为宜。

二、路线间距与调查点密度

路线间距与调查点密度应参考执行表 6-3-2 的规定,亦可考虑放宽间距、增加点数。

表 6-3-2　路线间距与调查点密度表

比例尺	路线间距/m	调查点数/(点/km^2)
1∶50 000	1 000～5 000	1
1∶25 000	400～2 000	4
1∶10 000	200～800	8

三、总体要求

(1)应充分收集利用调查区及周边地质灾害、工程地质、水文地质、环境地质、岩土工程勘察等已有成果资料，结合遥感解译成果，初步分析总结地质灾害发育分布规律和成灾模式，在此基础上开展野外踏勘。

(2)遥感解译应编制地质环境条件解译图和地质灾害遥感解译图；在精度满足要求的前提下，可用遥感调查等手段代替部分地面调查工作量。

(3)野外调查工作应采用数字化填图方式。加强高分辨率光学影像、无人机遥感、合成孔径雷达干涉测量(InSAR)、激光雷达测量(LiDAR)、地球物理勘探等技术综合应用。地质灾害调查新技术方法及适用范围参见《湖北省地质灾害风险调查评价技术要求(1∶50 000)(试用稿)》之附录A。

(4)地质灾害调查应以1∶50 000区域地质调查成果为基础，对缺少1∶50 000区域地质调查成果的地区，可采用1∶200 000区域地质调查成果，在控制孕灾地质条件的重点区域应进行补测。

(5)一般调查区应采用1∶50 000或更大比例尺地形图作为工作底图。重点调查区应采用1∶10 000或更大比例尺地形图作为工作底图，按斜坡单元开展地质灾害风险调查评价。斜坡单元采用汇水盆地与河网结合的方法进行剖分，单元尺寸根据地形切割和地质灾害发育程度确定。单体地质灾害调查点和勘查点应分别开展定性和定量风险评价。

(6)野外调查定位误差应小于2mm，应勾绘出图斑面积大于$4mm^2$的地质灾害和长度大于2mm的线状地物；小于最小上图精度的用规定符号表示。规定符号图示图例等内容应按照《湖北省地质灾害风险调查评价技术要求(1∶50 000)(试用稿)》之附录B规定执行。

(7)建立地质灾害调查空间数据库，按照不同调查比例尺编制图件，提交调查评价成果。工作流程见图6-3-1。

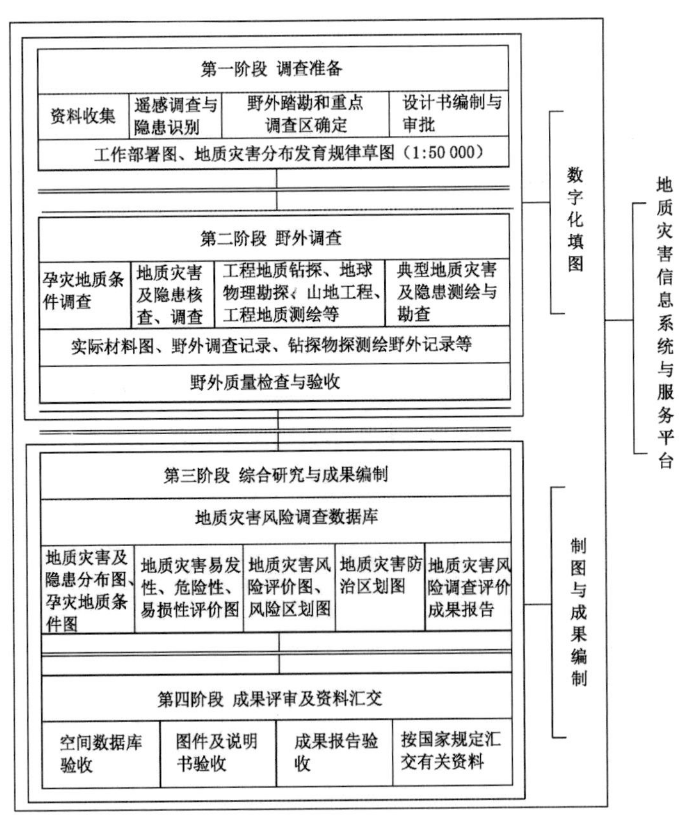

图6-3-1　地质灾害调查评价流程图

四、其他要求

（1）野外调查工作手图：在一般调查区应采用同等精度比例尺或精度更高的地形地质图；在重点调查区宜采用更大比例尺的地形地质图。

（2）对于危害较大或典型的地质灾害点应进行大比例尺的工程地质测绘，测绘的点数不低于调查点总数的10%。

（3）对于规模不大，且危害小的地质灾害可视具体特征和分布位置做一般调查，但须填写调查卡片，并不得遗漏主要灾害要素。

（4）对于地质灾害点较稀少的区段，可视具体情况做地质环境条件控制性定点调查。对城区、集镇、矿山，无论有无地质灾害，均应布设控制性调查点；在地质条件复杂区，对于一般居民点均应布设控制性调查点。

第四节 工作方法与技术要求

一、资料收集

（1）收集地质灾害形成条件与诱发因素资料，包括气象、水文、地形地貌、地层与构造、地震、水文地质、工程地质和人类工程经济活动等。

（2）收集地质灾害现状与防治资料，包括历史上所发生的各类地质灾害的时间、类型、规模、灾情和其调查、勘查、监测、治理及抢险、救灾等工作的资料。

（3）收集有关社会、经济资料，包括人口与经济现状、发展等基本数据，城镇、水利水电、交通、矿山、耕地等工农业建设工程分布状况和国民经济建设规划、生态环境建设规划，各类自然、人文资源及其开发状况与规划等。

（4）收集各级政府和有关部门制定的地质灾害防治法规规划和群测群防体系等减灾防灾资料。

二、遥感地质调查

（一）调查任务

以遥感数据和地面控制为信息源，获取地质灾害及其发育环境要素信息，确定滑坡、崩塌、泥石流和不稳定斜坡的类型、规模及空间分布特征，分析地质灾害形成和发育的环境地质背景条件，编制有关地质灾害类型、规模、分布的遥感解译图件。

（二）调查对象

1. 地质灾害体

（1）识别地质灾害体。

(2)确定灾害体的空间分布特征。

(3)解译地质灾害体的类型、边界、规模、形态特征,分析其位移特征、活动状态、发展趋势,并评价其危害范围和程度。

(4)分析地质灾害的成因及发育规律。

(5)编制地质灾害遥感解译图。

2. 地质环境背景条件

(1)地貌类型:确定主要地貌形态及其成因类型,解译河道、沟谷和斜坡的形态特征。

(2)地质构造:确定主要断裂构造和褶皱构造,以及活动断裂构造和区域性节理裂隙密集带的分布位置、发育规模、展布特征;解译新构造活动形迹在影像上的表现。

(3)岩(土)体类型:解译岩(土)体岩性类型及分布,必要时划分岩(土)体的工程地质岩组类型,以及解译软土、红黏土等特殊土体的分布发育特征。

(4)水文地质现象:解译有明显地表特征的水文地质现象,分析地表水和地下水的赋存条件;圈定泉群、地下水溢出带、渗失带等各富水地段,以及古故河道带的分布位置;解译各种岩溶现象的分布,分析其发育规律。

(5)地表覆盖类型:解译区内森林植被、水体、耕地、荒坡地、城镇、交通等用地类型和分布现状,分析人类经济活动引起或可能引起的地质环境条件的变化。

(三)技术要求

(1)按照资料收集与分析→遥感信息源的选用→地理控制信息源的选用→遥感图像处理→遥感解译的工作流程开展遥感调查工作。遥感解译包括建立解译标志→初步解译→野外验证→详细综合解译→编图等5个步骤。一般按1∶50 000国际分幅或工作区范围自由分幅编制地质灾害及其发育环境遥感解译图。对于重点地质灾害体,除了需准确地表现其地理位置及边界范围外,还应表现其结构组成并附三维影像图。

(2)在一般调查区开展地质灾害调查时应选用空间分辨率不小于5m的多光谱遥感数据为主。在重点调查区应选用空间分辨率优于1m的遥感数据或无人机遥感数据。

(3)影像数据时效性不宜超过2年,云、雪等覆盖率不宜大于5%,应选择地震、强降雨等对地质环境有重大影响的事件之后的影像数据。

(4)应解译出影像图中图斑面积大于$4mm^2$的地质体和长度大于2mm的线状地物,小于解译精度的应用规定的符号表示。解译的界线与影像误差不应大于2mm。

(5)宜采用无人机、机载雷达、合成孔径雷达干涉测量(InSAR)等技术,获取高精度数字表面模型(DSM)、数字高程模型(DEM)和地表形变等信息,分析地质灾害分布发育和变形特征。

(6)建立配套的解译标志,适当补充野外验证工作。

三、地面调查

(一)调查方法

(1)应采用穿越法与追索法相结合的方法。面上调查路线宜垂直岩层与构造线走向以及地貌变化显著的方向进行穿越调查;点上对危及城区、村镇、矿山、重要公共基础设施、主要居民点的地质灾害点和人类工程活动强烈的公路、铁路、水库、输气管线等须采用追索法调查。

(2)观测路线与观测点的密度须根据地质条件的复杂程度、危害对象的重要性以及地质灾害点的密度合理布置。重点调查区观测路线间距和调查点密度应执行表6-3-2的规定，不得“漏查”地质灾害。一般调查区在遥感调查基础上进行野外核查，调查点数不应少于遥感解译总数的80%。

(3)应采用槽探、浅井等方法揭露工程地质岩组界线、地表裂缝、滑坡边界、断裂破碎带、风化层、软弱层等重要地质现象。

(二)野外定点与记录

(1)图上观测点定位应符合下列规定：

①凡能在图上表示出面积和形状的灾害地质体，均应在实地勾绘在手图上，不能表示实际面积、形状的，用规定的符号表示。

②一般情况下，滑坡调查点定在滑坡后缘中部，崩塌调查点定在崩塌(危岩体)前缘，地面塌陷调查点定在塌陷坑的周缘，地面沉降调查点定在地面沉降中心，地裂缝调查点定在裂缝位移最大区段。

③所有的调查点均采用GPS和微地貌相结合的方法定位，定位误差与同等比例尺相适应，也不得误跨沟谷。

(2)工作手图上的各类观测点和地质界线，应在野外采用铅笔绘制，转绘到清图上后应及时上墨。

(3)野外调查记录须按照调查表规定的内容逐一填写，不得遗漏主要调查要素，并用野外调查记录本做沿途观察记录，附必要的示意性平面图、剖面图或素描图以及影像资料等。

(4)对于同类群发地质灾害，都应一点一表，不得将相邻的灾害体合定为一个观测点。对于同一地点存在的不同类型地质灾害，以主要灾害类型为主可以只定一点，但应做好其他类型灾害的记录。

四、地球物理勘探

(一)物探方法选择

在武汉市开展地质灾害调查评价过程中，涉及的方法较多，按照以下不同内容进行列表分类(表6-4-1)。

表6-4-1 地质灾害调查常用物探方法技术表

<table>
<tr><th>序号</th><th colspan="2">物探方法</th><th colspan="2">调查内容</th><th>执行或参考规范</th></tr>
<tr><td>1</td><td colspan="2">地质雷达</td><td colspan="2">第四系分层</td><td>《城市工程地球物理探测标准》(CJJ/T 7—2017)</td></tr>
<tr><td>2</td><td rowspan="2">地震勘探</td><td>地震映像</td><td rowspan="2">地层厚度、岩性界面、塌陷异常区等</td><td>探测深度0～300m</td><td rowspan="2">《浅层地震勘查技术规范》(DZ/T 0170—2020)；《城市工程地球物理探测标准》(CJJ/T 7—2017)</td></tr>
<tr><td>3</td><td>微动探测</td><td>探测深度小于200m</td></tr>
<tr><td>4</td><td colspan="2">高密度电阻率法</td><td>地层厚度、塌陷异常区等</td><td>探测深度小于200m</td><td>《电阻率剖面法技术规程》(DZ/T 0073—2016)；《电阻率测深法技术规范》(DZ/T 0072—2020)；《城市工程地球物理探测标准》(CJJ/T 7—2017)</td></tr>
<tr><td>5</td><td colspan="2">瞬变电磁法</td><td>地层、塌陷区等</td><td>探测深度小于200m(与装置有关)</td><td>《地面磁性源瞬变电磁法技术规程》(DZ/T 0187—2016)</td></tr>
</table>

（二）高密度电阻率法

高密度电阻率法的要求与基础地质调查的要求基本相同（见第三章第一节），不同点在于野外数据采集特殊要求：

（1）根据不同的探明目标选择不同的电极距。

（2）岩溶地面塌陷调查和地面沉降调查，在探测深度小于 30m 时，宜选择小于 2m 的电极局，埋深小于 50m 宜选择小于 5m 的电极距。

（3）滑坡、崩塌的调查，可以选择稍大的电极距，电极距宜小于 5m。

（三）瞬变电磁法

瞬变电磁法的要求与水文地质调查的要求基本相同（见第三章第二节），不同点在于仪器设备的特殊要求：探测采用小线框，小点距，线框宜选择 10～25m。

（四）微动探测

微动探测的要求与水文地质调查评价的要求基本相同（参见第三章第二节）。

（五）地震映像勘探

地震映像的要求与工程地质调查评价的要求基本相同（参见第三章第三节）。

（六）地质雷达

地质雷达的要求与工程地质调查评价的要求基本相同（参见第三章第三节）。

五、工程地质钻探

（一）钻孔布置

钻孔布置适用于重点地质灾害勘查，应在地面调查和物探工作基础上进行。钻探工作量应重点布设在具有代表性的斜坡体、工程地质区段及地质灾害隐患点上。即在严重威胁城区、集镇、矿山、重要公共基础设施、主要居民点的地质灾害灾害体勘查中使用。

对于不同灾害种类应采取不同的布置方法。钻探记录表格可参考附件 1-1。

（二）工作目的

以揭露地质结构为目的，重点揭露控制性结构面、软弱层、潜在滑面（带）、覆盖层、风化带、地下水等特征。应初步查明滑动层面位置及要素，了解斜坡体的稳定程度及深部滑动情况，为评价斜坡体的稳定性提供有关参数。

（三）施工技术指标

（1）一般性钻孔深度应穿过最下一层滑动面或稳定地层 3～5m，控制性钻孔应深入最下一层滑动面或稳定地层以下 5～10m。

（2）开孔口径宜大于 110mm，终孔口径不宜小于 75mm，采取原状岩土样的钻孔口径不宜小于 110mm。

(3)在遇滑带或软层时,宜采用无水钻进,每回次钻进不超过 0.5m,岩芯采取率不应低于 80%,钻孔斜度偏差应控制在 2%之内。

(4)钻孔取芯、采样、编录、岩芯保留与处理、简易水文地质观测、水文地质试验、封孔和钻孔坐标的测定等应按《工程地质钻探规程》(DZ/T 0017—91)要求执行。

(5)钻孔验收后,对不需保留的钻孔宜进行封孔处理。

(四)钻孔编录

(1)应按钻进回次、使用统一的表格逐次记录。

(2)应重点描述滑带、软弱层、风化程度、裂缝、岩溶等内容;应记录地下水变化情况、取样信息和钻进异常现象等。

(3)钻孔竣工后,应及时提交钻孔柱状图和剖面图、钻孔施工设计书、钻探班报表、岩芯记录表、岩芯照片集、采样记录、简易水文地质观测记录、测井曲线、钻孔质量验收书、钻孔施工小结等各种资料。

六、山地工程

(一)工程布置与施工

(1)山地工程应以探槽、浅井或小圆井为主,配合野外调查进行。

(2)对于不同灾害种类应采取不同的布置方法。

(3)山地工程应布置在重要的地质灾害(隐患)点、勘查点及重点测绘区段等。对危及城区、村镇、矿山、重要公共基础设施、主要居民点的地质灾害点,均应布置适量山地工程工作量。

(4)施工深度应根据地面调查中需要解决的问题和施工安全具体确定。

(5)工程竣工后应及时回填,必要时进行保护与封闭。

(二)工程揭露目的

用于调查探测对象的规模、边界、物质组成、形成条件等,获取现场试验参数等,揭露工程地质岩组界线、地表裂缝、断裂破碎带、风化层、软弱层等重要地质现象。

(三)工程编录

(1)对山地工程揭露的地质现象都须及时进行详细编录和制作大比例尺(一般为 1∶20～1∶100)的展视图或剖面图,内容包括地层岩性界线、结构、构造特征、水文地质与工程地质特征、取样位置等,对重要地段(滑面带等)须进行拍照或录像。

(2)工程竣工后,应提交地质编录图表、施工小结、取样记录、照片集等;宜提交重要地段施工记录(支护、变形情况、地下水排水措施等)。

七、测试与试验

地质灾害调查过程中,测试与试验是很重要的一个环节,应以原位测试与室内试验相结合的方式进行。对于不同灾害种类应采取不同的测试与试验方法。

（一）原位测试

岩（土）体物理力学参数原位测试仅针对开展勘查的重要地质灾害。采用原位测试获取岩（土）体物理力学参数时，宜选择现场直剪试验、大重度试验、孔内波速测试、岩石声波测试、点荷载试验等方法。对于规模特大、危害严重的典型滑坡，可开展滑面（带）岩体或土体现场直剪试验。

（二）室内试验

室内试验可用于测试岩（土）体物质成分、物理力学性质及水化学成分等。岩（土）体测试项目可参照表6-4-2执行。

表6-4-2 滑坡与崩塌调查室内测试项目表

灾害种类	测试项目
滑坡	滑带、滑体、滑床岩（土）体物理力学性质试验，滑带黏土矿物成分及含量分析，地下水水质分析
崩塌	岩体物理力学性质试验，裂缝充填物矿物成分及含量分析。必要时进行崩塌堆积体的年龄测定

注：①室内岩石物理力学性质测试指标应包括密度、天然重度、干重度、孔隙率、孔隙比、吸水率、饱和吸水率、抗压强度、抗剪强度、弹性模量、泊松比。

②室内土的物理力学性质测试指标一般包括密度、天然重度、干重度、天然含水量、孔隙比、饱和度、颗粒成分、压缩系数、凝聚力、内摩擦角。黏性土应增测塑性指标（塑限、液限、计算塑性指数、液性指数和含水比）、无侧限抗压强度等。砂土应增测最大干密度、最小干密度、颗粒不均匀系数、相对密度、渗透系数等。

八、动态监测

详见第九章第二节。

第五节 地质灾害易发性评价

一、分区评价

（1）将调查区内孕灾主控地质条件进行叠加组合，采用工程地质类比法对不同主控地质条件划分合理区间，突出反映形成地质灾害的条件要素区间。

（2）根据野外调查、勘查、测试试验及地质灾害现状发育程度等对各类孕灾主控地质条件组合进行分类，评价其孕灾特性，划分极高、高、中、低4类孕灾程度等级。

（3）在孕灾主控地质条件组合划分和孕灾特性评价的基础上，总结调查区内地质灾害孕育规律，开展地质灾害分区评价，并对不同分区孕灾地质条件进行说明。

二、稳定性评价

分不同灾种构建稳定性定性评价体系，一般分为稳定性好、稳定性较差、稳定性差三级（附件 4-2 附表 4-2-1～附表 4-2-6）。

三、易发性评价

应围绕人居环境安全划分自然斜坡单元，开展以滑坡为主的易发性评价。采用模拟岩崩滑落路径方法开展以崩塌为主的易发性评价。地面沉降的易发性评价可按《地面沉降调查与监测规范》（DZ/T 0283—2015）有关规定执行。地面塌陷易发性评价宜重点评价地质结构的控制性作用。

（一）易发区划分原则

地质灾害易发区划分是在深入分析调查区内各种地质灾害形成发育的地质环境条件、地质灾害的发育程度以及人类经济工程活动影响情况等因素的基础上进行的。其中，地质环境条件包括地层岩性、地质构造、地形地貌和水文地质条件等；地质灾害发育程度包括各种地质灾害的分布数量、规模和稳定性等。

易发程度分区将根据以上基础条件确定各类地质灾害的灾害评价因子，制定其易发程度评价标准。采用以定量为主，定性为辅的方法，采用地质地貌分析法、直接制图法、统计模型方法（信息量、证据权等）、基于物理力学机制的动态建模等方法，宜采用多方法对比验证。

（二）易发区划分标准

按照不同地质灾害类型分别评价，形成以主要地质灾害类型为主的易发程度分区。易发程度宜划分为极高易发区、高易发区、中易发区、低易发区 4 个等级。

地质灾害易发程度受地质环境条件、地形地貌、水文、植被及人类活动等众多因素的控制，结合本次调查成果和研究工作程度，通过对调查区内各种地质灾害资料的综合分析，根据国土资源部 2006 年颁布的《县（市）地质灾害调查与区划基本要求》实施细则（修订稿）中的地质灾害易发区定性判别表（附件 4-3 附表 4-3-1），按照点密度、面积系数和体积系数来确定现状地质灾害易发程度评价标准（附件 4-3 附表 4-3-2），再按控制因素分别确定和计算出潜在岩溶地面塌陷、软土地面沉降、滑坡、崩塌和不稳定斜坡等 5 类地质灾害的高、中、低和非易发区划分标准（附件 4-3 附表 4-3-3～附表 4-3-5），最终得出地质灾害综合危险性指数划分标准。

潜在地质灾害易发程度评价建议选用因子为：基岩地质图、第四系等厚图、工程地质图、构造纲要图、地形地貌图、地下水涌水量图、地下水活动强度图、土地利用现状图、软土层等厚图和山体变化图等。

四、危险性评价

（一）地质灾害危害程度和经济损失评估

以单个地质灾害危害人数和经济损失为主要指标进行地质灾害分级评价，分级标准按表 6-5-1

进行。

(1)灾情分级为已发生的地质灾害灾度分级,采用“死亡人数”或“直接经济损失”栏指标评价。危害程度分级为可能发生的地质灾害危害程度的预测分级,采用“受威胁人数”或预评估的“直接经济损失”栏指标评价。

表 6-5-1　地质灾害灾情(危害)程度分级标准表

灾情(危害)程度分级	死亡人数/人	受威胁人数/人	直接经济损失/万元
特大型(特重级)	>30	>1 000	>1 000
大型(重级)	10～30	100～1 000	600～1 000
中型(中级)	3～10	10～100	100～600
小型(轻级)	<3	<10	<100

(2)直接经济损失采用统一价格折价法,即武汉市物价的平均值作为经济损失评估的统一计算单价,据此进行统一计算。参与统计的经济因子包括土地(包括农田、林地、果地、渔牧场等)、牲畜、房屋、公路、铁路、桥梁、管道、渠道、涵洞、输电线路、电站、厂矿、学校、机关及公共设施等。

(二)地质灾害发生频率、强度及影响范围确定

在易发性分区的基础上,采用定性评价为主、定量评价为辅的方式,综合分析、计算不同工况下地质灾害发生的频率、规模或强度,影响范围等。

(1)常用的确定地质灾害频率的方法一般包括历史记录分析、航空照片和卫星影像序列法、地质灾害与触发事件的相关分析法、间接信息法、主观(信任度)评估法等。

(2)评价单元内历史地质灾害的影响范围(面积)、体积(规模),地质灾害发生的速度等表征强度参数;构建综合分析矩阵,划分强度等级。

(3)应根据可能的斜坡失稳模式,利用工程地质类比法、几何方法、动力学模拟或统计分析方法确定斜坡下部灾害体运移的路径、掩埋的范围。确定灾害体向斜坡上部、侧向扩展的范围。

(4)应充分分析气候变化、人类工程活动对地质灾害危险性的影响,开展极端气候条件、最不利工程活动情景条件下的地质灾害危险性分析。

(三)地质灾害危险性分区评价

地质灾害危险区是指明显可能发生地质灾害且造成较多人员伤亡和严重经济损失的地区。地质灾害危险性宜划分为极高危险区、高危险区、中等危险区和低危险区 4 个等级。划分标准见表 6-5-2。

表 6-5-2　地质灾害危险性分级表

危险性分级	稳定状态	危害对象	危害程度等级
极高危险区	极差	城镇及主体建筑物	特重级
高危险区	差	城镇及主体建筑物	重级
中等危险区	中等	有居民及主体建筑物	中级
低危险区	好	无居民及主体建筑物	轻级

第六节　地质灾害风险评价

一、评价目的

联合国人道主义事业部(UNDHA)公布的自然灾害风险的定义为:"风险是在一定区域和给定时段内,由于某一自然灾害而引起的人们生命财产和经济活动的期望损失值",地质灾害风险评价可定义为对特定影响因子造成暴露于该因子的单体或区域地质灾害发生的概率,以及对人类社会产生危害的程度进行定量描述的系统过程。

地质灾害风险评价的目的是确定风险等级,当认定风险可以接受时,就保持该状态;当认定风险不可接受时,则采取相应的措施降低风险,例如规避、治理、系统功能转化等,并跟踪监控相应措施对降低风险的效果,实现风险的动态控制,为地质灾害防治规划和风险管理决策提供依据。

二、评价内容

地质灾害风险评价应在易发性和危险性评价基础上,根据承灾体分布、易损性分析、发生的频率、确定总风险来划分风险级别。根据评价对象的不同,地质灾害风险评价可分为行政区风险评价、重点区段风险评价和单体地质灾害(隐患)风险评价。其主要内容如下。

(一)易发性评价

按本章第五节开展易发性评价。

(二)危险性评价

按本章第五节开展危险性评价。

(三)易损性评价

易损性包括人口易损性和经济易损性,评价的主要内容包括划分承灾体类型、调查统计各类承灾体数量及分布情况,调查有关部门重视程度,核算承灾体价值,分析各类承灾体遭受不同种类、不同强度地质灾害危害时的破坏程度及其价值损失率。

易损性评价指标的选取,在充分考虑系统性和实际性原则、规范性和科学性原则、定量化和可操作性原则、简明性和实用性原则的基础上,还应考虑评价指标的易得性。

承灾体易损性的确定包括依据历史灾情资料、基于土地利用类型分布图或根据经验取值3种方式。不易取得评价资料的,行政区风险评价、重点区段易损性评价也可采用如下方法进行。

1. 人口易损性

通过以评价区域内"因灾伤亡人口比"数据为样本进行测算分级,即因灾伤亡人数与评价区总人口的比值(表6-6-1)。

表 6-6-1　人口易损性分级表

易损性等级	极高	高	中	低
因灾伤亡人口比/(人/万人)	＞0.1	0.10～0.01	0.010～0.001	＜0.001
注:以行政区为单元统计近五年所有地质灾害造成的伤亡人口总数,计算年均值。采用评价行政区最近年份人口普查的总人口数据作为评价基数。重点区段的总人口需调查核实。				

2. 经济易损性

可采用行政区或重点区段年均地质灾害直接经济损失占年均经济总量(GDP)之比,即因灾直接经济损失比来评价。行政区可采用近五年经济总量的均值作为年均经济总量。重点区段经济总量无法取得详细数据时,可按人均 GDP 乘以评价区总人口来表示(表 6-6-2)。

直接经济损失比＝年均地质灾害直接经济损/年均经济总量(GDP)

表 6-6-2　经济易损性评价分级

易损性等级	极高	高	中	低
因灾直接经济损失比/(万元/百万元)	＞1	1.0～0.1	0.10～0.01	＜0.01

(四)风险评价

地质灾害风险评价主要评价地质灾害可能造成的人口伤亡和经济损失风险。地质灾害风险宜划分为极高风险、高风险、中风险和低风险 4 个级别(表 6-6-3)。

人口和经济风险等级也可按如下判别矩阵划分。

表 6-6-3　地质灾害风险判别矩阵

危险性	易损性			
	极高	高	中	低
极高	极高	极高	高	高
高	极高	高	高	中
中	高	高	中	低
低	中	中	低	低

三、评价方法

(一)行政区风险评价

1. 评价范围

以整个行政区为评价区。

2. 评价单元

评价计算单元宜采用栅格剖分,栅格不大于 1 000m×1 000m。

3. 易发性评价

参见本章第五节内容。

4. 危险性评价

参见本章第五节内容。

5. 易损性评价

(1)易损性评价指标应考虑人口年龄、文化程度、人口密度(人/km^2)、有关部门对评价区地质灾害知识的宣传力度、投入减灾防灾工作中的人力和物力、经济密度(万元/km^2)、道路密度(km/km^2)、耕地面积(hm^2/km^2)等。

(2)人口易损性应考虑人口年龄、文化程度、人口密度(人/km^2)、有关部门对评价区地质灾害知识的宣传力度、投入减灾防灾工作中的人力和物力等。

①人口年龄结构。一般情况下,老人和儿童对地质灾害的防御能力比成人低,老人和儿童的比例越大,表示这一地区人口易损性越高。用评价单元内老年人(>60岁)和少年儿童(0~13岁)人口与总人口的比例来表示,称为人口年龄系数(Ca),Ca=0~1,0表示评价区人口全部为青壮年人,1表示全部为老年人和少年儿童。

②文化程度。一个地区居民受教育程度越高,对地质灾害的认识程度越高,该地区人口易损性越低,反之则易损性越高。用评价单元内只接受过小学及以下教育的人口与总人口的比例表示,称为文化程度系数(Cq),Cq=0~1,0表示评价区人均受教育程度在初中及以上,1表示评价区人口受教育程度非常低,尚无接受初中及以上教育的人员。

③有关部门对评价区地质灾害知识的普及程度、投入减灾防灾工作中的人力和物力等,称之为有关部门重视程度系数(Cg)。随着有关部门重视程度的提高,人口易损性会相应降低,Cg=0~1,0表示有关部门非常重视评价区的地质灾害防治工作,1表示有关部门漠视评价区的地质灾害防治工作,按表6-6-4确定。

表6-6-4 有关部门重视程度系数Cg确定参照表

防治区域	重点防治区	次重点防治区	一般防治区	预防区
有关部门重视系数	0	0.3	0.5	0.8

(3)人口易损性评价相关具体内容可参考《武汉市地质灾害危险性评估技术规程》(DB4201/T 504—2017)之附录E.1.1。

(4)各项经济类型的易损性值可在地质灾害危险性评价分区的基础上,根据遥感解译和地面抽样调查与研究的结果确定,相关具体内容可参考《武汉市地质灾害危险性评估技术规程》(DB4201/T 504—2017)之附录E.1.2。

(5)经济易损性包括单项经济易损性和综合经济易损性,单项经济易损性是指各单项经济类承灾体的易损性,综合经济易损性是各单项经济易损性的叠加。经济易损性是通过综合易损性值来进行评价区划,各单项经济类承灾体的易损性值可在地质灾害危险性评价分区的基础上,根据遥感解译和地面抽样调查与研究的结果确定。经济易损性评价方法相关具体内容可参考《武汉市地质灾害危险性评估技术规程》(DB4201/T 504—2017)之附录E.1.3。

(6)通过对易损性指数计算结果的分析,结合全区易损度分布情况,确定易损程度分区界限值,将行政区划分为4个不同等级的区域,形成栅格单元地质灾害易损性评价分区结果,将栅格单元评价结果转化，以行政村为单元的形式表达，得到评价区地质灾害人口易损性分区图和评价区地质灾害经济易损性分区图。

6. 风险评价

（1）人口风险预测和经济损失风险预测相关具体内容可参考《武汉市地质灾害危险性评估技术规程》（DB4201/T 504—2017）之附录E.2.1。

（2）将地质灾害风险评价结果进行分区，确定风险级别，生成地质灾害风险评价图。然后，结合行政区实际情况，修正风险评价图，并将栅格单元评价结果转化，以行政村为单元的形式表达，形成行政区地质灾害人口伤亡风险区划图和经济损失风险区划图，最后叠加形成行政区风险区划图，并分析评价区内风险情况，形成行政区地质灾害风险管理对策图。

（二）重点区段风险评价

1. 评价范围

以选定的重点区段为评价区。

2. 评价单元

评价单元宜采用斜坡为单元。

3. 易发性评价

参见行政区易发性评价有关内容。

4. 危险性评价

参见行政区危险性评价有关内容。

5. 易损性评价

（1）易损性评价参见行政区易损性评价。

（2）通过对易损性指数计算结果的分析，结合全区易损度分布情况，确定易损程度分区界限值，将重点区段划分为4个不同等级的区域，形成斜坡单元地质灾害易损性评价分区结果，得到评价区地质灾害人口易损性分区图和评价区地质灾害经济易损性分区图。

6. 风险评价

（1）人口风险预测和经济损失风险预测参见行政区风险评价。

（2）将地质灾害风险评价结果进行分区，确定风险级别，生成地质灾害风险评价图；然后，结合评价区实际情况修正风险评价图，形成重点区段地质灾害人口伤亡风险区划图和经济损失风险区划图；最后，叠加形成重点区段风险区划图。

（三）单体地质灾害（隐患）风险评价

1. 评价范围

以选定的地质灾害（隐患）点及其影响区域为评价区。

2. 易发性评价

按本章第五节开展易发性评价。

3. 危险性评价

按本章第五节开展危险性评价。

4. 风险评价

(1)应以资料收集和地面调查为主,结合遥感调查,开展风险调查评价工作。应调查受威胁的人员数量,建筑物类型,评估经济价值及易损性等。应调查分析人员在建筑物内时间、交通工具流量等流动承灾体的时空概率。

(2)地质灾害隐患点风险评价应采用半定性半定量的方法,对于重要、典型地质灾害隐患点宜采用定量的方法。

(3)地质灾害隐患点风险评价应针对不同类的地质灾害体关键诱发因素,主要分析计算汛期降雨量地灾风险、极端降雨量地灾风险、人工切坡风险、人工抽排水等重要人类工程活动下的地质灾害风险。

(4)半定性半定量评价方法可参考《地质灾害调查技术要求(1∶50 000)》(DD 2019-08)之表 C.5。

(5)定量风险评价方法可参考《地质灾害调查技术要求(1∶50 000)》(DD 2019-08)之附录 K3。

第七节　成果表达

一、图件

包括但不限于下列成果图件:

(1)实际材料图。

(2)地质灾害条件图。

(3)地质灾害遥感解译图。

(4)地质灾害分布现状及易发程度分区图。

(5)地质灾害危险性评价分区图。

(6)地质灾害风险评价分区图。

(7)地质灾害防治区划图。

二、报告

编写武汉市(某地或某区)地质灾害调查评价报告。其编写提纲可参照《地质灾害调查技术要求(1∶50 000)》(DD 2019-08)之附录 L。

三、数据库

(1)应以地理信息系统平台为基础,使用统一的标准系统库和符号库,建立具有数据更新、查询、统计等功能的空间数据库。

(2)数据库建设应贯穿地质灾害调查全过程。

(3)数据库建设一般包括以下内容:

①空间图形数据,应包括实际材料图、地质灾害条件图、地质灾害及隐患分布图等基础数据及元数据说明。

②野外调查数据,应包括崩塌、滑坡、泥石流、地面塌陷、地裂缝、地面沉降、工程地质点等调查点数据及路线小结。

③测绘与勘查数据,应包括实测平剖面图、勘查报告、测试数据、监测数据、野外试验数据等。

④成果集成数据,应包括项目成果报告及附件、信息系统建设报告、专题成果等。

⑤项目文件,应包括任务书、设计书、野外验收意见、评审意见、审查意见等。最终成果资料整理应在野外验收后进行,要求内容完备、综合性强,文、图、表齐全。

(4)空间数据库验收应检查数据质量、可靠性、完整性等,形成空间数据库验收意见书,及时汇交。

第七章　新方法新技术应用

第一节　物探新方法新技术应用

一、等值反磁通瞬变电磁法应用

(一)方法原理

等值反磁通瞬变电磁法(Opposing Coils Transient Electromagnetics,简称 OCTEM)是在消除接收线圈一次场的影响,从理论上实现了瞬变电磁法零至几百米的高精度探测。OCTEM 施工时采用上下大小相同的微线圈(直径小于 1.0m),其发射电流相同,方向相反,因此在上下微线圈的几何中心水平面和无穷远处一次垂直磁场为零,但是其他空间存在一次垂直磁场,断电后,近地表发射线圈的磁场最大,因此,在相同的变化时间的情况下,感应涡流的极大值面集中在近地表;同时,近地表感应涡流的极大值面产生的磁场最强,随着关断间歇的延时,又产生新的涡流极大值面,并逐渐向远离垂直发射线圈的方向扩散,扩散速度和极大值的衰减幅度与大地电阻率有关,大地介质影响涡流扩散速度和衰减幅度的参数主要是大地的电导率和局部良导体的埋深,而均匀大地介质的电导率一般情况视为常数,局部地质体的电导率、规模、埋深、形态等参量的变化是涡流极大值面扩散速度和极大值的衰减幅度变化的主要因素。不考虑其他因素,一般来说,局部地质体电导率越大,扩散速度和极大值的衰减幅度越小。M. N. Nabighian 等欧美学者把涡流极大值面扩散形象比作为"烟圈",如图 7-1-1 所示。利用中心耦合装置测量水平涡流产生的磁场(二次场)的衰减变化。

(二)与常用瞬变电磁法比较

1. 优点

(1)一体式天线,探测精度高,施工方便。
(2)只接受二次场,不存在浅部盲区。
(3)抗干扰能力大大优于常规瞬变电磁法。
(4)天线体积小巧,施工灵活,适合于狭小区域。

2. 缺点

(1)探测深度较常规瞬变电磁法小。
(2)天线一体,仅能用固定方式进行探测。

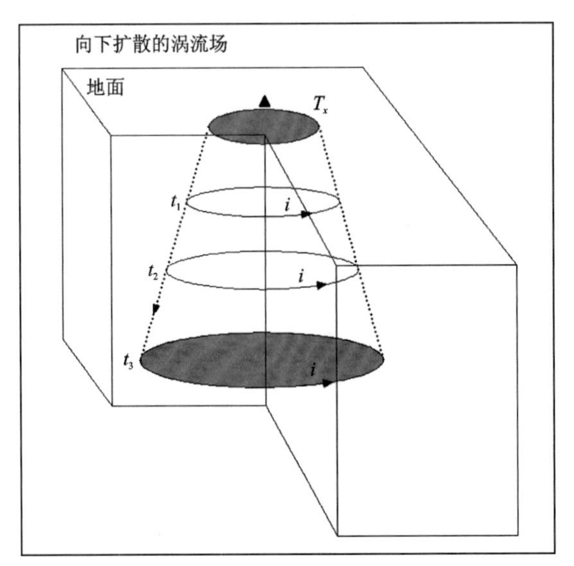

图 7-1-1　瞬态涡流极大值面“烟圈”式扩散原理示意图

（三）主要解决的城市地质问题

（1）国土空间开发利用条件调查：基岩面埋深勘查、断裂调查。
（2）自然资源调查：含水层与隔水层调查。
（3）生态地质调查：地下水污染调查（前提是地下水污染前后离子浓度的变化带来的电阻率差异）。
（4）灾害地质调查：岩溶调查、地下洞室勘查、道路病害探测。

（四）工作方法技术

1. 测量模式

一般场地情况下，建议定点测量；在城市道路、机场跑道以及高速公路路基检测等情况下，建议采用动态测量与定点测量相结合的工作方式提高效率和探测精度。

2. 自检调平校验

在开展工作前，进行自检调平校验。将发射与接收线框水平放置，调整发射线框与接收线框的相对位置，观测衰减曲线。

3. 频率选择

在野外的实际工作中，为了压制 50Hz 工频干扰，通常选择 25Hz、6.25Hz 和 2.5Hz 这 3 个频率。

4. 叠加次数

叠加次数的选择则主要与当地的噪声水平有关，理论上叠加次数越大，采集到的衰减曲线信号信噪比越高，在实际工作中，根据实测信号质量，兼顾工作效率，叠加次数为 400 次，建议重复观测两次为佳。

5. 数据处理

（1）首先对野外数据进行剔飞值、去噪等数据编辑，如图 7-1-2 所示。

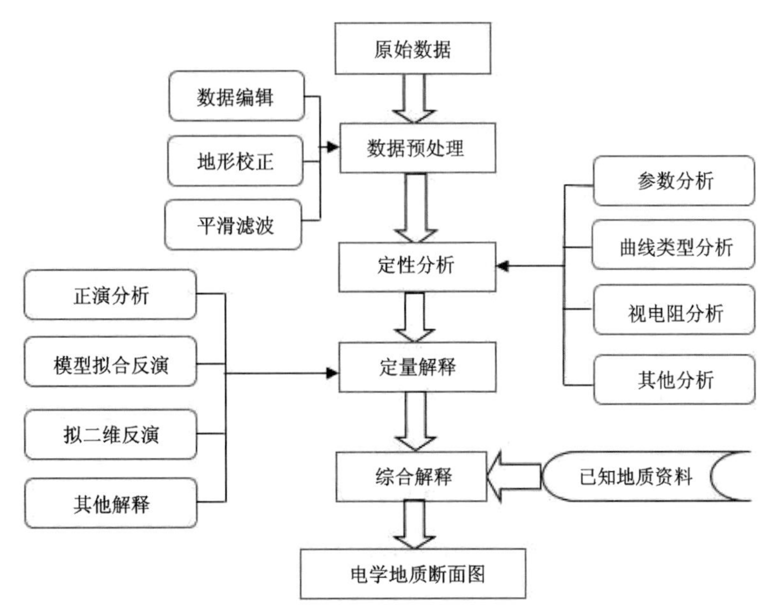

图 7-1-2　等值反磁通瞬变电磁法资料处理流程图

(2)地形校正、平滑滤波等数据预处理。

(3)通过参数分析、曲线类型分析、视电阻率分析等进行定性分析。

(4)通过正演分析、模型拟合反演、拟二维反演等方法进行定量分析。

(5)参考已知地质资料,通过定性分析与定量分析进行综合解译。

(五)应用案例

武汉市多要素城市地质调查岩溶地面塌陷调查一期项目实施中,于武昌区烽火村工区采用反磁通瞬变电磁法野外测量频率选择 6.25Hz,叠加次数 400 次,发射电流 10A。如图 7-1-3 所示在测线 50 号点、72 号点,电阻率断面图显示埋深 54m、41m 有两处低阻异常。经钻探验证 50 号点 48～54m 发现 6m 岩溶空洞,72 号点 42～46m 处发现 4m 岩溶空洞。

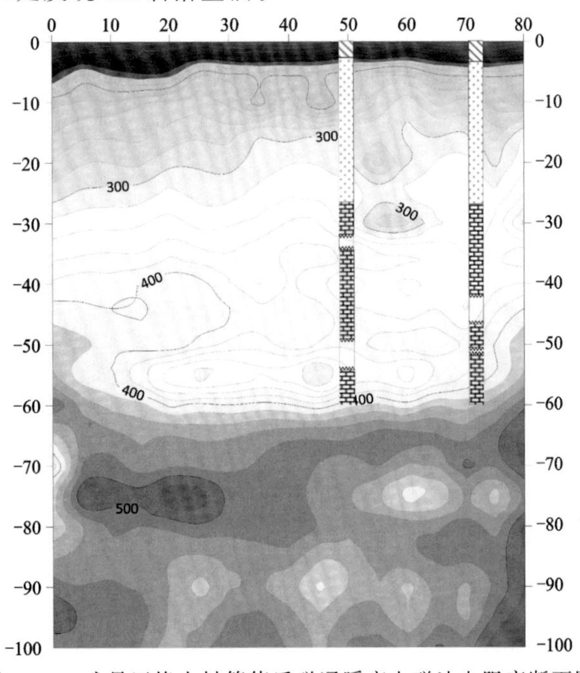

图 7-1-3　武昌区烽火村等值反磁通瞬变电磁法电阻率断面图

二、广域电磁法应用

(一)方法原理

广域电磁法是一种人工源频率域电磁测深方法，是相对于传统的可控源音频大地电磁(CSAMT)法和磁偶源频率测深法(MELOS)提出来的。电磁场的任何一个分量的解析表达式中，都含有介质的电阻率因素。在场的任何地方测量场的任何一个分量都可以提取这些介质的视电阻率，并不一定要测量两个相互正交的电、磁分量。只是不同分量采用的公式互不相同，对电阻率变化的敏感程度也不一样，测量水平电偶极源产生的电场 Ex 较为实用。

通过人工接地场源(电场源)或非接地场源(磁场源)，向下发送 0.011 7～8 192Hz 的交变电流，在广大、不局限于传统远区的区域内只观测一个电磁场分量，计算广域视电阻率，达到探测不同埋深地质目标体的频率域电磁测深方法。

(二)与可控源音频大地电磁相比较

1. 优点

(1)广域电磁法只采集电场分量，不采集磁场，抗干扰性更强。

(2)广域电磁法采用大功率、强电流作业，能有效压制干扰，适应较复杂区作业。

(3)相同收发距情况下，广域电磁勘探深度更深。

2. 缺点

(1)场源偶极要求严格，AB 两个极需要埋设 20 多个 1m 见方的铝板，开挖面积大。

(2)大功率发电机组体积较大，场源位置受道路运输影响。

(三)主要解决的城市地质问题

(1)国土空间开发利用条件调查：研究深部构造、划分地质构造单元、地电构造立体填土。

(2)自然资源调查：深部地热勘查。

(四)工作方法技术

1. 方法试验

1)仪器标定试验(室内一致性)

工作之前对仪器进行标定，所有仪器标定符合要求才可以进行野外生产。首先给定一个标准信号源，利用仪器自动校准功能进行仪器标定，仪器标定误差应小于±2%。

2)仪器一致性试验(室外一致性)

在野外选择工区地势平坦，干扰较小的测点进行野外一致性检验。试验后统计各道间均方误差及总均方误差，并一致性数据曲线图。

3)收发距试验

以信号强且满足勘探深度为原则选择合适收发距进行生产。

4)频率选择

根据工区地质情况及目标层的深度，通过试验选择频组组合。首先在试验时全频组进行采集，选区最佳频率组，为了突出工区目标地层，可加密频组。

2. 野外生产

1)场源布设

场源电极(A、B)应根据实际地形、地物情况，在一定范围内选择合适的场地进行布设，原则上远离人员聚集地区、水域、高速公路、高压线等干扰源；移动场源时，尽量在可控的范围内，在60°范围内接受发射信号，AB 场源要平行于测线方向布设，方位误差小于3°，且须综合实际地形、地物情况以及人文等因素；场源 AB 长度为1～3km，具体应根据收发距及试验进行选择(图7-1-4)。

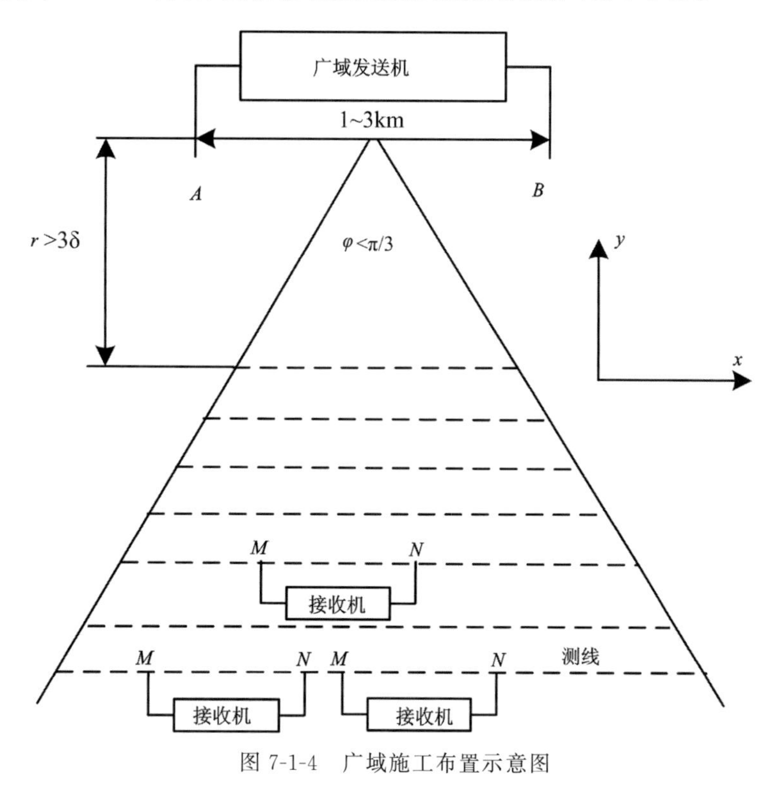

图7-1-4　广域施工布置示意图

2)供电电极布设

采用多块金属板、网、箔(约1m×2m)等材料，挖数个电极坑埋设，坑深不低于0.2m，相邻坑距不小于3m，一般每端需要挖掘4～6个电极坑，往导电材料(如厚度为1mm铝箔)上浇导电液(氯化钠溶液)，然后压实夯土，保证接地良好。

3)发射系统参数控制

发射机最高供电电压和电流应不超过额定值的80%，以确保系统稳定安全，同时考虑工区内电磁干扰情况，广域电磁法有效电流值应大于100A，来提高信号强度压制干扰。

4)野外数据采集观测装置

(1)每次采集之前均进行了接地电阻测量，一般不大于3kΩ。

(2)电极一般埋入土中20～30cm，保持与土壤接触良好，两电极埋置条件基本相同，尽量远离树根处、流水旁、繁忙的公路边和村庄内，并避免埋设在沟、坎边。

(3)电极连线尽量不悬空，沿地压实、防止晃动干扰。

(4)测点观测在场源 AB 垂直平分线两侧15°角扇形范围内进行数据采集。

(5)确认仪器各项参数正常后,通知发射系统发射广域电磁法频率系统 7 频波的 2 频点(该频点测试时间不长且频率信息具有代表性),作为检测频率,数据接收完毕后,信号曲线正常的情况下,则可以正式采集数据。

(6)当测量数据曲线形态上出现数据异常时,应检查观测并发现问题根源,命令相关技术人员及时检查并报告测点周围情况;干扰较大时,应增加叠加观测次数;在视电阻率曲线的关键部位,如极值点处,应重复观测,确保数据精度;当相邻测点曲线的极值点在频率轴上有位移时,进行重复检查观测。

(7)在采集信号过程中,应尽可能关闭主观电磁干扰源,防止其对观测数据产生干扰。

(五)应用案例

武汉市中深层地热资源调查与研究项目,中法生态城靶区采用广域电磁法,收发距 13.4km,接地电阻 4.5Ω,工作电流控制在 95～110A,共测量 10 个频组 67 个频点,频率范围 8 192～0.011 7Hz。如图7-1-5所示,测线电阻率断面图整体呈二元结构特征,浅层低阻,深部高阻,埋深 1 000m 左右为志留系与奥陶系分界线。地电断面图清晰地反映了该区地下埋深 0～3km 地层结构及断裂展布特征,为中深层地热钻孔布设提供了有利地质依据。

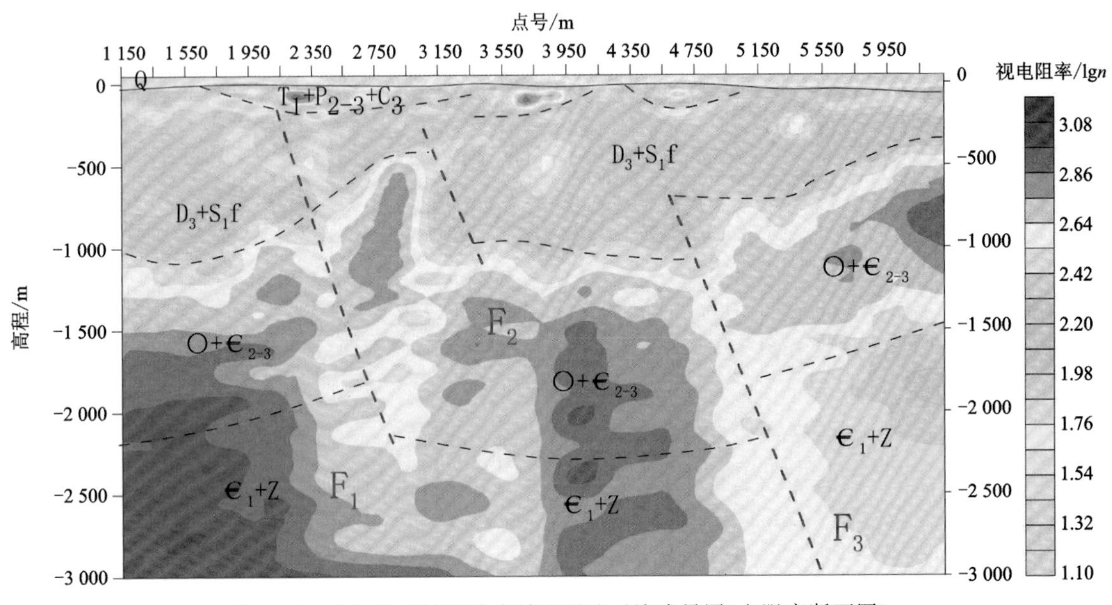

图 7-1-5　中法生态城测线广域电磁法反演成果图(电阻率断面图)

三、混合源面波应用

(一)方法原理

主动源面波勘探一般是应用瑞利波频散特性达到勘探的目的,通过激发产生瑞利面波,利用检波器间的时间差和相位差获得速度信息。

被动源面波勘探是利用自然界存在的振动和人文活动形成的振动,达到勘探目的的一类方法。其工作原理与主动源大同小异,采集装置有多种方式,传统的有 2～3 层倒三角形布置方式、环形方式、L 型方式、随机布设方式以及线性布设方式。得到频散曲线以后,与主动源面波反演完全相同,被动源面波也要进行相应的速度反演,确立深度与横波速度的关系。

混合源面波勘探应用线性阵列技术,将主动源与被动源技术联合一起对地下地质体进行勘探。数据处理流程见图7-1-6,该技术特点是对浅层地质体分辨率高,适当加大排列长度和采集时间,可以获得较深层地层的勘探精度。主动源面波与被动源面波勘探都具有各自的优点和自身的弱点。前者在抗干扰和勘探精度方面具有相当大的优势,后者在勘探深度和相应的费用方面具有优势。为了实现对城市地下空间进行高精度探测,将主动源面波和被动源面波技术进行合并,成为混合源面波勘探技术,形成了浅部勘查精度高、具有较深的勘查能力、快速解决城市内地下空间问题的方法技术。

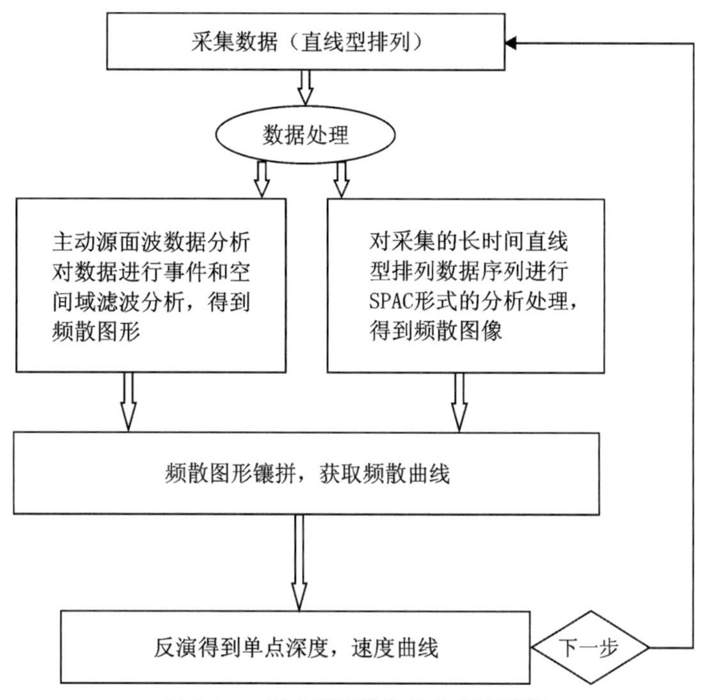

图7-1-6　混合源面波数据处理流程图

(二)主要解决的城市地质问题

(1)国土空间开发利用条件调查:第四系分层勘查、基岩面埋深勘查、断裂调查。

(2)灾害地质调查:岩溶调查、地下洞室勘查、道路病害探测。

(三)工作方法技术

主动源面波法测线通常呈直线布置,沿测线布置多个长度相等的接收排列,各个排列的检波点距相同,接收排列中间位置等效为主动源面波勘探点。通过试验剖面,选择合适的道间距以保证薄层探测的需要和勘探深度的需要;选择合适的偏移距,以保证单炮记录面波和反射波已经分离,选取基阶瑞雷波明显的接收窗口,图7-1-7为主动源面波法的单炮记录。

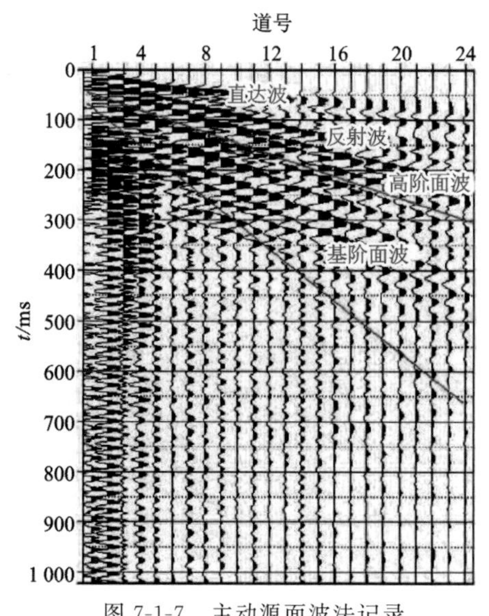

图7-1-7　主动源面波法记录

被动源面波可能来源于任何方向,选择有效的观测排列来采集这些来源不明的面波信号是该方法的关键。在实际工作过程中,可根据施工场地情况选择台阵布设方式(图7-1-8～图7-1-10),其中三角形台阵是应用最为广泛的观测方式,单台阵观测时间不少于20min。

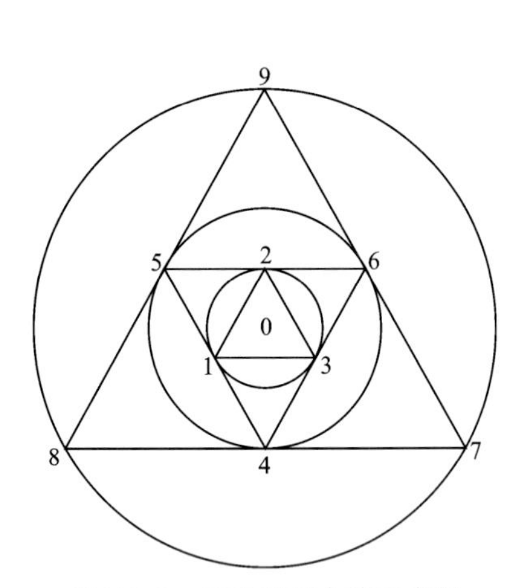

图 7-1-8 三重圆型台阵示意图

1～9 为检波器布设位置

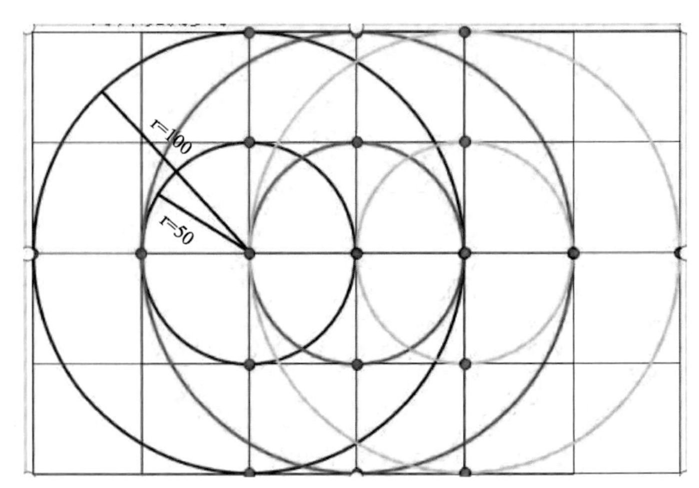

图 7-1-9 十字型剖面观测模式示意图

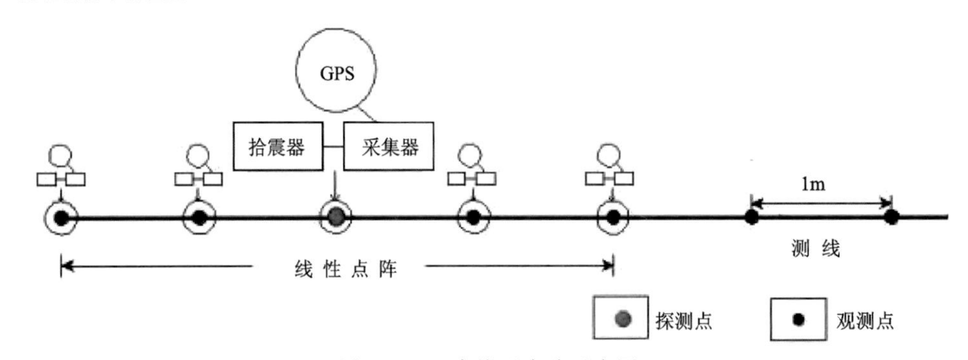

图 7-1-10 直线型台阵示意图

(四)应用案例

在武汉市江夏法泗岩溶调查项目中，采用混合源面波勘探技术圈定岩溶塌陷范围。采用线性排列施工方式，其中主动源采用使用 24 道 4.5Hz 单分量检波器施工，道间距为 1m，最小偏移距 10m，单炮排列长度 35m，炮距为 5m；被动源采用 0.1Hz 低频检波器，道具 4m，单点排列长度 36m，采集时间 20min。如图 7-1-11 所示，测线点号 1054～1142 为原塌陷坑回填区，上部 S 波速度曲线呈低速“凹陷区”，对应效果较好；下部 S 波速度曲线有明显的低速异常，钻孔显示埋深 27m 以下白云质灰岩小溶洞发育；S 波速 300m/s 以下为黏土层，300～420m/s 为粉砂；420m/s 以上为灰岩层，通过钻孔校正对第四系和基岩内部进一步细分，达到了浅层地质结构精细划分的目的。

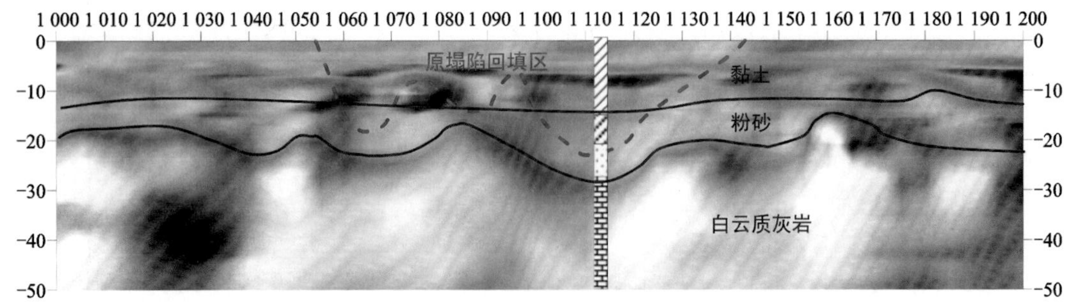

图 7-1-11 S 波速度剖面彩色影像图

四、三分量频率共振应用

(一)方法原理

自然界中的任何物体都有其自身的固有振动频率。影响物体固有振动频率的因素有很多，主要包括尺度、形状、密度、纵波速度、横波速度等。地下空间中赋存的各地质体也都具有其自身的固有振动频率，三分量共振成像法的基本原理如图 7-1-12 所示，当有一个宽频带的震动传播到该地质体，特征固有频率能量将被放大，通过观测被放大的特征频率信号，对特征频率信号成像，最终获得地下空间的精细成像效果。

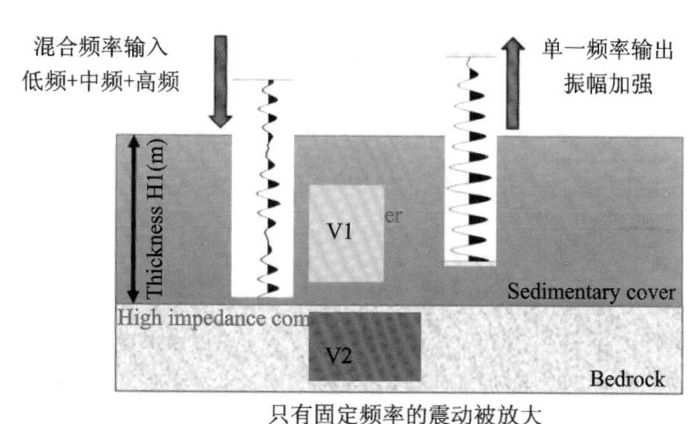

图 7-1-12　三分量共振成像原理示意图

如图 7-1-13 所示，将地下地质体假设成一系列的层状均匀介质，每一个地层等效为一个阻尼弹性系统，一系列的地层将组合成一个复合的弹性系统，通过观测获取该弹性系统的多模态共振频率，由于固有频率与各地质体尺度(层状模型下是厚度)、度等因素有关，而硬度与弹性模量有关，地质体的纵波速度、密度、横波速度等参数也与弹性模量有关，所以实际上可以得到固有频率与地质体的厚度、纵波速度、横波速度、密度等有关，从而有函数：

$$f=g(h,k)=g(h,\rho,V_p,V_s)$$

建立方程组，通过反演就可以得到各地质体的厚度等参数。

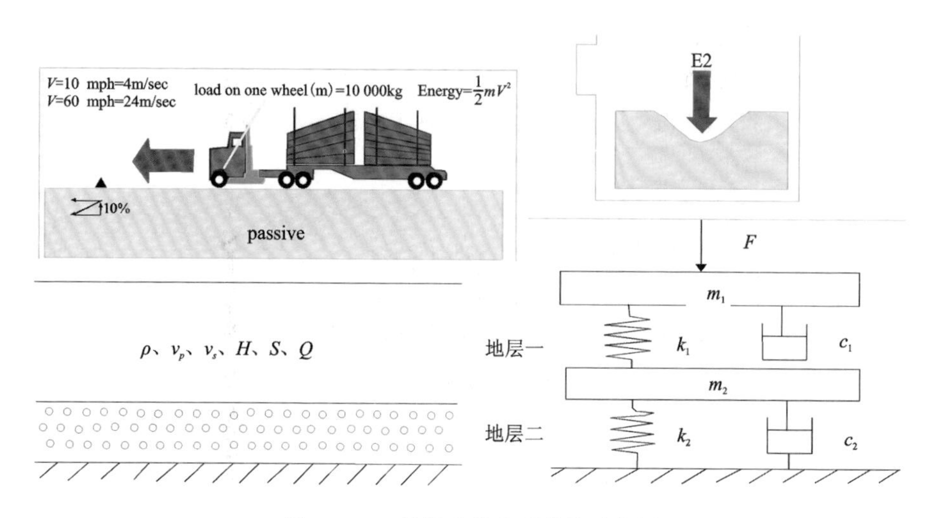

图 7-1-13　共振成像介质等效示意图

（二）主要解决的城市地质问题

（1）国土空间开发利用条件调查：第四系分层勘查、基岩面埋深勘查、断裂调查、基底探测。

（2）灾害地质调查：岩溶调查、地下洞室勘查、垃圾填埋场周边水土污染调查、道路病害探测。

（3）自然资源调查：浅层地下水调查。

（三）工作方法技术

三分量共振成像可有3种采集方式：单点任意方式采集、二维测线采集、三维阵列式采集，用得最多的为二维测线采集方式（图7-1-14）。

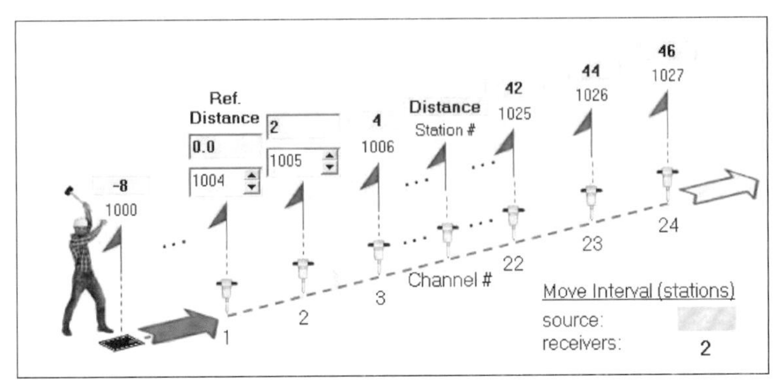

图7-1-14　二维测线采集示意图

采集宜采用三分量宽频地震仪，检波器频带0.2～200Hz，单点采集时间不少于30min。施工时各地震仪保持摆放方向一致，并水平；尽量保持周边无大型振动干扰，如桩基等固定振动频率施工等，夜间施工效果最佳（图7-1-15）。

图7-1-15　野外采集照片

（四）应用案例

在江夏法泗岩溶塌陷区，采用三分量共振成像查清原塌陷坑范围，精细划分第四系结构。采用二维线性排列施工方式，仪器选择重庆地质仪器厂EPS便携式数字地震仪，检波器频带0.2～200Hz，仪器南北方向水平摆置，单点采集时间30min。

如图7-1-16所示，测线点号85～135为原塌陷坑回填区，由于浅层压实，回填土较为致密，波阻抗整体呈高值特征；在埋深－28～－18m，波阻抗整体呈低值特征，主要是由于细砂塑性较好，较为松散所致；第四系下覆基岩为灰岩，岩石较为致密，因此波阻抗整体呈高值。三分量共振成像结果与钻孔结果较为一致，并能精细地划分第四系结构，是浅层地质结构探测重要手段之一。

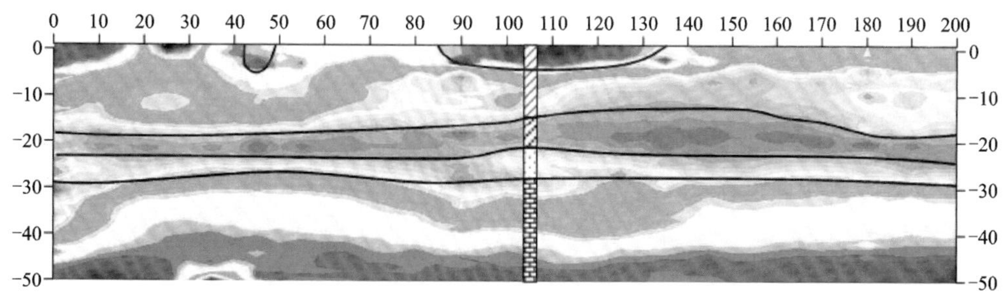

图 7-1-16 三分量共振成像处理成果剖面图

第二节 无人机航摄技术应用

一、无人机航摄在多要素城市地质调查中的应用

目前在多要素城市地质调查工作中，无人机航摄技术在基础地理测绘、自然资源调查（分布区的边界勘定等）、生态地质调查（生物多样性、植被、生境等）、生态环境保护与修复监测（矿山、农田、河流、湖泊等）、地质灾害调查与灾情监测、高危地区探测等领域均有广阔的应用前景。

与传统的人工实地探测方法相比，它具有以下三方面的优势：一是提高效率和质量，克服人为不能或难以抵达的缺陷；二是准确及时发现问题并获取信息，提升应急处置效能；三是实现不降低质量的同时降低人才成本。

二、无人机航摄技术要求

（一）航空摄影

利用无人机搭载高分辨率数码相机拍摄航摄资料，按照不同比例尺成图要求及无人机飞行相关要求设计飞行实施。

（二）像片控制测量

利用湖北省 CORS 系统，采用 RTK 测量方式施测。采用区域网布点法，按照 4～5 条基线，逐条航线布设平高像片控制点的原则进行布点。

选择执行《1∶500 1∶1 000 1∶2 000 地形图航空摄影测量外业规范》（GB/T 7931—2008）；像控点的测量执行《全球定位系统（GPS）测量规范》（GB/T 18314—2009）和《全球定位系统实时动态测量（RTK）技术规范》（CH/T 2009—2010）。

（三）高程点测量

按照每幅图或工作区至少 3～5 个点全野外进行实测，内业编辑上图。

(四)调绘

参照《1∶500　1∶1 000　1∶2 000 地形图航空摄影测量外业规范》(GB/T 7931—2008)执行。图式符号执行《国家基本比例尺地图图式　第1部分:1∶500　1∶1 000　1∶2 000 地形图图式》(GB/T 20257.1—2007)。

(五)空中三角测量

量测、计算采用全数字摄影测量工作站,用 Pxi4DmapopperPro 软件进行空三区域网计算平差。

(六)立体采集

由 EPS2016 全数字摄影测量工作站完成。航测内业技术要求执行《1∶500　1∶1 000　1∶2 000 地形图航空摄影测量内业规范》(GB/T 7930—2008)、《国家基本比例尺地图图式　第1部分:1∶500　1∶1 000　1∶2 000 地形图图式》(GB/T 20257.1—2007),采集要素分类码执行《1∶500,1∶1 000,1∶2 000地形图要素分类与代码》(GB 14804—93)。外业高程点作为高程点和检查点使用。

(七)数据编辑

数字地形图在以 AtuoCAD 为平台的 CASS 10.1 大比例尺版图形编辑软件环境下完成。

(八)数字高程模型

通过匹配编辑生成 DEM,后期经格式转换为 ASCII GRID 格式。DEM 格网 1∶500、1∶1 000、1∶2 000等不同比例尺的间隔分别为 0.5m、1.0m、2.0m。

三、数字正射影像图(DOM)制作

(一)数字正射影像图(DOM)

DOM 是根据单张航片的内外方位元素和数字高程模型(DEM),采用微分纠正软件对各个模型的数字化航空像片进行影像重采样,纠正影像因地面起伏、飞机倾斜等因素引起的失真,把中心投影转换为垂直投影,从而得到单张像片的正射影像。单片正射影像经调色、匀光、镶嵌、裁切、检查编辑等步骤,生成标准分幅或工作区的正射影像图。

(二)制作技术

(1)定向后的模型在立体量测状态下编辑地物匹配点、DEM 点、等视差曲线,要求以切准立体模型地表为基本原则,当遇断裂线处时,以影像不变形为准。

(2)DOM 影像应清晰,片与片之间影像尽量保持色调均匀,反差适中,图面上不得有影像处理后留下的痕迹,在屏幕上要有良好的视觉效果。

(3)DOM 影像接边时,接边重叠带不允许出现明显的模糊和重影,相邻数字正射影像要严格接边。

(4)DOM 影像图按标准图廓坐标的范围裁切。

(三)DOM 影像数据的生成

DOM 地面分辨率依不同比例尺而定,通过单模型的 DOM 进行调色、镶嵌、裁切而成。

相邻的数字正射影像必须在空间和几何形状上都要精确匹配。必须进行可视化的检验，以确保相邻的数字正射影像中描述的地面特征没有偏移。尽量除去或减少因高程特征所引起的偏移（尤其如桥梁等）。

在影像镶嵌之前，相邻模型 DOM 色彩偏差根据需要采用图像处理方式进行调色，使之基本趋于一致。当用专用软件对重叠处的影像进行平滑处理时，不能以损失影像纹理为代价。

使用专用图像处理工具对影像进行无缝拼接。拼接线不得通过建筑物、桥梁等，须在图像重叠处仔细挑选，以使色调变化和看得见拼接线减到最少。

将拼接后的影像按不同比例尺的标准图幅的图廓坐标进行裁切，即可得到图幅 DOM 的影像数据。

DOM 的接边检查：可通过读取相邻图幅矩形影像内的同名影像来检查接边精度。

（四）DOM 数据的存储格式

DOM 的坐标定位文件格式为 *.tfw，记录影像地面分辨率、影像左上角像元中心坐标。

（五）DOM 精度要求

DOM 精度与 DLG（数字线划地图，是现有地形图上基础地理要素分层存储的矢量数据集）精度一致。

四、生产流程

无人机航摄经外业施测到内业整理两个阶段，所获产品为 DOM 影像数据，其生产流程如图 7-2-1 所示。

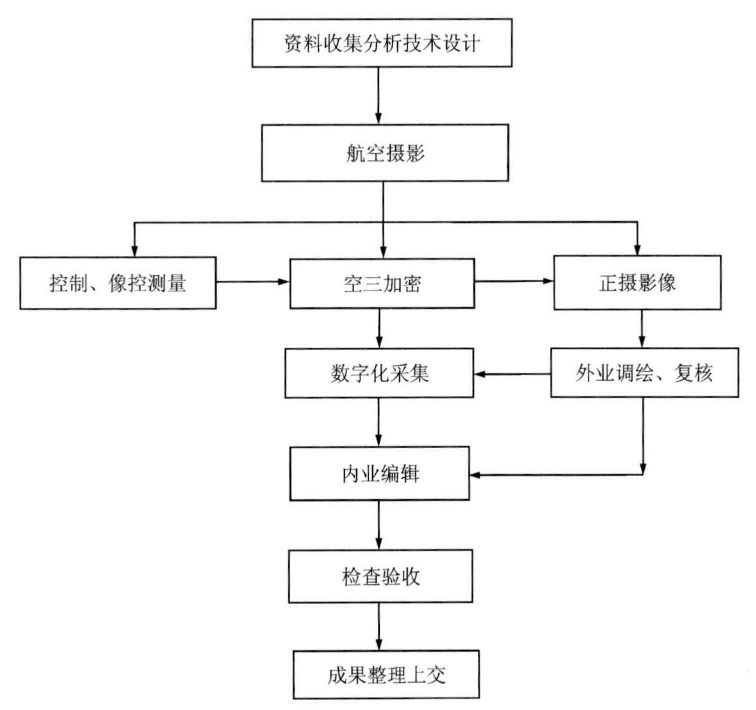

图 7-2-1　无人机航摄生产流程图

第三节　手持终端和信息管理系统应用

一、手持终端主要功能和运行环境

（一）主要功能

土地质量地球化学调查评价外业采集 APP，与传统的“地形图＋手持 GPS＋纸质采样记录卡”模式相比，其优势在于能有效提升工作效率，实现实时质量监控，保证采样工作质量。

主要功能由以下 9 个方面组成：

（1）地图显示：提供电子地图和卫星影像作为采集底图，野外采集人员可依据地图寻找采集路线。

（2）导航定位：对作业区的布设样品点进行精确定位和显示，并准确计算用户当前位置与采集目标点的距离，同时调用百度地图进行导航，方便外业采集人员规划采集路线。

（3）轨迹记录：真实记录采集人员行走轨迹，可以在底图上显示行动轨迹，并可以关闭轨迹显示，用户可以自由上传轨迹，且可以在 APP 地图界面加载显示选定的轨迹。

（4）信息采集：样品信息记录卡片包含土壤、农作物、大气干湿沉降物、灌溉水样品信息记录卡片，每个样点自动弹出对应记录卡供用户填写，操作简单、使用方便、简单培训即会。

（5）多媒体采集：调用移动设备自带的摄像头拍摄采样点照片。

（6）采样点轨迹标记：采样人员可在轨迹上标记采集子样及主样的空间位置，并根据要求对子样进行编号。

（7）数据查看和编辑：采集人员可以查看自己已采集样品数，并可以对已采集记录卡进行查看和编辑。

（8）数据实时保存和上传：可以后台实时保存记录卡填写信息，防止数据丢失，对采集的数据可以实时一键上传。

（9）刷新同步数据：可刷新同步数据，实时掌握已采集点情况，避免同一样点重复采集。

（二）运行环境

系统要求：Android 系统为 4.4 以上，推荐在 5.0 以上的系统中使用。

硬件要求：一般配置即可，建议使用集思宝等专用 GPS 安卓手机。

二、手持终端操作技术

手持终端操作技术包括登录操作、地图操作、记录卡查看和记录卡编辑 4 个部分。

（一）登录操作

打开外业采集 APP 进入外业采集 APP 登录界面（图 7-3-1），输入用户名密码，点击登录按钮进入外业采集 APP 主界面。如果提示“该用户已经在其他设备上登录”，那就说明当前的用户名已经在其他设备上绑定，需先在其他设备上进行注销解绑才可在此设备上登录。

(二)地图操作

在主界面上进行的地图操作又分为区县区域、信息区域、悬浮按钮区域等3块,如图7-3-2所示。区县区域表示当前的工作区县,点击左上角按钮即可;信息区域则点击最上部中间按钮,会弹出具体的信息包括用户名、记录轨迹、显示轨迹、采样人、记录人、核对人、图幅号、备份和注销等项;悬浮按钮区域指最右边一列包括刷新、航迹、定位、底图、采集、打卡和查看等按钮选项,以及最左边一列的上传、放大和缩小等按钮选项,样品采集时有乘车、骑自行车和步行3种导航方式可供选择。

图7-3-1 手持终端登录界面

图7-3-2 手持终端主界面

(三)记录卡查看

在记录卡查看界面中,点击列表中的某一项可以重新编辑该记录卡,若该记录卡已经上传则只能查看。点击上传按钮可以将记录卡进行上传,从右向左滑动其中一项可以删除该记录卡。记录卡上传的条件必须是记录卡已经填写完整,完成的百分比会显示在记录卡列表项中,当为100%时表示该记录卡已经可以被上传。记录卡上传界面的上方搜索框中可以根据样品编号对记录卡进行实时搜索。

(四)记录卡编辑

记录卡中带有“*”的项为必填项,说明该字段必须填写,否则无法上传,有些字段可以手写,同时也可以选择。有下拉三角符号的项为可选择的项。记录卡编辑界面中,右上角的“定位”按钮会对当前位置进行定位,并把定位获取到的经纬度信息填写到相应的记录卡中。记录卡中一些预设的字段在表单创建的时候会被自动赋值，例如“采样人”字段等。添加图片功能为从相册或者调用系统拍照进行照片的获取，获取到的照片会自动打上水印信息。表单填写完成之后，点击表单最后的“校验并保存”可以校验表单填写的正确性，若有没有填写或者填写格式不规范的项，则会用红色高亮该项的标题。

三、信息管理系统应用

信息管理系统特指通过计算机桌面系统，集采样任务管理、采样进展管理、任务执行监控、样点档案管理、终端实时监控、质控任务管理、数据导入导出等功能于一体，对手持终端的采集数据进行科学合理、规范有序管理的计算机操作系统。

（一）主要功能

主要功能由以下6个方面组成。

1. 用户管理

系统设置多级用户，不同等级用户只能对负责区域的采样数据进行查看或操作。

2. 地图展示

提供电子地图及网络影像地图作为展示地图，并将布设样本点的空间位置展示在地图上，同时添加分层显示功能，项目负责人及管理人员可直观查看外业采集情况。

3. 区域搜索

系统提供筛选功能，方便内业或外业操作员查看指定区域的采集情况，同时导出制定区域采集数据。

4. 信息查看

项目负责人及管理人员可查看野外采集人员上传的轨迹、照片及采样记录卡填写信息，方便管理。

5. 数据导入

提供数据导入接口，方便将点位数据导入系统。

6. 数据导出

系统提供5种数据类型导出：采样记录卡原样导出、照片导出、轨迹输出、Excel模板数据导出、采集进度统计表导出。照片导出和采集记录卡原样导出提供两种导出模式，分别为汇总导出、单点导出。

（二）应用操作流程

1. 用户登录

信息管理系统又称为外业数据查询系统，设置有三级账户权限，分别为超级管理员账户、项目负责账户、采样小组账户。

在浏览器界面输入外业数据查询系统的特定访问地址，进入登录界面，依次输入登录用户名和登录密码，点击登录按钮进入系统主界面。

2. 地图显示

系统提供了电子地图与卫星影像地图两种形式，可供用户切换选择。

3. 区域选择

点击系统主界面下方区间选框，在下拉列表中选择查看区域。若只选择市不选区县时，搜索到的区域为市级，若两者均不选，则为全省区域(会根据用户权限具体显示不同的数据)。

4. 信息查看

包括采样记录卡信息、采样轨迹、样点定位信息的查看。

5. 数据导入

包括采样点位导入和记录卡照片导入。

6. 数据导出

包括按区域批量导出或按单点导出采样记录卡、航迹图输出和 Excel 模板数据导出。

第四节　地质信息平台新技术应用

一、云计算技术在平台中的应用

(一)平台系统逻辑架构

多要素城市地质调查信息平台利用云计算技术，通过防火墙与互联网相连，利用政务专网为相关政府单位提供地质服务，利用互联网向社会公众提供地质服务。整个网络系统包括数据库服务器、数据库备份服务器、网络路由器、交换机以及各级终端客户机，为专业人员提供数据服务。系统逻辑部署架构分为管理云、应用云、服务云、数据云四大部分，详见图 7-4-1。

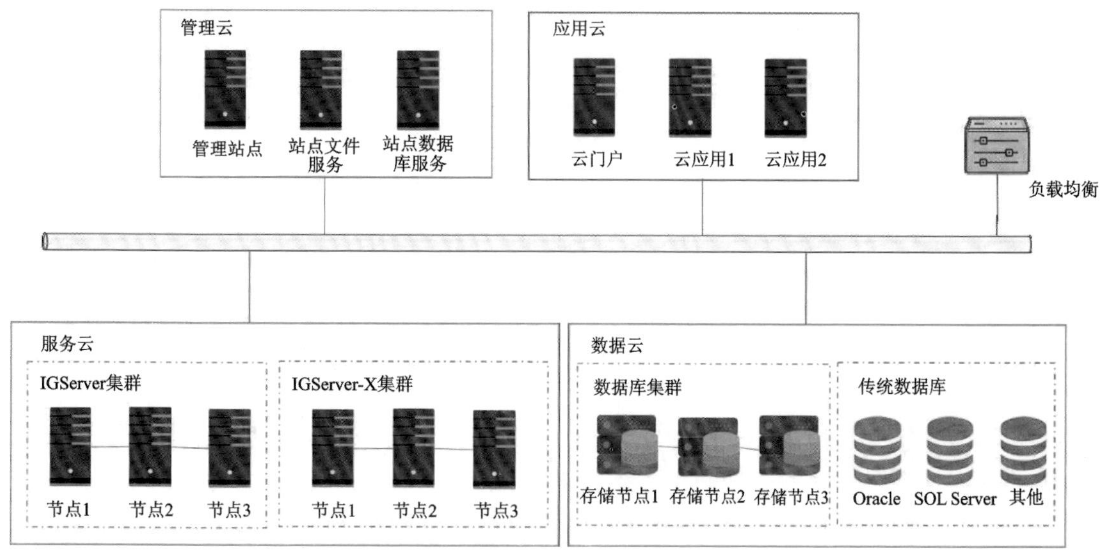

图 7-4-1　系统逻辑架构图

1. 管理云

管理云主要是云 GIS 管理系统云分区，实现对 GIS 服务管理和分发。

管理站点：包括运维管理站点，实现对虚拟机云环境的管理，数据服务管理，应用服务管理。

站点文件服务：管理站点所需要的站点文件存储。

站点数据库服务：管理站点运行所需要的数据库。

2. 应用云

应用云是用于部署应用，并通过地质云门户对外发布在线应用服务，提供应用的在线使用。

3. 服务云

服务云是包括 IGServer 集群和 IGServer-X 集群，分别提供 GIS 服务和大数据 GIS 服务。

4. 数据云

数据云是用于地理信息数据存储，包含数据库集群和传统数据库，传统数据库可为 Oracle、SQL Server 或者其他数据库。

多个服务器之间采用负载均衡机制来协调，提高运行效率。

(二)地质云基础管理平台

地质云基础管理平台包括云服务集群管理平台、云应用集群管理平台，以这两个基础平台为基础，可以构建更多的服务与系统。

1. 云服务集群管理平台

云服务集群管理平台的建设内容主要包括云应用生产中心、云服务仓库管理、云平台运维监控以及统一服务门户建设。为实现地质大数据挖掘分析等业务云建设，地质云服务集群管理平台需具备强大的云计算服务能力，因此，通过构建云应用生产中心、云服务仓库管理、云平台运维监控以及统一服务门户来实现。云生产主要提供云开发接口、工作流引擎、业务建模和应用服务构建等功能，为地质云服务资源快速开发与应用提供统一的支撑环境。地质云服务仓库主要对应用资源、数据资源、用户资源进行集中式管理，通过自动化的部署、运维和管理，实现更高效使用云应用资源；对计算服务资源进行集群化管理，通过分布式的调度管理模式，实现高性能高并发的云服务；并且针对不同用户进行不同级别的权限管理及资源审批，实现服务资源的高效管理。地质云服务门户主要对应用资源进行组织、规划以及整合，提供人性化的、统一的访问入口和展示界面，并提供基于角色的个性化服务机制，实现统一认证、单点登录、统一导航、统一搜索等服务。

1)云应用生产中心

利用管理好的物理资源、虚拟资源和数据资源，可以快速构建环境，进行各类应用系统搭建定制工作，利用丰富的数据仓库和功能仓库，形成云生产中心，快速搭建定制出行业各类应用系统、工具和接口。

2)云服务仓库

提供数据和功能服务，数据服务包括目录服务、空间数据服务和三维模型服务；功能服务包括空间分析服务、专业图件制作服务、遥感分析服务、三维建模服务、三维分析服务和数据挖掘服务。

3)平台运维监控

用于地质云平台的节点管理、资源监控、日志管理、弹性资源调度和自动化管理等工作，全面保障地质云平台综合数据资源的持续、稳定、安全服务，为各相关应用系统提供可靠的数据支撑，保障各业务工作规范、科学执行。

4)统一服务门户

为用户提供申请云资源、使用云资源、监控云资源的门户，用户直接在门户上完成资源申请的工单填写与提交，从而实现地质云资源的快速、个性化定制。

2. 云应用集群管理平台

用户可以通过浏览器或者集群云平台所提供的APP的客户端来访问应用服务，不同的应用是采用不同粒度、不同尺度的服务聚合而成。用户可以根据自己的需要定制或者租用适合自己的应用系统。云平台所提供的应用服务消除了购买、安装和维护硬件设施等传统环节，可以直接通过服务门户，定制自己需要的应用，采用聚合、重构、迁移技术，构建应用门户、提供应用定制、应用部署、应用在线访问，以及各种资源的管理和监控。

二、地质大数据技术在平台中的应用

(一)地质大数据分布式存储

分布式存储是大数据的基础，针对多要素城市地质调查数据特点，面向关系型、瓦片缓存型、实时数据和非结构化数据这四类常用的地质大数据类型分别研究不同的存储方案。

通过采用基于关系/非关系型数据库、分布式文件系统和分布式数据库的空间数据混合处理技术，将地质时空大数据按类型分为5类：矢量数据、非结构化数据、二、三维缓存数据、流式数据以及栅格数据，并对不同类型的数据采取不同方式分别进行存储管理。

通过利用PostgreSQL、MongoDB和ElasticSearch、HDFS等技术手段，实现矢量数据、二、三维瓦片缓存数据、实时感知数据、非结构化数据及栅格数据等数据的分布式存储，以Rest服务实现数据的管理和调用，并提供Web界面配置工具，方便用户配置数据存储系统。

具体技术方案如图7-4-2所示。

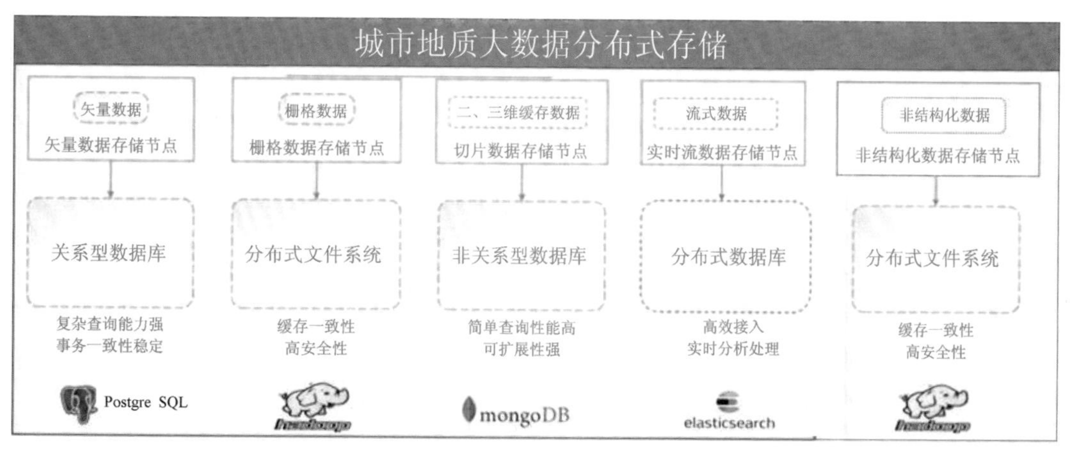

图7-4-2　地质大数据分布式存储图

1. 矢量数据存储

可采用PostgreSQL存储矢量数据，PostgreSQL是一个完全满足ACID的、开源的、可方便进行水平扩展的、多租户安全的数据库解决方案。

2. 非结构化数据存储

可采用基于 HBase 的多样化碎片化复杂地质调查非结构化数据存储模型，即基础内容库存储模型和扩展动态知识库演化模型，来进行非结构化数据的存储。

1）基础内容库存储模型

基础内容库的目的就是化“散”为“整”，化“异构”为“同构”，除了为快速还原原样和方便阅读提供方便以外，另一个重要的目的就是为动态内容库演化模型奠定基础。基础内容库建立包含资料基础元数据（资料名称、大小、空间范围、子标题等信息）的提取、机械分页后的文本内容、图表内容、附件二进制内容等。

2）动态知识内容库存储模型

内容复杂、存在形式多样的大型非结构化数据蕴含的信息和知识并非以传统的关系性方式清晰表述，而是大多包含在非结构化的自然文字数据中。基于基础内容库建立知识和特征内容库是进行有效表述的关键，同时也是进一步发现知识的基础。可通过建立知识内容库数据模型，重新构造属性或知识片段，以辅助数据挖掘和快速发现。在不丢失信息量的原则上尽量简单地组织和描述数据的真实内容，使得计算分析更容易贴近数据描述的本质和发现数据之中蕴藏的知识。

3. 二、三维缓存数据存储

可采用 MongoDB 库存储二、三维缓存流数据。MongoDB 是一个基于分布式文件存储的数据库，由 C＋＋语言编写，旨在为 Web 应用提供可扩展的高性能数据存储解决方案。MongoDB 是一个介于关系数据库和非关系数据库之间的产品，是非关系数据库当中功能最丰富，最像关系数据库的。它支持的数据结构非常松散，是类似 json 的 bson 格式，因此可以存储比较复杂的数据类型。MongoDB 最大的特点是它支持的查询语言非常强大，其语法有点类似于面向对象的查询语言，几乎可以实现类似关系数据库单表查询的绝大部分功能，而且还支持对数据建立索引。

4. 流式数据存储

可采用 ElasticSearch 分布式数据库存储实时流数据。ElasticSearch 是一个基于 Lucene 的搜索服务器，它提供了一个分布式多用户能力的全文搜索引擎，主要应用于云计算环境中，能够达到实时搜索、稳定、可靠、快速的功能需求，多应用于实时场景存储和搜索的技术支持。通过 ES 的分布式横向扩展机制以及分片技术保证十亿以上级别数据实时检索的快速响应，不仅能更好地支持实时数据源的接入、处理和输出，在支持的数据量上更是大幅提升，直接实现对实时大数据的高效接入、分析处理、可视化和实时历史大数据的挖掘分析。

5. 栅格数据存储

栅格数据的存储与非结构化数据一样，可采用 Hadoop 技术进行分布式存储。Hadoop 实现的分布式文件系统具有高可扩展能力、高可靠性、高安全性、缓存一致、负载均衡等优点，适合存储栅格空间数据。分布式文件系统存储数据的方式是将大数据切割成小容量的数据块，分布存储在集群数据库中。

（二）地质大数据高性能计算技术研究

城市地质大数据采用分布式计算框架来实现大数据高性能计算。将复杂的开发和维护功能封装起来，使用分布式计算框架，不仅可以很容易地享受到分布式计算带来的高速计算的好处，而且还不必对分布式计算过程中各种问题和计算异常进行控制，提高系统开发效率。常见的分布式计算框架有 MapReduce、Spark、Storm 等。

城市地质大数据高性能计算是地质大数据存储管理与挖掘应用的基础，本指南基于 Spark 分布式计算框架提出基于 GeoRDD 的城市地质大数据高性能计算方法，实现对各类多源地质数据的统一处理与分析。

基于 Spark 弹性数据集的扩展，本指南设计了一种高效的分布式内存弹性空间数据集 GeoRDD，这种空间数据集是对空间大数据集分布式内存的抽象使用，实现了以操作本地集合的方式来操作分布式数据集的抽象实现。GeoRDD 是结构化地质大数据库的核心部分，它表示数据集已被分区，并能够被并行操作的数据集合，不同的空间数据集类型对应不同的空间数据集实现。GeoRDD 可以缓存到内存中，每次对空间数据集操作后的结果，均可以存放到内存中，下一个操作可以直接从内存中输入，与 MapReduce相比，减少了大量的磁盘 IO 操作，对于空间迭代运算、交互式空间数据分析和挖掘等大数据量复杂计算的场景，效率提升较大。

分布式计算引擎提供多种运算，包括 SQL 查询、文本处理、机器学习等，引擎利用分布式环境，实现对空间大数据的分布式存储和计算。引擎对 Spark 的弹性数据集 IO 层进行扩展，实现地质大数据集的加载和保存，为计算框架和地质大数据库之间无缝衔接奠定基础，为分析和计算层提供分布式数据基础，从而提升地质大数据分析挖掘算法的运行效率。

（三）地质大数据挖掘技术

数据挖掘的任务是从大量的、不完全的、模糊的和随机的数据中发现隐含在其中的模式、特征、规律和知识，用于信息管理、查询优化、决策支持、过程控制、计算机辅助诊断以及数据自身的维护，其应用领域非常广泛。

多要素城市地质大数据挖掘集成多种挖掘算法，包括基于历史推理方法、决策树、遗传算法、聚类分析、连接分析、神经网络、判别分析、逻辑分析、支持向量机、贝叶斯理论、人工智能等多种方法。充分考虑基于文本的地理空间实体空间关系判别算法和文本挖掘算法集成，可根据结构化和非结构化数据信息，进行清理-分析-提取操作，挖掘特征数据信息。

地质大数据挖掘的流程包括：

（1）首先获取并存储数据，按照挖掘需求在大数据中进行数据采集、检索和整合，并对数据进行筛选，包括去噪、取样、过滤、合并、标准化等去除冗余和多余数据，建立待处理数据集。

（2）接着对数据集进行处理和分析，包括线性、非线性、因子、序列分析、线性回归、变量曲线、双变量统计等处理和分析，按照一定方式对数据进行分类，并分析数据间及类别间的关系等。

（3）然后对分类后的数据通过人工神经网络、决策树、遗传算法等方法揭示数据间的内在联系，发现深层次的模式、规则及知识。

（4）对发现的这些模式、规则及知识按照变量的关系以人类易于理解的可视化方式给出变量间的关系分析，对于各类不同又有一定关联的内容，可以将其融合在一起，更直观展示并供人类分析和利用，如图 7-4-3 所示。

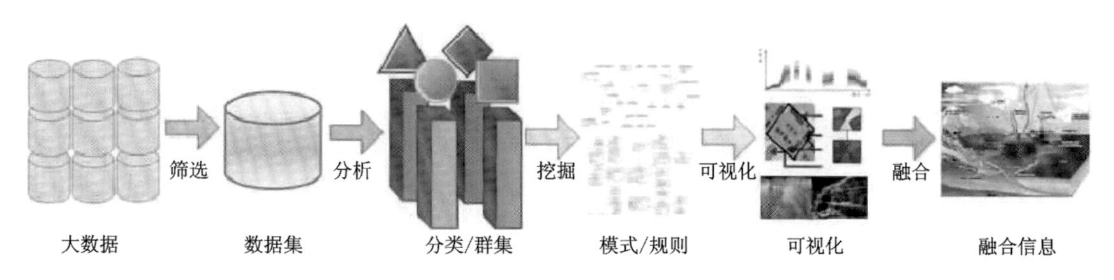

图 7-4-3　地质大数据的数据挖掘过程

在地质大数据的数据挖掘流程的基础上，本项目基于模型、框架、功能、数据、应用分离的理念，结合工作流技术，搭建大数据挖掘应用模型库，为多要素城市地质大数据挖掘相关应用提供可共享、高内聚、松耦合的信息服务集成环境和支撑能力。用户可根据实际应用需求，集成和扩充大数据挖掘算法及模型。

三、三维可视化技术在平台中的应用

为了使地质信息系统服务更广大的用户，地质信息系统主要采取浏览器端/服务器和移动端/服务器的架构方式，结合三维可视化技术实现这两种端的三维可视化展示、分析和应用。

（一）多源三维模型一体化集成管理

系统建设涉及3DMAX、BIM、DEM、DOM、三维地质结构模型、三维地质属性模型等多类型的三维模型数据，各类模型的集成管理及一体化展示是研究重点之一。建设借助模型平移、动态剖切、局部消隐等手段，采用高效的缓存和数据组织管理策略，利用多维时空信息动态可视化、虚拟地理环境等技术，实现三维全空间信息显示表达，对海量地形、影像、矢量、三维几何体、三维属性体等各类三维对象进行快速显示，提升全空间海量三维场景显示性能。城市地质三维全空间的一体化表达，可以对海量地形、影像、矢量、三维模型等各类对象，以三维可视化模式为主体，为全空间下多种类型的空间信息的一体化显示与分析提供利快速、便捷的方法与手段。

（二）海量三维模型快速渲染

三维图形的实时显示技术，主要包括3种技术，即LOD(Levels of Detail，细节层次模型)模型技术、裁减技术和数据动态调度技术。主要技术路线：通过建立LOD模型和采用分层分块的数据组织方式，并采用基于四叉树层次结构的视景体裁剪优化算法，来减少场景渲染的模型数据量，实现三维模型轻量化，再利用数据的动态调度技术，从而加速三维实体模型的显示速度，达到流畅连续地实时显示三维场景的目的(图7-4-4)。

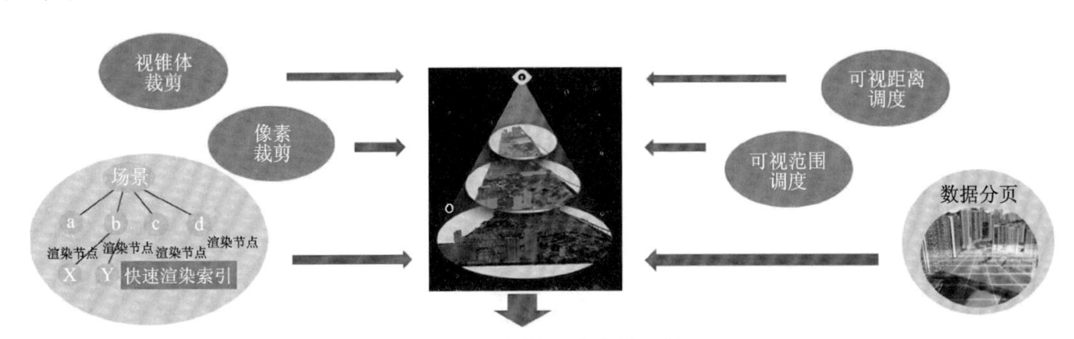

图7-4-4　海量三维数据渲染

1. LOD模型技术

LOD模型技术是在不影响画面视觉效果的条件下，通过逐次简化景物的表面细节来减少场景的几何复杂性，从而提高绘制算法的效率。该技术通常对每一原始多面体模型建立几个不同逼近精度的几何模型，与原模型相比，每个模型均保留了一定层次的细节，在绘制时，根据不同的标准选择适当的层次模型来表示物体。

2. 裁减技术

裁减(Cull)的意思就是“从大量事物中进行挑选、删除”。对于一个庞大的三维场景而言,往往存在大量无助于最终渲染结果的对象;将它们从场景结构中暂时剔除后,将剩余场景对象发送到OpenGL渲染管线中,即可完成一帧的绘制工作。这种类型的裁减工作通常称作“可见性裁减”,即只有真正能够被终端用户看到的对象才会被发送到渲染管线中,主要包括背面裁减、视锥体裁减、细节裁减和遮挡裁减技术。

1)背面裁减(Back-face Culling)

当我们在观察一个不透明的物体时,通常有一半的物体是看不到的,因此完全可以省去这一半的绘制工作,场景的多边形复杂度将降低至1/2左右。

2)视锥体裁减(View Frustum Culling)

一种常见的场景加速绘制方法是在包围体层次结构中,将每个物体的包围球与当前视椎体进行比较,如果包围球在视椎体之外,那么该物体就不需要再绘制。视锥体裁减包括近平面裁减、远平面裁减以及视锥体侧面裁减3部分,超出这一范围之外的对象将被剔除出渲染队列。

3)细节裁减(Small Feature Culling)

场景中某些物体对于观察者而言可能是极其微小的,足以忽略不计,此时可以用细节筛选特性将它们剔除。判断对象是否足够微细,需要一个像素阈值来决定,注意这种筛选可能会剔除掉一些必要的信息(比如用户在屏幕上绘制了一个点,最后却发现它被吞噬掉了),这种裁剪技术是一种通过牺牲质量换取速度的技术。

4)遮挡裁减(Occlusion Culling)

这是一种容易理解的场景裁剪方式,即判断场景中物体的相互遮挡关系,剔除掉那些被完全遮挡的对象,保留可见的物体并传递到渲染管线中,但是,完全的遮挡测试算法往往具有过高的复杂度(需要判断每个场景对象与其他每个对象的遮挡关系)导致计算带来的开销大于绘制的开销,并不实用。比较常见的方法是定义一种“遮挡板”对象(Occluder),其形状不固定,并且可以遮挡场景中的其他对象,少量的遮挡板可以有效地增加场景裁减的效率,尤其是在室内景物的裁减等场合,使用遮挡板来模拟墙面和门体是再好不过的选择。

3. 数据动态调度技术

采用场景裁减等方法可以保证每帧中只有一部分数据被传送到渲染管道,而LOD等场景结构方案可以通过牺牲一部分渲染质量来换取效率的提升,但是这都解决不了“在内存中可能要存储海量数据”这一问题,数百GB级别的数据是不可能完全载入内存的,就算可以完全载入,这也已经消耗了系统太多的系统性能。

采取数据分页技术,即数据在内存中按页加载和淘汰,提高了数据读取的效率。在显示当前视域中的场景元素(可见元素)的同时,预判下一步可能载入的数据(预可见元素),以及那些短时间内不可能被看到的对象(不可见元素),从而做出正确的数据加载和卸载处理,确保在内存中始终维持有限的数据额度,并不会因此造成场景浏览时重要信息的丢失或者过于迟缓。

如果预可见元素的判断过于复杂,或者需要加载的预可见元素过多,都会影响系统的连贯性,加重负担,因此也可以采取“数据进入视域之后才进行加载”的策略,此时场景中的对象可能有“突然闪现”的情形,以不影响用户的感官效果为宜。

数据的动态调度可以使用多线程的工作方式,使数据的动态调度和场景的实时绘制同时进行,由于动态数据的加载和卸载可能影响到场景树的结构,因此这一工作需要在场景更新阶段完成,以免影响到裁减和绘制的过程。

(三)轻量级三维地质模型构建及应用分析

采用基于钻孔数据的三维地质体快速建模方式构建轻量级三维地质模型,对于工程地质、水文地质等简单层状地质体,在根据建模范围和精度要求生成地形网格基础上,从基础数据库中可提取钻孔点位和分层信息生成地层面强约束点,从剖面中提取有关地层边界线信息,基于地形网格应用这两类数据进行插值计算构造各地层面模型,最后根据地层之间的叠覆关系等地质信息生成地层实体模型,钻孔数据作为强约束数据强调要与地层面精确一致,而剖面地层界线作为插值时所用弱约束数据可以不与地层面精确一致。

简单层状地质体建模过程除少数数据选择或参数选择操作外,其他步骤均自动完成。基于 Web 端针对三维地质结构建模系统提供的插值算法包括距离反比加权法(IDW)、自然邻近点法(MQS)、多层 B 样条等,在建模过程中根据需要选择不同的插值算法,调整有关插值参数。实现 Web 端服务发布与调用显示。

第八章　资料整理、专题研究与综合评价

第一节　资料整理

一、原始资料整理

（一）野外调查阶段资料整理

1. 资料整理内容

（1）野外调查地质路线。

（2）实测剖面，包括地层剖面、地质构造剖面、地貌剖面、水文地质剖面、工程地质剖面、环境地质剖面、地质灾害剖面、生态地质剖面等。

（3）各种原始调查卡片、记录簿、汇总表、统计表和照片。

（4）钻孔分层描述记录表等钻孔相关资料。

（5）钻孔、机民井、抽水试验综合成果表。

（6）各项原位地质试验、室内鉴定试验记录。

（7）山地工程素描图、展示图。

（8）典型遥感影像图、野外素描图、照片和摄像资料。

（9）地球物理勘探班报表和仪器记录图纸。

（10）采样测试记录卡片和分析试验成果表、送样单。

（11）野外原始资料质量检查记录表。

（12）各类图件：包括野外工作手图、实际材料图。

2. 资料整理要求

（1）野外调查阶段资料整理的任务是把观察收集到的各种实际资料进行日常综合整理，不断加以系统化、条理化，从整理中及时总结、逐步认识地质规律，并及时发现问题，现场予以解决，以便使后续调查工作顺利进行。

（2）当日、数日资料的整理系指每天或数日所收集文字、表格、图件资料的整理和实物资料的整理两个部分。文字和图件资料的整理相关要求包括：

①检查记录是否系统、连续和全面，各种地质要素的产状及各种参数是否完整。

②各种必需的样品是否采集，各类实物标本和各类分析测试鉴定样品的分类包装，清点数量并检查

采集编号的正确性。

③对实测剖面应注意导线、分层和各类样品采集编号的正确性，要检查各类采集数据编号，防止重复或遗漏。

④及时做好当天地质调查路线小结，小结内容主要突出新进展、新认识或新发现以及存在的问题，并阐明与相邻路线连绘的看法。若发现有重大遗留问题应及时组织力量进行复查，对遗留问题进行复查后，应将复查结果加注到原路线记录中的相应位置，并注明检查人姓名、检查日期。

⑤有关地形地貌、活动断裂、环境地质、地质灾害、生态地质记录表格或卡片、水文地质和工程地质调查表格或卡片等内容是否齐全、合理、准确。

(3)每个基站的野外调查工作结束后，项目成员应检查该站获取的各项原始资料，对存在的地质问题采取措施，及时进行弥补，不能把已发现的问题带到下一个工作基站。

(二)阶段性资料整理

阶段性资料整理是使野外调查时期的资料逐步达到系统化的重要阶段，也是对已收集资料进行综合分析研究的中间环节。在此阶段，项目组应根据有关规定进行质量检查。每次质检均应形成相关记录。

阶段性资料整理内容与技术要求应包括：

(1)野外采集的地质调查路线、剖面等数据，通过数字(智能)地质调查系统的数据检查后逐条输入图幅数据库中，形成实际材料图数据库和剖面数据库。

(2)开展各类野外地质记录资料和实物资料的核实印证工作，要求做到野外记录、路线信手剖面图、素描图、照片、录像资料、各类样品采集、卡片、测试分析等实际资料与图件及阶段性报告相吻合，完善数据库。

(3)整理誊清野外工作手图和编制各类综合分析图、表，编写野外调查工作小结。

(4)及时处理遥感、物探、化探数据，进行地质解释，编制各单项工作内地相应成果图件、工作小结以及专项研究成果，综合研究小结。

(5)整理分析各类探矿工程的原始地质编录、各种样品测试鉴定和测井资料，编制钻孔柱状图和联孔剖面图。

(三)综合整理

全部野外工作结束后，项目组应安排足够的时间，全面分析工作精度和初步成果质量，对存在的问题及时采取补救措施；进一步完善数据库；全面检查原始资料和综合资料的系统性、齐全性和正确性，工作目标及实物工作量的完成情况。以达到提交野外验收的标准为目标，具体为：

(1)完成所有设计的实物工作量。

(2)专项研究的野外工作全部完成。

(3)完成了规定的样品采集与全部样品的送样任务，70%的样品已完成测试和鉴定。

(4)完成了全部原始资料(含实物资料)的系统整理、质量检查和编目。

(5)完成了实际材料图的编制。

(6)完成了野外调查各类简报及年度工作总结的编写。

(7)初步编制各类基础地质图件、单要素评价图和综合评价图。

二、成果资料整理

按照野外验收意见，补充完成野外调查工作后，转入室内成果资料整理与综合研究阶段，主要内容包括：

(1)全面整理各种岩石、矿石、矿物、化石、构造、岩土力学试验及其他标本。

(2)整理、统计和分析测绘、勘探、测试、检验与监测所得的各项原始资料和数据。通过处理和计算，取得所需参数。

(3)根据综合研究及分析结果，修改、绘制综合性图件和成果图、报告插图、插表等。

(4)对涉及的基础地质、水文地质、工程地质、环境地质以及生态地质问题进行评价、论证，得出正确结论。

(5)在对所有资料全面综合整理、研究的基础上，确定地质调查报告的主要内容，即时转入成果报告编制阶段。

第二节　专题研究

一、专题研究设置

专题研究的设置紧密结合武汉市建设国家中心城市对地质工作的需求，破解制约武汉市城市建设、总体规划、可持续发展有关的重要地质环境问题。在已完成的城市地质调查及相关调查成果的基础上，对制约城市可持续发展的城市地质问题进行系统梳理与分析，以保障城市安全和可持续发展为前提，设置专题研究内容，最终提出城市资源可持续利用和地质环境保护对策建议。

二、拟解决问题

专题研究的主要任务，包括城市选址、规划和建设所遇到的基础地质问题、工程地质环境问题、资源与环境承载力和容量问题，以及建成区城市建设和发展过程中因人类工程活动而诱发的环境地质问题等。在专题设置前应进行经济社会发展层面的需求分析，在此基础上分析地质条件和拟解决的问题来设置相应的专题。专题内容应与政府管理部门的职能相匹配，拟解决的问题应全方位贯穿城市的规划、建设与运营管理全过程。

主要内容包括基础地质背景研究，隐伏基岩构造、活动构造与区域地壳稳定性研究，地球化学地质背景研究，地下水资源与环境研究，城市工程地质环境研究，城市规划环境影响研究，城市地下空间开发利用条件研究，建成区强干扰条件下浅表地层结构精细化探测方法研究等方面。

三、研究方法

(一)地质背景研究

通过三维基岩地质结构调查,开展基岩地质构造特征的研究,探讨基岩与岩溶水、裂隙水等水资源、深部地质构造与地热资源的关系。研究隐伏断裂对松散沉积层的控制作用。

在覆盖层三维地质调查成果的基础上,通过古地磁、孢粉、古生物等样品测试分析,研究城市的地质演化特征和规律。通过对第四纪沉积构造演化史的研究,分析地质演化进程。

(二)活动构造与地壳稳定性研究

在已有调查成果的基础上,以长江新城等重大规划建设项目为重点,综合运用野外地质路线调查、地质剖面测量、遥感地质解译、沉积环境分析、断层气测量、地球物理勘探、多参数地质钻探等技术手段和方法,查明武汉市浅表地层结构,精确定位大型隐伏主干断裂,划分覆盖区构造单元;研究断裂的活动周期,预测断裂的活动趋势和未来的活动特征,开展隐伏深大断裂活动性和地壳稳定性评价(附件 5-1),为城市规划和重大工程布局提供地质依据。

(三)生态环境保护与修复研究

在土壤地球化学调查及水生态环境质量调查的基础上,重点分析土壤有益及有害元素的时空分布性状,系统评价武汉市全域土壤环境质量现状,全区土、水、生物等生态系统中的影响因子、变化规律及安全性,分析生态环境元素来源、迁移、转化等特征;掌握武汉市地下水环境现状及变化趋势,研究水土污染对水生态环境质量影响机理,评价其对人类生存与社会经济持续发展的适宜程度,提出城市水环境保护、用水安全和水生态修复建议。

(四)地下水资源与可持续利用研究

依据地下水资源开采利用现状,对不同含水层组的水质分别进行分析和研究,系统分析松散层地下水的质量状况。研究和分析地下水中各项指标之间的内在联系,明确地下水污染的特征指标。利用历史资料,分析和研究地下水污染特征指标的多年变化规律及发展趋势。依据地下水水质量现状的空间分布特征,进行地下水水质量区划,为今后调整地下水资源开采布局提供依据和建议。

(五)城市地下空间探测方法研究

结合武汉市城市地质条件特征,综合分析各种地球物理勘探手段的适用范围、适用深度、准确性、抗干扰性以及经济成本,归纳各类方法在不同地质条件、不同施工条件、不同探测深度的优缺点,探索一套适用于武汉市建成区的精细化地球物理探测方法(附件 5-2),服务于武汉市城市地质调查工作。

(六)城市工程地质环境研究

城市工程地质环境质量研究应在三维工程地质结构调查的基础上,对城市工程地质环境进行全面系统的分析与评价研究,编制环境工程地质图,提出最佳土地使用方案,指出不利的工程地质条件分布区,为城市规划和建设所需的地质环境质量提供预测评价的结果。

(七)城市规划环境影响研究

城市规划环境影响研究是通过对地质条件、资源环境的综合分析与评价,确定城市土地合理有效利用方案和建筑物的合理布局。针对规划可能对环境造成的负面影响而提出预防或减缓措施。研究的主要内容包括：

(1)研究不同的地形地貌条件，对城市规划布局、平面结构和空间布置、道路的走向、线型、各种工程的建设，以及建筑物的组合布置、城市的轮廓、形态等的影响。

(2)研究城市所在地区的地质构造条件，断裂带的分布及活动情况，城市地震烈度区划。

(3)研究岩土地基的类型、出露和埋藏条件、工程地质性质，城市规划区不同地段的地基承载力。

(4)分析与评价斜坡稳定性，避免建设用地选择在不稳定的坡面上。

(5)在城市规划时，应详细研究地下水存在形式、地下水的流向、含水层厚度、矿化度、硬度、水温以及动态等条件。研究地下水对城市选址、确定工业建设项目和城市规模等影响。

(6)研究城市资源与城市规划和城市建设的关系。

(7)研究城市水资源量及水源地距城区的距离，对城市生产、生活及投资和常年运营费用的影响和制约。

(8)查明城市之下埋藏的矿产资源，研究矿产资源的分布与开采对城市用地的选择和城市布局形态的影响。

(9)研究活断层、地震、崩塌、滑坡、泥石流、河流侵蚀与淤积等原生地质环境问题，研究地面沉降、水资源枯竭、水质污染与恶化等次生地质环境问题，提出城市建设和防灾减灾建议。

(10)研究甲状腺病、克山病、地方性氟病、大骨节病等地方病的地球化学环境，为城市选址提供科学依据。

四、成果转化与应用

(一)报告类

包括专题研究报告、综合研究报告和综合评价报告等。

(二)图件类

在各专题编制的各类专业基础性图件、单要素评价图件的基础上编制综合类系列图件。综合图件应实用易懂，能充分反映城市地质结构、水文地质、工程地质、环境地质和矿产地质的特点，满足城市规划和建设和管理的需要。包括基础性图件、综合研究类图件、评价类图件，如地质图、工程地质图、水资源潜力分区图、城市规划地质图等。

(三)数据库与信息系统

数据库与信息系统应建立不同地质数据的专业模型，能实现对模型时空展布特征的三维可视化再现，并提供对模型的处理与分析，提供面向专业人员、政府和公众的基于三维地质数据的基础和增值信息服务。

(四)其他

主要指用以满足社会公众需求的通俗易懂的表达方式。包括示例性的简明文字表达、各类图片表达、多媒体表达等方式。

(五)对策建议

通过上述专题研究，按照绿色、可持续发展的理念，以贯穿城市规划、建设、运营和管理全过程的视

角,可从但不限于以下几个方面提出对策建议:

(1)城市地下空间开发利用规划建议。

(2)城市应急(后备)地下水资源利用规划建议。

(3)城市垃圾场选址规划建议。

(4)优质农产品开发利用建议。

(5)海绵城市建设建议。

(6)地质文化村建设规划建议。

第三节 综合评价

城市地质调查的最终目的是为城市的规划和发展提供科学依据,而资源环境承载能力和国土空间开发适宜性评价是国土空间规划编制的重要基础。按中央要求,在资源环境承载能力和国土空间开发适宜性评价的基础上,科学有序统筹布局生态、农业、城镇等功能空间,划定生态保护红线、永久基本农田、城镇开发边界等空间管控边界以及各类海域保护线,强化底线约束,为可持续发展预留空间。因此城市地质调查的综合评价即为资源环境承载能力和国土空间开发适宜性评价。

一、资源环境承载能力评价

(一)评价目的

全面厘清武汉市资源环境禀赋条件,掌握资源环境与经济社会发展的协调可持续状况,确定资源环境承载能力等级,为高效配置自然资源,优化国土空间开发格局,科学编制国土空间规划,合理划定生态保护红线,制定资源环境区域差别化管理政策提供基础技术支撑。

(二)评价原则

因地制宜与政策导向相结合、综合分析与主导因素相结合、指标整体性与区域差异性相结合、定量评价与定性分析相结合的原则。

(三)评价单元与计算精度

评价单元的确定应注重尺度效应,优先使用矢量数据进行分项评价,或以 20m×20m～30m×30m 栅格为基本单元进行评价,以街区为评价单元计算可承载农业生产、城镇建设的最大规模。地形条件复杂的区域可适当提高评价精度。

(四)评价指标体系框架

针对武汉市地区特征及突出问题,集合区域特色,资源环境要素单项评价聚焦三类功能、五大要素来构建评价指标体系框架(表 8-3-1)。单项评价指标阈值的设置要突出重点,以问题、目标为导向确定。

表 8-3-1　资源环境承载力评价指标体系框架

功能	要素				
	生态	土地资源	水资源	环境	灾害
生态保护	▲生态系统服务功能重要性：水源涵养、生物多样性维护、水土保持、河湖湿地等； ▲生态敏感性：水土流失、石漠化、水质污染、岸线生态环境等	—	—	—	—
农业生产	—	▲坡度、▲土壤质地、▲土层厚度、▲微观地貌等	▲降水量、▲水资源可利用总量等	▲光热条件、▲土壤环境容量等	干旱、洪涝、高温热害、低温冷害等
城镇建设	—	▲坡度、▲高程、地形起伏度等	▲降雨量、▲水资源可利用总量、开发利用、调水引水工程条件等	▲土壤环境容量、▲水环境容量等	▲地震、▲崩塌滑坡不稳定斜坡、▲岩溶地面塌陷、▲地面沉降等

注：▲为基础指标，其他为修正指标。

（五）工作流程

1. 工作程序

资源环境调查基础数据的收集与整理→确定评价单元的空间尺度，建立承载能力评价指标体系，确定评价方法→单要素评价→集成评价→基于单要素和集成评价结果，分析总结资源环境禀赋特点，提出自然资源环境管理政策建议——成果（报告、图件、图表）编制与验收→成果归档、应用和更新。

2. 技术流程

技术流程详见图 8-3-1。

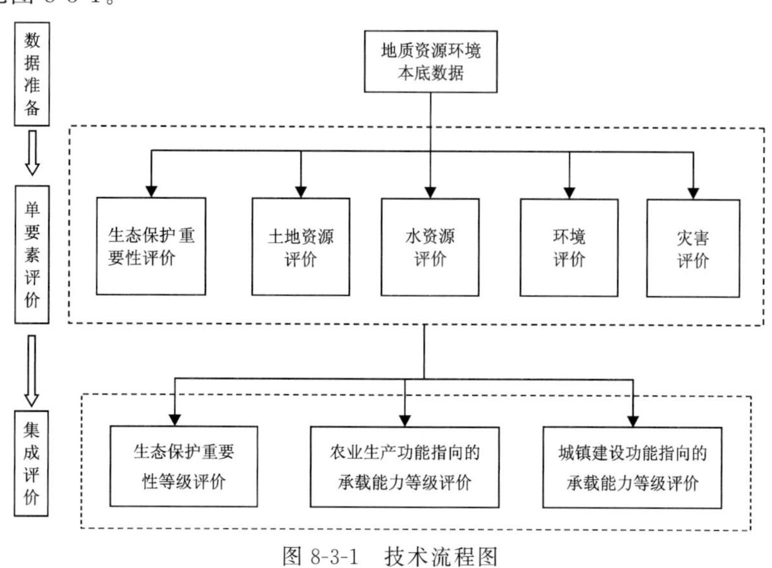

图 8-3-1　技术流程图

3. 工作要求

(1)设定统一评价时点,评价时点所在年份称为基准年。

(2)数据应具有权威性和准确性。各类数据口径、来源应在成果中予以说明。

(3)充分运用地理信息系统技术(GIS)、遥感技术(RS)、全球定位技术(GPS)、数理统计技术(SPSS)、计算机技术等现代技术。

(4)成果数据统一使用法定的计量单位。

(5)各指标数据叠加赋值时,将评价单元(面状数据)与待传递属性的面状数据空间叠加,每个评价单元按面积权重获取属性(图 8-3-2)。

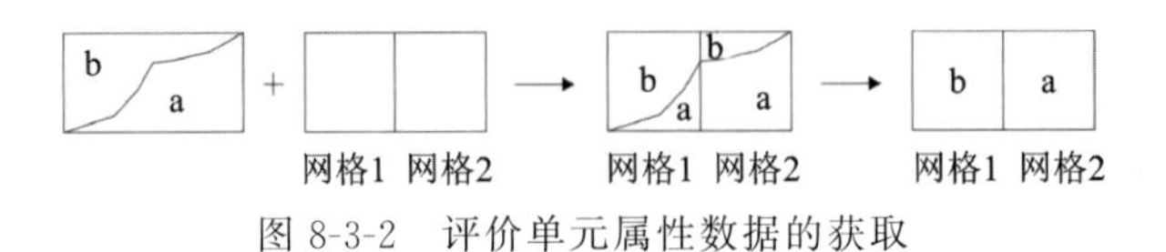

图 8-3-2　评价单元属性数据的获取

(6)评价过程中应保证同一经验公式中数据精度的一致性。

(六)评价方法

资源环境承载能力评价是对自然禀赋和生态本底的综合评价,分为单要素评价和集成评价。

1. 单要素评价

1)生态保护重要性评价

武汉市生态保护重要性评价包括生态系统服务功能重要性评价和生态敏感性评价。评价前需对区域内生态系统状况及问题进行分析,识别主导生态服务功能和关键生态问题,进而确定相应的评价指标。

(1)生态系统服务功能重要性。

武汉市气候湿润、雨量丰富、江河纵横、湖港交织,拥有着近 39.54%的湿地覆盖率、42.6%的垄岗平原地貌,独特的气候、水文和地貌条件造就了武汉独特的生态系统。水资源、湿地资源丰富是武汉市生态空间优势所在,因此,武汉市生态系统服务功能重要性评价应包括但不限于水源涵养、生物多样性维护、水土保持、河湖湿地等功能重要性因素,取各项结果的最高等级作为生态系统服务功能重要性等级,划分为极重要、重要、一般重要 3 个等级。即

[生态系统服务功能重要性]=Max([水源涵养功能重要性],[生物多样性维护功能重要性],[水土保持功能重要性],[河湖湿地功能重要性])

①水源涵养、水土保持功能重要性。

可参照《生态保护红线划定指南(试行)》(环办生态〔2017〕48 号)附录 A 中提供的方法进行等级划分,一般划分为极重要、重要和一般重要 3 个等级。

②生物多样性维护功能重要性。

可从物种保护与生态系统两个层面进行评估,宜先按照《生态保护红线划定指南》(环办生态〔2017〕48 号)中的相关要求开展,再结合《湖北省生态保护红线划定方案》(鄂政发〔2016〕34 号)中的武汉市生态保护红线划定范围,取生物多样性维护功能中重要性最高等级作为生态系统服务功能重要性等级,一般划分为极重要、重要和一般重要 3 个等级。物种和生态层面生物多样性维护功能重要性分级可参照表 8-3-2、表 8-3-3 进行划分。

表 8-3-2　生物多样性维护功能重要性分级(物种保护层面)

重要程度	分级标准
极重要	国家一级、二级保护物种(国家重点保护野生植物名录、国家重点保护野生动物名录)
重要	其他国家与省一级保护物种(湖北省重点保护野生动物名录、湖北省重点保护野生植物名录)
一般重要	省二级保护物种

表 8-3-3　生物多样性维护功能重要性分级(生态系统层面)

重要程度	分级标准
极重要	国家、省级保护物种分布区;国家级自然保护区、森林公园、湿地公园、地质公园;国家级生态公益林;省级自然保护区、森林公园、湿地质公园、地质公园;省级生态公益林;《湖北省生物多样性保护战略与行动计划(2013—2030)优先保护区;《湖北省生态保护红线划定方案》(鄂政发〔2016〕34 号)中生物多样性维护生态保护红线区
重要	市、县级自然保护区、森林公园、湿地公园、地质公园;市、县级生态公益林
一般重要	其他森林、湿地、水域

③河湖湿地功能重要性。

河湖湿地功能重要性评价主要包括湿地生态环境质量(生态健康评价)和湿地资源合理利用两项指标,具体评价方法见本指南第四章第二节,根据调查分析结果设置阈值,将河湖湿地功能划分为极重要、重要、一般重要 3 个等级,结合《全国湿地保护工程规划(2002—2030 年)》和《湖北省湿地保护利用规划(2016—2025)》《武汉市湿地保护总体规划》中划定的国家、省级、市级湿地保护区范围,取最高等级作为河湖湿地功能重要性等级。

(2)生态敏感性评价。

生态敏感性是指生态系统对人类活动反应的敏感程度,用来表征生态失衡与生态环境问题的可能性大小,一般取水土流失、沙化、石漠化、盐渍化、海岸侵蚀敏感性等指标评价。考虑到武汉河流、湖泊众多,沙化现象极少,随着城市工业化发展,废水排放量持续上升,水质污染问题加剧,水质污染及岸线生态环境已成为生态敏感性的重要因素之一。因此,可取水土流失、石漠化、水质污染、岸线生态环境敏感性 4 项指标中最高等级作为生态敏感性等级,划分为极敏感、敏感、一般敏感 3 个等级。即

[生态敏感性]=Max([水土流失敏感性],[石漠化敏感性],[水质污染],[岸线生态环境敏感性])

①水土流失、石漠化敏感性。

可参照《生态保护红线划定指南(试行)》(环办生态〔2017〕48 号)附录 B 中的模型评估法进行,一般划分为极敏感、敏感和一般敏感 3 个等级。

②水质污染敏感性。

可采用水质综合污染指数,选择地表水具有代表性的污染物,包括高锰酸盐、化学需氧量(COD)、五日生化需养量(BOD_5)、氨氮、总磷等指标,按照《地表水环境质量标准》(GB 3838—2002)中水域环境功能及基本项目标准限值的比值来衡量水质污染程度,以此来表达水质污染敏感性。污染程度及敏感性分级见表 8-3-4。

$$单项污染指数 \quad P_i = \frac{C_i}{S_i}$$

$$综合污染指数 \quad P = \frac{1}{n}\sum_{i=1}^{n} P_i$$

式中:C_i ——污染物实测浓度;

S_i ——相应类别的标准值,可按照《地表水环境质量标准》(GB 3838—2002)中表 1 取值;

P_i ——单项污染指数；

P ——综合污染指数。

表 8-3-4　地表水水质综合污染指数分级及敏感性分级

污染指数 P	定义	污染程度	敏感性分级
$P \leqslant 1.0$	各项水质指标基本上能达到相应的功能标准，即使有少数指标超标，但超标倍数较小(1倍以内)，不直接影响到水体功能效应，水体功能没有受到明显损坏，但在一定程度上受到某些因素(水质指标)的制约	轻度污染	一般敏感
$1.0 < P \leqslant 2.0$	综合指数已明显超过1.0的标准限值，多项指标值已超过相应的标准值，其水体功能明显受到制约，要充分发挥水体的原有功能需采取一定的工程性或非工程性措施，水质对应于其功能已受到污染	污染	敏感
$P > 2.0$	各项水体指标的总体均值已超过标准1倍以上，部分指标可能超过标准数倍，水体功能已受到严重危害，如不采取必要的措施，直接利用其水体功能可能是危险的。必须采取必要的措施，或改变其功能，或付诸行动开展污染整治	重度污染	极敏感

③岸线生态环境敏感性。

水陆交错带的岸线具有港口(码头)、供水、排水、旅游、生物多样性保护、体现城市形象、建设过江桥隧等多种功能，在生态环境保护方面具有重要作用。

武汉市河流众多，岸线分布较长，在利用岸线资源时，港口(码头)开发对岸线生态环境破坏程度较大，对岸线生态环境负面影响主要体现在：造成水、大气等污染及一定水域的侵蚀或冲积；通过土地占用，影响动植物生存、滨水城市形象；改变水动力条件，影响河势稳定。考虑到岸线承担的各种功能的重要性及其对生态环境的要求，一般选取水质敏感性、岸坡稳定性、河势稳定性、敏感区域、堤岸生物多样性5个因子来评价岸线生态环境敏感性，取各因子中最高等级作为生态敏感性等级，敏感性等级划分可参照表8-3-5。

表 8-3-5　岸线生态环境敏感性分级

评价因子	敏感性分级		
	极敏感	敏感	一般敏感
水质敏感性	饮用水源取水口上游1 000m至下游100m的岸段	饮用水源取水口上游1 000～2 500m的岸段	不在上述范围内的岸段
岸坡稳定性	岸坡不稳定	岸坡基本稳定或潜在不稳定	岸坡稳定
河势稳定性	为长江、汉江岸线节点	除长江、汉江外，其他干线河流岸线节点	非长江、汉江及干线河流岸线节点
敏感区域	距离岸段200m范围内的陆域存在敏感区，包括一般性保护湿地、滨江风貌带及其他风景名胜区等	距离岸段200～500m的陆域存在敏感区，包括一般性保护湿地、滨江风貌带及其他风景名胜区等	距岸500m内没有敏感区
堤岸生物多样性	芦苇等自然植被	其他人工植被	无植被

(3)评价步骤。

第一步:因子评价与分级。根据区域主要生态系统服务功能与主要生态问题,选择评价因子进行单项评价,评价结果划分为3个等级。

第二步:生态系统服务功能重要性评价和生态敏感性评价。按上述单因子评价方法分别开展生态系统服务功能重要性评价和生态敏感性评价,初步评判出生态系统服务功能重要性3个等级和生态敏感性3个等级。

第三步:单项评价等级修正与优化。若湖北省已开展了生态环境保护评价工作,可直接使用省级单项评价结果,分别修正最终的生态系统服务功能重要性评价结果与生态敏感性评估结果,与省级结果不一致时取较高值。结合高分辨率分类数据,考虑自然边界,依据地形地貌或生态系统完整性确定的边界,对评价结果边界进行优化。

(4)评价成果。

编制生态系统服务功能重要性、生态敏感性要素分级评价图、统计表,分析区域生态系统服务功能重要性、生态敏感性的空间分异特征,编制分布图、统计表。

2)土地资源评价

土地资源评价主要表征区域土地资源对农业生产、城镇建设的可利用程度,分别采用农业耕作条件、城镇建设条件作为评价指标,利用要素空间分析,将土地资源可利用程度划分为高、较高、中等、较低、低5个等级。评价时扣除河流、湖泊及水库水面区域。

(1)农业生产功能指向的土地资源评价。

评价因子包括不限于坡度、土壤质地、土层厚度、微观地貌等。即

[农业耕作条件]=f([坡度],[土壤质地],[土层厚度],[微观地貌])

①坡度。

利用DEM数据,按农业功能指向计算地形坡度,并进行可利用程度分级,参见表8-3-6。

表8-3-6　坡度可利用程度分级

可利用程度	坡地类型	坡度/(°)	
		农业功能指向	城镇建设功能指向
高	平地	≤2	≤3
较高	平坡地	2~6	3~8
中等	缓坡地	6~15	8~15
较低	缓陡坡地	15~25	15~25
低	陡坡地	>25	>25

②土壤质地。

根据土壤调查情况,参照土分类标准,将土壤质地按不同粒径组含量及可利用程度分级,见表8-3-7。

表8-3-7　土壤质地分级标准

可利用程度	质地名称	不同粒径组分含量/%			
		黏粒(<0.002mm)	粉砂(0.02~0.002mm)	砂粒(2~0.02mm)	石砾(>2mm)
低	砾石土				30~100

续表 8-3-7

可利用程度	质地名称	不同粒径组分含量(%)			
		黏粒（<0.002mm）	粉砂（0.02～0.002mm）	砂粒（2～0.02mm）	石砾（>2mm）
低	砾质土				1～30
中等	壤质砂土	0～15	0～15	85～100	
较高	砂质壤土	0～15	0～45	55～85	
高	壤土	0～15	30～45	40～55	
高	粉砂质壤土	0～15	45～100	0～55	
高	砂质黏壤土	15～25	0～30	55～85	
高	黏壤土	15～25	20～45	30～55	
高	粉砂质黏壤土	15～25	45～85	0～40	
较低	砂质黏土	25～45	0～20	55～75	
较低	壤质黏土	25～45	0～45	10～55	
较低	粉砂质黏土	25～45	45～75	0～30	
较低	黏土	45～65	0～55	0～55	

③土层厚度。

农业耕作土壤有效土层厚度不小于25cm，则土层厚度小于25cm地区可利用程度直接取最低等，土壤土层厚度可根据当地主要农作物或植物生长适宜的深度或有效土层厚度进行可利用程度划分，当无基础数据时，可参照表8-3-8划分。

表 8-3-8 土壤有效土层厚度可利用程度分级

项目	有效土层厚度/cm				
	>100	50～100	30～50	25～30	≤25
可利用程度	高	较高	中等	较低	低

④微观地貌。

根据微地貌分类，结合农业耕作适宜性条件，可利用程度可按表8-3-9分级。

表 8-3-9 微观地貌可利用程度分级

地貌类型	平原、台地	趾坡、岗地	麇坡	背坡	山肩、山顶
可利用程度	高	较高	中等	较低	低

(2)城镇建设功能指向的土地资源评价。

评价因子包括但不限于坡度、地形起伏度等。即

$$[城镇建设条件]=f([坡度],[地形起伏度])$$

利用DEM数据，计算地形坡度，按城镇建设功能指向对坡度进行可利用程度分级(表8-3-6)。

(3)评价步骤。

第一步：图件制备与叠加处理。将数字地形图和土壤类型图以土地利用现状图为参照进行投影转换，对每幅图进行修边处理，供数据提取和空间分析使用。

第二步：要素空间分析。基于数字地形图，计算栅格单元的坡度，生成坡度分级图。以表层 25cm 的平均质地为标准，将土壤质地按照黏质土（重壤、黏土）、壤土（轻壤、中壤）、砂壤土、砂土和砾质土生成土壤质地分类图。

第三步：土地资源评价与分级。农业土地资源评价以坡度分级结果为基础，结合土壤质地、土层厚度、微观地貌指标，将土地资源可利用程度划分为 5 个等级。城镇建设土地资源评价以坡度分级结果为基础，将城镇建设功能指向的土地资源可利用程度划分为 5 个等级。

第四步：评价结果修正。在上述分级基础上，将土壤质地为砂土和砾质土（砾石土）的区域，再分别降低 1 级和 2 级作为农业土地资源等级的最终结果。在地形起伏剧烈的地区，进一步通过地形起伏度指标对城镇土地资源等级进行修正。

对于 20m×20m～30m×30m 的格网，通常采用 21m×21m～15m×15m 领域高程差计算地形起伏度，地形起伏度对土地资源评价分级约束内容见表 8-3-10。

表 8-3-10　地形起伏度约束内容

地形起伏度	约束内容
＞200m	评价结果降 2 级
100～200m	评价结果降 1 级
＜100m	评价结果不作调整

（4）评价成果。

对坡度、土壤质地、土层厚度、微观地貌等指标进行评价，编制要素分级评价图、统计表。分析区域地形、地貌特点及其对农业耕作、城镇建设的影响。分别编制农业耕作、城镇建设条件空间分布图、统计表，并刻画可利用程度的空间分异特征。

3）水资源评价

水资源评价主要表征区域水资源对农业生产、城镇建设的保障能力，分别采用农业供水条件、城镇建设供水条件作为评价指标。针对两项功能指向，通过区域水资源的丰富程度来反映。水资源丰富程度分为丰富、较丰富、一般、较不丰富、不丰富 5 个级别。

（1）农业功能指向的水资源评价。

评价因子主要考虑降雨量、水资源可利用总量。即

$$[农业供水条件]=f([降雨量],[水资源可利用总量])$$

①降雨量。

基于区域内及邻近地区气象站点长时间序列降水观测资料，通过空间插值得到多年平均降水量分布图层，可按照表 8-3-11 将干湿类型划分为 5 个等级。

表 8-3-11　降雨量分级

多年平均降雨量(mm)	≥1 200	800～1 200	400～800	200～400	＜200
干湿类型分级	很湿润	湿润	半湿润	半干旱	干旱

②水资源可利用总量。

水资源总量指武汉市区域内地表水资源量、地下水资源量扣除两者重复计算量后剩余量的代数和。其中，地表水资源量是指河流、湖泊等地表水体逐年更新的动态水量；地下水资源量是指地下饱和含水层逐年更新的动态水量，即降水和地表水入渗地下水的补给量。重复水量主要是平原区浅层地下水的渠系渗漏和渠灌田间入渗补给量的开采利用部分与地表水资源可利用量之间的重复计算量。

武汉市水资源可利用总量按表 8-3-12 要求划分为 5 个等级。考虑到武汉市过境水源占比较大，当水资源可利用总量大于武汉市用水总量控制指标时，应采用区域内用水总量控制指标数进行评价。武汉市用水总量控制数指标可按照《湖北省实施最严格水资源管理制度考核办法（试行）》（鄂政办发〔2013〕39 号文）中有关规定确定。

表 8-3-12　水资源可利用总量分级

水资源总量模数/(万 m^3/km^2)	≥50	20～50	10～20	5～10	<5
用水总量控制指标数/(万 m^3/km^2)	≥25	13～25	8～13	3～8	<3
水资源可利用总量分级	好	较好	一般	较差	差
注：武汉市 2015 年用水总量控制数为 41.61 亿 m^3，2020 年为 48.75 亿 m^3，2030 年为 50.30 亿 m^3。					

（2）城镇建设功能指向的水资源评价。

评价因子主要考虑降雨量、水资源可利用总量。即

$$[城镇建设供水条件]=f([降雨量],[水资源可利用总量])$$

单因子评价分级见表 8-3-11、表 8-3-12。

（3）评价步骤。

第一步：降水量评价。基于降水观测资料划分为 5 个干湿地区类型。

第二步：水资源总量评价。以行政区划为评价单元，以本地水资源总量为评价指标，按照水资源总量模数或用水总量控制指标划分水资源可利用总量 5 个等级。再根据地形地貌因素、开发利用及调水引水工程条件，对水资源总量评价结果进行适当调级处理。

第三步：水资源评价与分级。考虑城镇和农业开发对降水和水资源可利用总量依赖程度不同，可按照城镇指向和农业指向的水资源丰度评价矩阵，确定水资源丰度等级。在不同层级评价中可根据实际需要，选取差异化的分级阈值标准和评价矩阵。水资源丰度评价矩阵见表 8-3-13、表 8-3-14。

表 8-3-13　农业指向的水资源丰度评价矩阵

降雨量	水资源可利用总量				
	好	较好	一般	较差	差
很湿	丰富	丰富	较丰富	一般	较不丰富
湿润	较丰富	较丰富	一般	一般	较不丰富
半湿润	一般	一般	一般	较不丰富	不丰富
半干旱	一般	较不丰富	较不丰富	较不丰富	不丰富
干旱	较不丰富	较不丰富	不丰富	不丰富	不丰富
注：在单项指标起主要作用区域，可采用两项指标中的较好等级作为水资源评价结果。					

表 8-3-14　城镇指向的水资源丰度评级矩阵

降雨量	水资源可利用总量				
	好	较好	一般	较差	差
很湿	丰富	较丰富	较丰富	一般	一般
湿润	丰富	较丰富	一般	较不丰富	不丰富
半湿润	较丰富	一般	一般	较不丰富	不丰富
半干旱	较丰富	一般	较不丰富	较不丰富	不丰富
干旱	一般	较不丰富	较不丰富	不丰富	不丰富
注：在单项指标起主要作用区域，可采用两项指标中的较好等级作为水资源评价结果。					

(4)评价成果。

对降雨量、水资源可利用总量等指标进行评价，编制要素分级评价图、统计表。分析区域降水、河流、湖泊特点及其对农业生产、城镇建设的影响。分别编制水资源丰度空间分布图、统计表，并刻画其空间分异特征。

4)环境评价

环境评价主要表征区域环境系统对经济社会活动产生的各类污染物的承受能力，以及土壤、水环境条件对城镇建设、农业发展的支撑能力。针对两项功能指向，分别采用农业生产环境条件、城镇建设环境条件作为评价指标。

(1)农业生产功能指向的环境评价。

评价因子主要为土壤环境容量。即

$$[农业生产环境条件]=f([光热条件],[土壤环境容量])$$

①光热条件。

通过≥0℃活动积温等指标反映区域光热条件，一般划分为好、较好、一般、较差、差5个等级，分级标准参见表8-3-15。

表8-3-15 活动积温分级标准

活动积温	≥7 600℃	5 800～7 600℃	4 000～5 800℃	1 500～4 000℃	＜1 500℃
等级	好	较好	一般	较差	差

②土壤环境容量。

通过土壤污染风险等级高低反映土壤环境容纳重金属等主要污染物的能力。依据《土壤环境质量 农用地土壤污染风险管控标准(试行)》(GB 15618—2018)，从农业生产功能指向将土壤环境容量划分为好、一般、较差、差、极差5个等级(表8-3-16)。

表8-3-16 土壤环境容量分级标准

风险值判别		≤风险筛选值	＞风险筛选值，≤70%风险管制值	70%～100%风险管制值	100%～150%风险管制值	＞150%风险管制值
土壤环境容量等级	农业生产功能指向	好	一般	较差	差	极差
	城镇建设功能指向	好	一般	较差	差	极差

注：农用地土壤污染风险筛选值、风险管控值详见《土壤环境质量 农用地土壤污染风险管控标准(试行)》(GB 15618—2018)表1、表2、表3；建设用地土壤污染风险风险筛选值、风险管控值详见《土壤环境质量 建设用地土壤污染风险管控标准(试行)》(GB 36600—2018)表1、表2。

(2)城镇建设功能指向的环境评价。

评价因子主要考虑土壤环境容量和水环境容量。即

$$[城镇建设环境条件]=f([土壤环境容量],[水环境容量])$$

①土壤环境容量。

依据《土壤环境质量 建设用地土壤污染风险管控标准(试行)》(GB 36600—2018)，从城镇建设功能指向将土壤环境容量划分为5个等级(表8-3-16)。

②水环境容量。

水环境容量指在能够维持生态平衡并且不超过人体健康要求的阈值条件下，水环境容纳主要污染

物的相对能力。参照《“生态保护红线、环境质量底线、资源利用上线和环境准入负面清单”编制技术指南(试行)》(环办环评〔2017〕99 号),进行水环境容量计算。根据数据分布特征,将水环境容量各项评价指标划分为高、较高、一般、较低、低 5 个等级,取各项评价指标中的最低值,作为评价单元水环境容量等级结果。

当数据资料和技术条件不支持上述方法时,可采用径流量法对水环境容量进行简化计算,即通过计算评价单元年均水质目标浓度与地表水资源量的乘积与过境水环境容量来表征水环境容量相对大小。

(3)评价步骤。

第一步:光热条件评价。基于区域内及邻近地区气象站点长时间序列气温观测资料,统计各气象台站≥0℃活动积温,进行空间插值,结合海拔校正后(以海拔高度每上升 100m 气温降低 0.6℃的温度递减率为依据)得到活动积温图层,将光热条件按活动积温初步划分为 5 个等级,再按照《农业气候影响评价:农作物气候年型划分方法》(GB/T 21986—2008)的要求,对光热条件等级结果进行修正。

第二步:土壤环境容量计算。整理区域内及周边地区土壤污染调查点位的调查资料,对土壤按照农用地、建筑用地类型分类后,进行各点位主要污染物含量分析,通过空间插值得到土壤污染物含量分布图层,分别按农用地土壤污染风险管控、建设用地土壤污染风险管控要求,将土壤环境容量划分为 5 个等级,生成土壤环境容量分级图。

第三步:水环境容量计算。以行政单元或流域分区划定基础评价单元,将水环境容量按照强度划分为 5 个等级,并通过等级分布图空间叠加,生成水环境容量分级图。

第四步:将农业生产环境条件、城镇建设环境条件各指标由高至低分别赋予 9 分、7 分、5 分、3 分、1 分,并将其平均值作为环境条件评价得分,按照≥8、6～8、4～6、2～4、<2 的阈值划分农业生产或城镇建设环境条件好、较好、中等、较差、差 5 个等级。

(4)评价成果。

对光热条件、土壤污染物的环境容量和水环境容量进行单要素评价,编制光热条件、土壤环境容量、水环境容量分级评价图及统计表。分析光热条件、环境容量、环境条件、空间特征及其对农业生产和城镇建设的影响。编制农业生产环境条件、城镇建设环境条件分布图及统计表,并刻画环境条件的空间分异特征。

5)灾害评价

分别开展农业功能指向、城镇建设功能指向情况下的灾害危险性评价,以评价灾害对人类活动的影响程度。灾害危险性一般分为高、较高、中等、较低、低 5 个级别。

(1)农业生产功能指向的灾害评价。

选择气象灾害风险作为评价指标,武汉地区气象灾害主要包括干旱、洪涝、高温热害、低温冷害等。即

[气象灾害风险]=f([干旱灾害危险性],[洪涝灾害危险性],[高温热害危险性],[低温冷害灾害危险性])

气象灾害危险性分级见表 8-3-17。

表 8-3-17 气象灾害危险性分级

气象灾害发生频率	≤20%	20%～40%	40%～60%	60%～80%	>80%
危险性分级	低	较低	中等	较高	高

(2)城镇建设功能指向的灾害评价。

选择地质灾害危险性作为评价指标,主要受到地震、地质灾害等影响程度和可能性。武汉地区地质灾害主要有崩塌、滑坡、不稳定斜坡、岩溶地面塌陷、地面沉降等。即

[地质灾害危险性]=Max([地震危险性],[地质灾害易发性])

①地震危险性。

武汉市地震危险性通过全新世活动断层距离及地震动峰值加速度综合反映。取全新世活动断层距离及地震动峰值加速度中的最高等级，作为地震危险性等级，划分为高、较高、中等、低4个等级。

全新世活动断层距离危险性和地震动峰值加速度危险性可按照表8-3-18、表8-3-19进行分级。

表8-3-18 全新世活动断层距离危险性等级

等级	稳定	次稳定	次不稳定	不稳定
距断裂距离	单侧400m以外	单侧200～400m	单侧100～200m	单侧100m以内
危险性等级	低	中等	较高	高

表8-3-19 地震动峰值加速度危险性分级

地震动峰加速度	0.05g	0.10(0.15)g	0.20(0.30)g	0.40g
危险性等级	低	中等	较高	高

②地质灾害易发性。

武汉地质灾害主要有崩塌、滑坡、不稳定斜坡、岩溶地面塌陷、地面沉降等，通过灾害的易发程度和强度来综合反映。依据第六章地质灾害调查评价结果，结合《武汉市地质灾害防治规划(2016—2020年)》，取崩塌滑坡不稳定斜坡、岩溶地面塌陷和地面沉降中的最高等级，作为地质灾害易发性等级，划分为低易发、中易发、高易发、极高易发4个等级。即

[地质灾害易发性]=Max([崩塌滑坡不稳定斜坡易发性],[地面沉降易发性],[岩溶地面塌陷易发性])

a.崩塌、滑坡、不稳定斜坡易发性。

采用坡度、起伏度、地貌类型、工程地质岩组、斜坡结构类型、历史地质灾害发育程度等主要指标计算确定。

b.岩溶地面塌陷易发性。

利用武汉市城市地质调查、岩溶塌陷等调查监测成果，结合《武汉市地质灾害防治规划(2016—2020年)》进行易发程度等级划分。

c.地面沉降易发性。

通过地面沉降累计沉降量或年沉降速率确定易发性等级，按照就高不就低原则，满足一项即可划入对应的等级(表8-3-20)。

表8-3-20 地面沉降分级表

等级	低易发	中易发	高易发	极高易发
累计沉降量/mm	<200	200～800	800～1 600	>1 600
沉降速率/(mm/a)	<10	10～30	30～50	>50

(3)评价步骤。

①气象灾害评价步骤。

第一步：气象灾害灾种选择。根据区域气象灾害类型特点，遴选对农业生产活动有重要限制作用的灾种。

第二步：单项灾种危险性评价。根据单项气象灾害指标每年发生情况，统计发生频率和强度，分析

水文气象、土壤植被等自然条件,以及降雨、高温、低温等触发条件的相关程度,赋予各指标权重并评价单项灾种危险性。

第三步:气象灾害风险评价。根据单项灾种危险性评价结果,采用最大因子法确定气象灾害风险,划分气象灾害风险度高、较高、中等、较低、低 5 个等级。

②地质灾害危险性评价步骤。

第一步:地震危险性评价。根据全新世活动断层分布图,按照活动断层距离划分为 4 个危险性等级;依据《中国地震动参数区划图》(GB 18306—2015),确定地震动峰值加速度危险性等级。取两者中的最高等级作为地震危险性等级,一般分为高、较高、中等、低 4 个等级。

第二步:崩塌、滑坡、不稳定斜坡易发程度评价。采用多种关联性强的主要指标计算确定,评价模型建议采用概率比率模型、证据权模型方法,结合武汉地质灾害调查或危险性评估结果,将易发程度分为 4 个等级。

第三步:地面沉降易发程度评价。利用武汉市地面沉降调查及监测资料,结合《武汉市深厚软土区域市政与建筑工程地面沉降防控技术导则》,将地面沉降易发程度划分为 4 个等级。

第四步:岩溶地面塌陷易发区评价。根据武汉市岩溶地面塌陷调查评价或危险性评估成果,将易发程度划分为 4 个等级。因地制宜,合理避让岩溶地面塌陷区。

第五步:地质灾害易发性评价。取崩塌滑坡不稳定斜坡、地面沉降及岩溶地面塌陷中的最高等级,作为地质灾害易发性等级,划分地质灾害极高易发、高易发、中易发、低易发 4 个等级。

(4)评价成果。

对各气象灾种编制要素分级评价图、统计表,分析气象灾种空间分布格局及其对农业生产的影响;对地质灾害易发程度编制要素分级评价图、统计表,分析地质灾害空间分布格局及其对城镇建设的影响。编制气象灾害、地质灾害空间分布图、统计表,刻画气象灾害、地质灾害的空间分异特征。

2. 集成评价

基于资源环境要素单项评价的分级结果,根据生态保护、农业生产、城镇建设三方面的差异化要求,综合划分生态指向的生态保护等级以及农业、城镇指向的承载能力等级,表征国土空间的自然本地条件对人类生活生产活动综合支撑能力。承载能力等级按取值高低一般划分为Ⅰ级(高)、Ⅱ级(较高)、Ⅲ级(中等)、Ⅳ级(较低)、Ⅴ级(低)5 个等级。

1)生态保护功能指向的承载等级

(1)初判生态保护重要性等级。

取生态系统服务功能重要性和生态敏感性评价结果的较高等级,作为生态保护重要性等级的初判结果,划分为极重要、重要、一般重要 3 个等级(表 8-3-21)。

[生态保护重要性初判等级]=Max([生态系统服务功能重要性],[生态敏感性])

表 8-3-21 生态保护重要性等级矩阵

生态系统服务功能重要性	生态敏感性		
	极敏感	敏感	一般敏感
极重要	极重要	极重要	极重要
重要	极重要	重要	重要
一般重要	极重要	重要	一般重要

(2)修正生态保护重要性等级。

第一步:基于生态廊道进行修正。对于野生动物迁徙、洄游十分重要的生态廊道将初判结果调高 1 级。

第二步：生态系统完整性修边。考虑自然边界，依据自然地理地形地貌或生态系统完整性确定的边界，如林线、岸线、分水岭，以及生态系统分布界线，对生态保护重要性极重要、重要等级的区域进行边界修正。

(3)评估生态保护格局及优化路径。

编制生态保护极重要区、重要区和一般区分布图、汇总表，分析三类保护区的数量和面积、空间分布特征。通过三类保护区与现状生态格局的叠加分析，结合资源环境承载能力评价，解析生态保护的调整方向、重点，提出优化路径和具体措施。

2)农业生产功能指向的承载等级

[农业生产功能指向的承载等级]=f([水土资源基础],[光热条件],[土壤环境容量])

(1)初判农业生产功能指向的承载等级。

基于农业耕作条件和农业供水条件两项指标，确定农业生产功能指向的水土资源基础，判别矩阵见表8-3-22。

[水土资源基础]=f([农业耕作条件],[农业供水条件])

表8-3-22 农业生产功能指向水土资源基础判别矩阵

农业供水条件	农业耕作条件				
	高	较高	中等	较低	低
丰富	高	高	较高	中等	低
较丰富	高	高	较高	较低	低
一般	高	较高	中等	较低	低
较不丰富	较高	中等	较低	低	低
不丰富	低	低	低	低	低
注：在土地资源或水资源单因素限制作用较强区域，可根据短板原理，采用限制性因子的等级作为水土资源基础等级。					

以水土资源基础分级结果为基础，结合农业生产环境条件中的光热条件，初步确定农业功能指向的承载等级。农业功能指向的承载等级初判矩阵见表8-3-23。

表8-3-23 农业功能指向的承载等级判别矩阵

光热条件	水土资源基础				
	高	较高	中等	较低	低
好	Ⅰ	Ⅰ	Ⅱ	Ⅲ	Ⅴ
较好	Ⅰ	Ⅱ	Ⅱ	Ⅳ	Ⅴ
一般	Ⅰ	Ⅱ	Ⅲ	Ⅳ	Ⅴ
较差	Ⅱ	Ⅲ	Ⅳ	Ⅴ	Ⅴ
差	Ⅴ	Ⅴ	Ⅴ	Ⅴ	Ⅴ

(2)修正农业生产功能指向的承载等级。

根据农业生产环境条件中的土壤环境容量指标对初判结果进行调整。对于土壤环境容量评价结果为最低值的，将初步评价结果调整为低等级；土壤环境容量评价结果为中等级的，将初步评价结果下降1个级别。

基于气象灾害风险指标修正。对于气象灾害风险性高的区域，将初步评价结果为Ⅰ级(高)的调整为Ⅱ级(较高)。

(3)综合分析。

编制农业功能指向的承载力等级和分布图、汇总表,统计各等级区域的数量和面积,分析承载能力等级空间分布特征及基本规律,追溯主要影响因子,识别优势和短板,结合资源环境承载能力评价,解析农业生产的调整方向、重点。

3)城镇建设功能指向的承载等级

[城镇建设功能指向的承载等级]=f([水土资源基础],[城镇建设环境条件])

(1)初判城镇建设功能指向的承载等级。

基于城镇建设条件和城镇建设供水条件两项指标,确定城镇建设功能指向的水土资源基础。城镇建设功能指向的水土资源基础判别矩阵见表8-3-24。

[水土资源基础]=f([城镇建设条件],[城镇供水条件])

表8-3-24　城镇建设功能指向的水土资源基础判别矩阵

城镇供水条件	城镇建设条件				
	高	较高	中等	较低	低
丰富	Ⅰ	Ⅰ	Ⅱ	Ⅲ	Ⅴ
较丰富	Ⅰ	Ⅰ	Ⅱ	Ⅳ	Ⅴ
一般	Ⅰ	Ⅱ	Ⅲ	Ⅳ	Ⅴ
较不丰富	Ⅱ	Ⅱ	Ⅲ	Ⅴ	Ⅴ
不丰富	Ⅲ	Ⅲ	Ⅲ	Ⅴ	Ⅴ

以水土资源基础分级结果为基础,结合城镇建设环境条件,初步确定城镇建设功能指向的承载等级。对于水环境容量为最低值的,将初步评价结果下降1个级别作为城镇功能指向的承载等级。

(2)修正城镇建设功能指向的承载等级。

基于灾害危险性指标的修正。对于地质灾害危险性评价结果为极高等级的,将初步评价结果调整为低等级;为高等级的,将初步评价结果下降2个级别;为较高等级的,将初步评价结果下降1个级别。

(3)综合分析。

编制城镇建设功能指向的承载力等级分布图、汇总表,统计各等级区域的数量和面积,分析承载能力等级空间分布特征及基本规律,追溯主要影响因子,识别优势和短板,结合资源环境承载能力评价,解析城镇建设的调整方向、重点。

二、国土空间开发适宜性评价

(一)评价目的

在资源环境承载力评价的基础上,明确农业生产、城镇建设的适宜空间,为完善主体功能定位,划定生态保护红线、永久基本农田、城镇开发边界,实施国土空间用途管制和生态保护修复提供技术支撑。

(二)评价原则

底线思维原则。强化资源环境底线约束,在严守生态、文态底线的前提下开展农业生产适宜性评价和城镇建设适宜性评价。

统筹衔接原则。适宜性评价是在资源环境承载力评价的基础上进行的，应注意与资源环境承载力评价的统筹衔接。

因地制宜原则。充分考虑区域和尺度差异，结合武汉实际和地域特色，因地制宜补充评价要素与指标，优化评价方法，细化分级准则。

（三）评价单元与计算精度

评价单元的确定应注重尺度效应，优先使用矢量数据进行分项评价，或以 20m×20m～30m×30m 栅格为基本单元进行评价，以街区为评价单元计算农业生产适宜、城镇建设适宜性等级。地形条件复杂的区域可适当提高评价精度。

（四）技术路线及工作流程

1. 技术路线

国土空间开发适宜性评价技术路线详见图 8-3-3。

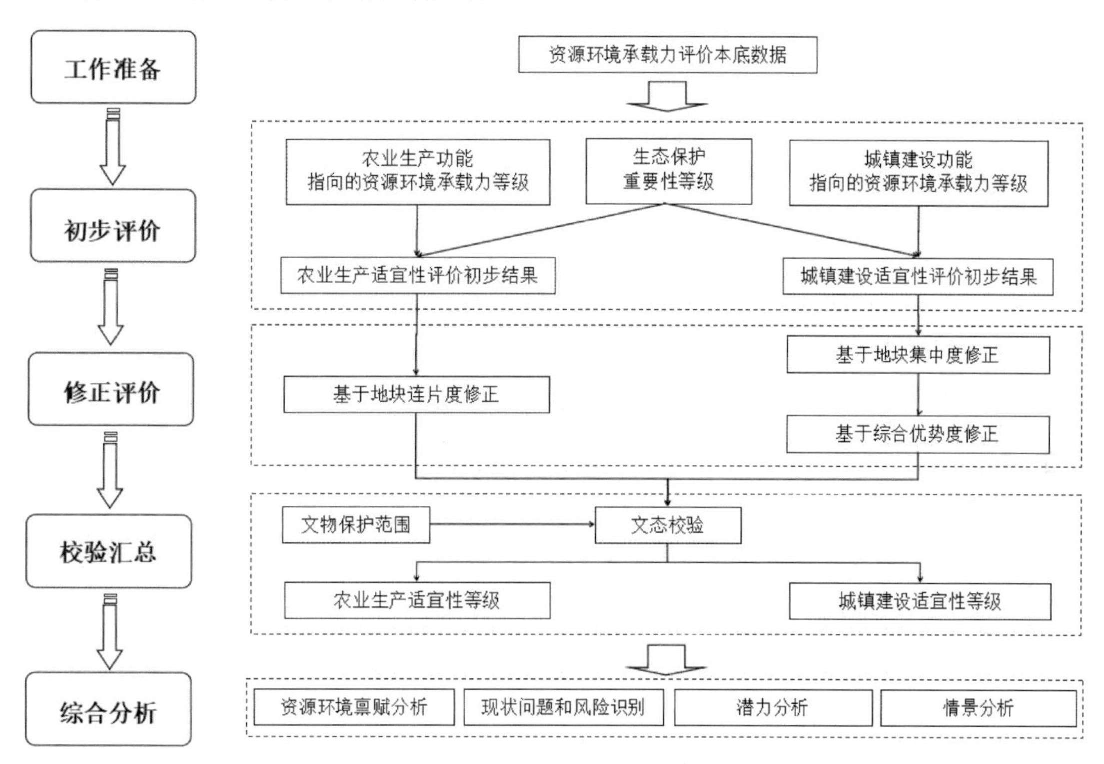

图 8-3-3　国土空间开发适宜性评价技术路线图

2. 工作流程

国土空间开发适宜性评价流程主要分为以下五步：

(1)工作准备。开展资源环境承载力评价，获得生态保护重要性评价、农业生产功能指向的资源环境承载力评价和城镇建设指向的资源环境承载力评价结果。

(2)初步评价。根据农业生产功能指向的资源环境承载力等级、城镇功能指向的资源环境承载力等级，结合生态保护重要性等级，分别初判农业生产适宜性等级、城镇建设适宜性等级。

(3)修正评价。对于农业生产适宜性，结合地块连片性修正农业生产适宜性的初判结果；对于城镇建设适宜性，结合综合优势度、地块集中性修正初判结果。

(4)校验汇总。结合相关文保单位划定的文物范围对上述评价结果进行最终校验,把位于文物保护范围内的区域划定为农业生产不适宜区、城镇建设不适宜区,在此基础上,编制农业生产适宜性分区图、城镇建设适宜性分区图。

(5)综合分析。结合资源环境承载力评价结果,开展资源环境禀赋分析、现状问题和风险识别、潜力分析和情景分析,结合现状农业生产、城镇建设格局,提出优化路径和举措。

(五)评价方法

国土空间开发适宜性评价是在维系生态系统健康的前提下,综合考虑资源、环境、区位等要素条件,特定国土空间进行农业生产、城镇建设等人类活动的适宜程度。主要分为两部分内容,即农业生产适宜性评价和城镇建设适宜性评价。国土空间开发务必遵循底线思维,避免对生态、文态空间造成不可逆的影响,在生态保护极重要区和文态保护范围内不适宜进行国土空间开发。

生态空间主要由生态保护重要性等级确定,对于生态保护极重要区应避免进行国土空间开发;对于生态保护重要区,应限制进行国土空间开发。

文态空间是因人类活动而具有特定文化意义的国土空间,不可移动的物质文化遗产是其核心组成要素,主要包括历史建筑、大遗址、历史文化街区、风景名胜区、地下文物埋藏区等。在进行修正评价后,应根据相关文物保护单位划定的文物保护范围对评价结果进行校验。

1.地表空间资源开发利用适宜性评价

1)评价目的

城市地表空间资源的主体是空间,每个城市都能形成区别于其他城市的特色空间。城市空间特色反映了城市地方特色的空间与载体,也是观察和理解一个城市的最佳窗口,包括了山水环境、城市格局、开放空间等多方面城市物化要素和有形要素,人们在城市特色空间中能够体验城市特色、感知城市精神、理解地方文化。

武汉城市地表空间开发利用适宜性评价,以服务于武汉城市规划、建设和管理为目标,集约利用空间资源,避免城市建设“千城一面”,促进人地和谐发展与城市特色塑造。

2)评价内容

在摸清城市地质资源家底和地质环境状况基础上,界定城市空间资源内涵,推导出9项基本要素——山水环境特色资源、城市格局特色资源、开放空间特色资源、公共中心特色资源、建筑风貌特色资源、历史名胜特色资源、园林绿化特色资源、滨水景观特色资源和景观地标特色资源,9项基本要素的空间载体即是地表空间资源评价的主要内容。

3)评价方法

建议采用定性评价与半定量评价相结合的方法。定性评价推荐模糊评价法,从城市空间资源的概念及内涵可知,城市空间资源难于量化,普通的精确数据评价指标体系不适合评价城市空间特色资源,因此采用模糊综合评价法为主的多方法叠加。半定量方法包括模型数学法和灰色系统方法等。

4)评价步骤

(1)资料收集整理。

①基本信息。

资源环境基本信息包括行政区划、地形地貌(高程、坡度)、地物覆被、降水等气候情况、人口状况、经济社会发展情况、武汉城市总体规划等。

②地质资源状况。

地质资源状况应包括武汉市土地资源、地下水资源、地热资源、地质遗迹景观资源、天然建筑石材资源等,度量上述地质资源的禀赋条件的优劣程度,分析开发利用潜力。

③地质环境状况。

地质环境状况应包括武汉市自然环境、工程地质环境、地下水地质环境、矿山地质环境和水土地质环境。

(2)资源环境承载状态评价。

资源环境承载状态评价综合考虑了资源环境承载能力的支持部分和压力部分，对资源与环境子系统的供容能力与社会经济子系统的发展需求的供需平衡状况进行分析，用于衡量地区发展功能与资源环境禀赋的协调匹配、协调程度。详见本节上述相关内容。

(3)地表空间开发利用适宜性评价。

在资源环境承载状态评价基础上，利用模糊评价法开展地表空间开发利用适宜性评价。模糊评价法，在定量分析和评价界限不明确现象时模拟了人类的推理模式，评价方式为单项分级，表达方式为直观雷达示意图，评价数据来源于网络问卷、专家访谈兼直观判断。根据城市空间资源特色内涵遴选评估因子，突出城市空间特色指标特征，计有独特性、根植性、认知度、影响度、支撑性和成长性等 6 个。再根据数据分布特征及资源空间分布特征，对城市空间发展方向进行再判断，以构建城市空间特色体系。

2. 农业生产适宜性评价

农业生产适宜性反映国土空间中进行农业生产活动的适宜程度，农业生产适宜性评价结果一般划分为适宜区、一般适宜区和不适宜区 3 种类型。通常农业生产适宜区具备承载农业生产活动的资源环境综合条件，且田块完整性和耕作便利性优良；农业生产一般适宜区具备一定承载农业生产活动的资源环境综合条件，但田块完整性和耕作便利性一般；而农业生产不适宜区不具备承载农业生产活动的资源环境综合条件，或田块完整性和耕作便利性差。

1)农业生产适宜性初判

根据农业承载能力等级确定不同等级适宜区的备选区域。适宜农业空间布局的区域首先应具备承载农业生产活动的资源环境综合条件，水土资源条件越好，生态环境对农业生产约束性越弱，气象灾害风险的限制性越低，农业生产适宜程度越高。按照农业生产功能指向的资源承载能力等级，初步确定资源承载力等级为较高—高的区域为农业生产适宜区，资源承载力等级为较低—中等的区域为农业生产一般适宜区，资源环境承载力为低的区域为农业生产不适宜区。

结合生态保护重要性评价结果，对上述结果按照表 8-3-25 进行调整，调整后的结果即为农业生产适宜性的初判结果。

表 8-3-25　考虑生态保护因素的农业生产适宜性等级对照表

生态保护重要性	农业生产适宜性		
	适宜	一般适宜	不适宜
极重要	不适宜	不适宜	不适宜
重要	一般适宜	不适宜	不适宜
一般重要	适宜	一般适宜	不适宜

2)初判结果修正

适宜农业空间布局的区域应具有一定平整度，且破碎程度较低。对适宜农业空间布局的备选区域进一步评价地块连片度，若单个地块越大，地块连片度越高，农业空间适宜程度越高。

(1)地块连片度指标及算法。

地块连片度主要表征适宜农业生产田块的规模及空间分异特征，通过具备农业承载能力的用地规模反映。通过聚合面工具分别将初判结果的农业生产适宜区、一般适宜区的相对集聚或邻近的图斑聚合为相对完整连片地块，聚合距离根据地形地貌特征确定，平原地区为 30～50m，山地丘陵区为 20～30m。地块连片度的参考阈值如表 8-3-26 所示。

表 8-3-26　地块连片度评价分级参考阈值

地块连片度	低	较低	一般	较高	高
连片面积/亩	<150	150～400	400～600	600～900	≥900
山地丘陵连片面积/亩	<80	80～150	150～250	250～400	≥400

一般山地丘陵区分级标准可有所降低，但为保障耕作效率和农业机械化，地块形态应相对规整。通过对聚合结果进行修边处理，识别地块中宽度在 200m 内的细长部分，对细长部分的地块连片度进行降级处理。对修边后保留的部分进一步计算连片田块形状指数。

[地块形状指数]＝0.25×[地块周长]/[地块面积]$^{0.5}$

对形状指数大于 2 的地块，应按照离心距离逐步降低其外围区域的连片度等级。离心距离是连片地块内格网到其几何中心的距离。计算连片地块内离心距离对平均离心距离的倍数。采用自然断点法对离心距离倍数由低到高分为 5 级，离心倍数为 5 级的外围区域地块连片度降两级，离心倍数为 4 级的外围区域地块连片度降一级。修边需降级部分原则上取其邻接地块离心距离降级要求高的等级降级，至少降一级。地块连片度计算时，可根据当地具体情况，适当调整聚合距离和最小规模，例如根据地形地貌特点进行调整。

(2)基于地块连片度的适宜性结果修正。

根据地块连片度初步确定农业生产适宜性等级。按照农业生产适宜性分区参考判别矩阵，进一步划分农业生产适宜区、一般适宜区和不适宜区。原则上，永久基本农田的地块连片度不应低于一般等级。具体可参照表 8-3-27。

表 8-3-27　基于地块连片度的农业生产适宜性分区判别对照表

地块连片度	农业生产适宜性		
	适宜	一般适宜	不适宜
高	适宜	一般适宜	不适宜
较高	适宜	一般适宜	不适宜
一般	一般适宜	一般适宜	不适宜
较低	一般适宜	一般适宜	不适宜
低	不适宜	不适宜	不适宜

3)校验汇总

根据文态空间对评价结果进行校验，将文物保护范围划定为农业生产不适宜区，文物保护范围由国家、省、市等相关文物保护单位确定。在此基础上编制农业生产适宜区、一般适宜区和不适宜区分布图、汇总表，分析 3 类适宜区的数量和面积、空间分布特征，对适宜性结果进行专家校验，综合判断评价结果与实际状况相符性，对不符合实际的，开展必要的现场核查校验与优化。

3. 城镇建设适宜性评价

城镇建设适宜性反映国土空间中从事城镇居民生产生活的适宜程度，城镇建设适宜性评价结果一般划分为适宜区、一般适宜区和不适宜区3种类型。通常地，城镇建设适宜区具备承载城镇建设活动的资源环境综合条件，且地块集中度和综合优势度优良；城镇建设一般适宜区具备一定承载城镇建设活动的资源环境综合条件，但地块集中度和综合优势度一般；而城镇建设不适宜区不具备承载城镇建设活动的资源环境综合条件，或地块集中度和综合优势度差。

1)城镇建设适宜性等级初判

根据城镇承载能力等级确定不同等级适宜区的备选区域。适宜城镇空间布局的区域首先应具备承载城镇建设活动的资源环境综合条件，水土资源条件越好，生态环境对一定规模的人口与经济集聚约束性越弱，地质灾害风险的限制性越低，城镇建设适宜程度越高。按照城镇承载能力等级，确定城镇建设适宜区、一般适宜区的备选区域。按照城镇建设功能指向的资源承载能力等级，初步确定资源承载力等级为较高—高的区域为城镇建设适宜区，资源承载力等级为较低—中等的区域为城镇建设一般适宜区，资源环境承载力为低的区域为城镇建设不适宜区。

结合生态保护重要性评价结果，对上述结果按照表8-3-28进行调整，调整后的结果即为城镇建设适宜性的初判结果。

表8-3-28 考虑生态保护因素的城镇建设适宜性等级对照表

生态保护重要性	城镇建设适宜性		
	适宜	一般适宜	不适宜
极重要	不适宜	不适宜	不适宜
重要	一般适宜	不适宜	不适宜
一般重要	适宜	一般适宜	不适宜

2)初判结果一次修正

适宜城镇空间布局的区域应具有一定规模和集中连片布局的条件。对于备选区域进一步评价地块集中度，若地块集中度越高，集中连片性相对较好，适宜程度越高。

(1)地块集中度评价指标及算法。

地块集中度主要表征适宜城镇建设区域的规模及空间分异特征，通过具备城镇承载能力的用地规模反映。选择城镇建设适宜区和一般适宜区的备选区域，分别将两类备选区域中相对聚集或邻近的图斑聚合为相对完整连片地块。聚合距离根据地形地貌特征确定，平原区一般为100m，山地丘陵区一般为20～50m。地块集中度的参考阈值如表8-3-29所示。

表8-3-29 地块集中度评价分级参考阈值

地块面积/km^2	<0.25	0.25～0.5	0.5～1.0	1～2	≥2
地块集中度	低	较低	一般	较高	高

根据聚合后的地块面积，按面积大小将地块集中度依次划分高、较高、一般、较低和低5个等级，地块面积规模可结合区域特点适当调整。一般山地丘陵区分级标准可有所降低，但为保障地块形态相对集中，避免过度条带状拓展，需计算连片建设用地紧凑度。计算公式如下：

[用地紧凑度]=[连片建设用地面积]/[最小外切圆面积]

对连片适宜建设用地紧凑度偏低的地块，应按照离心距离逐步降低其外围区域的集中度等级。离心距离是地块内各点到重心的距离，用地紧凑度阈值及离心距离阈值根据实际情况进行确定。

(2)基于地块集中度的适宜性修正。

按照城镇建设适宜性分区参考判别矩阵，进一步修正城镇建设适宜区、一般适宜区和不适宜区。一般地，县城及以上层级城镇布局的地块集中度应为高等级区间，而重点镇布局的地块集中度不应低于一般等级（表 8-3-30）。

表 8-3-30　基于地块集中度的城镇建设适宜性分区判别对照表

地块集中度	城镇建设适宜性		
	适宜	一般适宜	不适宜
高	适宜	一般适宜	不适宜
较高	适宜	一般适宜	不适宜
一般	一般适宜	一般适宜	不适宜
较低	一般适宜	一般适宜	不适宜
低	不适宜	不适宜	不适宜

3）初判结果二次修正

适宜城镇空间布局的区域基础设施应具有一定网络化和干线（或通道）支撑条件。若基础设施网络密度和区位优势越高，城镇空间发育和拓展潜力越大，城镇建设适宜程度也越高。

（1）综合优势度评价指标及算法。

综合优势度评价主要表征区位条件、道路交通设施、环境气候等对城镇建设的引导、支撑和保障能力。市县层面通过区位条件、交通网络发展水平综合反映。即

[综合优势度]＝f([区位条件]，[交通网络密度])

[区位条件]＝f([交通干线可达性]，[中心城区可达性]，[交通枢纽可达性])

[交通网络密度]＝[公路通车里程]/[区域土地面积]

①区位条件评价。

区位条件评价主要包括交通干线可达性、中心城区可达性、交通枢纽可达性 3 个方面，采用 0～5 分五级打分的方法对以上指标进行量化，再结合多因素综合叠加模型划分区位等级，原理如下：

$$S=\sum_{i}^{n}W_iX_i \quad (i=1,2,3,\cdots,n)$$

式中：S——适宜性综合得分值；

W_i——第 i 个指标的权重，可通过层次分析法确定；

X_i——某单元第 i 个因子的分值；

n——评价因子个数。

按表 8-3-31 划分区位条件等级。

表 8-3-31　区位条件等级划分一览表

S 值	$S>4$	$3<S\leqslant 4$	$2<S\leqslant 3$	$1<S\leqslant 2$	$S\leqslant 1$
区位条件等级	好	较好	一般	较差	差

a. 交通干线可达性。

按照格网单元距离不同技术等级交通干线的距离远近分级，在 GIS 软件中采用相等间隔法将交通干线可达性由高到低分为 5 个等级，分级参考阈值如表 8-3-32 所示。

表 8-3-32　交通干线可达性评价分级参考阈值

评价指标	分级参考阈值	赋值
一级公路	距离一级公路≤3km	5
	3km＜距离一级公路≤6km	4
	距离一级公路＞6km	1
二级公路	距离二级公路≤3km	4
	3km＜距离二级公路≤6km	3
	距离二级公路＞6km	1
三级公路	距离三级公路≤3km	3
	3km＜距离三级公路≤6km	2
	距离三级公路＞6km	1
四级公路	距离四级公路≤3km	2
	距离四级公路＞3km	1

b. 中心城区可达性。

按照格网单元到现状中心城区的时间距离远近分级，具体计算方法：在确定各级道路车速后，以中心城区几何中心点为源，运用 GIS 软件中的网络分析工具，沿现状路网形成等时圈，根据等时圈覆盖情况给评价格网单元赋值，分级参考阈值如表 8-3-33 所示。

表 8-3-33　中心城区可达性评价分级参考阈值

分级参考阈值	赋值
车程≤20min	5
20min＜车程≤40min	4
40min＜车程≤60min	3
60min＜车程≤90min	2
车程＞90min	1

c. 交通枢纽可达性。

按照格网单元距离不同类型交通枢纽的交通事件远近分级，具体方法：运用 GIS 软件中的网格分析工具，以各交通枢纽为源形成等时圈，根据等时圈覆盖情况给评价格网单元赋值，分级参考阈值如表 8-3-34所示。

[交通枢纽可达性]＝Max([机场],[火车站],[港口],[城市轨道交通站点],[公路客运、货运枢纽])

表 8-3-34　交通枢纽可达性评价分级参照阈值

评价指标	分级参考阈值	赋值
机场	车程≤40min	5
	40min＜车程≤60min	4
	60min＜车程≤90min	3
	车程＞90min	0

续表 8-3-34

评价指标	分级参考阈值	赋值
火车站	车程≤20min	5
	20min<车程≤40min	4
	40min<车程≤60min	3
	车程>60min	0
港口	车程≤40min	3
	40min<车程≤60min	2
	车程>60min	0
城市轨道交通	车程≤10min	5
	10min<车程≤20min	4
	20min<车程≤40min	3
	车程>40min	0
公路客运、货运枢纽	车程≤20min	3
	20min<车程≤40min	2
	车程>40min	0

②交通网络密度评价。

将公路网作为交通网络密度评价主体，以街道为评价单元，采用线密度分析方法其计算公式为：

$$D=L/A$$

式中，D——交通网络密度（km/km^2）；

L——街道单元领域范围内的公路通车里程总长度（km），主要考虑高速公路、国道、省道和县道，县道以下交通线路可酌情计入分析范围，并在具体操作中根据评价单元等级和需要予以考虑；

A——街道单元面积（km^2）。

结合武汉市路网实际情况，将交通路网密度划分为5个等级，参考阈值如表8-3-35所示。

表 8-3-35 交通网络密度分级参照阈值

路网密度 D（km/km^2）	$D\geqslant8$	$6\leqslant D<8$	$4\leqslant D<6$	$2\leqslant D<4$	$D<2$
等级	高	较高	一般	较低	低

数据来源：根据2019年度《中国主要城市道路网密度监测报告》提供的武汉市各区路网密度值综合确定。

③综合优势度判别。

基于区位条件评价和交通网络密度评价结果，确定综合优势度评价结果，参考判别矩阵见表8-3-36。

表 8-3-36 综合优势度分区判别对照表

交通网络密度	区位条件				
	好	较好	一般	较差	差
高	高	高	较高	一般	低
较高	高	高	较高	较低	低

续表 8-3-36

交通网络密度	区位条件				
	好	较好	一般	较差	差
一般	高	较高	一般	较低	低
较低	较高	较高	一般	低	低
低	一般	一般	较低	低	低

(2)基于综合优势度的适宜性修正。

对于综合优势度评价结果为低的地块,将初划适宜性分区结果均划分为不适宜区;对结果为较低的地块,将初划结果下调一级;对结果为高的地块,将适宜性分区初划结果中的一般适宜区上调一级为适宜区;对结果为较高、一般、较低的地块,适宜性分区划分结果不变。

4)校验汇总

根据文态空间对评价结果进行校验,将文物保护范围划定城镇建设不适宜区,文物保护范围由相关国家、省、市等文物保护单位确定。在此基础上编制城镇建设适宜区、一般适宜区和不适宜区分布图、汇总表,分析3类适宜区的数量和面积、空间分布特征,对适宜性结果进行专家校验,综合判断评价结果与实际状况相符性,对不符合实际的,开展必要的现场核查校验与优化。

(六)综合分析

1. 资源环境禀赋特征

分析土地、水、能源矿产、森林、湿地等自然资源的数量、质量、结构、分布等特征,结合生态、环境、灾害等要素特点,对承载等级较高和较低的区域,追溯分析其主要影响因子,识别优势和短板因素。

2. 现状问题和风险

根据农业生产、城镇建设适宜性评价及生态保护重要性评价结果,总结分析区域生态安全、农业生产、城镇建设的空间格局特征。重点关注以下问题:

(1)识别生态保护极重要区内现状农业生产、城镇建设空间分布及规模。

(2)识别现状耕地、永久基本农田在农业生产不适宜区内的空间分布和规模,并追溯分析该不适宜区内的主要限制性因素。

(3)识别城镇建设用地在城镇建设不适宜区内的空间分布及规模,并追溯分析该不适宜区内的主要限制因素,判断能否采取措施加以改善。

(4)识别现状农业生产、城镇建设可能遭遇或引发的地质灾害、气象灾害、水土污染、生态破坏等问题,并判断其危险性,为自然资源部门、生态环境部门、水利部门的防害减灾工作提供支撑。

3. 潜力分析

潜力分析是"三区三线"划定、各类指标确定的重要依据,主要内容包括以下两个方面:

(1)根据农业生产适宜性评价结果,对农业生产适宜区、一般适宜区内且生态保护极重要以外区域,分析土地利用现状结构,形成农业生产空间潜力分析图。按照生态优先、绿色发展、经济可行的原则,结合可承载农业生产的最大规模,分析可开发为耕地的潜力规模和空间布局,以及现状耕地质量的提升潜力。

(2)根据城镇建设适宜性评价结果,对城镇建设适宜区、一般适宜区内且生态保护极重要以外区域,分析土地利用现状结构,形成城镇建设空间潜力分析图。综合城镇发展阶段、定位、性质、发展目标和相关管理要求,结合可承载城镇建设的最大规模,分析可用于城镇建设的潜力规模和空间布局,以及现状城镇空间优化利用方向。

4. 情景分析

分析当前或未来可能发生的重大工程、区位优势改变、能源结构调整、城市历史文化保护、国家战略布局、技术进步、生产生活方式转变等对区域资源环境承载力可能的影响,例如长江大保护战略、长江新城建设、武汉市生态文明建设工程、重大交通设施工程等,结合国土空间规划,提出相应的措施和建议。

第九章　监测预警体系建设

第一节　生态地质环境监测体系建设

一、生态地质问题动态监测

(一)基本要求

生态环境监测,是指按照山水林田湖草系统观的要求,以准确、及时、全面反映生态环境状况及其变化趋势为目的而开展的监测活动,包括环境质量、污染源和生态状况监测。其中,环境质量监测以掌握环境质量状况及其变化趋势为目的,涵盖大气、地表水、地下水、海洋、土壤、辐射、噪声、温室气体等全部环境要素;污染源监测以掌握污染排放状况及其变化趋势为目的,涵盖固定源、移动源、面源等全部排放源;生态状况监测以掌握生态系统数量、质量、结构和服务功能的时空格局及其变化趋势为目的,涵盖水体、农田、湿地、城乡、林地、草场等全部典型生态系统。环境质量监测、污染源监测和生态状况监测三者之间相互关联、相互影响、相互作用。

武汉市生态地质问题动态监测,应充分整合、利用市环保、应急、气象、林业、水务、矿管等部门现有的生态监测台站资料,根据实际需要在典型地段如长江消落带布设动态监测站(点)。

(二)工作流程

根据监测目的,进行现场调查,收集相关信息和资料(水文、气候、地质、地貌、气象、地形、污染源排放情况、城市人口分布等)→根据监测技术路线,设计并制定监测方案(包括监测项目、监测网点、监测时间与频率、监测方法等)→实施方案(布点采样、样品预处理、样品分析测试等)→制定质量保证体系→数据处理→环境质量评价→编制并提交报告。

(三)监测内容和方法

1. 生态环境监测

生态环境监测包括生态系统、生物群落、污染生态等 3 类监测。

(1)生态系统监测指标体系分为二级:一级指标包括农田、林地、草场、水域湿地、城乡居民点和工矿用地、未利用土地等 6 类生态系统;二级指标包括水田、旱田、有林地、灌木林地、疏林地、河渠、湖泊、水库/坑塘、沼泽等 24 类次一级生态系统。

主要采用遥感影像解译、辅以地面核查的方法开展生态系统监测,核查点的布设应遵循综合性、代表性、可行性和连续性原则,以典型地物点和边界点核查为主。

(2)生物群落监测指标体系分为陆地、水生生物群落2部分:陆地生物的监测指标分为受威胁物种、中国特有物种、外来入侵物种的种类和数量;水生生物的监测指标分为总大肠菌群数量和浮游植物、着生生物、底栖动物及鱼类的种类与数量。

陆生植物群落监测可分别采用样方法、样线法和访问调查法,水生生物则可采用多管发酵法、镜检法、捕捞法、访问调查法。

(3)污染生态监测应遵循一定原则,选取作为大气污染反应指示生物的植物、作为大气污染累积指示生物的植物和作为水污染累积指示生物的鱼类,开展动态监测。

反应指示生物的适用范围为大气 SO_2 污染,按1次/年的频率野外观测生物量的变化和受害叶片症状;累积指示植物的适用范围亦为大气 SO_2 污染,按1次/年的频率采集成熟叶片,通过化学分析测定叶片 SO_2 含量;累积指示鱼类的适用范围为水体重金属及有机污染物,按1次/年的频率采集肌肉,通过化学分析测定鱼肉中重金属及有机污染物含量。

2.典型地段植被与土壤关系监测

在典型地段开展生态地质作用机理研究时,可通过设立全自动小型气象站点、简易植物生理生态监测仪和自动化土壤监测仪,分别获取气象参数、植物生理参数、所处环境参数和土壤含水率、温度、盐度和负压等相关参数。

3.地下水与植被关系监测

在地下水与植被生态关系密切的地段,可采用自动化监测设备开展地下水水位、水温等参数监测,有条件的地段也可利用地下水监测网络。

(四)监测点数量

监测点数量控制以满足《生态环境监测条例》规定和项目需求为原则。对于高度敏感性的区域生态地质问题如垃圾焚烧发电厂周边、地下水降落漏斗区、大气雾霾严重区域等,应适当加密监测点,根据实际需要调整监测线或监测网部署。

(五)监测周期

监测周期原则上应根据生态地质问题的变化速率确定,一般可按1次/年的频率。但对于变化速率快的监测内容,如地下水水位、地下水污染、长江消落带内随季节更替及地下水水位涨落导致地表植被出现此消彼长变化等方面的监测等,则可按每年丰、枯水期各一次。同时做好各类自动监测仪监测数据的实时传输工作。

(六)监测成果

应及时对监测资料进行整理分析,编制监测表格和动态曲线变化图及相应的成果报告。

二、环境地质问题动态监测

(一)监测内容和方法

监测内容应以环境地质问题的动态特征变化为主,兼顾相关影响因素的监测。对危害或规模较大的重要环境地质问题，监测内容应全面，并根据需要部署常规专业监测设备；危害或规模较小的环境地质问题，以简易监测为主。

（二）监测点数量

危害或规模较大的重要环境地质问题，应加密监测点布设，根据需要部署监测线或监测网；危害或规模较小的环境地质问题，宜根据需要部署控制性的监测点或监测线。

（三）监测周期

监测周期根据环境地质问题的变形程度或变化速率确定，变形程度或变化速率小的，监测周期长；变形程度或变化速率大的，应缩短监测周期。

监测间隔时间，崩塌、滑坡、泥石流等突发性地质灾害最长不宜超过一个月，汛期、变形变化剧烈期应一天一次或多次；地下水水位监测一般逢五、逢十各一次，地下水污染监测可按丰、枯水期各一次。

（四）监测成果

应及时对监测资料进行整理分析，编制监测表格和动态曲线图及相应的文字小结。出现临灾迹象时，应紧急上报，提出防灾救灾建议。

（五）专项监测

地面塌陷、地面沉降、崩塌、滑坡等地质灾害的监测按照各自特点开展专项监测，详见本章第二节。

（六）重点地段监测

对严重威胁城镇、重要居民点、工矿区、交通干线等地段的环境地质问题，应及时向当地政府和主管部门提出监测方案建议。

第二节　城市地质灾害监测预警体系建设

一、监测内容和方法

（一）地质灾害现状

截至2019年末，武汉市累计发生地质灾害209处，经过排查确认，目前地质灾害隐患点共83处。

1.地质灾害类型

地面塌陷隐患点共14处。其中岩溶地面塌陷12处，采空区地面塌陷2处，规模均为小型。岩溶地面塌陷是武汉市主要地质灾害类型之一，发生频次高，影响大，主要发育在岩溶强发育带，其形成受特殊的岩土结构及地下水水位的急剧变化影响，与人类工程活动也密切相关；采空区地面塌陷位于江夏区舒安街石膏矿区，因地下矿产资源开采形成了较大采空区，易引发地面塌陷。

地面沉降隐患点共2处。规模均为小型，位于东西湖区两个矿泉水开采区，矿泉水持续过量开采可能引发地面沉降。另外，在深厚软土分布区，受软土工程地质特性、人工加载、过量抽取地下水等活动影响，曾发生5处地面沉降。

滑坡(不稳定斜坡)隐患点共54处。其中土质23处,岩质24处,岩土混合质7处;灾害规模中型2处,小型52处。滑坡主要发育于市内斜坡地带,多因修路建房、采矿形成高陡边坡,由于灾害突发性强,危害性往往较大。人类工程活动和降雨是引发滑坡的主要因素。

崩塌(危岩体)隐患点共11处。其中岩质4处,土质4处,岩土混合质3处;灾害规模中型2处、小型9处。崩塌多发育于市内公路沿线、露天矿山、陡崖及高陡边坡地带,人类工程活动及降雨是其发生的主要因素。

泥石流隐患点共2处。规模均为小型,发育于沟谷狭窄、坡降较大的地区,主要因强降雨作用形成。

2. 地质灾害危害

截至2016年底,地质灾害共造成了28人死亡,直接经济损失约8 469.75万元,其中"十二五"期间共发生地质灾害48处,造成了4人死亡,直接经济损失1 450万元。

目前地质灾害隐患点威胁3 250人,威胁资产2.81亿元,并不同程度地对当地住宅、工业、商业及公共设施形成威胁。

3. 地质灾害分级

依据地质灾害规模、灾情程度、危害程度等因素,将地质灾害隐患点划分为重点防治点51个,一般防治点32个。其中灾害规模中型4处,小型79处;灾情程度特大型3处、大型1处,中型3处、小型76处;危害程度特大型3处、大型18处,中型20处、小型42处。

(二)监测工作流程

1. 区域监测工作流程

按需求分析→资料收集→区域性的地质背景与地质灾害调(勘)查→监测设计或方案→工程部署建设→监测数据获取→信息分析处理→风险评估预测→预警预报的工作流程。

2. 隐患点监测工作流程

隐患点监测工作流程按图9-2-1所示进行。

(三)监测内容

1. 区域监测

区域监测内容主要包括地表形变、气象及地震监测等。

1)地表形变监测

(1)对目标区内地质灾害隐患和变形情况开展监测。主要内容包括灾害体位置、规模、数量、与背景环境的速度差值、灾害发育程度的识别,灾害体的地表变形情况;潜在崩滑体与潜在泥石流沟的识别,及时发现地质灾害数据库与管理之外、人员无法到达的特别是高位远程隐患体的变形迹象。

(2)对区域内地形地貌、构造、地质岩体、人类工程活动、生态环境等进行监测,重点监测目标区内与地质灾害发生、发展有关联的相关因素。

(3)对区域内灾害点或隐患点变形监测。分为设计阶段调查和监测阶段排查调查。设计阶段调查主要是在收集前期资料的基础上,对区域内地质灾害开展更新调查;监测阶段排查调查是对发现的变形和地形地貌变化结合光学卫星遥感、地质背景资料进行排查,对排查后认为新增的、潜在的地质灾害隐患和变形较大的地质灾害体进行调查。

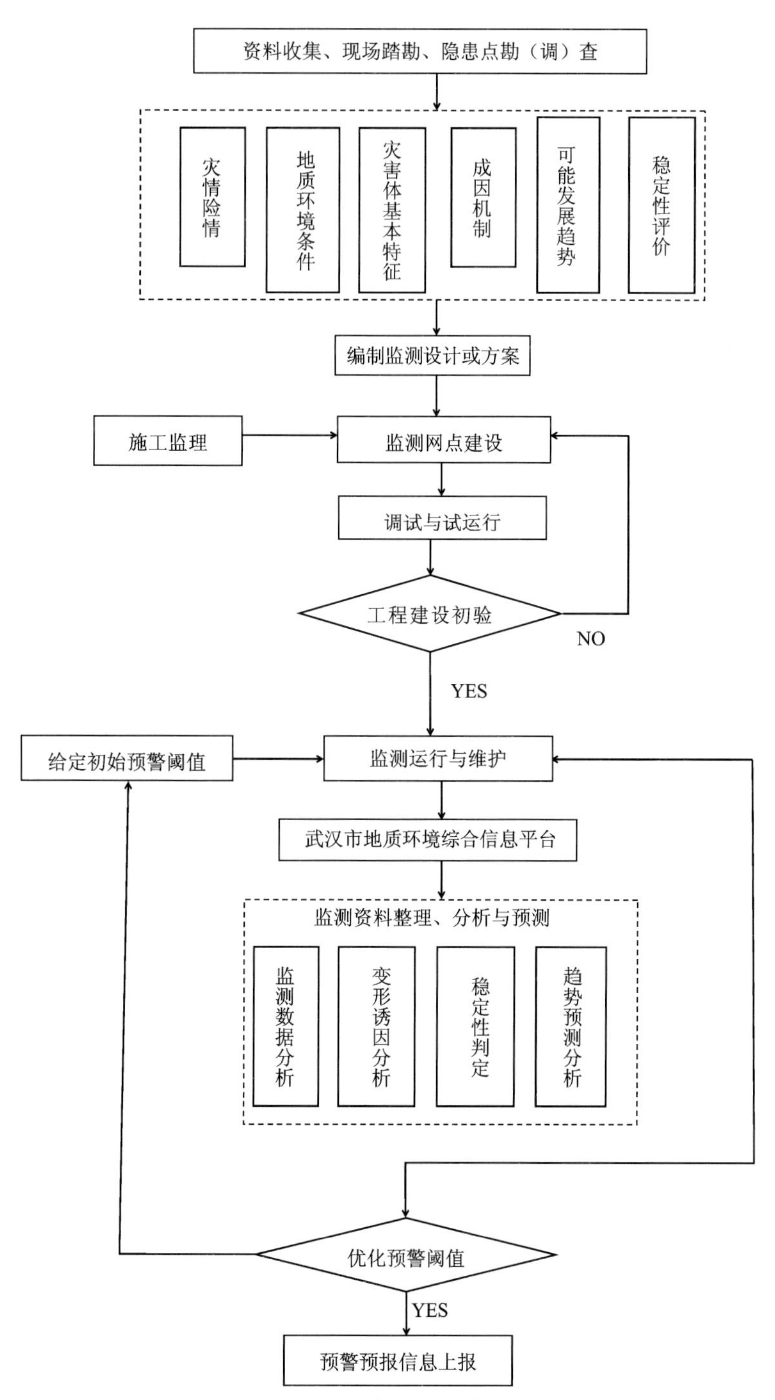

图 9-2-1　隐患点监测工作流程图

2)气象监测

监测区域内降雨量，依据基础地理、地质、地质灾害易发分区资料，结合前期过程降水量和预报降水量资料，为地质灾害气象预警提供数据。

3)地震监测

区域内及周边地震情况与风险程度。

2. 隐患点监测

隐患点监测内容主要分为位移、应力、诱发因素监测和其他监测等。

（1）隐患点监测确定原则。

监测内容的选取应根据灾种及其监测等级、灾体变形趋势等综合确定，并应遵循如下原则：

①根据不同灾种、不同灾害体的变形失稳控制性因素，针对性地选取监测内容。

②一级监测可采取全要素（位移、应力、诱发因素）多手段综合立体自动监测；二级监测可主要采取位移自动监测，辅以必要的应力、诱发因素自动监测；三级监测宜采用地表位移监测，必要时辅以雨量监测或人工监测。

③监测实施过程中，可根据灾害体变形趋势增减相应监测内容。

（2）按不同监测等级，滑坡、崩塌、泥石流、地面塌陷的监测内容参考表 9-2-1～表 9-2-4。

表 9-2-1　滑坡监测内容选取表

监测内容		监测等级		
		一级	二级	三级
位移监测	地表绝对位移或相对位移	●	●	●
	裂缝相对位移	●	●	○
	建(构)筑物变形	●	○	
	深部位移	●	●	
应力监测	岩土体应力	●	○	
	支护结构(如预应力锚索等)应力	○	○	
诱发因素监测	气象(降雨量)	●	●	○
	地下水水位	●	○	
	土壤含水率	○	○	
	地表水位	○	○	
	孔隙水压力	○	○	
	人类工程活动	○	○	○
其他监测	视频	○	○	
	地声	○	○	
注:●表示强烈推荐;○表示推荐。其他未列出或不常用的监测内容为可选。				

表 9-2-2　崩塌(危岩)监测内容选取表

监测内容		监测等级		
		一级	二级	三级
位移监测	地表绝对位移或相对位移	○	○	
	裂缝相对位移	●	●	●
	地面倾斜	●	●	
应力监测	岩土体应力	●	○	
诱发因素监测	气象(降雨量)	●	●	○
其他监测	视频	○	○	
注:●表示强烈推荐;○表示推荐。其他未列出或不常用的监测内容为可选。				

表 9-2-3　泥石流监测内容选取表

监测内容		监测等级		
		一级	二级	三级
诱发因素监测	降雨量	●	●	●
	泥(水)位	●	●	●
	次声	○	○	
	断线报警器	●	○	
其他监测	视频	●	●	○

注:●表示强烈推荐;○表示推荐。其他未列出或不常用的监测内容为可选。

说明:1、泥石流在成灾前和致灾后其监测内容侧重点有所不同。其中成灾前主要为物源(固体物源、水源等)监测、运动情况监测;致灾后主要对堆积体稳定性及流通区的泥水位进行监测。

2. 泥石流固体物质来源于崩滑体的,其监测内容在表 9-2-1、表 9-2-2 和本表中选取;固体物质来源于松散堆积物的,其监测内容见本表。

表 9-2-4　地面塌陷监测内容选取表

监测内容		监测等级		
		一级	二级	三级
位移监测	地表绝对位移或相对位移	●	●	●
	建(构)筑物变形	○	○	○
	地面沉降监测	●	●	○
诱发因素监测	降雨量	●	○	○
	地下水水位	●	●	
其他监测	空腔气压	●	○	

注:●表示强烈推荐;○表示推荐。其他未列出或不常用的监测内容为可选。

(四)监测方法

1. 区域监测方法

1)地表形变监测

地表形变监测方法主要利用合成孔径雷达干涉测量技术(InSAR),特指利用 SAR 数据提取地质灾害体变形的技术,包括差分合成孔径雷达干涉测量(D-InSAR)、短基线集干涉测量(SBAS-InSAR)和永久散射体干涉测量(PS-InSAR)等,还可综合利用其他航遥技术及排查核查手段。

(1)InSAR 技术方法的选择应根据监测对象、应用环境、监测精度、可监测的量程、所需数据量和观测频率、技术复杂程度等因素综合确定。

(2)依据地表形变结果进行灾害隐患识别和灾害体形变分析,可综合利用高分辨率光学卫星遥感、航空遥感、多光谱遥感等多种技术手段。用于区域地质灾害隐患监测的 InSAR 技术方法选择及适用性见表 9-2-5。

表 9-2-5　区域监测 InSAR 方法选择及适用性说明表

区域灾种	InSAR 技术方法选择及适用性
区域内滑坡	1.用于区域滑坡识别的 SAR 数据宜首选存档时间长的数据，采用 D-InSAR、PS-InSAR、SBAS-InSAR、SqueeSAR、CRInSAR 等 2 种及以上方法同时进行数据处理； 2.D-InSAR 结果精度、稳定性均存在较大问题，在工作区 SAR 数据量较小时，可采用 D-InSAR 方法； 3.对于大于 1m/a 的滑坡可采用 Offset-TracTraciking 数据处理方法探测变形； 4.多数滑坡宜采用 PS-InSAR 与 SBAS-InSAR 结合应用的 TS-InSAR 方法； 5.植被覆盖或冰雪覆盖区宜采用 CR-InSAR 技术，加强雷达波反射效果
区域内崩塌	1.首选面向危岩面、大入射角（入射角＞35°）的高分辨率 SAR 数据，宜采用 PS-InSAR、SBAS-InSAR 或改进型方法； 2.植被覆盖区宜采用 CR-InSAR 技术
区域内泥石流	1.区域泥石流沟的识别，在受大气干扰小的区域且具有短时间间隔 SAR 数据条件下，可采用 D-InSAR 方法； 2.对于降雨泥石流应采用 PS-InSAR 与 SBAS-InSAR 交叉结合的多时相干涉雷达测量方法
区域内地面塌陷	1.无确定方法用于塌陷的识别，各种 InSAR 方法均应试算； 2.对岩溶区塌陷变形特征的监测可采用 D-InSAR、TS-InSAR 及改进方法； 3.对于大范围变形的采空塌陷监测宜选择 Offset-SAR 方法监测中心部位位移，D-InSAR、TS-InSAR 方法监测边缘位移
注：以上各种 InSAR 技术方法的具体要求参照《地质灾害 InSAR 监测技术指南》（T/CAGHP 013—2018）执行。	

（3）根据实际需要进行排查调查。设计阶段调查主要以收集资料、人员访问调查、数据分析为主，以弥补已有资料中对新发生灾害记录缺失。监测阶段排查调查以专业人员现场调查为主，对发现的新增隐患或旧隐患的新变形迹象进行核查。

2）气象监测

在地质灾害易发区与集中区建立气象监测站；定期收集监测区气象预报资料。

3）地震

定期收集地震部门监测资料，掌握区域内及周边的地震情况与风险程度。

2. 隐患点监测方法

隐患点监测方法分为自动化监测、人工监测和宏观巡查法三大类。

1）选取原则

（1）一级监测应采用多种监测手段进行全自动实时精确监测，并对主要网点同时采取多种监测技术手段互相验证、比较、关联。

（2）二级监测宜采用多种监测手段进行全自动实时精确监测，并对部分主要网点同时采取多种监测技术手段互相验证、比较、关联。

（3）三级监测可采用自动化与人工监测相结合方式进行监测，监测方法与技术手段不宜超过两种。

（4）宏观巡查法作为监测通用手段，应定期开展。

2）自动化监测方法

自动化监测方法与技术手段，应在监测内容的基础上，根据其重要性和危害性、监测环境优劣情况和难易程度、技术可行性和经济合理性等，本着先进、直观、方便、快速、连续等条件确定。

各灾种常用的自动化监测方法选取见表 9-2-6。

表 9-2-6 地质灾害自动化专业监测方法选取表

序号	监测分类	监测项目	观测内容	自动化监测方法/手段	适用灾种
1	位移监测	地表位移监测	地表水平位移、垂直位移监测	GNSS(GPS、北斗)、拉线式或激光测距式相对位移监测、自动化水平角、电磁波、三角高程	滑坡、崩塌、地面塌陷
2		深部位移监测	深部位移变形、滑带处错动等	复合式深部位移监测仪	滑坡、崩塌
3		裂缝监测	裂缝宽度、长度、错位情况、方向及裂缝深度等	裂缝监测仪、多维非接触监测仪	滑坡、崩塌、地面塌陷、泥石流
4		危岩位移倾斜监测	三维位移、倾斜	多维非接触监测仪、倾斜计、倾角计	崩塌(危岩)
5	应力监测	应力监测	土压力、岩体应力	应力传感器	滑坡、崩塌、地面塌陷
6		推力监测	滑坡推力	复合式深部监测仪、滑坡推力监测	滑坡
7	诱发因素监测	地下水监测	地下水水位、水温	复合式深部监测仪/地下水文观测系统	滑坡、崩塌、地面塌陷、泥石流
8		降雨量监测	大气降雨量	自动雨量计	滑坡、崩塌、地面塌陷、泥石流
9		土壤含水率监测	监测土壤含水率	土壤含水率监测仪	滑坡、崩塌、地面塌陷、泥石流
10		孔隙水压力监测	孔隙水压力	复合式深部监测仪/孔隙水压力计	滑坡、泥石流、地面塌陷
11		泥水位监测	泥石流泥水位	泥水位监测仪	泥石流
12	其他监测	视频监控	地表变形、泥石流冲沟淤积	视频监控系统	滑坡、崩塌、泥石流
13		地声(次声)地震动监测	地声、次声波、地震动	地声发射仪、地音探测仪、地震仪、地电仪	岩质滑坡、崩塌、泥石流、地面塌陷

注:本表列出了目前常用的监测方法和手段。随着信息化、物联网及传感器等技术的快速发展,仅做推荐性参考。

3)人工监测方法

人工监测方法可参照《崩塌、滑坡、泥石流监测规范》(DZ/T 0221—2006)以及《建筑变形测量规范》(JGJ 8—2016)执行。

4)宏观巡查

为及时掌握灾害体的宏观变形动态和发展趋势,以及监测设备运行(设备完好度、是否有隐患存在)、人类工程活动等情况，监测期间应辅以专业技术人员巡查，并填写相应巡查记录表格(表 9-2-7)。

表 9-2-7　人工巡视记录表

巡视表格编号：____________

________人工巡视记录表
日期：____年___月___日　　　　时间：_____至_____ 巡视人员：________________　　　　天气：______
地质环境描述：
监测设施： 1.基准点、测点完好状况 2.监测元件完好情况 3.观测工作条件
现场异常情况：
重点部位描述及检查：
人员询问走访：
如有必要附草图素描或照片：

负责人：____________　　　　　　巡查员：____________

二、地质灾害监测网络建设

(一)建设原则

(1)分类布局、突出重点的原则。按照地质灾害不同类型进行网络布局，以岩溶地面塌陷监测、软土地面沉降监测、崩滑流地质灾害监测等 3 个方面开展工作，结合城市规划和进度需要，合理安排监测重点。

(2)科学合理、统筹兼顾的原则。充分利用已有的地质灾害监测网络,充分结合城市建设现状和总体规划,科学布设监测网络。

(3)技术先进、适度超前的原则。着眼长期监测、连续监测的需要,结合监测技术数字化、智能化发展趋势,采用先进的监测设备和自动化、信息化监测方式,着力推广新技术新方法,提高监测能力。

(二)监测点建设

1. 岩溶地面塌陷监测

武汉市内发育有 8 条横跨长江的岩溶条带具备岩溶地面塌陷的地质条件,分别为:①天兴洲岩溶条带;②大桥岩溶条带;③白沙洲岩溶条带;④沌口岩溶条带;⑤军山岩溶条带;⑥金水闸岩溶条带;⑦老桂子山岩溶条带;⑧斧头湖岩溶条带,其中白沙洲岩溶条带是已发生的岩溶地面塌陷最多的岩溶条带。

选取白沙洲岩溶条带的烽火村作为岩溶地面塌陷地质环境监测示范基地,采取地下水水位监测、土体变形监测等其他高新技术手段对区域内岩溶地面塌陷进行监测,研究掌握先进岩溶地面塌陷地质环境监测经验。后期根据示范基地成熟经验,将岩溶地面塌陷地质灾害监测工作逐步扩展至 8 条岩溶条带,布置地下水水位监测点 21 个,并在黄陂区、蔡甸区、汉南区、江夏区、东湖高新技术开发区各设置降雨量监测仪 1 个(图 9-2-2)。

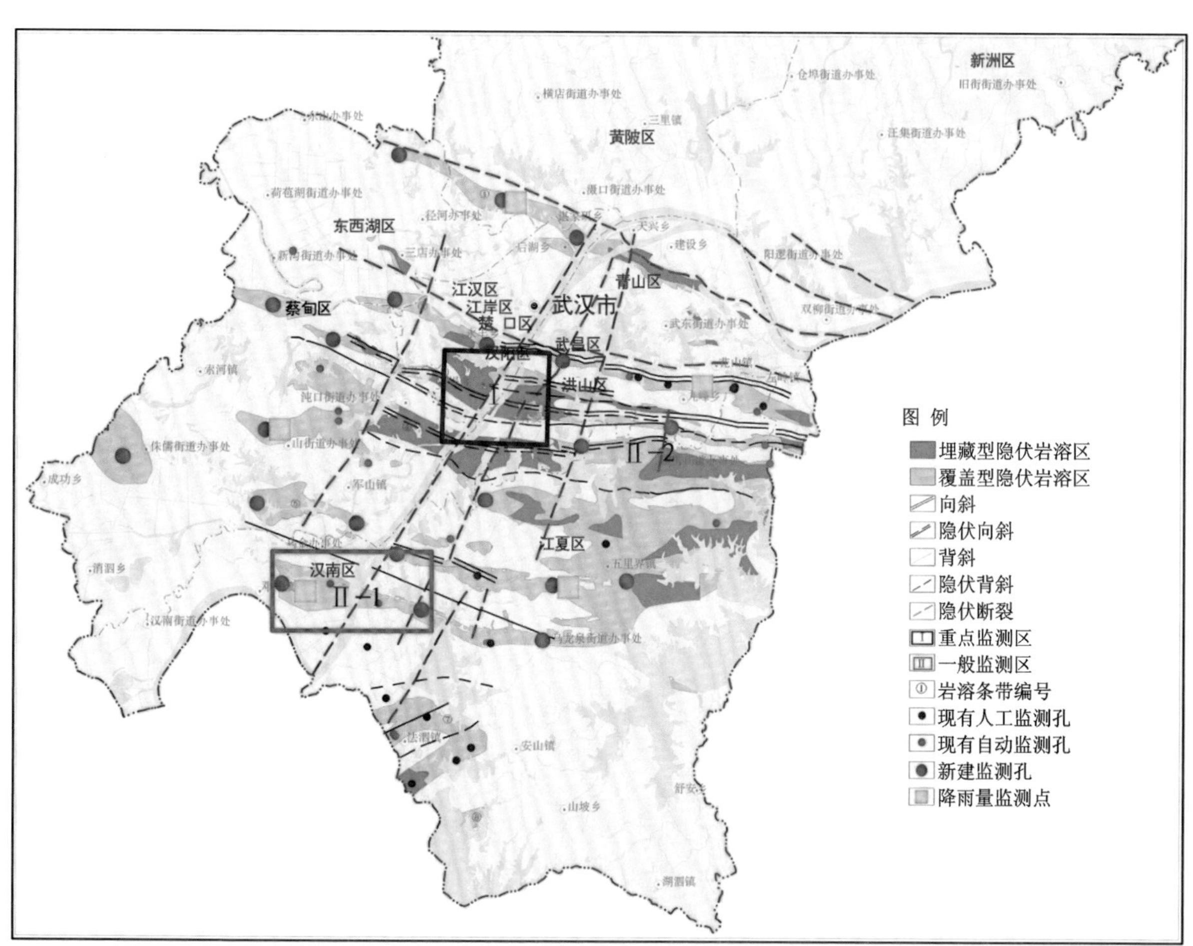

图 9-2-2　岩溶地面塌陷监测网布设示意图(1∶50 000)

监测方法为地下水水位监测、土体变形监测、降雨量监测、地面宏观巡查等，监测方式采用自动监测和人工监测相结合，以自动监测为主。分阶段建设。

2020 年：建立健全烽火村岩溶地面塌陷示范基地，布置水位（水气）监测孔 12 个、雨量自动监测站 1 个、地震流动台 4 个、地质雷达 38km、静力触探 1 500m/60 孔、水平分布式光纤 1 560m、垂直分布式光纤 1 050m/15 孔。

2021 年：在①～④岩溶条带发育处布置 13 个水位监测孔，单孔进尺 60m。

2022 年：在⑤～⑧岩溶条带发育处布置 8 个水位监测孔，单孔进尺 60m，在黄陂区、蔡甸区、汉南区、江夏区、东湖高新技术开发区设置降雨量监测仪各 1 个。

2020—2022 年：岩溶地面塌陷监测常规工作、监测点维护等，开展岩溶地面塌陷宏观巡查，2 次/年，按时编制提交监测半年报、年报。

2. 软土地面沉降地质环境监测

主要针对武汉市中心城区展开软土地面沉降地质环境监测工作，以后湖 23.6km^2 软土区作为软土地面沉降重点监测区，先期开展基岩标布设、水准监测等工作，并根据试点区监测进展和城市建设发展需要，逐步扩大监测范围、完善监测技术体系，构建由地面水准监测网、GNSS 监测网和 InSAR 空间观测系统组成的地面沉降监测网，建立由水准网、基岩标、分层标以及自动化监测系统组成的重点地区地面沉降立体监测网。

监测方法主要为水准（沉降）监测，手段包括精密水准测量、InSAR 监测、GNSS 监测。监测点总体上按网格化布设，地面沉降重点防控区适当加密埋设监测点，共计建设基岩标 10 座、分层标 8 组，布置一等监测点 60 点、二等监测点 470 点、GNSS 点 50 点，新增一等水准路线 510km、二等水准路线 800km，并购买处理 2015—2019 年的 InSAR 数据。

3. 崩滑流地质灾害监测

1）群测群防

按照武汉市“四位一体”地质灾害防治网格化管理的要求，对 76 处现有地质灾害隐患点和新发生的地质灾害隐患点进行群测群防监测，监测方式为人工排查、核查、地质灾害应急调查，监测方法采用巡视观测、简易观测为主。

人员安排方面，按照武汉市“四位一体”地质灾害防治网格化管理的要求，根据实际情况落实驻守单元网格协管人员，按照重点单元 2 人、一般单元 1～2 人，开展辖区内地质灾害排查、巡查、核查及应急调查工作。

2）专业监测

（1）地质灾害气象风险预警。

做好地质灾害气象预警工作及预警发布工作，联合武汉市气象局等各级政府单位共同开展武汉市地质灾害气象风险预警工作，制作地质灾害气象风险预警产品分别不少于 20 期，通过媒介发布阶段灾情及趋势预测通报不少于 6 期。

（2）地质灾害监测。

武汉市有 6 处滑坡、崩塌地质灾害易发区（表 9-2-8），对黄陂蔡店—木兰山、新洲旧街—道观河、汉阳黄金口—东湖高新左岭、汉南纱帽—江夏乌龙泉等 4 处滑坡、崩塌地质灾害中易发区进行区域监测，采用 InSAR 技术监测地表形变，结合高分辨率光学卫星遥感进行地质灾害辨识，通过现场调查，实现对监测区内地质灾害隐患和变形情况的长期监测；对滑坡、崩塌地质灾害中易发区和滑坡、崩塌地质灾害低易发区内的崩滑流地质灾害隐患点采取地质灾害三级专业监测，根据现场调查，合理布设监测剖面，采用简易自动监测装置，监测地表位移和降雨量，实现自动采集、实时上报和及时预警。

表 9-2-8　武汉市滑坡、崩塌地质灾害易发区隐患点统计表

地质灾害区		面积(km²)	崩塌(处)	滑坡(处)	泥石流(处)
滑坡、崩塌地质灾害中易发区	黄陂蔡店—木兰山	1 010.48	3	8	1
	新洲旧街—道观河	105.76	0	8	0
	汉阳黄金口—东湖高新左岭	96.92	3	13	0
	汉南纱帽—江夏乌龙泉	365.28	2	10	1
滑坡、崩塌地质灾害中易发区	蔡甸新农—东湖高新龙泉	705.67	1	5	0
	蔡甸侏儒山	52.18	0	2	0
总计		2 336.29	9	46	2

长期工作：

①地灾隐患排查，3 次/年(汛前、汛中、汛后)；②新增隐患点核查，1 次/年；③地灾隐患点核查，1 次/3 年，方案实施期内安排 1 次，即 2020 年；④滑坡、崩塌中易发区进行区域监测；⑤地质灾害气象预警，每年产品不少于 20 期，阶段灾情及趋势预测通报不少于 6 期。

年度工作：

2020 年，完成黄陂蔡店—木兰山、新洲旧街—道观河、蔡甸新农—东湖高新龙泉地质灾害点三级监测建设；2021 年，完成汉阳黄金口—东湖高新左岭、汉南纱帽—江夏乌龙泉、蔡甸侏儒山地质灾害点三级监测建设。

三、监测数据分析与预警预报

(一)地质灾害监测数据整理与分析一般流程

地质灾害监测数据整理与分析一般流程如图 9-2-3 所示。

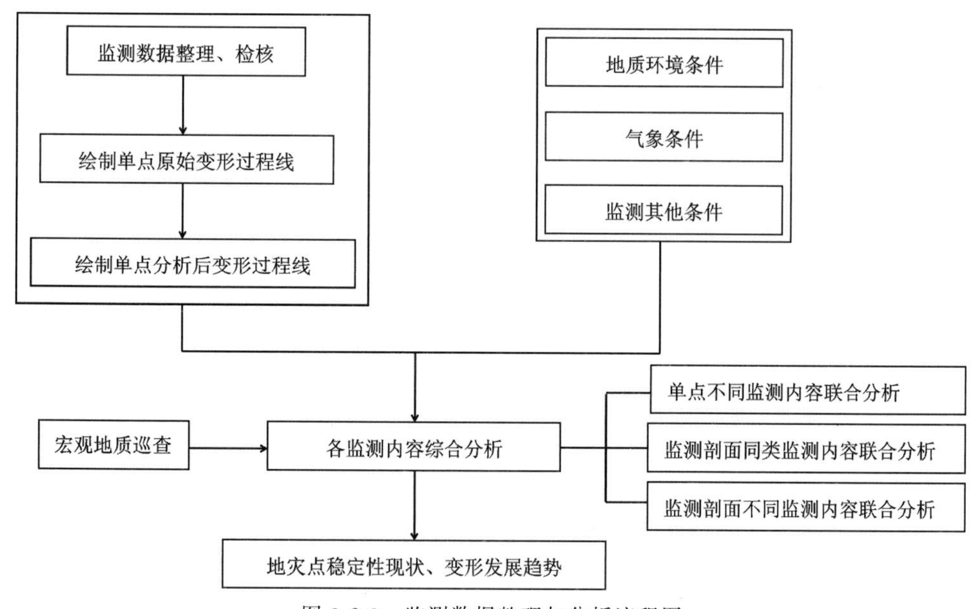

图 9-2-3　监测数据整理与分析流程图

（二）数据分析

监测人员应对监测数据进行整理与检核（含粗差剔除），利用可靠监测数据绘制单点变形过程线，及时掌握灾害体变形基本情况。数据分为3个层面：一是测线上同类监测内容的联合分析；二是所有同类监测内容联合分析；三是灾害体不同监测内容联合分析。获取各监测内容、数据之间的相关性，并联合各种监测数据、结合孕灾环境条件进行综合分析。

综合分析过程中，对监测数据曲线可以采用一些数学手段，如平滑滤波、去噪、等间隔化处理等，消除外界因素干扰成分，突出灾害体发展演化的宏观趋势和总体规律。基于监测数据分析的预测模型经验算后方可采用，预测模型外推数据不得大于两期。

监测单位应将监测数据及时汇总，经资料整理与分析后，报表中应含明确、可靠的结论，为主管部门或建设单位防灾、预警决策提供技术支撑。

监测单位应根据监测设计的预报警方案，及时判定灾害体稳定性现状，预测其变形发展趋势。当监测数据超过注意阈值或出现黄色及其以上预警状态时，监测单位须立即向相关主管部门汇报并提交预警报告；同时，监测单位须有针对性地对当前监测方案进行调整。凡进入预警级别的，监测单位应及时编制《湖北省＊＊市（县）＊＊滑坡（或崩塌等）进入＊色预警阶段的报告》上报。预警级别的降低和蓝色预警的解除，监测单位应及时编制《湖北省＊＊市（县）＊＊滑坡（或崩塌等）调整预警级别的报告》。

（三）区域监测

1. 监测数据整理

1）数据采集

区域InSAR及遥感数据采集应选取高质量、针对性强、具时效性的数据。

2）数据误差消除与处理

（1）粗差剔除。对所记录的数据进行分析，剔除粗差。

（2）监测误差消除。检查数据，对合格监测误差进行合理分配，当误差超出限差时应按要求进行重新采集。

（3）设备误差消除。观测时宜选用相同技术人员和设备，定期进行设备鉴定。

（4）对监测数据进行分类，按照科学方法进行处理，建立相应的地理信息库并绘制相应的曲线进行时序分析。

3）数据处理结果的验证

InSAR数据处理结果的验证，对区域各灾种所采用的验证方式各有不同。具体参照《地质灾害InSAR监测技术指南（试行）》（T/CAGHP 013—2018）执行。

4）数据整理

包括影像源数据、解译标志、实地验证调查记录表、各种比例尺解译图等，均应进行整理整饰，并检查、分析实测资料的完整性和准确性。重点检查范围、内容、比例尺、测量精度、图件整饰等是否完整、准确并符合测量规范与设计要求，各类现场记录表内容是否与实际情况吻合。

2. 监测资料综合分析

依据地质灾害地表形变监测和现场核验，评价地质灾害危险性，警示地质灾害风险，具体评价方法可参照其他相关标准规范执行。区域监测资料综合分析的主要内容见表9-2-9。

表 9-2-9　区域监测综合分析主要内容汇总表

区域灾种	综合识别	综合分析内容
区域内滑坡	以变形的空间分布和量值为主要依据，辅助坡体形态、高程、坡度、植被、岩土体性质、居民点分布，采用层次分析法综合识别划分出变形滑坡	1. 对于区域降雨诱发型滑坡，根据重点部位变形速率和时程曲线，结合滑坡地质特征，分析变形趋势判断其危险性。 2. 对于受同一因素诱发的滑坡，危险性预测应结合已有滑坡案例和区域统计特征分析其危险性。 3. 监测结果与相关地质、地理和地物要素分布进行空间分析，与地质调查、勘查等资料对比，验证监测结果的可靠性。 4. 应开展 TS-InSAR 滑坡变形时程曲线中的大变形时间段与雨季、地震、人类工程活动时间相干性的分析
区域内崩塌	对于区域崩塌 InSAR 识别结果，应生成或更新崩塌（危岩体）编目图	1. 区域内崩塌（危岩体）分布应与地形、地质、构造活动和人类活动进行相关性分析。 2. 区域内崩塌（危岩体）时空变形特征分析；异常变形与区域地震活动、降水以及人类活动等相关性分析
区域内泥石流	以变形的空间分布和量值为主要依据，辅助流域、主沟坡降、高程、坡度、植被、岩土体性质等综合识别划分出区域内泥石流位置和分布范围	1. 对于降雨型泥石流，根据物源区的空间变形分布，重点部位变形的时程曲线，结合主沟坡降和流域面积，分析变形趋势、判断其活动性。 2. 应结合相关地质、地理和地物要素的分布特征进行空间分析
区域内地面塌陷	应结合相关地质、地理和地物要素分布进行空间分析，对比分析应包括下列要素：地层岩性的分布；地下水资源和开采情况的分布；矿产资源的分布；地下采矿活动的分布；地下工程的分布；地面塌陷野外特征	

3. 区域预警预测

主要以气象风险预报为基础，借助区域监测手段，通过城市地质环境综合信息平台进行区域综合叠加与耦合分析、预测评估和专家会商，再按预警预报信息发布基本程序审批，利用互联网、武汉电视台、短信、微信、主播等多媒体方式，向特定区域发布预警预报信息，指导防灾减灾工作。

区域预警预报分为数据准备、预警分析会商、信息发布签批与响应审核、预警预报信息发布 4 个环节。数据是预警分析的基础，首先准备区域气象降水数据、监测数据、模型数据以及灾害信息数据，在数据准确且完善的情况下进行预警分析，以确保预警结果准确且针对性强，之后进行预警结果编辑，制作预报词等，将最终的预警成果和拟启动应急响应的方案按规定程序签批，之后通过多媒体向所在区域公众和部门进行信息发布，组织防灾避险。

（四）隐患点监测

1. 监测数据整理

（1）数据采集。数据采集应注重两个方面：一是按时（及时），按监测频率或预报需要及时采集数据；二是全面，每次都应收集与监测灾害体有关的所有数据。

(2)数据误差消除。详细检查数据,校正明显的错误,对有问题的数据重新采集或量测,以消除错误,并尽可能地消除人为和机械误差。自动记录系统有可能会产生附加的错误源。应对数据逐一进行筛选,检查和误差解释,消除明显的错误。

(3)数据整理。建立监测数据库,包括地质条件、灾害体特征等数据库和监测数据库。建立数据分析处理系统。可采用相应的数据处理软件包,也可以手工进行数据处理:误差消除→统计分析→曲线绘制(拟合、平滑、滤波)等。根据预警预报的需要,按小时、日、旬、月、季、半年或年,分门别类地绘制各类监测曲线,编制图件,以供分析。

2. 综合分析与趋势预测

监测资料可采用比较法、作图法、特征值统计法等进行统计分析;可采用移动平均法、指数平滑法等趋势预测方法,结合宏观地质现象等预测地质灾害体短期变形发展趋势。隐患点监测综合分析与趋势预测的主要内容见表 9-2-10。

表 9-2-10 隐患点监测综合分析、趋势预测主要内容汇总表

灾种	综合分析与趋势预测内容
滑坡	1. 变形范围:地表位移监测手段可控制范围应较大,通过一段时间的监测来确定周边岩土体是否受到影响。 2. 变形分区:通过地表变形统计分析结合滑坡空间位移矢量大小,对滑坡进行变形分区,并应综合分析各区之间差异的原因。分析各区的变形方向、变形时间顺序、变形速率差,并结合宏观变形特征来判断各区之间的力学联系。 3. 变形机理分析:①从滑坡灾害相同时段内不同区域空间位移矢量大小、方向的差异进行初步判断滑坡的变形机理;②将变形监测资料结合影响因素监测资料比较分析,提取其中对滑坡变形影响最大的因素,为滑坡预测提供依据。 4. 变形发展阶段判断:判据分为定量判据、定性判据
崩塌	1. 各监测要素随时间变化的趋势性,分析变形动态、应力状态等发展趋势。 2. 各监测要素特征值变化的规律性,分析变形总量、速率及环境因素影响。 3. 不同监测要素之间相关关系变化的规律性。 4. 一般情况下,各类监测信息发生明显变化时,均应进行预警预报。此外,下列情况可做到分析预测:①稳定性受裂隙充水程度控制的崩塌体,降雨期间应实时分析水位上升速率,预测到达预警水位的时间;②对倾倒型崩塌体应着重分析预测岩体的外倾程度与速度,预测其重心偏移至坡面外的时间;③对滑移型崩塌体应着重分析监测点的位移速率变化,及时捕捉加速迹象
泥石流	1. 降雨量:①前期雨量分析。间接前期降雨和直接前期降雨在影响泥石流形成的降雨指标中贡献最大,应重视前期降雨指标,避免只强调短历时激发雨量指标的不足;②在分析临界雨量的时候需充分考虑区域背景条件的影响。 2. 泥位:需充分考虑监测断面底床变化对泥位、断面面积的影响,无论是底床冲刷或者淤积都会影响泥位监测数据和流量计算。 3. 土体孔隙水压力和含水率:考虑前期降雨和区域环境的影响。一般干旱少雨区监测数据较湿润区数据上升较多。 4. 振动、次声:需考虑车辆等其他振动干扰,可构建环境背景噪声特征库,运用多通道信号互相关分析法,可根据泥石流次声的三点定位原理结合次声主要特征,判定是否有泥石流发生
地面塌陷	一般情况下,各类监测信息发生明显变化时,均应进行预警预报,无需过多地分析各类数据间的数值关系

3. 隐患点监测预警预报

1)隐患点预警预报流程

地质灾害隐患点专业监测预警预报流程见图 9-2-4。

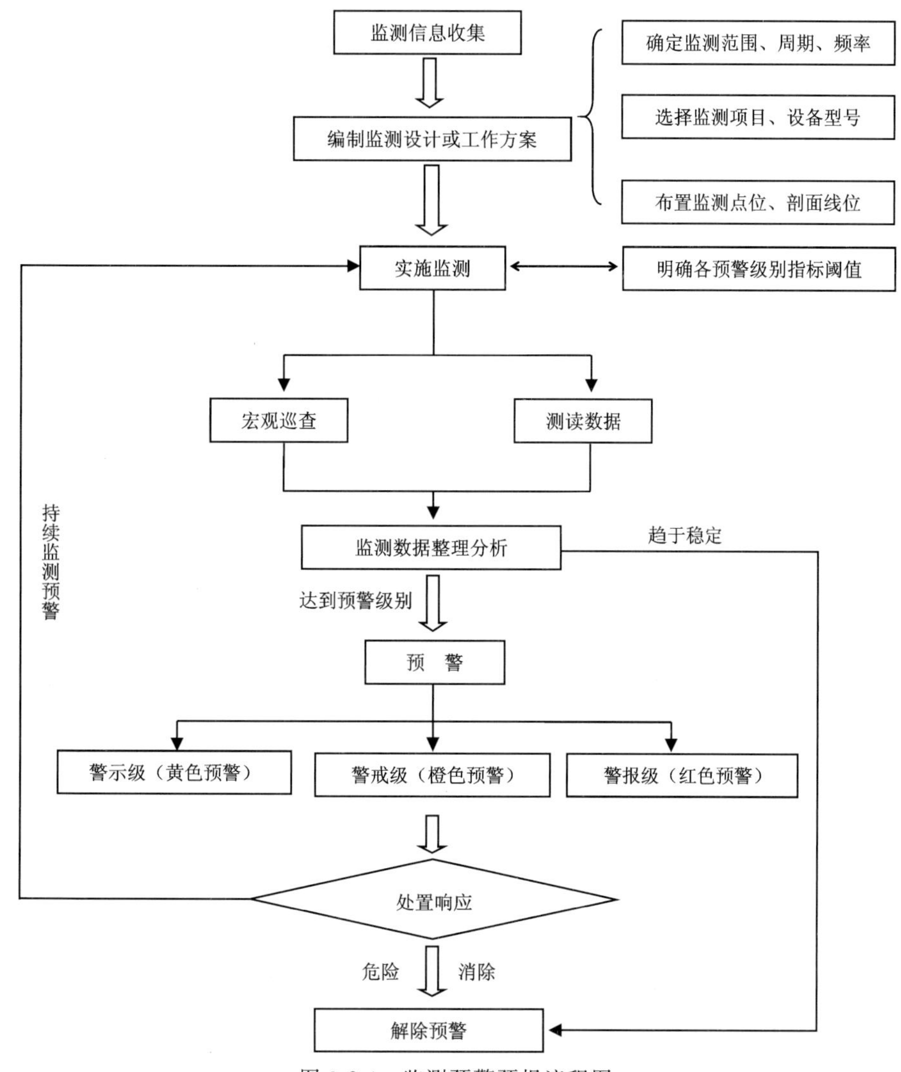

图 9-2-4　监测预警预报流程图

2)滑坡预警预报

滑坡预警预报主要包括滑坡时间预警预报和滑坡空间预测两个方面的内容，本指南主要针对滑坡时间预警预报。

(1)滑坡预报的时间尺度。

由于滑坡变形破坏过程具有阶段性，滑坡预报一般均是围绕滑坡变形破坏阶段，分不同的时间尺度进行预报：通常可分为长期预报、中期预报、短期预报及临滑预报 4 个阶段。不同的预报时间尺度，滑坡预报的对象、内容和方法等均有所不同(表 9-2-11)。

(2)预测预报模型与方法。

目前，国内外学者已先后提出了约 40 种滑坡预测预报模型和方法。在此推荐几种适合于常用的，且具有一定可操作性的预报模型和方法：中长期预测预报有神经网络模型、黄金分割法等；短期临滑预测预报有斋藤迪孝法、灰色系统模型、Verhulst 模型等。

表 9-2-11　滑坡变形演化阶段及对应的预警预报表

<table>
<tr><th colspan="3">滑坡变形
演化阶段</th><th>预警
级别</th><th>预报
尺度</th><th>时间
界限</th><th>预报对象</th><th>预测内容</th></tr>
<tr><td>Ⅰ</td><td colspan="2">初始变形阶段</td><td>—</td><td>长期预报
（背景预测）</td><td>几年至
几十年</td><td>区域性滑坡预测为主，
兼顾重点个体滑坡预测</td><td>个体滑坡侧重于稳定性评价
及危险性预测</td></tr>
<tr><td>Ⅱ</td><td colspan="2">等速变形阶段</td><td>注意级
（蓝色）</td><td rowspan="2">中期预报
（险情预测）</td><td rowspan="2">几月至
几年</td><td>以单体滑坡预测为主，
兼顾重点滑坡群的预测</td><td>滑坡发生的险情预测及
可能的危害预测</td></tr>
<tr><td rowspan="3">Ⅲ</td><td rowspan="3">加速变
形阶段</td><td>初
加
速</td><td>警示级
（黄色）</td><td>开始出现变形增长现象
的单体滑坡</td><td>滑坡险情和危害预测，
对滑坡发展趋势进行预测</td></tr>
<tr><td>匀
加
速</td><td>警戒级
（橙色）</td><td>短期预报
（防灾预测）</td><td>几天至
几月</td><td>具有明显变形增长现象
的单体滑坡</td><td>短期防灾预测，对滑坡
短期变形趋势做出判断</td></tr>
<tr><td>加
加
速</td><td>警报级
（红色）</td><td>临滑预报
（预警预测）</td><td>几小时
至几天</td><td>具有陡然增加特征和较
明显的滑坡前兆现象的
单体滑坡</td><td>滑坡的具体发生时间预测
及滑坡的临滑预警预报</td></tr>
</table>

(3)滑坡预报判据。

除预报模型外，预报判据对滑坡预测预报也是非常重要的。目前已有的10余种滑坡预报判据，对实际的滑坡预测预报具有指导意义的主要有以下几方面的判据：

①变形判据。由于各个滑坡体所处地质环境条件、岩土体结构和物理力学性质、坡体结构、外界影响因素等都不相同，滑坡体具有非常明显的个性特征，各滑坡发生时的总位移量和位移速率相差很大，要寻找一个统一的临界量值判据，基本是不现实的，也是不可能的。因此，应在遵循滑坡变形演化普遍规律的前提下，掌握滑坡体的个性特征与时空变形破坏规律，具体问题具体分析。

②降雨量判据。降雨诱发滑坡发生的成因机制异常复杂，一个地区当一次降雨量超过某一临界值时，可能会诱发群发性滑坡。

③临滑前兆异常。前兆异常信息在滑坡发生前表现直观、易于捕捉，用于临滑预报十分有效。可见的滑坡前兆异常特征有地表形变异常，地声、地热、地气异常，动物异常，地下水异常等。

(4)滑坡灾害预警级别划分的综合判定。

根据滑坡预测预报的基本理论和方法，建立滑坡灾害四级预警级别划分标准。

3)崩塌预警预报

(1)分级分主次确定崩塌变形破坏的预警预报对象。对以下对象应重点预警预报：变形速率大的地段或块体；可产生严重危害的地段或块体；对崩塌的稳定性起关键作用的地段或块体；对整个崩塌的变形破坏具有代表性的地段或块体。

(2)崩塌破坏具有突发性，致灾具有毁灭性。因此，崩塌预警预报分为两个等级，即警示级（黄色预警）与警报级（红色预警）。

①警示级（黄色预警）：当降雨量达到暴雨及暴雨级别以上或连续降雨时长达到48h及以上时，上部岩体拉张裂隙突然产生变形，即进入警示级，可对上述的崩塌重要地段或块体进行重点监测与预报。

②警报级（红色预警）：如监测到崩塌体发生连续大形变等，上部岩体拉张裂隙不断扩展、加宽，速度突增，小型坠落不断发生时，应向有关部门发出警报，该崩塌体有可能随时出现险情。

4)泥石流预警预报

(1)预警阈值。泥石流预警主要依据各种监测参数的临灾阈值来确定，各测点的预警阈值均需要采用一定的计算方法并结合沟道实际情况综合确定，详见《湖北省地质灾害专业监测预警工程建设技术要求(试行)》之附录 N。

雨量阈值根据对历史灾害的调查统计、模型计算和野外实验来确定；其中临界雨量阈值主要依靠坡面泥石流起动实验确定，激发雨量阈值主要依靠模型计算(起动沟床固体物质的流量推算的雨量)确定，警报雨量阈值主要依靠历史灾害调查统计数据分析确定；泥位阈值需要对历史灾害的调查和计算来确定；土体孔隙水压力和含水率、振动及次声等阈值需要根据相关野外实验来综合确定。

(2)预警等级。根据泥石流形成运动各个阶段的特点，泥石流监测预警采用警示级(黄色预警)、警戒级(橙色预警)和警报级(红色预警)。突发的坡面泥石流及流域面积特别小(一般 $1km^2$ 以下)的采用警报级预警。

①警示级(黄色预警)：由前期降雨、气象预警等指标确定。已出现充沛的前期降雨，同时气象部门发布大雨以上的降雨预警时即发布。

②警戒级(橙色预警)：无充沛的前期降雨，但是降雨已达到泥石流爆发的临界雨量阈值时发布，由泥石流临界雨量和泥位指标确定。

③警报级(红色预警)：已出现充沛的前期降雨，同时降雨已达到泥石流爆发的临界雨量阈值时发布。由临界雨量、泥位和振动等指标，同时参考沟道断流等宏观现象指标确定。

5)地面塌陷预警预报

(1)预警判据。

地面塌陷灾害常用的预警判据见表 9-2-12。

表 9-2-12　地面塌陷灾害预警判据

序号	判据名称	判据	适用条件
1	巷道变形	变形增大	
2	巷道受力	受力有明显变化	
3	岩溶管道裂隙系统水气压力	岩溶管道裂隙系统中的水气压力变化值大于基岩面上覆土体的渗透变形临界值	第四系地下水(地表水体)与岩溶地下水水力联系紧密
4	岩溶地下水水位	从基岩面以上降到基岩面以下	
5	降雨量	日降雨量大于年平均降雨量的四分之一至三分之一	极端气候
6	地震或震动	有明显沉降变形现象	有震感地区
7	地质雷达指标	土洞或扰动异常	地下水水位以上土层，土层厚度少于10m，土层含水量越低效果越好
8	沉降变形、裂缝变形	变化增大	
9	地下水含沙量	增大	可取地下水水样区域
10	新塌陷坑形成	数量增加	

(2)预测方法。

地面塌陷的预测方法概括有地质方法和数学物理方法两大类，即综合地质预测模型和数学物理预测模型(又分为确定性和不确定性两种预测模型)。

(3)预警等级。

地面塌陷预警分为两个等级，即警戒级(黄色预警)与警报级(红色预警)。

①警戒级：当地下空洞区上覆盖层岩土体出现变形失稳迹象时，即为警戒级。

②警报级：当发现或判别形变、坍塌有明显加剧趋势，即进入警报级。

4. 预警阈值的确定

地质灾害隐患点在实际监测过程中，由于监测人不可能对数据进行实时分析，故在监测时需对各监测设备设置报警阈值，当监测数据达到或超出预警阈值时，自动启动超阈值提醒功能，通过手机APP短消息、手机短信、电话等方式通知监测相关人员。

监测设计单位在对隐患点进行专业监测设计时，根据隐患点的基本特征、所处地质环境条件及变形阶段设置监测预警的初始阈值。监测运行过程中，监测单位根据实际监测数据分析对预警阈值进行优化调整。一般情况下，监测一个水文年后需提交优化调整后的预警阈值。若遇特殊情况，隐患点在一个水文年内无变化或变形不大，预警阈值的确定可适当延长一个水文年。

5. 预警预报

建立专家会商机制。前述各隐患点监测预警指标可作为各隐患点综合预测预报的依据，但真正预警信息的发布必须经过专家组的会商。监测设备发出监测预警后，专业监测单位应根据监测分析及现场巡查，及时判断隐患点当前所处的变形阶段，凡进入预警级别的，应及时编制《××隐患点进入×色预警阶段的报告》上报。监测预警主管部门需召开联席会商会议。首先进行专家组技术会商。技术会商后，专家组立即提交《××××隐患点监测预警技术会商专家组意见》，对是否进入黄色、橙色或红色预警进行技术认定并提出相应的专家组建议。在专家组意见的基础上，联席会议进行预警行政会商，形成预警行政会商会议纪要，批准后实施，发布相应的预警预报信息。属于特大型的，专家会商应专门提出，需报上级主管部门。

6. 预警级别的降低和预警警报的解除

1）蓝色预警级别的降低

蓝色预警的解除与预警级别的降低，专业监测单位应及时编制《××隐患点调整预警级别的报告》报区县自然资源主管部门，区县自然资源主管部门认定后上报省市自然资源主管部门。

2）黄色预警、橙色预警、红色预警级别的降低和预警警报的解除

黄色预警、橙色预警、红色预警级别的降低，由专业监测单位提出调整预警级别的报告后，应进行专家组技术会商认定，联席会议会商形成纪要后，由省市自然资源主管部门批准。预警警报的解除和预警期的终止，按《中华人民共和国突发事件应对法》的有关规定（第四十七条）执行。

橙色预警级别的降低。由于种种原因，该崩滑体变形趋缓，则在进行会商认定后，可以降低预警等级，解除橙色预警。

红色预警级别的降低。分两种情况。第一，在崩滑体已大规模下滑、抢险救灾完成，突发灾害过程已经结束或已得到有效控制。第二，由于种种原因，该崩滑体没有整体下滑成灾，变形趋于缓和，监测表明其整体下滑成灾的险情当前已较大幅度降低。则在进行会商认定后，可以降低预警等级。

四、地质灾害重点地段监测

（一）烽火村岩溶地面塌陷重点地段监测

洪山区张家湾街烽火村岩溶地面塌陷位于白沙洲岩溶条带上，隐患区面积约0.4km^2，自2000年4月以来，已产生多次塌陷，前后产生19个陷坑，其中最大陷坑长54m，深7.8m，塌陷累计造成10余栋房

屋倒塌,大面积农田毁坏,威胁150户、990人,直接经济损失达600余万元,成为当时武汉市有史以来最大的一次岩溶地面塌陷灾害。

烽火村岩溶地面塌陷重点地段监测位于白沙洲毛坦港至陆家街,总面积19km²,可采用地下水水位监测、土体变形监测、降雨监测和地面宏观巡查等方法进行监测,总共布置水位(水气)监测孔12个、雨量自动监测站1个、地震流动台4个、地质雷达38km、静力触探1 500m/60孔、水平分布式光纤1 560m、垂直分布式光纤1 050m/15孔。

(二)后湖软土地面沉降重点监测区

2013年以来,汉口主城区局部地段发生了地面沉降变形,累计最大地面沉降量超过100mm,特别是后湖地区有23.6km²的范围地面沉降情况尤为突出,最大达到400mm(同安家园)。地面沉降造成建筑物附属设施及市政道路不同程度开裂、下沉,管道接头脱节等,经济损失巨大。

以后湖地面沉降最为严重的23.6km²范围作为重点区,完成基岩标3座、一等监测点10点、二等监测点120点布设,完成一、二等水准监测100km、200km。

五、监测成果

(一)报告

地质灾害专业监测成果提交应符合业主或相关主管部门的要求。专业监测运行期间,监测单位须提供监测简报,同时须提交电子版和纸质版监测报表(旬、月、季、年、专报),报表中应包含明确、可靠的监测阶段性结论。

监测单位须提交监测总结报告。总结报告中应包含明确、可靠的监测结论以及下一步防治工作建议。

(二)数据库

将监测数据按灾害点号录入地质灾害信息平台数据库,并与湖北省自然资源厅地质环境综合信息平台实现对接。

第三节 城市地下水环境监测体系建设

一、地下水监测网建设

(一)监测网部署原则

(1)应按地下水系统统筹部署,能控制评价区地下会动态变化规律。

(2)平面上点、线、面结合,疏密得当;垂向上浅、中、深结合,分层监测。

(3)一孔多用与一孔专用相结合,多种监测手段相结合。

(4)有的放矢,专区采专样。

(5)应遵循地下水为主,兼顾地表水的原则。

（二）监测点布设

武汉城区地表水与地下水相互转化频繁，需要重点开展河、湖与地下水转化的监测。

1. 布设原则

(1)控制性地一下水监测点应按剖面布置。

(2)区域性地下水监测点宜均匀布置，根据不同的情况应考虑：含水层富水性强弱、承压水或潜水、水质类型、所处的部位等。

(3)在多层含水层分布区，应设置分层监测孔。

(4)在易发生与地下水有关的环境地质问题的典型地段应布置监测孔。

(5)泉水应按不同类型、不同含水层(组)及流量大小分别布置监测点。

2. 基本要求

1)监测点密度

(1)监测点密度应与水文地质复杂程度、地下水开采利用程度以及地下水环境问题突出程度相适应。

(2)1∶50 000 调查精度下，水文地质条件中等地区主要含水层或开采层的监测点每百平方千米应不少于 1.5～3.0 个，水文地质条件简单地区取中等地区的 80%，水文地质条件复杂地区取中等地区的 120%。

(3)非主要含水层或非主要开采层监测点密度可根据具体情况适当控制。

(4)控制性长观点(指按剖面布设的控制性地下水监测点)数量应不低于监测点总数的 20%。

2)监测周期

应不少于一个水文年。

3)监测项目

监测项目包括：

(1)水位监测。

每月监测 6 次，逢 5 日、10 日监测(2 月份为月末日)。有条件的地区，应尽可能采取自记水位仪。

(2)水量监测。

对于泉水及自流井，流量观测应与地下水水位监测同步。地下水开采量的观测，宜安装水表定期记录开采的水量；未安装水表的开采井，应建立开采时间及开采量的技术档案。每月实测一次流量。

(3)水质监测。

浅层地下水宜在丰水期和枯水期各取一次水样，进行水质分析。深层地下水每年在开采高峰期取一次水样，进行水质分析。

(4)水温监测。

地下水水温监测可每月进行 1～2 次，并与水位流量同步观测。

4)其他技术要求

按照《地下水动态监测规程》(DZ/T 0133—94)执行。

3. 监测点布设

监测点能够从地下水流系统、各级行政区的层面覆盖全区；监测具有供水意义的含水层，根据含水层的富水性强弱、承压水或潜水、水质类型、所处地下水流系统部位等均匀布置监测点；结合城市地下水环境地质问题监控、地下水监管的实际需求，部署具有控制性的水文地质钻井及泉水点。

部署地下水监测网点主要包括以下几类：直接利用的监测井、新建地下水监测井、新建泉点监测点。

1）直接利用的监测井

武汉市地下水监测网的建设要衔接国家地下水监测工程、湖北省地下水监测长观孔，因此在工作部署中，要将区内国家地下水监测工程和湖北省地下水监测长观孔的监测井直接利用。目前武汉市国家地下水监测工程监测点共有41个，湖北省地下水监测长观孔49个。

2）新建的监测点

根据监测目的及要求，新建一批监测点，建设标准宜参考国家地下水监测工程。新建的监测点包含两类：一是新建水文地质钻孔作为地下水监测点；二是直接利用泉点、暗河等地下水天然露头作为地下水监测点。

泉点监测点的建设无需进行水文地质钻探，但要建设响应的配套设施、标志牌等，以便更好地管理和保护。

应结合武汉市水文地质条件、与地下水有关的主要环境地质问题、经济社会发展水平和生产力布局等情况，开展新建监测点的相关工作。

4. 监测网密度

按照1：50 000水文地质调查每百平方千米基本技术定额一览表勘探钻孔数，将其全部作为监测网密度要求。

（三）新建监测井建设

根据武汉市现有的监测网现状，结合监测网密度要求、不同的观测层位、孔深、各含水系统、水流系统、主要环境地质问题和需求，编制新建监测井建设方案，为新建监测井建设提供依据。

1. 水文地质钻探

武汉市地下水监测井建设一般采用一孔单层监测，水文地质孔钻探工作同时开展抽水试验、水位长观等手段。第四系水文地质钻孔深根据各地下水系统含水层埋藏厚度的差异，一般不大于55m，完整井穿过相对下部隔水岩层3～5m；基岩水文地质钻孔根据基岩岩性、厚度，新近系水文地质钻探进入下部砂岩、砂砾岩至少30m；岩溶水文地质钻探揭穿主要岩溶发育带；碎屑岩、变质岩、岩浆岩水文地质钻孔揭穿主要的风化带。

钻探工作主要依据《水文水井地质钻探规程》（DZ/T 0148—2014）要求进行。

1）钻孔孔位、深度

布设孔位确定后，依据实际施工条件调整孔位。在钻孔施工过程中，若设计与实际情况有出入，及时进行孔深调整：当已达到地质目的而未达设计孔深需提前终孔时，或已达设计孔深而未达到地质目的需增加孔深时，现场施工地质人员有权决定分别减少或增加5m以内工作量；当变动量超过5m时，施工地质人员将钻孔设计变更形式呈报项目组审批执行。

2）钻孔孔径、孔斜

本次单层监测孔用于长期水位自动监测和水质取样监测，为保证采样和监测工作，开孔口径不小于φ350mm；钻孔终孔孔径小于φ130mm。孔深小于100m的钻孔，孔斜误差不大于1°；孔深大于100m的孔，孔斜不大于2°。

3）岩芯采取率、整理

不允许超回次钻进，黏性土采取率大于85%、砂土大于70%、砂砾（卵）石大于40%、基岩大于85%，全孔平均大于70%。岩芯取出后及时清洗、装箱、编号、填写岩芯牌和照相。岩芯排列不得颠倒、混乱和丢失，编录员随时检查岩芯牌与班报表记录是否吻合，发现问题及时纠正；凡属块状、散粒状、粉状岩芯，按照钻头直径 2/3 的尺寸予以合拢；散粒状、碎屑状岩芯均要求在钻孔附近选取合适位置妥善保管，防止混合及雨水冲刷流失。

年度工作进行预验收后，选择部分有代表性的岩芯保留至岩芯库，其余岩芯就地掩埋处理。

4)钻孔编录

对划分地层岩性的层次、断裂带、含水层层位及其埋深、厚度等进行详细的观测、描述和记录。

整理岩芯、校正岩芯长度、深度和岩芯采取率。岩芯按上、下顺序装入岩芯箱内，不得乱放或倒置，并及时编号，岩芯牌字迹要工整、清晰、数据准确。岩芯定名、描述按照规范要求进行。

严格按钻孔设计要求进行各种样品的采集工作，对采集的各种样品立即按有关要求袋装合封，注明取样的层次和深度，填好各类标签及送样单，尽快送样，数据及时入库。

钻机钻进过程中当遇到漏水、涌水、卡钻、掉钻等现象时，详细记录其孔深，详细记录遇掉钻现象掉钻起始深度以及卡钻的位置。对灰岩进行钻进中，见溶洞、溶隙等，采取泥浆钻进，详细记录好溶洞顶底板的埋深深度。

岩芯描述，第四系重点描述土粒结构和粒度组成；基岩要求描述岩石的组成、结构与构造，对节理、裂隙、溶洞、溶蚀、溶槽、溶隙及岩芯的完整程度和 RQD 值重点描述，记录翔实、准确。

5)测井要求

对做综合测井的监测孔，孔内岩性详细分层，第四系孔不能漏掉大于 10cm 的单层，物探技术人员及时做出曲线解释，配合地质技术人员分析各地层主要地质特征，并予以定名。

6)简易水文地质观测

注意初见水位，每次提钻后、下钻前做孔内水位观测，钻进过程中发现涌水、漏水必须做详细记录，流量特别大时要停钻观测流量，详细记录，终孔后观测稳定水位。用泥浆钻进的钻孔，要注意泥浆颜色变化特点，漏浆或翻浆的具体位置、孔深等，并详细记录。

7)成井要求

洗孔前止水：抽水孔在各含水层顶底板做好止水。用黏土球捣实止水，黏土球直径不大于 40mm，基岩孔揭露基岩顶板 2m 均采用水泥砂浆止水。严格检查止水效果，若止水不符合要求，必须重新止水。

洗孔：下滤，投砾后，用清水冲孔，活塞和空压机反复进行洗孔，直至水清砂净、水位反应灵敏为止。

井管：本次钻井井管选用钢管，具有强度大、耐腐蚀、寿命长的特点。

井壁管：井壁管高出监测井附近地面 0.3～0.5m。

过滤管长度设计：由于监测井凿穿的地下水监测目标含水层厚度大，全部安装过滤管造价过高，故过滤管长度和含水层厚不一致，一般长 20～70m。

过滤器设计：当地下水监测目标含水层岩溶水时，在岩溶发育段安装圆孔过滤器。当地下水监测目标含水层为松散岩层孔隙水，采用垫筋、包网过滤器，所处位置的含水层岩性为中粗砂、砾石、卵石时，采用 60 目的过滤器，滤水管外部填砾；过滤器所处位置的含水层岩性为细砂、粉细砂时，采用 80 目的垫筋、包网过滤器，滤水管外部填砾。钢管孔隙率为 25%～30%。

沉淀管安装：除碳酸盐岩岩溶水监测井外，其他监测井均安装沉淀管，位置安装在监测井底部，长度均为 3m，管底用钢板焊接封死。

8)滤料填充厚度、粒径要求及封闭止水

井管安装后及时进行填砾，根据地下水监测井所处位置和含水层情况选用不同粒径和级配磨圆度较好的硅质砂、砾石为主的滤料进行填充，监测层位为第四系含水层时，填砾厚度不小于 75mm，基岩不填砾。充填滤料填自管底至滤水管顶端以上不小于 3m 处。对充填滤料顶端至井口井段的环状间隙进行封闭和止水，封闭和止水的材料宜选用粒径为 20～30mm 的半干状黏土球。

2. 抽水试验

监测井均进行抽水试验，1～3 个落程，每个落程之间的水位差不得小于 1m。

抽水试验后，按照《供水水文地质勘察规范》(GB 50027—2001)的相关规定，抽水试验要求主要进行稳定流抽水，抽水稳定时间 8h、16h 和 24h(在岩溶地面塌陷第四系较薄的地区稳定时间宜控制在 8h 以内)，抽水结束后按非稳定流要求做恢复水位观测。

1)抽水试验前的准备工作

抽水试验前，除做试验性抽水外，必须精确测量钻孔孔位坐标、孔位处地面高程及管口高出地面高度。检验抽水设备能否正常运转，控制流量的控制设备是否可靠，并检查排水系统有无渗漏现象和是否畅通。检查地下水水位是否稳定，并注意周围环境对观测资料的可能影响。

2)水位降深

最大降深值按抽水设备能力确定。水位降深顺序，基岩含水层按照先大后小顺序，松散含水层按先小后大顺序逐次进行。

3)涌水量及水位变化

在稳定延续时间内，涌水量和动水位与时间关系曲线在一定范围内波动，而且没有持续上升或下降的趋势。当水位降深小于 10m，用离心泵、深井泵等抽水时，水位波动值不超过 5cm。一般不超过平均水位降深值的 1%，涌水量波动值不能超过平均流量的 3%。

4)恢复水位观测要求

停泵后立即观测恢复水位，观测时间间隔与抽水试验要求基本相同。若连续 3h 水位不变，或水位呈单向变化，连续 4h 内每小时水位变化不超过 1cm，或者水位升降与自然水位变化相一致时，停止观测。

试验结束后应测量孔深，确定过滤器掩埋部分长度。淤砂部位应在过滤器有效长度以下，否则，试验应重新进行。

3. 井孔保护装置

保护设施建设采用仪器保护箱式，起到保护监测仪器设备和井口作用。要求简单、牢固、实用，具有防盗与方便管理功能。包括一个钢筋混凝土基座和厚钢板制成的仪器保护箱，主要适用于安装一体化自动监测设备的监测井。设计方案主要包括以下几个方面：

1)保护装置结构

保护装置主要包括一个钢筋混凝土材质的基座和一个厚钢板制成的孔口帽。基座高度不小于 70～80cm，其中入地部分高度不小于 30cm，露出地面高度 40～50cm。基座的直径应大于孔口帽直径 15～20cm。孔口帽钢管厚度不小于 10mm，高度 30cm，直径不小于 34cm，并应视井管直径和井内监测井数量(对于一井多孔监测井组)适当调整；孔口帽上设计一个专门的锁固装置，匹配专门的开锁工具；为保证自动传输信号强度，应在孔口帽顶部开一个不小于 20cm 的圆孔，并牢固安装工程塑料封严。

2)井台结构

井管高出地面部分修筑水泥基座作为井台，设定井口固定点，台面可放置监测设备。井台设计为圆柱体混凝土台，高度根据井管高出地面情况，为 0.3～0.5m。井口旁预埋铁件作为固定点高程，井台上要有安装仪器标记，井口有铁盖。井台具体尺寸可根据井房和保护设施尺寸确定。

3)保护装置安装程序

清理监测井口周围，深度超过地面以下 30cm 以上，放入铸模，平整孔口；放入编好的钢筋笼，再用混凝土进行浇制；混凝土凝固后，取下模具；用螺丝固定好孔口帽，喷漆；在孔口帽外一侧喷涂监测井标识、监测单位名称、电话，另一侧喷涂“湖北省地下水监测点，依法保护、人人有责”等标识。

4. 监测站点标示牌

标示牌主要作用是：标示武汉地下水监测站点，起到保护与宣传作用。标示牌要统一，材料应防风蚀雨蚀。站房标示牌规格为长500mm、宽300mm、厚2mm的标牌，“武汉地下水监测站点”所属字体为隶书字高6mm(200号)，“标题、警示语、监测站编号、监测项目、设置日期、所属单位、联系电话”以及字体为隶书字高4.5cm(150号)，镶嵌于站房外墙醒目处。仪器保护箱的标示牌以软铁皮为材料，规格应小于站房标示牌。

5. 高程测量

水准基面采用1985年国家高程基准。监测站点高程和坐标测量采用GPS测量和水准测量方式，优先选用GPS测量。GPS测量精度应达到《全球定位系统(GPS)测量规范》(GB/T 18314—2009)中E级以上精度要求；水准测量标准达到《国家三、四等水准测量规范》(GB/T 12898—2009)中所对应的四等水准测量精度要求。

6. 高程点建设

地下水监测网点高程点作为预埋固件，均安装于井台之上，作为高程点，用以长期观测的基准点。

(四)泉点监测点建设方案

泉点监测点水利用地下水的天然露头进行水质、水量以及水温的监测。泉点监测点的建设内容主要是配套设施的建设。

高程测量与前述要求一致，目的是测量泉点出水口的高度，无需建设高程点。

监测站点标示牌的建设同前。若泉点位于保护区内，标识牌的建设需征求相关生态环境保护部门、建设行政主管部门以及保护区管理等部门的意见采取异地建设指引的方式选取合适的地点建设。

水质、水量、水温的监测采用人工监测为主。对于已进行旅游开发，水资源开发或者周边已有一定基础设施的泉点，水量、水温监测科可采用仪器自动监测。不具备自动监测的泉点采用人工监测，最大程度地保护其自然环境条件。

二、信息采集与传输系统建设

(一)总体框架

信息采集与传输系统建设内容主要包括监测站点信息采集设备及监测站点至各级地下水信息站或监测中心的通信设备。

自动数据采集与传输设备，主要用于监测站点水温、水位监测，水质监测采用人工采样、实验室分析方式。

(二)建设方案

1. 建设规模

建立与湖北省地质环境信息平台对应的地下水信息采集与传输节点；采购并部署武汉信息采集与传输设备，水位水温单测设备。

2. 信息采集与传输方案

城市地下水监测站点信息采集与传输系统建设对接国家地下水监测工程标准进行建设。采用的信息采集和传输方式:(1)无线通信模块。数据传输系统采用无线数据终端系统来完成。该设备主要完成现场数据的网络接入。湖北省已有监测网采用移动公司 GPRS 传输,但是数据按照短信收费,费用较高,建议按流量收费标准。(2)供电模式。由于大多数监测孔处于野外,存在市电的供应问题,因此,采用锂电池供电(采用 GSM 方式)。

1)安装流程

(1)对井口进行改造。

(2)将无线通信部分安装在内。

(3)定期更换电量消耗的锂电池。

2)安装方案

(1)在从地面到井口一定高度位置上砌做水泥台。

(2)井口用铁管制作成防护箱罩住。采用内锁式防盗。

(3)做铁盘,放置无线通信模块。

3. 设备选型

结合湖北省实际监测工作经验,水位监测多采用国外设备。

建议:探头采用加拿大 Solinst 公司生产的水位水温监测仪,型号 Level. M10,精度 0.5mm,量程为液面下 10m,采用 GPRS 无线传输监测方案,电池供电。

模块、控制及操作软件由北京沃特兰德科技有限公司生产。

水质监测仪:地下水常规监测小型化设备,方便野外携带、监测。

4. 信息采集与传输装备管理

实现分单元、子单元分别统计自动采集与传输仪器,包括仪器型号、数量,以及建设方案,按照一井(泉)一卡的方式建立自动监测井档案,卡片信息按标准格式填录,对信息进行更新与维护。

三、城市地下水监测信息节点建设

(一)总体框架

城市地下水监测信息节点目标是负责区内地下水监测站的信息接收、处理与存储,建立地下水监测数据库,完成地下水监测站点资料整编。

地下水监测信息节点包括基础运行环境、数据接收与处理、数据库及服务引擎、信息展示与服务、标准规范及安全体系等内容,总体框架见图 9-3-1。

(二)建设方案

城市地下水监测信息节点按照总体框架设计内容进行建设。其中数据库及服务引擎、信息展示与服务、标准规范等平台框架内容统一规划、建设与部署,各地区主要负责网络体系建设、数据接收与处理、基础运行环境建设。

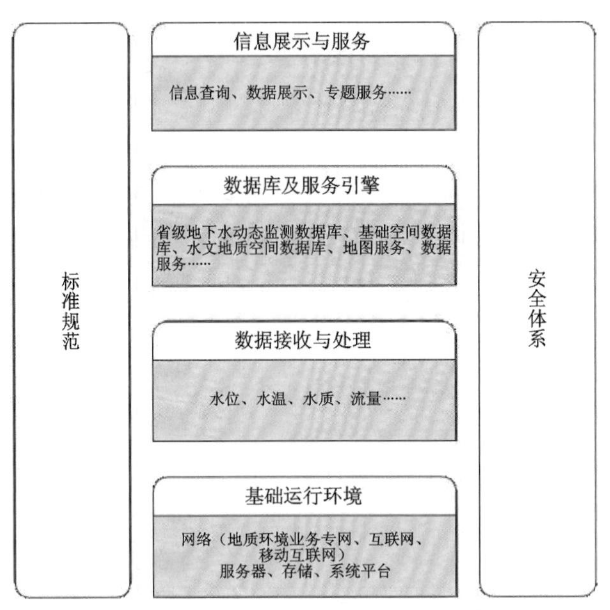

图 9-3-1　武汉市地下水监测信息节点总体框架

1. 网络体系建设

城市地下水监测信息节点网络体系可依托现有网络体系进行建设，如湖北省国家地下水监测工程的地下水监测信息节点是由湖北省地质环境总站内网、外网以及连接至自然资源厅、地质局、气象局和互联网的专线组成。

其中内网用于数据资料的内部共享，能提供修改、管理功能。外网用于在互联网、移动网络发布相关信息，供社会民众查询，不提供修改、删除等功能，地质环境业务专网接入全国地下水环境监测信息平台，满足本级地下水监测数据传输、共享需求。

2. 数据接收与处理

地下水监测数据接收处理和交换采用统一标准，统一购置硬件设备，统一开发软件。高一级信息平台部署数据接收系统，将各地区数据推送至上级地下水信息节点，形成地下水监测数据库。通过统一部署的数据接收系统实现对所有地下水监测站点数据接收与处理，同时可以对监测站点传感设备、传输设备工作方式进行控制。

数据成功接收后将形成地下水动态监测数据库，存储全局数据字典、地下水监测站点的资料目录索引、测站基础信息、地下水监测站点的实时数据及各类综合性成果数据。主要由基础数据、动态数据和专题成果数据三大类信息组成。数据库建设依据“统一规划、统一标准、统一设计、数据共享”的原则开展。

3. 基础运行环境建设

城市地下水监测信息节点基础运行环境应具有较高处理计算、数据存储及安全保障能力的网络化计算机系统，依照地下水监测数据节点总体框架进行建设，满足信息接收、处理与存储，实现与上级地下水环境监测信息平台网络互联互通与数据共享。城市地下水监测信息节点基础运行环境所需设备见表 9-3-1。

表 9-3-1　省级节点信息类设备统计表

序号	名称	单位	所需数量
1	服务器	台	2
2	数据储存	台	1
3	网络交换机	台	1
4	网络应用加速设备	台	1
5	机柜	台	1
6	机柜用 KVM	台	1
7	地质环境业务专网接入	条	1

四、技术保障

城市地下水环境监测体系建设按照有关规范性文件中的相应条款要求执行，当所引用的规范性文件被修订时，应使用其最新版本。

第四节　浅层地热能监测系统建设

为维护地下热能环境平衡，保证地质环境安全和周边环境安全，防范发生次生地质灾害，掌握区域及项目浅层地热能开发利用情况，指导和实现地源热泵系统高效、智能化运行，提高浅层地热能利用效率和地源热泵系统整体能效，在地质环境监测和地源热泵项目建设过程中，应同期建设、运行浅层地热能开发利用监测系统。

武汉市已初步建成市级浅层地热能利用监测系统，并运行多年，获得大量监测数据，有效地反映了武汉市各区浅层地热能背景、各类地源热泵项目运行及环境影响情况，为监控、指导武汉市浅层地热能的开发利用提供了一定的依据。

一、监测系统组成

区域性浅层地热能监测系统一般分为中心站(区域站)—项目站—监测点三级，由监测点、监测站、数据采集系统、数据转换与传输系统、数据库、数据分析系统、系统应用平台和中心机房等组成。

监测点由监测孔(井)、电源、数据采集(发射)器、线缆、监测墩等监测基础设施和水位计、温湿度仪(探头)、能量表、流量计、压力表、变形监测仪、水质监测仪、采集器、发射器等监测设备组成。

监测站一般集合多个监测点组成，由数据存储、专业分析软件、展示与应用平台等组成。

按照统一的标准，将多个监测站、监测点数据集中整合到一个平台上并配备相应的分析和应用功能后，即成为区域性浅层地热能监测系统。

监测一般采用自动监测为主、人工监测为辅的手段进行监测，并需定期进行分析、报告；出现异常时，应能及时预警、报警。

二、监测内容及设置

（一）监测内容

按监测内容划分，可分为地质环境变化监测（地下水、地埋管、污水源、地表水）、地源热泵系统运行状态监测、室内外环境监测、末端系统监测等。主要监测内容按下述要求确定，其设计、施工、运行、维护应按《浅层地热能利用监测技术规程》（DB42/T 1358—2018）执行。

1. 地质环境监测

内容包括地下换热系统影响范围内岩土体温度场（含恒温层厚度）监测，地下水水位、水温、水质、水量、地面及周边建构筑物变形监测，地表水体变化监测等。

2. 地源热泵系统运行状态监测

地源侧供/回水温度、流量、压力；用户侧供/回水温度、流量、压力；热泵机组、水泵耗电量；热泵机组、阀门、水泵等设备的运行状态。

3. 室内外环境监测

包括空气干球温度、湿球温度、相对湿度等。

4. 末端系统监测

主要通过人工或计量计费系统，对用户空调的使用时间、用能情况等进行监测。

（二）技术要求

（1）地下水监测点密度应与区域水文地质复杂程度、地下水开采程度等相适应。

（2）地温监测工作以新施工的勘查孔为主。

（3）地下水水位的测试设备，一般采用电测水位仪。

（4）地下水水位的监测频率为每5日监测一次，日期定为每月的5日、10日、15日、20日、25日、30日（2月为月末日）。

（5）地下水温的监测频率为每10日监测一次，日期定为每月的5日、15日、25日。

（6）地温的监测频率为每10日监测一次，日期定为每月的5日、15日、25日，然后进行平均处理成每月一个数。

（7）水质的监测频率为一年2次，在每年的丰枯季各采一次样，作水质全分析。

地下水、地温、地表水监测工作布置详见表9-4-1。

表9-4-1　地下水、地表水监测工作布置表

监测项目	监测频率	监测工具	监测精度	备注
水位	6次/月	电子水位计	0.01m	
水温	3次/月	数字式测温仪	0.1℃	
水质	2次/年			丰、枯水期各一次，按水质测试要求
地温	3次/月	数字式测温仪	0.1℃	

（三）监测项目设置

监测项目可按表 9-4-2、表 9-4-3、表 9-4-4 进行设置。

表 9-4-2　地埋管地源热泵系统监测项目设置

项目规模	热泵系统运行状态					地质环境				室内外环境		末端系统	
	埋管侧供/回水温度、流量、压力	用户侧供/回水温度、流量、压力	热泵机组及水泵耗电量	分集水器温度流量	机组/阀门/水泵运行状态	换热孔内岩土地温	换热孔间岩土地温	岩土层地温背景值	地下水监测	室内温湿度	室外温湿度	用能时间	用能量
小型项目	●	●	●							☆			
中型项目	●	●	●	☆	●	●	●	☆	☆	☆	☆	☆	☆
大型项目	●	●	●	☆	●	●	●	●	☆	●	●	☆	☆
重要及特殊项目	●	●	●	☆	●	●	●	●	☆	●	●	●	●

注 1：●为应监测项，☆为宜监测项。

注 2：小型项目是指浅层地热能应用面积小于 $2\times10^4\,m^2$ 的居住建筑（设施），中型项目是指浅层地热能应用面积在 $2\times10^4\sim5\times10^4\,m^2$ 的居住建筑（设施），大型项目是指浅层地热能应用面积超过 $5\times10^4\,m^2$ 的居住建筑（设施），重要及特殊项目是指公共建筑，或有科研示范等特殊要求，以及位于软土区上的地下水地源热泵系统应用建筑等。

表 9-4-3　地下水地源热泵系统监测项目设置

项目规模	热泵系统运行状态						地质环境						室内外环境		末端系统	
	地下水侧供/回水温度、流量、压力	用户侧供/回水温度、流量、压力	热泵机组及水泵耗电量	分集水器温度流量	机组/阀门/水泵运行状态	热源井运行状态	地下水水位	热源井抽水回灌量	地下水水质	含砂量	岩土层地温	变形监测	室内温湿度	室外温湿度	用能时间	用能量
小型项目	●	●	●				●	●	●	●		●				
中型项目	●	●	●	☆	●	☆	●	●	●	●	☆	●	☆		☆	☆
大型项目	●	●	●	☆	●	☆	●	●	●	●	☆	●	●	☆	☆	☆

续表 9-4-3

项目规模	热泵系统运行状态						地质环境						室内外环境		末端系统	
	地下水侧供/回水温度、流量、压力	用户侧供/回水温度、流量、压力	热泵机组及水泵耗电量	分集水器温度流量	机组/阀门/水泵运行状态	热源井运行状态	地下水水位	热源井抽水回灌量	地下水水质	含砂量	岩土层地温	变形监测	室内温湿度	室外温湿度	用能时间	用能量
重要及特殊项目	●	●	●	☆	●	☆	●	●	●	●	☆	●	●	●	●	●

注 1:●为应监测项,☆为宜监测项。

注 2:小型项目是指浅层地热能应用面积小于 2×10^4 m² 的居住建筑(设施),中型项目是指浅层地热能应用面积在 2×10^4～5×10^4 m² 的居住建筑(设施),大型项目是指浅层地热能应用面积超过 5×10^4 m² 的居住建筑(设施),重要及特殊项目是指公共建筑,或有科研示范等特殊要求,以及位于软土区上的地下水地源热泵系统应用建筑等。

表 9-4-4　地表水地源热泵系统监测项目设置

项目规模	热泵系统运行状态					地质环境			室内外环境		末端系统	
	地表水侧供/回水温度、流量、压力	用户侧供/回水温度、流量、压力	分集水器温度流量	热泵机组及水泵耗电量	机组/阀门/水泵运行状态	水温水质	流速流向	水下地形	室内温湿度	室外温湿度	用能时间	用能量
小型项目	●	●		●		●			☆			
中型项目	●	●	●	●	●	●			☆	☆	☆	☆
大型项目	●	●	●	●	●	●	☆	☆	●	●	☆	☆
重要及特殊项目	●	●	●	●	●	●	☆	☆	●	●	●	●

注 1:●为应监测项,☆为宜监测项。

注 2:小型项目是指浅层地热能应用面积小于 2×10^4 m² 的居住建筑(设施),中型项目是指浅层地热能应用面积在 2×10^4～5×10^4 m² 的居住建筑(设施),大型项目是指浅层地热能应用面积超过 5×10^4 m² 的居住建筑(设施),重要及特殊项目是指公共建筑,或有科研示范等特殊要求,以及位于软土区上的地下水地源热泵系统应用建筑等。

三、武汉市浅层地热能监测系统简介

(一)监测网介绍

武汉浅层地热能环境监测网点主要包括地温背景、地下水、地表水、污水以及地源热泵项目监测,其中地源热泵项目监测又包括水质监测、沉降监测、能效监测以及地下温度环境监测等(图 9-4-1)。

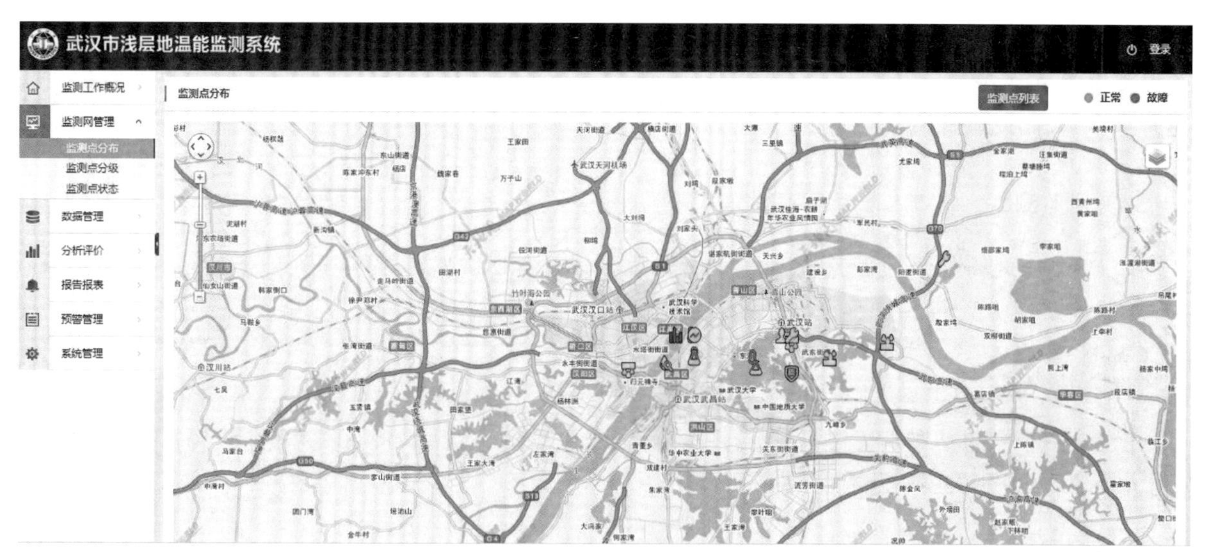

图 9-4-1 武汉市浅层地热能监测系统示意图

1. 地温背景监测

武汉市地温背景动态监测点共 8 个,分布在武汉三镇,分别对第四系覆盖区、基岩区、岩溶发育区 120m 以浅岩土层地温进行监测。

2. 地下水监测

地下水监测主要是针对武汉市已有的 5 处地下水监测井,通过测温探头、水位计等进行地下水水位和水温的测量。

3. 地表水监测

地表水监测点共 2 处,分别设置在长江和汉江,监测内容主要为温度,自动监测。

4. 污水源监测

污水监测点 1 处,设置在武汉市二郎庙污水处理厂,监测内容主要为温度,自动监测。

5. 地下水水质监测

地下水水质监测点 3 处,监测时期为地源热泵系统运行夏季制冷期和冬季供暖期,用于分析地源热泵项目运行对于地下水水质的影响。

6. 地面沉降监测

地面沉降监测点主要针对 1 个典型地下水地源热泵项目周边建筑、地面、桥梁进行沉降监测，分析、研究地下水地源热泵项目运行对地面沉降的影响，布设 141 处监测点，包括房屋监测点 89 处，围墙监测点 7 处，路面监测点 42 处，裂纹监测点 3 处。

7. 地源热泵项目能效监测

并网的地源热泵项目能效监测点 1 处，对 3 台主机、板换、换热井、末端管道布置温度传感器共计 18 个，对换热井、主机总管和末端总管流量布置 3 个流量计，对主机、水泵等耗电量采用电能表进行耗电量监测。在机房内设置有项目监测站平台，利用专业软件，将各监测数据汇总、计算并展示，以评价、指导系统运行。

8. 其他监测

武汉光谷某地源热泵项目(武汉地质资源环境工业技术研究院地热集中式能源站)，尚布置有室内外环境监测及计费系统。

(二)监测平台

监测应用平台包括监测工作概况、监测网管理、数据管理、分析评价、预警管理、报告报表、系统管理等七大模块，各模块内容及功能简介如下。

1. 监测工作概况

主要介绍武汉市浅层地热能资源、浅层地热能项目的基本情况，包括浅层地热能资源量、开发利用潜力、开发利用分区及全市地源热泵项目概况、监测站点概况。

2. 监测网管理

将所有监测点(站)、类别、状态进行了分级、分类和标识，分类主要结合数据库管理需求进行，如分为地温背景、地表水、地下水、污水源、水质监测、沉降监测、外接设备、工程项目、科研基地(站)等；监测点状态主要反映三级监测点的设备连接情况和人工输入数据的情况。

3. 数据管理

数据管理中为各类监测网点的监测数据，其分类与监测网分类对应，按分类，分别显示各类监测网中所有监测数据，对于人工监测点的监测数据也从此导入。监测数据可以查询、统计、导出等。

由于很多用于分析的数据并不是直接监测出来的数据，需要经计算得出结果，因此要通过编辑计算公式得到所需新增计算值。

4. 分析评价

浅层地热能监测数据分析评价的总体内容及方法见表 9-4-5。

5. 预警管理

对设备、监测点(设备)的故障进行提示、报警；对接近或超出设计值或限值的项目(点)做出风险预警。

表 9-4-5　监测数据分析评价方法表

分析类	分析项	分析方法
地温分析	地温变化	曲线分析
	变温层	纵向曲线分析
	地温背景	GIS 分析
水位分析	水位变化	曲线分析
	降落漏斗	剖面分析
	渗流场	GIS 分析
抽水回灌分析	抽水回灌分析	曲线分析
水质分析	成分变化	曲线分析
	质量等级	质量评价公式
地面沉降	沉降、裂缝、倾斜	曲线分析
	沉降等值线	GIS
能效分析	原理图	专门设计
	能耗	专门设计
	能效	专门设计
	节能效益	专门设计
地表水	温度、水位	曲线分析
用户分析	气象分析	曲线分析
	室内环境	曲线分析
	用户使用情况	专门设计
综合分析	曲线分析	曲线分析
	GIS 分析	GIS 分析
	剖面分析	剖面分析

6. 报告报表

对某些专项内容提出专家报告，对某些规定需要公示的内容编制监测公报，对管理部门编制监测月报或专报。

7. 系统管理

主要包括参数配置、系统日志和权限设置，为系统外联及数据共享等，数据库(平台)预留有对外接口，方便以后与其他数据、分析软件以及平台进行对接。

第五节　土地质量监测体系建设

一、监测内容

土地质量监测内容，一般可分为土地利用变化监测、土壤属性监测、作物长势监测、土壤污染现状监测和土地生态状况监测等5类(表9-5-1)。

表9-5-1　武汉市土地质量监测指标体系表

监测内容	监测指标	监测方法	监测尺度	监测周期
土地利用变化	耕地变化：耕地→其他草地，耕地→裸地，耕地→建设用地	二次调查与变更调查数据	区域	1次/3年
	园林地变化：园林地→其他草地，园林地→裸地，园林地→建设用地			
	草地变化：草地→耕地，草地→园林地，草地→建设用地			
	水域变化：河流水面→其他用地，湖泊水面→其他用地，滩涂→其他用地			
	其他土地变化：裸地→耕地、园林地、草地和建设用地			
土壤属性	土壤质地	采样分析	样点	
	土壤有机质	采样分析和高光谱测量		
	土壤全量氮磷钾	采样分析		
	土壤氨态氮			
	土壤水分			1次/年
作物长势	NDVI(归一化植被指数)	遥感	区域	1次/3年
土壤污染现状	有机污染	采样分析	样点	
	重金属污染			
土地生态状况	生物量	遥感与固定样点监测相结合	区域与样点	
	指示种			
	植被覆盖度			
	叶面积指数			
	光合有效辐射			
	林网密度	遥感监测与地面调查	区域	
	渠网密度			
	城市绿地	遥感		
	城市水面			
	城市非渗透表面			

二、监测指标

（一）指标构建原则

土地质量监测的指标构建应遵循指标可获取性、公认性、针对性、监测技术的前沿性等原则。

（二）监测指标

1. 土地利用变化监测

包括耕地、园林地、草地、水域及其他土地变化情况等5项（表9-5-1）。

2. 土壤属性监测

包括土壤质地、有机质、全量氮磷钾、氨态氮和水分等5项（表9-5-1）。

3. 作物长势监测

4. 土壤污染现状监测

包括有机污染和重金属污染2项（表9-5-1），具体测试元素或指标见表9-5-2。

表9-5-2　土壤环境质量监测项目与监测频次表

项目类别		监测项目	监测频次
常规项目	基本项目	pH、阳离子交换量	每3年1次，农田在夏收或秋收后采样
	重点项目	镉、汞、砷、铅、铬、铜、锌、镍、“六六六”、“滴滴涕”	
选定项目（污染事故）		特征项目	及时采样。根据污染物变化趋势决定监测频次
选测项目	影响产量项目	全盐量、硼、氟、氮、磷、钾等	每3年1次，农田在夏收或秋收后采样
	污染灌溉项目	氰化物、六价铬、挥发酚、烷基汞、苯并(a)芘、有机质、硫化物、石油类	
	POPs与高毒类农药	苯、挥发性卤代烃、有机磷农药、PCB、PAH等	
	其他项目	结合态铝（酸雨区）、硒、钒、氧化稀土总量、钼、铁、锰、镁、钙、钠、铝、硅、放射性比活度等	

5. 土地生态状况监测

包括生物量、指示种、植被覆盖度等10项（表9-5-1）。

（三）监测尺度

主要分为样点级和区域级两种尺度，也有区域和样点相结合的尺度（表9-5-1）。

(四)具体监测项目

监测项目分为常规项目、特定项目和选测项目,监测频次与之对应,见表 9-5-2,常规项目可按当地实际降低监测频次,但不可低于每 5 年 1 次,选测项目可按当地实际适当提高监测频次。

三、监测方法

针对不同的监测内容或指标,可选择采用二次调查与变更调查数据、采样分析、高光谱测量、遥感、遥感与固定样点监测相结合、遥感监测与地面调查等不同的监测方法(表 9-5-1)。

四、监测点数量

(一)监测点布设原则

(1)兼顾不同的土壤类型布点。

(2)污染地区应根据不同的污染源如大气污染、固体废弃物污染、污水、农用化学物污染及综合污染型等适当加密。

(3)在非污染地区的同类土壤中也应布设一个或几个对照采样点。

(二)监测点数量

1. 农用地

根据调查目的、调查精度和区域环境状况等因素确定,每个土壤单元可设 3~7 个采样区,每个单元以 200m×200m 为宜。

2. 城市建设用地

以网距 2 000m 的网格布设为主、功能区布点为辅,每个网格设 1 个采样点。达到每公顷占地的采样点不少于 5 个且总数不少于 5 个,以采集柱状样品为主。

3. 污染事故场地

(1)固体污染物抛洒污染型:等打扫后采集表层 5cm 土样,采样点数不少于 3 个。

(2)液体倾翻污染型:每个点均应分层采样,样品密度和采样深度随事故发生点距离增大而降低,采样点数不少于 5 个。

(3)爆炸污染型:以放射状同心圆方式布点,爆炸中心采分层样,周围采 0~20cm 表层土样,采样点数不少于 5 个。

五、监测周期

上述所有监测指标中,建议除土壤水分为每年监测 1 次外,其余均可设定为 1 次/3 年(表 9-5-1、

表 9-5-2)。

六、监测成果

(一)报告

应及时对监测资料进行整理分析,变更调查数据,编制监测表格和遥感解译图、动态曲线图及成果报告。报告中应包含明确、可靠的监测结论以及下一步修复治理工作建议。

(二)数据库

将监测数据按监测点编号录入武汉市多要素城市地质信息云平台数据库。

第十章　多要素城市地质信息云平台建设

“多要素城市地质信息云平台”(简称“平台”)基于云计算、大数据等技术，对地质数据资源、服务资源、应用资源进行统一管理；采用三维可视化技术，实现三维地质成果展示、分析及辅助决策；结合机器学习等人工智能技术，实现海量地质信息的查询和挖掘分析；结合3S(GPS、RS、GIS)技术、物联网技术，对城市地质环境进行监测预警。“平台”是多要素城市地质调查示范项目成果的集成管理平台，是实现地质调查成果在规划、国土、建设、防灾、应急等方面的应用服务中心，是城市地质环境的监测预警与管理平台，是城市高质量、可持续发展的重要地质信息化支撑。

“平台”建设主要包括3个方面，一是地质数据中心建设；二是三维地质模型建设；三是地质信息平台建设。地质数据中心是多要素城市地质调查工作各类成果的集成，是“平台”的数据基础；三维地质模型建设是多要素城市地质调查的重要成果，严格意义上属于地质数据中心建设的内容，是“平台”三维可视化、分析评价的前提；地质信息平台建设是“平台”数据服务、功能服务和对外延伸服务的载体，是“平台”对外服务的窗口。

第一节　多要素城市地质数据中心建设

一、建设目标与原则

建设目标：分步建设、分阶段实施、集成管理多要素城市地质调查多类型、多尺度、多时态空间数据，建立安全、备份机制。

建设原则：应遵循标准化、先进性、可靠性、高效性、开放性与实用性相结合的原则，力求达到技术、管理、服务的协调与统一。

二、数据中心建设框架和工作机制

(一)建设框架

地质数据中心在基础设施的支撑下，需要建立标准规范保障体系和数据安全保障体系，面向多要素城市地质业务应用和信息平台建设需求，兼容基础地理、地质调查、综合研究、动态监测、业务应用系统等各种来源的多源、多尺度、海量数据，建设形成数据汇聚、数据存储与管理、数据服务的框架。武汉地质大数据中心建设框架如图10-1-1所示。

基础设施层。基础设施是支撑地质数据中心数据采集、数据入库、数据组织存储、数据统计管理分析、运行监管、服务管理等运行管理软硬件支撑环境。地质数据中心采用分布式大数据中心架构，结合

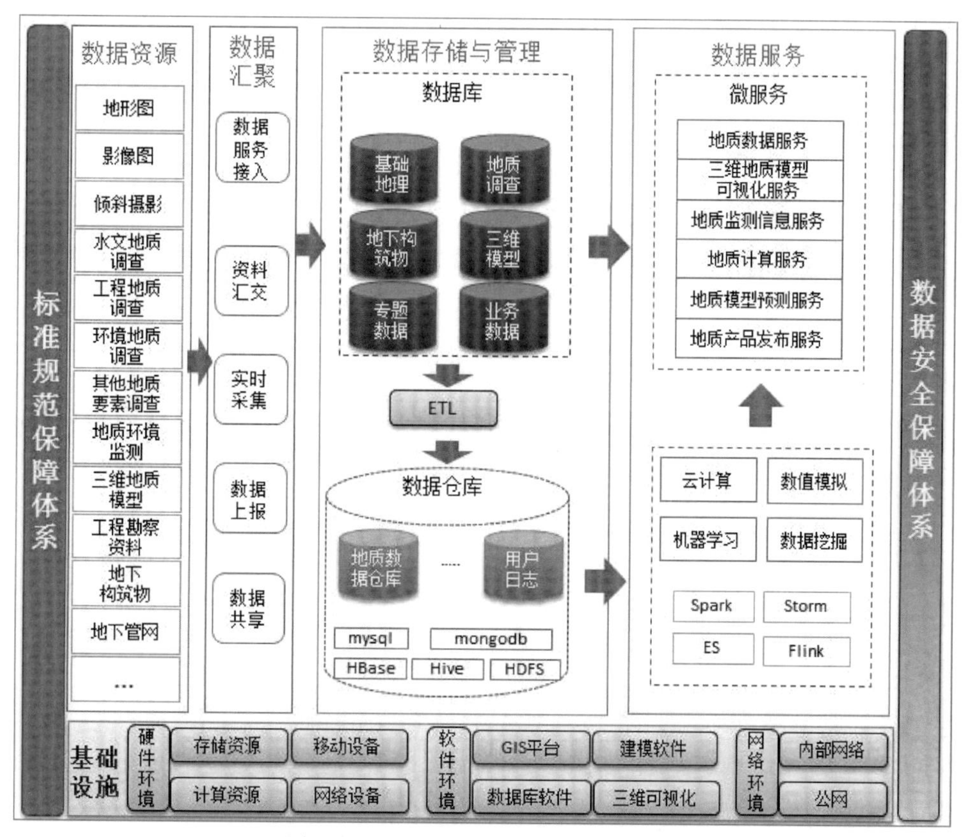

图 10-1-1　武汉地质大数据中心框架图

超融合虚拟化平台的方式，利用成熟商用平台建立虚拟分布式大数据中心，实现硬件设备、软件环境和网络环境的统一管理和资源的动态调度。

保障体系层。在地质、信息化等国家标准、行业标准、地方标准等标准体系下，研究制定大数据汇聚技术要求、三维模型成果提交技术要求及其他相关技术要求。开展数据汇交、标准化处理和建库工作。采用数据加密、安全网关、分布式备份机制、容灾容错机制等技术措施和管理制度保障地质数据传输、存储、服务过程的安全。

数据汇聚层。以数据标准体系要求为基础，通过数据服务接入、资料汇交、实时采集、数据上报、数据共享等方式，依据统一的数据汇聚技术要求，实现多要素地质调查数据汇交、地质监测数据的实时采集，以及与地质资料馆、城建档案馆和武汉智慧城市平台的数据对接，把各类数据汇聚到相应数据库中。

数据存储和管理层。利用大数据技术，制定各种结构化、半结构化、非结构化等数据资源存储和管理机制，依据数据同步、数据清洗多种数据规则研制开发各种 ETL 工具，逐步构建统一的数据存储、数据管理体系，实现地质大数据资源目录体系、数据组织与存储、数据仓库管理，实现大数据存储资源、计算资源、数据资源分配、调度和监测。

数据服务层。面向实现各类地质数据的一体化存储、管理和服务，为数据产品、信息产品的构建以及地质信息服务提供数据支撑，为业务应用系统、专业软件和工具、信息系统提供统一的数据服务(Data as a Service，DaaS)。

(二)工作机制

在地质大数据中心建设框架下，需要建立以下 3 个工作机制。

建立统一的地质大数据管理体系机制。构建统一的地质大数据汇聚机制，通过物联网、互联网等数据采集手段，实现地质成果汇交、基础地理数据定期更新、地质监测数据的实时获取、地质综合数据网络抓取，逐步建立基础地理、地质调查、地质监测、地下空间、三维地质模型、地表三维建筑模型等多源异构的地质大数据中心。基础地理、地表三维建筑模型、地下空间等数据可以采取调用外部数据服务的方式纳入管理，与外部服务保持同步更新。基于统一数据访问安全体系和用户权限管理，开发统一的数据访问、数据存储、数据统计、数据监测的数据服务接口，为数据产品、信息产品和业务应用系统提供统一的数据服务，支撑地质环境信息共享与服务。

建立统一的地质大数据中心资源管理机制。基于地质大数据中心基础设施建设情况，统筹分配地质大数据中心管理的硬件资源、计算资源、软件资源、数据资源，实现虚拟化软件和硬件资源、数据资源申请、审批、分配等相应的功能设计，实时监测大数据中心资源运行状态。面向网络端和移动端云应用业务系统资源需求，实现业务系统资源申请、审批，以及云服务注册、权限分配，运行监测等。

建立统一的业务应用系统接入审批机制。伴随地质信息云平台的建设和发展，将会不断产生新的业务应用接入需求。新增业务的云应用系统接入，需在权限管理、服务调用、接入技术等方面遵循地质大数据中心接入规则，保障业务云应用系统与地质大数据中心顺利对接。大数据中心进行业务应用系统的接入审核、数据集成、服务调用、云应用运行监测、云应用权限分配，实现业务云应用系统统一的集成管理。

三、数据分类体系

多要素城市地质调查数据分类主要依据多要素城市地质调查生产、管理和研究目的按照勘查方法和学科进行分类，一方面要考虑现行地学数据的来源、特征和勘查方法，另一方面要综合考虑三维地质模型的构建和城市地质信息系统的建设与应用，参照有关分类标准和地质信息管理与应用的需求。

地质数据内容分为野外调查、工程施工与试验、地质环境监测、地质成果 4 个大类，用来描述基础地质、工程地质、地质资源、土地与地下水环境、地质灾害等方面的专业信息。城市地质调查数据库数据内容与分类见表 10-1-1。

表 10-1-1　城市地质类数据主要内容

一级类	二级类	主要数据内容
野外调查	调查基本信息	野外调查路线信息、调查点基础数据、野外综合地质调查、野外地质构造点调查、野外照片数据、野外摄录媒体数据
	工程地质	综合工程地质调查、土体工程地质调查、岩体工程地质调查、新构造调查、地质构造点调查
	地质资源	水文地质井、泉、河流、湖泊、水库、地表水流量；岩溶地貌、岩溶水点、岩溶洞穴、暗河、矿坑（老窑）、采空区、开采量、水源地、分区地下水开采量统计、经济发展与用水状况、用水规划、温泉调查、浅层地热能开发利用调查、地质遗迹调查、旅游地质景观调查、天然建筑材料调查、滩涂资源调查、植被资源调查、湿地资源调查、土地利用现状调查等
	土地与地下水环境	地球化学元素全量、元素有效态、有机污染物、元素形态、元素不同价态分析、灌溉水元素全量及水质指标分析、大气干湿沉降物元素全量分析、农作物元素全量分析、农作物品质指标分析、地下水水质分析、有机污染物分析、同位素测试、地表水污染调查、土壤污染现状、工业污染源、农业污染源、污水处理厂、固体废弃物堆放场、垃圾场调查等
	地质灾害	崩塌滑坡泥石流调查、岩溶塌陷调查、地面塌陷调查、地面沉降调查、地裂缝调查、不稳定斜坡调查、江河湖库塌岸调查、区域地下水水位下降漏斗调查、特殊土危害调查、地方病调查等

续表 10-1-1

一级类	二级类	主要数据内容
工程施工与试验	工程施工	钻孔(地层描述、地层物理性质描述、孔径变化、井管结构、填粒止水结构、测井曲线、含水层段)、简易钻孔、探井、槽探(施工记录、地层岩性描述)、物探(施工记录、物探测深成果、物探测深物性分层)
	试验与测试	试坑渗水试验、抽水试验、回灌试验、示踪试验、工程地质钻孔热响应试验、工程地质钻孔物探测试、工程地质动力触探试验、工程地质静力触探试验成果、工程地质十字板剪切试验、工程地质波速测试、工程地质跨孔波速测试、工程地质旁压实验、工程地质载荷试验、工程地质标贯试验、土工试验、岩石物理水理性质、岩土常量化学成分、岩土微量元素分析、岩土矿物鉴定、土壤易溶盐分析、岩样试验、热物性测试、黏土矿物分析、悬浮泥沙粒度分析等
地质环境监测	地下水	地下水水位监测、地下水水温观测、地下水水质观测、地下水开采量观测、地下水水位统测、地温监测等
	地面沉降	地面沉降监测、基岩标监测、分层标组监测等
地质成果	基础地质	地层分布、断裂(层)分布、褶皱分布、地貌分区、构造单元划分、基岩等深线、第四系厚度分布、古气候环境分区、古河道分布、物探推断线性构造、物探推断地质体、物探推断基底等深线、遥感推断构造、遥感解译地表地层与岩层分布等
	工程建设与地下空间开发利用	区域地壳稳定性分布、地基稳定性分区、天然地基工程建设适宜性评价、建筑工程地质环境适宜性分区、工程地质结构分区、综合工程地质分区、工程地质岩组类型分区、岩体工程特征分布、土体工程特征分布、工程地质层厚度等值线、特殊类土分布、软土评价分区、饱和砂土液化分区、江岸稳定性评价分区、地下水腐蚀性评价分区、城市建设的地学建议、地下空间开发利用适宜性分区、地下空间开发利用规划、地下工程适宜性分区等
	地质资源	地下水系统划分、地下水类型划分、地下水富水程度划分、地下水化学类型划分、含水岩组类型划分、潜水与承压水位埋深等值线、地下水矿化度分区、降水入渗系数分区、潜水蒸发系数分区、灌溉水回渗系数分区、河流(渠)渗漏系数分区、渗透系数分区、越流系数分区、释水系数分区、给水度分区、含水层顶板与底板高程等值线、地下水含水层分布、地下水补给资源模数、地下水可开采资源模数、地下水现状开采模数、地下水开采程度、地下水潜力模数分区、地下水潜力系数分区、地下水开采潜力分区、分区地下水资源数量、地下水开发利用前景、咸水微咸水开发利用程度、地下水应急(后备)水源地分布、土地利用现状、浅层地热能开发利用适宜性分区、浅层地热能资源评价、地质遗迹分布、地质景观资源分布、建筑材料资源分布、建设用地适宜性评价、矿产资源分布、湿地变化分区、土地资源合理开发利用建议等
	土地与地下水环境	地球化学元素等值线、地球化学元素异常、土壤环境污染元素评价、农作物适宜性评价、土壤环境质量分级、土壤生态安全性评价、土壤有益元素丰缺评价、土壤营养评价、土壤有毒有害物质生态效应评价、土地利用规划建议、生态环境安全性预警评价、放射性污染地球化学特征、土壤污染状况分区、污染源分布、地下水污染状况、地下水污染程度、地下水污染风险区划、地下水污染防治区划、地下水水质量分区、地下水脆弱性分区、地下水防污性能评价分区、饮用水适宜性评价、垃圾填埋处置场适宜性评价、地质环境评价与建议、城市环境地质工作建议
	地质灾害	地面沉降分区、地面沉降风险度区划、岩溶塌陷分区、地面塌陷易发性评价、斜坡稳定性分区、断裂构造活动性评价、地裂缝分布、地质灾害防治分区、地质灾害易发性、危险性、易损性评价、地方病分布等

四、数据坐标体系

多要素城市地质调查数据属空间数据范畴。城市地质调查空间数据库建设的空间坐标参照系，应与城市平面坐标系统和高程系统相一致，宜采用统一的与国家平面坐标系统(CGCS2000)和高程系统(1985 国家高程系统)相联系的空间参考系统，若项目所在城市编制有地方空间参考系统，可采用地方系统，便于地质调查成果更好地为所在城市服务。

五、数据组织与管理

(一)数据组织

多要素城市地质调查数据按生产过程分为原始数据、基础数据、成果数据、模型数据和服务数据。按数据格式分为结构化数据和非结构化数据，结构化数据主要有基础数据、成果数据的属性数据、野外调查数据表等，非结构化数据主要由野外调查原始记录扫描件、地质调查成果报告、相关图片、音频、视频文件和三维模型数据等。

1. 按生产过程的数据组织

原始数据包括各类野外调查、勘探、取样、监测等现场描述资料及数据，包含文本、图片、视频、音频等类数据，该类数据应以文件数据库的形式，分类建立目录的方法进行管理。这一层次的数据为收集或采集到的第一手资料的数字化形式，涉及不同时期、不同来源的数据，格式复杂，很难建立统一的数据格式。这一层次的数据，作为最原始资料保存，不允许更改。

基础数据是指原始数据经标准化处理或重新解释后得到的数据集合。

成果数据是指基于基础数据，对不同尺度、不同类型的数据源，采用不同方法和计算机技术，对数据进行加工处理、信息提取，或结合专家经验进行综合研究、分析评价而生成的各类数据，主要包括专项、专题或综合研究的成果图件等。

模型数据主要是指三维模型，三维模型包括各类三维建模、切割等分析后形成的三维模型，三维模型数据基于基础数据和成果数据构建。

服务数据是指以成果数据库和模型数据库为基础，对成果图件进行切片处理，进行发布，或者直接把二维矢量格的成果图件和三维模型数据发布为服务，服务数据包括各种标准格式的 OGC 服务。

详细数据类型、数据说明、数据格式及存储方式见表 10-1-2。

表 10-1-2　数据分类、说明、格式及存储方式表

序号	数据类型	数据说明	数据格式	存储方式
1	原始数据	各类调查、钻探、监测原始记录(RGMap 数据、电子版表格和调查卡片、照片、视频扫描件)、物探类专有格式数据	MapGIS/ArcGIS/CAD/MDB/XLS/TXT/JPG/AVI 等	电子文件
2	基础数据	测绘类基础数据(工作底图、管线数据、地下空间模型)；地质类基础数据(由原始数据整理标准化后的基础数据表)	DWG/MDB/XLS 等	电子文件、数据库

续表 10-1-2

序号	数据类型	数据说明	数据格式	存储方式
3	成果数据	地质调查系列成果图件	MapGIS/ArcGIS 等	电子文件、数据库
4	模型数据	倾斜摄影、DEM、DOM、DSM、3DMax、BIM、高精度网格模型数据(节点和单元数据)、点云数据	OSGB/TIF/JPG/3ds/OBJ/txt 等	电子文件、数据库
5	服务数据	数据服务、功能服务	TDF/HDF/WMS/WFS 等	电子文件、数据库

数据库按类型和功能分为文件数据库、基础数据库、成果数据库、模型数据库、服务数据库。原始数据存放在文件数据库中，基础数据存放在基础数据库中，成果数据存放在成果数据库中，模型数据存放在模型数据库中，服务数据存放在服务数据库中。

2. 按格式的数据组织

将结构化信息数据和非结构化信息数据统一格式、统一基准和空间化，再导入到分布式文件系统HDFS中。将成果报告、图片、视频等非结构化数据中的内容提取出来，按照特定的约束方式存到HBase构建的内容库中。同时将结构化数据发布到GIS服务集群中，供数据管理层提取和访问。

1)元数据存储

一个地理数据库可以包含多个数据元数据库，每一个数据元数据库包含多个标准对象，每个标准对象可包含多个元数据集对象，每个元数据集对象包含具有相同标准的数据元数据对象。地质大数据中心核心数据库逻辑结构如图10-1-2所示。

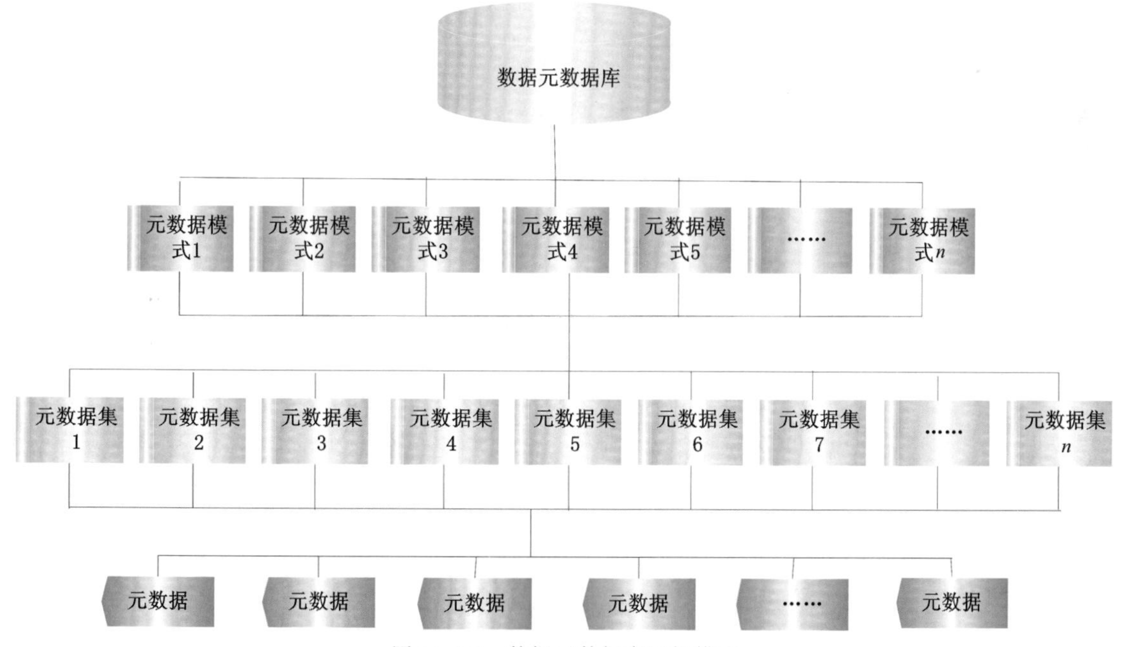

图 10-1-2　数据元数据库逻辑模型

最上层是地理数据库，在一个地理数据库里可以创建多个元数据库。每个元数据库下是根据国家和国际标准制定的元数据模式，元数据集的创建是基于某个元数据模式的集合。最下层是元数据，它属于一个元数据集，同一个元数据集里可以创建多个元数据。

2)结构化数据存储

空间数据采用地质大数据中心统一管理,它满足与国内其他常用 GIS 格式数据之间的转换。同时,也严格与国家指定的检查软件对接,输出标准格式的成果,保证实现自动与子系统的数据交换和同步更新。

空间数据通过地理数据库来实施,地理数据库则在空间数据引擎的基础上实现对象分类、子类型、关系、定义域、有效性规则等语义的表达,实现面向实体的空间数据模型。

在地质大数据存储过程中,非空间实体被抽象为对象,空间实体被抽象为要素,相同类型的对象构成对象类,相同类型的要素构成要素类或简单要素类。可以将若干对象类、要素类等组成要素数据集,地理数据库可以直接管理要素类、对象类等,也可以通过要素数据集来管理。要素包含几何和属性,在某个空间参照系中的几何特征被抽象为几何元素,几何元素由任意的点状、线状、或面状几何实体组成,几何实体通过空间坐标点表达。地理数据库用于存储地理数据,提供管理地理数据服务,这些服务包括有效性规则、关系和拓扑关联。该空间数据模型的概念分为 6 个层次:地理数据库、数据集、类、几何实体、几何对象、坐标点,如图 10-1-3 所示。

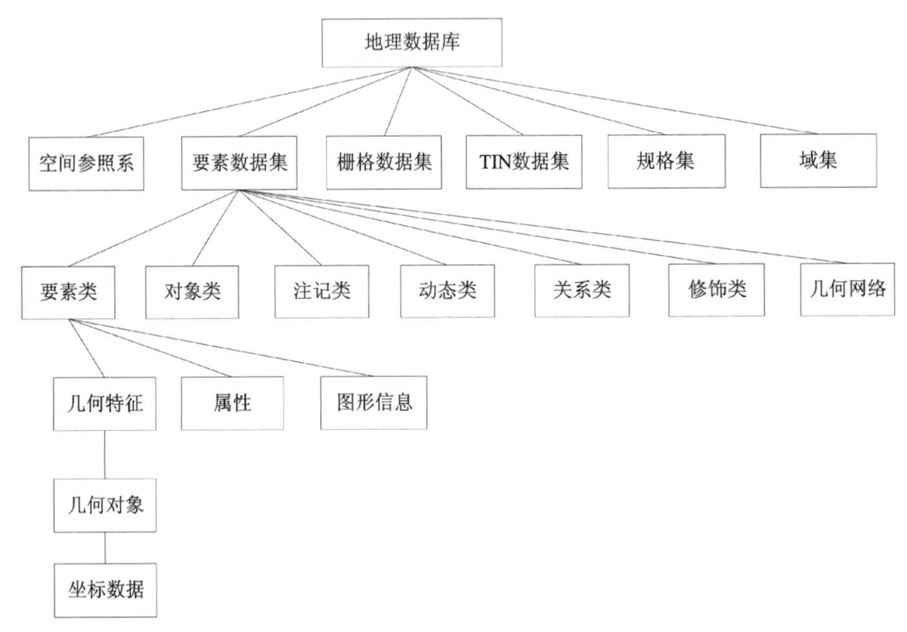

图 10-1-3　面向实体的空间数据模型概念层次

3)非结构化数据存储

非空间大数据组织是按照一定的方式和规则对多源大数据进行归并、存储、处理的过程。根据非空间大数据种类较多等特性,地质大数据中心提供多种存储方式来支撑非空间大数据的存储组织。

非空间大数据的存储主要采用 Hadoop 分布式文件系统,存储策略主要包括三部分内容:第一,按照数据特点进行属性分类,将归属同一分类的小文件聚合为大文件,从而提高小文件的写入效率;第二,合并小文件时,创建对应索引信息,实现小文件访问的快速定位;第三,设置相应的缓存策略,提高小文件的读取效率,即对数据文件所在的数据块进行缓存,如图 10-1-4 所示。

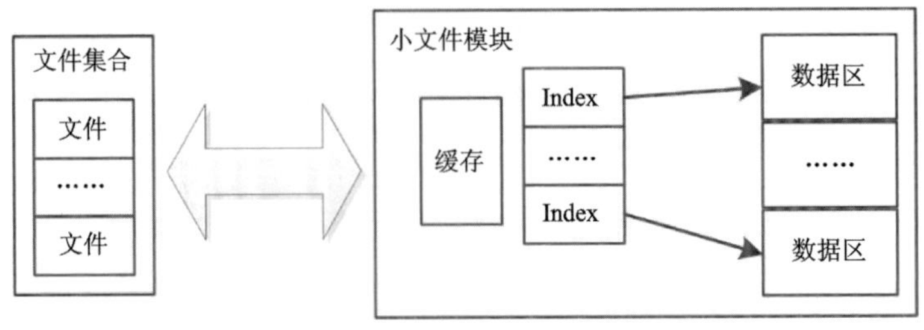

图 10-1-4　小文件存储方案图

通过构建索引文件和数据文件两个文件来对同一档案下的小文件进行合并存储，索引文件中存储小文件的相对路径、名称、大小、修改时间、数据区偏移量等基本信息，数据区存储了每个小文件的二进制数据流。针对系统经常访问文件元数据的需求，系统提供缓存模块将对索引文件缓存到内存中，实现高效访问，当系统需要读取文件内容时，先从索引文件中读取数据区偏移量，根据偏移量从数据区中读取文件二进制内容。

(二)数据管理

地质大数据中心核心数据库，在其逻辑层级上，从下到上分为物理层、逻辑层、逻辑子库三层。其中，逻辑子库为空间参考系、基础地理数据库、地质专题数据库、地质空间数据库、文档资料库、数据元数据库和系统元数据库；逻辑层则描述地质调查数据各类专题图件，以及3类数据集合对应专题包含的图层等；物理层则具体描述每个图层所对应的关键要素，其数据库逻辑设计如图10-1-5所示。

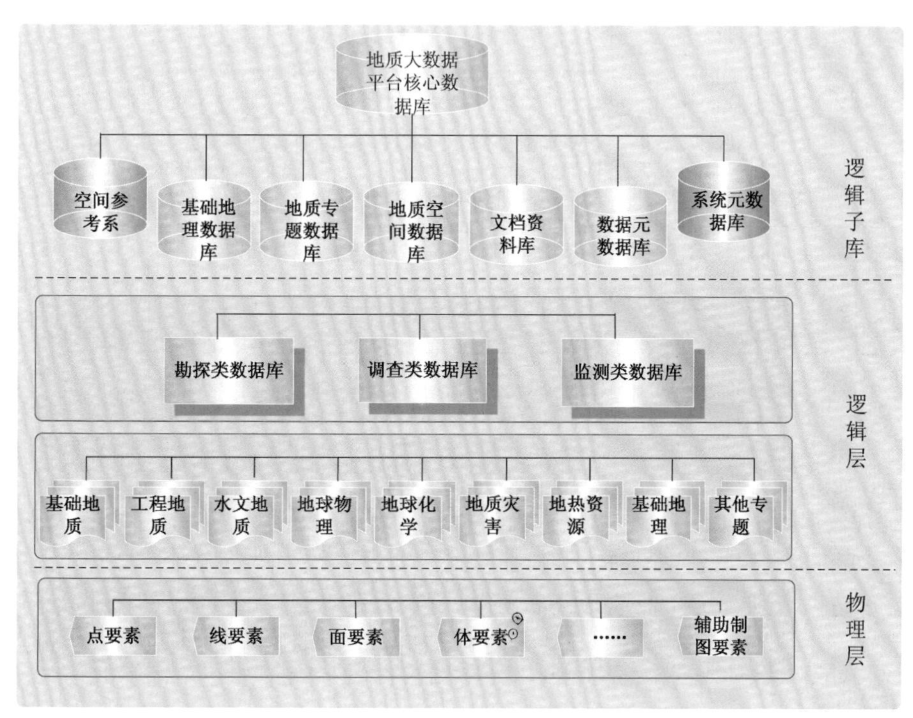

图10-1-5　地质大数据中心核心数据库逻辑模型

1.元数据管理

按照地质数据的结构，地质大数据中心核心数据库数据元数据应该包括元数据标识信息、空间参照系统信息、数据质量信息、内容信息、分发信息、覆盖范围信息及负责单位联系信息等。具体如表10-1-3所示。

表10-1-3　地质大数据中心核心数据库数据元数据组成

序号	项目	内容说明
1	标识信息	标识专题数据的元数据信息
2	空间参照系统信息	对专题数据使用的空间参照系统的简要说明
3	数据质量信息	对专题数据质量的定性和定量的概括说明
4	内容信息	对专题数据主要内容进行简要说明
5	分发信息	描述有关专题数据的分发者和获取数据的方法

续表 10-1-3

序号	项目	内容说明
6	元数据空间参考信息	包括元数据发布或更新日期以及建立元数据单位的联系信息
7	覆盖范围信息	描述专题数据的空间范围、时间范围和垂向范围
8	负责单位联系信息	包括与专题数据有关的单位标识和联系信息

2. 矢量地理底图数据管理

矢量地理底图数据的管理采用专题分层和空间分幅的方式来组织建库管理，即在纵向上以专题要素层来组织各专题数据，在横向上以图幅为单位来组织管理，如图 10-1-6 所示。

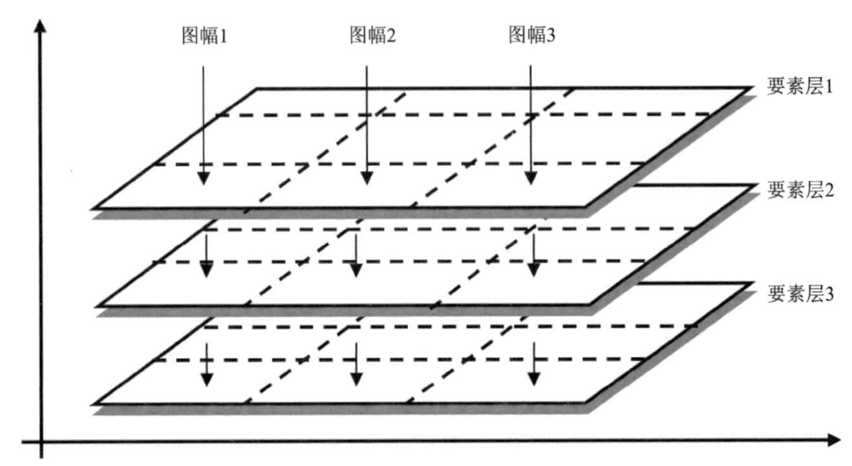

图 10-1-6　矢量数据组织管理形式

城市基础地理数据通常包括城市地形线，交通线，行政区划界线，居民点分布图，区域气候区划图，区域地貌区划图，城市土地利用现状图，城市土地利用远景规划图等。这些基础地理数据以矢量图件的格式存在，以点、线、面文件来存储管理。建立地理底图库，要先确定数据库中数据的坐标系统，然后将所有的数据都转换到该坐标系统下再入库。此外，建库时还需要确认同一个要素层数据的属性结构一致。

3. 影像数据管理

采用金字塔结构存放不同空间分辨率的栅格数据，同一分辨率的栅格数据被组织在一个层面内，而不同分辨率的栅格数据具有上下的垂直组织关系：越靠近顶层，数据的分辨率越小，数据量也越小，只能反映原始数据的概貌；越靠近底层，数据的分辨率越大，数据量也越大，更能反映原始详情。栅格数据组织原理如图 10-1-7 所示。

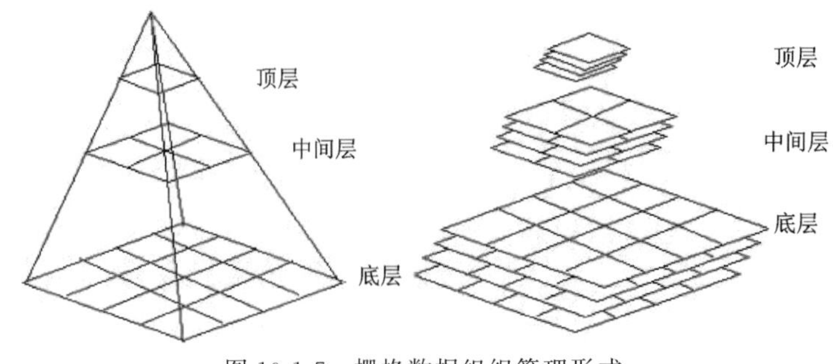

图 10-1-7　栅格数据组织管理形式

4. 地质专题数据管理

地质专题数据库存储了地质调查各类地质数据，包含基础地质、水文地质、工程地质、地球物理、地球化学、地质灾害、环境地质等。数据随着地质调查程度深入不断更新，经过定制的数据完整性与逻辑性检查后入库，实现常规的“存储、浏览、检索、统计、输出”等需求。

六、数据处理与建库流程

（一）数据处理流程

一般情况下，数据按以下流程进行处理，数据处理流程见图 10-1-8。

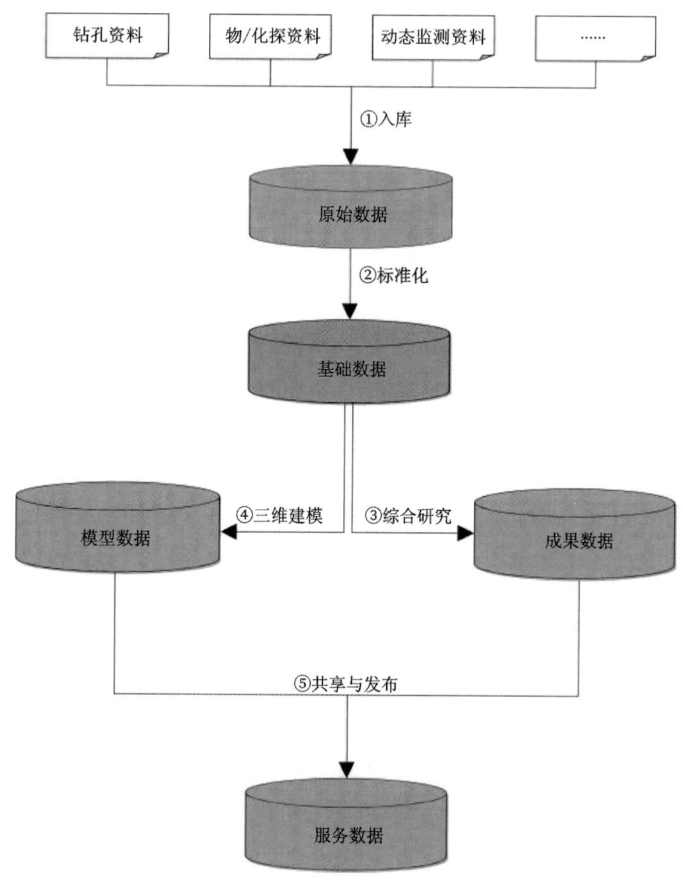

图 10-1-8　数据处理流程简图

(1)将收集到的各种原始勘查资料入库，建立文件数据库。

(2)按照国家标准、行业标准或部门标准进行标准化处理，将处理后的数据作为后续分析评价的基础数据存入基础数据库中。

(3)利用钻孔资料、地质图、地形图、剖面图等多源信息进行三维地质模型的构建，作为成果数据的一部分，存入成果数据库。

(4)提取分析评价需要的二维基础数据和三维地质模型数据，并在模型数据库中评价模型的支持下，进行综合分析评价，生成的分析评价结果存入模型数据库。

(5)将成果数据(模型数据)等发布服务，存入服务数据库。

此外，在三维地质模型建模过程中，在基础数据不足时，往往可以把地质成果数据纳入进来，提高模型的准确性；建成的高精度的地质模型可以直接生成成果数据；价值很高的基础数据也可以进行共享和发布，更大地发挥地质数据的价值。

（二）数据处理内容

数据处理内容包括数据预处理、资料的数字化及整理、数据规范化处理及数据服务发布4部分。

1. 数据预处理

主要包括现势性更新、资料整理、投影转换、数据转换等。

现势性更新：尤以地形图为重，在数字化前进行，尽可能调查区现势情况，及时更新。

资料整理：用作数据源的钻孔、实验、监测、统计数据，在录入前进行格式转换、字段与度量单位统一，达到数据库录入要求。

投影转换：各数据源的坐标系需投影变换到统一的坐标系统中。

数据转换：对数据源选择的不同格式数据，在入库前统一转换为规定格式。

2. 资料的数字化及整理

借助GIS、CAD、Office等软件工具，将采集或收集到的有关纸质原始勘查资料（钻探、物探、现场原位试验、实验室测试、检测和监测数据）通过扫描、矢量化、编辑、录入等方式进行数字化。对于已经数字化的资料则需要视情况进行简单分类整理，以便于进行后面的规范化处理、入库等操作。这一层次的数据作为最原始资料保存，除非录入错误，一般不允许更改。

3. 数据规范化处理

数据的规范化处理按照国家标准、行业标准、地方标准和系统建设标准对数字化后的地质资料分类进行数据的编辑整理、格式化、转换、概括等处理。上述工作需要在有关标准基础上，借助GIS工具软件或其他工具软件，并结合专业人员知识和经验完成。

1）地理坐标的统一

统一的地理坐标是各类城市地质信息空间定位、相互拼接和配准的必备条件。进行数据的规范化处理首先需要将待转换城市地质信息中的各类图形数据、属性数据的空间坐标体系转换成统一的城市坐标系统。

2）数据格式标准化

数据的格式化是指按照数据规范化要求在不同数据结构的数据变换，是一种耗时、易错、需要大量计算量的工作，应尽可能避免；数据转换包括不同数据之间数据格式转化、数据比例尺的变化。在数据格式的转换方式上，矢量到栅格的转换要比其逆运算快速、简单。数据比例尺的变换涉及数据比例尺缩放、平移、旋转等方面，其中最重要的是投影转换。制图综合包括数据平滑、特征集结等。

3）信息分类与编码标准化

根据国家标准、行业标准、地方标准和系统建设标准实现对各类城市地质信息分类与编码的标准化处理。其中信息分类是将具有不同属性或特征的信息区别开来的过程，是编码的基础。城市地质信息中的图形数据和属性数据均应进行科学的分类和编码，其中图形数据除需进行分类、编码外，还需要进行数据分层；属性数据除要进行分类外，每类属性信息的值还要规定分级指标，或直接使用数值、名称等。

4. 数据服务发布

利用GIS工具软件，针对栅格数据服务，按照B/S架构地质信息系统的要求，对成果数据进行分级切片和发布服务;针对矢量数据服务,直接发布。数据服务通常为 OGC 标准服务,发布的服务要便于 B/S 架构地质信息系统的调用。

七、数据检查与验收

(一)数据检查制度

为了确保城市地质调查数据的质量,质量控制实行自检、互检,抽检,复查的三级检查制度。各承担单位必须具有相应的资质,提交数据时,必须同时提交其质量检查记录,否则不予接受。在提交数据后,项目办组织人员进行抽检和入库前复检,抽取不低于 5%。同时填写数据检查表。

1. 数据自检与互检

承担单位负责完成数据的自检和互检工作。

1)自检要求

对数据进行 100%自检,保证数据质量成果符合相关标准要求,自检者在提交数据前需填写质量检查自检表并签名。提交数据的错误率不得高于 2‰,否则退回修改。

2)数据互检

对数据进行 100%互检,保证数据质量成果符合相关标准要求,互检者在提交数据前需填写质量检查互检表并签名。如果错误率超过 2‰,则应退回录入者,进行修改并重新自检。对于检查出的错误,由录入者进行修改后,再进行检查。互检者提交数据的信息错误率不高于 1‰。

3)数据抽查

各承担单位应成立质量检查组,对提交前的数据进行 30%以上的抽检。提交数据的信息错误率不高于 0.5‰。

2. 数据抽检

针对各单位提交的每个批次数据,项目办组织进行抽检和入库前复检。

1)抽检要求

在每批次数据中,以钻孔为单位,必须抽取不低于 20%的数据进行检查,抽检者在提交数据前需填写质量检查抽检表并签名。在信息错误率超过 0.5‰的情况下,则应退回,进行修改并重新自检、互检。对于检查出的错误,由录入者进行修改后,再进行检查。抽检者提交数据的信息错误率不高于 0.3‰。

2)入库检查要求

每批次数据在入库前,由计算机进行全面质量检查,检查内容包括数据逻辑结构、数据指标关系等。以钻孔为单位,必须抽取不低于 5%的数据进行人工检查。对于检查出的错误,由本次抽检者负责向由上游检查者提出并退回修改,修改后,经自检、互检、抽检后,再提交入库检查。入库数据的信息错误率不高于 0.3‰。抽检者在数据入库前需填写入库数据检查表并签名。

3. 质量评价

每批次数据入库前,需对每批次数据进行质量评述。该项工作可结合入库数据检查进行,即抽检者在填写入库数据检查表的同时,进行质量评述,最后签名入库。

数据质量评价分为 3 个级别。

优秀:同时满足以下条件,以钻孔为单位,信息差错率低于 5‰;以数据项为单位,信息差错率低于 1‱。

良好:同时满足以下条件,以钻孔为单位,信息差错率低于 7‰;以数据项为单位,信息差错率低于 2‱。

合格:同时满足以下条件,以钻孔为单位,信息差错率低于10‰;以数据项为单位,信息差错率低于3‰。

(二)数据质量检查

数据质量检查包括数字化图形质量检查和属性数据质量检查。

1. 数字化图形质量检查

为保证建库的图形质量,对建库原图采用GIS工具软件以大于或等于300线扫描的方式形成栅格图像文件后经矢量化完成图形数据的录入。

利用专门软件进行图形数据质量的检查。利用GIS工具软件的拓扑检查功能进行拓扑关系检查。开发专用软件进行重复图元、微小图元、图层划分、属性字段的正确性、图元的唯一性、重要字段是否为空的检查。

2. 属性数据质量检查

1)属性卡片质量

录入数据库属性卡片严格遵照项目实施细则有关技术要求填写,通过自检、互检、专检。

2)属性录入质量

属性数据分为图层的属性数据(内部属性)、地质数据表属性(外部属性),每个图层的内部属性数据结构是按照规范要求定义的数据结构(如数据项代码、数据类型和长度)进行建立,外部属性数据库也按相关技术要求进行录入。

(三)验收

检查验收主要技术文档、自检互检报告等,在抽样检查与评价的基础上给出验收结论与质量报告。

八、数据更新与维护

(一)数据更新维护模式

根据不同的需要和应用需求,与城市地质数据相关的很多部门都需要使用不同层次的空间地理信息及地质信息。目前我国城市空间数据集成的管理模式主要有以下3种:集中建库管理,集中更新维护;集中建库管理,分工更新维护;分布式建库管理,分布式更新维护。

综合城市地质数据中心建设实际及信息化应用水平,目前采用"集中建库管理,分工更新维护"的方法较为适当,随着信息化应用水平的提高逐步向"分布式建库管理,分布式更新维护"的方式转化。

(二)地质数据库更新维护内容

城市地质数据库更新的技术实现不但与数据种类、来源和特征有关,而且与基础数据在数据库中的组织和存储方式有关。不同的数据采用不同的更新方法,同一种数据由于数据来源和数据组织方法不同,需要不同的更新方法。

1. 数据更新工作流程

数据更新就是将新的数据导入数据库中,根据数据对象的不同,有不同的处理方法。对于地理数据及地质成果图件类数据等,需要将旧的数据保存到历史数据库中,再以新的数据替换现势库中的地理数据;对于地质钻孔数据以及地质测试类数据等,则增加新的数据;对于地质环境监测数据,已经记录其数据采集时间,则可直接增加到现势库中。

2. 基础地理数据维护更新

基础地理数据一般由城市基础地理测绘部门提供,城市地质数据中心在获取基础地理数据后,基于地质成果表达的需要,在此基础上,进行格式转换、拓扑建区、删除不必要的要素等处理,再对道路河流等要素进行属性赋值。

3. 文件数据维护更新

文件数据维护更新主要包括原件处理、扫描、栅格文件整饰、PDF 制作等,有些需要进行数据录入和图件矢量化,处理后的文档以 PDF 格式入库。文档资料入库方式主要是增量入库,很少需要替换旧的文档。

4. 地质空间数据维护更新

地质空间数据主要包括地质成果图等,对这部分的数据更新是将旧的成果图导入到历史库中,将新的数据替换进已有数据库中。

5. 地质属性数据维护更新

地质属性数据包括地质钻孔数据、测试数据、动态监测数据等。对于地质钻孔数据,需要根据专业进行分类,根据数据现状进行筛选,对已有数据进行增加或替换。对于动态监测数据,则增加到现势数据库中。

第二节　多要素城市地质三维模型建设

一、建设目标与原则

建设目标:利用三维可视化建模技术,建立反映地质构造、地质界面、地质体的空间形态及其组合关系和属性的数字模型,该地质模型便于在信息系统中进行三维可视化的展示和应用。

建设原则:应遵循先进性、可靠性与实用性相结合的原则,便于可视化表达和应用,便于后期更新维护。

二、三维地质模型分类

三维地质建模按容纳的地质信息内容类型可分为三维地质结构模型和三维地质属性模型。

三维地质结构模型在三维空间中展示地质体的结构特征,三维地质结构模型按照在空间中展示不同的地质空间内容可分为很多类结构模型,包括工程地质结构模型、水文地质结构模型、第四系地质结构模型、基岩地质结构模型等。三维地质结构模型建模的方式包括基于地质钻孔和边界条件等的三维自动建模,基于地质钻孔、地质剖面、地质图、其他地质要素的人工干预三维建模等。

三维地质属性模型是以三维地质结构模型为骨架,利用实测数据、计算分析数据建立的地质属性模型。三维地质属性模型在地质结构模型的基础上,对地质实体模型进行四面体或六面体的网格单元划分。提取勘探、物探、试验、观测等实测数据。在临空面和地质界面上施加约束,通过插值分析计算,为剖分的所有节点或网格单元赋予岩体强度、渗透性、地应力等反映岩体特征的属性。三维地质属性模型宜采用高精度网格表达地质体内部空间属性特征，可用颜色、透明度、特征点、等值线、等值面、三维云图等方式展示，通过几何实体生成高精度网格的方法创建。

三维地质模型建模过程中，通常先建立三维地质构造框架；在大的构造框架下，针对第四纪地层，考虑沉积相等，建立地层结构模型；针对基岩，可以建立地层模型或岩性模型；在地层模型和岩性模型基础上，进一步建立各类属性模型。此处构造模型、地层结构模型通常被认为是地质结构模型，岩性模型、属性模型被认为是广义的属性模型。

三、三维地质模型技术要求

（一）建模数据

地质数据反映采集的方法、位置、数量、相互关系等地质信息，并在建模过程中及时更新。三维地质模型建模主要数据包括地质钻孔数据，地质平面、剖面数据，地形、地表数据等，均来源于地质数据中心。本节表中数据类型：Int 表示整数；Numeric 表示数值型；Char 表示字符型；VarChar 表示可变长度字符型；Date 表示日期型。

1. 地质钻孔数据

地质钻孔数据是描述地层结构最重要的数据，此类数据主要来源于城市建设过程中的各类工程勘察项目、城市地质调查勘探项目等，由表 10-2-1～表 10-2-5 来表示其结构。

表 10-2-1　钻孔基本信息表

序号	数据项名称	数据项代码	数据类型（长度，小数位）	单位	备注
1	钻孔编号	BoreNoID	Int	—	钻孔顺序排号，从 1 开始，依次递推，计算机自动编号
2	孔口高程	OrifElev	Numeric(9,3)	m	钻孔地面高程
3	孔深	BoreDepth	Numeric(9,3)	m	钻孔深度
4	横坐标	CoorX	Numeric(13,3)	m	—
5	纵坐标	CoorY	Numeric(13,3)	m	—

表 10-2-2　钻孔地层信息表

序号	数据项名称	数据项代码	数据类型（长度，小数位）	单位	备注
1	索引编号	IndexID	Int	—	—
2	钻孔编号	BoreNoID	Int	—	与“钻孔基本信息”钻孔编号关联
3	标准地层编号	StanLayNO	Char(16)	—	标准地层表中地层对应的编号，如 0101
5	地层编号	LayNO	Char(16)	—	工程中用到的编号，例如 1-1
6	地层名称	LayName	Char(64)	—	标准地层表中地层名称
7	层顶埋深	LayUpElev	Numeric(9,3)	m	地层顶部到地面的埋深

续表 10-2-2

序号	数据项名称	数据项代码	数据类型（长度，小数位）	单位	备注
8	层底埋深	LayBottemElev	Numeric(9,3)	m	地层底部到地面的埋深
9	颜色	Color	Char(16)	—	地层颜色
10	状态	Status	Char(16)	—	地层状态描述
11	密实度	Density	Char(16)	—	地层密实度描述
12	湿度	Humidity	Char(16)	—	地层湿度描述
13	包含物	Comprised	VarChar(256)	—	饱和度、可塑性、颗粒形状、矿物成分、气味等岩性描述
14	压缩性	Compressibility	Char(16)	—	地层压缩性描述
15	年代	Period	Char(16)	—	地层年代
16	成因	Cause	Char(64)	—	地层形成成因
17	压缩模量建议值	Es	Numeric(9,3)	MPa	—
18	变形模量建议值	Eo	Numeric(9,3)	MPa	—
19	承载力特征值建议值	Fak	Numeric(9,3)	kPa	—
20	修正承载力特征值建议值	Fa	Numeric(9,3)	kPa	—
21	比贯入阻力平均值	PsAve	Numeric(9,3)	kPa	—
22	标贯平均值	NAve	Numeric(9,3)	MPa	—
23	动探平均值	NpAve	Numeric(9,3)	击	—

表 10-2-3　钻孔土样试验表

序号	数据项名称	数据项代码	数据类型（长度，小数位）	单位	备注
1	索引编号	IndexID	Int	—	—
2	钻孔编号	BoreNoID	Int	—	与“钻孔基本信息”钻孔编号关联
3	土样编号	SoilSampleNO	Char(32)	—	—
4	取土深度	SoilSampleDepth	Numeric(9,3)	m	取土深度
5	试样种类	SampleType	Char(16)	—	原状或扰动样
6	土样描述	SoilSampleDes	VarChar(256)	—	—
7	天然密度	NaturalDensity	Numeric(9,3)	g/cm^3	—
8	相对密度	SpecificGravity	Numeric(9,3)	—	—

续表 10-2-3

序号	数据项名称	数据项代码	数据类型（长度，小数位）	单位	备注
9	含水量	WaterContent	Numeric(9,3)	—	—
10	液限	LiquidLimit	Numeric(9,3)	—	—
11	塑限	PlasticLimit	Numeric(9,3)	—	—
12	孔隙比	VoidRatio	Numeric(9,3)	—	—
13	相对密度	RelativeDensity	Numeric(9,3)	—	—
14	液性指数	LiquidityIndex	Numeric(9,3)	—	—
15	塑性指数	PlasticityIndex	Numeric(9,3)	—	—
16	压缩系数($a_{1\text{-}2}$)	CompressionCoefficient	Numeric(9,3)	1/MPa	100～200kPa 试验
17	压缩模量($E_{1\text{-}2}$)	CompressionModulus	Numeric(9,3)	MPa	100～200kPa 试验
18	水平渗透系数	HorizontalPermeability Coefficient	Numeric(9,3)	m/d	—
19	垂向渗透系数	VerticalPermeability Coefficient	Numeric(9,3)	m/d	—
20	内摩擦角	FrictionAngle	Numeric(9,3)	(°)	—
21	黏聚力	Cohesion	Numeric(9,3)	kPa	—
22	自重湿陷系数	Self-weightCollapsibility Doefficient	Numeric(9,3)	—	—
23	相对湿陷系数	RelativeCollapsibility Doefficient	Numeric(9,3)	—	—
24	前期固结压力	QianQiGuJieYaLi	Numeric(9,3)	—	—
25	压缩指数	PressExp	Numeric(9,3)	—	—
26	回弹指数	HuiTanExp	Numeric(9,3)	—	—
27	自由膨胀率	FreeBulgeRate	Numeric(9,3)	—	—
28	有机质含量	YouJiZhiHanLiang	Numeric(9,3)	—	—
29	无侧限抗压强度	WuCeXianKangYaQD	Numeric(9,3)	kPa	—
30	灵敏度	LingMinDu	Numeric(9,3)	—	—

表 10-2-4　钻孔岩样试验表

序号	数据项名称	数据项代码	数据类型（长度，小数位）	单位	备注
1	索引编号	IndexID	Int	—	—
2	钻孔编号	BoreNoID	Int	—	与“钻孔基本信息”钻孔编号关联
3	岩芯编号	CoreNumber	Char(32)	—	—
4	取样深度	SampleDepth	Numeric(9,3)	m	—

续表 10-2-4

序号	数据项名称	数据项代码	数据类型（长度，小数位）	单位	备注
5	岩样描述	RockSampleDes	VarChar(256)	—	—
6	天然密度	NaturalDensity	Char(16)	g/cm^3	—
7	相对密度	SpecificGravity	Numeric(9,3)	—	—
8	含水量	WaterContent	Numeric(9,3)	—	—
9	裂隙率	FractureRate	Numeric(9,3)	—	—
10	饱水率	SaturationRatio	Numeric(9,3)	—	—
11	吸水率	WaterAbsorptionRate	Numeric(9,3)	—	—
12	渗透系数	PermeabilityCoefficient	Numeric(9,3)	m/d	—
13	软化系数	SoftnessCoefficient	Numeric(9,3)	—	—
14	弹性模量	ElasticityModulus	Numeric(9,3)	MPa	—
15	泊松比	PoissonRatio	Numeric(9,3)	—	—
16	抗压强度	CompressiveStrength	Numeric(9,3)	MPa	—
17	抗拉强度	TensileStrength	Numeric(9,3)	MPa	—
18	抗剪强度	ShearStrength	Numeric(9,3)	MPa	—

表 10-2-5 波速测试表

序号	数据项名称	数据项代码	数据类型（长度，小数位）	单位	备注
1	索引编号	IndexID	Int	—	—
2	钻孔编号	BoreNoID	Int	—	与“钻孔基本信息”钻孔编号关联，与场区最近钻孔关联
3	深度	Depth	Numeric(9,3)	m	—
4	标准层号	StanLayNO	Char(32)	—	—
5	剪切波速	ShearWaveVelocity	Numeric(9,3)	m/s	—
6	压缩波速	CompressiveWaveVelocity	Numeric(9,3)	m/s	—
7	测试类型	TestType	Int	—	单孔法、跨孔法或面波法分别对应数字 1、2、3

钻孔基本信息表、钻孔地层信息表为地层建模的关键数据表；与之关联的实验、测试数据均可作为三维地质属性建模的数据源，其他水文及物、化探等属性数据可以按（X 坐标、Y 坐标、Z 坐标、属性值 1、属性值 2、……）一个数据一行在 Excel 中整理提交。

2. 地质平面、剖面数据

地质平面图、剖面图以矢量数据（例如 MapGIS、ArcGIS、CAD 格式）方式提供，要求剖面图和与之对应的平面图一起提交，剖面图剖面线在平面图中有对应编号且平面图坐标系与工作底图坐标系一致，详见表 10-2-6～表 10-2-10。

表 10-2-6　基岩露头属性表

序号	数据项名称	数据项代码	数据类型（长度，小数位）	单位	备注
1	图元序号	MetaID	Int	—	—
2	露头编号	OutcropNO	Char(32)	—	—
3	位置	Location	Char(128)	—	—
4	描述	Description	VarChar(256)	—	—

表 10-2-7　产状点属性表

序号	数据项名称	数据项代码	数据类型（长度，小数位）	单位	备注
1	图元编号	MetaID	Int	—	—
2	图号	Mapcode	Char(32)	—	—
3	线路号	Routecode	Char(32)	—	—
4	产状类型	type	Char(32)	—	—
5	横坐标	CoorX	Numeric(13,3)	m	—
6	纵坐标	CoorY	Numeric(13,3)	m	—
7	高程	CoorZ	Numeric(9,3)	m	—
8	走向	Strike	Char(32)	—	—
9	倾向	DipDirection	Char(32)	—	—
10	倾角	Dip	Numeric(6,2)	(°)	—
11	填图单位	MappingUnit	Char(32)	—	—
12	日期	Datetime	Date	—	例如：2016-10-10
13	图幅编号	MapNO	Char(32)	—	按国际分幅编号填写

表 10-2-8　地质界线属性表

序号	数据项名称	数据项代码	数据类型（长度，小数位）	单位	备注
1	要素标识号	FeatureId	Char(32)	—	—
2	原编码	SoureId	Char(32)	—	—
3	图幅编号	MapNO	Char(32)	—	按国际分幅编号填写
4	地质界线类型	BoundaryType	Char(64)	—	—
5	接触类型	BoundaryName	Char(32)	—	—
6	界线左侧地质体代号	LeftBoundary Code	Char(32)	—	调查路线行进方向左侧地质体
7	界线右侧地质体代号	RightBoundary Code	Char(32)	—	调查路线行进方向右侧地质体

续表 10-2-8

序号	数据项名称	数据项代码	数据类型（长度，小数位）	单位	备注
8	界面走向	Strike	Char(32)	—	—
9	界面倾向	DipDirection	Char(32)	—	—
10	界面倾角	DipAngle	Numeric(6,2)	(°)	—
11	子类型标识	Subtype	Char(32)	—	地层界线、变质地层界线、火山岩性界线、非正式地层单位界线、侵入岩界线及水体和断层界线等

表 10-2-9　构造单元划分属性表

序号	数据项名称	数据项代码	数据类型（长度，小数位）	单位	备注
1	图元编号	MetaID	Int	—	—
2	资料编号	FileNO	Char(16)	—	—
3	构造单元类型	StructCompType	Char(64)	—	—
4	构造单元名称	StructCompName	Char(64)	—	—
5	构造特征描述	StructCompFeature	VarChar(256)	—	构造单元边界性质、边界断层几何学、运动学指向，构造单元组成等

表 10-2-10　岩体分布属性表*

序号	数据项名称	数据项代码	数据类型（长度，小数位）	单位	备注
1	图元序号	MetaID	Int	—	—
2	资料编号	FileNO	Char(16)	—	—
3	岩性	Lithology	VarChar(256)	—	—
4	代号	Code	Char(16)	—	—
5	时代	Epoch	Char(16)	—	—

* 注：属性结构适用于火山岩、侵入岩、变质岩等。

3. 地形、地表数据

1）地形

地形可用等高线数据或 GRID 网格状高程数据表示。如果是等高线数据，包括高程线和高程点文件，其数据结构如表 10-2-11 所示。

表 10-2-11　高程数据属性结构表

序号	数据项名称	数据项代码	数据类型（长度，小数位）	单位	备注
1	图元编号	MetaID	Int	—	地形等高线弧段的编号
2	图元类型	MetaType	Int	—	按 GB/T 13923—92 规定填写代码
3	高程	SurfaceElev	Numeric(9,3)	m	每条地形等高线代表的海拔

可以根据等高线数据生成 GRID 状 DEM，即一个网格数据文件。文件中包括网格的起始范围、网格的长宽数量以及三维点坐标序列，可采用文本格式的 semi 网格数据（*.Semi）。网格文件内容示例。例如，第一行：xmin＝　ymin＝　xmax＝　ymax＝　number＝　number＝；第二行直到最后就是 $x\ y\ z$ 的三维坐标列表了。

2）地表

地表可采用影像数据、倾斜摄影数据、3DMax 模型和 BIM 建筑信息模型等表示，这些地表数据均应提供对应的坐标校正信息，使之与工作底图坐标保持一致。

（二）模型分辨率

三维地质模型根据地质数据分布密度的不同，具有一定的分辨率。三维地质结构模型分辨率与很多因素相关，主要是通过钻孔数据在地表平面上的距离确定，三维地质属性模型分辨率通过属性网格在空间上的分布来确定。表 10-2-12 中列出了 100km² 平面范围、200m 深度范围内，地质数据在空间中分布情况对应模型级别（代表一定分辨率）的表，供参考。

表 10-2-12　不同分辨率地质模型网格划分参数参考表

模型级别	横向间距/m	纵向间距/m	垂向间距/m	网格数量/（万个/100km²/200m）
1	1 000	1 000	5	0.4
2	500	500	2.5	3.2
3	200	200	1	50
4	100	100	0.5	400
5	50	50	0.25	3 200
6	20	20	0.1	50 000

（三）标准地层

标准地层制定的意义是要统一区域的地层结构层序，为三维地质结构建模奠定基础。本部分以武汉市工程地质标准地层制定为例，说明其制定的原则和方法，水文地质、地热储层等其他类型结构模型可以参考此类方法。

1. 标准地层制定主要原则

武汉地区地貌虽总体上表现为平原上残丘突露，但第四系地层情况却很复杂，由此而导致不同勘查单位勘查报告上地层的层序划分无法统一，人为因素较大。为了建立起可大区域对比的标准层序，就必须详细地研究武汉地区地层的成因年代、沉积韵律及其展布特征。

武汉市工程地质标准地层制定遵循以下原则：

(1)根据不同的地貌单元的特点分别研究标准层的划分。

(2)地层的成因和年代与其性质密切相关,也是区域性地层研究考虑的主要因素,因此应按成因和年代划分大的层组。

(3)引进层组的概念,层组是从宏观上具有相近地质特征(地貌、成因、年代和岩性特点)的一组标准层。

2. 武汉市工程地质标准地层表

收集、整理 6 000 多项工程勘查项目及 20 多万个钻孔数据进行现状分析,经过多次研究讨论和专家咨询,研究编制出武汉市标准岩土地层表(附件 3-3)。

四、三维地质建模流程

(一)三维地质结构模型

在三维地质构造框架下,三维地质结构模型建模及与地上模型处理集成主要内容包括钻孔数据收集、地层标准化处理、三维地层建模、地上模型处理和集成等。三维建模流程是依据经过标准化处理后的钻孔数据通过三维地质建模工具完成三维地层模型的建立,再进行地上模型的处理后完成地上地下一体化三维模型的建立,具体建模流程如图 10-2-1 所示。

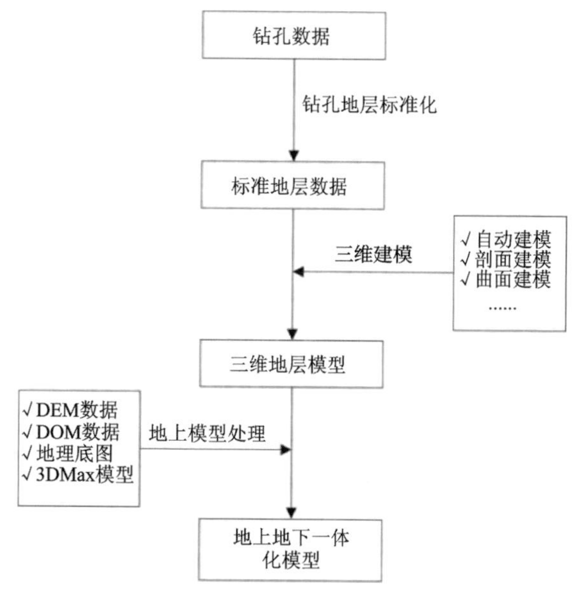

图 10-2-1　三维建模流程图

1. 钻孔地层标准化

首先,以本地标准地层表为依据,在建模系统中编辑好一套用于三维地层建模的数据标准地层,每个地层单位都设置好对应的子图和颜色信息等。其次,将收集的钻孔资料和外业采集的钻孔数据,根据数据标准的要求进行钻孔处理并入库。最后,将已入库的钻孔数据利用建模工具,对每个钻孔地层进行标准化处理,使每个地层都与标准地层表中的信息建立关联关系,在建模工具中生成二次标准化的可以直接用于三维建模的钻孔地层数据。

2. 三维地层建模

三维地层建模采用基于钻孔数据的自动建模方法，这是一类在工程地质领域使用较早也比较成熟的建模方法。钻孔数据具有信息准确、数据量大的特点，具体包含钻孔的横纵坐标、孔口标高、钻孔深度、钻孔的地层分层信息、岩性信息等。在建模工具中设置好地层和纹理贴图的对应关系，利用建模工具的三维自动建模或交互功能，选择要建模的范围即可完成三维模型的构建。交互建模可以把地质剖面、成果图件以及专家地质认识等纳入建模过程，提高地质模型的准确性。

3. 模型处理集成

为了使建立的三维模型更美观，有更好的展示效果，将建好的三维地层建模中的表面进行处理。通常建模面积超过 $100km^2$ 或者地上景观模型数据不充足时，可采用 DEM＋DOM 结合的方式进行处理，首先将事先处理好的 DEM 数据叠置在三维地层模型表面，显示实际地形起伏情况；其次，将经过处理的地表贴图叠置在 DEM 上面；最后，在 DEM 上叠加三维地层模型区域的路网注记。若三维地质建模范围较小或者地上景观模型数据充分时，也可采用景观模型与三维地质模型的集成，展示效果更好。

（二）三维地质属性模型

三维地质属性模型是以三维地质结构模型为基础的，在其上进行网格剖分，挂接属性参数。三维地质属性模型是岩土体物理力学性质分析评价、专门性工程地质问题、各种地质属性信息计算分析的载体，是精准反映地质体非均质性的基础。基于三维地质属性模型可以获取空间任意处（节点或单元）的岩体强度、渗透性、地应力等物理、化学参数的空间分布，以及进一步进行数值模拟（如砂土液化判别、岩溶塌陷等判别）等地质应用分析。

网格剖分。对第四系沉积物，通过研究沉积相、地层岩性、地质参数在三维空间中的变化规律，构建高精度的三维格网模型与三维属性模型，以用于后期的数值模拟等操作；对成岩岩石来说，采用角点网格剖分其地质空间，并评估其地质属性数据的丰富程度，构建该条件下的三维格网模型和三维属性模型。网格化主要在三维结构模型的约束下进行，网格单元为六面体。

属性挂接。对于不同的剖分网格类型，其属性分布不同，可以分布在单元节点上，也可以分布在单元中心。属性挂接通常是与网格剖分同步进行，属性数据在空间分布上不够多时，通常采取插值拟合的方式进行赋值，分别赋给不同的单元（或单元节点）。

（三）地形模型

地形模型应包括地形点云、地形等高线、地形面。与地形模型相关的数据有 DEM、现场调查点（钻孔高程、采样点高程、勘探点高程等）、地形图、等高线、遥感数据等，是构成地形界面的主要数据。当存在上述数据的一种及以上地质数据时，根据模型尺度或精度对原始数据进行加密、抽稀、融合等操作，完成地形界面的构建。当地形起伏较大时采用不规则三角网（TIN）表示、地形起伏较小时采用格网模型（GRID）表示。

地形面模型应根据三维地质建模范围进行剪裁和拼接处理，并应符合下列要求：

（1）地形平面范围宜截取为矩形，不规则场地可截取为多边形。

（2）地形面模型涉及多种地质体时，采用地质界线分隔地形面时宜保证区块的封闭性。

（3）当三维地质建模分多个区块进行时，各区块地形面边界应无缝接合。

（4）当剪裁范围内的地形面不完整时，可在空缺部位拼接其他比例尺的地形面。

（5）当地形面模型完成后，应根据新增勘探点实测坐标及时修正。

五、三维地质模型存储与更新

（一）三维地质模型存储

1. 二进制文件格式存储

二进制文件格式存储是针对三维模型规模、体量不大，类型简单，采取的一种经济和简便的方式。为了后期能更方便地利用已经建立好的三维模型，同时也便于三维模型的更新，将三维模型包括地下三维地质模型和地上精细三维模型作为成果数据一并纳入数据中心，在数据库中进行管理。在数据库中，三维模型以数据库-数据集-三维要素类的方式进行存储，对三维模型的更新维护，可直接在空间数据格式数据库中进行操作。

2. 分布式数据库存储

当三维地质模型表面积很大时，各类地质数据、地表模型数据很丰富，数据体量很大，宜采用分布式数据库存储方式，这也是发展的方向。分布式数据库存储需要相关的分布式存储硬件、软件设施支持，分布式存储可以提供更高的效率、更好的备份机制。

（二）三维地质模型更新

三维地质模型更新包括三维结构模型的更新与属性模型的更新两个方面。当地质数据更新到一定程度时将启动模型的更新（如地质数据更新数量超过阈值或地质数据对于模型的影响范围及程度超过阈值）。

当更新数据与原始数据没有冲突或冲突较小时，只启动模型属性更新，通过数据自动提取、模型局部插值等操作完成属性模型的更新。此过程只更新网格属性模型，不改变三维地质结构模型，但是，属性网格模型的更新受到三维地质结构模型的约束。属性更新的范围，还受到更新数据空间分布、数据精度等多种因素影响，更新范围确定通过计算机自动计算并更新。

当更新数据与原始数据冲突较大或相悖时：三维地质结构模型和三维地质属性模型必须在专业人员的参与下，前期三维地质结构模型的基础上，重新进行数据分析、模型结构调整，从而进一步支撑模型更新。

更新流程如下：

（1）确定建模范围内三维地质模型的沉积单元、主控构造，建立地质框架并进行评估。在地质框架的约束下，进行插值验证，得到一组较为可靠的属性场插值参数。

（2）梳理三维地质模型更新所需建模数据清单，分析数据更新的频率和时间节点，形成建模范围内三维地质模型数据更新特点的初步认识。依据地质数据汇聚技术要求，确定汇交数据与建模数据之间的差异，排查数据缺失项，制定三维地质模型更新的源数据组织管理方案。

（3）设计地质模型更新数据的组织规则和格式规范，形成更新样本数据的预处理要求和规则，开发必要的预处理工具。

（4）依据地质数据中心服务管理规则，设计三维地质模型数据更新服务（或工具）的数据服务接口需求，制定模型数据更新服务（或工具）的研发方案。

（5）基于网格剖分和插值算法，设计三维地质模型数据自动更新流程策略，包括样本数据更新状态检查、框架模型更新流程、属性场模型更新相关的更新范围评估、非相关区域评估等。

六、三维地质模型共享及应用

（一）共享方式

1. 以单文件模型形式共享

在专业三维地质建模软件中建好的三维地质模型一般以文件形式存储，可以以原始模型文件、中间交互格式或明码文件进行共享，是最直接的共享方式之一。

2. 数据库形式共享

在专业建模软件中建立好的高精度三维地质模型存成明码文件后，地质信息均记录在节点信息中，并以节点方式存储到数据库中，以访问数据库的方式进行共享。

3. 在三维平台中共享

三维地质平台是三维地质建模成果的主要展示方式，海量地质数据均可在三维地质平台中进行管理并可视化，共享方可基于三维地质平台，在可视化场景下，直观地进行三维地质模型的浏览，并可提供相应的上传下载功能对三维地质模型进行交流共享，是三维地质数据交流共享的主要方式。

（二）应用

1. 模型可视化展示

专业模型经处理后可以在三维可视化平台中进行展示，大区域地质模型经模型轻量化或以分级分块的模式在可视化平台中展示，并可依据需求调整各地层的颜色、纹理或贴图。

2. 模型查询、统计、筛选

地质信息存储于三维网格化模型节点中，可依据需求，对目标地质体或地质属性进行查询、统计和筛选，并做出相应的统计报表。

3. 模型开挖

在建好的三维地质模型中，可根据需求在任意位置设置剖面，对模型进行切割，了解目标位置的地质情况，也可以在三维地质模型中进行地质体开挖，了解拟开挖空间的地质情况，为工程选址、开挖方式确定提供参考。

4. 隧道漫游

在建好的三维地质模型中，预定隧道线路，沿线进行隧道开挖，并按线路进行隧道漫游，可以直观查看隧道沿线经过的地质情况，为隧道规划、方案比选提供支撑。

5. 数值分析

专业地质建模软件建立好的三维地质模型，因其具有多种网格剖分方式，导出的结果可以与大多数商业数值分析软件对接，在数值分析软件中进行专业数值模拟。

第三节　多要素城市地质信息平台建设

一、建设目标与原则

（一）建设目标

充分利用云计算、大数据、3S技术等现代信息技术构建信息系统，满足信息集成管理、分析评价、共享服务、三维建模、可视化等功能，为城市规划、建设、运行管理各个环节提供地学信息支撑。

（二）建设原则

平台研制必须符合用户的合理需求，以需求为导向，提高与地质相关工作的整体效率；在不违反平台整体性的基础上，可按用户要求的功能开发进度进行调整，以满足用户的需要；在遵循软件工程基本原则的同时，还应该重点考虑以下几项原则。

1. 标准化

分类编码、数据交换格式、数据内容与组织应严格遵循现有的国家标准、行业标准和地方标准，采用统一的标准与规范进行系统建设，可以确保资源的共享。

2. 可扩展性

数据库系统是需要随着技术和应用而发展的。因此在建设过程中应该充分考虑其可扩展性，为数据库的内容扩充、数据增长、数据更新和功能增强预留足够的发展空间；系统建设应确保其他系统的独立性、完整性，不影响原有系统的正常运行。

3. 先进性

采用和借鉴云计算、大数据、三维可视化技术等先进技术，采用相对先进和成熟的技术方案，提高平台的技术水平。

4. 实用性

操作简单、易于使用、方便、快捷，便于系统管理，具有优化的系统结构和完善的数据库系统，以及友好的用户界面。确保项目实施的可操作性、系统运行的可靠性、系统使用的实用性。

5. 现势性

提供良好的更新机制，保证数据库的现势性。

6. 安全性

充分考虑数据的保密与安全，防止数据的损坏和丢失。

7. 前瞻性

在设计上应具有一定的超前性，充分考虑技术的发展趋势，考虑系统的发展和升级。

8. 经济性

力争以最小的投入获得最大的效益。在硬件和软件配置、系统开发和数据库建立上都充分考虑投入和经济效益。

总之，平台研制既不能脱离标准规范及实际需求要求，也不应影响其他系统的正常运行，同时，确定平台的模式和建设规模时要充分考虑本单位具体情况，在确保实现平台目标的前提下，应避免求全、求大和重建设、轻应用的做法。其实质就是：切实针对需求，严格遵循标准，甄别解决主次矛盾。

二、信息平台架构

信息平台架构图如图 10-3-1 所示，自下而上由 4 层组成：基础设施层（IaaS）、数据服务层（DaaS）、平台服务层（PaaS）、软件服务层（SaaS），并在技术标准体系和网络安全保障两个体系下运行。

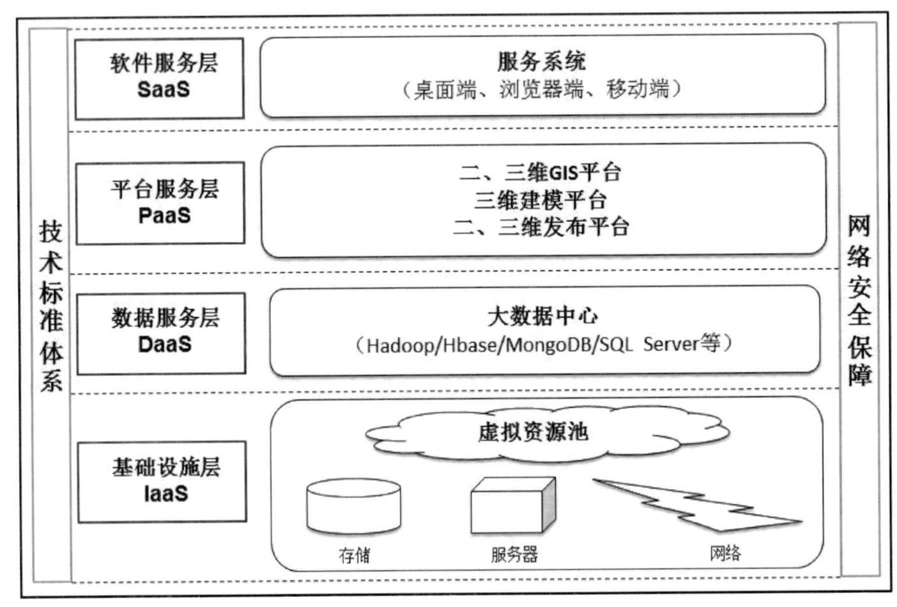

图 10-3-1　信息平台架构图

基础设施层，通过对多个服务器的资源池化、集群化管理，结合地质信息平台各系统的需求，进行资源统一分配和调度。

数据服务层，针对地质数据中心多源、异构、海量地质数据，实现地质基础数据、成果数据、三维模型数据等多源地质数据的一体化存储、管理和服务。基于统一数据访问安全体系和用户权限管理，开发统一的数据访问、数据存储、数据统计、数据监测的数据服务接口，为数据产品、信息产品和业务应用系统提供统一的数据服务。

平台服务层，建立一个高可伸缩、能按需提供服务的地质云 GIS 服务集群管理平台，实现 GIS 数据发布和服务的高性能和高可用。基于二维、三维软件平台，建立统一软件平台即时服务。

软件服务层，利用虚拟化和池化技术，对各种平台资源、软件资源、用户资源进行集中管理，通过自动化的部署、运维和管理，实现业务场景应用的在线定制、在线使用和集成管理，从而更高效地使用 GIS 云应用资源。采用多种服务方式，进行数据采集、数据分析、数据管理、数据统计、数据计算等，降低平台硬件和软件的支持和维护成本，集中更多的时间和资源来提供良好的用户体验。

三、数据服务体系

地质信息平台数据服务体系是指数据在平台系统中流转的全过程服务，主要包括数据汇交、数据检查、数据处理、数据管理、服务发布、数据共享等服务。

多要素城市地质调查工作建立起资料汇交机制，或工作承担单位资料、成果汇交数据中心，在这些情况下，数据汇交服务就成为一项重要的数据服务，是数据服务的起点。数据汇交服务通常包括数据上传、下载服务，一般通过浏览器端、移动端系统实现，方便快捷，应用面广。

数据汇交数据中心后，宜提供数据检查服务，该服务可以在浏览器端系统实现，也可以在桌面端系统实现。数据检查服务内容主要包括数据内容完整性检查、数据格式符合性检查等，详见数据检查部分相关要求。

数据处理服务包括数据格式转换、数据标准化处理服务等，数据处理通常工作量较大，是数据管理和共享服务的基础，因而数据处理服务是数据服务体系中重要的内容。

多要素城市地质调查数据具有多源、异构等特征，需要建立多要素城市地质数据分类体系，奠定数据集成管理服务的理论基础。此外，数据管理服务还需要考虑地质信息平台功能模块划分和用户的应用需求，实现理论与实践的统一。

多要素城市地质信息平台通常具备服务发布功能，便于数据中心数据能被平台功能模块调用。此外，鉴于多要素城市地质调查具有公益性、基础性等特征，其成果可以为社会提供广泛的服务，多要素城市地质调查成果通过发布成某些行业标准化服务的方式，可以为更多行业信息系统调用，从而提供地质信息延伸服务。

数据共享服务方式多样，内容丰富，服务方式通常包括浏览器端、移动端、桌面端系统，服务内容通常包括查询、统计、空间分析、三维展示、分析、专业分析评价、大数据挖掘等。

四、系统服务体系

多要素城市地质信息系统通常包括基础支撑系统、业务应用系统两大部分，基础支撑系统实现基础数据、基础设施的管理、共享服务等，业务应用系统实现多种专业应用服务。

（一）基础支撑系统

基础支撑系统是地质大数据中心与业务系统的桥梁。在支撑地质大数据中心数据采集、数据同步、数据服务相关海量数据管理的同时，支撑大数据中心与业务系统之间的数据交互、运行监测和资源分配。基础支撑系统通常包括“地质大数据集成管理系统”“地质云服务集群管理系统”“地质云应用集成管理系统”“地质云信息共享服务系统”“三维可视化集成系统”5 个子系统。其中“地质云服务集群管理系统”“地质应用集成管理系统”和“地质云大数据集成管理系统”主要支撑地质大数据中心对数据采集和数据服务、应用系统管理和云服务的监测与管理。“地质云信息共享服务系统”和“三维可视化集成系统”为业务应用系统提供基础地质数据和三维可视化应用服务。

1. 地质大数据集成管理系统

利用物联网、互联网等信息技术，通过服务接入、资料汇交、实时采集、数据上报、数据共享等数据采集手段，实现地质成果汇交、基础地理数据定期更新、地质监测数据的实时获取、地质综合数据网络抓取，逐步建立基础地理、地质调查、地质监测、地下空间、地表三维建筑模型、三维地质模型等多源异构的地质大数据中心。实现地质基础数据、成果数据、模型数据、服务数据等多源地质数据的一体化存储、管理和服务。基于统一数据访问安全体系和用户权限管理，开发统一的数据访问、数据存储、数据统计、数据监测的数据服务接口，提供统一的数据服务，为业务系统运行提供安全、高效的数据支撑。

2. 地质云服务集群管理系统

基于地质大数据中心基础设施建设情况，统筹分配地质大数据中心管理的硬件资源、计算资源、软件资源、数据资源，设计虚拟化软件和硬件资源、数据资源申请、审批、分配等相应的功能设计，实时监测大数据中心资源运行状态。面向浏览器端和移动端云应用业务系统资源需求，实现业务系统资源申请、审批，云服务注册、权限分配，运行监测。

3. 地质云应用集成管理系统

建立统一的地质大数据云应用系统的注册、申请、审批管理机制，对新增的业务云应用系统申请，遵循统一的权限管理、资源申请、服务调用、数据访问等地质云平台大数据中心接入规则，保障业务云应用系统与地质云平台大数据中心顺利对接。支撑地质大数据中心，对业务云应用系统的接入审核、数据集成、服务调用、云应用运行监测、云应用权限分配，实现业务云应用系统统一的集成管理。

4. 地质云信息共享服务系统

基于地质大数据中心数据库，在用户和数据安全保障体系下，通过云计算、机器学习等各种智能化数据搜索技术，面向业务应用系统提供地质调查、地质专题、地质成果和工程建设相关的数据共享服务。面向政府部门、专业技术单位及社会公众提供地质资源环境数据产品服务。地质信息共享服务内容，包括基础数据服务、专题应用服务(预警产品、城市体征)、城市运维服务等。基于支持浏览器端和移动端环境下运行，进行信息共享服务功能模块设计。梳理地质档案资料数据、地质图(空间数据库)、专题数据(钻孔、水质、地下水水位、地面沉降等)、三维地质模型(钻孔、剖面切割、隧道分析)等数据之间逻辑关系，构建地质数据分类体系，提供高效的地质信息共享服务。同时，提供定制化地质环境大数据产品服务，针对不同服务产品设计大数据产品详细功能。

5. 三维可视化集成系统

利用多源三维全要素数据融合技术构建地上景观模型、BIM 模型、地质结构模型、地质属性模型等三维可视化集成框架，实现地质大数据中心管理的三维地质模型、地上三维景观模型、BIM 模型等模型数据地上地下一体化展示，支撑三维地质模型可视化、切割分析、虚拟漫游等功能，支撑业务应用系统进行各种三维地质模型属性的分析、统计等，支撑地下水空间开发利用等数据分析和预测。

(二)业务应用系统

平台业务应用系统就是依托多要素地质调查地质研究成果，面向城市规划、建设和管理部门，提供的地质信息服务产品。平台业务应用系统根据多要素地调工作内容及用户需求，可分为“地下空间开发利用系统”“地质灾害监测预警系统”“地质云辅助决策支持系统”和“地质信息综合管理系统(移动端)”等 4 个子系统。

1. 地下空间开发利用系统

地下空间开发利用系统是利用地质大数据中心的地质信息、地下建构(筑)物(或含轨道交通)、城市规划等信息，针对城市规划、建设中需要的规划用地适宜性分析、地下工程建设规划和选址分析等地下空间开发利用的需求，利用三维模型分析算法开展地下空间开发利用地质冲突分析和适宜性评价，面向城市规划、建设、供水、应急管理等部门提供地下空间规划和开发利用建议、地质安全评估等。

2. 地质灾害监测预警系统

利用物联网、云计算、大数据、数值模拟等信息技术，通过对地质灾害监测数据的处理与分析，主要功能包括实现地质环境监测数据的实时接入和建库，实现地质环境监测数据信息化管理，并按照区域、时间进行查询展示、有序统计和趋势分析，自动生成专业的图表和报告，结合地质灾害监测预警模型，实现报警信息发送和接收反馈信息的功能，形成监测、预警、决策、反馈一整套业务流程。

3. 地质信息综合管理系统(移动端)

地质信息综合管理系统(移动端)主要实现多要素地质信息移动端轻量化管理和服务，实现野外助手、地质数据查询、地质科普、轻量级三维地质模型展示、虚拟钻孔等功能，实现地质灾害监测信息管理和预警信息接收和发送等。

4. 地质云辅助决策支持系统

地质云辅助决策支持系统是针对国土、规划、建设和地质灾害防治领域，基于地质大数据中心的海量数据，开展地质数据深度挖掘，实现辅助相关业务审批的地质信息查询、统计、报表分析、线路分析、区域分析等，实现资源环境承载能力和国土空间开发适宜性双评价，为相关部门决策提供地质信息支持服务，或者提供所需地质信息咨询服务、知识服务。

五、平台建设过程

平台建设过程包括需求调研、总体设计、标准体系建设、平台系统详细设计、系统开发、系统部署及试运行、系统更新维护。

(一)需求调研

开展需求调研和科情分析工作，了解城市在发展过程中对地质信息的需求，通过对地质信息需求用户走访，理清多要素城市地质信息需求，制定地质信息云平台建设的基本功能定位和业务范围。开展面向城市规划和建设过程的城市地质调查调研和分析，了解城市多要素地质调查的工作部署，梳理地质综合数据生产、数据采集、数据服务的方式和流程。开展大数据管理、数据分析、地质数据挖掘、三维模型可视化、地质建模等相关信息技术调研，分析地质信息云平台大数据中心建设、地质信息服务、三维地质模型、地质专业应用服务过程中，存在的关键技术问题。

需求调研应完成的文档为系统需求规格说明书、系统详细需求分析报告。需求文档应按照《计算机软件需求规格说明规范》(GB/T 9385—2008)编制。

(二)总体设计

在平台需求调研和资料分析的基础上，开展平台方案设计。制定平台基础设施环境的搭建方案，设计平台的系统框架以及各子系统的功能划分和功能模块。统一平台大数据中心数据汇聚、数据管理和数据服务的开发技术要求。融合倾斜摄影、地下构筑物、三维地质模型等各类三维模型数据，形成地上、地下一体化的三维模型构建与更新技术体系。结合多要素地质调查研究成果，利用平台的大数据分析能力，开展地质灾害监测预警技术路线研究。统筹分析平台研发技术难点，合理制定平台的工作部署和开发周期,完成平台总体设计方案的编写。

总体设计阶段应完成的文档为总体设计报告、数据库设计说明书、系统测试计划、系统实施方案,可在总体设计报告中涵盖后3种报告的内容,也可单独成册。设计文档应按照《计算机软件文档编制规范》(GB/T 8567—2006)编制。

(三)标准体系建设

标准体系建设包括数据建库要求、数据汇聚要求、三维模型建设技术规范等。编制多要素地质调查数据库建设技术要求,开展多要素地质调查数据库建库的主要内容,建立统一多要素地质调查数据库的数据模型、数据库建设的技术流程、数据库质量要求,以及成果图空间数据库建设、元数据建设的基本要求。编制地质大数据中心数据汇聚技术要求,统一基础地理、地质调查、地质勘测、地下构筑物、地质监测、协作机构等地质综合信息的汇聚方式,支撑平台综合地质信息的自动采集。编制平台三维模型数据提交的技术要求,统一三维地质结构模型建模的主要内容、模型数据交换方式,统一三维地质属性模型建模内容、模型更新维护的技术流程等内容。

(四)平台系统详细设计

以平台总体设计系统功能模块划分为基础,开展各系统详细设计,主要包括界面设计、用户权限管理、数据获取设计、功能设计等。平台系统详细设计阶段应完成各系统详细设计报告。

(五)系统开发

系统开发以系统详细设计为基础,将分析设计内容转变为实际代码,并集成组装成未来的系统。此阶段的目标是:以构件(源文件、二进制文件、可执行文件)实现功能模块,将开发出的构件作为单元进行测试,将开发的结果集成到可执行系统中。

(六)系统部署及试运行

系统开发完成后,可以单独部署,也可在平台大环境下集成部署,根据工作进度灵活进行。将系统成果部署到平台环境之中,集成各子系统功能,确保系统能正确运行。

系统部署后应当试运行一段时间,在真实使用环境中进行测试,发现系统运行中的问题,不断改进和完善。

(七)平台更新维护

为了保持平台的现势性、实用性和可持续性,应当不断进行更新维护。更新维护内容包括系统数据更新维护、系统用户权限更新维护、系统功能更新维护等。平台更新维护是为了更好地满足日益增长的用户需求,是平台生命力之所在。

六、平台基础设施及部署

平台基础设施包括硬件设施和软件设施,硬件设施主要有机房、存储、服务器、网络设施,软件设施主要有大型数据库系统、地理信息系统(GIS)、地质三维软件、地表建筑物三维软件、地下管廊三维软件等。

平台部署宜采用云计算虚拟化服务的方式进行,面向平台用户群,通常包括数据云、管理云、服务云、应用云,平台部署见图10-3-2。为了满足不同用户群体的需求,平台系统通常会部署在不同的网络环境中,例如公共网、内部局域网等,需要综合考虑。

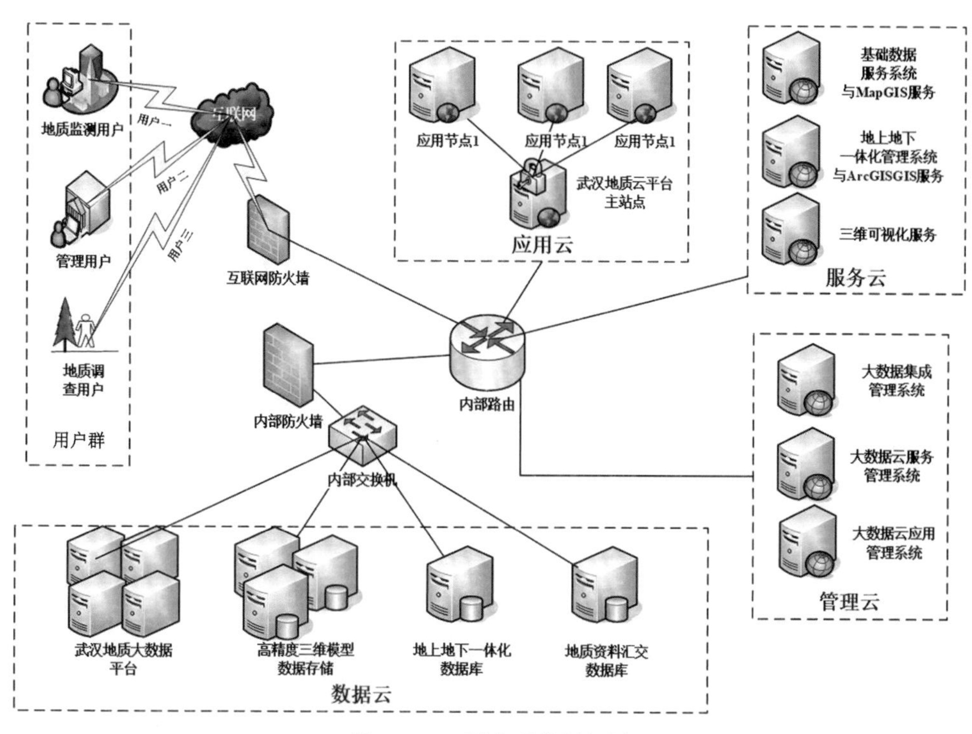

图 10-3-2　平台系统框架图

七、平台运行及维护

(一)平台用户

"平台"用户主要分为三大类:地质院所、政府部门(自然资源、规划、建设、人防、环保、交通等)、社会公众。

1. 地质院所

该类用户为地质行业企事业单位、地质领域科研院所等。主要功能包括查询地质基础数据、三维模型数据以及使用系统专业分析评价功能开展具体的地质技术工作。

2. 政府部门

该类用户为不同区域的政府有关管理部门(自然资源、规划、建设、人防、环保、交通等)。平台功能综合考虑城市规划、土地利用规划、建设工程、地质灾害情况监管、矿产资源、地下水资源、环境管理等方面要求,并根据城市规划和建设的实际运行情况,为城市用地规划编制、建设工程地质灾害危险性评估与治理、矿山环境整治、地下空间开发利用等提供辅助决策支持,以利于实现城市规划的前瞻性、规避建设风险、构筑城市防灾减灾体系、有效利用地下空间。因此,系统在该层面应以查询和统计功能为主,提供基于网络化、虚拟现实、智能化的地质信息服务和快速反应平台,为城市规划、建设和管理提供决策支持。

3. 社会公众

该类用户为一般社会公众,系统提供稳定、快捷、简单、全天候的地质信息服务,体现系统的社会化公益服务价值。

(二)平台维护

平台维护主要包括硬件维护、软件维护、数据更新维护。数据更新维护在本章第一节部分已有说明,在此不赘述。硬件、软件维护主要包括健康度巡检,系统升级,性能调优,系统迁移服务,硬件、软件扩容等。

1. 健康度巡检

开展现场健康度巡检,发现并解决潜在的系统隐患,对运行情况进行总结。

2. 系统升级

当软件产品有新版本或者新补丁更新,经过综合评估,认为有必要更新时,将提供现场系统软件的版本或者补丁更新和升级。

3. 性能调优

开展健康度检查,对系统性能进行监测,必要时进行性能调优。另外,当用户发现系统性能严重下降时,须对系统进行全面综合的优化。

4. 系统迁移服务

在一些情况下需要提供迁移服务。

5. 硬件、软件扩容

根据系统运行需求进行扩容,扩容后试运行,及时总结和反馈运行出现的新问题。

(三)安全设施

为适应移动互联、云计算、大数据、物联网和工业控制等新技术、新应用情况下网络安全等级保护工作的开展,应遵循国家于 2017 年 10 月 26 日下发的《信息安全技术网络安全等级保护基本要求(试行)》文件要求。安全设施主要包括基础设施层安全、数据层安全、应用层安全等方面。安全设施详细内容如图 10-3-3 所示。

图 10-3-3　系统安全设施示意图

通过实施分级保护方案，使得业务内网涉密信息能够符合国家相关安全保密技术要求和管理要求，达到国家保密工作部门针对机密级的测评标准，确保机关内部各个部门、各类涉密应用系统的信息传输、存储和操作等安全、保密。

安全设施宜包括物理安全、网络安全、主机系统安全、数据安全、运行安全、信息安全、安全保密管理、安全域划分等内容。

1. 物理安全

为了保护网络设备、设施、介质和信息免遭自然灾害、环境事故以及人为物理操作失误或错误，以及各种以物理手段进行违法犯罪行为导致的破坏、丢失，涉密信息系统需要具备环境安全、设备安全和介质安全等功能。

解决在各种导致计算机系统失效的意外情况下，保护业务应用在 7×24h 内不间歇运行，可采取高可用性双机容错方案。物理存储的安全实现可通过采用磁盘阵列作为两台企业服务器的共享存储空间，磁盘阵列与服务器通过 SCSI 缆线直接连接，磁盘阵列包含热拔插冗余部件，可为所有部件提供冗余备份，消除单点故障隐患。磁盘阵列为数据提供可靠、安全、大容量、高速和良好扩展性的存储解决方案。

2. 网络安全

采取结构安全、访问控制、安全审计、边界完整性检查、入侵防范、恶意代码防范、网络设备防护机制。可设计攻击防范系统，在网络设置中，设置好内、外部网络接口的数据隔离工作。可针对通过系统防火墙进入的系统内部的数据流，采用 VPN 和 SSL 传输来控制资料的安全，利用数字签名来验证资料的可靠性。考虑到系统的防攻击，可配置专业的主机入侵检测系统、安全漏洞扫描系统，以便及时有效地防范、应对网络电脑黑客的攻击。必要时把 Web 发布服务与重要数据库服务在物理上隔离，需要向社会发布的数据则由人工从主数据库服务器转移到 Web 发布服务器上进行发布。

3. 主机系统安全

可采取身份鉴别、访问控制、安全审计、剩余信息保护、入侵防范、恶意代码防范、资源控制等机制。

4. 数据安全

可指定保持数据完整性、数据保密性、数据备份与恢复的机制。

5. 运行安全

为保障涉及国家秘密信息的信息系统的安全保密，业务内网需要具备备份与恢复、病毒恶意代码防护、应急响应、运行管理等功能。可采用高可用性双机容错热备份实现、服务器集群策略实现、备份与恢复策略实现、用户与权限管理实现、运行监控与安全审计实现、安全管理制度建设和信息安全教育等几个方面的方案。

6. 信息安全

为了保证信息的保密性、完整性、可控性、可用性，业务内网需要采用多种安全保密措施和技术，如物理隔离、密级标识、身份鉴别、访问控制、信息加密、电磁泄漏防护、信息完整性校验、安全审计、安全保密性检测、入侵监控、操作系统安全保护、数据库安全保护等。

7. 安全保密管理

业务内网需加强安全保密管理，设置安全保密管理机构，制定严格的安全保密管理制度，采用适当的安全保密管理技术，将涉密信息系统中的各种安全保密产品进行集成，并加强对涉密人员的管理。

8. 安全域划分

安全域是指在同一系统内具有相同的安全保护需求，相互信任，并具有相同的安全访问控制和边界控制策略的子网或网络，且共享相同的安全策略。综合平台的建设与部署情况，依据网络、系统和数据的安全风险，依据信息内容、授权管理和功能区的原则，划分不同的安全域和信任域，制定相应的安全策略和安全措施，实施分级保护，构建系统信息安全保障体系。

附件1　记录表格类附件

附件1-1　地质钻探记录表格

________________项目(矿区)

探矿工程定位和机械安装通知书

按照地质设计，于__________勘探线__________(或其坐标 X______ Y______ H______)布置了______，设计深度______m，方位角______，倾角______。

其他要求：____

地质组组长__________

探矿工程施工组组长__________

年　　月　　日

________项目(矿区)ZK ________钻孔补采岩芯通知书

于________年________月______日施工的 ZK ____________钻孔，需从________至__________m采取补采岩(矿)芯措施，立即(终孔后)进行。

补采岩(矿)芯原因：____

____

____

____

____

注意事项：____

____

____

补采具体要求：____

____

____

____

____

地质员________________　探矿组长________________

地质组长________________　项目负责________________

年　　月　　日

已于____年____月____日自________m至________m补取了岩(矿)芯，共取出岩(矿)芯长________m。

机　长____________________　地质员____________________

项目(矿区)ZK ________ 钻孔终止通知书

批准____________

经研究决定 ZK ______________ 于深度__________ m 处停止钻进。

终止原因：______________________________

____

____

____

终止后的要求(存在问题及处理意见)：

____

____

____

____

地质员______________　探矿组长________________

项目负责人__________　水文地质组长(员)______________

年　月　日

已于_____年____月____日停钻，孔深__________m。

地质技术员____________　机　长__________

表A ZK________钻孔质量验收表

设计孔深	m	实际孔深	m	设计方位角		设计倾角					
施工目的				施工结果							
机　　号		开孔日期	年　月　日			终孔日期	年　月　日				

岩矿芯采取率	矿　层	矿体顶板采取率			矿芯采取率			矿体底板采取率			质量评定
		顶板厚/m	岩芯长/m	采取率/%	矿体厚/m	矿芯长/m	采取率/%	底板厚/m	岩芯长/m	采取率/%	
	1										
	2										
	3										
	4										
	5										
	6										
	7										
	8										
	矿体总厚度(m)		矿芯总长度(m)			采取率(%)					
	岩石总厚度(m)		岩芯总长度(m)			采取率(%)					

孔深校正	次　数	1	2	3	4	5	6	7	8	9	10	质量评定
	记录孔深(m)											
	丈量孔深(m)											
	误　差(m)											
	应丈量次数			实际丈量次数				超差次数				

弯曲度测量	次数	1	2	3	4	5	6	7	8	9	10	质量评定
	测量孔深(m)											
	天顶角											
	方位角											
	应测次数			实测次数				超差次数				

简易水文观测	孔内水位	应测次数		实测次数		合格率(%)		质量评定
	冲洗液消耗量	应测次数		实测次数		合格率(%)		
	其　他							

表 B　ZK________钻孔质量验收表

<table>
<tr><td rowspan="4">原始记录</td><td>班报表</td><td>应记次数</td><td></td><td>实记合格次数</td><td></td><td>合格率/%</td><td></td><td>质量评定</td></tr>
<tr><td>岩芯牌</td><td>应填次数</td><td></td><td>实填合格次数</td><td></td><td>合格率/%</td><td></td><td rowspan="3"></td></tr>
<tr><td>残留岩芯</td><td>应测次数</td><td></td><td>实测次数</td><td></td><td>合格率/%</td><td></td></tr>
<tr><td>其　他</td><td colspan="6"></td></tr>
<tr><td rowspan="8">封孔</td><td>层　数</td><td>1</td><td>2</td><td>3</td><td>4</td><td>5</td><td>6</td><td>质量评定</td></tr>
<tr><td>应封闭位　置</td><td></td><td></td><td></td><td></td><td></td><td></td><td rowspan="7"></td></tr>
<tr><td>封孔位置</td><td></td><td></td><td></td><td></td><td></td><td></td></tr>
<tr><td>木塞位置长度</td><td></td><td></td><td></td><td></td><td></td><td></td></tr>
<tr><td>材料用量</td><td></td><td></td><td></td><td></td><td></td><td></td></tr>
<tr><td>封孔方法</td><td colspan="6"></td></tr>
<tr><td>树桩情况</td><td colspan="6"></td></tr>
<tr><td>其　他</td><td colspan="6"></td></tr>
<tr><td rowspan="3">钻孔结构</td><td>孔　径/mm</td><td></td><td></td><td></td><td></td><td></td><td colspan="2"></td></tr>
<tr><td>孔　深/m</td><td></td><td></td><td></td><td></td><td></td><td colspan="2"></td></tr>
<tr><td>套管长度/m</td><td></td><td></td><td></td><td></td><td></td><td colspan="2"></td></tr>
<tr><td rowspan="5">孔内遗留物件</td><td>名称</td><td colspan="2">规格</td><td colspan="2">数量/m</td><td colspan="2">孔径/mm</td><td>长度/m</td></tr>
<tr><td></td><td colspan="2"></td><td colspan="2"></td><td colspan="2"></td><td></td></tr>
<tr><td></td><td colspan="2"></td><td colspan="2"></td><td colspan="2"></td><td></td></tr>
<tr><td></td><td colspan="2"></td><td colspan="2"></td><td colspan="2"></td><td></td></tr>
<tr><td></td><td colspan="2"></td><td colspan="2"></td><td colspan="2"></td><td></td></tr>
<tr><td>项目组验收意见</td><td colspan="8"></td></tr>
<tr><td>承担单位验收意见</td><td colspan="8"></td></tr>
</table>

质量检查记录表

<table>
<tr><td colspan="2">项目名称</td><td colspan="3"></td></tr>
<tr><td colspan="2">任务书编号</td><td></td><td>检查层级</td><td></td></tr>
<tr><td colspan="2">完成单位</td><td></td><td>完成人</td><td></td></tr>
<tr><td colspan="2">资料名称</td><td></td><td>检查记录人</td><td></td></tr>
<tr><td>总体评述</td><td colspan="4"></td></tr>
<tr><td>存在问题与整改意见</td><td colspan="4"></td></tr>
</table>

钻孔开工审批表

钻孔编号：

<table>
<tr><td>施工设计报批情况</td><td></td></tr>
<tr><td>钻孔设计交底情况</td><td></td></tr>
<tr><td colspan="2">施工准备情况(含场地平整、钻机安装、材料准备、水电供给情况、人员和设备到位等)：</td></tr>
<tr><td colspan="2">致(项目负责单位)________________,钻孔施工前期准备工作已就绪,计划开工日期为______年___月___日,特此申报,请批示。

施工单位负责人：
年　　月　　日</td></tr>
<tr><td colspan="2">项目负责单位审批：
经审查,________(同意/不同意)该单位于______年___月___日开工。

项目负责人：
年　　月　　日</td></tr>
</table>

钻孔设计变更申请书

钻孔编号：

一、变更设计的理由：
二、变更设计后的勘探目的任务：
三、变更设计后的工作量：
四、变更设计后的水文地质（工程地质）钻探技术要求：

申请变更单位：　　地质人员：　　项目负责人：　　年　　月　　日

钻孔设计变更通知书

钻孔编号：

<table>
<tr><td colspan="3">________号钻机，在________________地点，于________年____月____日，施工的________钻孔，因________________
________________原因，将原设计作如下变更：

年　　月　　日</td></tr>
<tr><td>地质员意见：
地质员：

年　　月　　日</td><td>项目负责人意见：
项目负责人：

年　　月　　日</td><td>项目单位意见：
项目单位负责人：

年　　月　　日</td></tr>
</table>

钻探班报表

钻孔编号：　　　　钻机编号：　　　　年　月　日　自　时　至　时　班　　　　钻机类型：

时间			工作内容	机上余尺	钻进(扩孔)孔深/m			钻头		钻具长度	
自	至.	分钟			自	至.	计	类型	规格	1	主动钻杆　m
										2	Φ　mm 钻杆立根　根　m
										3	Φ　mm 钻杆单根　根　m
										4	Φ　mm 钻铤　根　m
										5	取粉管内短钻杆长度　m
										6	Φ　mm 岩芯管长度　m
										7	Φ　mm 钻头长度　m
										8	钻具总长　m
										9	机上余尺　m
										10	机高与地距　m
										11	交班孔深　m
										12	接班孔深　m
										13	本班进尺　m
										14	岩芯长度　m

施工单位：　　　　记录：　　　　校对：　　　　机长：　　　　审核：

钻探班报表（副）

岩芯采取情况								简易水文观测				
孔深/m			岩芯长度/m	采取率/%	岩芯编号	残留岩芯/m	岩石名称	孔内水位				重要水文地质现象（涌水、漏水、掉块、坍塌）
自	至.	计						提钻后/m	下钻前/m	间隔时间	冲洗液消耗量	

校正孔深			钻孔弯曲测量			
校正前/m	校正后/m	误差/m	测量深度/m	顶角/(°)	方位角/(°)	

泥浆性能				
黏度/s	相对密度	失水量/mL	泥饼厚度/mm	含砂量/%

本班出勤人员	
姓名	岗位

施工单位：　　　　记录：　　　　校对：　　　　机长：　　　　审核：

钻孔地层描述表

钻孔编号：

序号	地层代号	回次编号	回次进尺/m	岩芯长度/m	分层岩芯长度/m	层底埋深/m	岩层厚度/m	岩性描述

记录：　　校对：　　审核：　　日期：　　共　　页　第　　页

井管排管记录表

钻孔编号：

下管序号	单根长度/m	井管类型	下入深度/m	备注

记录：　　　　校对：　　　　审核：　　　　日期：

井管安装记录表

钻孔编号：

序号	井管安装位置/m		井管类型	井管直径/mm	井管材质	连接方式	成井结构简图
	自	至					

记录：　　　　校对：　　　　审核：　　　　日期：

钻孔填砾记录表

钻孔编号：

序号	起止深度/m		填砾高度 /m	填砾厚度 /mm	砾料规格 /mm	填砾方量 /m^3	填砾材料	填砾方法
	自	至						

记录：　　　　校对：　　　　审核：　　　　日期：

钻孔洗井记录表

钻孔编号：

序号	洗井段/m		洗井方法	起止时间	洗井效果	洗井前孔深/m	洗井后孔深/m
	自	至					

记录：　　　　校对：　　　　审核：　　　　日期：

钻孔抽水试验水位观测数据表

共　　页　第　　页

钻孔编号				野外编号				试段编号	
静止水位埋深/m				试段位置/m				落程	
抽水设备				观测方法与设备					
序号	年　月		累计时间	抽水孔(井)				气温/℃	备注
	日	时:分:秒	时,分	水位埋深/m	水位降深/m	抽水量/m^3/h	水温/℃		

观测：　　　　记录：　　　　检查：　　　　日期：

抽水试验观测孔水位数据记录表

共　　页第　　页

钻孔编号			野外编号		
观测孔序号			与抽水孔距离/m		
地理位置	省(自治区)　　市(区)　　县(旗)　　乡(镇)　　村				
东经	°　′　″	X		观测孔地面高程/m	
北纬	°　′　″	Y		观测孔孔口高程/m	
孔深/m		滤水管内径/mm		测水点至地面距离/m	
孔内径/mm		滤水管长度/m		静止水位埋深/m	
降深次数		滤水管顶底深度/m		观测方法与设备	

序号	观测时间			水位观测数据/m				气温/℃	备注
	年　月		累计时间	水位埋深/m	水位高程/m	水位降深/m	水温/℃		
	日	时:分:秒	时,分						

观测：　　　　记录：　　　　检查：　　　　日期：

钻孔抽水试验水位恢复数据表

共　　页　第　　页

钻孔编号				野外编号		试段编号		
静止水位埋深/m				试段位置/m		—	落程	
观测方法与设备								
序号	年　月		累计时间	抽水孔(井)			气温/℃	备注
	日	时:分:秒	时,分	水位埋深/m	剩余降深/m	水温/℃		

观测：　　　　记录：　　　　检查：　　　　日期：

ZK ________ **钻孔野外地质记录表**

第　　页共　　页

日期	班	进尺/m			岩芯		岩芯编号	岩芯采取率/%	换层深度/m	标志面与岩芯轴夹角/(°)	地质描述	样品编号	孔内简易水文地质情况	备注（孔内情况为主）
		自	至	合计	长度/m	残留/m								
1	2	3	4	5	6	7	8	9	10	11	12	13	14	15

编录：　　　　采样：　　　　检查：　　　　日期：

ZK ________钻孔分层总表

第　　页共　　页

孔口坐标 X：　　　Y：　　　Z：　　　矿区名称：　　　　　　设计孔深　　m　实际孔深　　m

回次号	进尺/m			岩芯		分层号				填图单位及地质描述	取样位置及编号			照片序列号
	自	至	厚度	长度/m	采取率/%	层号	自	至			自	至	编号	
							米距	回次	米距					
1	2	3	4	5	6	7	8	9	10	11	12	13	14	15

制表：　　　　采样：　　　　审核：　　　　日期：　　年　　月　　日

钻孔岩芯取样分析结果登记表

项目(矿区)名称：　　　　工程号：　　　　第　页

样品编号	采样位置/m			岩矿芯长度		岩矿芯编号			岩矿石描述	原始质量	袋数	化验号	分析结果					备注
	自	至	样长	长度/m	采取率/%	自	至	块数										
1	2	3	4	5	6	7	8	9	10	11	12	13	14	15	16	17	18	19

登记人：　　　　时间：　　　　检查者：

附件 1－2　浅层地热能资源调查记录表格

附表 1-2-1　现场热响应试验表

统一编号					野外编号		
坐标	经度				纬度		
孔位	省　市　县　乡(镇)　村						
孔深					钻孔半径		
导热系数 /[W/(m·℃)]					单位深度钻孔总热阻 /(m·℃/W)		
容积比热容 /[J/(m³·℃)]					初始平均地温 /℃		
热扩散系数 /(×10⁻⁶ m²/s)					备注	□双 U 形管	□单 U 形管
测试数据							
年	月	日	时	地埋管进口温度 /℃	地埋管出口温度 /℃	流体流量 /(m³/d)	热(冷)负荷/W

附表 1-2-2　地下水地源热泵项目调查表

地源热泵项目情况调查表(地下水)　　　　编号 A

项目名称			
项目地点		建成使用时间	
占地面积/m^2		项目坐标/m	X　　Y
建筑面积/m^2		空调使用面积/m^2	
总冷负荷/kW		总热负荷/kW	
主机型号、台数			
主机功率	制冷　　kW;　供热　　kW		
空调使用时间	运行记录(冬、夏季基本情况)		
空调用电量	夏季　　kW·h;　冬季　　kW·h		
冷冻水泵型号、台数			
冷却水泵型号、台数			
潜水泵型号、台数			
抽水井数量/口		回灌井数量/口	
单井抽水量/(m^3/h)		单井回灌量/(m^3/h)	
井间距/m		井深、井径/m	
地质勘查报告		抽水、回灌试验报告	
水资源论证报告		取水许可证	
冬季取水量/(m^3/h)		冬季回灌量/(m^3/h)	
冬季取水水温/℃		冬季回灌水温/℃	
夏季取水量/(m^3/h)		夏季回灌量/(m^3/h)	
夏季取水水温/℃		夏季回灌水温/℃	
水位监测		水质监测	
建筑物沉降监测		水井淤塞情况	
洗井、回扬措施		板式换热器型号	

附表 1-2-3 地埋管地源热泵项目调查表

地源热泵项目情况调查表(地埋管)　　　　编号 B

<table>
<tr><td colspan="2">项目名称</td><td colspan="3"></td></tr>
<tr><td colspan="2">项目地点</td><td></td><td>建成使用时间</td><td></td></tr>
<tr><td colspan="2">占地面积/m^2</td><td></td><td>项目坐标/m</td><td>X　　Y</td></tr>
<tr><td colspan="2">建筑面积/m^2</td><td></td><td>空调使用面积/m^2</td><td></td></tr>
<tr><td colspan="2">总冷负荷/kW</td><td></td><td>总热负荷/kW</td><td></td></tr>
<tr><td colspan="2">主机型号、台数</td><td colspan="3"></td></tr>
<tr><td colspan="2">主机功率</td><td colspan="3">制冷　　kW；　　供热　　kW</td></tr>
<tr><td colspan="2">空调使用时间</td><td colspan="3">运行记录(冬、夏季基本情况)</td></tr>
<tr><td colspan="2">空调用电量</td><td colspan="3">夏季　　kW·h；　　冬季　　kW·h</td></tr>
<tr><td colspan="2">冷冻水泵型号、台数</td><td colspan="3"></td></tr>
<tr><td colspan="2">冷却水泵型号、台数</td><td colspan="3"></td></tr>
<tr><td colspan="2">埋管形式(水平或垂直)</td><td></td><td>管型(单U或双U)</td><td></td></tr>
<tr><td colspan="2">管径/m</td><td></td><td>钻井直径/m</td><td></td></tr>
<tr><td colspan="2">钻井深度/m</td><td></td><td>钻井间距/m</td><td></td></tr>
<tr><td colspan="2">钻井数量/个</td><td></td><td>钻井阵列布置</td><td></td></tr>
<tr><td colspan="2">水平埋管长度/m</td><td></td><td>垂直埋管长度/m</td><td></td></tr>
<tr><td colspan="2">热物性测试报告</td><td></td><td>地质勘查报告</td><td></td></tr>
<tr><td colspan="2">冬季埋管进水温度/℃</td><td></td><td>冬季埋管出水温度/℃</td><td></td></tr>
<tr><td colspan="2">夏季埋管进水温度/℃</td><td></td><td>夏季埋管出水温度/℃</td><td></td></tr>
<tr><td colspan="2">单井埋管水流量/(m^3/h)</td><td></td><td>埋管集水器水温/℃</td><td></td></tr>
<tr><td colspan="2">埋管分水器水温/℃</td><td></td><td>是否设置温度监测点</td><td></td></tr>
<tr><td rowspan="4">(　)号井</td><td>测点1深度/m</td><td></td><td>测点1温度/℃</td><td></td></tr>
<tr><td>测点2深度/m</td><td></td><td>测点2温度/℃</td><td></td></tr>
<tr><td>测点3深度/m</td><td></td><td>测点3温度/℃</td><td></td></tr>
<tr><td>测点4深度/m</td><td></td><td>测点4温度/℃</td><td></td></tr>
</table>

附件 1-3　土地质量地球化学调查记录表格

农业生态环境地质调查记录表

工作日期：　　　　　　　　　星期：　　　　天气：　　　　　第　　页　共　　页

<table>
<tr><td>点号</td><td></td><td>点性</td><td></td><td>地点</td><td></td></tr>
<tr><td>横坐标</td><td></td><td>纵坐标</td><td></td><td>GPS 文件</td><td></td></tr>
<tr><td rowspan="5">土壤地质环境描述</td><td>地层及时代</td><td colspan="2"></td><td>成因类型</td><td></td></tr>
<tr><td>地质背景及环境特征描述</td><td colspan="4"></td></tr>
<tr><td>地貌</td><td colspan="4"></td></tr>
<tr><td>土壤类型</td><td colspan="2"></td><td>土壤质地</td><td></td></tr>
<tr><td>土壤颜色</td><td colspan="2"></td><td>污染情况</td><td></td></tr>
<tr><td rowspan="3">水环境描述</td><td>地表水特征描述</td><td colspan="4"></td></tr>
<tr><td>浅层地下水特征描述</td><td colspan="4"></td></tr>
<tr><td>污染情况</td><td colspan="4"></td></tr>
<tr><td rowspan="4">农业环境描述</td><td>土地利用</td><td colspan="4"></td></tr>
<tr><td>农业种植及环境特征描述</td><td colspan="4"></td></tr>
<tr><td>作物长势</td><td colspan="4"></td></tr>
<tr><td>污染及渍害</td><td colspan="4"></td></tr>
<tr><td rowspan="3">人居环境描述</td><td>所在区位</td><td colspan="2"></td><td>污染区类型</td><td></td></tr>
<tr><td>污染种类</td><td colspan="2"></td><td>与污染源距离</td><td></td></tr>
<tr><td>生态环境特征</td><td colspan="4"></td></tr>
<tr><td>照片</td><td colspan="3"></td><td>标记位置</td><td></td></tr>
</table>

记录：　　　　　　　　　　　　　　　　审核：

农业生态环境地质调查记录说明

<table>
<tr><th>序号</th><th>名称</th><th>填写说明</th></tr>
<tr><td rowspan="6">基本信息</td><td>点号</td><td>野外地质点定点编号</td></tr>
<tr><td>点性</td><td>点号的性质，说明该点重要环境性质。可以为地层分界点、土壤类型和土地利用类型等变更点、污染点等</td></tr>
<tr><td>地点</td><td>地质点所在的地理位置</td></tr>
<tr><td>横坐标(或东经)</td><td>GPS读数。采用何种分带、坐标系或记录格式，均遵从项目设计</td></tr>
<tr><td>纵坐标(或北纬)</td><td>同上</td></tr>
<tr><td>GPS文件</td><td>指定点某GPS坐标数据转存入计算机内的批次文件</td></tr>
<tr><td rowspan="8">土壤地质环境描述</td><td>地层及时代</td><td>一般按1∶50 000地质图划分到地层组</td></tr>
<tr><td>成因类型</td><td>根据岩相古地理环境判别岩石或松散沉积物成因类型</td></tr>
<tr><td>地质背景及环境特征描述</td><td>地质背景及矿山环境、影响环境的元素地球化学问题</td></tr>
<tr><td>地貌</td><td>字符代码填写定点附近地貌类型。①L平地：LP平原，LL高原，LD洼地，LF低坡度坡麓，LV谷底；②S坡地：SM中坡度山地，SH中坡度丘陵，SE中坡度急斜面带，SR山脊，SU山岳高地，SP切割高原；③T陡坡地：TM高坡度山地，TH高坡度丘陵，TE陡坡急斜面带，TV陡坡谷；④C复合地形：CV̌谷地，CL狭窄高原；⑤CD洼地为主</td></tr>
<tr><td>土壤类型</td><td>按《中国土壤分类与代码》(GB/T 17296—2009)填写，要求填写到土属</td></tr>
<tr><td>土壤质地</td><td>汉字填写土壤中不同大小直径的矿物颗粒的组合状况，分为砂土、壤土、黏土或其他</td></tr>
<tr><td>土壤颜色</td><td>字符代码填写土壤颜色</td></tr>
<tr><td>污染情况</td><td>污染成因和程度</td></tr>
<tr><td rowspan="3">水环境描述</td><td>地表水特征描述</td><td>流量、水位、水色、水溴、浊度、水域特征等信息描述</td></tr>
<tr><td>浅层地下水特征描述</td><td>泉、井等类型，水质、水位等信息</td></tr>
<tr><td>污染情况</td><td>有无污染情况、污染程度及影响因素分析</td></tr>
<tr><td rowspan="4">农业环境描述</td><td>土地利用</td><td>土地利用类型</td></tr>
<tr><td>农业种植及环境特征描述</td><td>作物种类，名特优农产品情况，农业种植物理环境，如光、温、水、坡度等</td></tr>
<tr><td>作物长势</td><td>作物长势情况，有无相关病害</td></tr>
<tr><td>污染及渍害</td><td>化肥、农药和农家肥施用量及其历年的变化，较大的牲畜场分布、规模及发展状况，污灌区位置、范围、污灌量、灌溉方式、污水的主要成分和作物种类</td></tr>
<tr><td rowspan="5">人居环境描述</td><td>所在区位</td><td>行政区划县镇村组</td></tr>
<tr><td>功能区类型</td><td>城镇区、工业区、种植区、养殖区、风景区等</td></tr>
<tr><td>污染种类</td><td>工业污染、农业污染、生活污染等</td></tr>
<tr><td>与污染源距离</td><td>实地测量污染源的距离</td></tr>
<tr><td>生态环境特征</td><td>地方病、长寿村等调查</td></tr>
<tr><td rowspan="2">其他</td><td>照片</td><td>现场照片、照片编号</td></tr>
<tr><td>标记位置</td><td>油漆标记的具体位置</td></tr>
</table>

土壤地球化学采样记录卡

工作区(或项目名称)：　　　　　　　　　　　　　　　第　　页　共　　页

A 样品类型	B 图幅编号	C 样品号	D 原始样号	E 地理位置
F 经度	G 纬度	H 海拔高程/m	I 采样深度/cm	J 采样层位
K 坡度/(°)	L 坡向/(°)	M 平整度	N 细碎化程度	O 土壤颜色
P 土壤质地	Q 土壤类型	R 成因类型	S 地质背景	T 土地利用现状
U 地貌类型	V 盐渍化	W 典型种植制度	X 灌溉方式	Y 人为污染
Z 侵蚀程度	AA 种植作物	AB 施肥情况	AC 农田类型	AD 标记位置
AE GPS 文件号	AF 采样日期	AG 备注		

采样照片		
中心样点 采样照片	子样点 1 采样照片	子样点 2 采样照片
子样点 3 采样照片	子样点 4 采样照片	样品袋 照片

记录：　　　　　　　　　　　　采样：　　　　　　　　　　　　审核：

土壤地球化学采样记录说明

序号	名称	填写说明	备注
A	样品类型	1.1∶50 000表层;2.1∶10 000表层;3.有机物;4.有效态;5.水平剖面样;6.形态分析样;7.湖积物样;8.其他(手工输入)	必填
B	图幅编号	根据调查比例尺,填写采样点所在对应比例尺图幅编号,参照《国家基本比例尺地形图分幅和编号》(GB/T 13989—2012)填写	
C	样品号	采样点的编号(采样终端自动填写)	必填
D	原始样号	重复样对应的原始样号	
E	地理位置	记录土壤采样点所在地理行政区的详细位置,填乡、村两级。如**乡**村	必填
F	经度	以度为单位,保留4位小数(采样终端自动提取定位信息)	必填
G	纬度		必填
H	海拔高程	记录采样点高程,单位m(采样终端自动提取定位信息)	必填
I	采样深度	取样的截止深度,如0~20cm填写20	必填
J	采样层位	1.表层;2.深层	必填
K	坡度	以°为单位,据实填写	必填
L	坡向	以°为单位,据实填写	必填
M	平整度	1.平整;2.基本平整;3.不平整	必填
N	细碎化程度	1.高;2.中;3.低	必填
O	土壤颜色	样品颜色。1.灰黑色;2.灰色;3.褐色;4.灰黄色;5.红色;6.砖红色;7.灰绿色;8.黄色;9.其他	必填
P	土壤质地	1.砂土;2.壤土;3.黏土;4.其他	必填
Q	土壤类型	1.红壤;2.黄壤;3.黄棕壤;4.黄褐土;5.棕壤;6.暗棕壤;7.石灰土;8.紫色土;9.石质土;10.砂姜黑土;11.山地草甸土;12.潮土;13.沼泽土;14.水稻土	必填
R	成因类型	土壤成因类型。0.人工堆积;1.残积物;2.坡积物;3.残坡积物;4.冲积物;5.冰积物;6.江湖堆积物;7.岩溶堆积物;8.风积物;9.洪积物;10.沼泽沉积物;11.湖积物;12.坡-冲积物;13.冲-洪积物	必填
S	地质背景	按1∶50 000地质图划分到地层组	必填
T	土地利用现状	1.水田;2.水浇地;3.旱地;4.果园;5.茶园;6.其他园地;7.林地;8.天然牧草地;9.人工牧草地;10.其他草地;11.水面;12.滩涂;13.城镇建设用地、14.其他(手工填写)	必填
U	地貌类型	采样点附近地貌类型,字符代码填写:①L平地:LP平原,LL高原,LD洼地,LF低坡度坡麓,LV谷底;②S坡地:SM中坡度山地,SH中坡度丘陵,SE中坡度急斜面带,SR山脊,SU山岳高地,SP切割高原;③T陡坡地:TM高坡度山地,TH高坡度丘陵,TE陡坡急斜面带,TV陡坡谷;④C复合地形:CV谷地,CL狭窄高原;⑤CD洼地为主	必填
V	盐渍化	采样点附近的盐渍情况。0.无;1.轻度;2.中等;3.严重	必填
W	典型种植制度	一个地区或生产单位作物种植的结构、配置、熟制与种植方式的总体。汉字填写,如麦—稻二熟制	

续表

序号	名称	填写说明	备注
X	灌溉方式	灌溉水湿润土壤的方式。代码填写，编码为：1. 畦灌；2. 沟灌；3. 淹灌；4. 喷灌；5. 滴灌；6. 地下水灌溉；7. 其他	
Y	人为污染	外来物质对土壤的可能污染程度。代码填写，编码为：0. 无；1. 可能；2. 轻度；3. 明显污染	必填
Z	侵蚀程度	水土流失及剥蚀情况。代码填写，编码为：0. 无；1. 轻度；2. 中等；3. 严重	必填
AA	种植作物	按采样时的种植作物类型填写	
AB	施肥情况	记录采样点所在地块本年度有机肥与化肥施用种类、数量、次数等信息，汉字填写	
AC	农田类型	1. 永久性基本农田；2. 高标准基本农田；3. 非基本农田	必填
AD	标记位置	采样点油漆标记的具体位置	
AE	GPSID 号	设备自动填写或手工填写	必填
AF	采样日期	样品采集日期，如 2016－08－25（采样终端自动赋值）	必填
AG	备注	其他重要说明信息。包括农业设施、基础设施，主要污染源，地方性疾病或当地居民长寿情况等	
记录人		手工填写	必填
必填		采样人	手工填写
必填		审核人	手工填写

地表(灌溉)水地球化学采样记录表

工作区(或项目名称)：　　　　　　　　　　　　第　　页　共　　页

A 样品类型	B 图幅号	C 样品号	D 原始样号	E 经度
F 纬度	G 海拔高程/m	H 灌溉水类型	I 灌溉水方式	J 水位
K 水色	L 水温	M 水溴	N 浊度	O 污染
PpH 值	Q 地理位置	R 水域环境特征描述		
S 水样类型编号				
原水样	酸化水样	碱化水样	测 Hg 水样	其他水样
TGPSID 号	U 采样日期	V 标记位置	W 备注	
采样照片及图像				
尺寸:4∶3 要求:远景	尺寸:4∶3 要求:样品	尺寸:4∶3 要求:标记		

记录：　　　　　　　　采样：　　　　　　　　审核：

地表(灌溉)水地球化学采样记录说明

序号	名称	填写说明	备注
A	样品类型	1.地表水;2.浅层地下水	必填
B	图幅编号	根据调查比例尺,填写采样点所在的对应比例尺图幅编号,参照《国家基本比例尺地形图分幅和编号》(GB/T 13989—2012)填写	
C	样品号	采样点的编号	必填
D	原始样号	重复样对应的原始样号	
E	经度	以度为单位,保留4位小数(采样终端自动提取定位信息)	必填
F	纬度		必填
G	海拔高程	记录采样点高程,单位m	必填
H	灌溉水类型	灌溉水分布类型。0.水库水;1.湖水;2.塘水、3.河水;4.渠水;5.饮用井水;6.农业或工业用井水;7.泉水;8.人工开挖取样孔水	必填
I	灌溉方式	灌溉水湿润土壤的方式。编码为:1.畦灌;2.沟灌;3.淹灌;4.喷灌;5.滴灌;6.地下水灌溉;7.其他	必填
J	水位	灌溉水类型为地表水时地表水的水位状况。编码为:1.枯水位;2.平水位;3.丰水位;4.冰封期;5.洪水期	必填
K	水色	灌溉水样品的颜色,字符代码填写	必填
L	水温	灌溉水的温度,单位为℃	
M	水溴	灌溉水样品的气味。0.无;1.臭;2.刺激;3.异味	必填
N	浊度	水质的浊度。1.透明;2.半透明;3.混浊	必填
O	污染	水质的污染情况。0.无;1.可能;2.轻度;3.严重	必填
P	pH值	水质的pH值,保留小数点后一位(野外pH值仪实测)	必填
Q	地理位置	记录采样点所在地理行政区的详细位置。如 * * 乡 * * 村	必填
R	水域环境特征描述	灌溉水水域特征可填写重要污染事件、最高洪水位、土地规划利用、地方病未列入表的水文地质、环境地质等内容	必填
S	水样类型	灌溉水样品类型编号填写。在相关选项上打"√"	
T	GPSID号	设备自动填写或手工填写	必填
U	采样日期	样品采集日期,如2016-08-25(采样终端自动赋值)	必填
V	标记位置	采样点油漆标记的具体位置	
W	备注	其他重要说明信息。如农作物品种等	
记录人		手工填写	必填
采样人		手工填写	必填
审核人		手工填写	必填

农作物(根系土)地球化学采样记录表

工作区(项目名称)：　　　　　　　　　　　　　　第　　页 共　　页

A 样品分类	B 图幅号	C 样品号	D 对应根系土样号	E 经度
F 纬度	G 海拔高程/m	H 农作物类型	I 农作物名称	J 采集部位
K 农作物测产	L 土壤颜色	M 土壤质地	N 土壤类型	O 成因类型
P 地质背景	Q 土地利用现状	R 地貌类型	S 典型种植制度	T 盐渍化
U 灌溉方式	V 地理位置	W 人为污染	X 侵蚀程度	Y 标记位置
Z GPSID 号	AA 采样日期	AB 施肥情况		AC 备注
采样照片及图像				
尺寸:4∶3 要求:远景		尺寸:4∶3 要求:标记		尺寸:4∶3 要求:样袋

记录：　　　　　　　　　　采样：　　　　　　　　　　审核：

农作物(根系土)地球化学采样记录说明

序号	名称	填写说明	备注
A	样品分类	1.农作物;2.水产养殖;3.中药材;4.禽畜类;5.其他	必填
B	图幅编号	根据调查比例尺,填写采样点所在的对应比例尺图幅编号	必填
C	样品号	采样点的编号(采样终端自动填写)	必填
D	对应根系土样号	采集的农作物样品对应根系土样号(采样终端自动填写)	
E	经度	以度为单位,保留4位小数(采样终端自动提取定位信息)	必填
F	纬度		必填
G	高程	记录采样点高程,单位为米(m)(采样终端自动提取定位信息)	必填
H	农作物类型	采集的植物类型。代码填写,编码为:1.粮食作物;2.瓜果蔬菜;3.经济作物;4.其他	必填
I	农作物名称	采集的具体植物的中文名称,如小麦、玉米、大豆、青椒、茄子等	必填
J	采集部位	1.根;2.皮;3.干/茎;4.叶;5.植株;6.籽粒;7.果实;8.其他	必填
K	农作物测产	自测与访问的农作物年产量描述	
L	土壤颜色	样品颜色。1.灰黑色;2.灰色;3.褐色;4.灰黄色;5.红色;6.砖红色;7.灰绿色;8.黄色;9.其他	必填
M	土壤质地	1.砂土;2.壤土;3.黏土;4.其他	必填
N	土壤类型	1.红壤;2.黄壤;3.黄棕壤;4.黄褐土;5.棕壤;6.暗棕壤;7.石灰土;8.紫色土;9.石质土;10.砂姜黑土;11.山地蔡甸土;12.潮土;13.沼泽土;14.水稻土	必填
O	成因类型	土壤成因类型。0.人工堆积;1.残积物;2.坡积物;3.残坡积物;4.冲积物;5.冰积物;6.江湖堆积物;7.岩溶堆积物;8.风积物;9.洪积物;10.沼泽沉积物;11.湖积物;12.坡-冲积物;13.冲-洪积物	必填
P	地质背景	按1∶50 000地质图划分到地层组	必填
Q	土地利用现状	1.水田;2.水浇地;3.旱地;4.果园;5.茶园;6.其他园地;7.林地;8.天然牧草地;9.人工牧草地;10.其他草地;11.水面;12.滩涂;13.城镇建设用地;14.其他(手工填写)	必填
R	地貌类型	采样点附近地貌类型,字符代码填写:①L平地:LP平原,LL高原,LD洼地,LF低坡度坡麓,LV谷底;②S坡地:SM中坡度山地,SH中坡度丘陵,SE中坡度急斜面带,SR山脊,SU山岳高地,SP切割高原;③T陡坡地:TM高坡度山地,TH高坡度丘陵,TE陡坡急斜面带,TV陡坡谷;④C复合地形:CV谷地,CL狭窄高原;⑤CD洼地为主	必填
S	典型种植制度	一个地区或生产单位作物种植的结构、配置、熟制与种植方式的总体。汉字填写,如麦—稻二熟制	
T	盐渍化	采样点附近的盐渍情况。0.无;1.轻度;2.中等;3.严重	必填

续表

序号	名称	填写说明	备注
U	灌溉方式	灌溉水湿润土壤的方式。代码填写，编码为：1. 畦灌；2. 沟灌；3. 淹灌；4. 喷灌；5. 滴灌；6. 地下水灌溉；7. 其他	必填
V	地理位置	记录土壤采样点所在地理行政区的详细位置填乡、村两级。如 * * 乡 * * 村	必填
W	人为污染	外来物质对土壤的可能污染程度。代码填写，编码为：0. 无；1. 可能；2. 轻度；3. 明显污染	必填
X	侵蚀程度	采样点附近水土流失及剥蚀情况。代码填写，编码为：0. 无；1. 轻度；2. 中等；3. 严重	必填
Y	标记位置	采样点油漆标记的具体位置	
Z	GPSID	设备自动填写或手工填写	必填
AA	采样日期	样品采集日期，如 2019－08－25（采样终端自动赋值）	必填
AB	施肥情况	记录采样点所在地块本年度有机肥与化肥施用种类、数量、次数等信息。汉字填写	
AC	备注	附近其他作物情况记录等及农作物测产的相关数据	
	记录人	手工填写	必填
	采样人	手工填写	必填
	审核人	手工填写	必填

大气干湿沉降物监测采样记录表

工作区(项目名称):　　　　　　　　　　　　　　第　　页 共　　页

A 样品类型	B 图幅号	C 设备编号	D 干沉降样号	E 沉降水样号
F 经度	G 纬度	H 海拔高程/m	I 离地高度/m	J 滤膜孔径
K 接尘缸口径	L 放置起始时间	M 放置终止时间	N 沉降物类型	O 地理位置
P 周围环境		Q 天气变化记录		R 联系人姓名及方式
S 降水样检测类型编号				
原水样	酸化水样	碱化水样	测 Hg 水样	其他水样
TGPSID	U 采样日期	V 标记位置	W 备注	
采样照片及图像				
尺寸:4∶3 要求:设备照	尺寸:4∶3 要求:周边环境	尺寸:4∶3 要求:标记		

记录:　　　　　　　　采样:　　　　　　　　审核:

大气干湿沉降物监测采样记录说明

序号	名称	填写说明	备注
A	样品类型	(大气干湿)沉降监测	必填
B	图幅编号	根据调查比例尺,填写采样点所在的对应比例尺图幅编号,参照《国家基本比例尺地形图分幅和编号》(GB/T 13989—2012)填写	
C	设备编号	监测设备采样点的编号	必填
D	干沉降样号	干沉降样品编号(采样终端自动填写)	必填
E	沉降水样号	湿沉降样品编号(采样终端自动填写)	必填
F	经度	以度为单位,保留4位小数(采样终端自动提取定位信息)	必填
G	纬度		必填
H	海拔高程	记录采样点高程,单位为米(m)(采样终端自动提取定位信息)	必填
I	离地高度/m	接尘缸放置离地面高度,单位cm	必填
J	滤膜孔径	过滤样品的滤膜孔径,单位μm	必填
K	接尘缸口径	接尘设备口径,单位cm	必填
L	放置起始时间	设备放置起始日期,如2019-08-25	必填
M	放置终止时间	设备放置终止日期,如2019-08-25	必填
N	沉降物类型	大气干(湿)沉降物类型,代码填写,编码为:1.干沉降物;2.湿沉降物;3.干湿混合沉降物	必填
O	地理位置	记录采样点所在地理行政区的详细位置。如**乡**村	必填
P	周围环境	描述采样点周围的位置、环境、有无污染源等	必填
Q	天气变化记录	填写采样点在样品收集期间的降水等天气情况	
R	联系人姓名及方式	设备所在的住户人姓名及联系电话	
S	降水样检测类型编号	灌溉水样品类型,按样号填写,编码为:1.原水;2.酸化水样;3.碱化水样;4.测Hg水样;5.其他水样	多选
T	GPS ID	设备自动填写或手工填写	必填
U	采样日期	样品采集日期,如2019-08-25(采样终端自动赋值)	必填
V	标记位置	采样点油漆标记的具体位置	
W	备注	其他重要说明信息	
记录人		手工填写	必填
采样人		手工填写	必填
审核人		手工填写	必填

土壤垂直剖面采样记录表

工作区： 剖面编号： 第 页 共 页

A 索引号	B 图幅号	C 剖面号	深层样柱状剖面素描			
			深度/cm	剖面图	样品号	地质简述
D 横坐标	E 纵坐标	F 高程	10			
			20			
			30			
			40			
G 土壤类型	H 成因类型	I 地质背景	50			
			60			
			70			
			80			
J 土地利用现状	K 地貌类型	L 盐渍化	90			
			100			
			110			
			120			
M 典型种植制度	N 灌溉方式	O 地理位置	130			
			140			
			150			
			160			
P 人为污染	Q 侵蚀程度	R 施肥情况	170			
			180			
			190			
			200			
S 种植作物	T 采样日期	U 标记位置	210			
			220			
			V 备注			

W 样品号	X 起止深度	Y 颜色	Z 质地	AA 取样层位	AB 样品质量	AC 其他样品

记录： 采样： 审核：

土壤垂直剖面采样记录说明

序号	名称	填写说明
A	索引号	采样索引号作为一个工区采样的唯一标识
B	图幅号	根据调查比例尺，填写采样点所在的对应比例尺图幅编号，参照《国家基本比例尺地形图分幅和编号》(GB/T 13989—2012)填写
C	剖面号	垂直剖面编号
D	横坐标	采用高斯-克吕格投影，小于或等于1∶50 000采用6°分带，大于1∶50 000比例尺采用3°分带。横坐标前两位为带号
E	纵坐标	
F	高程	记录采样点的海拔高程，单位为米(m)
G	土壤类型	按照《中国土壤分类与代吗》(GB/T 17296—2009)填写，要求填写到土属
H	成因类型	土壤成因类型。代码填写，编码为：0. 人工堆积(仅限城区)；1. 残积物；2. 坡积物；3. 残坡积物；4. 冲积物；5. 冰积物；6. 江湖堆积物；7. 岩溶堆积物；8. 风积物；9. 洪积物；10. 沼泽沉积物；11. 湖积物；12. 坡-冲积物；13. 冲-洪积物
I	地质背景	按1∶50 000地质图划分到地层组
J	土地利用现状	采样点附近土地利用情况。编码参照《土地利用现状分类》(GB/T 21010—2017)填写，填写到二级分类编码
K	地貌类型	采样点附近地貌类型，字符代码填写：①L平地：LP平原，LL高原，LD洼地，LF低坡度坡麓，LV谷底；②S坡地：SM中坡度山地，SH中坡度丘陵，SE中坡度急斜面带，SR山脊，SU山岳高地，SP切割高原；③T陡坡地：TM高坡度山地，TH高坡度丘陵，TE陡坡急斜面带，TV陡坡谷；④C复合地形：CV谷地，CL狭窄高原；⑤CD洼地为主
L	盐渍化	采样点附近的盐渍化程度，代码填写，编码为：0. 无；1. 轻度；2. 中等；3. 严重
M	典型种植制度	一个地区或生产单位作物种植的结构、配置、熟制与种植方式的总体。汉字填写，如麦—稻二熟制
N	灌溉方式	灌溉水湿润土壤的方式。代码填写，编码为：1. 畦灌；2. 沟灌；3. 淹灌；4. 喷灌；5. 滴灌；6. 地下水灌溉；7. 其他
O	地理位置	记录土壤采样点所在地理行政区的详细位置。如＊＊省＊县＊＊乡＊＊村
P	人为污染	外来物质对土壤的可能污染程度。代码填写，编码为：0. 无；1. 可能；2. 轻度；3. 明显污染
Q	侵蚀程度	采样点附近水土流失及剥蚀情况。代码填写，编码为：0. 无；1. 轻度；2. 中等；3. 严重
R	施肥情况	记录采样点所在地块本年度有机肥与化肥施用种类、数量、次数等信息，汉字填写
S	种植作物	按采样时的种植作物类型填写
T	采样日期	样品采集日期，如2019-08-25
U	标记位置	采样点油漆标记的具体位置
V	备注	其他重要说明信息
W	样品号	分层采样样品编号
X	起止深度	样品采集起始和终止深度，如20～40cm

续表

序号	名称	填写说明
Y	颜色	汉字填写样品颜色。如灰黄色、土黄色、灰色、杏黄色、黄褐色、棕红色、紫色等
Z	质地	砂土、壤土、黏土或其他。汉字填写
AA	取样层位	淋溶层、淀积层、母质层，分别按 A、B、C 层填写
AB	样品质量	样品采集质量(kg)
AC	其他样品	配套采集的其他样品号，如矿物成分样、形态样、有效态样、农作物样等

PM ______地质地球化学剖面测量野外记录表

比例尺： 剖面位置： 起点坐标：X Y Z 终点坐标：X Y Z 第 页共 页

导线号	方位/(°)	坡角/(°)	斜距/m	分层位置/m	地层代号	层号	岩性描述(岩石或土壤全称、主要地质现象及照片：照相位置/数码序号/照片内容/镜头方向)	产状	测量位置/m	样品编号	采样位置/m	样品岩性

测量人员： 记录： 采样： 记录日期： 年 月 日 检查： 检查日期： 年 月 日

附件 2　报告提纲类附件

附件 2-1　浅层地热能资源调查评价报告编写提纲

第一章　序言
　第一节　项目由来
　第二节　目标任务
　第三节　工作区范围
　第四节　研究程度
　第五节　工作方法和完成的主要工作量
　第六节　质量评述
　第七节　主要成果
第二章　自然地理概况与区域地质背景
　第一节　地理概况
　第二节　构造特征
　第三节　地层
第三章　浅层地热能地质条件
　第一节　浅层地质结构特征
　第二节　水文地质条件
　第三节　岩土体热物性特征
　第四节　浅层地温场特征
　第五节　环境地质条件
第四章　浅层地热能开发利用
　第一节　浅层地热能开发利用现状
　第二节　浅层地热能开发利用存在问题
第五章　浅层地热能开发利用适宜性分区
　第一节　适宜性分区原则
　第二节　地下水地源热泵适宜性分区
　第三节　地埋管地源热泵适宜性分区
第六章　浅层地热能资源评价
　第一节　浅层地热能容量计算
　第二节　浅层地热能换热功率计算
　第三节　浅层地热能潜力评价
　第四节　经济效益分析

第五节　开发利用方案

第七章　结论与建议

第一节　结论

第二节　建议

附件 2－2　中深层地热资源调查评价报告编写提纲

第一章　前言

第二章　地热地质研究程度及勘查工作质量评述

第三章　区域地热地质条件

第四章　地热田(区)地热地质条件

第一节　地热田(区)边界条件

第二节　热储特征及其埋藏条件

第三节　地热流体流场特征及动态

第四节　地温场特征

第五章　地热流体化学特征

第一节　地热流体化学组分特征

第二节　地热流体化学组分动态变化

第三节　同位素化学与地热田成因分析

第六章　地热资源计算与评价

第一节　热储模型

第二节　主要计算参数

第三节　地热储量计算

第四节　地热流体可开采量计算与评价

第七章　地热流体质量评价

第八章　地热资源开发利用与保护

第九章　结论

附件3 资料类附件

附件3-1 武汉市地下水含水岩组水文地质特征

1.松散岩类孔隙水

(1)第四系孔隙潜水含水岩组:主要分布于长江、汉江一级阶地或河漫滩、心滩以及山区或岗状平原的河谷、冲沟内。含水岩组由第四系全新统亚砂土、粉细砂及砂砾石组成。含水岩组的厚度1~8m,水位埋深0.05~5m,水量较贫乏,单井涌水量小于100m^3/d。集中供水意义不大。

(2)第四系孔隙承压含水岩组:分布于江河一、二级阶地。该类型地下水由第四系全新统、上更新统冲积、冲洪积砂、砂砾(卵)石孔隙承压含水岩组组成,岩性自下而上为砂(卵)石—中粗砂—粉细砂之韵律层。全新统含水层厚度变化较大,阶地中前缘厚度较大,向后缘逐渐变薄,武汉市城区、东西湖区、蔡甸区、汉南区一般为13.58~44.85m,黄陂区一般为10~30m,新洲区一般为4~17m。含水层顶板埋深9~17m,在新洲地区为4~6.5m,汉南、消泗一带为25~35m,最深处汉南江沿湾达42.86m;底板埋深22.44~65.29m,下伏志留系、新近系或白垩系—古近系黏土岩、粉砂岩。局部地段下伏有新近系砂岩、砂砾岩或中—古生代灰岩等含水层。地下水水位埋深0.5~9.0m。

含水岩组富水性,在地域上呈明显规律性,一级阶地前缘几乎全为水量丰富和较丰富地段,单井涌水量大于1 000m^{3}d或500~1 000m^3/d,阶地后缘富水性中等,单井涌水量100~500m^3/d,阶地与岗状平原交界处,水量较贫乏,单井涌水量小于100m^3/d。

上更新统孔隙承压含水岩组主要分布在二级阶地上,含水岩组主要由含泥质的砂、砂砾(卵)石组成。含水层厚1.60~0.00m,顶板埋深17.0~34.6m,新洲地区一般为9.5m左右,水位埋深3.56~25.57m。

含水岩组富水性,主要属水量中等和较贫乏两个级别,单井涌水量一般为30.66~258.00m^3/d。

2.碎屑岩类裂隙孔隙水

地下水赋存于新近系岩层中,含水岩组主要分布于东西湖一带以及黄陂天河、滠口、武湖、三里桥等地。含水岩组隐伏于第四系松散岩类之下,一级阶地埋藏于第四系全新统孔隙承压含水层之下,二级阶地埋藏于上更新统黏土层之下,岗状平原区埋藏于中更新统黏土层之下。含水岩组由成岩作用较差、半固结状的绿—灰绿色、灰白色砂岩、砂砾岩组成,厚度为4.73~60m,顶板埋深10.08~50.17m,底板埋深26~82.10m,地下水水位埋深0.86~11.7m,含水岩组富水性分为水量较丰富、中等和较贫乏3个富水等级,单井涌水量分别为500~1 000m^3/d、100~500m^3/d和小于100m^3/d。

3.碎屑岩类裂隙水

该类型地下水赋存于白垩系—古近系、泥盆系—二叠系上统碎屑岩裂隙中。含水岩组岩性为石英砂岩、粉砂岩、细砂岩、砂砾岩及硅质岩。

白垩系—古近系含水岩组分布于东西湖、武昌徐家棚、汉阳十里铺、黄陂滠口、三里桥以北的岗地、新洲东北部以及阳逻镇等地段;泥盆系—二叠系上统含水岩组分布于武昌、汉阳的剥蚀丘陵区、黄陂后湖以南地区。该类型地下水富水程度取决于岩层张开裂隙的发育程度,水量一般较贫乏,单井涌水量在10～100m^3/d之间,不具集中供水意义。

4.碳酸盐岩裂隙岩溶水

该类型地下水赋存于三叠系下—中统(嘉陵江组)、石炭系上统—二叠系下统(栖霞组)及元古宇红安群七角山组碳酸盐岩裂隙岩溶中。含水岩组岩性主要为灰岩、白云岩、白云质灰岩、生物碎屑灰岩、燧石结核灰岩、大理岩等。

三叠系下—中统(嘉陵江组)、石炭系上统—二叠系下统(栖霞组)含水岩组主要分布于境内大桥向斜、南湖、太子湖隐伏向斜等构造部位及江夏大花岭一带,另外石炭系上统—二叠系下统(栖霞组)含水岩组在黄陂府河以北黄花涝-谌家矶一带亦有分布。地下水赋存于石炭系—二叠系碳酸盐岩溶蚀裂隙及溶洞中。地表露头零星,大面积被第四系黏土层所覆盖或埋藏于白垩系—古近系之下。因此,该类型地下水水质良好,含水岩组富水性受岩性、断裂构造以及岩溶发育程度控制而极不均一,单井涌水量141.00～385.00m^3/d及542.00～878.00m^3/d,水量中等—较丰富,是区内较好的具集中供水意义的地下水源。

该含水岩组的埋藏条件随所在地貌单元不同而各异。丘谷和岗地,覆盖岩性为第四系残坡积黏土和中更新统红色黏土,含水层顶板埋深9.40～35.72m;长江一级阶地,上覆全新统孔隙承压含水岩组,含水层顶板埋深一般为30.00～50.00m。汉阳、江夏部分地区,含水层则埋藏于白垩系—古近系砂岩之下,顶板埋深大于80.00m,水位埋深0.71～7.21m。

元古宇红安群七角山组大理岩裂隙岩溶含水岩组分布于黄陂西北部的黄古石与矿山以西和牛头岩等地,呈条带状分布,宽十余米至数十米,大理岩岩溶不甚发育,在构造发育的局部地段,断裂带岩溶发育。黄古石与矿山以西属水量丰富区,泉流量大于500m^3/d,牛头岩一带属水量较丰富区,泉流量200m^3/d。

5.基岩风化裂隙水

该类型地下水赋存于元古宇红安群、大别群变质岩、燕山期、大别期、扬子期侵入岩及白垩系—古近系的喷出岩风化裂隙中。含水岩组分布于黄陂区北部的孙家岗、涂家店、王家岗以北岩浆岩、变质岩区及新洲区西北部、东南部丘陵区。含水岩组岩性主要为片岩、片麻岩、岩浆岩。岩石片理、片麻理发育,风化层最厚20～30m,地下水主要赋存于风化带中,水量贫乏。不具集中供水意义。

附件 3－2　武汉市标准地层表

年代地层				生物地层	岩石地层			层序地层		相对海平面变化曲线	备注
界	系	统	阶		厚度/m	组	代号	体系域	层序	降　升	
新生界	第四系	全新统			55.6	走马岭组	Q_hz				
		更新统			52.3	青山组	Q_p^3q				
					29.6	王家店组　辛安渡组	Q_p^2w　Q_p^2x				
					6.6	阳逻组　东西湖组	Q_p^1y　Q_p^1d				
	新近系	上新统									
		中新统			> 12	广华寺组	N_1g				
	古近系	渐新统									
		始新统									
		古新统			> 500	公安寨组	K_2E_1g				山间盆地
中生界	白垩系	上统									
		下统									
	侏罗系	下统									
	三叠系	上统									
		中统	青岩阶		> 100	嘉陵江组	$T_{1-2}j$				局限台地　开阔台地　局限台地
		下统	巢湖阶								台地浅滩
			殷坑阶		> 100	大冶组	T_1d	SB2			开阔台地　浅海陆棚　外陆棚
上古生界	二叠系	上统	长兴阶		19.4	大隆组	P_3d	HST　SS　TST　SB2	Psq5		滞留盆地　浅海陆棚
			吴家坪阶	— *Codonofusiella*	58.89	龙潭组	P_3l	TST　SB1	Psq4		三角洲前缘　沼泽　东吴运动
		中统	冷坞阶		42.51	孤峰组	P_2g	HST　SS　SB2	Psq3		台盆边缘　滞留盆地
			茅口阶	— *Pseudodoliolin*							
			祥播阶	— *Nankinella–Pisolina–Sphaerulina*	105.29	栖霞组	P_2q	HST　msf　TST　SB2	Psq2		开阔台地　台盆边缘　开阔台地　台地生屑滩
			栖霞阶	— *Misellina*	0–2.5	梁山组	P_2l	HST　TST　SB1	Psq1		开阔台地　沼泽　海西运动
		下统	隆林阶		0–5	船山组	P_1c	LHST			台地浅滩
			紫松阶								
	石炭系	上统	达拉阶	— *Fusulina–Beedeina*	15.5–50	黄龙组	C_2h	EHST	Csq3		开阔台地
			滑石板阶		25.07	大埔组	C_2d	TST　SB1			局限台地　淮南运动
		下统	大塘阶	— *Tolypammina fortis–T. hubeiensis*	25–48.4	和州组	C_1h	HST　TST　SB2	Csq2		有障壁海岸
					24–46.28	高骊山组	C_1g	HST　TST　SB1	Csq1		江南运动
	泥盆系	上统	锡矿山阶	— *Cyrtospirife sinensis–Spinatrypina douvillii*	30.02	黄家磴组	D_3h	HST　TST　SB2	Dsq2		无障壁海岸
			余田桥阶	— *Protolepidodendron scharyanum–Barrandeina dusliana*	42–94.06	云台观组	D_3y	HST　TST　TS　SB1	Dsq1		
下古生界	志留系	下统	紫阳阶		> 174	坟头组	S_1f	HST	Ssq1		加里东运动　三角洲　浅海陆棚
元古宇	南华系				> 500	武当群	Nhw				

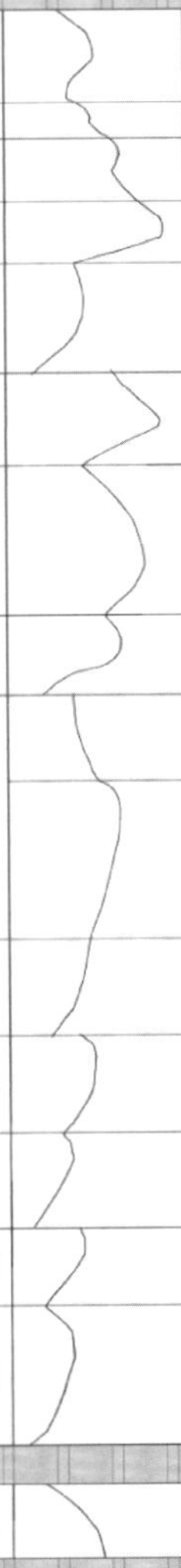

附件 3-3　武汉市标准岩土地层表

<table>
<tr><th>界</th><th>系</th><th>统</th><th>组</th><th>代号</th><th colspan="3">地层编号及岩土名称</th><th>成因</th><th>特征</th></tr>
<tr><td rowspan="15">新生界</td><td rowspan="15">第四系Q</td><td colspan="2" rowspan="4">新近堆填</td><td rowspan="4"></td><td rowspan="4">(1)单元层</td><td colspan="2">(1-1)杂填土</td><td>Q^{ml}</td><td>成分杂乱，各向异性明显，力学性质不稳定</td></tr>
<tr><td colspan="2">(1-2)素填土</td><td>Q^{ml}</td><td>堆填成分相对较单一，力学性质不稳定</td></tr>
<tr><td colspan="2">(1-3)冲填土</td><td></td><td>以粉土、粉砂为主</td></tr>
<tr><td colspan="2">(1-4)淤泥（塘泥）</td><td>Q^{l}</td><td>富含有机质，具腐臭味</td></tr>
<tr><td rowspan="11">全新统</td><td rowspan="11">走马岭组</td><td rowspan="11">Qhz</td><td rowspan="11">(2)单元层</td><td rowspan="4">(2-1)一般黏性土、淤泥质土</td><td>(2-1-1)粉土</td><td rowspan="11">Qh^{al}</td><td>褐黄色，中密，分布于硬壳层之上</td></tr>
<tr><td>(2-1-2)黏性土</td><td>褐黄色，可塑，表层硬壳层</td></tr>
<tr><td>(2-1-3)黏性土</td><td>灰黄—灰褐色，软塑</td></tr>
<tr><td>(2-1-4)淤泥质土、淤泥</td><td>灰色，流塑，含有机质</td></tr>
<tr><td colspan="2">(2-2)黏性土、粉土、砂土互层</td><td>灰色，土质不均匀，黏性土、粉土、砂土含量比不均</td></tr>
<tr><td rowspan="3">(2-3)砂层</td><td>(2-3-1)粉砂</td><td>灰色，稍密</td></tr>
<tr><td>(2-3-2)粉细砂</td><td>青灰色，中密</td></tr>
<tr><td>(2-3-3)粉细砂</td><td>青灰色，密实</td></tr>
<tr><td></td><td>(2-3a)黏性土</td><td>灰色，可—软塑，一般分布于砂层底部</td></tr>
<tr><td rowspan="2">(2-4)砾卵石层</td><td>(2-4-1)中粗砂夹砾石</td><td>灰色，以中粗砂为主，含少量砾石</td></tr>
<tr><td>(2-4-2)砾卵石</td><td>灰白色，以圆砾为主，含卵石及少量中粗砂</td></tr>
</table>

续表

界	系	统	组	代号	地层编号及岩土名称			成因	特征
新生界	第四系Q	上更新统	青山组	Qp^3q	(3)单元层	(3-1)	(3-1-1)黏性土	Qp^{al+pl}	褐黄色，可—硬塑，属过渡层
							(3-1-2)黏性土		褐黄色，硬塑—坚硬，含高岭土
							(3-1-3)黏性土夹碎石		褐黄色，含碎石，含量多少不一，局部表现为碎石土
							(3-1-4)黏性土与砂土过渡层		软硬不均
		中更新统	辛安渡组	Qp^2x		(3-2)	(3-2-1)黏性土	Qp^{al+pl}	褐黄—棕红色，硬塑
							(3-2-2)砂土		褐黄色，以中粗砂为主
							(3-2-3)砾卵石		灰白色，混黏性土
			王家店组	Qp^2w		(3-3)	(3-3-1)红土		棕红色，网纹状、斑块状、含铁锰结核红土，偶夹砾石
							(3-3-2)残坡积土		主要表现为红土碎石层
		下更新统	东西湖组	Qp^1d		(3-4)	(3-4-1)黏性土	Qp^{al+pl}	棕红色，硬塑
							(3-4-2)黏性土夹碎石		棕红色，含碎石，含量多少不一，局部表现为碎石土
			阳逻组	Qp^1y^{dl}		(3-5)	(3-5-1)含砾黏土		棕红色，偶夹砂层
							(3-5-2)中粗砂砾石		浅灰色，局部夹细砂及粉质黏土

续表

界	系	统	组	代号	地层编号及岩土名称			成因	特征
新生界	第四系Q				(4)单元层	(4-1)坡积土		Q^{dl}	含岩石碎屑
						(4-2)残积土(含红黏土)		Q^{el}	可—硬塑,红黏土主要分布于灰岩之上
	新近系N	上—中新统	广华寺组	N_1g	(5)单元层	(5-1)泥岩夹砂岩			灰绿色,主要表现为半成岩,分为强、中、微风化3种风化程度
	古近系E	古新统—上白垩统	公安寨组	K_2-E_1g		(5-1)白垩系—古近系岩层	(5-2-1)泥岩		褐黄色、灰绿色,分为强、中、微风化3种风化程度
中生界	白垩系K						(5-2-2)砂岩		棕红色、灰绿色,分为强、中、微风化3种风化程度
							(5-2-3)砂砾岩		杂色,泥砂质胶结,局部地区灰岩胶结具有溶蚀现象,可能发育有溶洞,分为强、中、微风化3种风化程度
							(5-2a)玄武岩		黑色、暗绿色,普遍发育气孔和杏仁构造
	侏罗系J	下统	王龙滩组	T_3J_1w		侏罗系岩层	(5-2a)砂岩		厚层状不等粒和中细粒石英杂砂岩、含碳泥质粉砂岩
	三叠系T	下统	蒲圻组	T_2p		三叠系岩层	(5-3-1)粉砂岩		紫红色泥质粉砂岩、粉砂质泥岩夹黄绿色含钙粉砂岩
			嘉陵江组	T_1j			(5-3-2)白云岩		浅灰、灰色中厚层状白云岩夹“岩溶角砾岩”,局部为白云质灰岩
			大冶组	T_1d			(5-3-3)灰岩		灰白岩、浅灰色,厚层状砂屑灰岩、颗粒灰岩、白云质灰岩,中—厚层状,具溶蚀现象,溶洞较发育
							(5-3-4)泥灰岩		灰白色,局部夹黄绿色页岩,钻孔见洞率较低,分为强、中、微风化3种风化程度

续表

界	系	统	组	代号	地层编号及岩土名称			成因	特征
古生界	二叠系P	上统	大隆组	P_3d	(5)单元层	二叠系岩层	(5-4-1) 硅质岩		浅灰—深灰色，强度高，裂隙发育，夹碳质页岩，局部夹灰白色页岩，分为强、中、微风化3种风化程度
			龙潭组	P_3l			(5-4-2) 粉砂质泥岩		灰黄色，中厚层状构造，局部夹碳质页岩，偶夹杂砂岩，分为强、中、微风化3种风化程度
		中统	孤峰组	P_2g			(5-4-3) 硅质岩		灰色、浅灰色，薄层状，夹硅质泥岩，分为强、中、微风化3种风化程度
			栖霞组	P_2q			(5-4-4) 灰岩		深灰色，中厚层状，生物碎屑灰岩，燧石结核灰岩，分为强、中、微风化3种风化程度
			梁山组	P_2l			(5-4-5) 炭质页岩		深灰色、灰黑色碳质页岩夹煤线，局部夹灰岩透镜体，分为强、中、微风化3种风化程度
		下统	船山组	P_1c			(5-4-6) 灰岩		浅灰、灰色球粒灰岩，局部夹泥质灰岩
	石炭系C	上统	黄龙组	C_2h		石炭系岩层	(5-5-1) 灰岩		深灰、灰色厚层状生物碎屑灰岩、白云质泥灰岩、块状泥灰岩
			大埔组	C_2d			(5-5-2) 白云岩		灰色，生物碎屑微晶白云岩、泥晶白云岩，局部底部为白云质角砾岩，分为强、中、微风化3种风化程度
		下统	和州组	C_1h			(5-5-3) 粉砂岩		灰黄、灰绿色，中厚层状，含菱铁矿结核，局部夹生物碎屑灰岩透镜体，分为强、中、微风化3种风化程度
			高骊山组	C_1g			(5-5-4) 粉砂质泥岩		浅黄色，含菱铁矿、铁锰结核结核，夹煤线，分为强、中、微风化3种风化程度

续表

界	系	统	组	代号	地层编号及岩土名称			成因	特征
古生界	泥盆系D	上统	黄家蹬组	D_3h	(5)单元层	泥盆系岩层	(5-6-2)砂岩		灰黄、浅灰白色，油脂光泽，强度高，局部底部含砾石，分为强、中、微风化3种风化程度
			云台观组	$D_{2-3}y$			(5-6-1)石英砂岩		灰色，中厚层状，局部含赤铁矿，局部夹石英砂岩，分为强、中、微风化3种风化程度
	志留系S	下统	坟头组	S_1f		志留系岩层	(5-7-1)泥岩		灰绿色，粉砂质泥岩夹薄层状粉砂岩，分为强、中、微风化3种风化程度
							(5-7-2)砂岩		灰色、灰绿色，薄层细砂岩，分为强、中、微风化3种风化程度
新元古界	南华系Nh	下统	武当岩群	Nh_1W		武当岩群岩层	(5-8-1)片岩		灰白色，长石石英钠长片岩，片理发育、风化强烈
							(5-8-2)凝灰岩		暗绿色，黑色，属火山岩，扬子期构造产物，呈夹层状出露，厚度不大，具碎屑、晶屑结构，含大量玄武岩、杏仁状玄武岩，含斜长石、普通辉石、橄榄石矿物
中元古界			红安岩群	Pt_2H		红安岩群岩层	(5-9-1)绿片岩		淡黄绿色，由中基性火山岩经区域变质而来，中细粒结构，片状构造
							(5-9-2)片麻岩		经高级变质作用而来，具变晶结构，片麻状构造
古元古界			大别山岩群	Ar_3Pt_1Db		大别山岩群岩层	(5-10-1)大理岩		碳酸盐岩经区域变质作用而来，粒状变晶结构，块状构造为主，可作为装饰建筑材料
							(5-10-2)变粒岩		由碎屑岩经区域变质作用而来，粒状变晶结构，略具片状构造
							(5-10-3)片麻岩		同(5-9-2)

附件 3-4　武汉市岩溶条带分布、地层结构、分类及危害表现

一、武汉地区岩溶条带分布与地层结构

1. 岩溶条带分布

印支运动铸就了武汉地区的基本构造轮廓，也控制了碳酸盐岩地层的平面展布，即自北向南，形成6条NWW-SEE向的岩溶条带(附图3-4-1)，依次命名为天兴洲条带(L1)、大桥条带(L2)、白沙洲条带(L3)、沌口条带(L4)、军山条带(L5)、汉南条带(L6)。各条带之间基本以志留系中统碎屑岩系为核部的背斜相分隔。

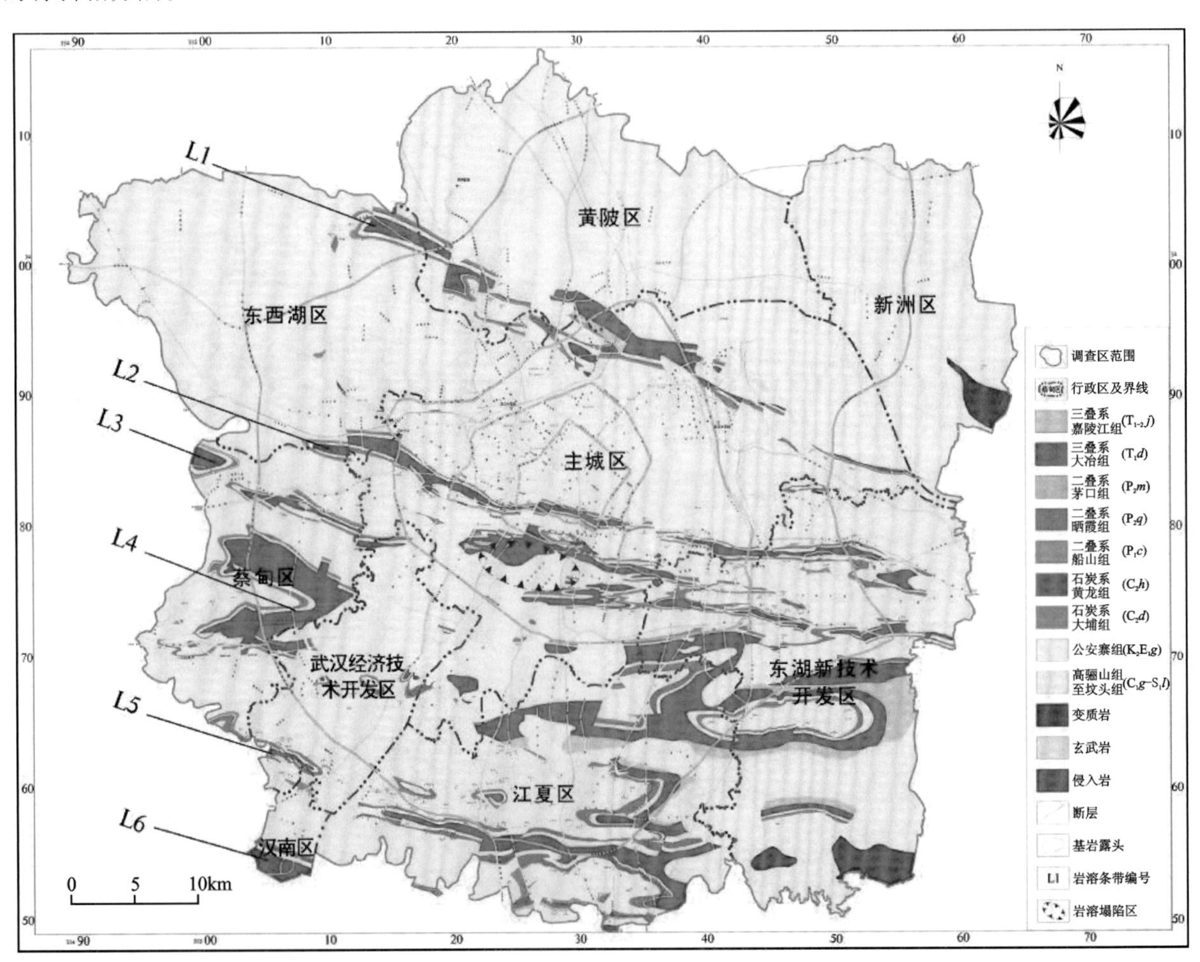

附图 3-4-1　武汉都市发展区基岩地质略图(湖北省地质调查院，2015)

1. 白垩系—古近系公安寨组陆相红色碎屑岩；2. 侏罗系—三叠系陆相碎屑岩；3. 三叠系碳酸盐岩(上碳酸盐岩组)；4. 二叠系硅质岩夹砂页岩及煤系；5. 石炭系—二叠系碳酸盐岩(下碳酸盐岩组)；6. 志留系至石炭系碎屑岩；7. 断层及编号；8. 碳酸盐岩条带编号：L1. 天兴洲条带，L2. 大桥条带，L3. 白沙洲条带，L4. 沌口条带，L5. 军山条带，L6. 汉南条带；9. 长江与汉江水系；10. 塌陷高发区

2. 地层结构

武汉地区根据上覆岩、土体性质差异，在剖面上可划分出以下5个地层结构类型。

Ⅰ型：上部为全新统粉细砂层（包括粉细砂层上部的黏性土层），下伏碳酸盐岩，粉细砂可直接通过溶隙、孔洞等通道漏失，引起地面塌陷，从而产生岩溶塌陷灾害。

Ⅱ型：上部为粉细砂（包括粉细砂层上部的黏性土层），中部为厚度大于3m的中、上更新统老黏性土层（包括上更新统下部的含泥粉细砂），下部为碳酸盐岩。由于地下水长期频繁作用，在碳酸盐岩上方的老黏性土层中可能存在土洞。老黏性土层的连续性遭受破坏时可引起地面塌陷，如未封堵的钻孔连通粉细砂层、土洞坍塌等。

Ⅲ型：上部为粉细砂（包括粉细砂层上部的黏性土层），中部为厚度大于3m的红层（侏罗系或白垩系—古近系），下部为碳酸盐岩。红层遭受破坏可引起地面塌陷，如未封堵的钻孔连通粉细砂层时。

Ⅳ型：上部为厚层的老黏性土层，下部为碳酸盐岩组。由于地下水长期频繁作用，在老黏性土层中可能存在土洞，土洞进一步发展可能引起地面塌陷。

Ⅴ型：上部为红层（侏罗系或白垩系—古近系），下部为碳酸盐岩。这类结构基本不会发生岩溶塌陷。

二、岩溶地面塌陷分类

1. 自然塌陷型

按形成年代分为古塌陷（第四纪以前）、老塌陷（第四纪期间）和新塌陷。新塌陷按其成因又可分为暴雨、洪水、重力和地震4种自然作用引起的塌陷。

2. 人为塌陷型

人为塌陷是由于人类的工程经济活动，改变了岩溶洞穴及其上覆盖层的稳定平衡状态而引起的塌陷。约占总数的60%，可见人为作用已成为现代塌陷的重要动力。按其成因又可分为坑道排水或突水、抽汲岩溶地下水、水库蓄引水、振动加载及地表水、污水下渗引起等类型塌陷，前三者为主要类型。

三、发生条件与危害表现

1. 发生条件

(1)岩溶地面塌陷是由于岩溶洞、隙的存在而产生的，这些岩溶洞、隙是岩溶作用的结果，它们大多是早先形成，但也有在特定条件下如易溶盐类（岩盐、石膏或成岩固结程度低的碳酸盐岩等）在强溶蚀水作用下形成。

(2)产生岩溶地面塌陷的岩、土体覆盖层一般是第四系松散土层，也可以是岩性软弱或风化破碎的岩石。

(3)岩溶地面塌陷的过程是岩、土体覆盖层向下陷落的过程。一般是在水的作用下，覆盖层物质向下伏岩溶洞、隙运移形成土洞，向上扩展，导致顶板失稳陷落；也可以是岩溶洞顶板直接陷落。触发条件也可以是工程施工振动、强降雨或其他因素。

发生岩溶地面塌陷的充分必要条件：①基岩为可溶性碳酸盐岩类，浅层岩溶洞隙发育；②上覆第四系松散堆积物，且厚度不大（一般小于 30m）；③地下水动力条件易于改变：基岩与土层接触面附近地下水的流速和水力梯度产生较大的动水压力，具有较强的潜蚀能力，土颗粒随水流带走。因此岩溶地面塌陷必定分布在岩溶强烈发育区、第四系松散盖层较薄地段、河床两侧如沿江一带及地形低洼地段、地下水降落漏斗中心附近。

2. 危害表现

岩溶地面塌陷一般是突发的，无明显前兆；但也有缓慢发生的，一般经历局部下沉—地面裂缝—塌陷的缓慢变形过程。

岩溶地面塌陷的危害体现在 3 个方面：一是影响矿产资源、岩溶地下水资源和地表水资源的开发利用；二是恶化地质环境：地表泥沙涌入矿坑或地下工程，污染岩溶地下水，破坏地表径流、改变水循环条件，破坏地表形态、加剧水土流失和土地荒漠化，恶化城乡居民生产生活环境；三是形成地质灾害：毁坏农田、道路、桥梁，造成水库溃坝，破坏矿山设施、引发矿坑突水溃泥，损坏房屋建筑、威胁人民生命财产安全。

附件3-5 武汉市软土分布、地面沉降区域及不良影响

一、软土分布与地面沉降影响区域

武汉地区软土主要分布于东西湖区大部、汉口、长江和汉江两岸如汉阳鹦鹉洲、武昌白沙洲、徐家棚及青山东侧等一级阶地中。长江沿线为南起汉南纱帽、北抵天兴洲、向西延至新洲涨渡湖出图，受地形地貌和湖泊分布的控制，汉江左岸分布面积远大于右岸。

江岸区后湖地区为主要影响区域，涉及20余个小区或单位，地面最大沉降量均超过100mm，有的甚至达到400mm。此外，建设大道附近及其延长线、竹叶山、江汉路、青年路、新华路、汉口火车站和武昌复兴路附近的小区和单位均是地面沉降受灾区。市政道路下沉的有武汉大道黄埔大街至金桥大道快速通道工程地面段、二环线汉口段从三眼桥路至二七路建设大道地面段，主要表现为花坛站石处呈现波浪形，桥梁承台与路面沉降差明显，详见附图3-5-1。

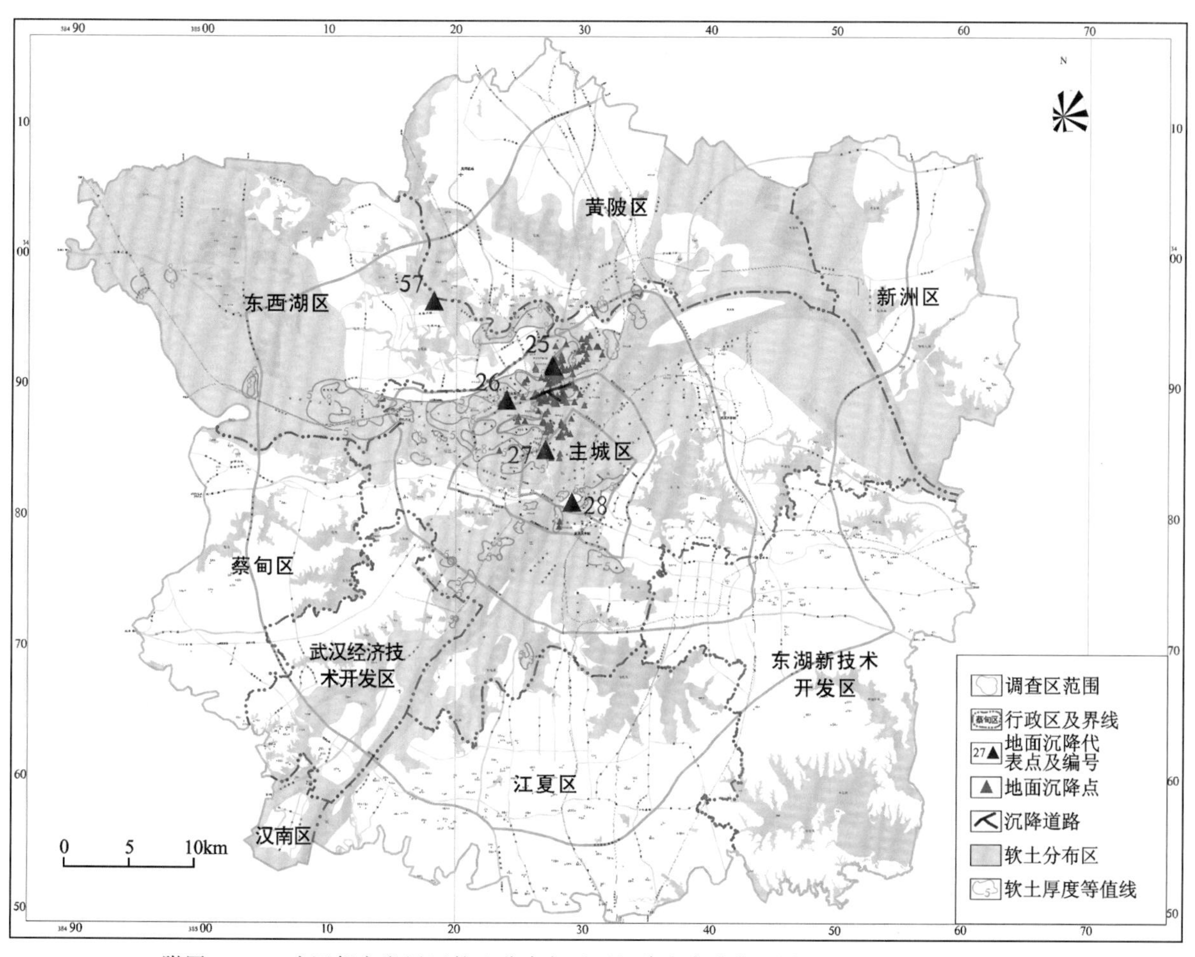

附图3-5-1 武汉都市发展区软土分布与地面沉降灾害点位置图(湖北省地质调查院,2015)

自2015年开始，武汉市的地面沉降已升级为与岩溶地面塌陷同等位置的首要灾种，市城建委制定的《武汉市深厚软土区域市政与建筑工程地面沉降防控技术导则》(2015年发布)中规定，长江、汉江一级阶地，当场区内填土、软土及含软黏性土互层土总厚度大于或等于8m时，应划分为地面沉降重点防

控区；一级阶地上述地层厚度小于8m及高阶地湖积区上述土层总厚度大于5m的场地可划分为地面沉降一般防控区。

二、发生条件与不良影响

1. 发生条件

武汉地区的地面沉降，主要是由于地下水水位下降（外因）导致场地地表以下较厚填土或软土（内因）地区的地面变形和不均匀下沉现象。

2. 不良影响

所造成的不良影响主要表现在以下3个方面。①房屋建筑的影响：采用桩基础的建筑物，主体结构安全，可以正常使用；部分采用天然基础的房屋建筑，局部墙体开裂，需要进行维修；采用桩基的建筑物与采用天然基础的附属建筑物之间，因两者的差异沉降，引发连接处开裂、错台，影响使用，需要及时处理。②市政工程的影响：部分市政道路因地面沉降，导致路面起伏较大，影响车辆通行。③地下管线的影响：地下水管、燃气管道等各类管线因地面不均匀沉降存在断裂的可能，有安全隐患。部分小区的进户给水、排水等管线出现接头脱落现象。

附件3-6 滑坡分类与系列识别标志表

附表3-6-1 滑坡物质和结构因素分类表

类型	亚类	特征描述
堆积层(土质)滑坡	滑坡堆积体滑坡	由前期滑坡形成的块碎石堆积体,沿下伏基岩或体内滑动
	崩塌堆积体滑坡	由前期崩塌等形成的块碎石堆积体,沿下伏基岩或体内滑动
	崩滑堆积体滑坡	由前期崩滑等形成的块碎石堆积体,沿下伏基岩或体内滑动
	黄土滑坡	由黄土构成,大多发生在黄土体中,或沿下伏基岩面滑动
	黏土滑坡	由具有特殊性质的黏土构成。如昔格达组、成都黏土等
	残坡积层滑坡	由基岩风化壳、残坡积土等构成,通常为浅表层滑动
	人工填土滑坡	由人工开挖堆填弃渣构成,次生滑坡
岩质滑坡	近水平层状滑坡	由基岩构成,沿缓倾岩层或裂隙滑动,滑动面倾角≤10°
	顺层滑坡	由基岩构成,沿顺坡岩层滑动
	切层滑坡	由基岩构成,常沿倾向山外的裂隙或裂隙组合面滑动。滑动面与岩层层面相切,且滑动面倾角大于岩层倾角
	逆层滑坡	由基岩构成,沿倾向坡外的裂隙或裂隙组合面滑动,岩层倾向山内,滑动面与岩层层面相反
	楔体滑坡	在花岗岩、厚层灰岩等整体结构岩体中,沿多组弱面切割成的楔形体滑动
变形体	危岩体	由基岩构成,受多组软弱面控制,存在潜在崩滑面,已发生变形体局部变形破坏
	堆积层变形体	由堆积体构成,以蠕滑变形为主,滑动面不明显

附表3-6-2 滑坡其他因素分类表

有关因素	名称类别	特征说明
滑体厚度	浅层滑坡	滑坡体厚度在10m以内
	中层滑坡	滑坡体厚度在10～25m之间
	深层滑坡	滑坡体厚度在25～50m之间
	超深层滑坡	滑坡体厚度超过50m
运动形式	推移式滑坡	上部岩层滑动,挤压下部产生变形,滑动速度较快,滑体表面波状起伏,多见于有堆积物分布的斜坡地段
	牵引式滑坡	下部先滑,使上部失去支撑而变形滑动。一般速度较慢,多具上小下大的塔式外貌,横向张性裂隙发育,表面多呈阶梯状或陡坎状
发生原因	工程滑坡	由于施工或加载等人类工程活动引起滑坡。还可细分为: ①工程新滑坡:由于开挖坡体或建筑物加载所形成的滑坡; ②工程复活古滑坡:原已存在的滑坡,由于工程扰动引起复活的滑坡
	自然滑坡	由于自然地质作用产生的滑坡。按其发生的相对时代可分为古滑坡、老滑坡、新滑坡

续附表 3-6-2

有关因素	名称类别	特征说明
现今稳定程度	活动滑坡	发生后仍继续活动的滑坡。后壁及两侧有新鲜擦痕，滑体内有开裂、鼓起或前缘有挤出等变形迹象
	不活动滑坡	发生后已停止发展，一般情况下不可能重新活动，坡体上植被较盛，常有老建筑
发生年代	新滑坡	现今正在发生滑动的滑坡
	老滑坡	全新世以来发生滑动，现今整体稳定的滑坡
	古滑坡	全新世以前发生滑动的滑坡，现今整体稳定的滑坡
滑体体积	小型滑坡	$<10\times10^4\ m^3$
	中型滑坡	$10\times10^4\sim100\times10^4\ m^3$
	大型滑坡	$100\times10^4\sim1\ 000\times10^4\ m^3$
	超大型滑坡	$1\ 000\times10^4\sim10\ 000\times10^4\ m^3$
	巨型滑坡	$>10\ 000\times10^4\ m^3$

附表 3-6-3　古(老)滑坡的识别标志表

标志		内容	等级
类别	亚类		
形态	宏观形态	1. 圈椅状地形	B
		2. 双沟同源地貌	B
		3. 坡体后缘出现洼地	C
		4. 大平台地形(与外围不一致、非河流阶地、非构造平台或风化差异平台)	C
		5. 不正常河流弯道	C
	微观形态	6. 反倾向台面地形	C
		7. 小台阶与平台相间	C
		8. 马刀树或醉汉林	C
		9. 坡体前方、侧边出现擦痕面、镜面(非构造成因)	A
		10. 浅部表层坍滑广泛	C
地层	老地层变动	11. 明显的产状变动(排除了别的原因)	B
		12. 架空、松弛、破碎	C
		13. 大段孤立岩体掩覆在新地层之上	A
		14. 大段变形岩体位于土状堆积物之中	B
	新地层变动	15. 变形、变位岩体被新地层掩覆	C
		16. 山体后部洼地内出现局部湖相地层	B
		17. 变形、变位岩体上掩覆湖相地层	C
		18. 上游方出现湖相地层	C

续附表 3-6-3

标志		内容	等级
类别	亚类		
变形等		19. 古墓、古建筑变形	C
		20. 构成坡体的岩土结构零乱、强度低	B
		21. 开挖后易坍滑	C
		22. 斜坡前部地下水呈线状出露、湿地	C
		23. 古树等被掩埋	C
历史记载访问材料		24. 发生过滑坡的记载和口述	A
		25. 发生过变形的记载和口述	C

注：属 A 级标志，可单独判别为属古、老滑坡；2 个 B 级标志或 1 个 B 级、2 个 C 级，或 4 个 C 级标志可判别为古、老滑坡。迹象愈多，则判别的可靠性愈高。

附件 3-7 崩塌分类与形成机理及特征表

附表 3-7-1 崩塌规模等级划分表

灾害等级	特大型	大型	中型	小型
体积 $V(10^4 m^3)$	$V \geqslant 100$	$100 > V \geqslant 10$	$10 > V \geqslant 1$	$V < 1$

附表 3-7-2 崩塌形成机理分类及特征表

类型	岩性	结构面	地形	受力状态	起始运动形式
倾倒式崩塌	黄土、直立或陡倾坡内的岩层	多为垂直节理、陡倾坡内—直立层面	峡谷、直立岸坡、悬崖	主要受倾覆力矩作用	倾倒
滑移式崩塌	多为软硬相间的岩层	有倾向临空面的结构面	陡坡通常大于55°	滑移面主要受剪切力	滑移
鼓胀式崩塌	黄土、黏土、坚硬岩层下伏软弱岩层	上部垂直节理，下部为近水平的结构面	陡坡	下部软岩受垂直挤压	鼓胀伴有下沉、滑移、倾斜
拉裂式崩塌	多见于软硬相间的岩层	多为风化裂隙和重力拉张裂隙	上部突出的悬崖	拉张	拉裂
错断式崩塌	坚硬岩层、黄土	垂直裂隙发育，通常无倾向临空面的结构面	大于45°的陡坡	自重引起的剪切力	错落

附件4　评价方法类附件

附件4－1　地质遗迹资源定量评价——层次分析法

一、地质遗迹资源评价因子(指标)体系的建立

层次分析法的计算公式：

$$E=\sum_{i=1}^{n}Q_iP_i(i=1,2,\cdots,n)$$

式中：Q——层次总排序权值；

P——层次单排序权值。

（一）地质遗迹资源评价因子（指标）选择的原则

1.层次性和系统性

选择资源评价因子（指标）应具有一定的层次性，因为它涉及地质遗迹资源特性的比较和重要性排序问题，所以评价模型中评价因子的选择必须遵照一定的标准和原则。地质遗迹资源评价，可利用层次分析法将评价因子分为评价综合层、评价项目层和评价因子层3个层次，他们之间具有一定的包容性，同时每一层次又都能构成独立系统；既反映出评价的层次性，又反映出评价的系统性。

2.代表性和重要性

地质遗迹本身的特征很多，在遴选评价因子（指标）时。将选择最能代表地质遗迹资源特色和资源地域特征影响的因素作为评价因子，使各因子能充分反映资源的价值。

3.非兼容性

对于同一层次的各评价因子来说，虽然重要性可能不同，但相互之间应是一种并列平行的关系，不应具有兼容性或包容性，也不能含有替代关系。

4.区分判别性

同一层次的各评价因子之间应具有区分判别性，即不能出现模糊不清、不易区分的因子，同时还要给各个因子一定的评价值，充分表现出不同因子之间的差异。

（二）地质遗迹资源评价因子指标体系的确定

依照层次分析法，地质遗迹资源开发评价因子体系的确定，应首先对各种影响地质遗迹评价的因子

进行归类和层次划分，确定出各属于不同层次和不同组织水平因子之间的相互关系，在总目标（即最高层）的基础上划分出评价综合层、在评价综合层基础上划分出评价项目层、在评价项目层的基础上划分出评价因子层。

地质遗迹资源属于自然旅游资源的重要组成部分，许多专家针对自然旅游资源评价因子体系的建立进行过深入的研究，提出了不同的建立评价因子模型的方法。近年来，配合国家地质公园的评审，专门针对建立地质遗迹资源评价因子体系的研究工作在近几年内全面展开。2000 年下发的"中国国家地质公园评审指标"，就是按 3 个项目层 12 项因子层建立起来的地质遗迹资源评价因子指标评价体系之一。但针对建立地质遗迹资源开发评价因子指标体系的研究工作，此前尚未开展，无资料可以参考。因此，本次建立武汉市地质遗迹资源开发评价因子，是在参考了"中国国家地质公园评审指标"和陈安泽等（《旅游地理学概论》，1999）、保继刚（《旅游地理学》，1998）、李正琪等（《湖北省重要地质遗迹资源开发评价标准研究》，2006）及其他学者有关建立地质旅游资源评价因子指标体系的基础上，根据武汉市地质遗迹资源的特性及其与其他旅游资源的共性，在征求有关专家的意见后提出的。在总目标的前提下，将湖北省地质遗迹资源开发评价因子（指标）体系分为 3 大类、9 类、19 个因子（指标）层；分别称为评价综合层，评价项目层和评价因子层（附表 4-1-1）。

附表 4-1-1　地质遗迹资源评价因子（指标）体系

评价层	综合层	项目层	因子（指标）层
评价因子（指标）	资源价值	观赏价值	优美度
			稀有度
		科学价值	典型性
			自然性和完整性
		遗迹规模	景观资源组合
			环境容量
		文化价值	历史文化
			宗教文化
			民族（民俗）文化
	区位条件	客源条件	交通可及性
			与客源地距离
		与附近旅游地的关系	与周边旅游地的距离
			与周边旅游地资源类型的异同
	环境条件	生态环境	生态环境
			地质环境
		社会环境	政治（社会）的稳定性
			科学文化与精神文明建设
		经济环境	经济发展水平
			基础设施完备程度

1. 第一综合评价层：地质遗迹资源的价值评价

地质遗迹的价值，是地质遗迹资源保护与开发的源泉，它包括地质遗迹资源的观赏价值、遗迹规模、科学价值和文化价值，以及开发后所能体现的经济价值、社会价值和环境价值。它是地质遗迹资源品质的具体反映。在具体评价时，将其分为4个评价项目层和9个评价因子(指标)。

1)观赏价值

美学观赏价值是地质遗迹资源能够提供给游客美感的种类及强度，它是地质遗迹景观完美组合构成的空间综合体，在评价时又将其划分为2个评价因子(指标)。

(1)优美度。

爱美之心人皆有之。人美、水美、山美是人类的追求和向往。美是吸引游客最重要的条件之一。无论任何一位游客，他最希望得到的享受首先是美的体验，要在最美的地方留下自己的印象——照相留念，并作为每次旅游回来向亲朋好友传播和展示最多最实际的资料。美是地质遗迹景观资源的核心，是最能体现景观质量的第一要素。

(2)稀有度。

物以稀为贵。奇特主要指新奇少见，它指世界罕见和少见或别处没有或少见的资源。它满足人类的好奇心和探索奥妙与神秘的心理，也是吸引游客的十分最重要的因素之一。

2)科学价值

地质遗迹是地球亿万年演化保留下来的地质遗产，它具有深厚的科学内涵，它不仅是科学家研究的基础和对象，同时也是开展地质教学、实习的基地，普及地球科学知识的园地。它的资源价值也主要体现在两个方面。

(1)典型性。

许多地质遗迹在国外均体现很高的科学价值的可对比性，是国际地学研究和教学的经典案例、标准或示范基地，深邃的科学内涵不仅是众多科学工作者争相聚集之地，也是科技爱好者求知的目的地。

(2)自然性和完整性。

地质遗迹是亿万年地球演化的记录，系统而完整的地质遗迹，能全面系统指示其演化过程，能完整地反映地质遗迹景观形态保存的完整程度。

3)遗迹规模

地质遗迹资源规模包含着两个含义。可分为景观组合程度和环境容量两个评价因子。

(1)地质遗迹资源景观组合程度。

景观组合程度包括地质遗迹景观的数量及其景观资源的集中程度，分布与组合特征，它是地质遗迹资源价值优势和特色的重要表现形式。地质遗迹景观资源数量大，且相对布局合理的地区，是最理想的旅游开发区。

例如湖北境内的神农架、清江流域的土家村寨，都是民俗民情与地质遗迹景观资源最好的融合。

(2)环境容量。

环境容量是指在确保人类生存、发展不受危害、自然生态平衡不受破坏的前提下，某一环境所能容纳污染物的最大负荷值。地质遗迹资源点的数量直接决定了环境容量的大小。

2.第二综合评价层:地质遗迹资源开发区位条件评价

地质遗迹资源所在地的区位条件包括地理位置、交通条件以及与周边旅游区的空间关系、客源条件等，是地质遗迹资源开发可行性、开发效益、开发规模和程度的重要外部条件。特定的区位条件，可相应增加旅游的吸引力，决定旅游的可进入性和旅游资源开发的难易程度，其下还可以分为2个评价项目层和4个评价因子层。

1)客源条件

旅游的客源数量直接关系到地质遗迹资源开发后的经济效益，没有游客的开发是无效的开发。它包括交通可及性和与客源地距离两个评价因子。

(1)交通可及性。

交通是连结地质遗迹资源开发地和客源地的桥梁，再好的资源如果没有道路可进入，开发是一句空话。方便快捷的交通条件，能给游客带来舒适和安全感，它不仅是游客到达旅游地的桥梁，也是吸引游客的手段。

(2)与客源地距离。

地质遗迹资源开发地与客源地的远近，决定着旅游者需要投入的交通费用的大小、旅途时间的长短，是游客计划投入旅游费用的主要开支部分。在旅游资源类型及交通条件相近的情况下，游客将会选择资金投入少的旅游地。所以，资源开发地距客源地越近，客源越充足。

2)与附近旅游地的关系

与周边旅游地的关系，包括与周边旅游地的距离和周边旅游地资源类型的异同两个评价因子。

(1)与周边旅游地的距离。

与周边旅游地的距离大小，是吸引周边旅游地客源的重要条件之一，距周边旅游地越近，游客来往的距离越小，途中消费的时间和资金都少。在资源类型相同的情况下，周边旅游地的游客必定选择最近的旅游地旅游，因为这是既省钱，又省时的事。

(2)与周边旅游地资源类型的异同。

资源类型相同对游客的吸引力就小，因为同一位游客在很短的时间内不会选择一处与刚旅游过的资源完全类同的另一旅游地。而如果两个旅游地的旅游资源类型不同，人们的求新观念就会促使他去选择不同类型的资源地。

3.第三评价综合层：地质遗迹资源所在地的环境条件评价

地质遗迹资源所在地的环境条件可分为3个评价项目层，即自然生态环境条件、社会环境条件和经济环境条件，它们各含2个评价因子。

1)自然生态环境条件

地质遗迹资源地所处的自然环境，是指拟开发或待开发区内的地质、地貌、气候、水文、生物组成、植被覆盖率等自然环境。不同的自然环境会对地质遗迹资源开发产生不同的影响，其影响力可以用两个评价因子(指标)来判别。

(1)自然生态环境。

地质遗迹资源开发地空气清新、环境幽雅，让旅游观光者有一种蓝天白云、绿水青山、优美而恬静的感觉，一种完全回归原始大自然的感觉，加上气候适宜，对游客的吸引力就大。

(2)地质环境。

地质环境的优劣对地质遗迹资源的开发也具有重大的影响。地质灾害(如地震、滑坡、泥石流等)频发的地区不利于地质遗迹资源开发。另外，岩石、土壤及水体中某些有毒有害元素含量太高(如岩石中放射性元素过高，土壤或水体中铅、镉、汞等元素超标)，这些对游客身心健康造成伤害的环境条件，都不利于开发。

2)社会环境条件

地质遗迹所处地的社会环境指该区的政治局势、社会治安、民俗民情、科技发展及精神文明建设程度，对地质遗迹资源开发的认知程度等。它可以从两个方面来进行评价：

(1)政治(社会)的稳定性。

旅游是一项对社会环境较为敏感的经济活动，在稳定的社会环境中，它能以较快的速度发展，而在波动的环境下，它也会做出快速的反映。不稳定的政治局势和糟糕的治安环境，会给旅游业带来极大的影响。在一个生命和财产均得不到保障的地方，旅游活动难以开展，游客也很难进入。

(2)科学文化与精神文明建设程度。

旅游地科学文化与文明程度高，管理和开发人才的素质高、谦逊好客，宾至有礼，会给游客一种亲切自豪和愉悦的感觉，使游客得到一种美好的体验，同时在快乐中享受高的科技文化的熏陶，满足旅游者对科技和知识的渴望，加大对游客的吸引力。

3)经济环境条件

地质遗迹资源的开发，必须依赖坚实的经济基础，需要大量资金和物质的支持。一方面，地质遗迹景观资源的维护、美化、安全需要资金；另一方面，接待游客的基础设施（包括餐饮、住宿、道路、场地、供水、供电、通信、购物、娱乐等）的建设也需要大量的资金。这些资金的筹措，必须依赖于当地的经济发展水平。经济发展水平越高，物资供应水平越高，基础设施建设越多，建设和发展的速度也越快。对于地质遗迹资源的经济环境评价来讲，可以用经济发展水平和基础设施完备程度2个评价因子来评价。

(1)经济发展水平。

经济发展水平是指地质遗迹资源所在地年均的国内生产总值的增长速度、财政收入的增长速度及积累，以及每年财政可投入开发建设的资金数，开发地自身拥有的可用于基本建设的资金多少等。自身可利用的资金多，建设的速度就快，基础设施建设的完善程度更高。

(2)基础设施完备程度。

地质遗迹资源的开发，实际上是旅游的开发，如果旅游开发六大要素（吃、住、行、游、购、娱）各项设施均已具备或具备了一大部分，那么地质遗迹资源开发中投入到基础设施建设的资金就少，可以将大部分资金投入到资源景观的建设之中去。

二、地质遗迹资源开发评价因子权重体系

在地质遗迹资源开发综合评价中，给定评价因子（指标）恰当的权重非常重要，也是非常难的一件事情，因为它直接影响到评价的结果。对不同类不同层的因子赋权，大多采用专家对资源的主观判断来确定，目前还没有一个统一的权重标准。中国国家地质公园评审标准对各层次因子的赋分标准采用了百分制，将评审指标第一层分为自然属性（相当于资源价值），可保护性和保护管理基础3个大类，其下又分为12项指标，每个指标（因子）按很好、好、较好、一般分别赋予不同的分值（附表4-1-2）。

附表4-1-2 中国国家地质公园评审指标

项目	指标	赋分
自然属性(60)	典型性	15
	稀有性	17
	自然性	8
	系统性和完整性	10
	优美性	10
可保护性(20)	面积适宜性	6
	科学价值	8
	经济和社会价值	6
保护管理基础(20)	机构设置与人员配备	4
	边界规定和土地权属	3
	基础工作	6
	管理工作	7
总分		100

陈传康(《北京旅游地理》,1989)按照层次分析法,将各评价层(因子)赋权如附表 4-1-3 所示。

附表 4-1-3　评价因子权重表(陈传康,1989)

评价综合层	权重	评价项目层	权重	评价因子层	权重
资源价值	0.72	观赏特征	0.44	愉悦度	0.20
				奇特度	0.12
				完整度	0.12
		科学价值	0.08	科学考察	0.03
				教育科普	0.05
		文化价值	0.20	历史文化	0.09
				宗教朝拜	0.04
				休养娱乐	0.07
景点规模	0.16	景点地域组合	0.09		
		旅游环境容量	0.07		
旅游条件	0.12	交通与通讯	0.06	便捷	0.03
				安全可靠	0.02
				费用	0.01
		饮食	0.03		
		旅游商品	0.01		
		导游服务	0.01		
		人员素质	0.01		
合计	1.00		1.00		

陈安泽等(《旅游地学概论》,1991)将地学旅游资源(与地质遗迹资源同)分为景观价值特征、环境氛围、开发条件 3 个评价综合层,分别给出的权重系数是景观价值特征为 40%～50%;环境氛围为 20%;开发利用条件为 30%～40%。

武汉市地质遗迹资源开发评价因子权重体系的确定是在广泛征求有关专家的意见后确定的,并认定地质资源本身价值是开发旅游的基础,因为没有资源一切开发都无从谈起。根据武汉市地质遗迹资源的具体特征、区位与环境条件,在给定各综合评价因子的权重时,提出了"三七"开的权重比例,即资源价值特征的权重为 70%;环境因素和区位条件仅各占 20%和 10%。其中环境条件重于区位条件。这一点与其他专家确立的权重是有较大差别的,因为环境是天然的,很难改变的,区位条件是人们去建设改造的,是可变的。各评价综合层,评价项目层和评价因子层的权重系数评定如附表 4-1-4 所示。

三、地质遗迹资源评价标准

地质遗迹资源评价标准,是指评定地质遗迹资源品质特征、开发条件等级的条件要素。如达到某一条件的地质遗迹可以称为世界级或国家级的地质遗迹(见表 4-6-2、表 4-6-3)。武汉市的地质遗迹从保护的重要性或价值来划分,可以划分为具备申报世界自然遗产的和分别申报国家级、省级和县(市)级等多级别自然保护区的地质遗迹;从开发的重要性或价值划分,也可以划分为可以申报世界级地质公园、国家地质公园、省级地质公园等多级别地质遗迹公园的地质遗迹。为此,武汉市地质遗迹资源评价标准暂时划分5个等级。各等级在因子得分中的评价标准及赋分标准，是在参考了国家地质公园地质遗迹评价标准，国家矿山公园地质遗迹评价标准，地学旅游资源等评价标准，并根据武汉市地质遗迹类别、品质、开发条件等实际情况确定的。各评价因子(指标)的评价标准(条件)及赋分值结果如附表4-1-5所示。

附表4-1-4　地质遗迹资源评价因子权重系数建议表

评价综合层	权重	评价项目层	权重	评价因子层	权重
资源价值	0.7	观赏价值	0.25	优美度	0.12
				稀有度	0.13
		科学价值	0.25	典型性	0.13
				自然性和完整性	0.12
		遗迹规模	0.12	景观资源组合	0.04
				环境容量	0.08
		文化价值	0.08	历史文化	0.04
				宗教文化	0.02
				民族(民俗)文化	0.02
区位条件	0.1	客源条件	0.06	交通可及性	0.02
				与客源地距离	0.04
		与附近旅游地关系	0.04	与附近旅游地的距离	0.02
				与附近旅游地资源类型的异同	0.02
环境条件	0.2	自然环境	0.10	自然生态	0.06
				地质环境	0.04
		社会环境	0.05	社会(政治)稳定度	0.03
				科学文化与精神文明建设	0.02
		经济环境	0.05	经济发展水平	0.03
				基础设施完备程度	0.02
合计	1.0		1.0		1.0

附表4-1-5　地质遗迹资源评价因子(指标)赋分表

评价因子(指标)	等级	赋分	评价标准(条件)
优美度	1	12	具有极高的美学价值，世界自然遗产
	2	9.6	具有很高的美学价值，国家重点风景名胜
	3	7.2	具有较高的美学价值，省级重点风景名胜
	4	4.8	具有一般的美学价值，县市级风景名胜
	5	<4.8	不具美学价值
稀有度	1	13	世界唯一或罕见的
	2	10.4	国内唯一或罕见的
	3	7.8	省内唯一或罕见的
	4	5.2	县(市)唯一或罕见的
	5	<5.2	县(市)常见的

续附表 4-1-5

评价因子(指标)	等级	赋分	评价标准(条件)
典型性	1	13	类型、内容具国际对比意义(标准和典型示范)
	2	10.4	类型、内容具全国对比意义(标准和典型示范)
	3	7.8	类型、内容具全省对比意义(标准和典型示范)
	4	5.2	类型、内容具县(市)对比意义
	5	<5.2	不具任何对比意义
自然性和完整性	1	12	保持自然状态,未受到任何破坏
	2	9.6	基本保持自然状态,受到破坏影响程度很低
	3	7.2	受到一定程度的人为破坏,但经整理可以恢复原有面貌
	4	4.8	受到比较明显的人为破坏,但经整理仍有保护价值
	5	<4.8	人为破坏极为严重,已无保护价值
景观资源组合	1	4	景观资源十分集中,布局合理
	2	3.2	景观资源集中,布局合理
	3	2.4	景观资源比较集中,布局比较合理
	4	1.6	景观资源比较分散,但布局较合理
	5	<1.6	景观资源单调,布局分散
环境容量	1	8	环境容量极大,(日容量>10 000 人次)
	2	6.4	环境容量很大,(日容量>5 000 人次)
	3	4.8	环境容量大,(日容量>1 000 人次)
	4	3.2	环境容量较大,(日容量>500 人次)
	5	<3.2	环境容量小
文化价值	1	8	历史文化极厚重,为世界文化遗产
	2	6.4	历史文化很厚重,为国家重点文物保护单位
	3	4.8	历史文化厚重,为省(区、市)级文物保护单位
	4	3.2	历史文化较厚重,为县(市)级文物保护单位
	5	<3.2	历史文化价值不高
宗教文化	1	2	国家重点宗教活动场所或发源地(民政机构批准的)
	2	1.6	国家一般宗教活动场所(民政机构批准的)
	3	1.2	省内有影响的宗教活动场所(民政机构批准的)
	4	0.8	县(市)有影响的宗教活动场所(民政机构批准的)
	5	<0.8	无宗教活动场所
民族(民俗)文化	1	2	历史很悠久、特色鲜明、影响很深远(世界非物质文化遗产)
	2	1.6	历史悠久、特色鲜明(国家非物质文化遗产)
	3	1.2	历史悠久、特色较鲜明、省(区、市)内影响较大
	4	0.8	地方特色较浓郁,在当地具有一定影响
	5	<0.8	无影响力

续附表 4-1-5

评价因子(指标)	等级	赋分	评价标准(条件)
交通可及性	1	2	海、陆、空交通立体贯通方便
	2	1.6	海、陆或陆空交通贯通方便
	3	1.2	陆路交通高速贯通
	4	0.8	陆路交通贯通
	5	<0.8	交通不便
与客源地距离	1	4	<100km(便于 1 日游)
	2	3.2	100~200km(便于双休游)
	3	2.4	200~300km(便于双休游)
	4	1.6	300~500km(假日游)
	5	<1.6	>500km
与周边旅游地距离	1	2	<100km
	2	1.6	100~200km
	3	1.2	200~300km
	4	0.8	300~500km
	5	<0.8	>500km
与周边旅游地资源异同	1	2	差异非常大
	2	1.6	差异很大
	3	1.2	差异较大
	4	0.8	差异不明显
	5	<0.8	基本类同
生态环境	1	6	非常优雅
	2	4.8	很优雅
	3	3.6	较优雅
	4	2.4	一般
	5	<2.4	恶劣
地质环境	1	4	很稳定、安全
	2	3.2	稳定、安全
	3	2.4	较稳定、安全基本有保证
	4	1.6	地质灾害有时发生,治理难度较大
	5	<1.6	地质灾害频发,治理难度大
政治稳定性	1	3	非常稳定,和谐
	2	2.4	很稳定,和谐
	3	1.8	较稳定,和谐、无重大不安定因素
	4	1.2	时有不安定事件发生,但可控制
	5	<1.2	不稳定,无政府行为严重

续附表 4-1-5

评价因子(指标)	等级	赋分	评价标准(条件)
科学文化与精神文明建设	1	2	科学文化很发达,居民文明素质高,文明礼尚
	2	1.6	科学文化发达,文明建设居民素质不断提高
	3	1.2	科学文化比较发达,居民素质较高
	4	0.8	科学文化落后,精神文明建设有待加强
	5	<0.8	科学文化落后,封建愚昧思想严重
经济发展水平	1	3	经济很发达
	2	2.4	经济较发达
	3	1.8	经济发展水平一般
	4	1.2	经济发展水平较低
	5	<1.2	经济落后
基础设施完备程度	1	2	非常齐备
	2	1.6	很齐备
	3	1.2	较齐备
	4	0.8	一般
	5	<0.8	尚未建设

附件4－2　地质灾害稳定性定性评价系列表

附表4-2-1　塌陷体稳定性定性评价表

判别标准	稳定性差	稳定性较差	稳定性好
塌陷微地貌	塌陷坑尚未或已受到轻微充填改造，塌陷周围有开裂痕迹，坑底有下沉开裂迹象	塌陷坑已部分充填改造，植被较发育	已被完全充填，改造的塌陷坑植被发育良好
堆积物性状	疏松，呈软塑至流塑状	疏松或稍密呈软塑至可塑状	较密实，主要呈可塑状
地下水埋藏及活动情况	有地下水汇集入渗，有时见水位地下水活动较强烈	其下有地下水流通道，有地下水活动迹象	无地下水流活动迹象
塌陷活动状况	正在活动的塌陷或呈间歇缓慢活动的塌陷	接近或达到休止状态的塌陷，当环境条件改变时可能复活	进入休止状态的塌陷，一般不会复活
顶板情况	顶板岩层厚度与洞径比值小，有悬挂岩体，被裂隙切割强烈且未胶结，顶板为软弱岩石	顶板岩层厚度与洞径比值较大，顶板为中硬岩石	顶板岩层厚度与洞径比值大，顶板为坚硬岩石
岩层产状	走向与洞轴平行，陡倾角	岩层走向与洞轴正交或斜交，倾角较陡	岩层走向与洞轴正交或斜交，倾角平缓
人类活动	断续	停止	停止

附表4-2-2　土洞稳定性定性评价表

稳定性分级	土洞发育状况	土洞顶板埋深(H)或其与安全临界厚度比(H/H_0)	说明
稳定性差	正在持续扩展		正在活动的土洞，因促进其扩展的动力因素在持续作用，不论其埋深多少，都具有塌陷的趋势
	间歇性地缓慢扩展		
稳定性较差	休止状态	$H<10$m 或 $H/H_0<1.0$	不具备极限平衡条件，具塌陷趋势
		10m$<H<$15 或 $1.0<H/H_0<1.5$	基本处于极限平衡状态，当环境条件改变时可能复活
		$H\geqslant$15m 或 $H/H_0\geqslant1.5$	超稳定平衡状态，复活的可能性较小，一般不具备塌陷趋势
稳定性好	消亡状态		一般不会复活

附表 4-2-3　地面沉降点(区域)稳定性定性评价表

环境条件		稳定性差	稳定性较差	稳定性好
软土层厚度 H(m)		$H \geqslant 8$	$5 \leqslant H < 8$	$H < 5$
地形地貌		一级阶地、历史湖滩	一级阶地—高阶地	高阶地
气象水文		流域雨量、洪峰减少,水位降低,高水位维持时间短	雨量有所减少,水位缓慢降低,高水位维持时间中等	水位保持稳定
人类活动	资源开采	地下液体资源开采量巨大	开采量较大	开采量很小
	地下工程密度	密集	有所分布	很少分布
	地基处理	深井降水措施不当	措施有缺陷	措施完善
	人为振动	剧烈	较强	轻微

附表 4-2-4　滑坡稳定性定性评价表

滑坡要素	稳定性差	稳定性较差	稳定性好
滑坡前缘	滑坡前缘临空或隆起,坡度较陡且常处于地表径流的冲刷之下,有发展趋势并有季节性泉水出露,岩土潮湿、饱水	前缘临空,有间断季节性地表径流流经,岩土体较湿	前缘斜坡较缓,临空高差小,无地表径流流经和继续变形的迹象,岩土体干燥
滑体	坡面上有多条新发展的滑坡裂缝,其上建筑物、植被有新的变形迹象	坡面上局部有小的裂缝,其上建筑物、植被无新的变形迹象	坡面上无裂缝发展,其上建筑物、植被未有新的变形迹象
滑坡后缘	后缘壁上可见擦痕或有明显位移迹象,后缘有裂缝发育	后缘有断续的小裂缝发育,后缘壁上有不明显变形迹象	后缘壁上无擦痕和明显位移迹象,原有的裂缝已被充填
滑坡两侧	有羽状拉张裂缝或贯通形成滑坡侧壁边缘裂缝	形成较小的羽状拉张裂缝,未贯通	无羽状拉张裂缝
岩土体性质	土体结构松散,岩体中岩性软硬相间,岩体结构破碎,节理裂隙发育	土体结构较为松散,岩体结构较为破碎,节理裂隙一般发育	土体密实,岩体结构完整,节理裂隙不发育
滑带特征	滑带产状较陡,平均倾角大于35°,或滑带倾角小于滑坡坡度。滑带物质以粉粒、黏粒为主,胶结差	滑带产状较缓,平均倾角为15°～35°,或滑带倾角小于滑坡坡度。滑带物质以中粗粒较多,胶结较好	滑带产状较缓,平均倾角小于15°,或滑面呈阶梯状。滑带物质以粗粒为主,胶结好,密实程度高
水文地质条件	位于地下水汇集带,地下水水位高于滑带,有井水位下降、塘堰干涸现象,有泉出露	地下水水位略高于滑带,有井水位下降、塘堰干涸现象,有泉出露	地下水水位在滑带之下,无泉出露
植被覆盖率	基本无植被,覆盖率小于10%	植被较好,覆盖率10%～60%	植被好,覆盖率大于60%
人类活动	强烈	较轻	轻微

附表 4-2-5 崩塌(危岩体)稳定性定性评价表

环境条件	稳定性差	稳定性较差	稳定性好
危岩体变形迹象	近年来裂缝明显增多增大,经常有滚石现象发生	近年来裂缝未有明显增多增大迹象,有小滚石现象发生	裂缝多年来无发展的迹象,无小崩塌、滚石及其他变形迹象出现
地形地貌	前缘临空甚至三面临空,坡度>55°,出现"鹰咀"崖,顶底高差>30m,坡面起伏不平,上陡下缓	前缘临空,坡度>45°,坡面不平	前缘临空,坡度<45°,坡面较平,岸坡植被发育
裂缝发育特征	平行崖壁的裂缝规模大,数量多,或与垂直崖壁方向的裂缝贯通,裂缝深度大于陡壁高度的1/2	平行崖壁的裂缝规模较大,数量较多,或与垂直崖壁方向的裂缝接近贯通,裂缝深度为陡壁高度的1/3~1/2	平行崖壁的裂缝规模小、数量少,裂缝深度小于陡壁高度的1/3
地质结构	岩性软硬相间,岩土体结构松散破碎,裂缝裂隙发育切割深,形成了不稳定的结构体、不连续结构面	岩体结构较碎,不连续结构面少,节理裂隙较少。岩土体无明显变形迹象,有不规则小裂缝	岩体结构完整,不连续结构面少,无节理、裂隙发育。岸坡土堆较密实,无裂缝变形
水文气象	雨水充沛,气温变化大,昼夜温差明显。或有地表径流、河流流经坡角,其水流急,水位变幅大,属侵蚀岸	存在大—暴雨引发因素	无地表径流或河流水量小,属堆积岸,水位变幅小。
人类活动	人为破坏严重,岸坡无护坡。人工边坡坡度>60°,岩体结构破碎	修路等工程开挖形成软弱基座陡崖,或下部存在凹腔,边坡角40°~60°	人类活动很少,岸坡有砌石护坡。人工边坡角<40°

附表 4-2-6 斜坡变形体稳定性定性评价表

序号	影响因素	权重	稳定性分级		
			潜在不稳定	欠稳定	基本稳定
1	前缘临空陡坡高度/m	0.12	>30	10~30	<10
2	后缘洼地情况	0.08	全封闭,有积水	半封闭,无积水	无洼地
3	变形体表面坡角/(°)	0.08	>30	10~30	<10
4	坡面地表水排泄条件	0.04	差,常年性积水	较差,季节性积水	好,无积水
5	后缘加载量/变形体量/%	0.08	>10	<10	无
6	斜坡类型	0.08	顺向坡	切向坡	反向坡
7	地下水情况	0.04	有常年性地下水	有季节性地下水	无
8	潜在滑带或滑面倾角/(°)	0.12	软塑状,>20	可塑状,10~20	硬塑状,<10
9	前缘河水冲刷情况	0.12	凹岸	凸岸或直岸	无
10	目前变形情况	0.16	有蠕滑变形迹象	后缘拉裂缝明显	后缘细微拉裂
11	植被覆盖率/%	0.04	<10	10~40	>40
12	土地耕作情况	0.04	水田	旱地	荒地

附件 4-3　地质灾害易发程度分区评价系列表

附表 4-3-1　地质灾害易发区定性判别表

灾种	易发区划分			低易发区
	极高易发区	高易发区	中易发区	
	$G=4$	$G=3$	$G=2$	$G=1$
岩溶地面塌陷	碳酸盐岩岩性纯，连续厚度大，出露面积较广。地表洼地、漏斗、落水洞、地下岩溶发育。多岩溶大泉和地下河，岩溶发育深度大。灾害点密度≥1个/km^2，地面塌陷或地裂缝破坏面积≥1 000 m^2/km^2。武汉市为砂土直接覆盖隐伏岩溶发育层	以次纯碳酸盐岩为主，多间夹型。地表洼地、漏斗、落水洞、地下岩溶发育。岩溶大泉和地下河不多，岩溶发育深度不大。灾害点密度为0.1～1个/km^2，地面塌陷或地裂缝破坏面积为500～1 000m^2/km^2。武汉市为老黏土直接覆盖隐伏岩溶发育层	以不纯碳酸盐岩为主，多间夹型或互夹型。地表洼地、漏斗、落水洞、地下岩溶发育稀疏。灾害点密度为0.05～0.1个/km^2，地面塌陷或地裂缝破坏面积为100～500m^2/km^2。武汉市为埋藏型岩溶发育层	以不纯碳酸盐岩为主，多间夹型或互夹型。地表洼地、漏斗、落水洞、地下岩溶不发育。灾害点密度为0～0.05个/km^2，地面塌陷或地裂缝破坏面积为<100m^2/km^2
地面沉降	软土层厚 $H \geqslant 8$m，降深$h>30$cm	$5 \leqslant H<8, h=10 \sim 30$cm	$H<5, h<10$cm	$H=0, h=0$
滑坡、崩塌	构造抬升剧烈，岩体破碎或软硬相间；黄土垄岗细梁地貌、人类活动对自然环境影响强烈。暴雨型滑坡。规模大，高速远程。地震烈度>Ⅸ	红层丘陵区、坡积层、构造抬升区，暴雨久雨。中小型滑坡，中速，滑程远。地震烈度Ⅷ～Ⅶ	丘陵残积缓坡地带，冻融滑坡，规模小，低速蠕滑。植被好，顺层滑动。地震烈度Ⅵ～Ⅶ	缺少滑坡形成的地貌临空条件，基本上无自然滑坡，局部溜滑。地震烈度<Ⅵ

注：根据"《县（市）地质灾害调查与区划基本要求》实施细则"（国土资源部，2006）。

附表 4-3-2　现状地质灾害易发程度评价表

参数因子	易发程度			
	极高易发区	高易发区	中易发区	低易发区
点密度 a/（个/km^2）	3	2	1	0
面积系数 b/（$\times 10^4 m^2/km^2$）	$b>0.77$	$0.51<b \leqslant 0.77$	$0.26<b \leqslant 0.51$	$b \leqslant 0.26$
体积系数 c/（$\times 10^4 m^3/km^2$）	$c>0.92$	$0.64<c \leqslant 0.92$	$0.36<c \leqslant 0.64$	$c \leqslant 0.36$
强度指数	4	3	2	1

附表 4-3-3 潜在岩溶地面塌陷地质灾害易发程度评价表

判定因子		易发程度				权重
		极高易发区	高易发区	中易发区	低易发区	
地质条件(D)	下伏基岩	以可溶性碳酸盐岩为主,土层砂质	以次可溶性碳酸盐岩为主	浅层没有碳酸盐岩或有零星的碳酸盐岩夹层	非碳酸盐岩	0.10
	上覆盖层	含量高,二元结构发育,厚度小于10m;或以黏性土为主,厚度小于5m	土层具双层或多层结构,厚度5～15m	土层以黏性土为主,其厚度为5～15m	土层以黏性土为主,土体结构密实,厚度大于15m	0.15
	地质构造	褶皱紧密或断层发育	褶皱较紧密或断层较发育	褶皱宽疏或断层一般发育	褶皱或断层不发育	0.10
	岩溶发育程度	地表洼地、落水洞、溶沟、溶槽发育,地下溶洞发育,有岩溶大泉和暗河,深部岩溶发育	地表洼地、落水洞、溶沟、溶槽较发育,地下溶洞一般发育,有岩溶泉和暗河,深部岩溶一般发育	地表洼地、落水洞、溶沟、溶槽一般发育,地下溶洞少,岩溶泉和暗河少见,深部岩溶不发育	地表洼地、落水洞、溶沟、溶槽不发育,地下溶洞不发育,无岩溶泉和暗河,深部岩溶不发育	0.20
地形地貌(X)		地形低洼处、河床两侧	山麓斜坡地带	丘陵、剥蚀残丘	低山区	0.05
地下水活动情况(S)		地下水埋深浅,水位变幅大,循环交替强烈	地下水埋深较浅,水位变幅较大,循环交替较强	地下水埋深较大,循环交替较弱	地下水埋深大,循环交替弱	0.17
人类工程活动(R)		强烈	较强	微弱	无	0.23
强度指数		4	3	2	1	

注:根据"《县(市)地质灾害调查与区划基本要求》实施细则"(国土资源部,2006)。

附表 4-3-4　潜在地面沉降地质灾害易发程度评价表

判定因子		易发程度				权重
		极高易发区	高易发区	中易发区	低易发区	
地质条件(D)	下伏土层	以淤泥为主	以淤泥、淤泥质土为主	有淤泥质土夹层	非软土层	0.15
	软土厚度(H)	$H\geqslant 8$m	$5\leqslant H<8$	$H<5$	$H=0$	0.30
	上覆土层及厚度	填土层厚	填土层较厚	填土层薄	无填土层	0.05
地形地貌(X)		一级阶地、湖滩	一级—高阶地	高阶地	高阶地	0.10
地下水活动情况(S)		地下水埋深浅，水位变幅大，循环交替强烈	地下水埋深较浅，水位变幅较大，循环交替较强	地下水埋深较大，循环交替较弱	地下水埋深大，循环交替弱	0.15
人类工程活动(R)		强烈	较强	微弱	无	0.25
强度指数		4	3	2	1	

附表 4-3-5　潜在崩塌、滑坡、不稳定斜坡地质灾害易发程度评价表

判定因子		易发程度				权重
		极高易发区	高易发区	中易发区	低易发区	
地质条件(D)	岩土体性质、地质构造、水文地质条件	土体结构松散或岩性软硬相间，岩体结构破碎，构造很发育，有泉水出露	土体结构较松散或岩体结构较破碎节理裂隙发育，构造发育，有间歇性泉水出露	土体结构较密实或岩体结构较完整，节理裂隙较发育，构造较发育，有湿地	土体结构密实，岩性坚硬均一，岩体结构完整，节理裂隙不发育，无地下水出露	0.22
地形地貌(X)	地貌、坡度、地形及相对高差	低山区、坡度大于30°坡形多为凹型，相对高差大于200m	丘陵区、坡度20°～30°，坡形多为复合型，相对高差100～200m	残丘或岗地区，坡度10°～20°，多为凸型，相对高20～100m	河谷平原或盆地，坡度小于10°，相对高差小于20m	0.28
植被覆盖率(Q)		小于10%	10%～30%	30%～60%	大于60%	0.08
人类工程活动(R)		强烈	较强	微弱	无	0.42
强度指数		4	3	2	1	

附件5　专题研究类附件

附件5-1　隐伏基岩构造、活动构造与区域地壳稳定性研究

一、项目概要

（一）项目背景及意义

在武汉地区主要发育有北北东向、北西向和近东西向3组断裂，以前两组为主体形成一个菱形网络系统，具有发生中强震的构造地质背景，在历史上武汉地区周围曾发生过多次中强地震。目前，有研究认为团风-黄冈-麻城断裂带是一个潜在的5级地震危险区。因此，对辖区内断裂带的活动性和地震危险性进行评价对武汉市的防灾减灾具有重要作用。

（二）项目目标

本项目旨在利用武汉市高精度分辨率重力场模型和高密度的重力测量数据，构建高分辨率高精度重力异常模型，联合地质、地球物理等资料，查明隐伏深大断裂的空间分布，确定主要断裂的结构参数，分析原位受力特征，评估断裂的活动性。

二、隐伏深大断裂多因素调查

（一）重力异常特征

对武汉市布格重力异常进行了多尺度边缘分析，采用不同阶次的位场小波和不同方向的偏导数，结果如附图5-1-1所示，附图5-1-1(a)中地下东西向不整合面较为明显，但南北向不整合面信息有所缺失，附图5-1-1(b)中南北向不整合面较为明显，可综合比较确定断裂位置。

对比前期地质资料与文献记载，重力异常多尺度边缘检测获得的F1为新黄断裂(XHF)，F2为襄广断裂，F3为天门河断裂，F4为麻洋潭断裂，F6为岳阳武汉断裂，F7为长江断裂，F8为襄广断裂东段，F9为团麻断裂。通过重力异常多尺度边缘检测技术获得的断裂分布与地表出露岩性具有一定的相关性，表明该断裂分布特征具有一定的可信度(附图5-1-2)。

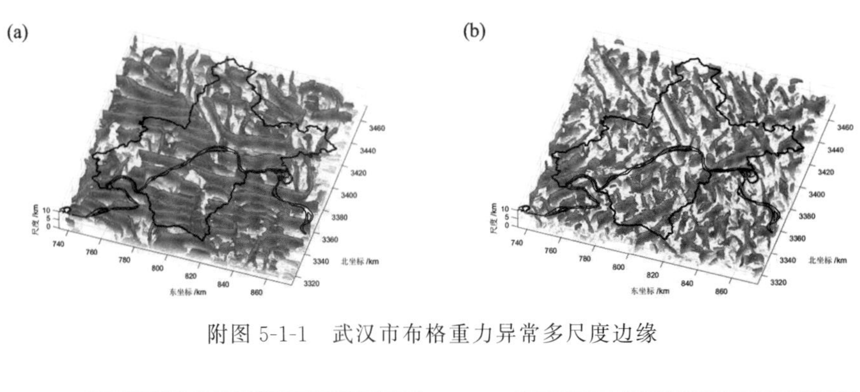

附图 5-1-1　武汉市布格重力异常多尺度边缘

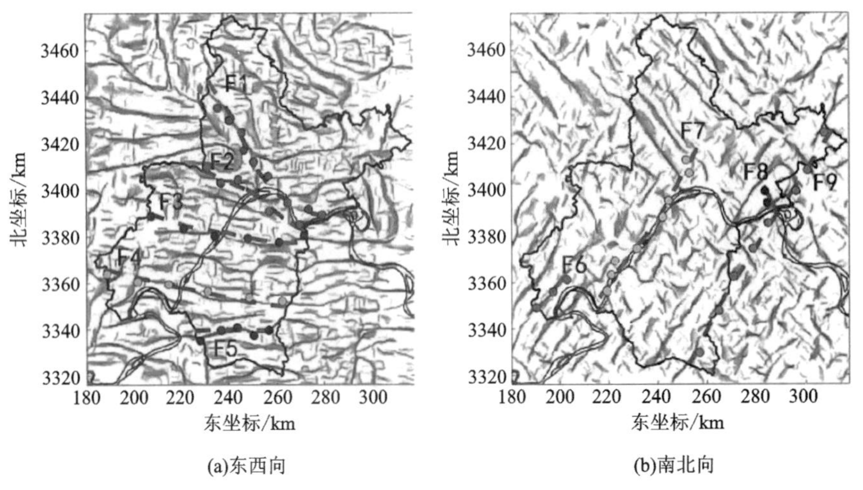

附图 5-1-2　断裂位置

（二）地形特征

通常情况下，深大断裂会对其两侧地形产生一定影响。根据此特性，通过重力异常多尺度边缘检测获得了武汉市主干深大断裂分布并经过重力异常小波多尺度分析对比和前期地质与地球物理资料检核之后，进一步利用 30m 精度高程数据绘制的地形图，找到了 6 点有利于确定断裂所在位置的地形证据（附图 5-1-3）。此 6 点证据可以进一步验证项目前期确定的襄广断裂、团麻断裂、新黄断裂、天门河断裂以及麻洋潭断裂的所在位置。

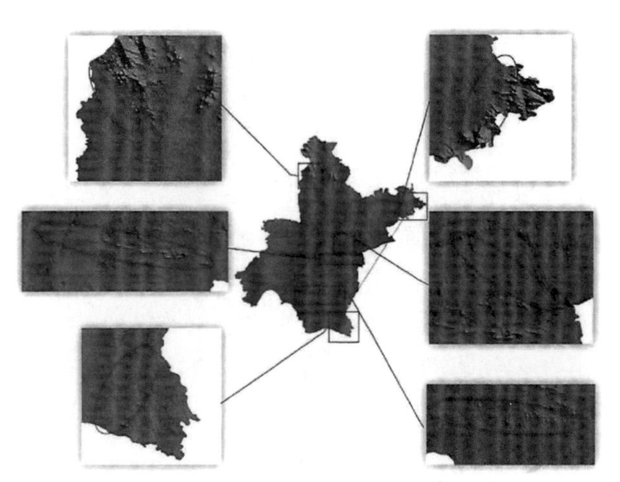

附图 5-1-3　武汉市主干深大断裂地形证据

（三）小断裂补充解释

从武汉市重力资料多尺度边缘检测结果可以看出，除主干深大断裂外，武汉市地下还存在多个间断面。已查明的断层与重力异常的小波多尺度边缘有着较好的一致性，可根据多尺度边缘的位置推测断层的分布情况，且根据多尺度边缘所反映出的地下不整合面的信息可以看出，武汉地区地下还存在着多条隐伏未被发现的断裂构造（附图 5-1-4）。

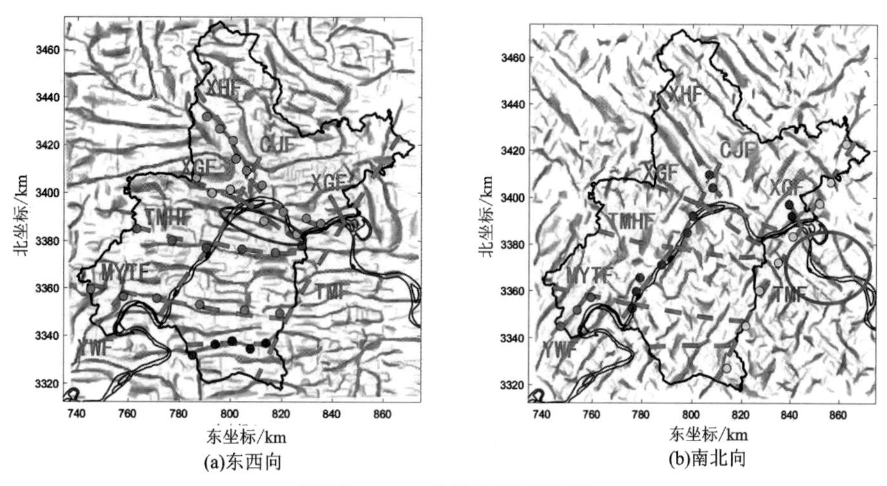

附图 5-1-4　小波多尺度边缘

三、隐伏深大断裂地球物理特征分析

（一）重力资料

附图 5-1-5、附图 5-1-6 为武汉市莫霍面空间形态的立体显示。通过将莫霍面的结构与地形对比，可以发现莫霍面的起伏与地形变化具有一定的相关性。在中部平原地区莫霍面最浅，进入北部和南部山区之后莫霍面逐渐加深。根据构造地质资料梳理，武汉市位于扬子陆块和秦岭-大别沿山带的结合部位，主体属扬子陆块区下扬子陆块之鄂东南褶冲带。其东北部莫霍面加深趋势可能受到秦岭-大别造山带的影响，而西南部莫霍面加深趋势应为受到构造挤压所致。

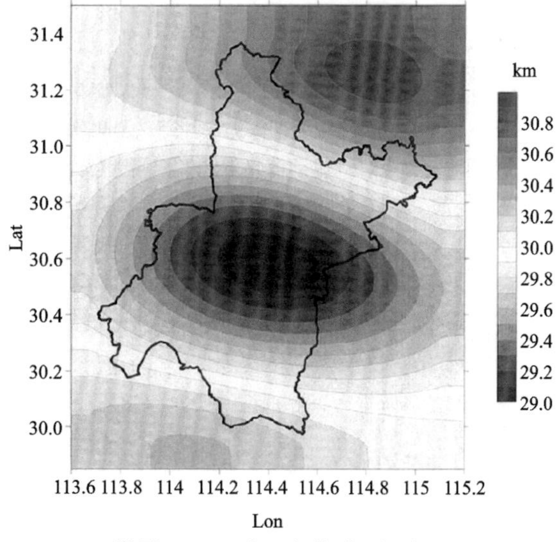

附图 5-1-5　武汉市莫霍面深度图

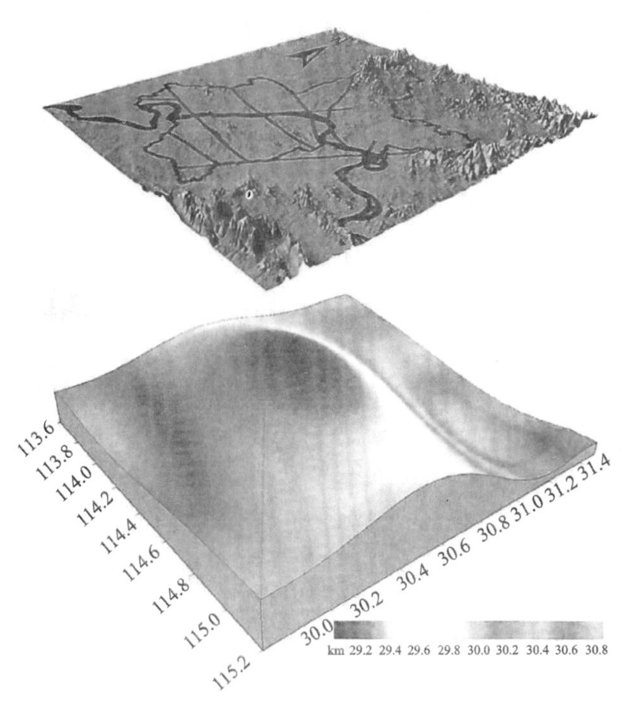

附图 5-1-6　武汉市莫霍面立体显示图

(二)地震资料(面波层析成像)

附图 5-1-7 为湖北省范围内放大系数分布结果。放大系数越大表明发生地震时近地表放大效应越强。从图中可以看出湖北省内整体放大系数较低,均在 3 以内。武汉市范围内放大系数在 1 左右,局部地区接近 2。从该结果来看武汉市整体稳定性较好,地震放大效应较小。

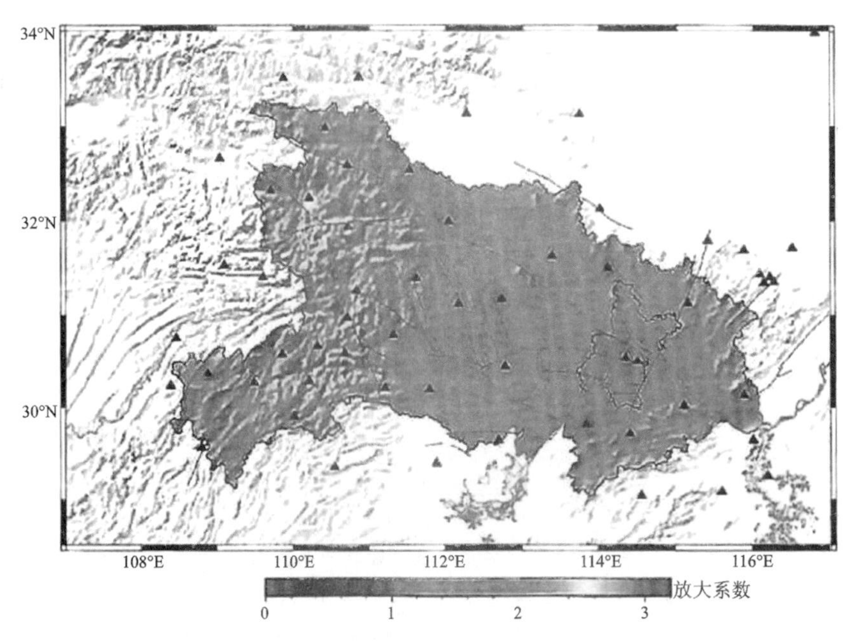

附图 5-1-7　湖北省范围内放大系数分布图

附图 5-1-8 为武汉市范围内 10km、20km、30km、40km 速度成像结果。从结果可以看出武汉市地下相速度结构具有明显的不均匀性。由于武汉市位于扬子准地台边缘,该地区 10km、20km、40km 近东西向速度条带分布应为受扬子准地台与华北克拉通相互作用形成。而 30km 近南北向速度条带则表明扬子准地台与华北克拉通在武汉市下地壳具有物质交换的通道。这一结果与武汉市地下 30km 密度结构相吻合。

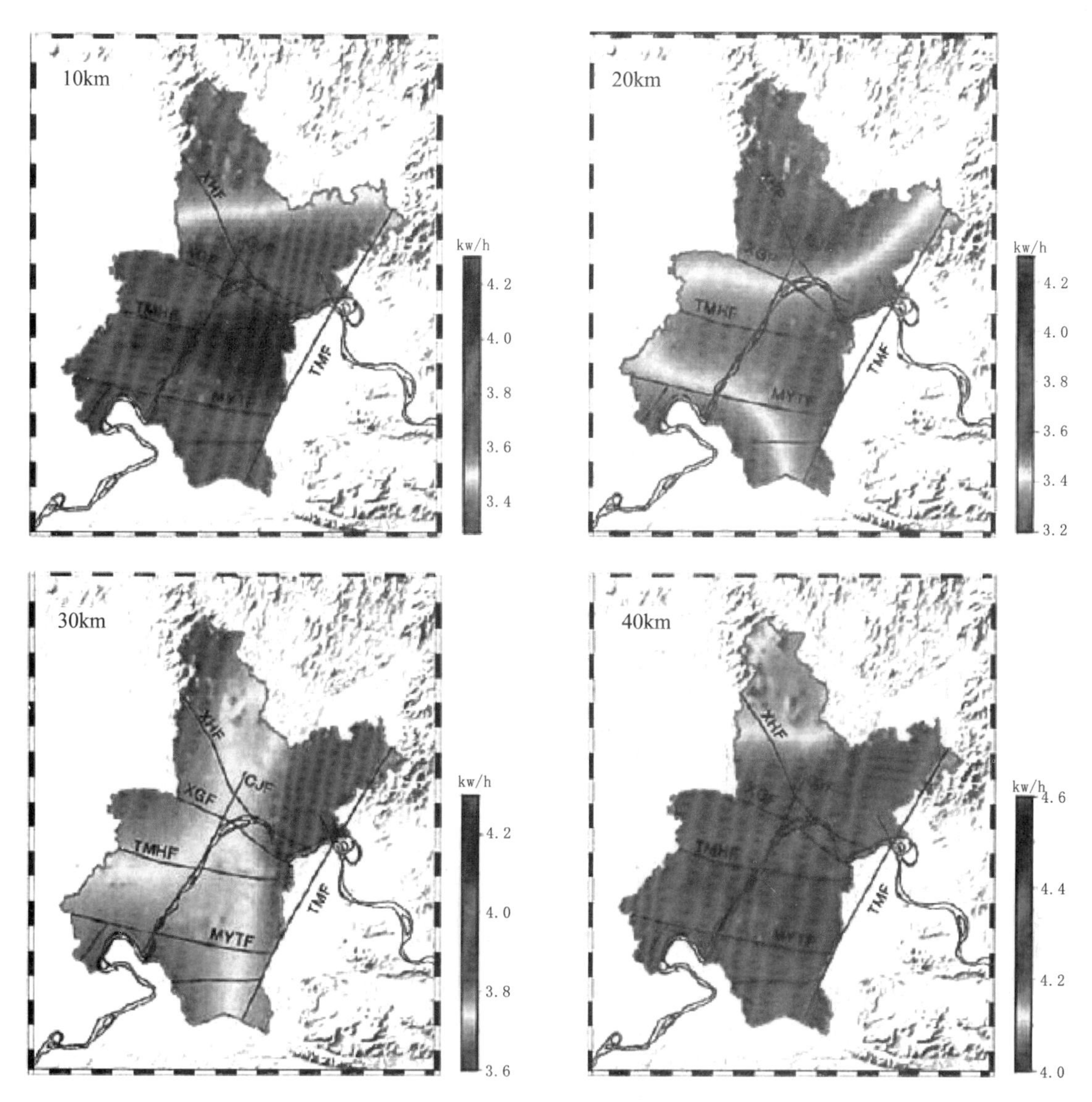

附图 5-1-8　武汉市速度结构图

四、地壳稳定性评价

本次评价的主要范围为东经 113°41′—115°05′，北纬 29°58′—31°22′，把研究区划分成 12 451 个 1km×1km 的正方形单元，对每个单元的各影响因素进行模糊数值化。各指标采用统一的评价标准，并且其隶属函数采用一元函数，计算过程中在 MapGIS 平台上由计算机自动完成。计算完成后，根据各个单元的评价值，在此基础上做出武汉市的区域地壳稳定性分区图(附图 5-1-9)。

从武汉市区域地壳稳定性评价图可以看出：武汉市地区以基本稳定区为主，其次为地壳稳定区；其中武汉北部地区和江夏区部分地区等为稳定区，稳定性较好；次基本稳定区分布在武昌区及新洲区东部等地区。

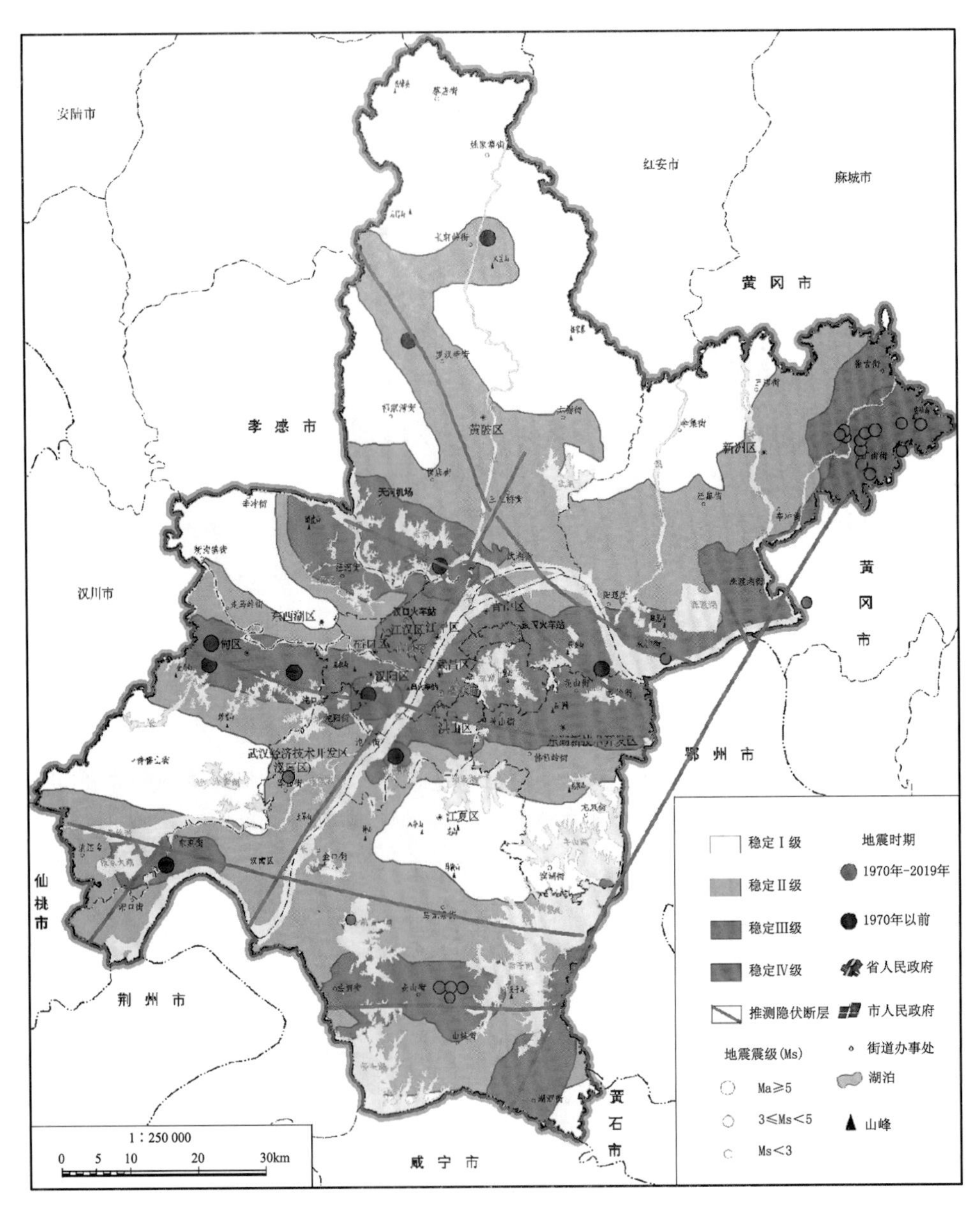

附图 5-1-9 武汉市地壳稳定性综合分区图

附件5-2 建成区强干扰条件下浅表地层结构精细化探测方法研究

一、项目概要

(一)项目研究的意义

(1)武汉市的地质特点是,第四系覆盖层相对较浅,地质结构复杂,岩溶发育及地面沉降等为武汉市的主要地质灾害,且其主要位于武汉市都市发展区范围内;武汉市的建成区主要集中在武汉市都市发展区范围内;武汉市都市发展区范围内,碳酸盐岩分布范围约占到都市发展区面积的1/3,岩溶发育位置非常广泛。

(2)建成区的房屋、道路、地下构筑物密集,地表大多数位置都已经被硬化,不利于开展地表地质调查工作,且也不适合开展密集的钻探工作。

(3)由于历史遗留原因,武汉市部分建成区的未进行大比例尺的地质调查工作,对地下地层结构不清楚。

(4)由于城市建设的发展,新老建筑的更替,资料的遗失等原因,武汉市建成区范围内,地下存在大量性质不明的管线、建筑物等,为后期的施工带来了一定的困难。

(5)过去物探工作精度的不够,或者方法手段的单一,导致过去很多物探工作都是定性或半定量情况,满足不了现在城市建设的需要。

(6)城市建成区较城市郊区、郊外等位置存在更强的干扰,对物探工作提出了更高的挑战。

因此在武汉市开展建成区强干扰条件下浅表地层结构精细化探测方法研究就显得非常必要。

(二)项目研究内容

通过对武汉市建成区特点的分析,了解武汉市建成区干扰的主要类型,有针对性地开展方法研究,总结在武汉市建成区进行精细化探测的方法技术。

二、武汉市建成区的干扰分析

武汉市建成区主要干扰类型有以下几类。

(一)强震动干扰

震动干扰主要包括天然的风吹草动、流水、地质体的脉动等;建成区的强震动干扰主要由人类活动造成或者与人类活动相关,包括人员的走动、车辆、机械、大型交通工具的运动,以及大型施工机械的活动等形成的震动。这些震动信号强,震动幅值、震动频率范围广,给依靠震动探测的地震类勘探方法形成了非常强烈的干扰。

(二)强电、电磁干扰

电磁干扰主要包括各种高低压输电线形成的强电磁场干扰,信号发射塔形成的强电场;各种交通工具的大型电机运行时，形成的强电磁脉冲，以及各种用电设备漏电形成的游散电流。这些强电、电磁信号，为在建成区开展电法、电磁法类(包括人工场、天然场)形成了强干扰。

(三)施工场地限制

城市建成区往往空间狭小，建筑物密集，地面寸土寸金，没有较大的空间，这个为物探施工增加了难度，对物探方法提出了更高的要求。

在城市中狭小空间内施工，对物探方法和设备的选择要求较高，通常需要依据现场情况，进行方法实验来确定。

三、常用物探方法及其分类

城市中建成区探测常用的物探方法较多，涉及重磁电震以及测井等诸多方面，通过收集资料对不同方法进行归类，通常采用如下方法进行建成区探测。具体如附表5-2-1所示。

附表5-2-1　开展建成区探测的主要物探方法一览表

序号	方法	勘探深度	勘探精度	特点
1	高密度电法	0～200m(与排列长度有关)	2～5m	要求地表为非铺装地面，且有一定的空间要求，探深一般小于测线长度的1/3
2	地质雷达法	0～20m	0.5m	探测效果受表层介质影响大，水、杂填土都影响探测深度及效果；采用非屏蔽天性容易受到周边构筑物的干扰
3	微动探测	0～300m(与台阵半径有关)	1～30m	台站体积小，布设灵活，受到空间限制较小；但是台站旁边干扰会影响采集精度，松软地表影响采集效果
4	面波勘探(人工源)	0～30m(人工锤击)	1～3m	一般采用人工锤击震源，对施工的空间有一定的要求，地表不能为渣土、建筑垃圾等松散体
5	地震映像法	0～150m	1～10m	采用人工锤击震源，施工相对较灵活，受到限制较少；表层介质构成对其有一定的影响，表层为颗粒较大的建筑垃圾等时，探测效果会受到一定的影响
6	地震反射	0～200m	1～10m	地表杂乱、建筑垃圾堆积时，多次覆盖会丢失浅部信息
7	反磁通瞬变电磁法	0～300m	1～30m	装置不接地，天线体积小，抗干扰能力强，对天线平面方向的干扰不敏感，适合城市施工
8	常规电测深法	0～1km	探测精度相对较低	需接地，要求地表为非铺装地面，地表有移动机械或人员时，严重影响测量速度
9	电磁波CT	与钻孔深度有关	<1m	分辨率高，需钻孔配合
10	地震波CT	与钻孔深度有关	<1m	分辨率高，需钻孔配合
11	高精度重力法	探测深度极大	低	仪器小巧灵活，受到施工限制相对较小，对震动较敏感，需地表精确测量配合

从表中可以看出,多种物探方法都可以用于建成区浅部的探测,已经就部分方法的应用条件进行对比分析,以武汉市的部分工程案例进行说明。

(一)地质雷达

江夏区法泗街金水河两岸,由于工程施工,在2014年该区域出现大小19处塌陷坑,造成部分民房破坏。在塌陷发生之后,在塌陷区域施工多条雷达测线。

从雷达图像(附图5-2-1)中可以看出土层扰动(介质不均匀)的雷达图像特征为彩色条纹不连续、宽窄变化大,局部伴有小的弧形反射;直观看,所对应的雷达图存在多次反射,且反射界面有较强的反射信号,反射波振幅有所增强(振幅的强弱取决于扰动的程度),局部同相轴发生变化,甚至会出现细密的波形。表明地质雷达对于岩溶探测,在塌陷之后应用比较有效。

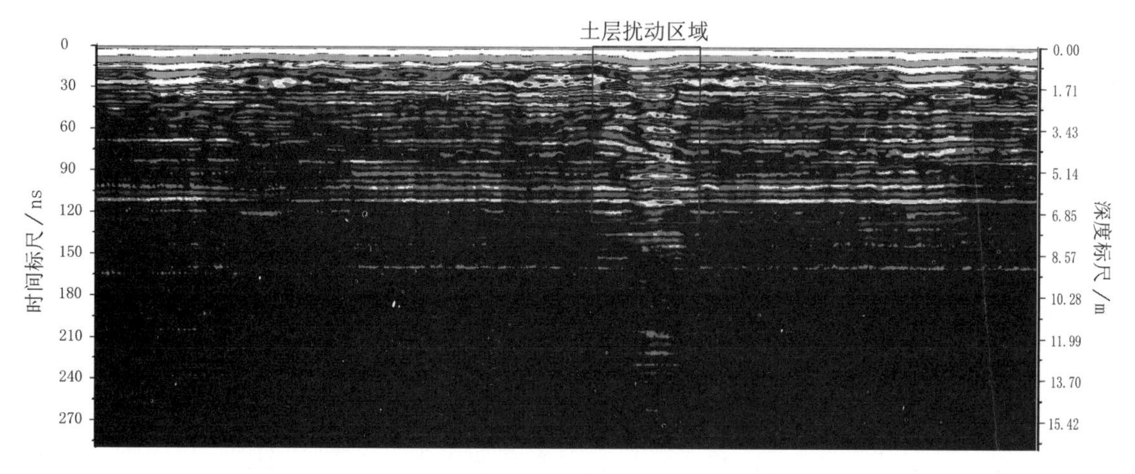

附图5-2-1　法泗街局部松散层所对应的地质雷达图像特征图

通过对地质雷达不同岩溶发育区的探测效果对比分析,可以得到如下结论:

(1)地质雷达探测深度有限,其最大探测深度一般小于20m,浅部探测效果好,精度高。

(2)武汉市基岩埋深平均在30m,因此地质雷达通常仅能探测到表层土层扰动。

(3)在武汉市采用非屏蔽天线进行岩溶探测时,容易受到干扰,探测效果不理想。

(二)微动探测

从微动剖面图(附图5-2-2)中可以看出,地层速度整体从上到下逐渐升高,上部低速层为第四系土层反应,其厚度超过20m;下部高速层中,在测线1030点处存在低速异常区,结合地质资料推测可能为岩溶发育区、岩溶发育深度为40～60m。

通过对微动法探测的效果对比分析,可以得到如下结论:

(1)在武汉市微动探测进行岩溶、孔洞等一般都能取得非常好的应用效果。

(2)微动探测抗干扰能力非常强,适应能力强。

(3)当地表土层较软弱时,微动探测会受到严重影响。

(4)微动探测对于表层20～30m以内的地层,由于台震限制,对浅部探测效果不好,需要其他方法进行补充。

(三)地震映像

该实验区周边建筑物比较密集,主要分布有建材交易市场、汽车交易市场、钢材交易市场;以及大型

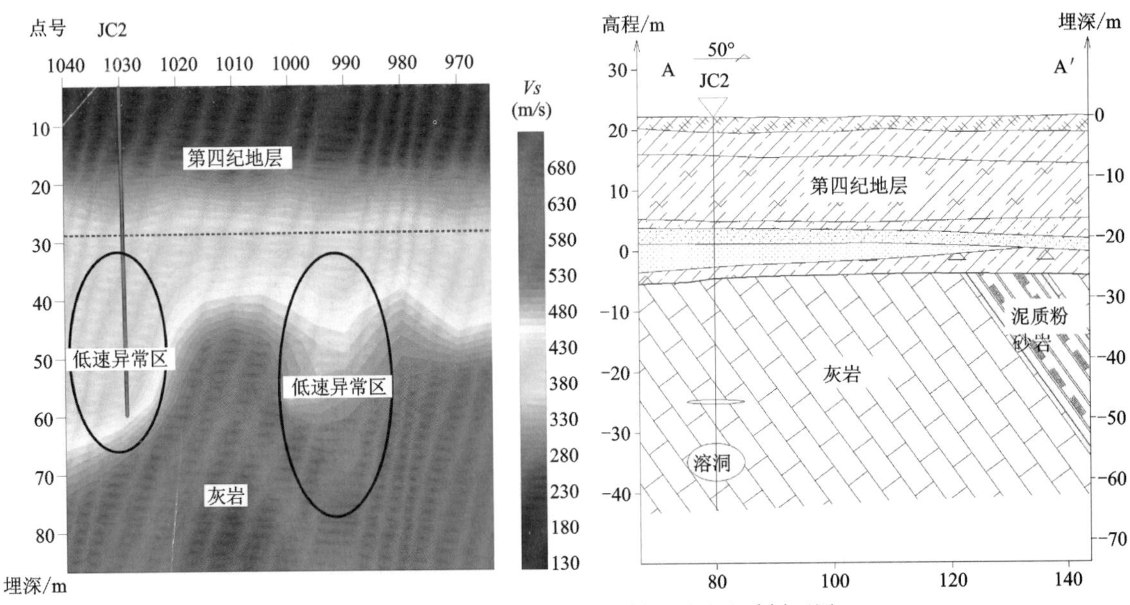

附图 5-2-2　微动 2 线视横波速度剖面图及地质剖面图

住宅小区，其地面相对工作空间比较狭小；工区正在进行地铁施工及场地勘查，货车、家用车辆等非常多，形成较强的震动干扰、电磁脉冲干扰。

对地震映像测线采集的数据进行处理得到成果如附图 5-2-3 所示。

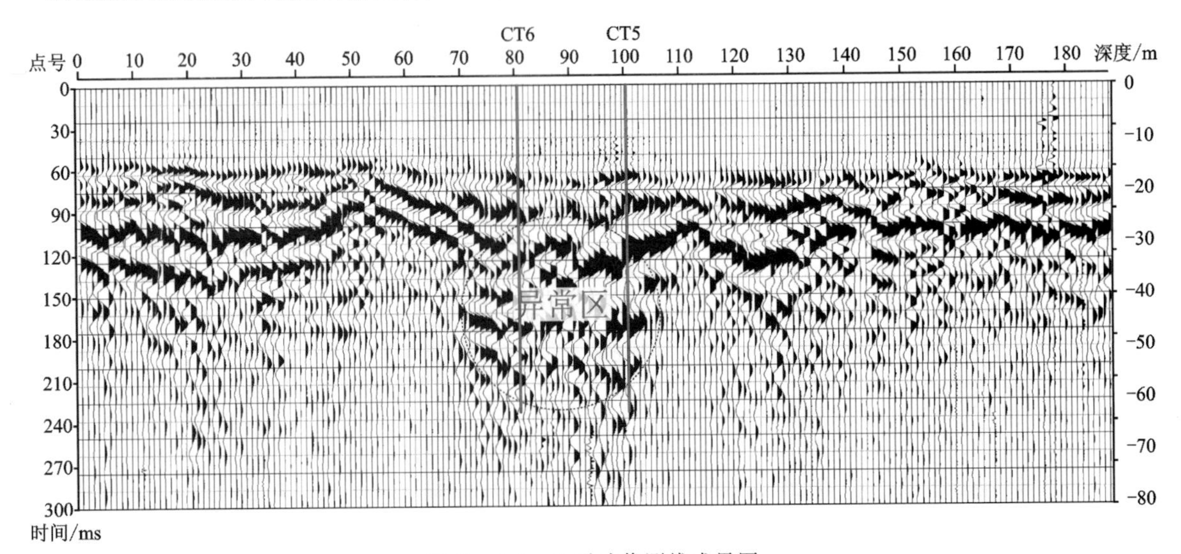

附图 5-2-3　地震映像测线成果图

从地震映像测线成果图中，可以看出该测线在 75～100 点之间，于剖面深部存在一处强反射异常，结合地质资料(附图 5-2-4)推测该处岩溶发育。

通过对地震映像不同的探测效果对比分析，可以得到如下结论：

(1)地震映像进行探测在场地条件比较简单的情况下，有一定的效果。

(2)在混凝土覆盖区域，或表层存在大量垃圾时，采用地震映像法进行探测，一般效果相对较差。

(3)采用地震映像法进行探测，一般要求地震激发频带较宽，并偏向于高频，这样可能会取得相对好的效果。

(4)地震映像探测对于震动、电磁干扰有较强的抗干扰能力。

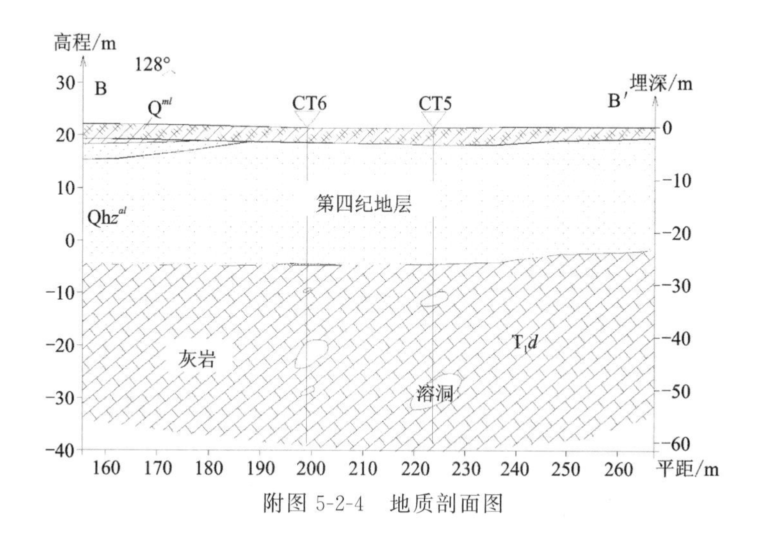

附图 5-2-4 地质剖面图

(四)高密度电法效果分析

从高密度电法J1线电阻率反演图(附图5-2-5)中可以看出。该测线整体电性特征分成两层,上部高阻层和下部低阻层。上部高阻层推测为表层杂填土;下部低阻层推测为第四纪土层。在下部低阻层中,于测线95点附近,存在1处高阻异常区,推测可能为岩溶塌陷引起的上部土层松动或回填不密实土层引起,其下部推测为岩溶发育区。

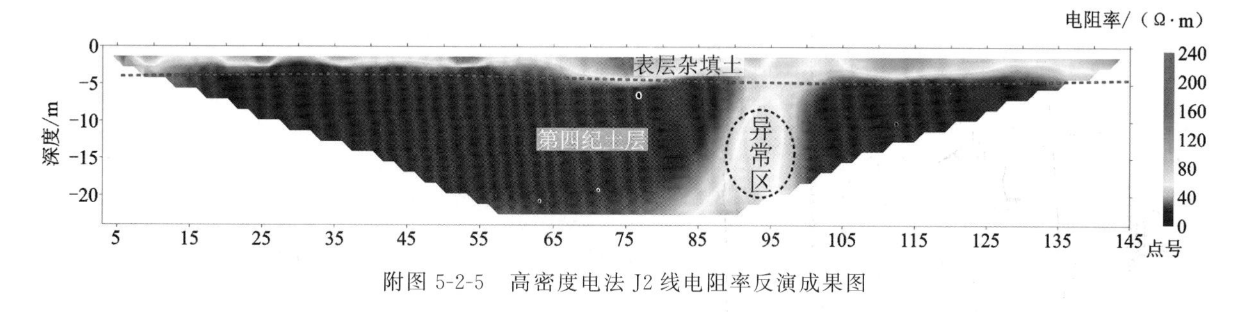

附图 5-2-5 高密度电法J2线电阻率反演成果图

通过对高密度电法不同的探测效果对比分析,可以得到如下结论:

(1)高密度电法是进行浅部探测一种非常有效的方法。

(2)高密度电法要探测到岩溶等异常发育部位,要满足一定的条件:

①异常要有一定的规模,其埋深与范围的比值约小于1.5,并且电法点距小于溶洞范围的1/2。

②高密度电法测线要足够长,其探测深度要达到并超过探测目标深度。

③在受到空间限制时,目标体与周边介质要有一定的物性差异。

④根据目前收集的资料发现,武汉及其周边的岩溶发育区,无论是空洞还是充填,一般在高密度电法反演剖面图上都表现为低阻异常反应。

(3)用高密度电法探测岩溶、土洞、埋藏箱梁等的特征,要结合具体情况进行分析,一般都能取得比较好的效果。

(4)高密度电法,在建成区施工,通常都能取得较好的探测效果,有较强的抗干扰能力。

(五)等值反磁通瞬变电磁法

2014年左右,江夏区法泗街金水河两岸由于道路高架施工发生了多起塌陷,最大的塌陷坑直径接近100m。该位置周边存在较强的干扰,其周边有高架桥、输电线、通信电缆、施工机械、农用机械等,上述测线就从农用机械边上3m位置通过。

从瞬变反演图(附图5-2-6)中,可以看出电阻率等值线整体特征明显,从表层向深部阻值逐渐升高,结合地质资料,推测上部低阻层为第四纪地层,地层厚度大约25m;下部高阻层推测为灰岩分布范围。在高阻分布区内与上部推测第四纪地层接触位置,存在1处低阻凹陷区,该凹陷区与岩溶塌陷位置完全一致。

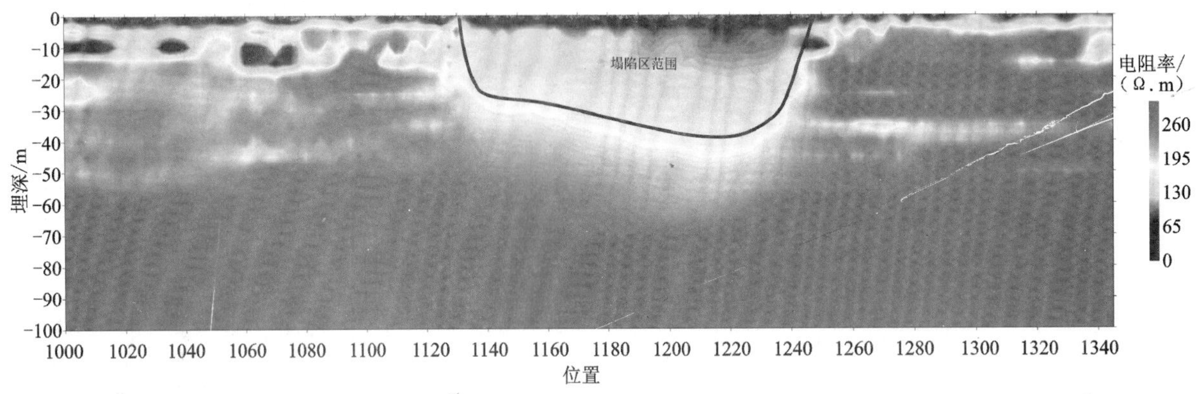

附图5-2-6 反磁通瞬变反演图

通过对等值反磁通瞬变电磁法不同的探测效果对比分析,可以得到如下结论:

(1)等值反磁通瞬变电磁法对低阻异常有较好的反应能力,横向上的分辨率高于纵向。

(2)采用等值反磁通瞬变电磁法时,受到空间影响较小,一般在小的基坑或者窄巷中,均能进行探测。

(3)等值反磁通瞬变电磁法有较强的抗干扰能力,对横向上的干扰不敏感;一般只要其天线上下方不存在较强的电磁干扰,均能取得较好的探测效果。

(4)该方法施工效率高,可选择性地避开干扰时间段。

四、建成区物探方法选择

将武汉市建成区的干扰情况进行了分类,总结了不同干扰条件下,物探方法进行浅层勘探的优化组合(附表5-2-2)。

附表5-2-2 物探组合方法优化建议表

工区情况		200m以浅		100m以浅		方法名称
大类	亚类	第一优选组合	第二优选组合	第一优选组合	第二优选组合	
建筑密集区	干扰较强,建筑杂乱	4+7+(1)	6+7+(1)	4+7+(2)	6+7+(2)	1.微重力; 2.地质雷达; 3.高密度电法; 4.等值反磁通瞬变电磁法; 5.广域电磁法; 6.面波勘探(主动源、被动源); 7.三分量共振; 8.浅层地震勘探
	干扰较强,建筑规律有序	8+4	4+6	8+6+(2)	4+6+(2)	
在建区	干扰较强,场地狭小	8+6	4+6(7)	8+3+(2)	4+6(7)	